全国高等医药院校药学类专业第五轮规划教材

微生物学

第4版

（供药学类专业使用）

主　编　周长林
副主编　徐　威　徐旭东　王桂琴　邓祖军
编　者　（以姓氏笔画为序）
王艳红（山西医科大学）
王桂琴（山西医科大学）
邓祖军（广东药科大学）
张　冉（湖南师范大学医学院）
张　帆（山西医科大学）
周长林（中国药科大学）
周丽娜（沈阳药科大学）
徐　威（沈阳药科大学）
徐旭东（东南大学医学院）
郭　敏（中国药科大学）
窦　洁（中国药科大学）

中国健康传媒集团
中国医药科技出版社

内容提要

本教材是“全国高等医药院校药学类专业第五轮规划教材”之一，根据药学类微生物学教学大纲的基本要求和课程特点编写而成。全书分为三篇，涵盖了微生物学概论、免疫学基础、微生物学在药学中的应用等内容。本教材为书网融合教材，即纸质教材有机融合电子教材、教学配套资源（PPT、题库、微课视频等），使教学内容更加多样化、立体化、生动化，便教易学。

本教材主要供全国高等医药院校药学类专业使用，也可作为相关专业人员参考用书。

图书在版编目（CIP）数据

微生物学/周长林主编．—4版．—北京：中国医药科技出版社，2019.12

全国高等医药院校药学类专业第五轮规划教材

ISBN 978-7-5214-1482-0

Ⅰ.①微…　Ⅱ.①周…　Ⅲ.①微生物学-医学院校-教材　Ⅳ.①Q93

中国版本图书馆CIP数据核字（2019）第287415号

美术编辑　陈君杞
版式设计　友全图文

出版　**中国健康传媒集团**｜中国医药科技出版社
地址　北京市海淀区文慧园北路甲22号
邮编　100082
电话　发行：010-62227427　邮购：010-62236938
网址　www.cmstp.com
规格　889×1194 mm 1/16
印张　31
字数　691千字
初版　2004年2月第1版
版次　2019年12月第4版
印次　2023年3月第4次印刷
印刷　三河市百盛印装有限公司
经销　全国各地新华书店
书号　ISBN 978-7-5214-1482-0
定价　79.00元

数字化教材编委会

主　编　窦　洁

副主编　周丽娜　王艳红

编　者　（以姓氏笔画为序）

马晓楠（沈阳药科大学）

王　渊（山西医科大学）

王卓娅（广东药科大学）

王艳红（山西医科大学）

邓祖军（广东药科大学）

张　冉（湖南师范大学医学院）

周丽娜（沈阳药科大学）

徐　威（沈阳药科大学）

徐旭东（东南大学医学院）

郭　敏（中国药科大学）

窦　洁（中国药科大学）

常务编委会

出版说明

“全国高等医药院校药学类规划教材”，于20世纪90年代启动建设，是在教育部、国家药品监督管理局的领导和指导下，由中国医药科技出版社组织中国药科大学、沈阳药科大学、北京大学药学院、复旦大学药学院、四川大学华西药学院、广东药科大学等20余所院校和医疗单位的领导和权威专家成立教材常务委员会共同规划而成。

本套教材坚持“紧密结合药学类专业培养目标以及行业对人才的需求，借鉴国内外药学教育、教学的经验和成果”的编写思路，近30年来历经四轮编写修订，逐渐完善，形成了一套行业特色鲜明、课程门类齐全、学科系统优化、内容衔接合理的高质量精品教材，深受广大师生的欢迎，其中多数教材入选普通高等教育“十一五”“十二五”国家级规划教材，为药学本科教育和药学人才培养做出了积极贡献。

为进一步提升教材质量，紧跟学科发展，建设符合教育部相关教学标准和要求，以及可更好地服务于院校教学的教材，我们在广泛调研和充分论证的基础上，于2019年5月对第三轮和第四轮规划教材的品种进行整合修订，启动“全国高等医药院校药学类专业第五轮规划教材”的编写工作，本套教材共56门，主要供全国高等院校药学类、中药学类专业教学使用。

全国高等医药院校药学类专业第五轮规划教材，是在深入贯彻落实教育部高等教育教学改革精神，依据高等药学教育培养目标及满足新时期医药行业高素质技术型、复合型、创新型人才需求，紧密结合《中国药典》《药品生产质量管理规范》(GMP)、《药品经营质量管理规范》(GSP)等新版国家药品标准、法律法规和《国家执业药师资格考试大纲》进行编写，体现医药行业最新要求，更好地服务于各院校药学教学与人才培养的需要。

本套教材定位清晰、特色鲜明，主要体现在以下方面。

1.契合人才需求，体现行业要求 契合新时期药学人才需求的变化，以培养创新型、应用型人才并重为目标，适应医药行业要求，及时体现新版《中国药典》及新版GMP、新版GSP等国家标准、法规和规范以及新版《国家执业药师资格考试大纲》等行业最新要求。

2.充实完善内容，打造教材精品 专家们在上一轮教材基础上进一步优化、精炼和充实内容，坚持“三基、五性、三特定”，注重整套教材的系统科学性、学科的衔接性，精炼教材内容，突出重点，强调理论与实际需求相结合，进一步提升教材质量。

3.创新编写形式，便于学生学习 本轮教材设有“学习目标”“知识拓展”“重点小结”“复习题”等模块，以增强教材的可读性及学生学习的主动性，提升学习效率。

4.配套增值服务，丰富教学资源 本套教材为书网融合教材，即纸质教材有机融合数字教材，配套教学资源、题库系统、数字化教学服务，使教学资源更加多样化、立体化，满足信息化教学的需求。通过"一书一码"的强关联，为读者提供免费增值服务。按教材封底的提示激活教材后，读者可通过PC、手机阅读电子教材和配套课程资源（PPT、微课、视频、图片等），并可在线进行同步练习，实时反馈答案和解析。同时，读者也可以直接扫描书中二维码，阅读与教材内容关联的课程资源（"扫码学一学"，轻松学习PPT课件；"扫码看一看"，即可浏览微课、视频等教学资源；"扫码练一练"，随时做题检测学习效果），从而丰富学习体验，使学习更便捷。

编写出版本套高质量的全国本科药学类专业规划教材，得到了药学专家的精心指导，以及全国各有关院校领导和编者的大力支持，在此一并表示衷心感谢。希望本套教材的出版，能受到广大师生的欢迎，为促进我国药学类专业教育教学改革和人才培养做出积极贡献。希望广大师生在教学中积极使用本套教材，并提出宝贵意见，以便修订完善，共同打造精品教材。

中国医药科技出版社

2019年9月

前言

高校的首要目标是高质量的人才培养，教材编写是教学改革的重要组成部分。为了适应微生物学科的发展、培养适应社会需求的药学创新型特色人才，本书在周长林主编的前三版的《微生物学》基础上进行了修订。

考虑到药学微生物学的特点和药学与医学的紧密联系，我们组织了中国药科大学、沈阳药科大学、广东药科大学、山西医科大学、东南大学医学院和湖南师范大学医学院为参编单位，由具有多年微生物学和免疫学教学经验和科研背景的老师参加该教材的编写工作，以期教材具有鲜明的药学特色。根据药学类本科专业人才的培养要求，我们确立了基础性、系统性、专业性、科学性、先进性和应用性的编写宗旨，使学生在掌握普通微生物学基本理论、基本知识、基本技能的基础上，明确微生物学在药学和医药工业中的地位和重要性。通过学习，使学生了解微生物学科的发展现状及其未来发展趋势，并能运用微生物学知识解决药学研究和生产中的实际问题。

与第 3 版相比，第 4 版在编排和内容方面都做了部分修正和更新，根据老师的教学经验和学生使用过程中的反馈意见，结合科研实践，并按照《中国药典》（2020 年版）的要求，进行了全新修订。

本教材主要内容分为三篇，共二十章。绪论部分重点介绍了微生物学基本概念、微生物学和免疫学发展史，特别是收录了一些与微生物学和免疫学相关的诺贝尔奖获得者的相关介绍，力求使教学更加生动活泼，培养学生对微生物学的学习兴趣。第一篇微生物学概论，阐明各类微生物的生物学特性，其中包括细菌、放线菌、螺旋体、立克次体、衣原体、支原体、真菌和病毒，每章均对微生物在药学中的应用和常见病原性微生物及其致病性做了简要叙述，以使学生了解微生物与医药的紧密联系。微生物的营养、代谢、生长与繁殖等章节的内容介绍与微生物制药前后呼应。免疫学在药学研究中占有重要地位，考虑到药学类专业课程设置的特点，我们在教材中编排了基础免疫学的内容，即第二篇免疫学基础，简要阐明免疫学的基本原理及其应用，其中包括抗原、免疫系统、免疫应答、超敏反应、免疫学检测、免疫学在药学中的应用。第三篇微生物学在药学中的应用，包括微生物制药、抗生素的体内外药效学和药物的微生物检查。本篇重点介绍了药物的微生物生产方法、抗生素的效价测定方法和体内外药效学研究方法、灭菌制剂和非灭菌制剂的微生物学检查方法［按《中国药典》（2020 年版）内容修订］。附录部分为本书中出现的微生物、微生物学和免疫学名词的中英文对照表，以期对今后的双语教学实践有所帮助，同时可供读者查阅相关文献资料时使用。

本教材由中国药科大学周长林老师负责编写绪论及第一章（第一节、第二节、第三节）、第四章、第十九章、第二十章；湖南师范大学医学院张冉老师编写第一章（第四节）、第十二章（第一节、第二节）；沈阳药科大学徐威老师编写第一章（第五节）、第三章、第五章；沈阳药科大学周丽娜老师编写第二章、第七章；东南大学医学院徐旭东老师编写第六章、第十章；中国药科大学郭敏老师编写第八章；广东药科大学邓祖军老师编写第九章、第十八章；山西医科大学王艳红老师编写第十一章、第十二章（第三节、第四节）；山西医科大学张帆老师编写第十三章；山西医科大学王桂琴老师编写第十四章；中国药科大学窦洁老师编写第十五章、第十六章、第十七章。

本教材为书网融合教材，即纸质教材有机融合电子教材、教学配套资源（PPT、题库、微课视频等）、题库系统、数字化教学服务（在线教学、在线作业、在线考试），使教学内容更加多样化、立体化、生动化，便教易学。本教材主要供全国高等医药院校药学类专业使用，也可作为相关专业人员参考用书。

本教材也凝聚了中国药科大学生命科学与技术学院微生物学教研室钱海伦和查永喜老师的大量心血和卓越智慧，在此特表谢意。由于编者水平有限，书中不妥之处在所难免，恳请读者和同行指正。

编　者

2019 年 9 月

目 录

绪 论

一、微生物学基本概念

扫码“学一学”

微生物学是生物学中一门重要的基础学科，它关系到人类生活的各个方面，如人类疾病的发病机制、抗生素等药物的生产、机体免疫、土壤生态、食品制造和水的净化等。微生物在自然界占有重要的地位。

（一）微生物与微生物学

自然界中存在着一个数量极其庞大、个体微小和结构简单的生物类群，即微生物。微生物（microorganism）是指一类体积微小、结构简单，大多数为单细胞，必须借助光学显微镜放大千倍或电子显微镜放大数万倍才能肉眼可见的微小生物的统称。

微生物学（microbiology）是一门研究微生物的形态结构、分类、生理代谢、遗传变异、生态分布和微生物与人类、动植物关系等的学科。对微生物深入研究是为了更好地开发微生物资源，充分利用微生物有利于人类生活的各方面，控制微生物的有害方面，更好地为人类服务。

（二）微生物的特征

1. 个体微小 微生物个体微小，大多数在微米（μm）级，需用光学显微镜放大数百倍和千倍才能看到，如细菌和真菌；有些微生物的大小为纳米（nm）级，则需用电子显微镜放大几万倍才能观察到其形态结构，如病毒。

2. 具有一定的形态结构 各种微生物细胞具有其特定的形态结构，常见的有球形、杆形和螺旋形等。微生物多以独立生活的单细胞或细胞群体形式存在，细胞没有明显的分化。各种单个的微生物一般都能实现它的全部生命活动过程，如生长、呼吸产能、繁殖等。

3. 体积小、面积大、新陈代谢旺盛、生长繁殖速度快 某一物体单位体积所占有的表面积称为比表面积。微生物体积小且面积大，有巨大的比表面积，如一个直径为0.5μm的球菌的比表面积可达120000，而人体比表面积仅约为0.3。一般情况下，生物的比表面积越大，细胞代谢越旺盛。微生物巨大的比表面积使其吸收营养和排泄代谢废物的速度大增。所以微生物具有新陈代谢旺盛和生长繁殖速度快的特点。例如，某些细菌每1小时分解糖的量可达其自身重量的100～1000倍，而人体若消化自身体重100倍的糖，则几乎需耗去人生一半的时间。一般情况下，细菌20～30分钟即可繁殖一代。

4. 易变异 微生物多以独立的单细胞存在，细胞与外界的接触可导致低频率的变异。如外界条件发生剧烈的变化，使大多数微生物细胞个体死亡而被淘汰，发生了变异的个体如能适应新的环境条件则生存下来。由于微生物细胞代谢旺盛、繁殖快，在短时间内可产生大量的变异后代。变异使微生物细胞子代的特性不同于亲代，从而产生具有各种不同性状的微生物细胞。微生物的变异在生产上可导致菌种的退化，给微生物药物的生产带来不利的影响。临床致病菌的变异可产生抗药性，对人类的健康造成危害。另外，我们可利用微生物易变异的特点，对生产菌种进行改造，使之增加产量，改进质量，从而获得优良的菌种。

5. 分布广、种类多 微生物在自然界分布广泛，土壤、湖泊、矿层、人体、动植物体中都有微生物的存在。微生物的种类多，有细菌、放线菌、立克次体、衣原体、支原体、螺旋体、蓝细菌、古细菌、病毒、真菌、藻类等，且每类微生物都有许多种，如真菌已发现的有10万多种，估计自然界实际存在的真菌有100万～150万种。微生物代谢类型多样，生长繁殖速度快，个体小，比表面积大，新陈代谢旺盛。人类利用微生物的这些特点可生产多种产品。

（三）微生物的作用

首先，微生物可引起人及动植物病害，威胁人体健康和农牧业生产。其次，微生物在自然界的物质循环中起着重要的作用，参与自然界物质循环（碳、氮、磷等）。以碳素循环为例，微生物分解有机物产生二氧化碳，而绿色植物生长进行光合作用所需的二氧化碳90%来自微生物对有机质的分解，少部分来自动植物的呼吸。有些微生物还能利用无机物作为碳源和能源来合成细胞物质，将无机物转化为有机物。微生物在自然界碳循环中所起的作用如图绪－1所示。生长在豆科植物根部的根瘤菌能将无机氮转化为有机氮。

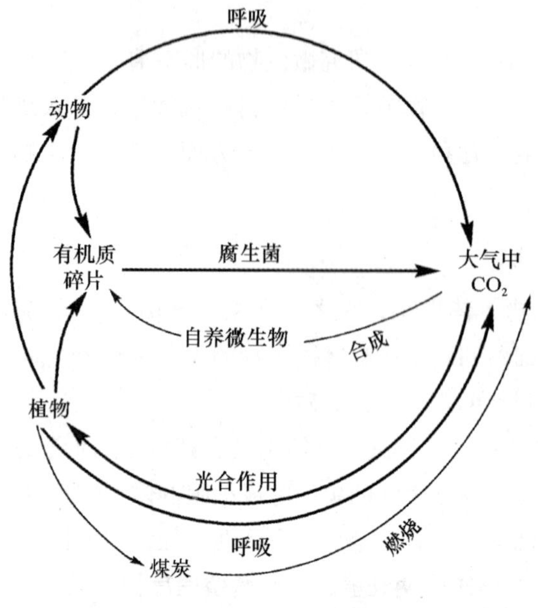

图绪－1 微生物在自然界碳循环中的作用

微生物可用于食品、药物、化工原料、饲料等的大规模生产，它在石油开采、天然气和煤的综合利用以及污水处理等方面也有重要的应用价值。

寄生在人体各部位的微生物与人体相互协调、相互依赖，与人体共生，对正常的生命活动起着重要的作用。

（四）微生物在自然界的分类地位

1970年以后，有人将生物分为两大类，即有细胞结构生物和无细胞结构生物，再进一步分为六个界，即动物界、植物界、原生生物界、真菌界、原核生物界和病毒界，如图绪－2所示。本教材将对真菌界、原核生物界和病毒界做较详细的介绍。

（五）微生物的细胞水平分类

按照有无细胞及细胞组成结构不同，可将微生物分为三种细胞类型。

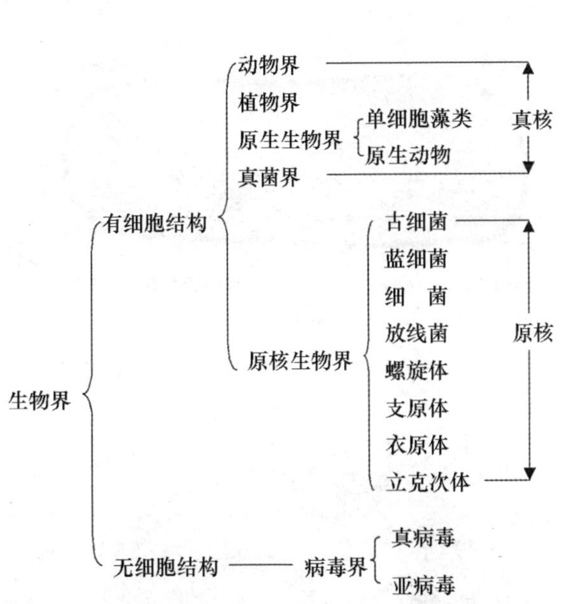

图绪 -2 微生物在自然界的分类地位

1. 原核细胞型微生物 属原核生物（procaryotes）。它们由单细胞组成，没有典型的核，无核仁、核膜，单个染色体，仅有裸露的 DNA，不行有丝分裂，没有细胞器，70S 核糖体游离在胞浆中，细胞壁由肽聚糖组成。原核细胞型微生物有细菌、放线菌、螺旋体、支原体、衣原体、立克次体、蓝细菌、古细菌八类。

2. 真核细胞型微生物 属真核生物（eucaryotes）。它们大多数为多细胞，少数为单细胞，具有典型的细胞核结构，即有核膜和核仁，多个染色体由 DNA 与组蛋白组成，通过有丝分裂进行细胞分裂，有线粒体、内质网等细胞器，胞浆中核糖体为 80S。细胞壁由纤维素、几丁质构成。真核细胞型微生物有真菌、原虫和单细胞藻类。原核细胞型微生物和真细胞型核微生物的主要区别如图绪 -3和表绪 -1 所示。

表绪 -1 原核细胞型微生物与真核细胞型微生物的区别

生物学特性		原核细胞型微生物	真核细胞型微生物
细胞结构	细胞核	无核膜、核仁，单个染色体，无组蛋白	有核膜、核仁，多条染色体，DNA 与组蛋白结合
	细胞壁	大多数含肽聚糖	无肽聚糖
	细胞膜	一般无甾醇	常含甾醇
	内膜	简单，有中介体	复杂，有内质网
	核糖体	70S（50S +30S）	80S（胞浆），70S（线粒体）
	线粒体	无	有
	其他细胞器	无	多种
	鞭毛结构	简单	复杂（“9 +2” 型）
遗传特性	细胞分裂方式	横二分裂	有丝分裂或减数分裂
	繁殖方式	横二分裂	无性或有性，方式多种
	遗传重组方式	接合、转化或转导	有性方式
生理生化	氧化磷酸化部位	细胞膜	线粒体
	固氮作用	有些有	无
	胞吞（胞吐）作用	无	有

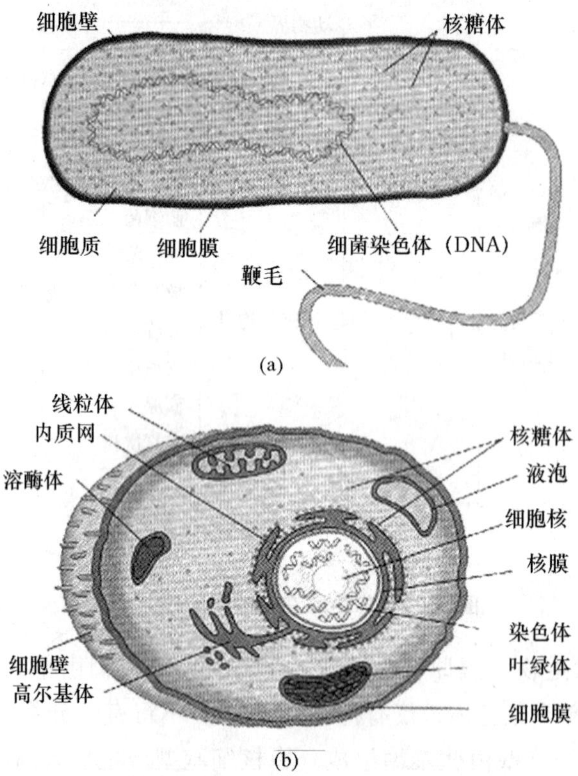

图绪-3 原核细胞型微生物与真核细胞型微生物的区别

（a）原核细胞型微生物；（b）真核细胞型微生物

3. 非细胞型微生物 无细胞结构，结构比原核生物更简单，即病毒。病毒一般由蛋白质外壳和核酸基因组组成，且仅含有一种核酸，DNA 或 RNA。病毒的酶系统不完全，自身不能进行生长繁殖，必须寄生在活细胞内，以核酸复制方式增殖。

扫码“看一看”

（六）微生物的命名

同一种微生物在不同国家和地区常有不同的名称，即俗名（vernacular name），俗名的特点是通俗易懂、便于记忆，如引起结核病的细菌中文称作“结核杆菌”，英语则称为“tubercle bacillus”等。俗名的最大缺点是不便于国际和地区间的交流，有时会引起混乱，所以必须有一个统一的命名原则，以给每种微生物取一个大家所公认的科学名称，这就是学名（scientific name）。

微生物的命名采用林奈（Linneaus）的“双名法”。其学名一般由两部分组成，前面为属名，首字母大写；后面是种名，首字母小写。通常属名是拉丁字的名词，用以描述微生物的主要特征，种名是一个拉丁字的形容词，用以描述微生物的次要特征。但有时需添加人名或地名来表示菌的名称。例如金黄色葡萄球菌的学名是 *Staphylococcus aureus* Rosenbach（1884），前一个字是属名，斜体，首字母大写，表示葡萄球菌属；后一个字是种名，斜体，开头小写，是拉丁字形容词，意思是“金黄色的”，总称为金黄色葡萄球菌；属名和种名的后面是命名人和命名时间，可以省略；金黄色葡萄球菌可缩写为 *S. aureus*。又如 *Aspergillus niger* 称黑曲霉。

亚种的命名是在学名的后面加“subsp.”和表示其差异特征的亚种名，如蜡状芽孢杆菌的蕈状亚种可命名为：*Bacillus cereus* subsp. *mycoides*。

有时只泛指某一属的微生物，而不特指某一具体的种（或未定种名）时，可在属名后加 sp.（species 的单数）或 spp.（复数）表示，如 *Streptomyces* sp. 表示一种链霉菌，*Bacillus* spp. 表示一些芽孢杆菌等。微生物的命名如表绪-2 所示。

菌株的命名通常在学名后面用数字编号、字母、人名、地名等表示。例如 *Bacillus subtilis* AS 1.398 表示可生产蛋白酶的枯草杆菌，而 *Bacillus subtilis* BF7658 表示可生产α-淀粉酶的枯草杆菌。在微生物研究工作中，有时虽然是相同的种，但由于所采用的菌株不同，其结果往往不完全一样，所以我们在写生产报表、研究报告或实验报告时，都不仅要写上种名，同时还需注明所用的菌株编号。

另外，具有典型特征的菌株称为标准菌株，其学名后常标有国家菌种保藏中心的名称和编号，如 ATCC 为美国模式培养物保藏中心（American Type Culture Collection），如 *S. aureus* ATCC 25923；CMCC（B）为中国医学菌种保藏中心（细菌），如 *Bacillus subtilis* CMCC（B）63501；CMCC（F）为中国医学菌种保藏中心（真菌），如 *Candida albicans* CMCC（F）98001。

表绪-2 微生物命名举例

学 名	缩 写	中文名称
Staphylococcus aureus	*S. aureus*	金黄色葡萄球菌
Escherichia coli（Migula）*Castellani et Chalmers*	*E. coli*	大肠埃希菌
Escherichia coli var. *acidilactici*（Topley et wilson）*yale*	*E. coli var. acidilactici*	大肠埃希菌（产乳酸变种）
Psendomonas aeruginosa Migula 1920	*P. aeruginosa*	铜绿假单胞菌
Salmonella typhimurium	*S. typhimurium*	鼠伤寒沙门菌
Pasteurella pestis	*P. pestis*	鼠疫杆菌
Salmonella sp. ,*Salmonella* spp.		沙门菌
Saccharomyces cerevisiae Hansen	*S. cerevisiae*	酿酒酵母

二、免疫学基本概念

免疫学（immunology）是一门研究机体免疫系统的结构、组成、功能及其对抗原产生效应的科学。

（一）现代免疫的概念

传统免疫学起源于人类对“抗感染的研究”，故免疫的概念一直被理解为机体对传染病的抵御能力，必然对机体有利。基于此，研究者借用拉丁语免除税役（immunis）一词来表示免疫，转意为“免除瘟疫”，以示在瘟疫流行中，曾被瘟疫（某种传染病）攻击而康复的人获得了对这种疾病再次罹患的抵抗力，称为“免疫（immunity）”。

随着医学与生物学的不断发展，人类对免疫学的认识逐渐深入，发现许多免疫现象不一定与微生物有关，即机体不仅对进入体内的病原微生物，而且对多种非病原微生物的抗原性异物（包括外来的和自身的）均能发生生理性的识别和排斥反应。而且这种应答有时会造成机体组织损伤，甚至可引起免疫性疾病。显而易见，传统的概念已不能涵盖现代免疫学研究的全部内容，免疫概念的更新势在必行。现代免疫学认为，免疫是指机体免疫系统识别抗原性异物、排除或耐受抗原性异物，以维持自身平衡与稳定的一种生理功能；通常对机体有利，有时会对机体造成伤害。

（二）免疫的生理功能

如前所述，免疫表现为机体对抗原性异物的识别与排除或耐受，根据其识别排除对象及机制，可将免疫系统履行的生理功能概括为免疫防御、免疫监视及免疫自稳。

1. 免疫防御（immune defence） 指机体免疫系统防止外界病原体入侵及清除已侵入病原体及其毒性产物的功能。若免疫防御功能低下或缺失，即可导致机体发生免疫缺陷病，出现反复感染；若反应过强或持续时间过长，则会在清除病原体的过程中引起机体组织损伤和功能障碍，发生超敏反应。

2. 免疫监视（immune surveillance） 指免疫系统能随时发现和清除体内突变细胞（如肿瘤细胞）、衰老死亡细胞及凋亡细胞的功能。而这一功能低下的机体，易发生肿瘤和持续性病毒感染。

3. 免疫自稳（immune homeostasis） 指免疫系统通过自身免疫耐受和免疫调节机制，对其识别对象严格区分“自身”与“非己”；对识别对象的清除反应强度严格精密地控制在适度水平，以此维持免疫系统内环境稳定的功能。倘若免疫耐受被打破或免疫调节功能出现紊乱，免疫系统即可因对“自身”“非己”分辨的失误或因免疫稳定状态的失衡与偏移使机体遭受伤害，甚至引起自身免疫性疾病和超敏反应性疾病。

（三）免疫应答的类型

这里的免疫应答是指机体免疫系统对抗原性异物识别排除的过程。依据免疫应答的获得方式及应答特点，可将其分为固有免疫应答和适应性免疫应答两类。

1. 固有免疫应答（innate immune response） 是生物体在种系发生和长期进化过程中逐渐建立起来的天然防卫功能，是机体抗御病原微生物等抗原性异物入侵的第一道防线。因该类免疫与生俱有、受遗传控制、有种属特征和相对稳定性，且对识别排除的抗原没有严格针对性、作用范围广、效应发挥快，故称其为固有免疫，也可称之为天然（先天）免疫或非特异性免疫。固有免疫主要由天然屏障结构、固有免疫效应细胞和正常体液中的多种抗菌物质组成的固有免疫系统完成。

2. 适应性免疫应答（adaptive immune response） 是个体出生后接触了病原微生物等抗原性异物才建立的免疫力，是机体抗御病原微生物等抗原性异物入侵的第二道防线。因该类免疫是个体出生后在生活过程中建立的，不能遗传，因此称其为获得性免疫或适应性免疫；也因这种免疫对抗原的识别清除有严格特异性，所建立的免疫只针对诱发抗原发挥效应，故也称为特异性免疫。适应性免疫主要是由 T 淋巴细胞和 B 淋巴细胞介导，但参与固有免疫的效应细胞与效应分子也在应答的诱导、效应及调节等重要环节发挥作用。因此，适应性免疫是机体免疫系统为应对抗原性异物而发起的由多分子、多细胞同时参与的复杂反应。

（四）免疫学分类

免疫学的发展极为迅猛，内容日新月异，涉及的领域越来越广。根据研究内容可将其分为基础免疫学、临床免疫学和应用免疫学。

1. 基础免疫学（basic immunology） 是一门研究机体免疫系统的结构、组成、功能及其对抗原产生效应的科学。由其派生出的免疫生物学、分子免疫学、免疫遗传学及免疫病理学等分支学科，分别从免疫细胞的发育、抗原识别受体多样性的产生机制、细胞间信息交流和胞内信号转导、MHC 对免疫应答的遗传调控、免疫耐受的形成机制等不同角度和深度阐述机体免疫生理功能的本质，开拓了人类认识生命奥秘的诸多重要途径。

2. 临床免疫学（clinical immunology） 是一门利用基础免疫学理论与技术，研究临床疾病发生发展的规律，进而探讨疾病的预防、诊断和治疗的学科。该学科揭示了机体神经系统、血液系统、呼吸系统、内分泌系统、心血管系统、消化系统、皮肤、肾脏、结缔组织等各系统、器官、组织与免疫功能异常有关的疾病，形成了肿瘤免疫学、移植免疫学、免疫性疾病（如自身免疫性疾病、免疫缺陷病、免疫增生性疾病等）、生殖免疫学、免疫药理学及衰老免疫学等多种分支学科和交叉学科。

3. 应用免疫学（applied immunology） 是一门研究免疫学检测技术的原理、方法、应用及免疫预防与治疗性生物制剂和药物开发的学科。应用免疫学的雏形始于人类使用疫苗预防传染病的实践。多年来，随着免疫学自身的发展和细胞生物学、分子生物学等相关学科理论及技术的不断引入，不仅逐渐完善了各种免疫学检测技术，使之成为医学各学科和生物学各研究领域普遍应用的实验技术，而且应用基因工程，使种类繁多的高科技免疫制剂应运而生并得以大规模廉价生产。极富生命力的应用免疫学正沿着“基础研究—应用研究—高科技开发”的发展模式，不断为预防医学、医药学、诊断学等生命科学的发展注入新的活力。

三、微生物学和免疫学的发展及其里程碑

（一）史前期

公元前17世纪，我国就有酿酒的记载，公元386～534年（北魏）则有制醋的记载，说明古代劳动人民远在微生物的发现之前就将微生物应用于生活和生产实践。在医药方面，我国很早就有中草药治疗疾病的记载。公元998～1022年，我国就发明了种痘预防天花的方法，直至16世纪中期种痘才在世界上得到普遍应用，这实际上也是免疫学发展的开始。

（二）微生物的发现和“生命自然发生说”的否定

1676年，荷兰人吕文虎克（Leeuwenhock）（图绪－4）首先用自制的显微镜观察到了微生物的存在，并对细菌和原虫的形态做了描述。他使用放大倍数为200～300倍的显微镜，观察到了球形、杆形和螺旋形的细菌和原虫，为微生物学的发展奠定了基础。图绪－5所示为吕文虎克从口腔中发现的微生物的形态结构。

图绪－4 吕文虎克

（Antony van Leeuwenhock，1632～1723年）

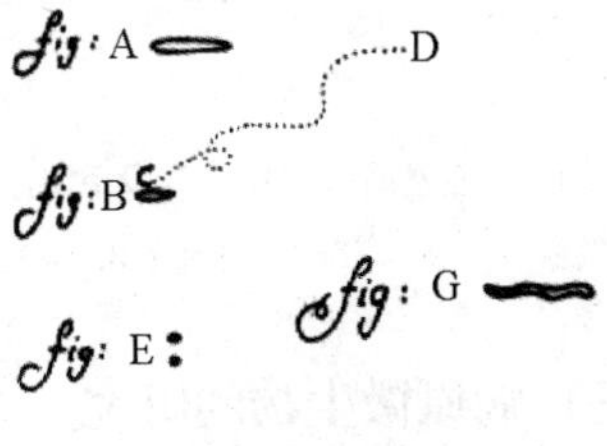

图绪－5 吕文虎克从人口腔中发现的微生物

图绪-6 巴斯德（Louis Pasteur，1822～1895年）

长期以来，有人认为无生命的物质可生长出有生命的生物体来，如生肉上长蛆、肉汤中含有微生物的现象，据此提出了生命体是自然产生的理论（theory of spontaneous generation）。被誉为“微生物学之父”的法国科学家巴斯德（Pasteur）（图绪-6）设计了著名的曲颈瓶试验（swan-necked flasks）（图绪-7），有力地否定了生命的“自然发生理论”。当无菌肉汤暴露于空气中时，肉汤变质，说明有细菌生长，空气中存在微生物；而将烧瓶封口，则肉汤中无细菌生长，肉汤不变质，说明细菌的生长并非是自然产生的；如果无菌肉汤与空气连通，但侧管采用加热方法，空气进入时经过侧管加热处理，则肉汤不变质，即无细菌生长，说明加热杀灭了微生物；如果曲颈瓶的颈部弯曲且较长，即使与空气连通，但还是无菌生长，这是因为空气中的微生物在侧管沉积而不能进入烧瓶之故。所以，曲颈瓶中的肉汤变质是由于细菌生长的缘故，生命不是自然发生的。

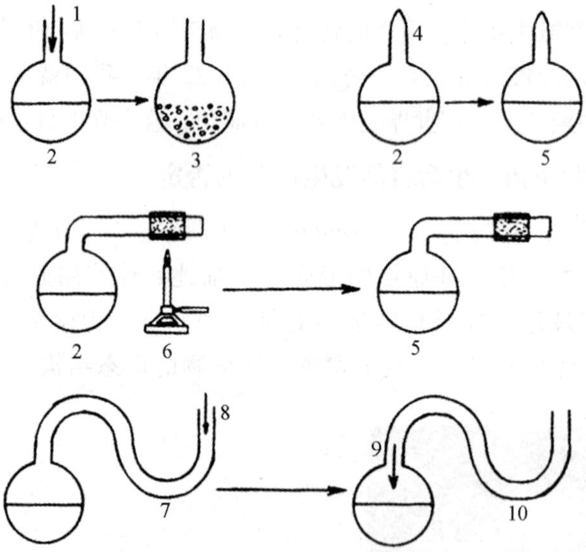

图绪-7 曲颈瓶试验

1. 烧瓶暴露空气中；2. 无菌肉汤；3. 出现生命体；4. 烧瓶封口；5. 无生命出现；6. 加热空气；7. 侧管；8. 空气和微生物进入；9. 空气进入；10. 微生物被捕获

（三）病原微生物的研究

巴斯德在病原微生物研究方面也为人类做出了杰出的贡献。他的三个女儿一个死于败血症，两个死于伤寒。个人的不幸遭遇促使巴斯德转而研究疾病的起源，发现了微生物是病原性疾病发病的起因。除了研究家蚕的病原体外，他对人类疾病投注了大量精力，发明并使用了狂犬病疫苗，同时还研究了炭疽杆菌的免疫方法。

德国乡村医生柯赫（Koch）（图绪-8）是伟大的微生物学创始人之一。他分离到了各种致病性微生物，并确定了微生物是一切疾病的根源。他从患炭疽的动物血液中分离到了炭疽杆菌，并证明它能引起人畜共患的炭疽病（anthrax）。Koch 通过对炭疽杆菌的深入研究，于 1876 年首先提出了疾病的微生物致病学说（germ theory of diseases），他的经典实验被誉为 Koch 定理（图绪-9）。Koch 定理的具体内容为：①可以从患病原性疾病的动物体内分离到病原性微生物，并能获得该微生物的纯培养和进行传代；②将该纯培养物接种健康动物可引起相同的疾病；③从实验感染动物体内可以分离到相同的病原性微生物，并能获得纯培养。

图绪-8 柯赫（Robert Koch，1843~1910 年）

1882 年，Koch 发现了结核杆菌（*Tubercle bacilli*）。在以后的几年，Koch 又研究了细菌的染色方法和固体培养基的制备，建立了微生物纯培养技术（pure culture technique），为微生物的分离和病原微生物的研究开创了新纪元。

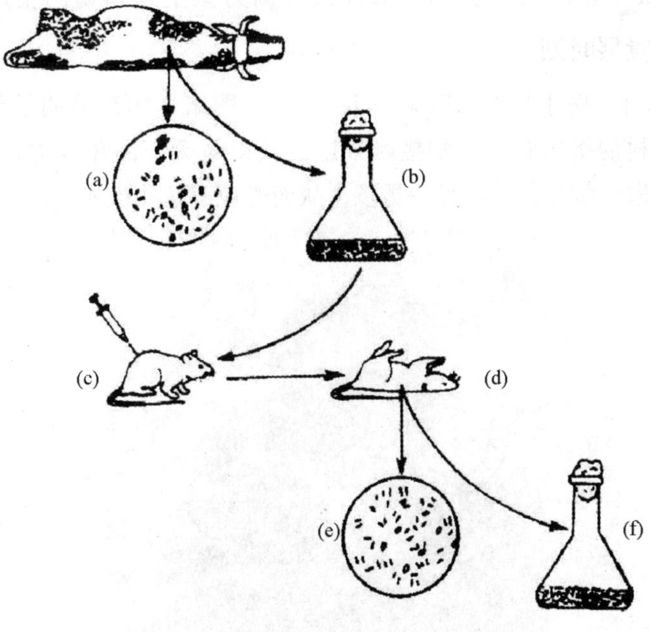

图绪-9 Koch 定理

（a）组织切片上观察到的从死亡动物分离的微生物；（b）纯培养分离；（c）纯培养物接种健康动物；（d）动物出现疾病症状；（e）从死亡动物分离到的微生物；（f）纯培养再分离

（四）病毒的发现

1892 年，俄国学者伊万诺夫斯基（Иваиовский）首先发现了烟草花叶病毒（TMV），创立了病毒学研究的里程碑。

（五）微生物生理学发展时期

随着对微生物的进一步了解，巴斯德在曲颈瓶试验的基础上提出了巴斯德消毒法（Pasteurization），解决了当时困扰人们的牛奶、酒类的变质问题。巴斯德还做了酒类发酵试验，发现酵母和细菌能引起基质重要的化学变化。酵母可以使葡萄汁发酵产生好酒（乙醇），而细菌使之产生酸味。巴斯德的研究很好地解释了当时酒类变酸的问题，从而揭示了初步的发酵理论，为微生物生理学奠定了重要基础。

（六）现代微生物学发展时期

1929 年，弗莱明（Fleming）从污染了霉菌的金黄色葡萄球菌平板上发现并分离到了能产生青霉素（penicillin）的产黄青霉。1940 年，Florey 和 Chain 对弗莱明的发现进行了系统研究，提纯了青霉素，并用于临床抗感染的治疗，满足了第二次大战期间抗感染治疗的急需。1944 年，瓦克斯曼（Waksman）发现了链霉素（streptomycin）。随后，氯霉素和四环素等一系列抗生素相继被发现。同时，在人类与病原性疾病的斗争中，1935 年，杜马克（Domagk）发现的磺胺药的问世、半合成抗生素和氟喹诺酮类等抗菌药物的研究都为人类做出了巨大贡献。

微生物学的发展为生物化学、微生物生理学和微生物遗传学奠定了基础，微生物学研究已发展到了分子时代，它对人类疾病的治疗研究、遗传学和免疫学等学科的发展具有重大意义。目前，人们正试图从分子水平去揭示微生物形态结构、生理代谢、生长繁殖和遗传变异等生命活动的规律。微生物学是分子生物学基础，而分子生物学被用于微生物的研究。基因工程技术则为微生物药物的生产开创了新纪元。

（七）免疫学发展时期

1798 年，英国外科医生琴纳（Edward Jenner）（图绪 – 10）发明了预防天花的现代免疫接种法。他从乡村的挤奶农妇经常接触牛痘而获得对天花的免疫力这一事实得到启发，自感染的小脓疱中取出脓汁，接种另一男孩，从而避免了这一疾病的发生。

图绪 – 10 琴纳（Edward Jenner，1749 ~ 1823 年）

19 世纪末，对机体免疫机制的认识存在两种不同的观点。以俄国学者梅契尼科夫（Elie Metchikaft）（图绪 -11）为代表的细胞免疫学说认为，机体的免疫是吞噬细胞的吞噬作用，即细胞免疫；而德国学者欧立希等则认为免疫是血清中的抗体的作用，即体液免疫。1903 年，Whrlich 和 Douglas 证明免疫动物的血清能加速吞噬细胞对细菌的吞噬作用，从而确立了机体免疫是细胞免疫和体液免疫的统一的理论。

图绪 -11 梅契尼科夫（Elie Metchnikoff，1845～1916 年）

随着生物学的发展，免疫研究已深入到分子水平。特别是随着基因组学的发展，药物与蛋白质分子的相互作用研究将会对人类作出重要的贡献。

（八）微生物学和免疫学研究领域重大成就

微生物学和免疫学发展史上的历史人物及其重大研究成就见表绪 -3。

表绪 -3 微生物学和免疫学发展史上的历史人物及其重大研究成就

科学家（国籍）	研究成就（时间）	获诺贝尔奖时间/年
A. van Leeuwenhoek（NL）	微生物的发现（1676 年）	
E. Jenner（GB）	发明了预防天花的现代免疫接种法——种牛痘（1798 年）	
L. Pasteur（FR）	发现发酵由活酵母引起（1857 年），否定自然发生学说（1861 年），发现免疫接种技术，发明狂犬疫苗	
J. Lister（GB）	外科的无菌技术	
C. Gram（DM）	发明革兰染色技术（1884 年）	
Ивановский（RU）	发明了烟草花叶病毒（TMV）（1892 年）	
E. von Behring（GR）	发现白喉抗毒素	1901
R. Ross（GB）	发现在疟疾传播中蚊的作用	1902
R. Koch（GR）	证明微生物致病学说，建立微生物纯培养技术，分离了结核杆菌和霍乱菌	1905
C. Laveran（FR）	原生动物的致病作用	1907
P. Ehrlich（GR）	提出体液免疫学说，发明治疗梅毒的化学治疗剂——砷凡纳明	1908
I. Mechnikov（RU）	发现吞噬现象，提出细胞免疫学说	1908
C. Richet（FR）	超敏反应研究	1913
J. Bordet（BE）	补体的发现	1919
C. Nicolle（FR）	证明斑疹伤寒由虱传播	1928
A. Fleming（GB） E. B. Chain（GB） H. W. Florey（AU）	青霉素的发现（1929 年）与临床应用	1945
S. A. Waksman（US）	链霉素的发现（1944 年）	1952
G. W. Beadle（US）	微生物遗传，提出一个基因一个酶的学说	1958

续表

科学家（国籍）	研究成就（时间）	获诺贝尔奖时间/年
E. L. Tatum（US）		
J. Lederberg（US）		
F. H. C. Crick（GB） J. D. Watson（US） M. Wilkins（GB）	研究病毒 DNA，发现 DNA 双螺旋结构	1962
M. Delbruck（DE） A. D. Hershey（US） S. E. Luria（IT）	研究噬菌体，发现病毒的复制机制和遗传机构	1969
R. R Porter（UK） G. M Edleman（US）	Ig 的结构	1972
B. Mclintock（US）	发现转座因子，并在对大肠杆菌的研究中得到证实	1983
G. Kohler（DE） C. Milstein（AR） N. K. Jerne（GB）	单抗制备	1984
H. Z. Hausen（DE） F. Barré－Sinoussi（FR） L. Montagnier（FR）	发现人乳头瘤病毒引发子宫颈癌 发现人类免疫缺陷病毒	2008
B. A. Beutler（US） J. A. Hoffmann（LU） R. M. Steinman（CA） William	发现 Toll 样受体激活发现固有免疫机制 发现树突状细胞及其启动适应性免疫中的功能	2011
William C. Campbell（IE） Satoshi ōmura（JP）	发现阿维菌素治疗蛔虫寄生虫感染的新疗法	2015
Tu Youyou（CHN）	发现青蒿素用于治疗疟疾	2015
James P. Allison（USA） Tasuku Honjo（JP）	发现通过抑制复兴免疫调节来治疗癌症	2018

思考题

扫码“练一练”

1. 什么是微生物？它主要有哪些特征？
2. 在细胞水平对微生物如何进行分类？各类的主要特征有哪些？
3. 简述微生物的命名法。
4. 什么是免疫？免疫的三大功能是什么？
5. 简述路易斯·巴斯德对微生物学的主要贡献。

（周长林）

第一篇

微生物学概论

扫码“学一学”

第一章　细　菌

第一节　细菌的大小和形态

一、细菌的大小

细菌（bacteria）个体一般都很小，必须借助光学显微镜才能观察到，因此细菌的大小通常要使用放在显微镜中的显微测微尺来测量。细菌的长度单位为微米（μm）。如用电子显微镜观察细胞构造或更小的微生物时，要用更小的单位纳米（nm）来表示。

球菌的大小以其直径表示，杆菌、螺旋菌的大小以“宽度×长度”来表示。螺旋菌的长度是以其自然弯曲状的长度来计算，而不是以其真正的长度计算。

虽然细菌的大小差别很大，但一般都不超过几个微米，大多数球菌的直径为0.20～1.25μm。杆菌一般为(0.20～1.25）μm×(0.30～8）μm，产芽孢的杆菌比不产芽孢的杆菌要大。螺旋菌一般为（0.30～1）μm×5.0μm。细菌细胞大小见表1－1。

表1－1　细菌细胞的大小

细菌	学名	宽×长或直径/μm
大肠埃希菌	*Escherichia coli*	0.5×（1～3）
普通变形杆菌	*Proteus vulgaris*	(0.5～1)×(1～3)
伤寒沙门菌	*Salmonella typhi*	(0.6～0.7)×(2～3)
枯草杆菌	*Bacillus subtilis*	(0.7～0.8)×(2～3)
乳链球菌	*Streptococcus lactis*	0.5～1
化脓链球菌	*Streptococcus pyogenes*	0.6～1
金黄色葡萄球菌	*Staphylococcus aureus*	0.8～1
霍乱弧菌	*Vibrio cholerae*	(0.3～0.6)×(1～3)
迂回螺菌	*Spirillum volutans*	(1.5～2)×(10～20)

由于细菌个体大小有很大差异及所用固定和染色方法的不同，测量结果可能不一致。一般细菌在干燥与固定过程中，细胞明显收缩，测量结果往往只能得到近似值。有关细菌大小的记载常常是平均值或代表值。

影响细菌形态变化的因素同样也影响细菌个体的大小，除少数例外，一般幼龄的菌体比成熟的或老龄的菌体大得多，但宽度变化不明显。细菌细胞大小还可能与代谢产物的积累或培养基中渗透压增加有关。

二、细菌的形态

细菌是单细胞原核生物，即细菌的个体是由一个原核细胞组成。虽然细菌的个体只是一个细胞，但是，它们的形态（morphology）各不相同。细菌具有三种基本形态，即球状、杆状和螺旋状，分别称为球菌、杆菌和螺旋菌。另外，细菌还存在不规则形态。

（一）球菌的形态

球菌指球形或近似球形的细菌。有的单独存在，有的连在一起。球菌（coccus，复数cocci）分裂之后产生新的细胞常保持一定的排列方式（图1－1），这种排列方式在分类学上具有重要意义。球菌的形态可分为以下几种。

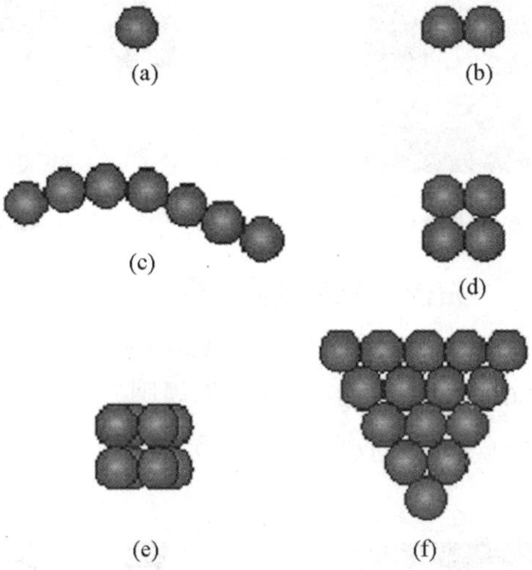

图1－1 球菌的排列方式

（a）单球菌；（b）双球菌；（c）链球菌；（d）四联球菌；（e）八叠球菌；（f）葡萄球菌

1. 单球菌（single coccus） 指分裂后的细胞分散而单独存在的球菌，如尿素微球菌（*Micrococcus ureae*）。

2. 双球菌（diplococcus） 指细胞分裂后两个球菌成对排列的球菌，如淋病奈瑟球菌（*Neisseria gonorrhoeae*）（图1－2）。

3. 链球菌（streptococcus） 指细胞分裂沿一个平面进行，分裂后细胞排列成链状的球菌，如肺炎链球菌（*Streptococcus pneumoniae*）（图1－3）、酿脓链球菌（*Streptococcus pyogenes*）（图1－4）。

4. 四联球菌（tetracoccus） 指沿两个相垂直的平面分裂，分裂后每4个细胞在一起呈田字形的球菌，如四联微球菌（*Micrococcus tetragenus*）（图1－5）、藤黄微球菌（*Micrococcus leteus*）（图1－6）。

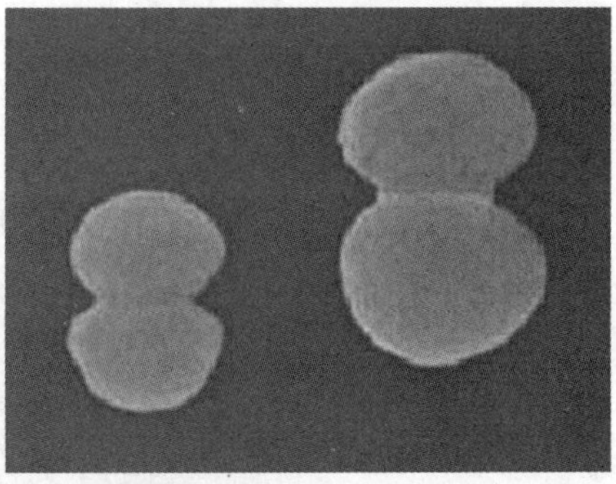

图1－2 淋病奈瑟球菌（电镜）

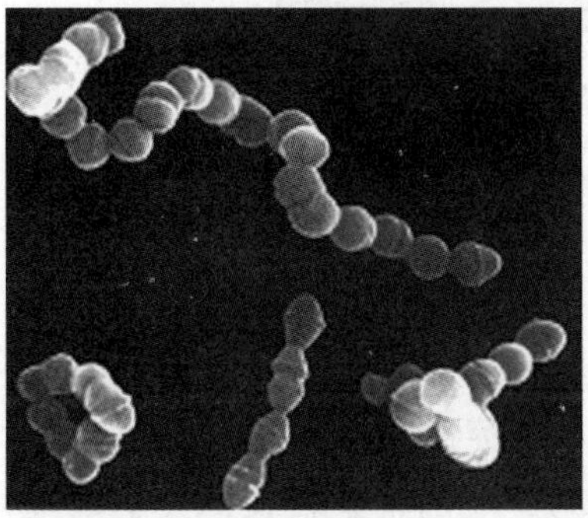

图1－3 肺炎链球菌（电镜）

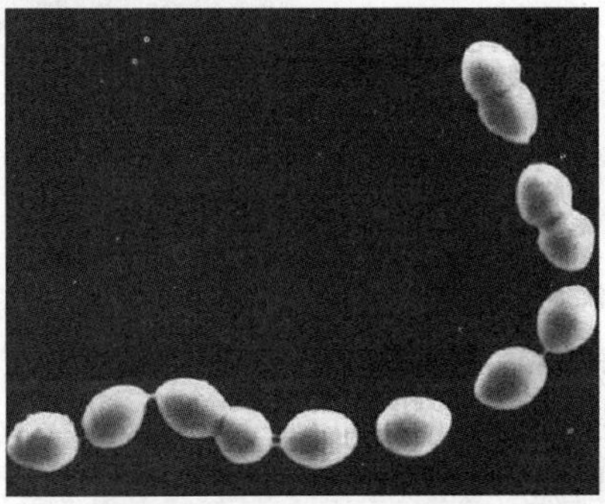

图1－4 酿脓链球菌（电镜）

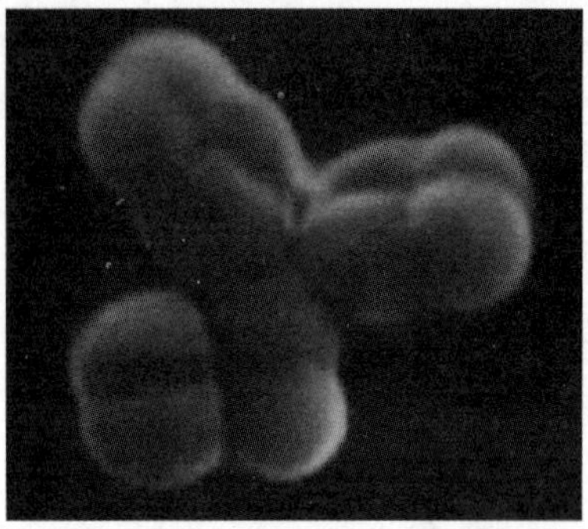

图1-5　四联微球菌（电镜）

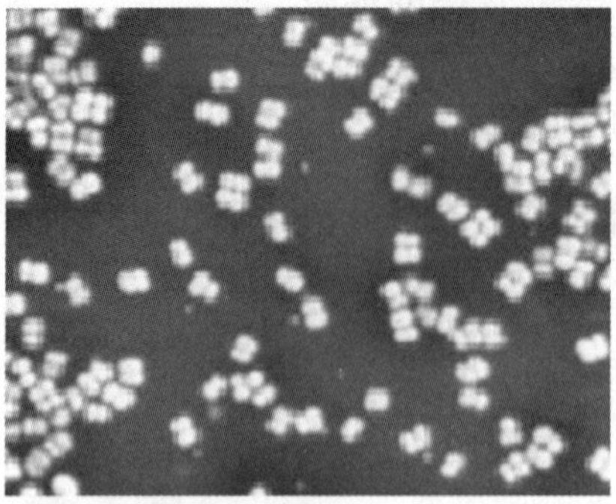

图1-6　藤黄微球菌（电镜）

5. 八叠球菌（sarcina）　指按3个互相垂直的平面进行分裂后，每8个球菌在一起成立方形的球菌，如藤黄八叠球菌（*Sarcina leteus*）（图1-7）。

6. 葡萄球菌（staphylococcus）　指分裂面不规则，多个球菌聚在一起像一串串葡萄的球菌。如金黄色葡萄球菌（*Staphylococcus aureus*）（图1-8）、表皮葡萄球菌（*Staphylococcus epidermidis*）（图1-9）。

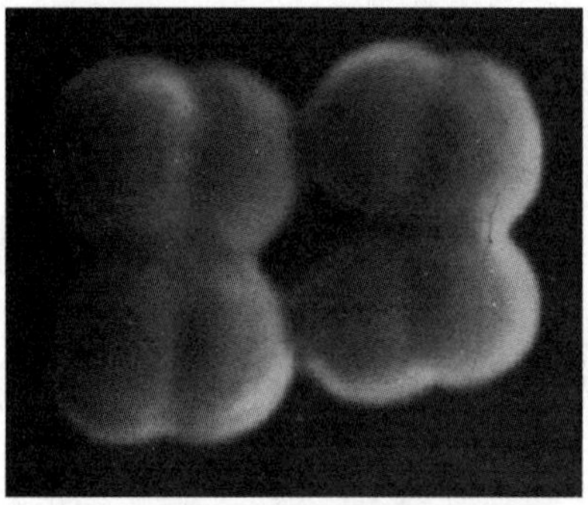

图1-7　藤黄八叠球菌（电镜）

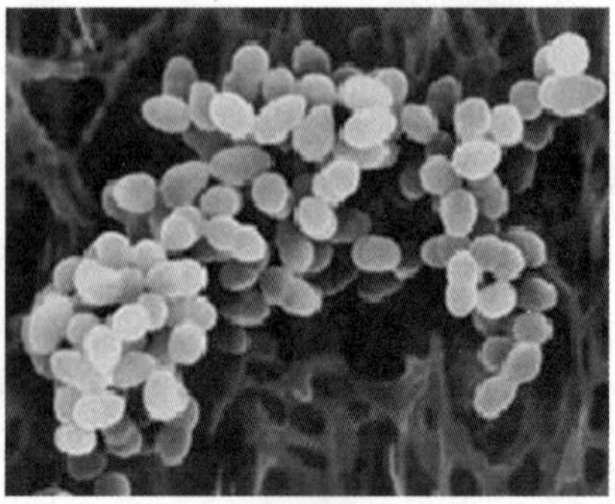

图1-8　金黄色葡萄球菌（电镜）

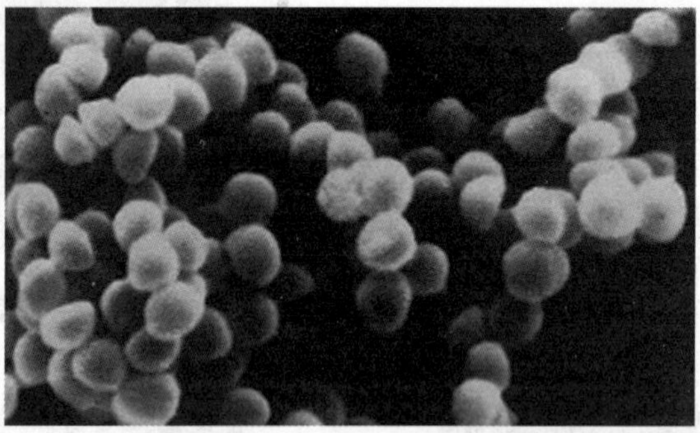

图1-9　表皮葡萄球菌（电镜）

（二）杆菌的形态

杆菌（bacillus，复数 bacilli）是细菌中最多的类型，杆菌细胞是长形，其长度大于宽度，由于比例不同，往往杆菌的长短差别很大，杆菌的排列方式如图1-10所示。长的杆菌呈圆柱形，如枯草芽孢杆菌（*Bacillus subtilis*）、炭疽芽孢杆菌（*Bacillus anthracis*）和干酪乳杆菌（*Lactobacillus casei*）（图1-11至图1-13）；有的杆菌较长，甚至呈丝状，如两歧双歧杆菌（*Bifidobacterium bifidum*）（图1-14）；短的杆菌有时接近椭圆形，几乎和球菌一样，称为短杆菌，如大肠埃希菌（*Escherichia coli*）（图1－15，图1－16），在光学显微镜下观察时，其易与球菌混淆。杆菌的形态根据种的不同有所差异，有的菌体呈纺锤状，有的杆菌有明显分枝。杆菌的两端常呈各种不同形状，有半圆形、钝圆形、平截或略有尖，杆菌两端的不同形状，常作为鉴别菌种的依据。有些杆菌一端膨大另一端细小，形如棒状的称为棒状杆菌，如谷氨酸棒状杆菌（*Corynebacterium glutamicum*）（图1－17）；形如梭状的称为梭状杆菌，如破伤风梭菌（*Clostridium tetani*）（图1－18）。此外，菌体排列的形式也有不同，排列成对的称双杆菌，形成链状的称链杆菌，还有些杆菌可以产生芽孢，称为芽孢杆菌，而不产生芽孢的亦称无芽孢杆菌。杆状菌的形状与排列有一定的分类鉴定意义。生产中用到的细菌大多数是杆菌，例如用来生产谷氨酸的谷氨酸北京棒状杆菌（*Corynebacterium pekinense*）、生产淀粉酶与蛋白酶的枯草杆菌（*Bacillus subtilis*）、乳品工业中的保加利亚乳杆菌（*Lactobacillus bulgaricus*）等。

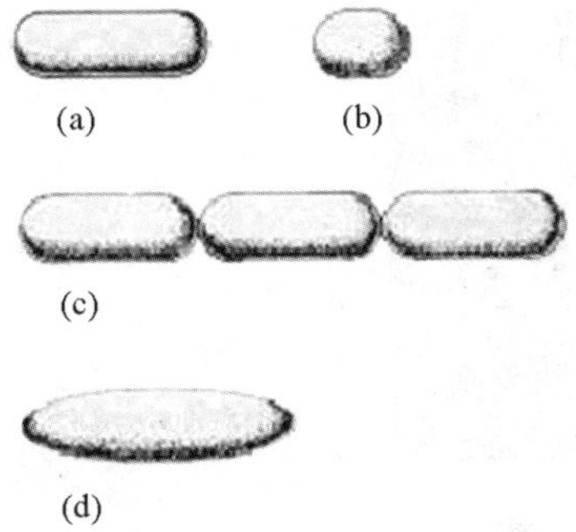

图1－10　杆菌的排列方式

（a）典型杆菌；（b）球杆菌；
（c）链杆菌；（d）梭杆菌

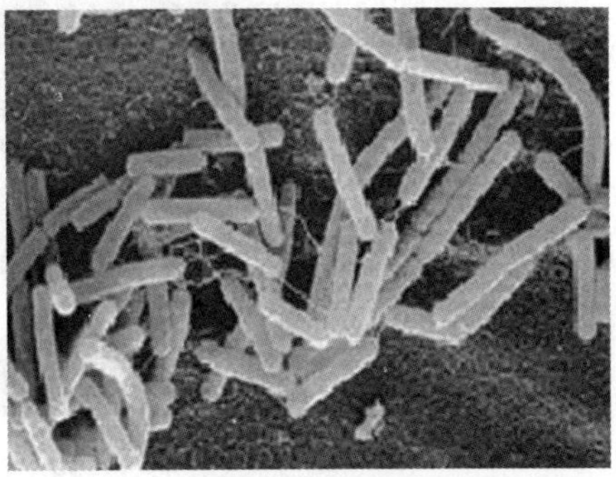

图1－11　枯草芽孢杆菌（电镜）

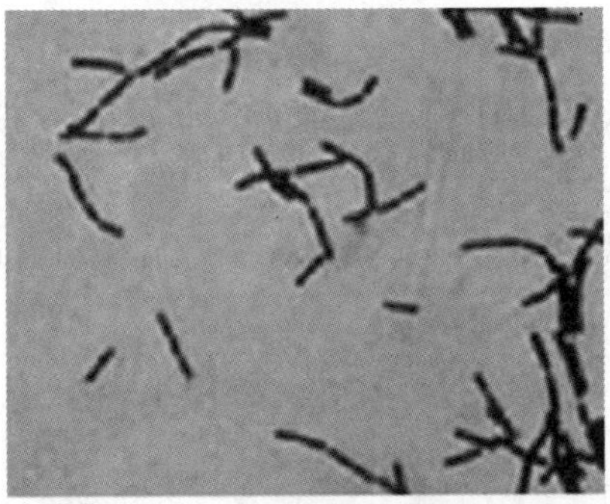

图1－12　炭疽芽孢杆菌（电镜）

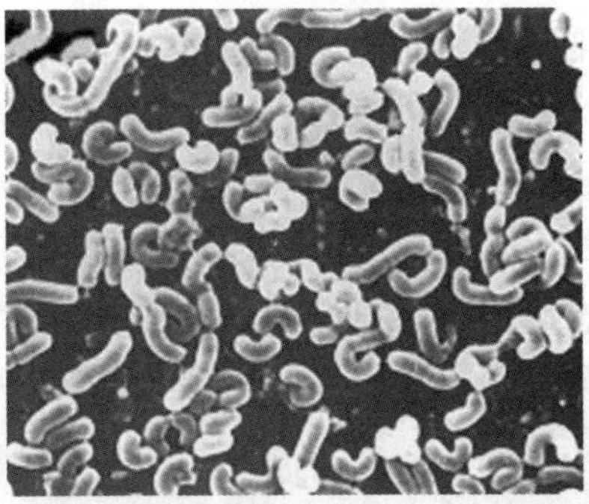

图1－13　干酪乳杆菌（电镜）

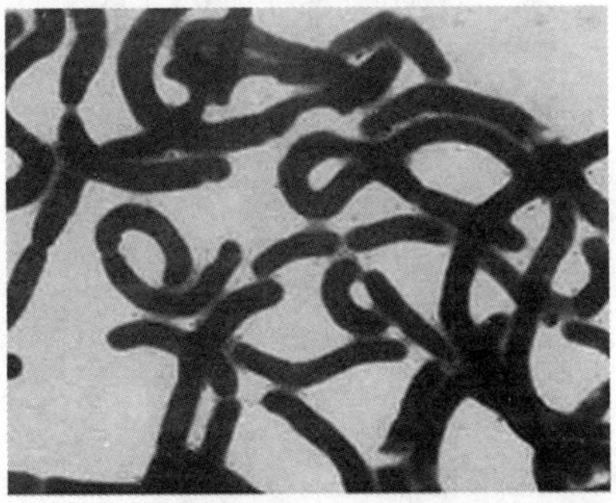

图1－14　两歧双歧杆菌（电镜）

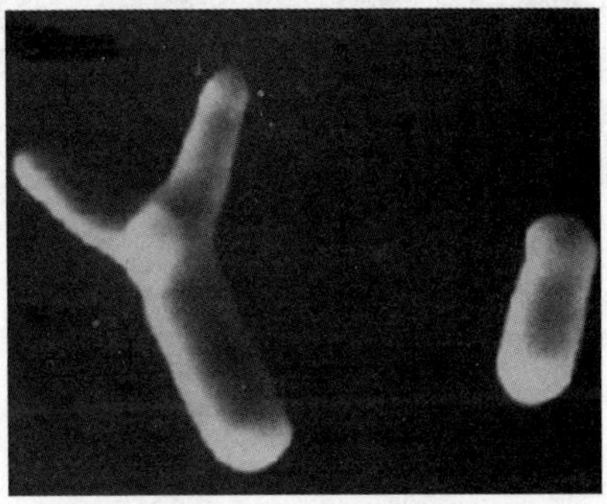

图1－15　大肠埃希菌（电镜）

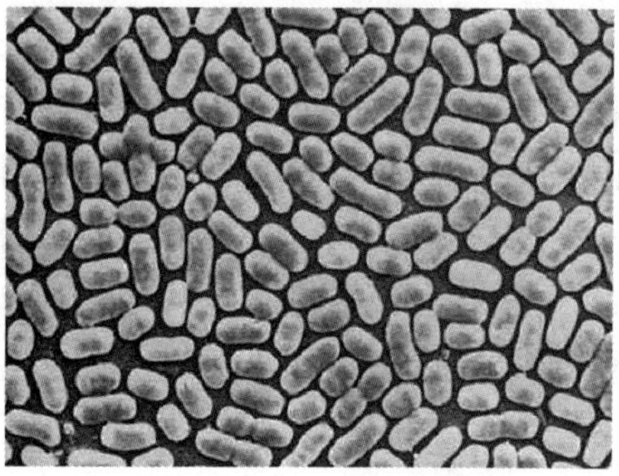

图1-16　大肠埃希菌

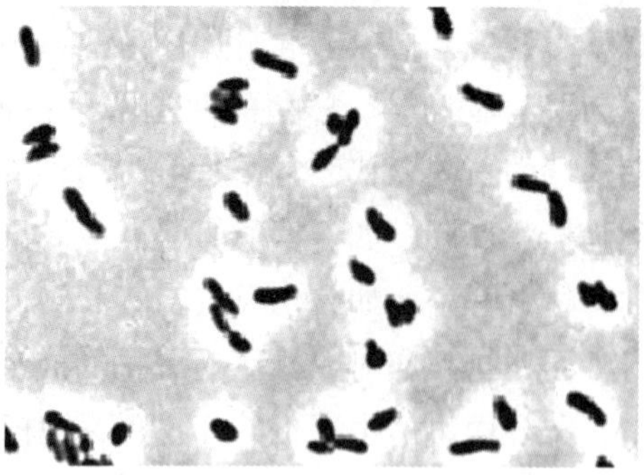

图1-17　谷氨酸棒状杆菌（电镜）

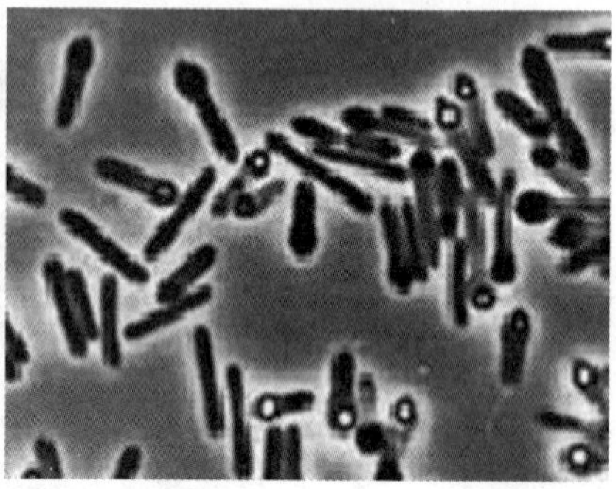

图1-18　破伤风梭菌（电镜）

（三）螺旋菌的形态

细胞呈弯曲状，根据其弯曲程度不同而分为弧菌和螺旋菌。

1. 弧菌（vibrios）　菌体弯曲呈弧形或逗号形，如霍乱弧菌（*Vibrio cholerae*）、拟态弧菌（*Vibrio mimicus*）和脱硫弧菌（*Desulfovibrio desulfuricans*）（图1-19至图1-21）。

2. 螺旋菌　菌体回转如螺旋，螺旋的多少及螺距随菌种不同而异。螺旋菌（spirilla）的形态如图1-22所示。

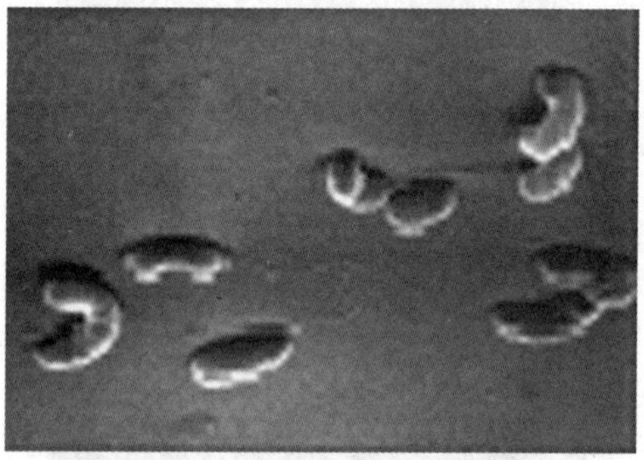

图1-19　霍乱弧菌（电镜）

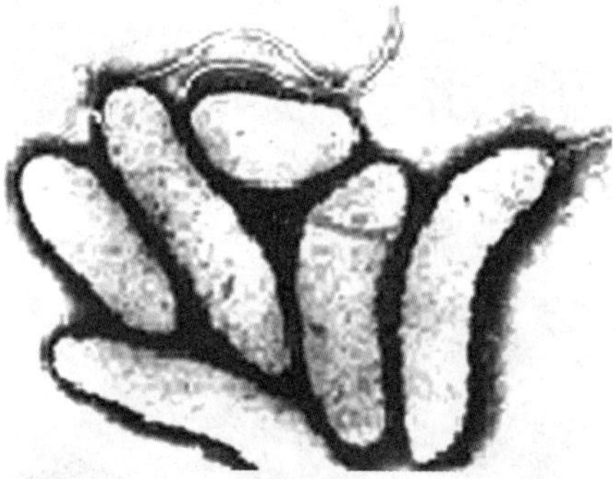

图1-20　拟态弧菌（电镜）

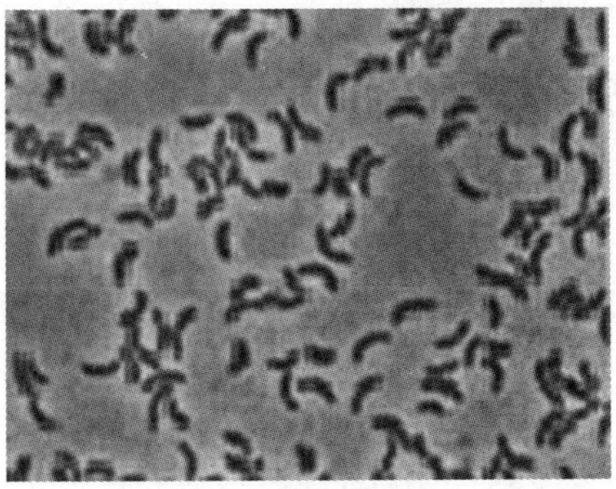

图1-21 脱硫弧菌

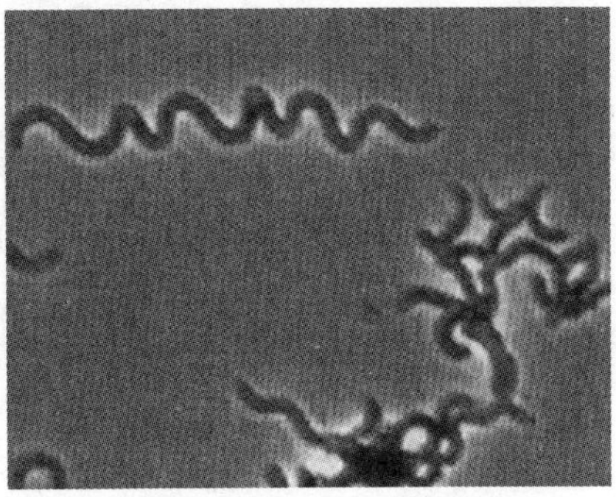

图1-22 深红红螺菌（电镜）

（四）细菌的不规则形态

细菌的形态与环境因子，如培养温度、培养基的成分和浓度及培养时间等有关。各种细菌在幼龄时和适宜的环境条件下表现出正常形态，当培养条件变化或菌体变老时，常常引起形态的改变。尤其是杆菌，有时菌体显著伸长呈丝状、分枝状或膨大状，这种不整齐形态称为异常形态。异常形态中又依其生理功能的不同分为畸形和衰颓形两种。畸形就是由于化学或物理因素的刺激，阻碍了细胞的发育而引起的形态异常变化，如巴氏醋酸杆菌（*Acetobacter Pasteurianus*）正常情况下为短杆菌，由于培养温度的改变而成纺锤形、丝状或链锁状。衰颓形是由于培养时间过久，养分缺乏，细胞衰老或由于自身代谢产物积累过多等原因而引起的异常形态，此时细胞繁殖终止，形体膨大而构成液泡，染色力弱，有时菌体虽然存在而实际上已死亡，如乳酪芽孢杆菌（*Bacillus casei*）普通正常情况培养为长杆菌，老熟时变成无繁殖力的分枝状的衰颓形，但若再将它们转移到新鲜培养基上，并在合适的条件下生长，它们又将恢复其原来的形状。

三、细菌染色法

由于细菌的个体极小，且无色透明，故在光学显微镜下亦很难看清它们的形状，所以除要观察活体细菌及其运动情况采用不染色标本外，一般均需采用染色方法后方能在光学显微镜下观察其形态。细菌的染色方法一般可分为单染色法、复染色法和特殊染色法三种。

（一）单染色法

先将标本经涂片和干燥固定后，加上一种染料，如美蓝或石炭酸复红等染色，即可在光学显微镜下观察其形态。此法优点是操作简单，在工业生产中经常采用此法观察生产菌的菌体生长情况；缺点是只能观察菌体形态和大小，无法鉴别于其他的细菌。

（二）复染色法

此法一般经初染、脱色、复染等过程，需用两种染料，经染色后，由于细菌结构的不同而染成不同的颜色，从而使两种细菌区别开来，故又称鉴别染色法。常用的有革兰染色法和抗酸染色法等。

1. 革兰染色法 经涂片干燥固定后，在标本上先加草酸铵结晶紫染色，然后加路哥碘液媒染，再加95%乙醇脱色，最后用沙黄或稀释苯酚复红复染，结果显示出两种不同颜色，凡细菌呈紫色的称革兰阳性（G^+）细菌，呈红色的称革兰阴性（G^-）细菌。革兰染色法（Gram stain）是最常用的鉴别细菌的染色方法，它在细菌分类、新抗生素筛选、临床选药等方面均具有重要的意义。

2. **抗酸染色法（acid-fast stain）** 主要用于抗酸性细菌（如结核分枝杆菌、麻风分枝杆菌）染色，其染色方法是先用石炭酸复红加温染色，再用盐酸乙醇脱色，后用吕氏美蓝复染，凡能保留红色的细菌即为抗酸性细菌，而呈美蓝颜色的细菌即为非抗酸性细菌，此法对临床医学诊断具有一定意义。

（三）特殊染色法

此法主要用来观察细菌细胞的各种结构，常用的特殊染色法有荚膜染色法、鞭毛染色法、芽孢染色法、富尔根核质染色法和细胞壁染色法等。

第二节　细菌细胞的结构与功能

细菌细胞的结构主要可分为基本结构和特殊结构两部分，由于细菌个体微小，所以研究其一般结构可采用染色法在光学显微镜下观察，而对细菌的超显微结构则需采用超薄切片法及电子显微镜技术（测量细胞结构以纳米为单位）。细菌细胞结构模式如图1－23所示。

一、细菌的基本结构

细菌的基本结构是指各种细菌都具有的细胞结构，包括细胞壁、细胞膜、细胞质、核物质和一些细胞内含物等。

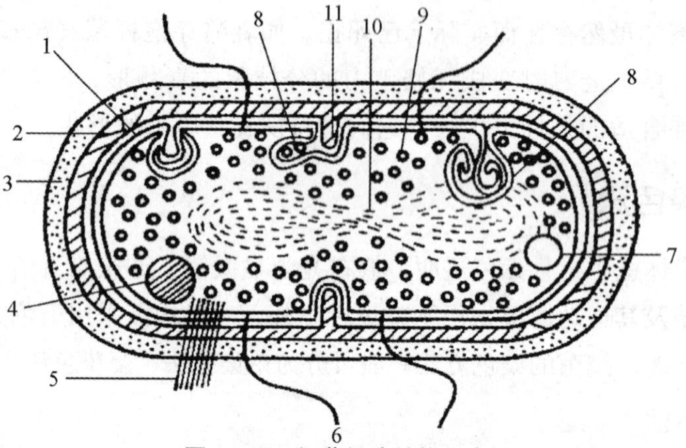

图1－23　细菌细胞结构示意

1. 细胞质膜；2. 细胞壁；3. 荚膜；4. 异染颗粒；5. 菌毛；6. 鞭毛；7. 脂质颗粒；8. 中介体；9. 核糖体；10. 细胞核；11. 横隔壁

（一）细胞壁

细胞壁（cell wall）是包在细胞表面较为坚韧而又略具弹性的结构，采用质壁分离和适当的染色方法，可在光学显微镜下观察到。

细菌细胞壁的化学组成与真核生物的细胞壁有明显的不同。如高等植物细胞壁的主要成分是纤维素，霉菌细胞壁的主要成分是几丁质，而细菌细胞壁的主要成分为肽聚糖（peptidoglycan），肽聚糖是由N－乙酰葡萄糖胺（N-acetylglucosamine，G）、N－乙酰胞壁酸（N-acetylmuramic acid，M）和短肽侧链聚合成的具多层网状结构的大分子化合物。肽聚糖是由N－乙酰葡萄糖胺和N－乙酰胞壁酸通过β－1,4－糖苷键连接成骨架，短肽连接在胞壁酸上，相邻的短肽又交叉相连，而成的网状结构。短肽链的氨基酸组成和交联方式因细菌而异，有的是相邻的短肽直接相连，有的则要通过另一条短肽使相邻的短肽相连。通过革兰染色后可将细菌分为 G^+ 细菌和 G^- 细菌两大类。G^+ 细菌和 G^- 细菌的细胞壁结构与化学组成具有明显的差异。

1. 革兰阳性细菌细胞壁的结构与化学组成 革兰阳性细菌的细胞壁位于细胞膜外，其化学组成是肽聚糖和磷壁酸。G^+ 细菌细胞壁结构如图 1－24 所示。G^+ 细菌细胞壁较厚，约 20～80nm，其主要成分为肽聚糖，约占细胞壁干重的 50%～80%。

金黄色葡萄球菌肽聚糖的结构如图 1－25 所示。它由 N－乙酰葡萄糖胺和 N－乙酰胞壁酸通过 β－1,4－糖苷键连接成聚糖链，短肽侧链依次由 L－丙氨酸、D－谷氨酰胺、L－赖氨酸、D－丙氨酸组成（图 1－26）；相邻的肽聚糖链通过五聚甘氨酸肽桥相连接，即一条聚糖链上的首位 L－丙氨酸的氨基连接在 N－乙酰胞壁酸的乳酸残基的羧基上，而该链第三位的 L－赖氨酸的 ε－氨基再通过五聚甘氨酸肽桥连接到相邻肽糖链四肽末端的 D－丙氨酸的羧基上，从而将肽聚糖亚单位交叉连接成重复结构（图 1－27）。金黄色葡萄球菌肽聚糖分子中 90% 的亚单位纵横交错连接，从而形成了结构紧密、机械强度较大的多层网络结构。

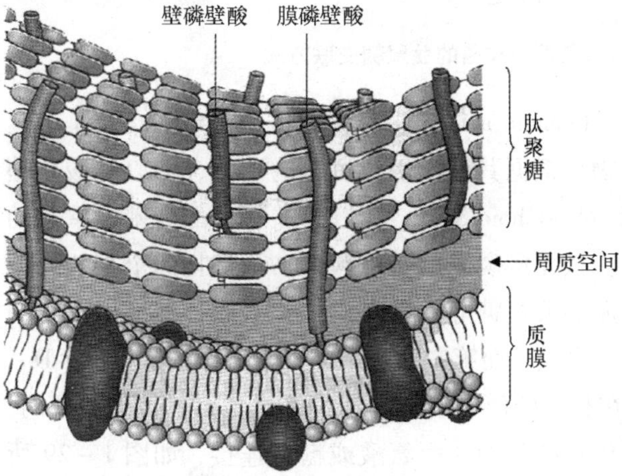

图 1－24 G^+ 细菌细胞壁结构示意

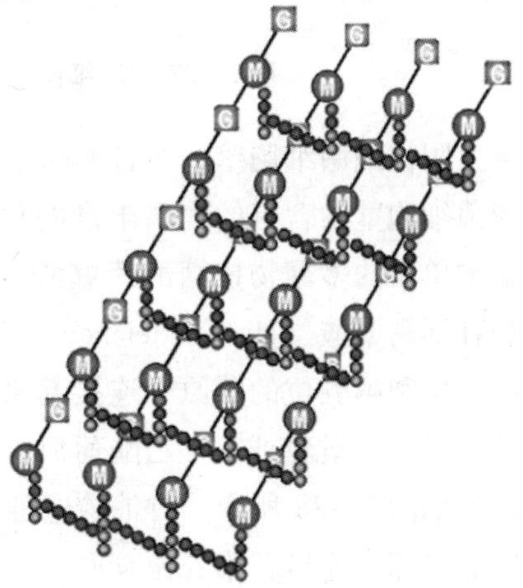

图 1－25 G^+ 细菌——金黄色葡萄球菌的肽聚糖结构示意

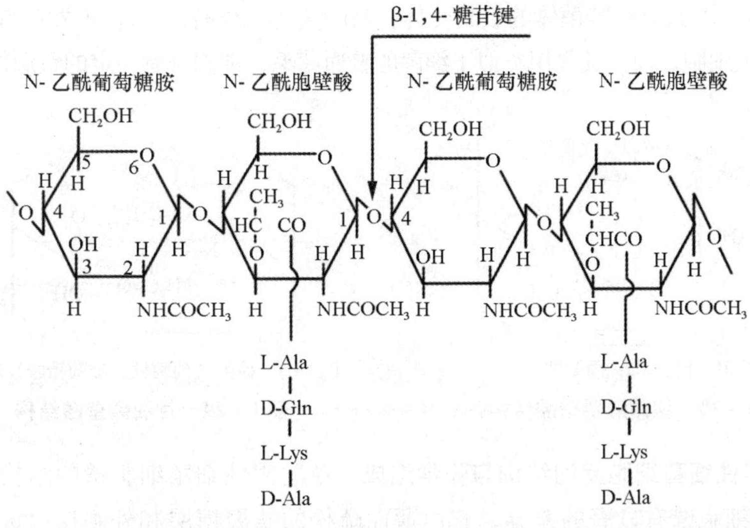

图 1－26 G^+ 细菌——金黄色葡萄球菌的肽聚糖化学组成

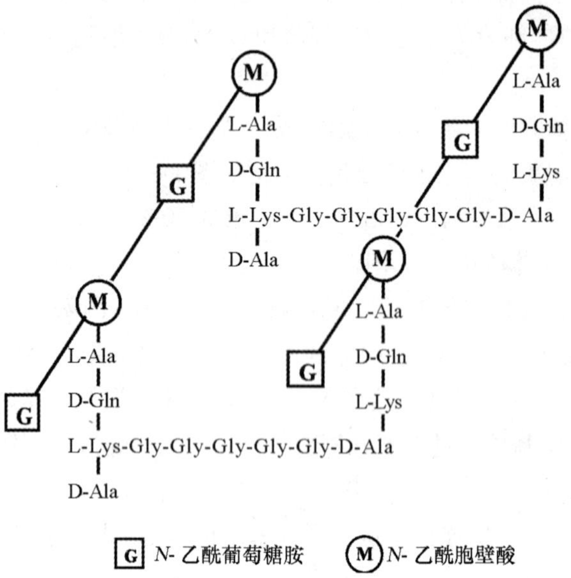

图 1－27　G⁺细菌——金黄色葡萄球菌的肽聚糖交联方式

革兰阳性细菌细胞壁中所含的磷壁酸（teichoic acid）又称为垣酸或菌壁酸，它是革兰阳性细菌细胞壁中含有的含磷丰富的化合物，根据其化学组成可分为两类，即以磷酸核糖醇为基本单位的多聚物核糖醇磷壁酸（ribitol teichoic acid）和以磷酸甘油醇为基本单位的多聚物甘油磷壁酸（glycerol teichoic acid）。核糖醇磷壁酸是以磷酸二酯键把两个相邻的核糖醇第一位和第五位的碳原子连接起来，大多数核糖醇残基在第二位碳原子上可由不同的糖（葡萄糖、半乳糖或 N－乙酰葡萄糖胺）取代，而第三位或第四位碳原子上连接一个D－丙氨酸，如图 1－28 所示。甘油磷壁酸是在相邻的两个磷酸甘油第一位与第三位碳原子间，通过磷酸二酯键连接，第二位碳原子上的羟基则与 D－丙氨酸或糖相连接，如图 1－29 所示。根据磷壁酸与细菌细胞连接方式不同又可将磷壁酸分为膜（脂）磷壁酸和壁磷壁酸，前者与细菌细胞膜相连，后者与细菌细胞壁连接。

磷壁酸的主要功能有：① 是 G⁺细菌重要的表面抗原，与血清学分型有关；② 有保存和运送 Mg^{2+}的作用；③ 是某些噬菌体的吸附受体，与噬菌体感染有关；④ 现发现 A 族链球菌的脂磷壁酸黏附到人细胞表面，其作用类似于细菌的普通菌毛，推测具有一定的致病作用。

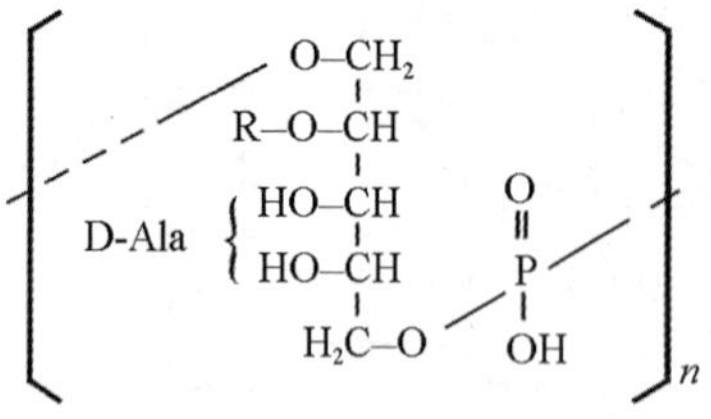

R：糖；Ala：丙氨酸

图 1－28　核糖醇磷壁酸结构

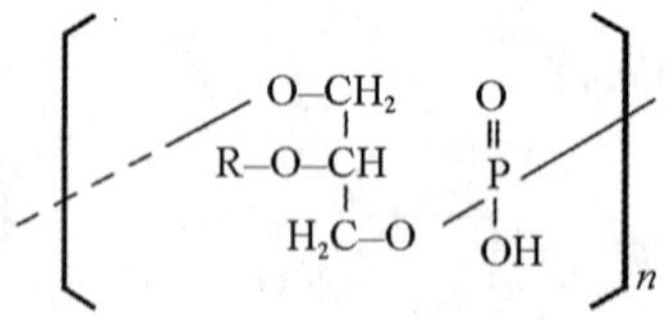

R：Ala、糖类（葡萄糖、葡萄糖胺）或 H

图 1－29　甘油磷壁酸结构

2. 革兰阴性细菌细胞壁的结构与化学组成　革兰阴性细菌细胞壁的结构和化学组成与革兰阳性细菌细胞壁有显著的差异，它由薄而疏松的肽聚糖层和外膜层（outer membrane）组成。细胞壁肽聚糖层厚 10～15nm，占细胞壁干重的 5%～15%；外膜层则由脂多糖（lipopolysaccharide，LPS）、磷脂和脂蛋白等组成（图 1－30）。

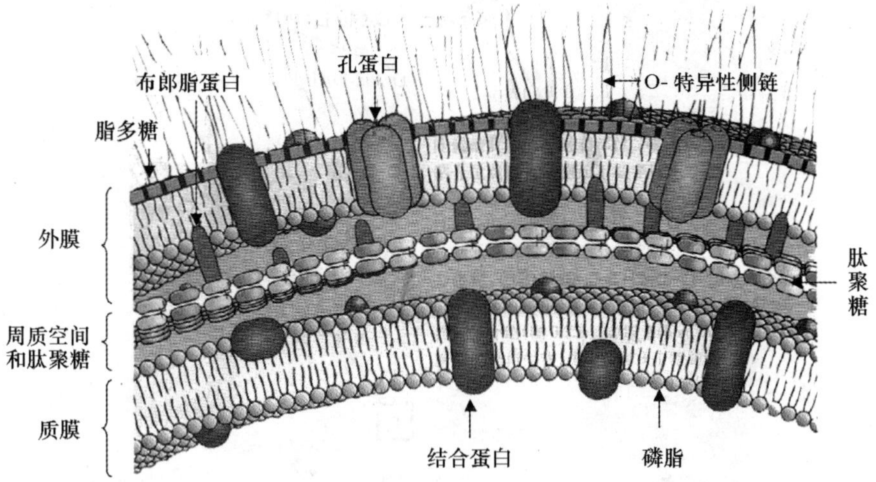

图 1－30 G⁻细菌细胞壁结构示意

大肠埃希菌肽聚糖的结构如图 1－31 所示。它由 N－乙酰葡萄糖胺和 N－乙酰胞壁酸通过 β－1,4－糖苷键连接成聚糖链，短肽侧链依次由 L－丙氨酸、D－谷氨酸、内消旋二氨基庚二酸（meso-DAP）和 D－丙氨酸组成；相邻的肽聚糖链由一条侧链上的 DAP 的 D 中心氨基和另一条侧链上的 D－丙氨酸羧基通过肽键直接相连接，从而将肽聚糖亚单位交叉连接成重复结构（图 1－32）。

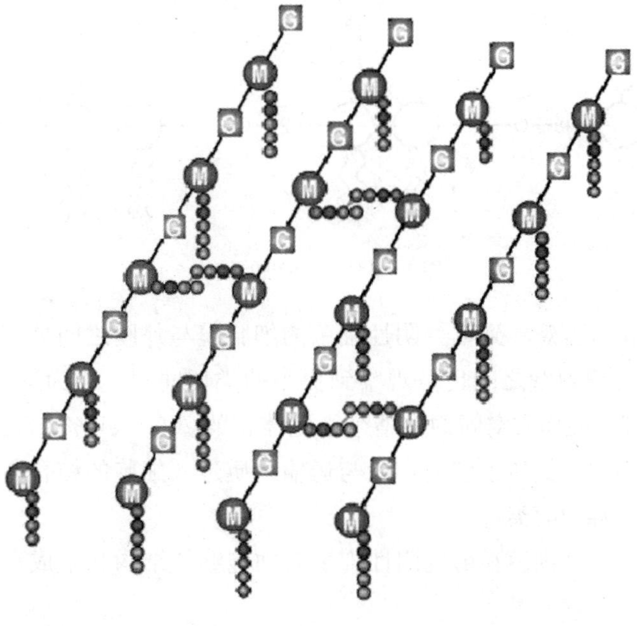

图 1－31 G⁻细菌——大肠埃希菌细胞壁肽聚糖的结构

革兰阴性细菌脂多糖的结构如图 1－33 所示，它由类脂 A、核心多糖和多糖 O 抗原组成。多糖 O 抗原是由若干个低聚糖的重复单位组成的多糖链，即革兰阴性细菌的菌体抗原（O 抗原），具有种的特异性；核心多糖由庚糖、半乳糖、2－酮基－3－脱氧辛酸（2－keto－3－deoxyoctonkacid，KDO）等组成；脂类 A 是以脂化的葡萄糖胺二糖为单位，通过焦磷酸酯键组成的一种独特的糖脂化合物，具有致热作用，故是革兰阴性细菌内毒素的毒性成分。LPS 的主要

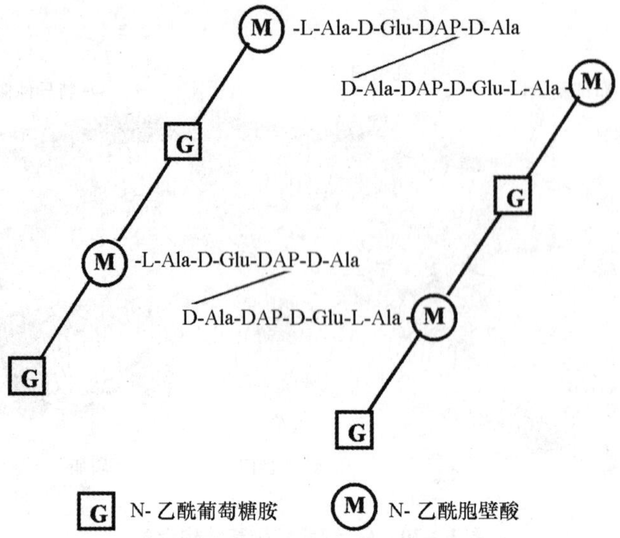

图 1－32　G⁻细菌——大肠埃希菌细胞壁肽聚糖的交联方式

功能有：① 是 G⁻细菌内毒素的主要成分；② 与磷壁酸相似，具有吸附 Mg^{2+}、Ca^{2+} 等阳离子的作用；③ 决定了 G⁻细菌细胞表面抗原决定簇的多样性；④ 是噬菌体的吸附受体。

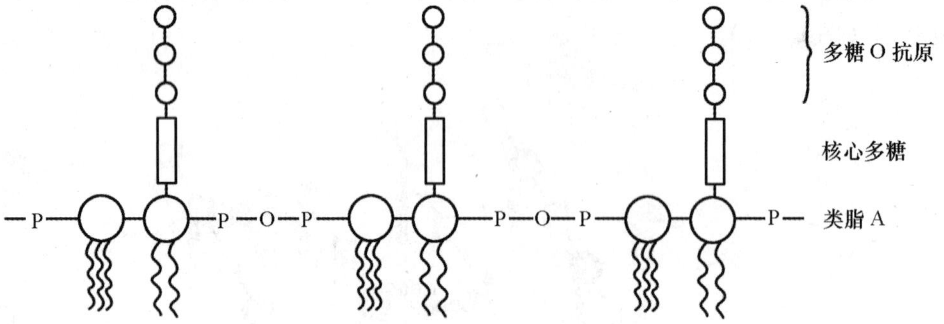

图 1－33　脂多糖的结构

采用电子显微镜常可观察到革兰阴性细菌的细胞膜与外膜之间的空隙，同时，在革兰阳性细菌的细胞膜与细胞壁之间也可观察到更小的类似间隙，称为周质空间（periplasmic space）。革兰阴性细菌的周质空间约占整个细胞体积的 20% ~40%，其中含有许多参与营养物摄取过程的蛋白质，例如水解酶和参与运输物质进入细胞的结合蛋白。另外，还含有参与肽聚糖合成和解毒的酶类。

综上可知，革兰阳性细菌和革兰阴性细菌其细胞壁的结构和组成存在较大的差异，如表 1－2 所示。

扫码"看一看"

表 1－2　G⁺细菌和 G⁻细菌细胞壁组成的比较

比较项目		G⁺细菌	G⁻细菌
结构	厚度/nm	20 ~80	10 ~15
	层数	多（可达 50 层）	少（1 ~3 层）
	肽聚糖结构	90% 亚单位交联，致密网状，交联度高	35% 亚单位交联，疏松网状，交联度低
	相邻多糖链连接方式	肽桥连接	直接连接

续表

比较项目		G⁺细菌	G⁻细菌
组成	肽聚糖（占细胞干重）	50%～80%	5%～15%
	磷壁酸	有	无
	脂多糖	无	有
	脂蛋白	无	有
	脂类含量	少，1%～4%	多，11%～22%
	对青霉素敏感性	敏感	不敏感

3. 革兰染色的原理 近年来，由于对细胞壁结构研究的深入，故对其化学组成及结构了解得比较清楚，所以对革兰染色的原理亦有比较满意的解释。现在已知道，革兰阴性细菌细胞壁中脂类物质含量较高，肽聚糖含量较低，革兰染色过程中通过脂溶剂乙醇的处理，可溶解脂类物质，使革兰阴性细菌细胞壁的通透性增加，结晶紫－碘复合物被乙醇抽提出，从而革兰阴性细菌细胞被脱色，而呈复染液的红色。革兰阳性细菌由于细胞壁肽聚糖含量高，层数多，交联度高，脂类含量低，在乙醇处理中被脱水引起细胞壁肽聚糖层中的孔径变小，通透性降低，结晶紫－碘复合物被保留在细胞内而呈紫色。由于革兰染色原理与细胞壁的结构和组成有关，故随着细胞壁的不断深入研究，可能还会出现新的更为合理的解释。同时要指出的是：革兰染色还和菌龄、染色时的操作等有关，所以在进行革兰染色时要特别注意，以免假阳性的出现。

4. 细胞壁的功能 细胞壁主要具有保护细胞及维持细胞外形的功能。细菌细胞在一定范围的高渗溶液中，原生质收缩，但细胞仍可保持原来形状；在一定的低渗溶液中，细胞则会膨大，但不破裂，这些都和细胞壁具有一定坚韧性及弹性有关。例如 G^+ 细菌细胞壁可耐受1518～2530kPa 的渗透压，G^- 细菌可耐受 506～1012kPa 的渗透压。

细胞壁的化学组成也与细菌的抗原性、致病性以及对噬菌体的敏感性有关。另外细胞壁还为细菌鞭毛运动提供可靠的支点，从而协助鞭毛运动。细胞壁实际上是多孔性的，可允许水及一些化学物质通过，但对大分子物质有阻拦作用，故与细胞内外的物质交换有关。同时，细菌细胞壁是细胞正常分裂所必须的。革兰阴性细菌具有外膜层，其功能是抗吞噬作用和对药物等的屏障作用，可阻止相对分子质量 700 以上的分子通过，所以细菌细胞壁与细菌细胞对药物的敏感性有关。

5. L 型细菌及溶菌酶和青霉素对细菌细胞壁的作用 20 世纪 30 年代，K. Nobel 在 Lister 研究所从大白鼠体内分离出没有细胞壁的念珠状链杆菌变异株，称之为 L 型细菌。

由于肽聚糖是细菌细胞壁的主要成分，凡能破坏肽聚糖结构或抑制其合成的物质均能损伤细胞壁而杀死细菌。如溶菌酶（lysozyme）能裂解 N－乙酰胞壁酸 C－1/N－乙酰葡萄糖胺 C－4 之间的 β－1,4－糖苷键，破坏肽聚糖骨架，引起细菌裂解。许多抗生素抑菌或杀菌的原因，也是由于它们作用于肽聚糖合成的某个阶段。如青霉素的作用是抑制肽聚糖合成最后阶段交联作用的转肽反应，不论 G^+ 细菌还是 G^- 细菌都是一样，只不过具体作用位点不同。这样，细菌不能形成完整的细胞壁而裂解死亡。由于 G^- 细菌外膜的通透屏障作用，使青霉素不易达到它的作用靶位，从而使多数 G^- 细菌对青霉素不够敏感（图 1－34）。

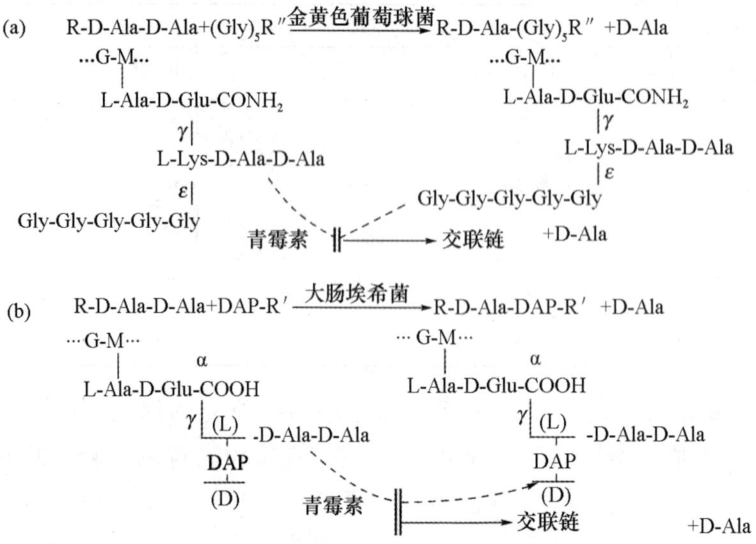

图 1－34　青霉素抑制细菌细胞壁肽聚糖合成的作用位点

革兰阳性细菌用溶菌酶酶解或青霉素诱导处理可破坏或抑制细菌细胞壁的合成，获得无细菌细胞壁的部分称为原生质体（protoplast）。G^- 细菌以溶菌酶和乙二胺四乙酸（EDTA）处理除去肽聚糖层和部分脂多糖，得到细胞壁部分缺陷的圆形结构，称为圆球体（spheroplast）（图 1－35）。目前，通常将细胞壁缺陷的细菌，包括原生质体和圆球体统称为 L 型细菌。L 型细菌呈高度多样性，由于不具坚韧性的细胞壁，对环境因素尤其是渗透压非常敏感，任何形态的菌体均呈球状，必须在高渗溶液，如在 15% ~30% 蔗糖中才能保持原生质体状态；但其他生物活性并未发生改变，在适宜条件下和普通培养基上照样生长繁殖，形成“油煎蛋”样小菌落，可用低倍镜观察到。除去诱导因子，L 型细菌仍能恢复原来的细菌形态。研究表明，L 型细菌也具有致病作用，对一些用药后反复发作、有临床症状，但常规培养菌检呈阴性的可考虑是 L 型细菌感染的结果。

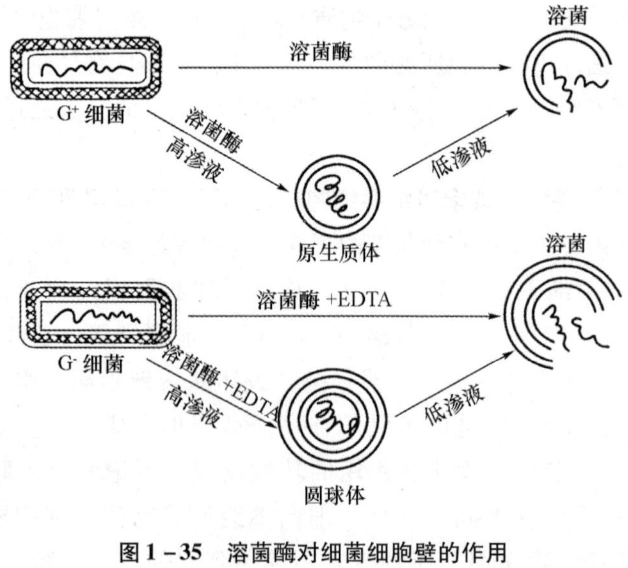

图 1－35　溶菌酶对细菌细胞壁的作用

原生质体的获得给微生物学工作者提供了一种有效的生物学材料，原生质体融合技术现被广泛用于微生物菌种的选育。

（二）细胞膜

细胞膜（cell membrane）又称细胞质膜（cytoplasmic membrane），是紧靠在细胞壁内侧，柔软而富有弹性的薄膜，在电子显微镜下观察，可见细胞膜厚 7～8nm，由两层厚约 2nm 的电子致密层中间夹着一透明层构成。细胞膜约占细胞干重的 10%，它主要由蛋白质、磷脂和少量多糖组成，细胞膜中的蛋白质与膜的渗透性及酶活性有关。磷脂由磷酸、甘油和脂肪酸及含氮碱基组成，它既具有疏水性的非极性基团，又具有亲水性的极性基团，在水溶液中形成具有高度定向性的双分子层，即亲水的极性基朝外，疏水的非极性基朝内，构成膜的基本结构。蛋白质或结合于膜表面上，或可由外侧伸入膜的中部，有的甚至可以从膜一侧穿透两层磷脂分子而暴露于另一侧之外，这些蛋白质或酶和糖类物质在膜上的位置不是固定不变的，而是处于一种不断运动的状态，这就是 Singer 于 1972 年提出的流动镶嵌学说。细胞膜的镶嵌结构模式如图1－36所示。

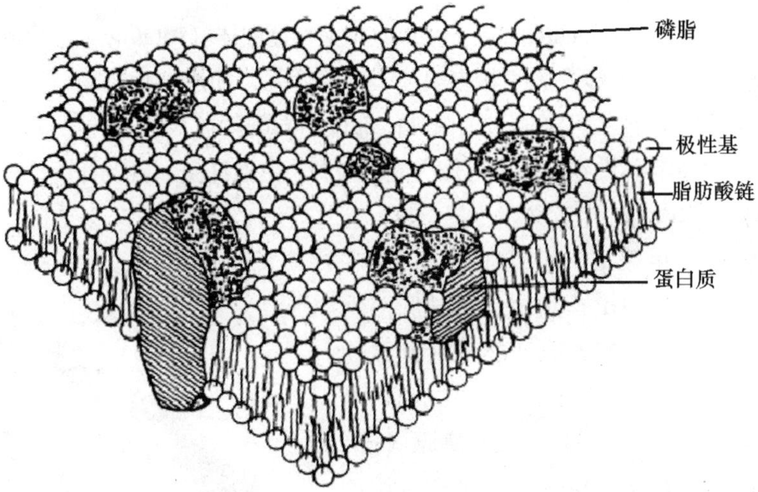

图 1－36　细胞膜的镶嵌结构模式

细菌细胞膜具有重要的生理功能，它是细胞正常的渗透性屏障，可选择性控制细胞内外物质的运输和交换，即具有选择通透性，控制营养物质及代谢产物进出细胞，使细菌能吸取所需要的营养物质，排出过多的或废弃的物质；细菌细胞膜上还具有丰富的酶系，如脱氢酶系、电子传递系统及氧化磷酸化酶系，它与细胞代谢时能量的产生、储存和利用有关；细胞膜还是细胞壁各种组分（肽聚糖、磷壁酸和 LPS 等）和荚膜等大分子合成的场所；细胞膜是细菌鞭毛的着生点，为细菌鞭毛的运动提供能量。

中介体（mesosome）又称间体，是细胞膜向胞浆内陷折叠而形成的管状或囊状物结构，图 1－37 所示是在电子显微镜下观察到的细菌中介体。中介体的生理功能至今还不甚了解，推测它可能与细菌 DNA 复制、细胞分裂以及芽孢的形成有一定关系。

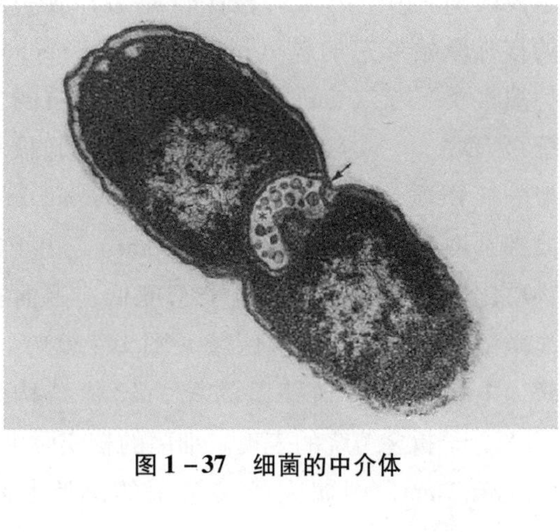

图 1－37　细菌的中介体

（三）细胞质

细菌细胞膜内除核质以外的物质，统称细胞质（cytoplasm）或原生质。细胞质为无色、透明、黏稠的胶状物，其主要成分为水、蛋白质、核酸和脂类，并含有少量的糖和无机盐。由于细胞质含有较多的核糖核酸，可占菌体固形物的15%～20%，因而其嗜碱性强，生长旺盛的幼龄细菌细胞的核糖核酸含量更高。细胞质是细菌的内环境，含丰富的酶类，是细菌合成代谢和分解代谢的主要场所。细胞质中还存在下列多种重要的结构。

1. 核糖体（ribosome） 是分散存在于细菌细胞质中沉降常数为70S的颗粒，它由RNA和蛋白质组成，在电镜下可见细菌细胞中的核糖体直径约为20nm，由大小不同的两部分（50S和30S）构成。在生长旺盛的细胞中，核糖体成串连在一起组成聚核糖体而发挥作用。核糖体是细胞合成蛋白质的场所。

2. 颗粒状内含物 很多细菌细胞中含有各种较大的颗粒，大多系细菌的储藏状内含物（inclusion body）。

（1）异染（颗）粒（metachromatic granules） 又称迂回体（volutin），主要成分为多聚磷酸盐，是正磷酸通过酯键连接形成的线状多聚体，嗜碱性强，如用蓝色染料（甲苯胺蓝、美蓝）可染成紫红色，用特殊染色法可染成与细菌其他部位不同的颜色，故名异染（颗）粒。多聚磷酸盐可作为磷酸盐的储存体，在反应中可作为能量来源。白喉杆菌和鼠疫杆菌具有特征性的异染（颗）粒，在菌种鉴定中有一定意义。

（2）脂肪颗粒 由聚β－羟基丁酸（poly－β－hydroxybutyric acid，PHB）组成，易被脂溶性染料如苏丹黑着色，是细菌碳源和能源性储藏物（图1－38）。

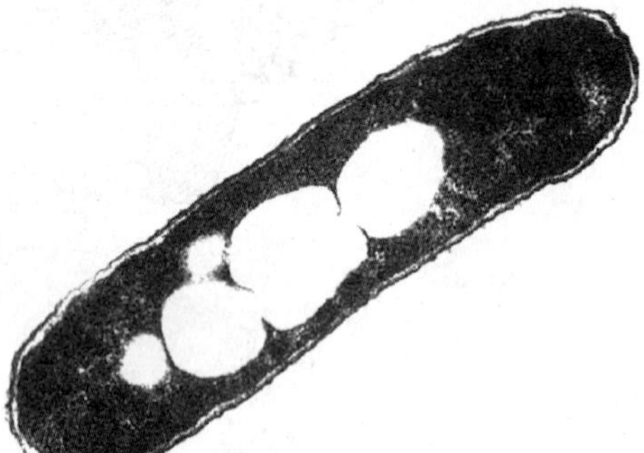

图1－38 细菌的PHB颗粒

（3）肝糖粒和淀粉粒 肝糖粒为糖原（glycogen），用稀碘液可染成红褐色，淀粉粒可用碘液染成深蓝色，它们均为细菌碳源和能源性储藏物。

（四）核质

细菌的细胞核没有核膜、核仁，没有固定形态，这是原核细胞型微生物和真核细胞型微生物的主要区别。由于细菌的核比较原始，故一般细菌的核称原始形态的核（primitive form nucleus）或称拟（类）核（nucleoid）。细菌核物质的主要成分是DNA，它实际上是与高等生物细胞核功能相似的核物质，故又称染色质体（chromatin body）或细菌染色体（bacteria chromosome）。由于细菌核物质比其周围的细胞质电子密度低，因而在电子显微镜下呈现透明的核区域（图1－39），用高分辨力电镜可观察到细菌的核为丝状结构，这是DNA分子折叠缠绕的表现。细菌的核实际上是一巨大的连续的环状双链DNA分子，其长度可大于1mm，例如大肠埃希菌的细胞长约2μm，而它的DNA丝的长度却是1100～

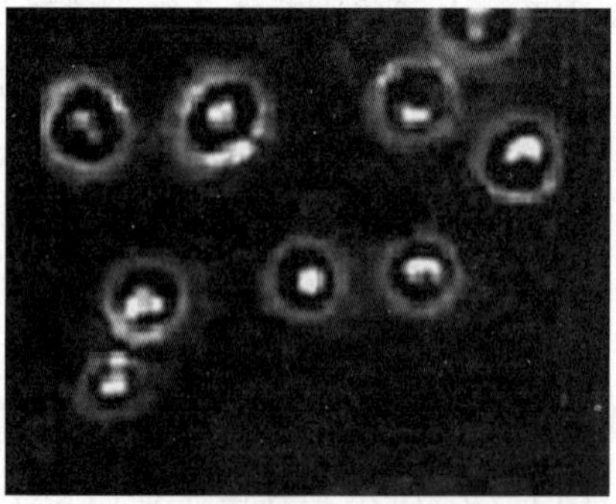

图1－39 细菌细胞的核区

1400μm。细菌核质与其他生物细胞的细胞核一样，含有细胞生长繁殖所必需的遗传信息。

（五）质粒

质粒（plasmid）是细菌染色体外闭环双链的 DNA 分子。在很多细菌细胞质中，除染色体 DNA 外，还存在核外遗传物质——质粒。它们是一些较染色体小的 DNA 分子，可以脱离染色体而单独存在。质粒能独立进行复制，亦能整合到染色体上随细菌染色体同时复制，并随细胞分裂而分配到子代细胞中。通过细胞的接触质粒可由一个细胞转移到另一个细胞，而且还能把一个细胞的一部分染色体基因转移到另一个细胞中去，从而改变后一个细胞的遗传性状。质粒的种类很多，携带有细菌不同的遗传信息和控制细菌的各种遗传性状，如抗药性、性菌毛的产生等。但是，质粒并非细菌细胞所必须，有时亦会从一个细胞中消失，但它的消失一般并不造成细菌的病变或死亡。目前，质粒是广泛用于遗传工程的载体，在生命科学领域具有重要的应用价值。

二、细菌的特殊结构

某些细菌除具有上述基本结构以外，还具有特殊结构，如荚膜、鞭毛、菌毛、芽孢等。

（一）荚膜

某些细菌在一定营养条件下可向细胞壁表面分泌一层松散透明、黏度极大的胶状物质，即为荚膜（capsule）。根据荚膜在细胞表面存在的状况，可分为三种情况：如这些黏液性物质具有一定外形，相对稳定地附着于细胞壁外，这就叫做荚膜；如这些物质没有明显的边缘，而可扩散到周围环境中的，这就叫做黏液层（slime layer）；有些细菌的荚膜很薄（< 200nm），就称为微荚膜（microcapsule）。图 1－40 所示是肺炎链球菌（*Streptococcus pneumoniae*）荚膜的电镜照片。荚膜不易着色，可采用负染色法使暗色背景与折光性很强的菌体之间形成一透明区而被观察到（图 1－41）。

具有荚膜的细菌在琼脂培养基上形成的菌落表面湿润、光滑，具有光泽，黏液状，称为光滑型（S 型）菌落，不具荚膜的细菌所形成的菌落表面干燥、粗糙，称为粗糙型（R 型）菌落，S 型菌落可因失去荚膜而转化为 R 型菌落。

荚膜的组成随细菌种类而异，大多为多糖或多肽物质，如肺炎链球菌Ⅲ型的荚膜为葡萄糖与葡萄糖酸的高分子聚合物，炭疽杆菌的荚膜是由 D－谷氨酸聚合而成的多肽。

荚膜并非细菌细胞必不可少的结构，失去荚膜的细菌仍能正常生长，荚膜对细胞的功能主要有：①保护细胞免受干燥的影响，故有荚膜的细菌抗干燥能力强，荚膜可保护细菌抵抗吞噬细胞的吞噬和消化作用，免受溶菌酶和补体以及其他杀菌物质的杀菌作用；②是细菌体外的储藏物质，当缺乏营养时可作为碳源利用；③堆积某些代谢废物；④可使菌体附着于适当的物体表面，如某些链球菌的荚膜物质黏附于人的牙齿，可引起龋齿。有些细菌荚膜本身对人体具有毒性而致病，在食品工业中出现的黏性面包，黏性牛奶都是因污染了产荚膜细菌而引起的。肠膜明串珠菌（*Leuconostoc mesenteroides*）可利用蔗糖合成大量荚膜物质葡聚糖，已被用来大量生产右旋糖酐，作为代血浆的主要成分。而右旋糖酐具有维持血液渗透压和增加血容量的作用，在临床上可用于抗休克、消肿和解毒。有的荚膜物质具抗原性，可用于细菌分型，作为鉴定细菌的依据之一。

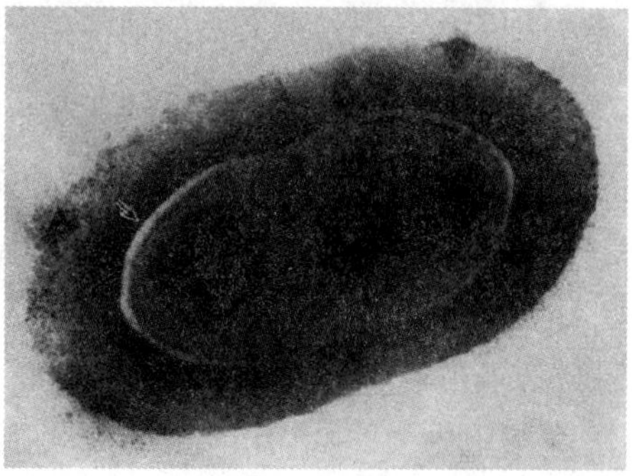

图 1-40 肺炎链球菌荚膜电镜照片

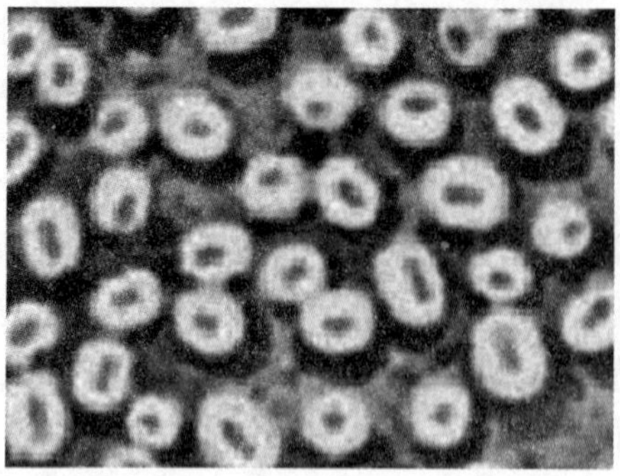

图 1-41 负染色法下的肺炎链球菌的荚膜

（二）鞭毛

一些杆菌、螺旋菌和极少数球菌从细胞内向菌体表面伸出的细长、波曲的丝状物称为鞭毛（flagella）。鞭毛的化学组成主要是蛋白质。细菌鞭毛用适当的物理化学方法处理时，可降解成蛋白质亚单位即鞭毛蛋白（flagellin），鞭毛蛋白的分子量为30000～60000，是一种很好的抗原物质，可用作细菌的分类。鞭毛的长度 2～5μm，最长可达 50μm，直径很细，一般为 10～20nm，在电子显微镜下可观察到细菌的鞭毛。如果采用特殊的鞭毛染色法，亦可在光学显微镜下观察到鞭毛。鞭毛极易脱落，故在进行鞭毛染色时应特别注意鞭毛的脱落。

鞭毛的功能主要是作为细菌运动的“器官”，可采用悬滴法和暗视野映光法观察细菌的运动状况，还可以采用半固体琼脂法穿刺培养，从细菌生长扩散情况初步判断细菌能否运动。由于鞭毛着生的位置、数目和排列是细菌种的特征，故其具有分类学意义，根据鞭毛的位置、数目与排列情况（图 1-42），可将细菌分为以下几种类型。

（1）偏端单毛菌　在菌体一端着生一根鞭毛，如霍乱弧菌（图 1-43）。

（2）两端单毛菌　在菌体两端各生一根鞭毛，如螺菌。

（3）偏端丛毛菌　在菌体一端着生一束鞭毛，如铜绿假单胞菌。

（4）两端丛毛菌　在菌体两端各生一束鞭毛，如红色螺菌（*Spirillum rubrum*）。

（5）周毛菌　在菌体周围都生有鞭毛，如变形杆菌、破伤风梭菌等（图 1-44、图 1-45）。

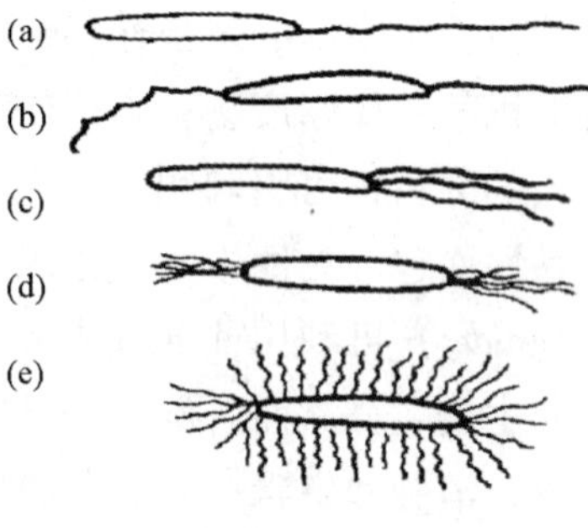

图 1-42 细菌鞭毛的各种着生方式

（a）端生单鞭毛；（b）端生双鞭毛；
（c）端生多鞭毛；（d）丛生鞭毛；（e）周生鞭毛

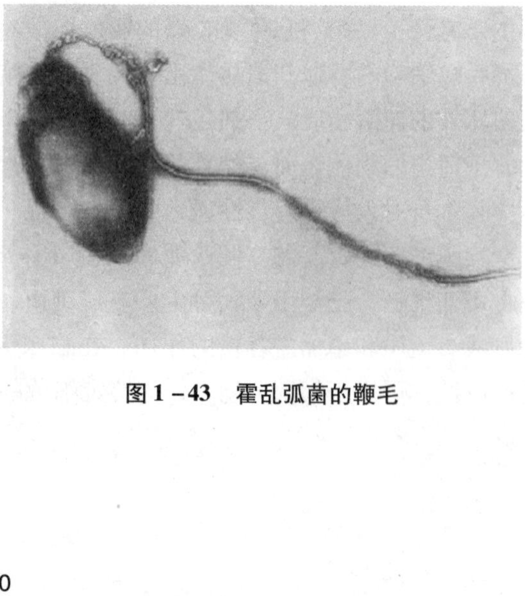

图 1-43 霍乱弧菌的鞭毛

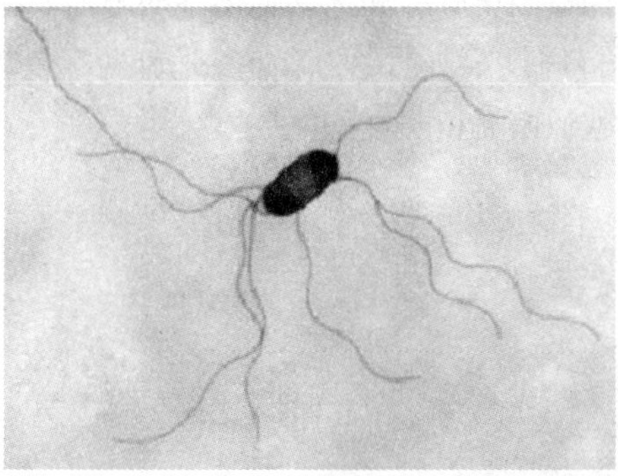

图 1-44 普通变形杆菌的鞭毛

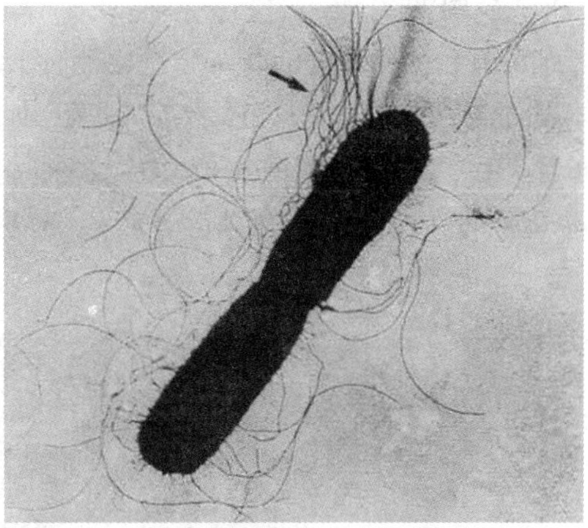

图 1-45 破伤风梭菌的周生鞭毛

鞭毛是起源于细胞质膜内侧的基体（basal body），穿过细胞壁、长出菌体外而形成的，所以去掉细菌细胞壁后制作的原生质体仍可保留有鞭毛。细菌鞭毛的结构如图 1-46 所示，鞭毛穿过细胞壁后称为钩形鞘（hook），由此伸出丝状鞭毛，即鞭毛丝（filament）。G^- 细菌鞭毛的基体由四个盘状物构成，由内向外分别为 M 环和 S 环（位于细胞膜上）、P 环（位于肽聚糖层）、L 环（位于外膜层 LPS 处）。G^+ 细菌只有 M 环和 S 环。在基体的细胞侧有 M 环和 C 环与杆相连，它们是鞭毛运动的转子部分。M 环和 C 环由多种蛋白组成，其中 Fli G 对鞭毛旋转的形成尤为重要，而蛋白质 Mot A 和 Mot B 则穿越质膜的质子通道，其中 Mot B 将 Mot 复合体锚定在细胞壁肽聚糖上。有证据表明，在鞭毛运动时 Mot A 和 Fli G 直接相互作用。鞭毛运动的能量来源于细胞膜，原核生物的鞭毛转动由质子或钠离子梯度驱动，而真核生物的鞭毛运动则直接由 ATP 驱动。

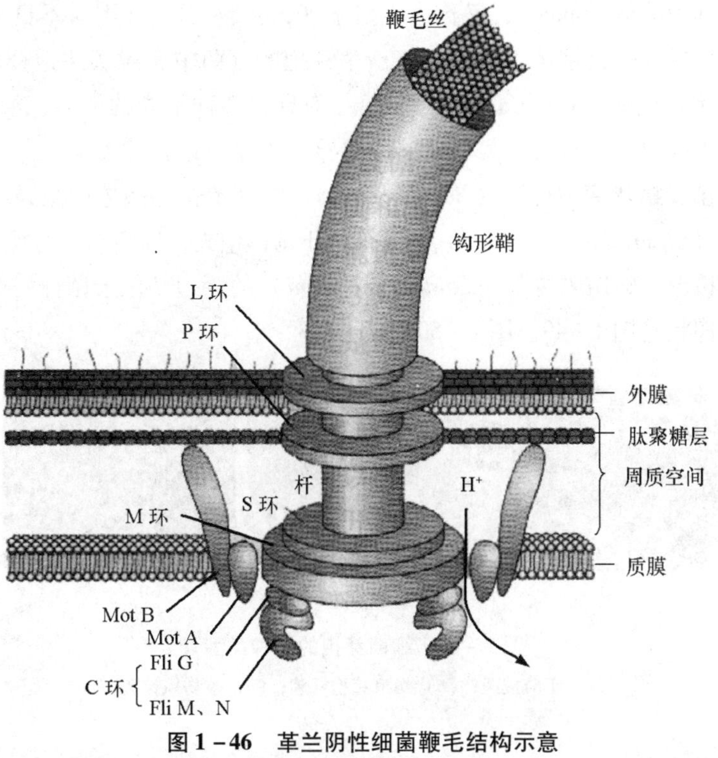

图 1-46 革兰阴性细菌鞭毛结构示意

（三）菌毛

细菌菌毛（pilus 或 fimbriae）是比鞭毛纤细、短而直的丝状物，细菌菌毛的数目很多，遍布菌体表面。大多数 G^- 细菌和少数 G^+ 细菌，如肠道细菌、假单胞菌和霍乱弧菌等的菌体表面都遍布着菌毛，菌毛必须借助电子显微镜才能观察到，图 1-47 箭头所示为奇异变形杆菌（*Proteus mirabilis*）的菌毛。菌毛与细菌运动无关，菌毛可分为普通菌毛和性菌毛两类。

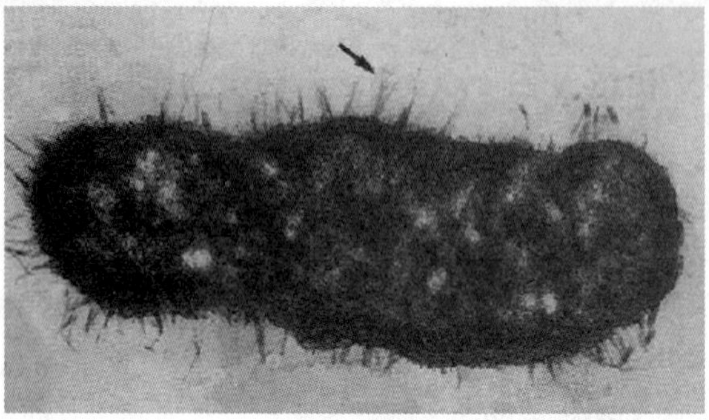

图 1-47　奇异变形杆菌菌毛（电镜）

1. 普通菌毛（common pilus）　广泛存在于肠道细菌中，遍布于细菌细胞表面，每个细胞有 50～400 根菌毛，具有普通菌毛的细菌能通过菌毛黏附在多种细胞上，由此获得立足点，进而侵入黏膜引起感染，所以普通菌毛的黏附作用与致病菌的致病性有关。

2. 性菌毛（sex pilus）　比普通菌毛稍长而粗，数量较少，一个细菌细胞只有 1～4 根性菌毛。带有性菌毛的细菌具有致育性，称 F^+ 菌株，它在细菌的接合中与遗传物质的传递有关；同时，性菌毛也是某些噬菌体吸附的受体。

（四）芽孢

某些细菌，特别是 G^+ 杆菌，生长到一定阶段，在细胞内形成一个圆形或椭圆形的、折光性强的特殊结构称为芽孢（spore），又称内生孢子（endospore）。芽孢对不良环境条件具有特殊的抗性，能否形成芽孢是细菌种的特性，产生芽孢的杆菌中有需氧芽孢杆菌属（*Bacillus*）和厌氧性梭状芽孢杆菌属（*Clostridium*）。细菌芽孢具有各种不同的类型，如图 1-48 所示，各种细菌芽孢着生的位置、形状、大小因菌种而异，故芽孢具有分类学意义。如枯草芽孢杆菌、炭疽芽孢杆菌、蜡状芽孢杆菌（*Bacillus cereus*）的芽孢位于菌体中央，卵圆形，比菌体小；而丁酸梭菌（*Clostridium butyricum*）的芽孢位于菌体中央，椭圆形，直径比菌体大，故呈两头小中间大的梭形；破伤风梭菌（*Clostridium tetani*）的芽孢却位于菌体一端，正圆形，直径比菌体大呈鼓槌状（图 1-49、图 1-50）。

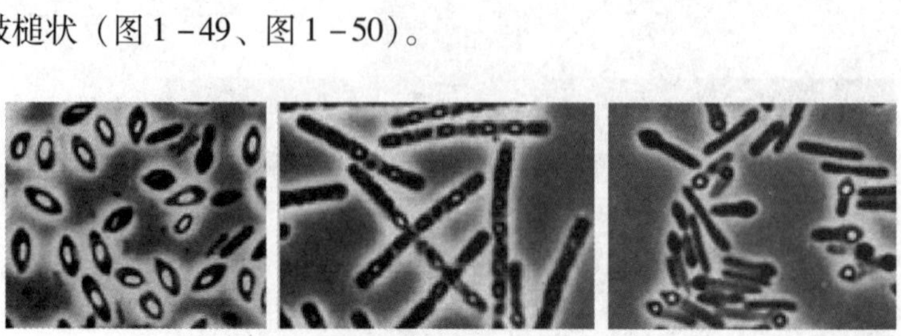

(a)　(b)　(c)

图 1-48　细菌芽孢的各种类型

（a）丁酸梭菌；（b）炭疽芽孢杆菌；（c）破伤风梭菌

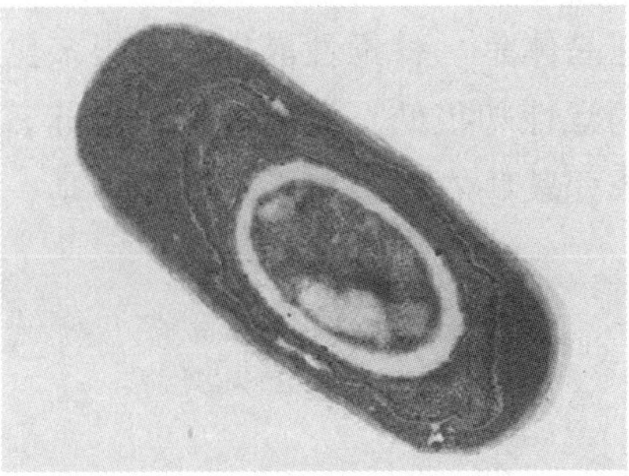

图 1-49 蜡状芽孢杆菌的芽孢（电镜）

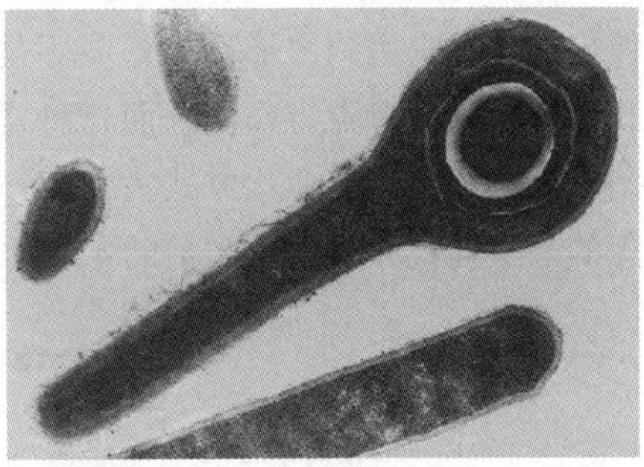

图 1-50 破伤风梭菌芽孢（电镜）

细菌芽孢的结构如图 1-51 所示，由芽孢外壁、芽孢壳、皮层、核心壁和核心组成，芽孢核心含有核糖体和类核。芽孢具有厚而致密的芽孢壳，不易着色，必须采用特殊的芽孢染色法着色，才能在光学显微镜下观察到。在电子显微镜下，观察各种细菌的芽孢表面，可见到不同的形态，有的光滑，有的表面有脉纹或沟嵴，脉纹一般纵向。

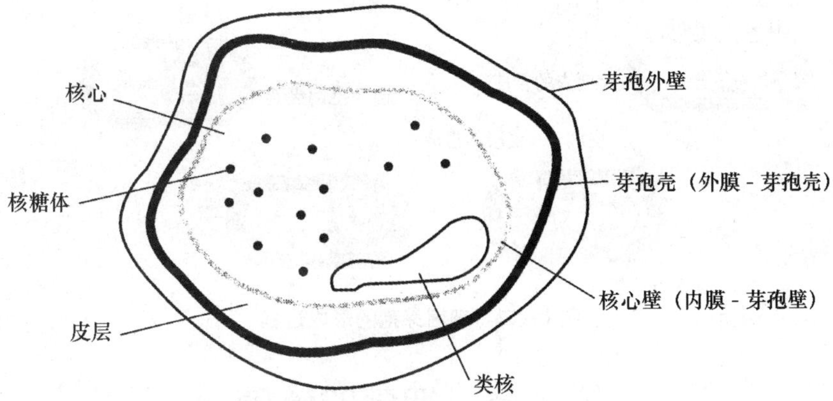

图 1-51 细菌芽孢的结构示意

芽孢的特点是具有较强的耐热性，如枯草芽孢杆菌的芽孢，在沸水中能存活 1 小时，而肉毒梭状芽孢杆菌的芽孢，即使在 180℃的干热中，仍可存活 10 分钟，这给医疗卫生、发酵工业和食品工业带来严重危害。芽孢耐热的主要原因可能与下列因素有关：①芽孢含水量低，蛋白质受热不易变性；②芽孢壳致密且厚，通透性低，能阻止化学药品等的渗入；③芽孢形成时合成了一些较繁殖体具有更强耐热性的酶类；④芽孢皮层中含有 2,6-吡啶二羧酸钙（dipicolinic acid，DPA）盐，可增强其耐热性。

芽孢多形成于细菌对数生长期末期，与营养的消耗、代谢产物的积累等环境因素有关，但能否形成芽孢是由细菌基因组决定的。芽孢具有菌体的酶和核质等成分，故能保持细菌生命活动的延续。细菌芽孢形成时，细菌染色体首先发生构型变化，两条染色体凝集成束状，通过中介体与细胞膜相连；细胞质膜借中介体内陷、延伸，形成双层膜，构成芽孢的横隔壁，将核质与一部分细胞质包围，形成细胞不对称分裂，从而形成小体积部分的前芽孢（forespore）；前芽孢合成 DPA 并累积钙离子，堆积成皮层，并以外膜包围；再在外膜的外面形成芽孢壳和芽孢外壁。细菌芽孢的形成过程如图 1-52 所示。

值得注意的是，一个细菌的营养细胞只能形成一个芽孢，而一个细菌芽孢只萌发成一个细菌营养体。所以，芽孢与细菌的繁殖体不同，一般认为它是细菌的休眠体。

芽孢杆菌属中有些种如苏云金芽孢杆菌、杀螟杆菌等在形成芽孢的同时，在细胞内产生一种晶状多肽类内含物，称伴孢晶体（spore-companioned crystal），一个细菌一般只产生一个伴孢晶体，它呈斜方形、方形或不规则形。伴孢晶体是一种毒性晶体，对很多昆虫主要是鳞翅目的昆虫有毒害作用，而这种毒素对人畜的毒性却很低，故国内外均将苏云金芽孢杆菌、杀螟杆菌以工业化方式大量生产菌粉，以杀死某些农业害虫。伴孢晶体是一种较为理想的杀虫剂，亦是生物防治的主要手段之一。

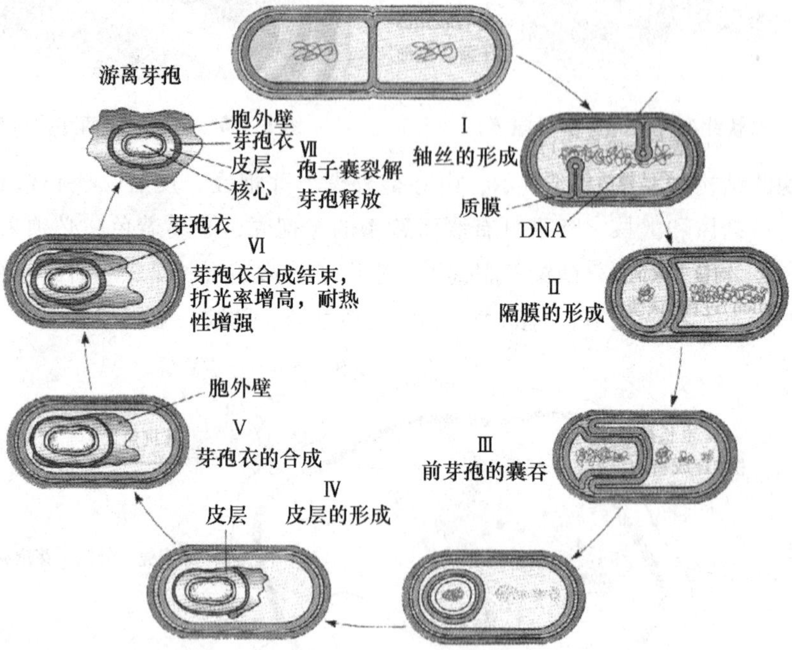

图 1－52　细菌芽孢的形成过程

第三节　细菌的繁殖

细菌是非常微小而又原始的生物，所以它们的繁殖方式及在培养基上的生长情况与高等动植物细胞有较大的差异。

一、细菌的繁殖方式

细菌主要以无性二分裂方式繁殖（裂殖），即细菌生长到一定时期，在细胞中间逐渐形成横隔，由一个母细胞分裂为两个大小相等的子细胞。细胞分裂是连续的过程，分裂中的两个子细胞形成的同时，在子细胞的中间又形成横隔，开始细菌的第二次分裂。有些细菌分裂后的子细胞分开，形成单个的菌体，有的则不分开，形成一定的排列方式，如链球菌、链杆菌等。

采用电子显微镜研究细菌的分裂过程表明，细菌细胞分裂大致可经过核物质与细胞质分裂、横隔壁形成和子细胞分离等过程。细菌细胞分裂时，核质 DNA 与中介体或细胞膜相连，首先 DNA 复制并向细胞两端移动，与此同时，细菌细胞膜向内凹陷并形成一垂直于细胞长轴的细胞质隔膜，使细胞质和核质均匀分配到两个子细胞中。其次，细胞形成横隔壁，在细胞膜不断内陷，形成子细胞各自的细胞质膜同时，母细胞的细胞壁也从四周向中心逐渐延伸。最后，逐渐形成子细胞各自完整的细胞壁。接着，子细胞分裂，形成两个大小基本相等的子细胞。

细菌繁殖速度快，一般细菌 20 ~ 30 分钟便分裂一次，即为一代。接种于肉汤培养中的细菌在适宜的温度下迅速生长繁殖，肉汤很快即可变浑浊，表明有细菌的大量生长。有些细菌，如结核分枝杆菌的繁殖速度较慢，需 15 ~ 18 小时才能繁殖一代。

二、细菌的菌落特征

当细菌划线接种到固体平板培养基上后，在适宜的培养条件下，细菌便迅速生长繁殖。由于细菌细胞受固体培养基表面或深层的限制，故不能像在液体培养基中那样自由扩散，因此繁殖的菌体常聚集在一起，形成了肉眼可见的细菌集落，通常称之为菌落（colony）。由于平板划线的分散作用，单个菌落来源于细菌的一个细胞，生长一定时间后便肉眼可见，挑选一个菌落移种到另一固体斜面培养基上，即可获得细菌的纯培养。

各种细菌在一定条件下形成的菌落均具一定的特征（图 1 – 53），包括菌落的大小、形状、光泽、颜色、硬度、透明程度等，所以细菌菌落特征是细菌菌种鉴定的重要依据，在细菌分类学上具有重大意义。

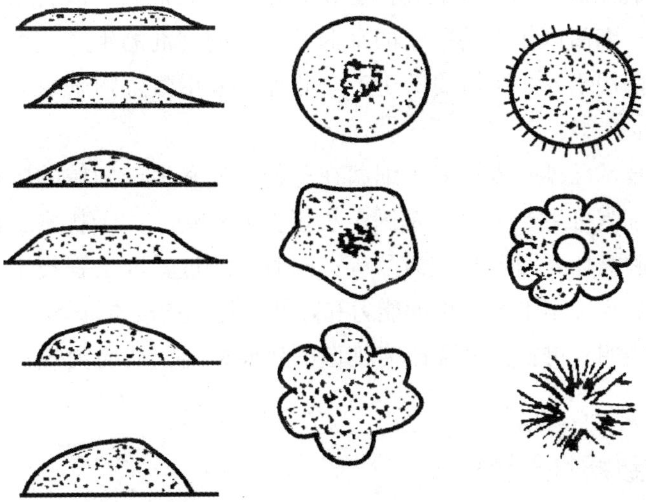

图 1 – 53 细菌的菌落特征

菌落特征决定于组成菌落的细胞结构与生长行为，如细菌的荚膜，它的存在与否和菌落形态等有直接关系。肺炎链球菌因具有荚膜就形成光滑型菌落，其表面光滑黏稠，不具荚膜的菌株形成的菌落为粗糙型，菌落表面干燥、有皱折，表明菌落特征和细菌细胞的结构密切相关。

菌落的形状和大小不仅决定于菌落中细胞的特性，而且也受到周围菌落的影响，菌落靠得太近，由于营养物质有限，有害代谢物的分泌和积累，因而生长受到抑制。所以在平板分离菌种时，常可看到平板上互相靠近的菌落都较小，而那些分散开的菌落均较大。即使在同一菌落中，由于各个细菌细胞所处的空间位置不同，在营养物的摄取及空气供应等方面亦都不一样，所以在生理上、形态上亦或多或少会有所差异。

在平板培养基上形成的菌落往往有三种情况，即表面菌落、深层菌落和底层菌落，上面所介绍的菌落特征都是指表面菌落。某些细菌在明胶培养基中生长繁殖时，能产生明胶酶水解明胶。如果将这些菌种穿刺接种在盛有明胶培养基的试管中，则由于明胶被水解形成不同形状的溶解区，由于一定的细菌形成一定形状的溶解区，所以是细菌分类的项目之一。

第四节　细菌与人类的关系

细菌种类繁多，和人类有着密切的关系，表现在有害和有益两个方面。微生物药学工作者的任务是要利用微生物为药物生产服务，寻找有效的药物来杀灭或抑制病原性微生物，更好地为人类服务。

一、细菌在制药工业中的作用

细菌在医药工业上具有重要的作用。首先，细菌可用于药物抗生素、氨基酸、维生素的生产。如多黏芽孢杆菌产生的多黏菌素能抑制革兰阴性菌（如铜绿假单胞菌）的生长，具有抗菌作用的杆菌肽也是由细菌产生；细菌可合成一系列药用的氨基酸，如 L－谷氨酸、L－赖氨酸、L－苯丙氨酸和 L－丙氨酸等，它们都是氨基酸输液的重要原料；细菌可合成维生素 B_2、维生素 B_{12}和维生素 C 等，故可用于维生素的生产，目前临床上使用的一些益生菌微生物制剂（如乳酸链球菌、乳酸乳杆菌和双歧杆菌等）具有改善人体肠道功能和合成某些维生素的作用；细菌可作为某些酶的来源而用于酶制剂的生产和甾体化合物等的微生物转化，如枯草杆菌用于 α－淀粉酶的生产。此外，采用微生物来源的酶可合成一系列新的药物及其中间体。

现代基因工程技术已进一步拓展了细菌在药物研究和生产领域的应用范围。将目的基因克隆到细菌宿主细胞可生产一系列基因工程蛋白质药物，如干扰素、白细胞介素、胰岛素、人生长因子、肿瘤坏死因子和链激酶等；同时，通过基因工程技术，可获得一系列的高产菌株，大幅度提高细菌生产药物的能力和降低药物生产成本。

代谢工程研究表明，可根据需要改变细菌的代谢途径，从而大规模培养细菌细胞并积累所需的代谢产物。

二、细菌的致病性

扫码“看一看”

细菌中只有较少一部分种类能使动物和人类致病，它们给人类和动物的健康带来严重的危害。凡能引起人体或动物疾病的细菌称为致病菌或病原菌（pathogenic bacteria）。而感染（infection）是指病原菌侵入机体后，在一定的部位生长繁殖，进一步表现出临床症状。病原菌的致病作用取决于它的毒力、入侵数量和入侵途径。

（一）病原菌的毒力

病原菌的毒力（virulence）是指病原菌致病性的强弱程度，具有菌株或型的差异，一般以半数致死量（LD_{50}）表示，即采用一定途径感染实验动物使其半数死亡所需的最小细菌量。毒力与细菌的侵袭力和细菌毒素有关。致病菌首先需借助于其表面结构，如菌毛、鞭毛或荚膜等黏附到宿主细胞表面，并侵入宿主细胞。有些病原菌可产生一些侵袭性酶类，如血浆凝固酶、透明质酸酶、链激酶、胶原酶、sIgA（分泌型免疫球蛋白 A）酶等，病原菌借助于这些酶类物质感染宿主、大量繁殖并产生内毒素或外毒素，对机体产生致病作用。

1. 侵袭力　是病原菌破坏机体防御功能而在体内迅速生长繁殖和扩散蔓延的能力，主要包括三个方面，即病原菌的吸附与侵入能力、繁殖与扩散能力和对宿主细胞防御功能的抵抗力。

（1）吸附与侵入能力　病原菌可通过外伤、蚊虫叮咬或与宿主细胞直接吸附而侵入机体。革兰阴性细菌通常借助于菌毛，革兰阳性细菌则常借助于其细胞表面的毛发样突出物（如A群链球菌的膜磷壁酸）吸附宿主细胞。细菌吸附具有组织特异性，如痢疾杆菌吸附于结肠黏膜上、A群链球菌吸附于咽喉部，吸附作用的组织特异性与宿主细胞表面致病菌的特异性受体有关，它是致病菌感染机体的开始。

（2）繁殖与扩散能力 由于机体的自我保护作用，细菌由侵入部位向周围和深层组织扩散必须破坏机体组织屏障，这是通过细菌产生的一些侵袭性酶类来实现的。常见的侵袭性酶类如下。

1）血浆凝固酶（coagulase） 使血液凝固成纤维蛋白屏障，保护病原菌免受宿主吞噬细胞的吞噬和抗体的中和作用，如金黄色葡萄球菌某些菌株可产生此类酶。

2）透明质酸酶（hyaluronidase） 又称扩散因子（spreading factor），可水解机体结缔组织中的透明质酸，使组织疏松并增加通透性，有利于病原菌的扩散。产气荚膜梭菌和乙型溶血性链球菌可产生该酶。

3）链激酶（streptokinase） 激活血浆中纤维蛋白酶原并形成纤维蛋白酶，酶解血浆中的纤维蛋白凝块，即凝血成分，便于病原菌在机体内扩散，如乙型溶血性链球菌。

4）胶原酶（collagenase） 水解肌肉和皮下结缔组织中的胶原蛋白，便于细菌在组织中扩散，如产气荚膜梭菌。

5）sIgA（分泌型免疫球蛋白A）酶 破坏黏膜表面的sIgA，有利于病原菌的黏附和扩散，如淋病奈瑟菌。

（3）对宿主细胞防御功能的抵抗力 病原菌借助其表面结构或细菌产生的毒性物质等对抗宿主细胞的吞噬作用。如肺炎链球菌表面的荚膜、大肠埃希菌的K抗原、金黄色葡萄球菌的A蛋白、沙门菌的Vi抗原、链球菌的M蛋白等均可对抗吞噬细胞的吞噬作用。

2. 毒素 细菌的毒素（toxin）可分为外毒素（exotoxin）和内毒素（endotoxin）。细菌外毒素是细菌在生长繁殖过程中分泌到胞外培养液中的毒性蛋白，主要由革兰阳性细菌产生，包括神经毒素、细胞毒素和肠毒素三大类，如白喉杆菌产生的白喉毒素、破伤风梭菌产生的破伤风毒素等。少数革兰阴性细菌如痢疾杆菌、霍乱弧菌等也能产生外毒素。也有些细菌如志贺痢疾杆菌、产毒型大肠埃希菌的外毒素存在于菌体内，当菌体破裂后释放出来。细菌内毒素是革兰阴性细菌细胞壁成分中的脂多糖（LPS），细菌自溶或裂解后，脂多糖被释放出来。内毒素无组织和细胞特异性，可引起机体发热。注射药品需按《中国药典》（2020年版）规定进行细菌内毒素检查。细菌外毒素和细菌内毒素的区别如表1-3。

表1-3 细菌外毒素和细菌内毒素的比较

比较项目	细菌外毒素	细菌内毒素
细菌来源	G^+细菌和部分G^-细菌分泌到胞外	G^-细菌细胞壁成分，菌体自溶或裂解时释放
化学成分	蛋白质	脂多糖
热稳定性	60~80℃、30分钟被破坏	耐热性强，250℃、30分钟被破坏
抗原性	强，刺激机体产生抗毒素（抗体）	弱，刺激机体产生抗菌性抗体
类毒素	0.4%甲醛处理可除去毒性制备类毒素	不能制备类毒素
毒性	强，具组织特异性，引起特殊病变	弱，无具组织特异性，病理作用大致相同，引起机体发热
编码基因	常为质粒	细菌染色体

（二）病原菌的侵入数量

正常机体对病原菌的侵入有一定的抵抗力，只有当病原菌侵入机体的数量足够多时才能使机体致病。致病菌的毒力越强，致病所需的细菌就越少。如具有强毒力的鼠疫杆菌只需数个菌侵入便可感染致病，而伤寒沙门菌则需摄入几亿至几十亿细菌才能致病。

（三）病原菌的侵入途径

病原菌感染宿主需通过适当的感染途径，它与细菌的种类有关。细菌感染途径主要有：①消化道感染，如伤寒沙门菌、痢疾杆菌只有进入消化道才能引起肠道传染病；②深部创口，如破伤风梭菌为厌氧菌，只有侵入深部创口才能致病，而经口则不引起疾病；③呼吸道感染，如肺炎链球菌、脑膜炎奈瑟菌均可经呼吸道感染致病；④有些细菌可通过多种途径感染，如结核分枝杆菌和炭疽杆菌可通过呼吸道、消化道及皮肤伤口引起感染。

（四）病原菌的感染类型

病原菌的感染类型包括隐性感染（inapparent infection）和显性感染（apparent infection）。隐性感染是指机体抵抗力较强且侵入的病原菌数量少、致病菌毒力较弱，病原菌的感染对机体不产生明显的临床症状。显性感染是指病原菌感染机体并出现了明显的临床症状，主要有：①毒血症，病原菌在机体局部生长繁殖，不侵入血流，其产生的毒素进入血流引起特殊的毒性症状，如白喉和破伤风等；②菌血症，病原菌由局部侵入血流，但不在血流中大量繁殖，无明显中毒症状，如伤寒早期可发生菌血症；③败血症，病原菌侵入血流并在血液中大量繁殖，使机体严重损伤并产生明显的全身中毒等临床症状，如铜绿假单胞菌等引起的败血症；④脓毒血症，化脓性细菌引起败血症时，病原菌通过血流扩散至机体组织和脏器并引起多发性化脓性症灶，如金黄色葡萄球菌可引起脓毒血症。另外，经隐性感染或传染病痊愈后，病原菌可能在机体内继续存在，并不断向体外排出致病菌，称为带菌状态。处于带菌状态的人称为带菌者，带菌者也是重要的传染源。

三、常见的病原性细菌

（一）常见病原性细菌简介

现将常见病原性细菌的某些生物学特性、致病性等列表介绍如下（表1－4）。

表1－4　常见的病原性细菌

	菌名（属名）	毒力	传染途径	主要所致疾病
G^+球菌	金黄色葡萄球菌 （葡萄球菌属）	血浆凝固酶 肠毒素 溶血素 杀白细胞素	创伤、消化道	疖、痈、伤口化脓、败血症、脓毒血症、食物中毒
	乙型溶血性链球菌 （链球菌属）	透明质酸酶 链激酶 链道酶 溶血酶	创伤、呼吸道	淋巴管（结）炎 蜂窝织炎 猩红热 扁桃体炎
	肺炎链球菌 （链球菌属）	荚膜	呼吸道	大叶性肺炎
G^-球菌	淋球菌	菌毛、外膜蛋白等	性接触	淋病
	脑膜炎双球菌 （奈瑟菌属）	内毒素	呼吸道	流行性脑脊髓炎

续表

	菌名（属名）	毒力	传染途径	主要所致疾病
G^-杆菌	大肠埃希菌 （埃希菌属）	K抗原 菌毛 内毒素 肠毒素	消化道、泌尿道	（条件性致病菌）肠道感染、泌尿道感染、胆囊炎、腹膜炎、败血症等
G^-杆菌	伤寒杆菌 副伤寒杆菌 肠炎杆菌 （沙门菌属）	Vi抗原 内毒素	消化道	肠热症（伤寒、副伤寒）、食物中毒
G^-杆菌	志贺痢疾杆菌 福氏痢疾杆菌 宋内痢疾杆菌 （志贺菌属）	菌毛 内毒素	消化道	细菌性痢疾
G^-杆菌	铜绿假单胞菌 （假单胞菌属）	内毒素、外毒素	继发性创面感染	（条件性致病菌）化脓性炎症 败血症
G^-杆菌	百日咳杆菌 （包特菌属）	荚膜 内毒素 外毒素	呼吸道	百日咳
G^-弧菌	霍乱弧菌 ELTor弧菌 （弧菌属）	肠毒素	消化道	霍乱、副霍乱
G^+杆菌	白喉杆菌 （棒状杆菌属）	外毒素	呼吸道	白喉
G^+杆菌（抗酸菌）	结核杆菌 （分枝杆菌属）	胞壁	消化道 呼吸道 皮肤、黏膜	结核
G^+杆菌（抗酸菌）	麻风杆菌 （分枝杆菌属）		呼吸道黏膜 破损皮肤	麻风
G^+厌氧芽孢杆菌	破伤风梭菌 （梭状芽孢杆菌属）	外毒素 （痉挛毒素）	深部创伤感染	破伤风
G^+厌氧芽孢杆菌	产气荚膜梭菌 （梭状芽孢杆菌属）	荚膜 透明质酸酶 胶原酶 卵磷脂酶	创伤	气性坏疽
G^+厌氧芽孢杆菌	肉毒梭菌 （梭状芽孢杆菌属）	外毒素	消化道	食物中毒
G^+需氧芽孢杆菌	炭疽杆菌 （芽孢杆菌属）	荚膜、炭疽毒素	皮肤黏膜 呼吸道 消化道	炭疽

（二）化脓性球菌

化脓性细菌是一类能够感染人体并引起化脓性炎症的细菌。

1. 葡萄球菌属　在自然界分布广泛，是最常见的化脓性球菌。模式代表菌株为金黄色葡萄球菌（*S. aureus*）。

葡萄球菌属（*Staphylococcus*）为革兰阳性球菌，典型排列方式为葡萄串状。对培养条件要求不苛刻，培养温度为28～38℃（37℃），pH可以为4.5～9.8（最适为7.4），在普通培养基中生长良好，有的可在血琼脂平板上生长繁茂并形成全透明溶血环（β - 溶血），其菌落特点为中等大小（1 ~ 2mm）、圆形、光滑、不透明，可产生脂溶性色素。

抗原结构包括葡萄球菌 A 蛋白（staphylococcal protein A，SPA）、荚膜抗原（起黏附作用）、多糖抗原。多糖抗原存在于细胞壁，为磷壁酸中的组分，可将葡萄球菌分为两群：A 群——金黄色葡萄球菌；B 群——表皮葡萄球菌（*S. epidermidis*）。

该菌的抵抗力较强，能抵抗干燥、热（80℃ 30 分钟）、盐（10% ~ 15%），对结晶紫、龙胆紫等碱性染料敏感，近年来其耐药菌株迅速增多，对青霉素 G 的耐药菌株已达 90% 以上，尤其是耐甲氧西林金黄色葡萄球菌（methicillin-resistant *S. aureus*，MRSA），已经成为医院感染的最常见细菌。

葡萄球菌中金黄色葡萄球菌毒力最强，通过在宿主体内的增殖、扩散和产生有害的胞外物质（酶和毒素）引起宿主疾病。

金黄色葡萄球菌表面结构（SPA、荚膜等）、酶、毒素构成其毒力因子。其中酶类主要有血浆凝固酶（coagulase），是能使含有枸橼酸钠或肝素抗凝剂的人或兔血浆发生凝固的酶类物质，通过阻碍吞噬细胞的吞噬和保护细菌不受血清中杀灭物质的破坏而发挥效应，是鉴别葡萄球菌有无致病性的重要指标。毒素包括：①葡萄球菌溶素（staphylolysin）引起损伤细胞膜的细胞毒素，分为 α、β、γ、δ 等；②杀白细胞素（leukocindin），攻击中性粒细胞和巨噬细胞的细胞膜；③肠毒素（enterotoxin），引起急性肠胃炎等食物中毒；④表皮剥脱毒素（exfoliative toxin，exfoliatin），引起烫伤样皮肤综合征剥脱性皮炎；⑤毒性休克综合征毒素 - 1（TSST - 1），引起多个器官系统功能紊乱，即毒性休克综合征（TSS）。

葡萄球菌肠毒素属于超抗原（superantigen），不需经过抗原呈递细胞的处理，便能与 MHC - Ⅱ类分子结合，直接激活 T 细胞增殖，使其能释放细胞因子（IL - 1、IL - 2、TNF - α 和 IFN - γ 等）的抗原。

所致疾病分为侵袭性和毒素性两种类型。侵袭性疾病指以细菌侵入机体为主，导致的化脓性感染，包括局部感染（疖、毛囊炎、伤口化脓、肺炎、中耳炎）和全身感染（败血症、脓毒血症）。毒素性疾病则主要由外毒素引起，包括肠毒素引起的食物中毒、表皮剥脱毒素引起的烫伤样皮肤综合征和由 TSST - 1 引起的毒性休克综合征。

人类对葡萄球菌有一定的天然免疫力，患病后也可获得一定的免疫力，但不强，难以防止再次感染。

2. 链球菌属（*Streptococcus*） 在自然界分布广泛，大多数为正常菌群，少数致病，主要致病菌为 A 群链球菌和肺炎链球菌。链球菌分类方法主要有以下三种。

（1）根据溶血现象分三类。

1）甲型溶血性链球菌（α - *hemolytic streptococcus*） 产生甲型溶血（α - 溶血），草绿色溶血环，为条件致病菌。

2）乙型溶血性链球菌（β - *hemolytic streptococcus*） 产生乙型溶血（β - 溶血），透明无色溶血环，为致病菌。

3）丙型溶血性链球菌（γ - *streptococcus*） 无溶血环，一般不致病。

（2）根据链球菌细胞壁中的 C 多糖抗原分为 A ~ H、K ~ V 20 群。对人致病者 90% 属 A 群，多数产生 β - 溶血。

（3）根据对氧的需要分为需氧、兼性厌氧和厌氧性链球菌。

A 群链球菌（group A *Streptococcus*）又称化脓性链球菌，占链球菌感染的 90%，是链球菌中致病力最强的细菌。为革兰阳性球菌，链状排列，故名之。无芽孢，无鞭毛，早期有荚膜。兼性或专性厌氧，营养要求较高，普通培养基上生长不良，需补充血液、血清、葡萄糖等。菌落微小（直径0.5~0.7mm），灰白色，表面光滑，β-溶血。细菌的抗原结构复杂，包括多糖抗原（或称C抗原）、蛋白质抗原（或称表面抗原）、核蛋白抗原（或称P抗原）。该菌不耐热，耐干燥，少有耐药菌株。

A群链球菌有较强的侵袭力，除胞壁成分外，产生多种外毒素和胞外酶。胞壁中黏附素介导链球菌黏附到上皮细胞表面，M蛋白抗吞噬和抗吞噬细胞内杀菌作用。产生的外毒素主要有致热外毒素（pyrogenic exotoxin，又称猩红热毒素），能引起人类猩红热；链球菌溶血素（streptolysin）能溶解红细胞、破坏白细胞和血小板，包括链球菌溶素O（streptolysin O，SLO），链球菌溶素S（streptolysin S，SLS）。侵袭性酶类主要起有利于细菌扩散的作用，如透明质酸酶能分解透明质酸，链激酶（SK）能溶解血块或阻止血浆凝固，链道酶（SD）可降解脓液中的DNA。

A群链球菌引起的疾病大致可分为三种类型：①化脓性感染，病菌侵入并引起化脓性感染，脓液稀薄，感染易扩散，这一点与葡萄球菌化脓性感染不同，可引起如淋巴管炎、蜂窝织炎、扁桃体炎、咽炎、中耳炎、产褥感染等；②中毒性疾病，与外毒素有关，如猩红热、链球菌毒素休克综合征；③超敏反应性疾病，与M蛋白有关，如风湿热和急性肾小球肾炎等。

A群链球菌感染后，机体可获得对同型链球菌的特异性免疫力。链球菌的型别多，各型之间没有交叉免疫力，故常可反复感染。

肺炎链球菌（*S. pneumoniae*）俗称肺炎球菌，正常人呼吸道带菌率可达40%~70%，多数菌株不致病或致病力弱，仅少数菌株对人致病。革兰阳性，菌体呈矛头状，多呈双排列，无鞭毛、芽孢，有荚膜。对营养要求较高，在血平板上的菌落细小并具有α-溶血。对消毒剂敏感，有荚膜株对抗干燥能力强于无荚膜株。

荚膜是该菌治病的主要毒力因子，具有抗吞噬作用。所致疾病包括成人及儿童大叶性肺炎、支气管炎，还可引起中耳炎、脑膜炎等。

3. 奈瑟菌属 革兰阴性球菌，常成双排列，有荚膜，菌毛。对人致病的奈瑟菌属（*Neisseria*）只有脑膜炎奈瑟菌和淋病奈瑟菌。

（1）脑膜炎奈瑟菌（*N. meningitides*） 专性需氧，在巧克力培养基及5% CO_2条件下生长佳。菌落光滑、透明，不溶血。对干燥、热力、消毒剂均敏感。是流行性脑脊髓膜炎的病原菌，人是其唯一易感宿主。有三种临床类型，分别是普通型、暴发型、慢性败血病型。治疗首选青霉素G。

（2）淋病奈瑟菌（*N. gonorrhoeae*） 生物学性状类似于脑膜炎奈瑟菌，是性传播疾病——淋病的病原体，婴儿感染导致淋球菌性结膜炎。其菌毛具有黏附和抗吞噬作用，外膜蛋白能破坏中性粒细胞膜，IgA1蛋白酶能破坏黏膜表面特异性IgA1抗体，因此具有很强的致病能力。

（三）肠道感染细菌

1. 埃希菌（*Escherichia*） 有6个种，其代表菌种为大肠埃希菌（*E. coli*），为革兰阴性杆菌，有菌毛和鞭毛。在普通琼脂培养基上生长良好，其生化反应活跃，能发酵葡萄糖等多种糖类，因此临床上可利用此特征对肠杆菌科的细菌进行鉴别。

大肠埃希菌有O、H和K三种抗原，是血清学分型的基础。O抗原为特异多糖（脂多糖组分），多于170种；H抗原为鞭毛抗原，多于50种；K抗原位于O抗原外层，属多糖物质，多于100种。故大肠埃希菌分型命名需列出三种抗原成分，如O111：K58（B4）：H2。

致病物质主要有黏附素，是使细菌黏着在泌尿道和肠道细胞上的物质。某些菌株能产生外毒素，使人致病，所致疾病如下。

（1）肠道外感染　多数大肠埃希菌在肠道内不致病，但如移位至肠道外引起肠外感染。此种感染属于机会感染或称内源性感染，主要有泌尿道感染、化脓性感染、败血症和新生儿脑膜炎。

（2）胃肠炎　引起胃肠炎的是具有某些特殊血清型的大肠埃希菌外源性感染。

1）肠产毒素性大肠埃希菌（enterotoxingenic *E. coli*，ETEC）　有使细菌黏附到小肠上皮细胞上的定植因子，并能产生肠毒素，导致5岁以下婴幼儿和旅游者腹泻。

2）肠侵袭性大肠埃希菌（enteroinvasive *E. coli*，EIEC）　不产肠毒素，细菌直接侵入结肠上皮细胞，导致最后杀死感染细胞，引起组织破坏和炎症发生。能侵犯较大儿童、成人，症状类似于细菌性痢疾。

3）肠致病性大肠埃希菌（enteropathogenic *E. coli*，EPEC）　病菌在十二指肠、空肠和回肠上段黏膜表面大量繁殖，造成一系列损伤，可致婴幼儿腹泻，重者甚至可致死。

4）肠出血性大肠埃希菌（enterohemorrhagic *E. coli*，EHEC）　产生志贺毒素Stx－Ⅰ、Stx－Ⅱ，破坏肠绒毛结构，干扰蛋白质合成。能致出血性结肠炎、溶血性尿毒综合征，5岁以下儿童易感。

2. 志贺菌（*Shigella*）　是细菌性痢疾的病原菌，俗称痢疾杆菌（*Dysentery bacterium*）。为革兰阴性短小杆菌，无鞭毛和荚膜。分解葡萄糖，一般不发酵乳糖。有O和K两种抗原，借O抗原将志贺菌属分为4群，分别为A群（痢疾志贺菌）、B群（福氏志贺菌）、C群（鲍氏志贺菌）和D群（宋内志贺菌）。

致病物质包括菌毛产生的黏附作用和内毒素的作用，使肠黏膜通透性增高，破坏肠黏膜，作用于肠壁自主神经系统，导致肠功能紊乱，出现发热、休克、腹痛和里急后重等症状。患者和带菌者均可作为传染源。所致感染只限于肠道，细菌不入血，引起细菌性痢疾，有急、慢性之分，小儿感染可引起急性中毒性痢疾，常无明显的消化道症状而出现全身中毒。

3. 沙门菌（*Salmonella*）　寄生于人类和动物肠道中，血清型多达2500种，大多数能感染人类的沙门菌属于肠道沙门菌肠道亚种，如伤寒沙门菌、甲型副伤寒沙门菌、肖氏沙门菌和希氏沙门菌，对人类有直接的致病作用，引起肠热症。

为革兰阴性杆菌，有菌毛，周身鞭毛，无荚膜、芽孢。在普通琼脂平板上即可生长。不发酵乳糖，在S. S培养基上形成无色、半透明的光滑型菌落。

主要有O和H两种抗原，O抗原为LPS中特异性多糖，耐热，用于沙门菌分组；H抗原为鞭毛蛋白，不耐热，用于沙门菌分型。少数菌含有存在于菌表面的Vi抗原，与细菌毒力有关。

沙门菌有一定的侵袭力和较强的内毒素，个别菌株还可分泌肠毒素，类似ETEC产生的肠毒素。所致疾病主要有肠热症，包括伤寒和副伤寒。当沙门菌侵入M细胞，被巨噬细胞吞噬，部分细菌进入肠系膜淋巴结大量繁殖，经胸导管进入血流引起第一次菌血症，随血流进入肝、脾、肾、胆等器官增殖后，入血引起第二次菌血症，再次进入肠壁淋巴组织可引起肠壁超敏反应，出现局部组织坏死溃疡甚至肠穿孔。沙门菌感染还可引起胃肠炎

（细菌性食物中毒）、败血症，有1% ~5%的人感染后会成为无症状带菌者。

感染该菌后可获得一定程度的免疫力，特异性细胞免疫是主要防御机制。

在不同的病程阶段，需采取不同的标本进行细菌培养、分离和鉴定。第1周采外周血，第2周起取粪便，第3周起还可取尿液，第1周至第3周均可取骨髓液。血清学诊断有肥达试验（Widal's test）、间接血凝法等。

4. 霍乱弧菌 弧菌属（*Vibrio*）是一大群菌体短小、弯曲成弧形、运动活泼的革兰阴性菌。有36个种，12种与人类感染有关，如霍乱弧菌（*V. cholerae*）、副溶血性弧菌、创伤弧菌等。

霍乱弧菌有单鞭毛，运动活泼。在碱性培养基（pH 8.8 ~9.6）生长良好。

根据O抗原的不同，现已发现155个血清型，其中O1群和O139群引起霍乱。O1群还可分为2个生物型：古典生物型和Eltor生物型。

致病物质包括鞭毛、菌毛以及O139群的多糖荚膜，一起构成侵袭力，而产生的霍乱肠毒素（cholera toxin）是目前所知道的致泄毒素中最为强烈的毒素，由5个B亚单位和1个A亚单位组成，B亚单位抗原性强，是结合亚单位，与小肠黏膜上皮细胞GM1神经节苷脂受体结合；A亚单位抗原性弱，是毒性部位，进入细胞后使胞内cAMP升高，肠细胞分泌增强，导致水、电解质大量流失，产生剧烈腹泻。

所致疾病为霍乱，吞食细菌后2 ~3天出现剧烈的呕吐和腹泻症状，患者每天可失水10 ~15L，迅速的失水导致代谢酸中毒、休克等，12 ~24小时可引起死亡。典型症状为米泔水样便，由黏膜、上皮细胞及大量弧菌构成。治疗时要及时补充液体和电解质。

5. 幽门螺杆菌 幽门螺杆菌（*Helicobacter pylori*）为螺杆菌属，1983年被成功分离培养。为革兰阴性菌，有鞭毛，运动活泼。微需氧，培养需动物血清，最适pH为6.0 ~7.0。

该菌在人群中感染非常普遍，通过粪 - 口途径传播，引起胃窦炎、慢性胃炎、十二指肠溃疡、胃腺癌和胃黏膜相关B细胞淋巴瘤（MALT）。

（四）厌氧性细菌

厌氧性细菌（anaerobic bacteria）是一群必须在无氧环境下才能生长繁殖的细菌。依据是否能形成芽孢而分为厌氧芽孢梭菌（革兰阳性杆菌）和无芽孢厌氧菌（包括革兰阳性球菌、革兰阴性球菌、革兰阳性杆菌、革兰阴性杆菌）。

1. 厌氧芽孢梭菌（*Clostridum*） 是一群革兰阳性、能形成芽孢的大杆菌。对热、干燥和消毒剂有强大的抵抗力。少数为致病菌，如破伤风梭菌、肉毒梭菌、产气荚膜梭菌等。

（1）破伤风梭菌（*C. tetani*） 有周身鞭毛，无荚膜，芽孢正圆，位于菌体顶端，成鼓槌状。在血平板上形成β - 溶血、薄膜状菌落。100℃、1小时能被完全破坏，在干燥土壤中可存活数十年。

细菌在能形成厌氧环境的深部伤口中能繁殖，不入血，但其产生的毒素可入血致病。毒素主要有破伤风痉挛毒素（tenanospasmin），是一种不耐热的蛋白质，具有极强的神经毒性，对脊髓前角细胞和脑干神经细胞有高度的亲和力。临床表现为毒素所致局部肌肉痉挛症状，包括牙关紧闭、苦笑面容等以及进行性肌肉痉挛症状，如角弓反张、呼吸障碍等。

该毒素免疫原性强，可人工制备抗毒素和类毒素。

（2）肉毒梭菌（*C. botulinum*） 严格厌氧。芽孢粗于菌体，位于次极端，有鞭毛，无荚膜。

根据其神经毒素——肉毒毒素的抗原性将细菌分为A ~G 7个型。肉毒毒素不耐热，煮沸1分钟即可被破坏。

肉毒毒素是已知最剧烈的毒物，可见于被该菌污染的罐头、香肠、豆制品等食物，食入后引起食物中毒，主要为神经末梢麻痹，症状由乏力、头疼等逐渐发展到复视、眼睑下垂、呼吸吞咽困难、膈肌麻痹甚至导致死亡。

（3）产气荚膜梭菌（*C. perfringens*） 广泛存在于土壤、人和动物肠道中。为两端几乎平切的革兰阳性杆菌，从组织中分离出的病原菌有明显的荚膜。

该菌能产生10余种外毒素，并具极强的侵袭扩散能力，感染后能对组织产生气性坏疽，治疗需扩创甚至切除坏死组织，大剂量使用抗生素以杀灭细菌，必要时还要截肢以防病变扩散。该菌还可导致食物中毒。

2. 无芽孢厌氧菌 是人体的正常菌群，在正常情况下，对人体无害，但在特定的条件下，可作为机会致病菌导致内源性感染。

致病条件主要有宿主免疫力低下、寄居部位改变、局部厌氧微环境、菌群失调。感染特征为：内源性感染、无特定病型、分泌物或脓液有恶臭、使用氨基糖苷类抗生素长期无效、标本用普通方法培养无厌氧菌生长。

所致疾病包括腹腔感染、女性生殖道和盆腔感染、口腔感染、呼吸道感染、败血症和中枢神经系统感染。

（五）呼吸道感染细菌

呼吸道感染细菌是指经呼吸道传播，主要引起呼吸道器官或呼吸道以外器官病变的一类细菌，包括结核分枝杆菌、白喉棒状杆菌、嗜肺军团菌等。

分枝杆菌属（*Mycobacterium*）是一类细长略弯曲的杆菌，因繁殖时有分枝生长趋势而得名，又称抗酸杆菌，包括结核分枝杆菌、麻风分枝杆菌等。

1. 结核分枝杆菌（*Mycobacterium tuberculosis*） 细长略弯，有时呈分枝状，无芽孢、鞭毛和荚膜。细胞壁厚，结构复杂，富含脂质。一般采用抗酸染色法进行染色，结核分枝杆菌可被染成红色，故为抗酸菌，而其他非抗酸菌则呈蓝色。

培养采用罗氏培养基（含有蛋黄、马铃薯、甘油、天冬酰胺等），培养条件为专性需氧。该菌种生长缓慢，18～24小时才能繁殖一代，故2～4周后方可见菌落，为不透明、颗粒状或菜花状菌落。

该菌因脂类含量高，对某些理化因子的抵抗能力较强，在干痰中能存活6～8个月，抗酸、抗碱能力也较强，因此常用酸、碱处理痰液标本。对低浓度染料也有一定抵抗力。对乙醇、湿热、紫外线敏感，对利福平、环丝氨酸、链霉素等抗结核药物敏感。

结核分枝杆菌在形态、菌落、毒力和耐药性都能产生变异。卡介苗（BCG）就是典型的毒力变异株，是将有毒的牛型结核分枝杆菌培养于含甘油、胆汁、马铃薯的培养基中，经13年230次传代而获得的减毒活菌株，现广泛应用于人类结核病的预防。近年来越来越多的耐药变异株给临床的治疗带来极大的困难。

结核分枝杆菌的致病物质主要有：脂质（lipid），占细胞壁干重的60%，包括磷脂、索状因子、蜡质D和硫酸脑苷脂；蛋白质；多糖（polysaccharide）。细菌在宿主体内顽强增殖引起炎症反应，诱导机体产生迟发型超敏反应损伤自身组织。

该病的传染源为肺结核患者，通过呼吸道、消化道和破损的皮肤、黏膜进入机体，侵犯多种组织器官。肺部感染最为多见，可分为原发感染和原发后感染两大类。原发感染指结核分枝杆菌初次感染，在肺内形成病灶，称为原发性肺结核，原发后感染为原发灶内结核分枝杆菌或外源结核分枝杆菌再次引起的感染。肺外感染指细菌通过血液、淋巴液扩散至脑、肾、骨、关节、生殖器官形成局部结核，通过消化道感染导致的肠结核、结核性腹膜炎，经破损皮肤引起的皮肤结核。

结核分枝杆菌感染引起的主要免疫机制是细胞免疫，产生的特异性抗体仅对细胞外细菌发挥作用。免疫力的持久性依赖于结核分枝杆菌在体内的存活，一旦结核分枝杆菌消亡，抗结核的免疫力也随之消失，这种免疫称为有菌免疫或传染性免疫。

在获得对结核分枝杆菌免疫力的同时，结核菌素蛋白与蜡质 D 共同刺激机体产生超敏反应状态，局部形成以单核细胞浸润为主的炎症反应。因此，将一定量的结核菌素注入皮内，测定机体能否引起皮肤迟发型超敏反应，而检测机体对结核分枝杆菌有无免疫力以及细胞免疫功能，即结核菌素试验。

2. 白喉棒状杆菌（*Corynebacterium diphtheriae*） 为革兰阳性杆菌，无荚膜、鞭毛、芽孢，美蓝染色菌体内有异染颗粒。在吕氏培养基生长，菌落呈灰白、光滑、湿润的小菌落。能将培养基中的亚碲酸钾还原为碲，菌落呈灰黑色。

致病物质为白喉毒素（diphtherotoxin），为 β－棒状杆菌噬菌体侵袭无毒白喉棒状杆菌，*tox* 基因与细菌染色体整合发生溶原转换后产生的。感染后能导致白喉，传染源为患者或带菌者。

接种白喉类毒素是预防白喉的重要措施。

3. 嗜肺军团菌（*Legionella pneumophila*） 为革兰阴性杆菌，菌体形态易变，有鞭毛、菌毛、微荚膜，无芽孢。专性需氧，兼性胞内生长。在天然淡水和人工水域中普遍存在，能以气溶胶的方式传播。

产生的细胞毒素能抑制吞噬体与溶酶体融合，菌毛和微荚膜具有黏附和抗吞噬的作用。主要引起军团菌病，也可引起医院感染，临床表现有三种类型，包括流感样型（轻症感染，又称旁地亚克热）、肺炎型（军团病）和肺外感染型。细胞免疫在抗军团菌感染中起重要作用。

第五节 放线菌

放线菌（actinomycetes）是一类呈分枝状生长，主要以孢子繁殖，革兰染色多为阳性的单细胞原核细胞型微生物。放线菌是细菌中的一种特殊类型，最早是由 Cohn（1875 年）发现的，他从人泪腺感染病灶中分离到一株丝状病原菌，即链丝菌（Streptothrix），其菌落中的菌丝常从一个中心向四周辐射状生长，并因此而得名。1877 年，Harz 从牛腭肿病病灶中分离得到类似的病原菌，并命名为牛型放线菌（*Actinomyces bovis*），该种类型病原菌属于专性寄生的厌氧型微生物，后来又相继发现了许多需氧型的腐生型放线菌。

扫码“看一看”

放线菌在自然界分布广泛，主要以孢子或菌丝状态存在于土壤、空气和水中，特别以含水量低、有机质丰富、中性偏碱性的土壤中数量最多。每克土壤中孢子数高达 10^7 个。泥土所特有的“泥腥味”主要由放线菌产生的代谢产物土腥味素（geosmin）所引起。

放线菌与人类的生产、生活关系密切，绝大多数属有益菌。近年来，随着放线菌生物多样性的研究进展，放线菌仍然具有产生新的生物活性物质的潜在能力。放线菌最突出的特性是能产生大量的、种类繁多的抗生素。自从 20 世纪 40 年代初 Waksman 用链霉菌进行系统筛选新抗生素以来，放线菌已被认为是新抗生素产生菌的主要来源，作为发酵菌种放线菌已经广泛应用于制药工业，是一类有很大发展前途的微生物。至今报道的近万种天然抗生素中，放线菌产生的抗生素约占微生物产生抗生素的70%。其中许多具有重要的医用价值而被应用于临床，例如β－内酰胺类、大环内酯类、氨基糖苷类、氯霉素类、蒽环类和四环素类等。近年来筛选到的许多新的生化药物多数是放线菌的次生代谢产物，包括抗癌剂、酶抑制剂、抗寄生虫剂、免疫抑制剂和农用杀虫（杀菌）剂等。放线菌还能产生其他多种生物活性物质，如有机酸、酶、氨基酸、维生素 A、维生素 B_{12}、生物碱等。

大多数放线菌的生活方式为腐生，少数为寄生。腐生型放线菌在环境保护和自然界物质循环等方面起着相当重要的作用，在甾体转化、烃类发酵、石油脱蜡和污水处理等方面应用广泛。而寄生型放线菌可引起人和动植物的疾害，如人和动物的皮肤病、肺部和足部感染、脑膜炎及马铃薯和甜菜的疮痂病等。

一、放线菌的形态与结构

放线菌与细菌同属原核细胞型微生物。多数放线菌具有发育良好的菌丝体，少数为杆状或原始丝状的简单形态。这里以种类最多、分布最广、形态特征最典型的链霉菌属为例，阐述其形态构造。链霉菌主要由菌丝（mycelium）和孢子（spore）两部分结构组成。

（一）菌丝

链霉菌的细胞呈丝状分枝，不同发育阶段的菌丝（mycelium）分化程度不同，根据菌丝的着生部位、形态和功能可分为基内菌丝（substrate mycelium）、气生菌丝（aerial mycelium）和孢子丝（sporebearing filament）（图 1－54）。

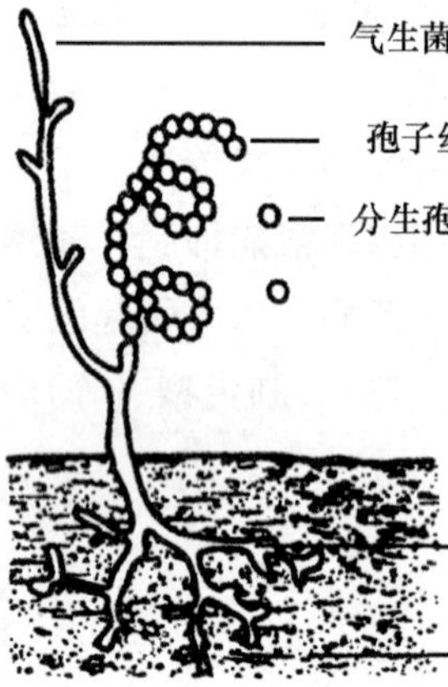

图 1－54　链霉菌的形态结构模式

1. 基内菌丝　是生长在培养基内的菌丝，是最早发育成熟的，其主要生理功能是吸收营养，又称初级菌丝（primary mycelium）或营养菌丝（vegetative mycelium）。

基内菌丝纤细，直径一般为 0.4～12μm，不同类型的放线菌基内菌丝长度差异较大，短的不足 100μm，长的可达 600μm 以上。

基内菌丝多分枝，颜色较浅。多数基内菌丝在发育到一定阶段后可产生色素，其色素类型有水溶性和脂溶性之分，常见的有白、黄、橙、红、绿、紫、蓝、褐、黑色等不同颜色。若是水溶性色素，则可以扩散到培养基内，使培养基呈现相应色素的颜色；若是脂溶性色素，则使其菌落或菌苔的背面呈现相应色素的颜色。基内菌丝的颜色及是否产生水溶性色素在放线菌的分类鉴定上是定种的重要依据。

2. 气生菌丝　是基内菌丝发育到一定阶段，向空气中生长的菌丝体，由于是在初级菌丝的基础上发育形成的，又称为二级菌丝（secondary mycelium）。

在显微镜下观察，气生菌丝颜色一般比基内菌丝颜色深，直径比基内菌丝略粗，其直径为 1.0～1.4μm，长度相差悬殊，气生菌丝的分枝较少，多呈直形或弯曲形。

不同种类放线菌的气生菌丝发育程度不同。有的发育良好，有的发育不良，还有的基本不形成气生菌丝。

气生菌丝同样可以分泌一些色素，多数为脂溶性色素，使菌落或菌苔的表面呈现该色素的颜色。

3. 孢子丝 是气生菌丝生长发育到一定阶段分化成的可产孢子的菌丝。孢子丝的主要功能是产生孢子并进行繁殖，又称繁殖菌丝或产孢菌丝。孢子丝的形态和在气生菌丝上的排列方式随菌种而异（图1－55）。

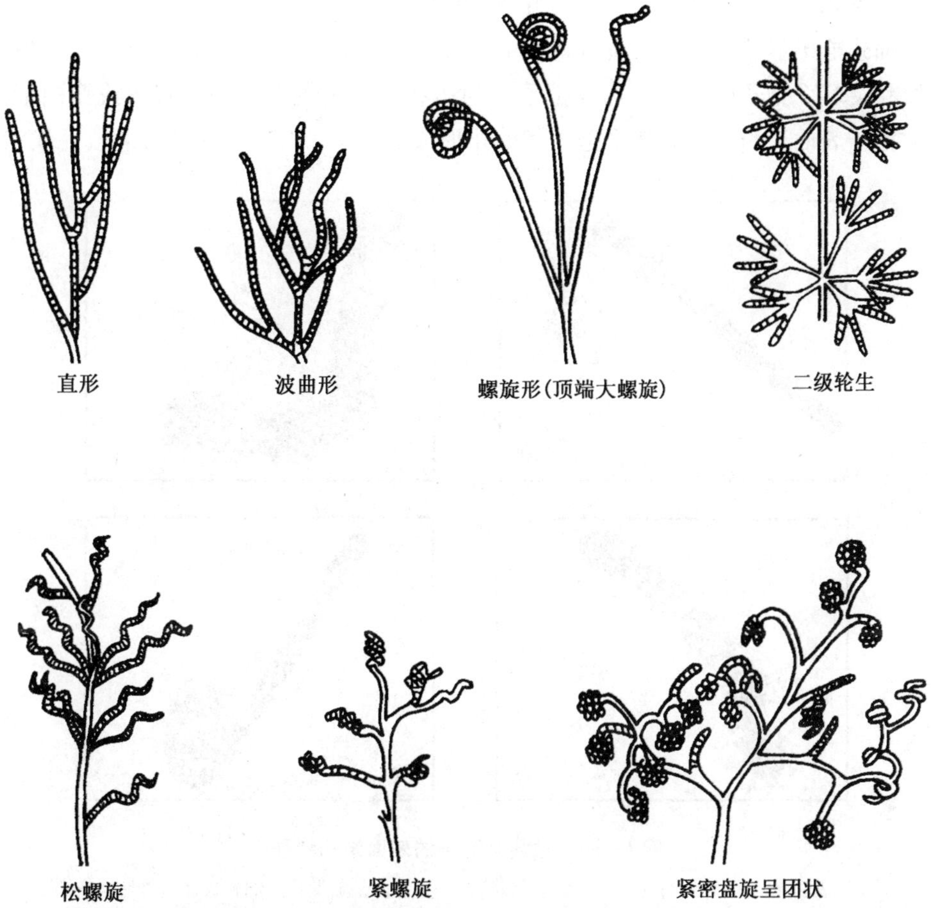

图1－55 放线菌孢子丝的各种形态和着生方式

孢子丝的形态分为直形、波曲形和螺旋形三种类型。螺旋状孢子丝的特征最为突出，其螺旋的结构与长度均很稳定，螺旋的数目、紧密程度及螺旋的方向等都是种的特征。螺旋的数目一般为5～10圈，旋转方向多为左旋，少数为右旋。

孢子丝的着生方式有对生、互生、丛生和轮生等。轮生状的孢子丝是从主干菌丝的一点分出，生长出至少3个以上的孢子枝，称为轮生枝。轮生分一级轮生和二级轮生，二级轮生是在一级轮生枝上又长出新的轮生枝。孢子丝为轮生的放线菌称为轮生类群，轮生类群的孢子丝多为二级轮生。

孢子丝的形态和着生方式可作为菌种鉴定的重要依据。

个别种类放线菌的孢子丝还可进一步特化形成孢囊结构。孢囊的形成一般有两种方式：一种是由孢子丝高度卷绕而成；另一种是由特化的孢囊梗逐渐膨大形成的。孢囊有圆形、瓶状、棒状等形状，孢囊的外面一般都有囊壁，不具备孢囊壁的称为假孢囊，这些特征也可作为鉴定放线菌的依据。

（二）孢子

孢子丝生长到一定阶段即可分化形成孢子（spore），形成无性孢子是放线菌的主要繁殖方式。

1. 孢子的形态特征 在光学显微镜下，放线菌的孢子呈圆形、椭圆形、杆形、梭形等。值得指出的是即使从同一孢子丝上分化出来的孢子，其形状和大小可能也有差异，因此，孢子的形态和大小不能笼统地作为分类鉴定的依据。

在扫描式电子显微镜下还可看到孢子的表面结构（图1－56），有的光滑、有的带有疣状或毛发状突起。孢子的表面结构与孢子丝的形状有一定关系，一般直形或波曲形的孢子丝形成的孢子表面光滑；而螺旋形孢子丝分化形成的孢子，其表面一般带刺或毛发状突起。

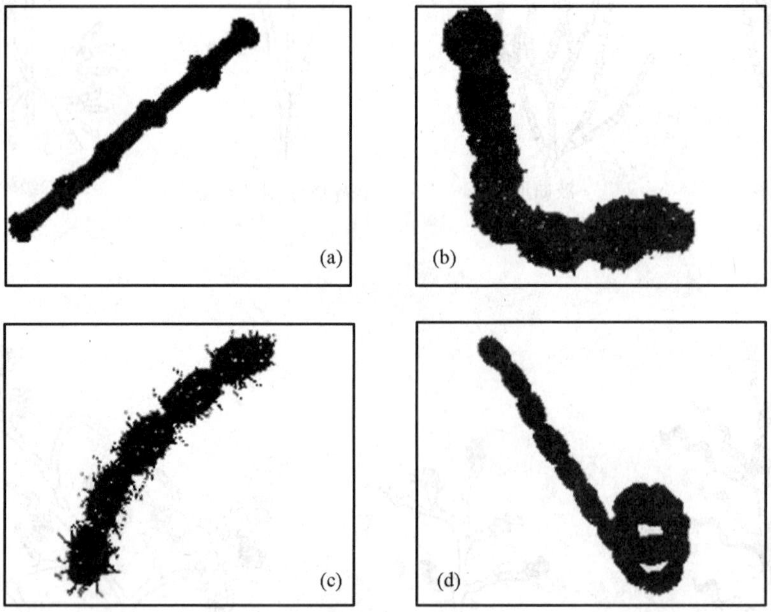

图1－56 放线菌孢子的表面结构特征

（a）表面光滑呈竹节状；（b）表面呈短刺状；（c）表面呈毛发状；（d）表面光滑呈盘绕状

放线菌的孢子成熟后一般能分泌脂溶性色素，使带有孢子堆的菌落表面呈现一定的颜色。孢子的颜色与其表面结构也有一定的关系，白色、黄色、淡绿色、灰黄色、淡紫色的孢子表面一般都是光滑型的；粉红色孢子只有极少数带刺或疣状突起；黑色孢子绝大部分都带刺或疣状突起。

孢子的颜色和其表面结构特征在一定条件下比较稳定，故可以作为菌种鉴定的依据之一。

2. 孢子的形成过程 根据电子显微镜对放线菌超薄切片观察，结果表明孢子丝形成孢子采用横隔分裂方式。该分裂方式的主要特征是在孢子丝中出现横隔膜，每两个横隔膜之间形成孢子。横割分裂有两种方式：①细胞膜内陷，再由外向内逐渐收缩形成横隔膜，将孢子丝分割成许多分生孢子；②细胞壁和质膜同时内陷，再逐渐向内缢缩，将孢子丝缢裂成一串分生孢子。

3. 孢子的萌发 孢子成熟后散落在周围环境中，遇到合适的条件萌发，孢子首先长出芽管，由芽管进一步延长，长出分枝，越来越多的分枝密集成营养菌丝体，最后发育为成熟的菌丝体。

（三）放线菌细胞的基本结构

放线菌细胞的结构与细菌相似，都具有细胞壁、细胞膜、细胞质、核物质等基本结构。个别种类的放线菌也具有细菌鞭毛样的丝状体，但一般不形成荚膜、菌毛等特殊结构。放线菌的孢子在某些方面与细菌的芽孢有相似之处，都属于内源性孢子，但细菌的芽孢仅是休眠体，不具有繁殖作用，而放线菌孢子则是一种无性繁殖方式。

1. 细胞壁　放线菌细胞壁的结构、组成与革兰阳性细菌相似，含有肽聚糖、胞壁酸、多糖等，但不同种属的成分不同。1976 年，Lechevalier 夫妇根据菌丝形态和细胞壁化学组成将好氧放线菌分为 9 个细胞壁类型，放线菌细胞壁类型的主要构成见表 1 -5。

表 1 -5　放线菌细胞壁类型的主要构成

细胞壁类型	主要组分	代表菌属
Ⅰ	L - 二氨基庚二酸（DAP），甘氨酸	链霉菌属
Ⅱ	*meso* - 二氨基庚二酸（DAP），甘氨酸	小单孢菌属
Ⅲ	*meso* - 二氨基庚二酸（DAP）	马杜拉放线菌属
Ⅳ	*meso* - 二氨基庚二酸（DAP），阿拉伯糖，半乳糖	诺卡菌属
Ⅴ	赖氨酸，鸟氨酸	放线菌属
Ⅵ	赖氨酸，天冬氨酸，半乳糖	厄氏菌属
Ⅶ	2,4 - 二氨基丁酸（DAB），甘氨酸	壤霉菌属
Ⅷ	鸟氨酸	双歧杆菌属
Ⅸ	*meso* - 二氨基庚二酸（DAP），多种氨基酸	枝动菌属

在不同种类的放线菌中，短肽侧链上的氨基酸组成略有差异，这些差异常用于对放线菌的分类及鉴定。

2. 细胞膜　放线菌的细胞膜是紧贴细胞壁、包含细胞质及拟核的一层膜状结构。该膜与细菌的细胞膜在结构、化学组成及生物学功能上都极为相似。细胞膜最重要的作用就是选择性地进行营养物质的运输及代谢废物的排除，特别是营养菌丝，其细胞膜上种类丰富的载体蛋白，在放线菌从周围环境吸收营养物质过程中发挥着重要作用。此外，膜上的各种极性类脂、非极性类脂及细胞色素和醌类等物质，在组成细胞膜结构、参与能量代谢及对放线菌的化学分类上都有重要意义。

与细菌相似，放线菌的细胞膜也能特化形成中介体。由于放线菌是丝状菌丝体，其细胞膜形成的中介体数目较多。中介体的形成，有效地扩大了细胞膜的比表面积，丰富了酶的种类和数量，更有利于在细胞膜上进行电子传递。

3. 细胞质及内含物　放线菌是单细胞丝状体，菌丝无横隔，整个细胞质是贯通的。细胞质主要是由蛋白质、核酸、糖类、脂类、无机盐和大量水组成的半透明胶状物，其中水的含量为 60% ~80%，尤其是基内菌丝的含水量更高。比较重要的颗粒状内含物是核糖体，此外还有多聚磷酸盐、类脂及多糖等内含物。放线菌细胞质中的糖和其细胞壁中的糖合称为全细胞糖。不同种类放线菌的全细胞糖类型不同，1976 年，Lechevalier 夫妇根据菌丝化学组成将好氧放线菌分为 4 个糖型（表 1 -6）。

表 1-6 放线菌全细胞糖型

糖型	特征性糖	代表菌属
A	阿拉伯糖，半乳糖	诺卡菌属，红球菌属，假诺卡菌属
B	马杜拉糖	马杜拉放线菌属，嗜皮菌属，弗兰克菌属
C	无特征性糖	嗜热单孢菌属，链霉菌属，束氏放线菌属
D	阿拉伯糖，木糖	小单孢菌属，游动放线菌属

全细胞糖型在放线菌的传统分类中常作为分类指标。

4. 核物质 放线菌的核物质同细菌的核物质一样，都为一条共价、闭合、环状、以超螺旋形式存在的双链 DNA 分子，又称核质体（nuclear body）或拟核。由于放线菌菌丝的细胞质是连通的，故其核质体的数目较多，为典型的多核细胞。菌丝中所含的核质体数一般与菌丝的生长速度有关，在快速生长的菌丝中，核质体 DNA 可占细胞总体积的 15% ~20%。

（四）放线菌在微生物中的分类地位

放线菌在形态上呈分枝状的菌丝体和孢子，在固体培养基上的生长状态很像真菌，19 世纪以前，人们曾将放线菌归于真菌中。后来，随着对微生物分类学的不断认识，特别是分类手段的改进，发现放线菌有很多生物特性与细菌相似，在一段时间内被认为是“介于细菌与真菌之间的一类微生物”。

然而，随着科学的发展和新技术的应用，人们的认识逐渐深入，用近代生物学手段的研究结果表明，放线菌是一类具有分枝状菌丝体的细菌，主要依据如下。

1. 与细菌同属原核细胞型微生物 放线菌与细菌的细胞核一样，为原始核，无核膜和核仁，其核由缠绕的 DNA 组成；核糖体同为 70S；细胞质中缺乏细胞器，如线粒体、内质网等。

2. 细胞大小、结构和化学组成与细菌相似 放线菌的菌丝虽然比细菌长得多，但菌丝的直径与细菌基本相同，且菌丝无横隔，故与细菌一样为单细胞微生物。两者的细胞都具有细胞壁、细胞膜、细胞质和核物质等基本结构，细胞壁的主要成分为肽聚糖，并含有 DAP。

3. 生长最适酸碱度与细菌相似 放线菌和细菌生长的最适 pH 范围基本相同，一般在 7.0 ~7.6。

4. 对抗生素等的敏感性与细菌相似 放线菌对抗细菌抗生素敏感，对抗真菌抗生素不敏感；放线菌对溶菌酶敏感，经溶菌酶水解后能形成原生质体。

5. 繁殖方式与细菌相似 放线菌繁殖方式与细菌相似，均为无性繁殖。

6. 遗传物质特性与细菌相似 放线菌和细菌的核酸含量接近，DNA 重组方式相同。多数放线菌中都含有核以外的遗传物质——质粒。DNA 的序列分析及核酸杂交结果表明，两者的 DNA 特别是 16S rRNA 有一定的同源性。Strackebrandt 和 Woese 根据 16S rRNA 相似性，DNA - RNA 杂交和 DNA - rRNA 杂交的结果，认为放线菌是高（G + C）mol%（一般在 60% ~72%）、革兰阳性细菌的一个分支。1987 年，Woese 通过对 500 多种生物的 16S rRNA 序列的系统发育学分析，提出了生命的三域（Domain）学说，即真细菌域（Eubacteria）、古细菌域（Archaebacteria）和真核生物域（Eucaryota）。其中放线菌被归于细菌域的第 14 门，该门只有放线菌纲。

二、放线菌的生长和繁殖

微生物的突出特性就是适应环境的能力强，并能在较短时间内快速生长繁殖，以达到延续后代、维持物种稳定的目的。作为原核生物的放线菌，既有与细菌生长繁殖相似的地方，也有其自身生长繁殖的特点。

（一）放线菌的繁殖方式和生活史

1. 繁殖方式 放线菌的繁殖方式简单，只有无性繁殖，即由菌丝细胞自身完成。多数放线菌通过形成无性孢子（asexual spores）和菌丝断裂（mycelium break）两种方式进行繁殖，以前者最为常见。

（1）无性孢子 放线菌产生的无性孢子类型主要有三种：①由气生菌丝特化的孢子丝发育形成，也称为分生孢子，多数放线菌如链霉菌属的微生物普遍采用这种方式。②由高度特化的孢囊发育形成，当孢囊成熟后，孢囊破裂并释放大量的孢子，如游动放线菌属和链孢囊菌属中的一些微生物。孢子囊可在气生菌丝上形成（如链孢囊菌属），也可在基内菌丝上形成（如游动放线菌属），或二者均可生成。③由基内菌丝特化的孢子囊梗发育形成，孢子一般单个着生，如小单孢菌属的放线菌采用这种方式。

（2）菌丝断裂 即菌丝断裂的片段形成新菌体的繁殖方式，常见于液体培养中，由于振荡、机械搅拌等因素作用，常导致菌丝断裂成小的片段，每个菌丝片段又重新生长为新的菌丝体。如在实验室进行摇瓶培养和工厂的发酵罐中进行深层液体搅拌培养时，主要以此方式大量繁殖。

值得注意的是，个别种类的放线菌如诺卡菌属的微生物在固体培养基上培养时就可出现菌丝断裂现象，这是该菌的特性决定的。

2. 生活史 放线菌为原核生物，其生活史比真核生物简单得多，只有无性世代。图 1－57 所描绘的是链霉菌的生活史：从链霉菌的无性孢子开始，孢子萌发、生长形成基内菌丝；基内菌丝向培养基外部生长成为气生菌丝；气生菌丝成熟、特化成孢子丝；孢子丝分化、发育产生孢子。简单来说就是“孢子－菌丝－孢子”的循环过程。

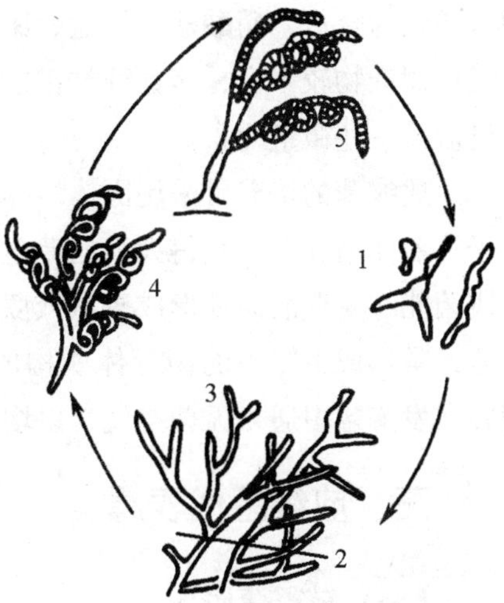

图 1－57 链霉菌的生活史

1. 孢子萌发；2. 基内菌丝；3. 气生菌丝；4. 孢子丝；5. 孢子丝分化为孢子

（二）放线菌的菌落特征

放线菌是分枝状菌丝体，由于菌丝较细且生长缓慢等，一般需要 3～7 天才能形成菌落。菌落与培养基的结合较紧密，不易挑起。多数菌落为圆形，略大于或接近普通细菌菌落，但比真菌菌落小得多。由于不同种类放线菌的气生菌丝发育程度不同，产孢子的能力不同，其菌落特征也有较大差异，放线菌菌落可分为两种类型。

1. 气生菌丝型 链霉菌属的菌落为此类型的典型代表。其突出特点是基内菌丝深入培养基内，与培养基结合紧密，不易被接种针挑起。气生菌丝发达，大量的气生菌丝交织在一起，形成质地紧密的菌落。菌落圆形，不扩散，有时呈同心环状。幼龄菌落表面光滑，当孢子丝成熟时，大量孢子布满菌落表面，菌落表面干燥，呈较致密的粉末状或颗粒状。菌落在没有形成孢子之前颜色较浅，多为气生菌丝的颜色，当大量孢子成熟时，菌落呈孢子堆的颜色，菌丝体和孢子分泌的色素常不同，故菌落正面与背面常呈现不同色泽。

产生色素是气生菌丝型菌落的突出特征，基内菌丝、气生菌丝及孢子都能分泌一些色素。其中基内菌丝即能分泌水溶性色素，也能分泌脂溶性色素；气生菌丝和孢子主要分泌脂溶性色素。

2. 基内菌丝型 主要指气生菌丝不发达或无气生菌丝的菌落类型。诺卡菌属的菌落为该型的典型代表。该菌属中的多数种类几乎不生成气生菌丝，基内菌丝紧贴培养基表面，在生长一定时间后基内菌丝很快断裂为杆状，因此，该类型菌落较小，与培养基结合不紧密，呈粉质状，用接种针挑取易粉碎。

（三）放线菌的培养条件

除致病类型放线菌外，多数放线菌为需氧菌，生长最适温度为 28 ~ 30℃，最适 pH 为 7.0 ~ 7.5。自然环境中的放线菌多属于化能异养型微生物，绝大多数为腐生，少数寄生，营养要求不高。利用的碳源主要是葡萄糖、麦芽糖、淀粉和糊精。由于多数放线菌分解淀粉能力较强，故培养基中大多加有一定量的淀粉。氮源以鱼粉、蛋白胨、玉米浆和一些氨基酸较为合适，硝酸盐、铵盐、尿素等常可作为速效氮源被放线菌利用。由于放线菌的次级代谢产物较丰富，多数种类都能产生抗生素，故在培养放线菌时，一般需要加入各种无机盐及一些微量元素。

放线菌的培养可采用固体培养和液体培养两种方式。固体培养一般可以积累大量的孢子；液体培养常可获得大量的菌丝体及平行代谢产物。在液体培养基中，若静置培养，放线菌能在瓶壁液面处形成斑状或膜状菌落，或沉降于瓶底而使培养液清而不混；若振荡培养，常形成由短小的菌丝体所构成的球状菌丝团。在抗生素生产中，一般采用液体培养，并在发酵罐中通入无菌空气，以增加发酵液的溶氧度。

三、放线菌代表属

（一）链霉菌属

链霉菌属（*Streptomyces*）是放线菌的代表属，是放线菌目中最大的一个属。链霉菌形态上的突出特点是有发育良好的分枝状菌丝体，菌丝无横隔，分化为营养菌丝、气生菌丝、孢子丝，孢子丝再分化成孢子。链霉菌孢子对热的抵抗力比细菌芽孢弱，但强于营养体细胞。对链霉菌的保藏一般采用沙土管保藏法，在4℃的冰箱中可存活1 ~ 3年。

链霉菌属的胞壁类型为 Ⅰ 型，全细胞糖型 C 型，DNA 的（G + C）mol% 含量为67% ~ 78%。

已知的链霉菌属微生物有 1000 多种，为了分类方便，我国学者根据气生菌丝（孢子堆）的颜色、基内菌丝的颜色、可溶性色素、孢子丝的形状、孢子的形状和表面结构等特征，将本属分为 14 个不同的类群，在这 14 个类群中除吸水类群和轮生类群外，其他 12 个类群完全是根据色素颜色的差异来划分的。每个类群又包括许多不同的种，在种类的鉴定中，以形态和培养特征为主、生理生化特性为辅，并结合其细胞壁组分和核酸分析的结果来进行判断。

链霉菌主要分布于含水量较低、有机质丰富、中性或微碱性的土壤中，多数为腐生、需氧异养菌。链霉菌的次级代谢产物种类丰富，最重要的是产生抗生素。现发现约有600多种链霉菌能产生抗生素，链霉菌属产生的抗生素占放线菌产生抗生素的70%～75%。如灰色链霉菌（*S. griseus*）产生的链霉素，卡那霉素链霉菌（*S. kanamycetius*）产生的卡那霉素，龟裂链霉菌（*S. rimosus*）产生的土霉素等。此外，临床应用的井冈霉素、丝裂霉素、博来霉素、制霉菌素、红霉素等，也来源于此属的微生物。此外，链霉菌属中有一些种类还能产生维生素、酶及酶抑制剂等。

在链霉菌中也有极少数与动植物疾病有关，如疮痂链霉菌（*Streptomyces scabies*）能引起马铃薯和甜菜的疮痂病、索马里链霉菌（*S. somaliensis*）是已知的人类致病链霉菌。

（二）诺卡菌属

诺卡菌属（*Nocardia*）又名原放线菌属（*Proactinomyces*）。该属典型的特征是只有营养菌丝，气生菌丝发育不好，有的甚至不能形成气生菌丝，仅少数菌产生一薄层气生菌丝，可以产生杆状或椭圆形的孢子。其基内菌丝纤细，直径为0.3～1.2μm，基内菌丝培养15小时至4天，产生横隔膜，断裂成长短不一的杆状或带有部分分叉的杆状体（图1－58），以此生长成新的多核菌丝体。

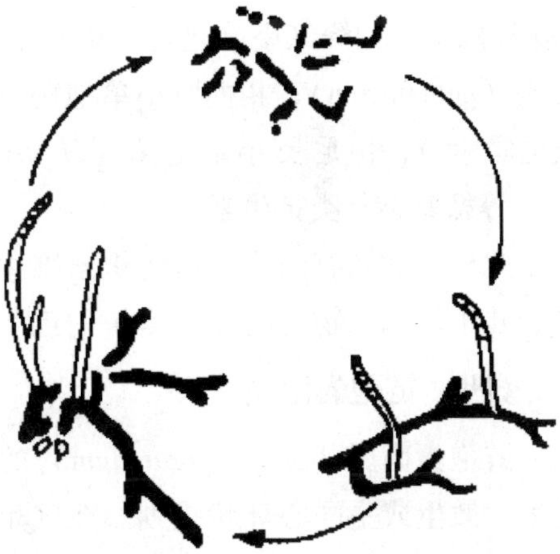

图1－58 诺卡菌的菌丝断裂现象

诺卡菌属的微生物胞壁类型为Ⅳ型，全细胞糖型A，DNA的（G＋C）mol%含量为64%～72%。由于细胞内含有诺卡菌酸（nocardomycolic acid），故此属微生物抗酸或部分抗酸。

诺卡菌属主要分布在土壤中，多数为需氧型腐生菌，少数为厌氧型寄生菌。繁殖速度较慢，一般需5～7天方可形成菌落，菌落比链霉菌菌落小，表面多皱，致密、干燥或湿润，用接种环一触即碎。多数诺卡菌能产生类胡萝卜色素，使菌落呈现各种颜色，如黄色、黄绿色、橙红色等。

本属可产生约30多种抗生素，如地中海诺卡菌（*N. mediterranei*）产生抗结核分枝杆菌（*Mycobacterium tuberculosis*）和麻风杆菌（*M. leprae*）的利福霉素（rifomycin），抗革兰阳性菌的瑞斯托霉素（ristocetin）。此外，该菌属的一些种类分解能力强，在石油脱蜡、烃类发酵、污水处理等方面发挥着重要作用。

少数诺卡菌，如星形诺卡菌（*N. asteroides*）和巴西诺卡菌（*N. brasiliensis*）可引起外源性感染。星形诺卡菌常由呼吸道或创口侵入机体，引起化脓性感染。免疫力低下者，如AIDS患者、肿瘤患者以及长期使用免疫抑制剂的人易感。此菌侵入肺部可引起肺炎、肺脓肿，临床表现与肺结核和肺真菌病类似，且易通过血行播散。巴西诺卡菌可因外伤侵入皮下组织，引起慢性化脓性肉芽肿，但很少播散，表现为肿胀、脓肿。

（三）小单孢菌属

小单孢菌属（*Micromonospora*）多数种类在固体培养基上只形成营养菌丝（基内菌丝），深入培养基内，不形成气生菌丝。基内菌丝纤细，直径0.3～0.6μm，菌丝有分枝、无横隔，不断裂，在基内菌丝上长出短孢子梗，顶端着生一个球形或椭圆形孢子，孢子为圆形、椭圆形，表面为刺状或疣状。由于孢子是单个着生的，故称为小单孢菌（图1－59）。

小单孢菌属的微生物胞壁类型为Ⅱ型，全细胞糖型D，DNA的（G+C）mol%含量为71.4%~72.8%。

小单孢菌属一般为需氧型或微需氧型腐生菌，生存环境十分广泛，在土壤及水生环境、高低温环境、碱性环境均有分布，而在湖泊、河泥、厩肥与堆肥中较多。该菌属的最适生长温度为32~37℃，菌落较小，与培养基结合紧密，表面凸起，常呈橙黄色、红色、深褐色或黑色。

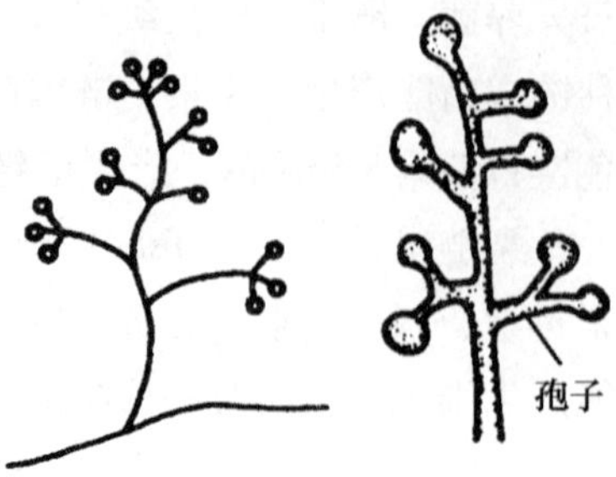

图1-59　小单孢菌的基内菌丝及孢子

小单孢菌属的放线菌是一类非常重要的药物微生物资源。目前从该属发现的抗生素种类仅次于链霉菌，达450种以上。如绛红小单孢菌（*M. purpurea*）和棘孢小单孢菌（*M. echinospora*）产生的庆大霉素（gentamycin）；相模原小单孢菌（*M. segamiensis*）产生的小诺霉素（segamicin，即相模湾霉素）；伊尼奥小单孢菌（*M. inyoensisycin*）产生的西索米星（sisomycin，即紫苏霉素）等氨基糖苷类抗生素。

此外，此属有的微生物还积累维生素B_{12}，腐生型的小单孢菌还具有较强的分解纤维素、几丁质和毒物的能力，具有一定的开发价值。

（四）链孢囊菌属

链孢囊菌属（*Streptosporangium*）的突出特征是具有发育良好的菌丝体。气生菌丝多为丛生、散生或呈同心环状排列。在气生菌丝上可以特化形成孢囊，孢囊内形成孢囊孢子，又称为孢囊放线菌，在放线菌中属于产孢方式比较复杂的类型。孢囊一般着生在气生菌丝的顶端或其侧枝的顶端，由气生菌丝上的孢子丝盘卷形成，数量为1个或多个，形状呈球形，直径为7~9μm（图1-60）。

孢囊形成初期体积较小，基本为无色，随着孢囊的逐渐成熟，颜色加深，体积增大，并在孢囊内开始出现大量的横隔，进而分化为排列不规则的孢子团。孢子完全成熟后通过孢囊上的小孔释放至周围环境。孢囊孢子为球形，直径为1.8~2.0μm，无鞭毛不能游动。值得注意的是，气生菌丝的特化程度是不一样的，并不一定都能形成孢囊，有时在同一气生枝上既有结构复杂的孢囊，也有结构比较简单的螺旋状孢子丝。因此，产生的无性孢子既有孢囊孢子，也有分生孢子。

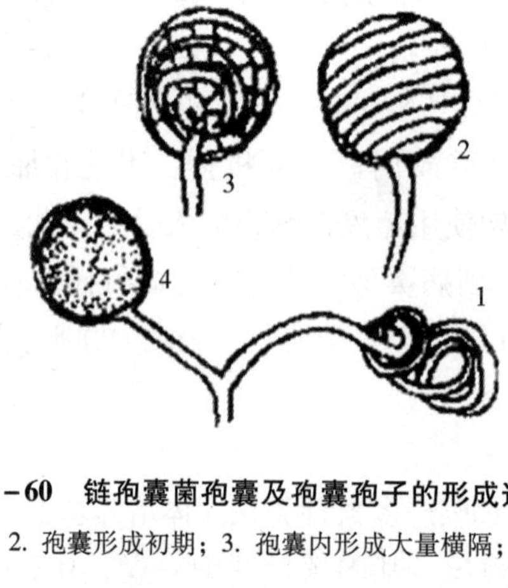

图1-60　链孢囊菌孢囊及孢囊孢子的形成过程

1. 菌丝高度盘旋；2. 孢囊形成初期；3. 孢囊内形成大量横隔；4. 孢囊孢子形成

本菌属微生物胞壁类型Ⅲ型，全细胞糖型C型，DNA的（G+C）mol%含量为69.5%~71%。

该菌菌落特征与链霉菌相似，表面呈绒状、粉状或茸状，颜色较淡，多数为淡粉色。

链孢囊菌属的部分种类也能产生一些抗生素，特别是一些广谱抗生素，如多霉素（polymycin）、两性霉素 B（amphotericin B）等，这些抗生素对多种革兰阳性菌、革兰阴性菌、病毒及肿瘤细胞都有一定的杀灭作用。

（五）游动放线菌属

游动放线菌属（*Actinoplanes*）一般不形成气生菌丝，基内菌丝纤细，直径为 0.2 ~ 2.0μm，不断裂。当菌丝发育成熟后，在菌丝顶端及侧枝上可特化成孢囊梗，孢囊梗直形并可形成分枝，顶部发育成一至数个孢囊。

孢囊一般呈球形、棒状或不规则形态，大小相差较大，小的仅为几微米，大的可达几十微米。孢囊壁是由菌丝鞘分化形成的，囊内形成盘卷排列的孢囊孢子（图 1 – 61）。孢囊孢子可借助孢囊壁上的小孔或通过孢囊壁的破裂释放到周围环境中。随着大量孢囊孢子的成熟和释放，孢囊壁也很快消失。大部分孢囊孢子有鞭毛能游动，产生带有鞭毛的游动孢子是该菌属的主要特征。

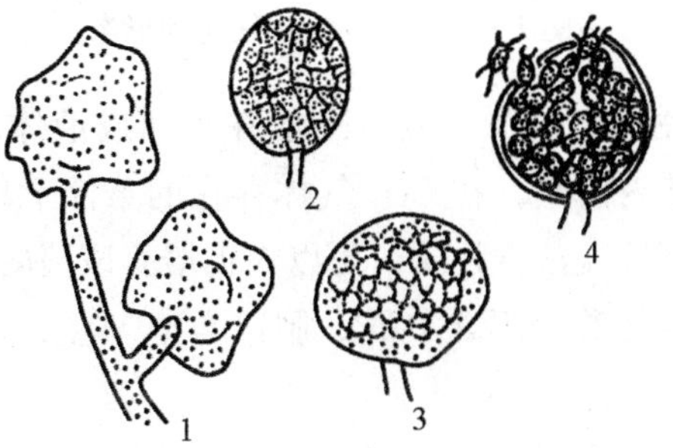

图 1 – 61　游动放线菌属的形态特征

1. 年幼孢囊；2，3. 孢囊孢子形成；4. 孢囊孢子释放

与链孢囊放线菌相似，游动放线菌的产孢方式也不完全一样，有些种类是通过分生孢子进行繁殖的，分生孢子为单个或成链状排列。

本属微生物胞壁类型Ⅱ型，全细胞糖型 D 型，DNA 的（G + C）mol% 含量为 72% ~73%。

本属微生物适于在腐烂的植物和湿度较大的土壤中生长，本属菌生长缓慢，需 2 ~ 3 周培养才形成菌落，菌落湿润发亮。

本属能产生多种抗细菌和抗肿瘤的抗生素。目前从该属发现的新抗生素至少有 150 种，如我国济南游动放线菌（*Actinoplanes jinanensis*）产生的创新霉素和萘醌类的绛红霉素（purpuromycin）等。创新霉素对大肠埃希菌引起的尿路感染有一定疗效；绛红霉素对肿瘤、细菌、部分真菌等有一定作用。

（六）高温放线菌属

高温放线菌属（*Thermoactinomyces*）的突出特点是基内菌丝分枝有隔。气生菌丝数量有变化。在基内菌丝和气生菌丝上均能产生单个孢子。孢子是内源性的，球形，有皱，形成过程及性质与细菌的芽孢有些相似。孢子具有类似芽孢的多层壁、膜结构，内含吡啶二羧酸（pipicolinic acid），对热、干燥及各种不良环境均有较强的抗性。

本属微生物胞壁类型Ⅲ型，全细胞糖型 C 型，DNA 的（G + C）mol% 含量为 53% ~55%。

本属大多数菌种能在温度较高的自然环境中生长，如在堆肥、自热草堆、甘蔗渣等高温堆中生长速度较快。形成的孢子可在土壤、水或湖泊中存活并进一步发育成菌丝体。

该菌属有的种类能产生抗生素，如高温红霉素（thermorubin）。有的寄生种类能引发肺病或呼吸系统疾病。

（七）放线菌属

放线菌属（*Actinomyces*）的突出特征是只形成基内菌丝，无气生菌丝，不形成孢子。基内菌丝有横隔，断裂为V、Y、T型（图1－62）。

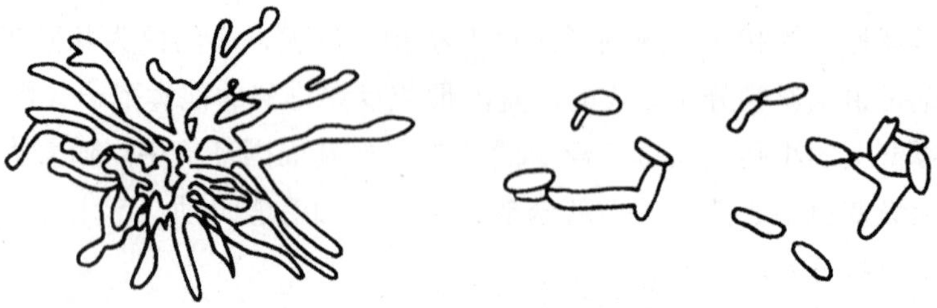

图1－62　致病性放线菌的形态

本属多数为厌氧或兼性厌氧的微生物，一般在固体或液体培养基中培养18～48小时后，即出现发育不完全的基内菌丝，在CO_2气体存在的条件下易生长。通过在培养基中加入动物血清或心、脑浸汁等特殊营养物质，可以人工培养该菌属的一些种类。

本属微生物细胞壁含赖氨酸，不含DAP，胞壁类型V型，DNA的（G＋C）mol%含量为57%～69%。

本属微生物在自然界分布广泛，正常寄居在人和动物的口腔、上呼吸道、胃肠道及泌尿生殖道黏膜表面，多为条件致病菌，在一定条件下，可引起内源性感染。对人和动物致病的主要有衣氏放线菌（*A. israelii*）和牛型放线菌（*A. bovis*）。

牛型放线菌可引起牛的颚肿病，对人无致病性。衣氏放线菌存在于正常人口腔、齿龈、扁桃体与咽部等与外界相通的腔道内，为条件致病菌。当机体抵抗力减弱或拔牙、口腔黏膜损伤时，可引起内源性感染，导致软组织慢性化脓性炎症。疾病多发于面颈部、胸部、肺部，称为放线菌病。病变部位常形成瘘管，排出硫磺样颗粒。近年来临床大量使用广谱抗生素、皮质激素、免疫抑制剂或进行大剂量放疗，造成机体菌群失调，使放线菌引起的二重感染发病率急剧上升。

思考题

扫码“练一练”

1. 细菌主要有哪些一般结构和特殊结构？试说明这些结构的生理功能。
2. 比较G^+和G^-细菌细胞壁的组成。
3. 试述革兰染色的主要过程和机制。
4. 什么是原生质体？什么是球形体？如何获得？
5. 芽孢为什么具有抵抗不良环境的能力？
6. 什么是菌落？细菌、放线菌的菌落各有什么特征？
7. 比较细菌外毒素、细菌内毒素的不同特征。
8. 基内菌丝、气生菌丝和孢子丝在结构上有何区别？它们又有何联系？

（周长林　张　冉　徐　威）

第二章　其他原核微生物

扫码“学一学”

第一节　螺旋体

螺旋体（spirochete）是一类细长、柔软有弹性、弯曲呈螺旋状、运动活泼的原核细胞型微生物。

螺旋体在自然界和动物体内广泛存在，种类很多。根据螺旋数目、大小与规则程度以及两螺旋间距离，分为七个属，其中不少是非致病的。对人和动物有致病性的有以下三个属。

（1）疏螺旋体属（*Borrelia*）　有3～10个稀疏、不规则的螺旋。对人致病的有回归热螺旋体、伯氏螺旋体（Lyme病螺旋体）等。

（2）密螺旋体属（*Treponema*）　有8～14个细密、规则的螺旋。对人致病的主要是梅毒螺旋体和雅司螺旋体。

（3）钩端螺旋体属（*Leptospira*）　螺旋数目较多，且更加细密和规则，菌体一端或两端弯曲呈钩状。其中有许多群和型能引起人类钩端螺旋体病。

一、生物学性状

螺旋体大小为（0.1～0.3）μm×（5～250）μm。其基本结构与细菌类似，细胞的主体由细胞质和核区组成，其外围则裹以细胞膜和细胞壁，形成螺旋状的原生质柱。在原生质柱外缠绕着轴丝（axial fibrils），也称为内生鞭毛（endoflagella）或周质鞭毛（periplasmic flagella），轴丝和原生质柱再由三层膜包围，称为外膜（外鞘）。细胞壁含有脂多糖和胞壁酸，革兰染色阴性，但着色较难，常用Fontana镀银染色法，呈棕褐色。

螺旋体可在液体环境中游动或沿纵轴旋转和做屈曲运动，在固体培养基上可爬行或蠕动。用暗视野显微镜观察活的螺旋体标本，可见其运动情况。其运动依赖于轴丝，每个细胞具有2～100条的轴丝，其一端插入细胞膜中，围着螺旋菌体而缠绕，其化学组成与细菌的鞭毛相似。

螺旋体以无性二分裂法繁殖，对抗生素和溶菌酶敏感。在生物学位置上，广义的细菌应包括螺旋体在内，在系统发育上形成一个独特的细菌系，以前因未发现螺旋体的细胞壁，这类细菌曾被误认为介于细菌与原生动物之间。

二、主要病原性螺旋体

1. 梅毒螺旋体　因其透明，不易染色故又称苍白密螺旋体（*Treponema pallidum*，Tp），是人类梅毒的病原体。

梅毒螺旋体纤细，长5～20μm，宽0.09～0.18μm，有8～14个细密而规则的螺旋（图2-1），两端尖直，运动活泼。用普通染色法不易着色，常采用Fontana镀银染色法染成棕褐色。病变部位所取的新鲜标本可用暗视野显微镜观察其形态和运动。

梅毒螺旋体的人工培养比较困难，尚未真正培养成功。

梅毒螺旋体的抵抗力极弱，对冷、热、干燥等极为敏感。在离体干燥中1～2小时即死亡，50℃ 5分钟灭活。在血液中4℃ 3天即失去致病力，因此梅毒多由直接接触传染。梅毒螺旋体对化学消毒剂敏感，肥皂水能将其杀死，在1%～2%苯酚内数分钟即死亡。青霉素、红霉素、四环素和砷剂对其有杀灭作用。

在自然情况下梅毒螺旋体只感染人类，故人是唯一的传染源。根据感染梅毒螺旋体的方式不同，分为获得性梅毒和先天性梅毒两类。

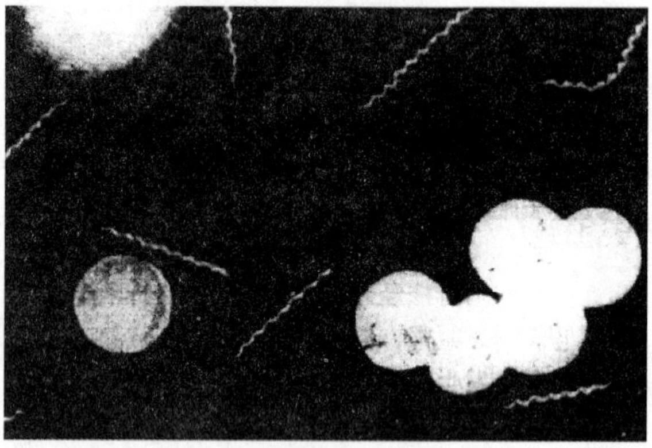

图2-1 梅毒螺旋体（暗视野 ×4000）

获得性梅毒主要经两性直接接触传染，分为三个期，表现为反复、潜伏和再发现象。

一期梅毒：约在感染后3周，局部出现无痛性硬结及溃疡，称为硬性下疳，多见于外生殖器，其溃疡渗出物中含有大量梅毒螺旋体，传染性极强。如不治疗，约1个月，下疳常自然愈合。进入血液中的梅毒螺旋体则潜伏体内，经2～3个月无症状的潜伏期后进入第二期。

二期梅毒：全身皮肤黏膜常出现梅毒疹、周身淋巴结肿大，有时累及骨、关节、眼及其他器官。如不治疗，一般3周到3个月后体症可自行消退。但梅毒螺旋体则继续在体内潜伏。经过较长时间进入第三期。从硬性下疳到梅毒疹消失后半年，这段时间称早期梅毒，此期（即一、二期梅毒）传染性强，但破坏性小。

三期梅毒：亦称晚期梅毒。此期不仅出现皮肤黏膜溃疡性坏死病灶，并侵害内脏器官和组织，引起肉芽肿样病变。严重者经10～15年后，引起心血管及中枢神经系统病变，导致动脉瘤、脊髓痨、全身麻痹等。此期病灶中不易找到梅毒螺旋体，传染性小，但破坏性大，可危及生命。

先天性梅毒又称胎传梅毒，是由于孕妇患梅毒，梅毒螺旋体通过胎盘直接传给了胎儿，导致死胎、流产或出生后病儿呈现锯齿形牙、间质性角膜炎、先天性耳聋等。偶可经输血等方式传播。

未证明梅毒螺旋体能产生内、外毒素，其致病力与其降低机体的免疫力和较强的组织黏附作用有关。梅毒的免疫为传染性免疫，表现为体液免疫或细胞免疫。机体可产生两类抗体：一类是特异性抗体，在补体参与下可杀死或溶解梅毒螺旋体，但这种免疫力是不完全的，多数患者不能完全清除体内的梅毒螺旋体，因而常转变为潜伏状态；另一类是反应素，能与生物组织中的脂质发生反应，无保护作用，但可作血清学诊断用。反应素的形成可能是因为机体组织与梅毒螺旋体结合形成了复合抗原从而刺激机体产生的。近年研究表明，细胞免疫在抗梅毒感染中具有重要的意义。

梅毒的诊断除直接在暗视野显微镜下检查标本中的螺旋体外，还可用血清学试验，测定患者血清中的抗体。

梅毒是一种危害性较重的性传播疾病（STD），应加强卫生宣传教育，严格社会管理，对患者早期诊断和彻底治疗是控制此病的重要措施。对患者应用青霉素彻底治疗，血清学试验转阴 1 年以上方可视为痊愈。

2. 钩端螺旋体　简称钩体，为圆柱形，长 6 ~ 20μm，宽 0.1 ~ 0.2μm。在光学显微镜下难以看清。活的钩体在暗视野显微镜下呈明亮细小珍珠排列的细链，由于菌体有钩，使菌体呈现 C、S 或 8 字型，在电子显微镜下可见钩体的两条轴丝分别从菌体的两端伸出，折向中央。常用 fontana 镀银染色法将钩体染成棕黑色（图 2 – 2）。

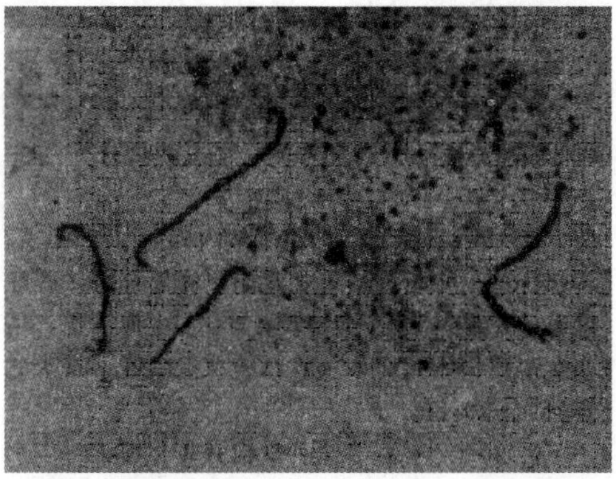

图 2 – 2　钩端螺旋体（镀银染色 ×1800）

在致病性螺旋体中，钩体是较容易培养的。常用 Korthof 培养基（兔血清、蛋白胨、磷酸盐缓冲液、pH 7.4）培养，需氧，最适温度 28 ~ 30℃。经 7 ~ 14 天液体培养呈半透明、云雾状浑浊，固体培养基上形成圆形、扁平、透明菌落。动物接种以幼龄豚鼠和金地鼠最敏感。

钩端螺旋体分致病性和非致病性两大类，钩体所致的疾病为人畜共患的传染病，在自然界的野生动物和家畜中比较常见，尤其是鼠类和猪。该病呈世界性分布。钩体在野生动物中长期存在，一旦传入家畜则在家畜间循环。动物感染后多不发病，在肾脏中长期繁殖，随尿液不断排出，污染水源和土壤。钩体可通过破损的皮肤或黏膜侵染人体。孕妇感染钩体后可通过胎盘感染导致胎儿流产。感染钩体后出现高热、头痛、全身痛，特别是腓肠肌痛、眼结膜充血、淋巴结肿大等症状。钩体能在肝、肾、肺、脑等各脏器中引起损伤。随着钩端螺旋体的型别不同，临床表现轻重各异。较轻的症状如感冒；严重的可引起弥散性肺出血，黄疸出血；还有的可引起脑膜炎或肾功能衰竭。

钩体隐性感染或显性感染后，机体可获得对同一血清型钩体的持久免疫力，以体液免疫为主，细胞免疫作用不大。

病原体检查：发病 1 周内取血，两周后取尿，有脑膜刺激症者取脑脊液。可进行暗视野显微镜检查、镀银染色后镜检、分离培养或动物接种。近年已建立了快速敏感的 PCR 法来诊断钩体病。

常用的方法有显微镜凝集试验、间接凝集试验和补体结合试验等。

钩体病的预防主要是防鼠、灭鼠，加强对带菌家畜的管理，保护好水源，避免与疫水接触以及对易感人群进行疫苗接种。对于患者应做到早诊断、早治疗。钩体对干燥、热、直射日光等的抵抗力较弱，对酸敏感，在中性或弱碱性的水或湿土中可存活数月。治疗首选青霉素，也可选用庆大霉素、强力霉素、四环素等。

3. 回归热螺旋体 螺旋稀疏，Giemsa（吉姆萨）染色后呈紫红色，是回归热的病原体，节肢动物为其传播媒介。我国流行回归热主要是虱传型。患者出现高热，持续 3 ~ 4 天后退热，间隔 1 周左右又出现高热，如此反复发作数次。

回归热的免疫机制主要是以特异性抗体为主的体液免疫。

回归热的微生物学检查法主要是取发热期血液，直接涂片后进行 Giemsa 或Wright's（瑞氏）染色，在光学显微镜下可见比红细胞长数倍的螺旋体。治疗首选四环素类抗生素。

第二节 立克次体

立克次体（rickettsia）是一类严格细胞内寄生、革兰染色阴性的原核细胞型微生物。广义的细菌也应包括立克次体。1910 年，首先由美国青年医师 H. T. Ricketts 从 389 例斑疹伤寒患者血液中发现；1913 年，Prowazekii 从患者中性粒细胞中也找到了病原体。两人在研究斑疹伤寒中牺牲，为纪念它们，流行性斑疹伤寒的病原体命名为普氏立克次体（*Rickettsia prowazekii*）。

对人类致病的立克次体包括五个属：立克次体属（*Rickettsia*）、柯克斯体属（*Coxiella*）、东方体属（*Orientia*）、埃里希体属（*Ehrlichia*）和巴通体属（*Bartonella*）。立克次体属又分为两个生物群：斑疹伤寒群和斑点热群。

一、生物学性状

立克次体似小杆菌，大小为（0.3 ~ 0.6）μm ×（0.8 ~ 2.0）μm，具多形性，呈现单个、成对、短链或丝状等多种表现。革兰染色为阴性，但不易着色，Macchiavello's（麦氏）染色呈红色，Giemsa 染色呈紫色或蓝色。立克次体具有完好的细胞结构，细胞壁类似于革兰阴性菌，主要由肽聚糖和脂多糖构成，细胞壁外有一层黏液层；但恙虫病立克次体的细胞壁结构无肽聚糖和脂多糖，无黏液层，故恙虫病立克次体另立为东方体属。

立克次体的酶系统不完整，不能独立生活，为专性细胞内寄生，行二分裂法繁殖，9 ~ 12 小时分裂一次。常用培养立克次体的方法有动物接种、鸡胚接种和细胞培养。但五日热巴通体可在无细胞培养基中生长。

二、致病性与免疫性

立克次体是引起斑疹伤寒、恙虫病和 Q 热等传染病的病原体。除 Q 热柯克斯体可通过呼吸道和消化道感染人外，其余立克次体均经节肢动物如虱、蚤、蜱、螨等叮咬或其粪便污染伤口而传播。立克次体在血管内皮细胞、成纤维细胞及巨噬细胞中繁殖，致死细胞及血栓形成，引起血管炎，临床表现为皮疹。早期病变主要由毒素引起，晚期病变主要由免疫病理造成。立克次体病多数是自然疫源性疾病。斑疹伤寒、Q 热和斑点热的地理分布呈全球性，恙虫病主要流行于东南亚、西南太平洋一带。斑疹伤寒在 20 世纪初的一次流行中曾造成几百万人死亡，是仅次于疟疾、鼠疫的给人类带来极大灾难的流行病。

立克次体有两种抗原：一种为群特异性抗原，与其黏液层多糖有关；另一种为种特异性抗原，与细胞壁外膜蛋白质成分有关。大部分立克次体与变形杆菌某些菌株的耐热多糖有共同抗原成分（表2－1）。利用这些变形杆菌菌株代替立克次体抗原，进行非特异性凝集反应，测定人或动物血清中相应的抗体，称为外斐反应（Weil－Felix reaction）。立克次体的抗感染免疫包括体液免疫和细胞免疫，以细胞免疫为主。立克次体感染后，产生的群与种特异性抗体，可促进吞噬细胞的吞噬作用。特异性细胞免疫产生的细胞因子，有激活、增强吞噬细胞清除立克次体的作用。患立克次体病恢复后，一般可获得较强的免疫力。

表2－1　主要立克次体与变形杆菌菌株抗原间交叉现象

立克次体	变形杆菌菌株		
	OX_{19}	OX_2	OX_k
普氏立克次体	+++	+	−
莫氏立克次体	+++	+	−
Q热柯克斯体	−	−	−
五日热巴通体	−	−	−
恙虫病东方体	−	−	+++

三、微生物学检查与防治

微生物学检查应取患者血标本进行腹腔内接种易感动物，分离到立克次体后再经免疫荧光进一步鉴定。血清学实验中，常用外斐反应协助诊断，还可作补体结合试验、微量凝集实验等特异性血清学试验进行诊断。

立克次体抵抗力弱，离开宿主细胞后迅速死亡，理化因素也易灭活立克次体。但在媒介昆虫的粪便中可保存较长时间，是造成传播原因之一。Q热柯克斯体的抵抗力强，因而可通过呼吸道进行传播。灭虱、灭蚤、灭螨、灭鼠和注意个人卫生与防护是预防立克次体病的重要措施。特异性预防可用死疫苗接种。治疗上多选用氯霉素和四环素类抗生素（包括强力霉素），但磺胺类药物不仅无抑制作用，反而能刺激其生长。

四、主要病原性立克次体

1. 普氏立克次体（*Rickettsia prowazekii*）　引起流行性斑疹伤寒。患者是唯一传染源，体虱是主要传播媒介，传播方式是虱－人－虱。该病多发生在战争、饥荒及自然灾害时期，与生活条件的拥挤、不卫生有关。人受感染后，经10～12天潜伏期骤然发病，主要症状有高热、头痛、皮疹等，可伴有神经系统、心血管系统的损伤。病后有持久免疫力。

2. 莫氏立克次体（*Rickettsia mooseri*）　引起地方性斑疹伤寒，以鼠为媒介从鼠传给人。一般病情极轻，很少累及神经系统和心血管系统。

3. 恙虫病东方体（*Orientia tsutsugamushi*）　引起恙虫病。主要流行于东南亚、西南太平洋岛屿。恙虫病是一种自然疫源性疾病，人类通过恙螨幼虫的叮咬而感染，在局部繁殖后经淋巴系统进入血循环而产生立克次体血症。病原体释放的毒素，可引起各内脏器官的炎症和变性病变。病后可获得持久免疫力。

4. 贝纳柯克斯体（*Coxiella burnetii*）　引起Q热（query fever，疑问热，指最初不明病因的发热），又称Q热柯克斯体。Q热的传染源主要是受染的牛、羊等家畜，在动物间以蜱为传播媒介并可经卵传代。人类经接触或呼吸道等途径受染。临床症状主要有发热、头痛、腰痛等，部分重病例可并发心内膜炎。病后有一定免疫力，以细胞免疫为主。预防应着重防止家畜的感染。

5. 汉赛巴通体（*Bartonella henselae*）　是猫抓病的主要病原体。传染源主要为猫，尤其是幼猫。由于近年来国内外养宠物的人增多，猫抓病的病例亦增加。90%以上的患者有与猫或狗的接触史，75%的患者有被猫或狗抓伤、咬伤的历史。病原体从伤口进入体内，出现发热、厌食、局部引流淋巴结肿大等，并发症是结膜炎伴耳前淋巴结肿大。预防方面尚无特异性措施，可用碘酊局部涂抹，对感染猫进行猎杀。

第三节　衣原体

衣原体（chlamydia）是一类专性活细胞内寄生，在细胞内繁殖有其独特的生活周期且能通过细菌滤器的原核微生物，是广义细菌中的一类微生物。衣原体的特征是：①衣原体呈单细胞结构，圆形或椭圆形体；②有细胞壁，革兰阴性；③具有独特的发育周期，以二分裂方式繁殖；④有核糖体，具有较复杂的酶系统，能进行多种代谢，但不能合成带高能键的化合物，必须利用宿主细胞的三磷酸盐和中间代谢产物作为能量来源；⑤含有 DNA 和 RNA 两类核酸；⑥衣原体对多数抗生素敏感。

一、生物学性状

1. 发育周期与形态染色　衣原体在宿主细胞内生长繁殖，具有特殊的发育周期。衣原体在显微镜下可见两种大小、形态不同的衣原体颗粒：一种小而致密，称为原体（elementary body，EB）；另一种大而疏松，称为网状体（reticulate body，RB），亦称始体（initial body）。

原体呈球形、椭圆形或梨形，直径0.2～0.4μm，有细胞壁，电镜下中央含致密的类核结构，是发育成熟的衣原体，Giemsa 染色呈紫色，Mocchiavello 染色呈红色，普通光学显微镜下勉强可见。原体具有高度感染性，在宿主细胞外较为稳定，无繁殖能力。原体进入宿主细胞后，宿主细胞膜围于原体外形成囊泡，在囊泡内，原体体积逐渐发育、增大成为网状体。

网状体圆形或椭圆形，直径0.5～1μm，无致密类核结构，而有纤维网状结构，无细胞壁。Macchiavello 染色成蓝色。代谢活泼，是衣原体发育周期中的繁殖型，不具感染性，以二分裂方式繁殖，在囊泡内发育成众多的子代原体。成熟的子代原体从破裂的感染细胞中释放，再感染新的易感细胞，开始新的发育周期。每个发育周期为48～72小时。

在易感细胞内含增殖的网状体和子代原体的囊泡即包含体（inclusion body）。发育时期不同，包含体的形态和大小都有差别。成熟的包含体含大量的原体。

2. 培养特征　绝大多数衣原体能在6～8日龄鸡胚或鸭胚卵黄囊中繁殖，我国学者汤飞凡及其助手张晓楼等人于1956年在国际上首次分离到沙眼衣原体，汤飞凡是世界上发现重要病原体的第一个中国人，开创了沙眼衣原体的实验研究工作。近年来常用传代细胞如 Hela－299 和 McCoy（一种传代的滑膜细胞）细胞培养。某些衣原体如鹦鹉热衣原体可使小鼠感染，进行动物接种。

二、致病性与免疫性

不同衣原体所致疾病不同，衣原体的致病机制尚不完全清楚。衣原体通过微小损伤进入机体，借助表面脂多糖和蛋白质吸附并侵入易感细胞，受衣原体感染的细胞，多数情况下，代谢被抑制，最终被破坏；衣原体能产生毒素样物质，其毒性作用与革兰阴性菌内毒素相似；感染机体有炎症反应和迟发型超敏反应，这些都与其致病性有关。

衣原体感染后可诱发机体产生体液免疫和细胞免疫，但免疫力不强，持续时间短，因此衣原体的感染常表现为持续感染、反复感染和隐性感染。

三、微生物学检查与防治

多数衣原体病根据临床表现即可做出诊断，一般不需微生物学检查，但对疾病早期或临床表现不典型患者可进行直接涂片检查、分离培养及血清学诊断等微生物学检查辅助诊断。此外，可用 PCR 技术直接检测衣原体核酸从而进行诊断。

衣原体对热敏感，56℃可存活 5 ~ 10 分钟，耐低温，在 -70℃可保存数年。常用的消毒剂能迅速杀灭衣原体。衣原体对利福平、四环素、红霉素等抗生素敏感。治疗上常选用利福平和四环素。

四、主要病原性衣原体

1. 沙眼衣原体　除少数菌株来自小鼠外，人类是其主要自然宿主。根据致病力和某些生物学特性的差别，沙眼衣原体可分为三个亚种：沙眼生物变种（*Biovar trachoma*），可引起沙眼病、泌尿道感染及沙眼包含体结膜炎等；性病淋巴肉芽肿亚种（*Biovar lymphogranuloma venereum*，LGV），可引起淋巴肉芽肿，属于一种接触传染的性病；鼠亚种（*Biovar mouse*），小鼠是自然宿主，不侵犯人类。

2. 肺炎衣原体　是衣原体属中的一个新种。寄生于人类，无动物储存宿主。可引起肺炎、支气管炎、咽炎、扁桃体炎和鼻窦炎等。

3. 鹦鹉热衣原体　原是鸟类肠胃道及呼吸道感染的病原体，可从鸟类传染给人，引起人的肺炎及眼、呼吸道、泌尿道感染。

第四节　支原体

支原体（mycoplasma）是一类无细胞壁、多形态、可通过细菌滤器、能在无生命培养基中生长繁殖的最小的原核细胞型微生物。支原体种类较多，在自然界分布很广，也存在于人类、家禽、家畜等动物体内。对人致病的主要有支原体属（*Mycoplasma*）和脲原体属（*Ureaplasma*）。支原体还经常污染传代细胞，给细胞培养和病毒分离带来困难。

扫码“看一看”

一、生物学性状

支原体大小一般在 0.2 ~ 0.3μm，很少超过 1.0μm。在加压过滤下可通过 0.22μm 的细菌滤器，在不加压的情况下，0.45μm 的滤膜也不能通过。没有细胞壁，常呈多形态性，有球形、丝状、环状、星状和螺旋形等（图 2 -3），由于它们能形成有分支的长丝，故称为支原体。革兰染色阴性，Giemsa 染色呈淡紫色。最外层为细胞膜，由蛋白质和脂质组成三层结构。内外两层主要是蛋白质，中间层为脂质，在脂质中胆固醇约占 36%，因此，两性霉素 B、毛地黄苷、皂素等能作用于胆固醇的物质可引起支原体细胞膜的破坏而使其死亡。有些支原体在细胞膜外有由多聚糖构成的荚膜，有毒性，是支原体的一种致病因素。与其他原核生物一样，其基因组是一个环状双链 DNA，但分子量比细菌小，只有大肠埃希菌的 1/5，因此其合成与代谢能力都很有限。

支原体以二分裂法繁殖为主，也可通过出芽、分枝等方式繁殖。

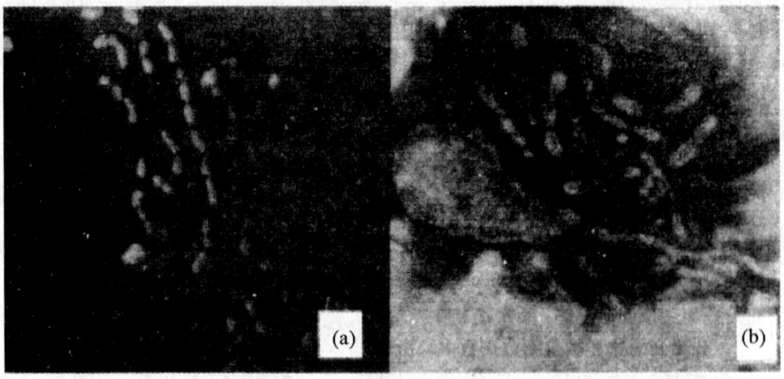

图 2-3 支原体（电镜）

（a）溶脲脲原体（扫描电镜 ×24000）；（b）人型支原体（扫描电镜 ×10000）

支原体的营养要求比一般细菌高，能在富含胆固醇、10% ~20% 的动物血清及胶木浸膏的低琼脂培养基上生长繁殖，2 ~3 天后形成小的“油煎蛋”状的菌落，核心较厚，向下长入培养基，周边为一层薄薄的透明颗粒区，因菌落小（0.1 ~0.3mm），一般在低倍镜下观察（图 2-4）。在液体培养基中生长量较少，一般不易见混浊。

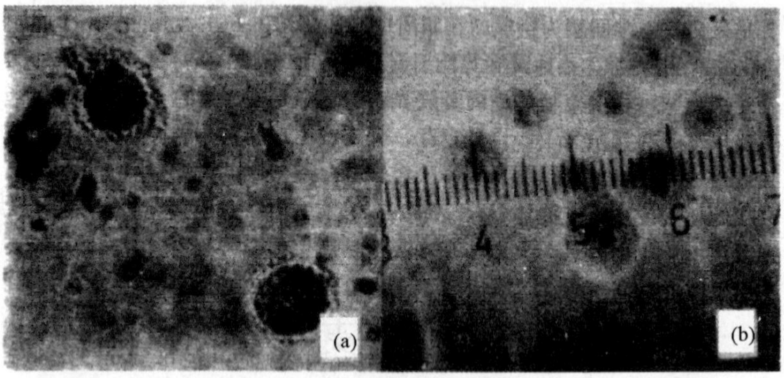

图 2-4 支原体的荷包蛋样菌落

（a）溶脲脲原体（×800）；（b）人型支原体（×400）

细菌在一些影响细胞壁合成的抗生素、溶菌酶及抗体与补体的作用下可变成细胞壁缺陷的 L 型。而支原体与 L 型的生物学特性极为相似，如多形态性、能通过细菌滤器、对渗透压较敏感、在固体培养基上菌落呈“荷包蛋”样或颗粒状，在进行支原体的分离鉴定时应注意两者的主要区别。L 型在脱离诱导因素后可回复原来的细菌型，而支原体不能。由于支原体是一种独立的微生物，在遗传上与细菌无关（表 2-2）。

表 2-2 支原体与 L 型细菌的区别

支原体	L 型细菌
在自然界中广泛存在的一种微生物	是细菌在一定条件下诱导形成的细胞壁缺陷型
在遗传上与细菌无关	在遗传上与原菌有关
在任何情况下不能变成有细胞壁的细菌	在无诱导因素作用下，易回复为原菌
生长时一般需要胆固醇	生长时一般不需要胆固醇
液体培养时混浊度极低	液体培养时浑浊度低，可黏附于管壁或或沉于管底

二、致病性与免疫性

支原体致病性较弱，一般不侵入血液，但可通过黏附作用与宿主细胞结合，从细胞膜获取脂质和胆固醇，使细胞膜损伤。有的支原体可产生外毒素样物质或 H_2O_2，损伤细胞膜。溶脲脲原体可分解尿素放出大量的氨，对细胞有毒害。

支原体感染后，可诱发机体产生体液免疫和细胞免疫。sIgA 及细胞免疫在防止支原体再感染上有一定作用。

三、微生物学检查与防治

微生物学检查主要为病原体的分离，分离到病原体后进一步做生长抑制试验；血清学试验主要有补体结合试验和非特异的冷凝集试验。近年用 PCR 法检测 DNA 的技术也得到应用。肺炎支原体减毒活疫苗尚在动物实验阶段。

支原体因无细胞壁对理化因素比细菌敏感，对热、干燥及一般化学消毒剂敏感，但对醋酸铊、结晶紫的抵抗力大于细菌。在分离培养时，培养基中加入一定量的乙酸铊可除去杂菌生长（培养脲原体例外，对乙酸铊敏感）。对作用于细胞壁的抗生素如青霉素等有天然抗性。红霉素、四环素、卡那霉素等抑制或影响蛋白质合成的抗生素对支原体有杀伤作用，可用于治疗。

四、主要病原性支原体

1. 肺炎支原体（*M. pneumoniae*）　是引起支原体肺炎的病原体，引起的肺炎占非细菌性肺炎的 1/2 左右，也可引起上呼吸道感染和慢性支气管炎等。支原体肺炎主要经飞沫通过呼吸道传播，大多发生在夏末秋初，但一年中任何时间都可发生。以 5 ~ 19 岁的青少年多见。支原体肺炎的病理变化以间质性肺炎为主，有时并有支气管肺炎，称为原发性非典型性肺炎（primary atypical pneumonia）。感染后症状较轻，仅有发热、咳嗽等呼吸道症状，也可见心血管症状、神经症状和皮疹等并发症。

2. 其他支原体　溶脲脲原体（*Ureaplasma urealyticum*）、人型支原体（*M. hominis*）和生殖器支原体（*M. genitalium*）是引起泌尿生殖道感染的支原体。近年来已日益被重视，因这部分支原体是非淋球菌尿道炎（NGU）中除衣原体外的一个重要病原体，现已被列为性传播疾病的病原体。主要通过性接触传播，可引起尿道炎、盆腔炎、阴道炎等，甚至导致不孕；还可通过胎盘感染给胎儿，引起早产或死胎等。

思考题

1. 试述螺旋体的生物学性状。
2. 螺旋体微生物学检查的原则是什么？
3. 支原体、衣原体、立克次体微生物学的检查原则是什么？
4. 试述支原体、衣原体、立克次体的生物学性状及其与细菌、病毒的相互比较。

（周丽娜）

扫码“练一练”

第三章　真　菌

真菌（fungi）是一类不含叶绿素，无根、茎、叶分化，具有细胞壁的真核细胞型微生物。与原核细胞型微生物相比，真菌的主要特征是：①细胞核分化程度高，有核膜、核仁和核孔；②细胞质中含有一些已分化的细胞器，如线粒体、内质网、高尔基体等；③细胞分裂方式为有丝分裂，在分裂过程中出现染色体和纺锤丝；④少数类型为单细胞，多数为多细胞；⑤在形态上出现不同程度的分化，既有单细胞球形的酵母菌，也有多细胞高度分化的霉菌菌丝体及大型真菌的子实体（sporocarp or fruit body）；⑥大多数真菌有无性繁殖和有性繁殖两个阶段，由此构成其独特的生活史。

真菌在自然界分布广泛，与人类的关系非常密切。多数真菌对人体无害，甚至有益，如有的真菌能产生抗生素、有机酸、维生素等，被广泛应用于制药工业、酿造、食品、化工和农业生产等；有的真菌能产生有益的胞外酶，广泛应用于蛋白水解、淀粉糖化及生物转化等方面。少数（300余种）真菌能感染人、动物及植物，导致疾病的发生，这些真菌被称为病原性真菌。真菌一般通过化能异养生活，多数腐生，少数寄生或共生。有一些真菌可以引起食品、衣物、药材、药物制剂及一些工农业产品腐败变质。

真菌种类繁多，有10万余种。真菌的有性繁殖方式有很大的不同，是真菌分类的主要依据。目前为学术界广泛采用的是Ainsworth分类系统。

- 真核生物域（Eukaryota）
  - 原生生物界（Protazoa）
    - 集孢黏菌门（Acrasiomycota）
    - 网柱黏菌门（Dictyostelimycota）
    - 黏菌门（Myxomycota）
    - 肿根菌门（Plamodiophormycota）
  - 假菌界（Chromista）
    - 丝壶菌门（Hyphochitriomycota）
    - 网黏菌门（Labyrinthulomycota）
    - 卵菌门（Oomycota）
  - 真菌界（Fungi）
    - 子囊菌门（Ascomycota）
    - 担子菌门（Basidiomycota）
    - 壶菌门（Chytridiomycota）
    - 接合菌门（Zygomycota）
    - 有丝孢真菌类（Mitosporic Fungi）

真菌中的主要类型有酵母菌、霉菌和大型真菌。这些名称都不属于系统进化的分类单元，只是一个无分类学意义的普通名称。酵母菌是真菌中单细胞的非菌丝体状的类型，霉菌是单细胞或多细胞具有菌丝体的类型。

由于酵母菌、霉菌和大型真菌等微生物在医药工业中的应用最为广泛，因此，本章将以酵母菌、霉菌和大型真菌作为代表，介绍真菌的形态、结构、生长繁殖方式及其应用。

扫码“学一学”

第一节　酵母菌

酵母菌（yeast）是一类单细胞、呈球形或卵圆形的真菌。该菌在自然界的分布广泛，主要分布在含糖质较高的偏酸性环境中，如水果、蔬菜、花蜜和植物叶子表面，特别是果园和葡萄园的土壤中最为常见，空气中也有少量存在。因多数酵母菌能发酵糖类，故又称为糖真菌（*Saccharomyces*）。少数酵母菌可以利用烃类物质，故在油田附近的土壤中可找到这类利用烃类的酵母菌。

扫码“看一看”

酵母菌是人类文明史中被最早应用的微生物，目前已知有1000多种。酵母菌在酿造、食品、医药等工业上占有重要的地位。在古代，人们就掌握了用酵母菌发酵果汁、生产面包、馒头等营养食品的技术；在4000多年前的殷商时代，中国就用酵母菌酿酒。现在随着人们对其研究的不断深入，它的应用更加广泛。

酵母菌的维生素、蛋白质含量高，可作食用、药用和饲料用。酵母蛋白是单细胞蛋白（single cell protein，SCP），可达细胞干重的50%左右，并含有人和动物生长所必须的一些氨基酸，与动物蛋白和植物蛋白相比，它的营养价值较高，更容易被消化利用，并且容易生产。

近年来，人们发现，单细胞真核生物的酵母菌具有比较完备的基因表达调控机制和对表达产物的加工修饰能力，所以在发酵工程中酿酒酵母（*S. cerevisiae*）作为模式真核微生物而被用作表达外源蛋白的优良“工程菌”。近年来，巴斯德毕赤酵母（*Pichia pastoris*）作为一种新型的基因表达系统，具有高表达、稳定、高分泌、高密度生长等表达优点。

酵母菌是第一个被测定全基因组序列的真核微生物。酵母菌作为模式生物最直接的作用还体现在生物信息学领域，酵母基因与人类多基因遗传性疾病相关基因之间的相似性将为我们提高诊断和治疗水平提供重要的帮助。此外，酵母菌作为模式生物为高等真核生物提供了一个可以检测的实验系统，例如可利用异源基因与酵母基因的功能互补来确证基因的功能。

少数种类的酵母菌也能给人类带来危害。自然环境中分布的一些腐生型酵母菌能引起食物、纺织品及其他原料腐败变质；少数耐高渗透压酵母可导致蜂蜜、果酱等变质；在发酵工业中，因某些酵母菌污染，使发酵液的黏度增加，发酵单位降低，产品质量受到影响；一些寄生类型的酵母菌还能感染人、动物和植物等，例如白假丝酵母可引起皮肤、黏膜、呼吸道、消化道以及泌尿系统等多种疾病，危及人类健康。

一、形态和结构

（一）大小与形态

酵母菌的细胞体积比细菌大得多，其细胞直径是细菌的几倍甚至十几倍。多数酵母菌的大小为（1~5）μm ×（5~30）μm，显微镜高倍镜下即可看清楚。发酵工业中常用的啤酒酵母的平均直径为5~8μm。

酵母菌是单细胞，细胞的形态一般为呈圆形、卵圆形或圆柱形。有些酵母菌细胞也可形成假菌丝，如白假丝酵母菌。

不同种类的酵母菌大小、形态差异都很大，最典型的酵母菌是酿酒酵母。

（二）细胞结构

酵母菌的细胞结构与其他真核生物基本相同，主要包括细胞壁、细胞膜、细胞质及细胞核等基本构造，细胞质中可见各种细胞器和若干个液泡（图3-1）。个别种类的酵母菌还带有一些特殊构造。

1. 细胞壁 酵母菌的细胞壁厚度为25～70nm，重量占细胞干重的18%～25%。主要成分为葡聚糖（glucan）、甘露聚糖（mannan）、蛋白质及几丁质（chitin）等，由此组成的细胞壁结构既不同于细菌的细胞壁，也不同于植物细胞的细胞壁。

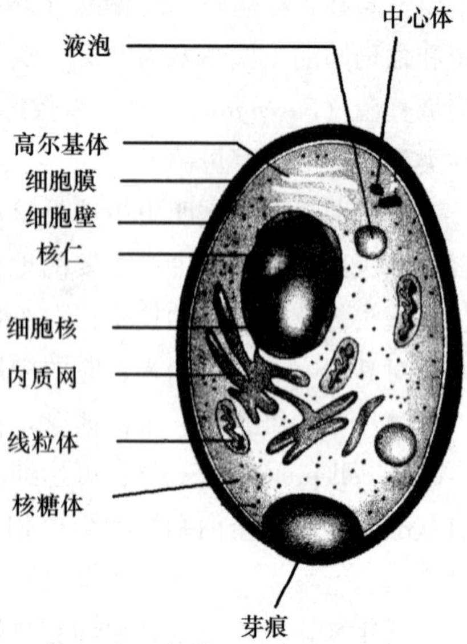

图3－1 酵母菌的细胞结构

细胞壁的结构成分呈“三明治”状排列（图3－2）。最外层为甘露聚糖，它是借助α－1,6和α－1,2或α－1,3－糖苷键连接而成的具有复杂分支的网状聚合分子；内层为葡聚糖，主要是由β－1,6和β－1,3－糖苷键连接而成的分支型网状分子，是赋予酵母菌细胞壁机械强度的主要物质基础；在内、外层之间夹有一层蛋白质分子，约占细胞壁干重的10%。蛋白质中结构蛋白所占的比例很少，大多以各种形式的酶蛋白存在，如葡聚糖酶、甘露聚糖酶、蔗糖酶、碱性磷酸酶及脂酶等。此外，酵母菌的细胞壁中还含有少量类脂和以环状形式分布在芽痕周围的几丁质。组成细胞壁的一些糖分子结构见图3－3。

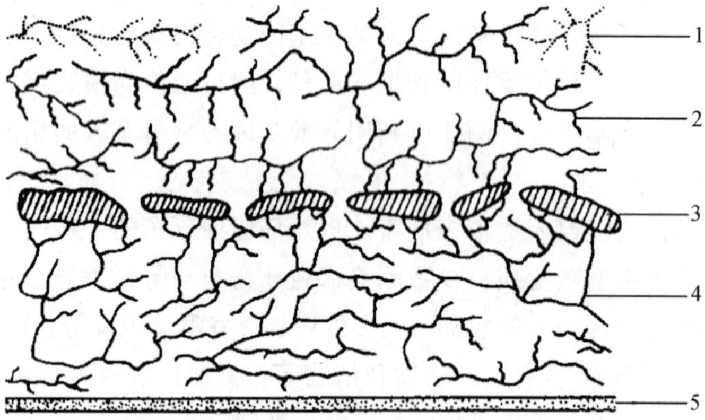

图3－2 酵母菌细胞壁的结构

1. 磷酸甘露聚糖；2. 甘露聚糖；3. 蛋白质；4. 葡聚糖；5. 细胞质膜

值得注意的是，不同种类酵母菌细胞壁组成并非完全相同，个别种类差异甚至很大。其中，有的以甘露聚糖为主，有的以葡聚糖为主，也有的含有较多的几丁质。

酵母菌去壁后同样可以成为原生质体。常用玛瑙螺胃液制成的蜗牛消化酶（内含甘露聚糖酶、葡糖酸酶、纤维素酶、几丁质酶等）水解酵母菌细胞壁，制备酵母原生质体。此外，蜗牛消化酶还可以水解酵母菌的子囊壁，以释放其中的子囊孢子。

2. 细胞膜 酵母菌的细胞膜与其他生物的细胞膜结构相似，都是由双层磷脂分子和蛋白质构成。一些酵母菌的细胞膜中含有麦角甾醇和酵母甾醇，这两种成分在其他真核细胞膜中很少存在，如发酵性酵母（*Saccharomyces fermentati*）的细胞壁总甾醇含量可达细胞干重的22%，麦角甾醇占9.66%。细胞膜中含有甾醇的性质是真核生物与原核生物的重要区别之一。

麦角固醇是维生素D的前体，经紫外线照射后能转化成维生素D_2，因此，可作为维生素D的来源。

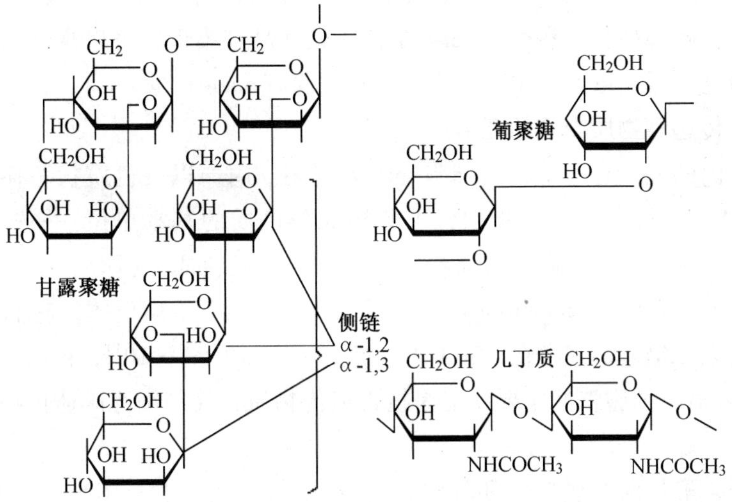

图 3－3　酵母菌细胞壁中的多糖成分结构

3. 细胞质和内含物　酵母菌的细胞质主要是由蛋白质、核酸、糖类、脂类及盐类组成的胶状溶液，其中悬浮着一些已经分化的细胞器，重要的细胞器有线粒体（mitochondria）、内质网（endoplasmic reticulum，ER）等。此外，还有液泡（vacuole）和由细胞膜内陷形成的微体（microbody）等结构。

（1）线粒体　酵母菌的线粒体比动物细胞线粒体小，一般为（0.3～0.5）μm×（2～3）μm，与其他真核生物相比，数量也很少。在有氧状态时，线粒体数量增多且结构分化得更为明显，由内膜形成的嵴特别发达。线粒体的主要功能是进行能量代谢，内含丰富的酶，参与电子传递和氧化磷酸化过程。在无氧状态时，酵母菌以发酵方式产生能量，细胞内的线粒体数量明显减少。

（2）内质网　酵母菌细胞的内质网一般在生长初期比较发达，它是由三维结构的管状及层状膜组成的复杂膜系，内侧与细胞核的核膜相通，外侧与细胞质膜相连。内质网分两种：一种是粗面型内质网（rough ER）；另一种是滑面型内质网（smooth ER）。粗面型内质网上带有核糖体颗粒，主要作用是参与核糖体的翻译和蛋白质的合成及修饰；滑面型内质网上没有核糖体颗粒，主要参与脂类的合成及运输等。

酵母菌的核糖体与原核细胞的核糖体有一定的差异，但与其他真核细胞的细胞质核糖体相同。酵母菌的核糖体由 40S 和 60S 两个亚基组成，在合成蛋白质时两个亚基组合形成 80S 的起始复合物，然后在 mRNA 的指导下完成蛋白质的翻译。

（3）液泡　酵母菌细胞内经常出现大小不等的液泡，数量为一个或多个。液泡的体积随细胞生长由小变大，在出芽繁殖的初期，芽体内的液泡很小，数量较多，随着芽体的逐渐成熟，小液泡汇集成大液泡。液泡的生物学功能是储存营养物质和一些水解酶，积累细胞内的一些代谢产物和离子，同时还有调节渗透压的作用。

此外，在一些酵母菌细胞内还发现一些附属的由膜演化形成的微体，这些微体内富含各种氧化酶，主要作用是参与一些特殊营养物质的氧化、分解。

除上述主要结构物质外，在酵母菌的细胞质中还含有大量的储藏颗粒。常见的有脂肪颗粒、异染颗粒、糖原颗粒等，可通过染色的方法来观察这些颗粒的存在。

液泡内含盐类、糖类、氨基酸等，随着细胞衰老，液泡中出现肝糖颗粒和脂肪滴。

4. 细胞核 酵母菌属于真核细胞型微生物，它的核与高等动、植物细胞的核结构相似，包括核仁、核孔和核膜。利用Giemsa染色或碱性品红染色都可以观察到细胞核。在电子显微镜下可清楚地看到由双层单位膜组成的核被膜（nuclear lamina），在膜上大量分布着用于核内外信息传递和物质交流的孔道。

酵母菌细胞内的核只有一个，当细胞处于分裂间期时，以染色质状态存在，核物质的主要成分是DNA、组蛋白及非组蛋白，由此构成染色质的基本单位——核小体（nucleosomes），它是串珠状的丝状结构。当细胞进行分裂时，染色质丝折叠、盘绕、浓缩形成光学显微镜下可见的染色体（chromosome）。啤酒酵母共有17条染色体，它们既能以单倍体形式存在，也能以二倍体形式存在，其DNA的总分子量约为1×10^{10}，比高等动、植物细胞的DNA小100多倍。细胞核的主要功能是携带遗传物质，控制细胞内遗传物质的转录和信息的传递。

除细胞核外，酵母菌的线粒体和环状的“2μ质粒”中也含有DNA。其结构和功能类似于原核生物细胞中的质粒。该遗传单位是一个双链环形的DNA分子，2μ质粒可以作为基因工程中的载体，常应用于酵母菌等真核细胞的基因操作。

5. 特殊构造 有些酵母菌如新型隐球菌（*Cryptococcus neoformans*）、汉逊酵母（*Saccharomyces hansenula*）的细胞壁外带有荚膜。真菌的荚膜比细菌荚膜厚得多，负染色后在显微镜下十分明显，主要成分为磷酸甘露聚糖、β-键合甘露聚糖、杂多糖等。少数担子菌和子囊菌门的一些酵母菌也带有类似细菌菌毛的毛发状结构，这些结构可能与有性繁殖有关。

二、繁殖方式及生活史

（一）繁殖方式

酵母菌的繁殖方式比较复杂，与原核细胞相比，除能进行无性繁殖外，还能进行有性繁殖。所谓有性繁殖是指通过不同类型的“异性配子”或“异性细胞”的直接接触而完成的生殖方式。

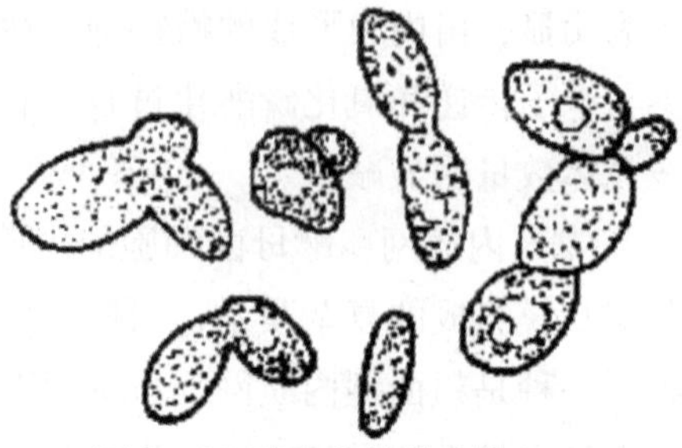

图3-4 酵母菌的芽殖情况

（示母子细胞群）

1. 无性繁殖

（1）芽殖（budding） 又称出芽繁殖，是酵母菌最常见的一种繁殖方式。在生长旺盛的酵母菌中，可发现大量的正在出芽的菌体细胞，有的细胞上可长有多个芽体，形成的群体称为母子细胞群（图3-4）。

有些酵母菌的芽体成熟后并不脱离母体细胞，而是在成熟的芽体上进一步出芽，形成藕节状的细胞连接体，期间以狭小的面积相连，称之为假菌丝（pseudohyphae）（图3-5）。能形成假菌丝结构的酵母被称为假丝酵母（*Candida*）。

出芽的基本过程为：①母细胞出芽部位的细胞壁经水解酶作用变薄、突起并形成小的芽体；②大量新合成的细胞物质包括核酸、蛋白质及细胞质中的一些细胞器等涌入芽体并在芽体起始部位堆积，使芽体逐渐长大；③芽体成熟时，芽体与母体细胞的连接部位开始缢缩并出现横隔壁；④横隔壁处断裂，芽体脱离母细胞，并在母细胞上留下一个芽痕（bud scar），而在子细胞上相应地留下一个蒂痕（birth scar）。一般细胞上的蒂痕只有一个，而芽痕有一个到几十个，根据其多少可估测菌细胞菌龄。

（2）裂殖（fission） 该方式与细菌的无性二分裂法相似。在酵母菌中，仅有少数种类

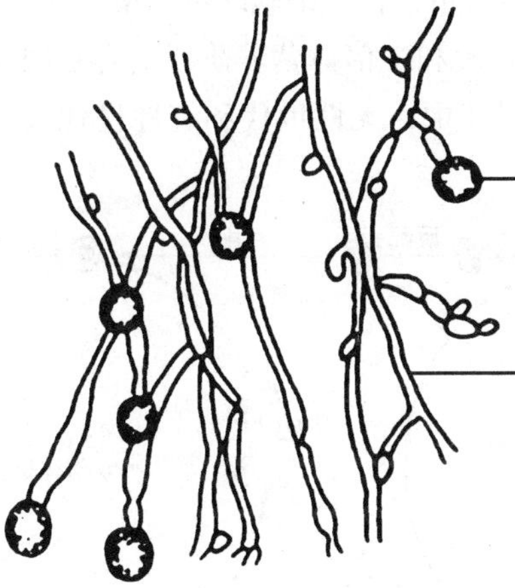

图 3-5 假丝酵母菌的假菌丝和厚壁孢子

能以这种方式繁殖，它们被称为裂殖酵母（*Schizosaccharomyces*）。

裂殖的基本过程是细胞伸长，核分裂为两部分，然后细胞中间出现横隔，将两个子细胞分开，新形成的两个子细胞长大成熟后又重复此过程。在快速生长时期，有时核虽分裂但不形成横隔，也有的虽已出现横隔但子细胞暂时还不分离，形成类似菌丝的结构。

（3）无性孢子 有些种类的酵母菌能产生一些特殊类型的无性孢子，如掷孢酵母属（*Sporobolomyces*）可在卵圆形营养细胞上长出小梗，在其上产生肾型的掷孢子（ballistospore）。此外，假丝酵母菌属中的白假丝酵母（*Candida albicans*）在假菌丝顶端及菌丝中间都能形成具有较厚壁的厚壁孢子（chlamydospore），又称厚膜孢子（图 3-5），该孢子对不良环境有一定的抗性，既是一种无性孢子，又是一种休眠体。

2. 有性繁殖 真菌的有性繁殖都是借助形成的各种类型有性孢子完成的。酵母菌是以形成子囊（ascus）和子囊孢子（ascospore）的方式进行有性繁殖。不同种类的酵母菌形成的子囊结构并不完全相同，有些甚至在形态上差异较大。子囊内产生子囊孢子，子囊孢子的数目随菌种而异，有的为 4 个，有的为 8 个。

子囊孢子的形成过程是：① 2 个不同遗传型的细胞相互接触、细胞壁膜融合，称为质配（plasmogamy）；② 2 个细胞的核进行融合，称为核配（karyogamy）；③二倍体的核进行减数分裂（meiosis），形成 4 个或 8 个子核，然后它们各自与周围的原生质结合在一起，再在其表面形成一层孢子壁，从而形成成熟的子囊孢子。与此同时，营养细胞外壁分化、加厚，形成特定结构的子囊。子囊孢子成熟后，借助一定的方式释放到周围环境中，每个子囊孢子都可萌发、独立生长发育成新的酵母细胞。

（二）生活史

生活史又称生命周期（life cycle），指上一代生物个体经过一系列生长、发育而产生下一代的全部过程。在酵母菌的生命周期中，既有以出芽方式进行的无性繁殖过程，也有以子囊孢子形式进行的有性繁殖过程。其中无性繁殖过程称为无性世代，有性繁殖过程称为有性世代。由于酵母菌是单倍体生物，因此它的无性世代又称单倍体世代（n），有性世代又称二倍体世代（$2n$），由无性世代和有性世代共同组成酵母菌的生命周期，称为世代交替现象。

不同种类酵母菌的生活史并不相同。在其生命周期中，无性世代和有性世代所占的比例差异较大，大体可分三种类型。

1. 单倍体世代和二倍体世代同等重要 啤酒酵母是这一类型生活史的典型代表。在其生活史中，一般以营养体状态进行出芽繁殖，营养细胞既可以单倍体（n）形式存在，也可以二倍体（$2n$）形式存在。单倍体营养阶段和二倍体营养阶段的存在时间大体相当。在特定条件下进行有性生殖。因此，在其生活周期中，无性世代和有性世代共存，世代交替现象十分明显。生活史见图 3-6。

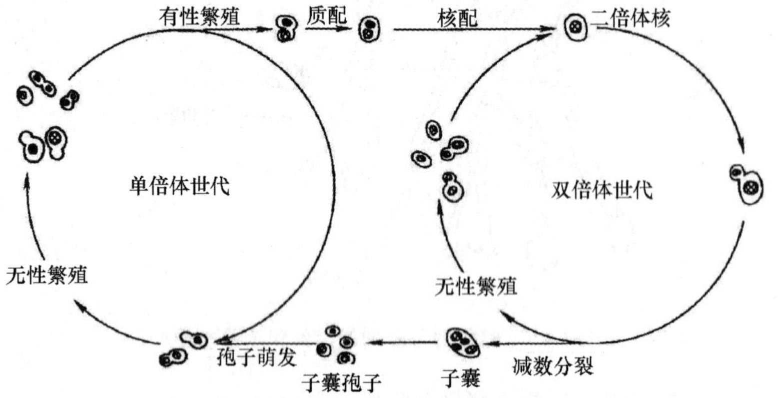

图 3-6　啤酒酵母的生活史

由于 *S. cerevisiae* 二倍体含有两套染色体，细胞体积比单倍体大，发酵能力强并且比较稳定，故常广泛应用于发酵工业、科学研究或遗传工程实践中，如在生产啤酒时一般利用二倍体的啤酒酵母进行乙醇发酵。

2. 单倍体世代占优势　八孢裂殖酵母（*Schizosaccharomyces octosporus*）是这一类型生活史的典型代表。在其生活史中，营养细胞为单倍体，无性繁殖方式为裂殖，二倍体营养阶段很短，生活周期中的绝大部分时间都是以单倍体形式存在。其生活史见图 3-7。

3. 二倍体世代占优势　路德酵母（*Saccharomycodes ludwigii*）是这一类型生活史的典型代表。在其生活史中，营养细胞为二倍体，无性繁殖方式为芽殖，二倍体细胞可不断进行芽殖，此营养阶段较长，单倍体阶段仅以子囊孢子的形式存在，存在时间短且不能进行独立生活。生命周期中的大部分时间都是以二倍体形式存在。其生活史见图 3-8。

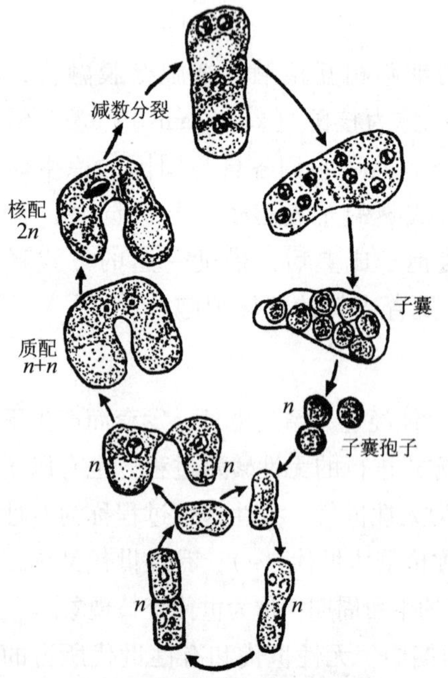

图 3-7　八孢裂殖酵母的生活史

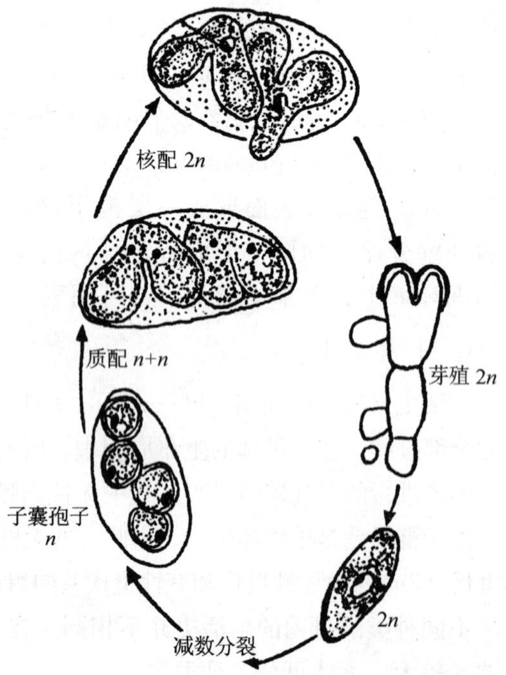

图 3-8　路德酵母的生活史

（三）培养特征

1. 固体培养 将酵母菌接种至固体培养基表面，经 28℃ 24~48 小时培养后就可观察到长出的菌落。多数酵母菌菌落与细菌菌落相似，但比细菌菌落大而且厚。菌落表面湿润、光滑，一般较黏稠，易被挑起。菌落的形状一般为圆形，呈乳白色或乳黄色，个别呈红色。若培养时间过长，菌落表面会出现皱缩。

2. 液体培养 在液体培养基中进行培养，酵母菌一般出现明显的沉淀；个别能在培养基中均匀生长或在培养基表面生长，并形成菌醭。液体培养基中的生长情况与酵母菌对氧的利用有关，当需氧生长时，菌体生长旺盛，常使培养基出现浑浊状态；而当厌氧生长时，由于不需要氧，菌体一般集中在培养基的底部，并形成很厚的一层沉淀。

三、常见酵母菌

1. 啤酒酵母 是酵母菌中的代表类型，属于酵母属。细胞多为圆形、卵圆形，少数变形延长成为腊肠形。细胞大小不一，特别是在长度上的差异较大。一般为（3.5~8）μm×（5.0~16）μm。细胞很少形成假菌丝。

繁殖方式以无性的出芽繁殖为主，在一定的营养条件下，能进行有性繁殖，形成子囊及子囊孢子。子囊可直接由二倍体营养细胞分化而成，子囊内的子囊孢子为 1~4 个。

啤酒酵母广泛分布在各种水果的表皮、发酵的果汁、含糖量较高的土壤和酒曲中，能发酵葡萄糖、麦芽糖、半乳糖和蔗糖，不能发酵乳糖和蜜二糖。发酵产物主要有乙醇及一些有机酸，并能产生 CO_2 气体。由于麦芽汁中含有丰富的麦芽糖，因此它是培养啤酒酵母的天然培养基。在麦芽汁琼脂培养基上生长的酵母菌菌落为乳白色，有光泽，表面平坦且边缘整齐。

啤酒酵母在发酵工业中的应用很广泛，除酿造啤酒、乙醇及其他饮料酒外，还可用于发酵制作面包。菌体内维生素、蛋白质含量高，可作食用、药用和饲料酵母。通过大量培养，可提取细胞内的核酸、谷胱甘肽、细胞色素 C、辅酶 A 和三磷酸腺苷等，具有重要的药用价值。

除此之外，啤酒酵母自身亦有良好的保健功能，对糖尿病、脂肪肝、胃肠道疾病、皮肤过早老化、癌症等有辅助治疗作用，也是瘦身人群很好的营养促进剂，且可解酒护肝。早在 1930 年，日本就将啤酒酵母作为药剂列入药典。啤酒酵母作为保健食品和药剂，在东南亚和欧美发达国家，已被民众广泛使用。日本、中国台湾等地区对啤酒酵母的开发很成熟，已将其加工成冲剂。

2. 异常汉逊酵母（*Hansenula anomala*） 细胞为圆形、卵圆形或腊肠形。大小为（2.5~6）μm ×（4.5~20）μm。以多边出芽方式进行无性繁殖，芽生孢子圆形或椭圆形。有性繁殖为子囊孢子，子囊形状与营养细胞相同。子囊成熟后破裂，释放出帽形、土星形、圆形或半圆形子囊孢子。每个子囊有 1~4 个子囊孢子。

该菌生长在麦芽汁琼脂斜面上的菌落平坦，呈乳白色，无光泽，边缘呈丝状。在加盖片的马铃薯葡萄糖琼脂培养基上培养，能生成发达的有树状分枝的假菌丝。

异常汉逊酵母能发酵产生乙酸乙酯，故常在调节食品风味中起到一定作用。该菌能利用葡萄糖产生磷酸甘露聚糖，成为荚膜的主要成分，为此通过大量培养可提取荚膜中的多糖成分，应用于纺织及食品工业。此外，该菌氧化烃类的能力很强，也有一定的降解和利用能力。

由于汉逊酵母利用的碳源类型广泛，生长能力强，而且带有荚膜，因此它是食品发酵工业中的一种常见污染菌。它们能在饮料表面生长并形成干而皱的菌醭，有的利用乙醇作为碳源，给乙醇发酵工业带来严重危害。

3. 产朊假丝酵母（*Candida utilis*） 又被称为食用圆拟酵母或食用球拟酵母。细胞呈圆形、卵圆形或圆柱形，大小为（3.5～4.5）μm×（7～13）μm。主要以无性的多边出芽方式进行繁殖。该菌在加盖片的玉米粉琼脂培养基上培养，仅能形成不发达的假菌丝，或无假菌丝，可生成厚壁孢子。

该菌在麦芽汁琼脂斜面培养基上的菌落为乳白色，平滑，有光泽或无光泽，边缘整齐或呈菌丝状。

产朊假丝酵母能发酵葡萄糖、蔗糖、棉子糖，不能发酵麦芽糖、乳糖、半乳糖及蜜二糖；能同化硝酸盐，不能分解脂肪。在液体培养基中形成明显的沉淀，不能形成菌醭。

产朊假丝酵母细胞中的蛋白质和维生素 B 含量均比啤酒酵母高，故常被用于生产蛋白饲料。它能以尿素和硝酸盐作为氮源，在培养基中不需加入任何生长因子即可生长。值得提及的是：它能利用五碳糖和六碳糖，既能利用造纸工业的亚硫酸废液，也能利用食品厂的糖蜜、土豆淀粉等废料及木材水解液等来生产人、畜可食用的蛋白质。

4. 热带假丝酵母（*Candida tropicalis*） 细胞呈卵形或球形，大小为（4～8）μm×（6～11）μm。在麦芽汁琼脂培养基表面形成的菌落为白色或奶油色，无光泽或略带光泽，菌落较软且平滑，有的可形成褶皱，培养时间过长时，菌落逐渐变硬，并出现菌丝状特征。

在加盖玻片的玉米粉琼脂培养基上培养，可看到大量的假菌丝和芽生孢子。假菌丝的形态很典型，具有分枝，上面长有轮生状或短链状的芽生孢子。

该菌能发酵葡萄糖、麦芽糖、半乳糖、蔗糖，不能发酵乳糖、蜜二糖、棉子糖；不能同化硝酸盐，不能分解脂肪。在液体培养时，可出现菌醭，大量的菌体则沉淀于培养容器的底部。

热带假丝酵母氧化利用烃类的能力强，可用于石油脱蜡。在含有石油馏分的培养基中培养 22 小时后，可获得相当于烃类重量 92% 的菌体细胞，因此它是生产石油蛋白质的重要菌种，也可用农副产品或工业废料来大量培养热带假丝酵母，以作为饲料。如用生产味精的废液培养热带假丝酵母作饲料，既扩大了饲料来源，又减少了工业废水对环境的污染。此外，热带假丝酵母也能导致机体感染，具有一定的致病性。

四、酵母菌与人类关系

酵母菌的种类较多，与人类及医药工业的联系十分密切。少数酵母菌能感染人和动物，导致机体发病，被称为病原性酵母菌，了解这些酵母菌的生物学特性及致病过程对于疾病的诊断和指导临床治疗有着重要的意义。除个别种类具有致病性、引起机体发病、物品腐败及产生各种污染外，多数酵母菌对人类是有益的，特别是在制药工业中有着广泛的应用。

（一）病原性酵母菌

1. 白假丝酵母 又名白色念珠菌（*Canidia Albicans*），属假丝酵母菌属（*Saccharomyces*），是单细胞真菌。

白假丝酵母细胞形态类似酵母菌，呈圆形或卵圆形，以芽生孢子方式出芽繁殖，孢子延长成芽管，不与母细胞脱离，形成假菌丝（图 3－9），不能进行有性繁殖。该菌在玉米粉琼脂培养基上常可形成典型的假菌丝，在假菌丝上长有许多芽生孢子，菌丝的顶端或侧枝上可形成厚壁孢子（图3－9）。白色念珠菌在营养琼脂、血琼脂和沙氏培养基上均生长良好，菌落呈灰白或奶油色，表面湿润、光滑。

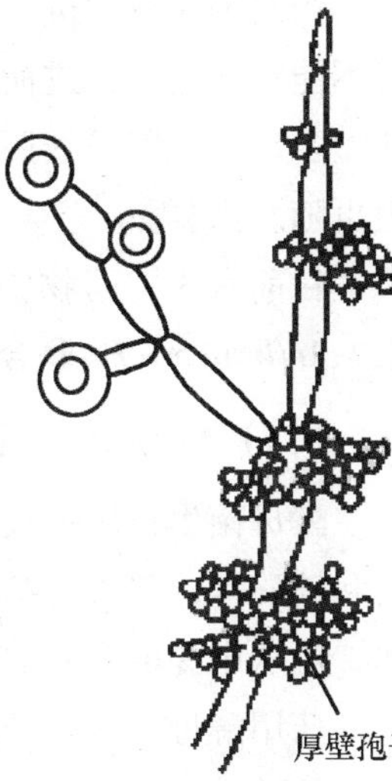

图3－9 白假丝酵母的假菌丝和厚壁孢子

白色念珠菌是一种条件致病菌，通常存在于正常人口腔、上呼吸道、肠道及女性阴道的黏膜上，参与正常菌群的构成，一般不引起疾病。当正常菌群失调、抵抗力下降或因肿瘤、艾滋病、器官移植及糖尿病患者长期使用广谱抗生素或进行放疗、化疗等治疗过程时，机体的免疫力减弱，白色念珠菌可导致机体内源性感染。

白色念珠菌可侵犯人体许多部位，如皮肤、黏膜、肺、肠、肾和脑，引起皮肤黏膜感染（常见鹅口疮、口角炎、外阴炎及阴道炎）、内脏感染（肺炎、肠胃炎、心内膜炎及肾炎等）和中枢神经系统感染（脑膜炎、脑炎等）等。其中黏膜感染以鹅口疮最多，该病在体质虚弱的婴幼儿中最为常见。

目前对白色念珠菌的高危人群尚未建立起有效的预防措施。近年来，由于皮质激素、抗生素和免疫抑制剂在临床上的大量使用，白色念珠菌引起的感染也日益增多。治疗白色念珠菌感染，局部可涂1%龙胆紫或克霉唑软膏、益康唑霜；内脏白色念珠菌病可选用两性霉素B、氟康唑（fluconazole）、酮康唑（ketoconazole）、制霉菌素等治疗。由于真菌感染机会逐渐增多和药物的不合理使用使该菌对一些常规药物的抗药性增强，因此，有必要加强这方面的研究工作，筛选新型的抗真菌药物。

2. 新型隐球菌（*Cuyitococcus Neofonmans*） 又名溶组织酵母菌（Torula histolytica），属于隐球菌属（Cryptococcus），为单细胞真菌。

新型隐球菌细胞为圆形，直径可达4～6μm，因细胞壁外有一层由多糖组成的厚厚荚膜，常规染料不易着色，故得名隐球菌。用墨汁负染后，于显微镜下可见到透明荚膜包裹着菌细胞。

新型隐球菌以出芽方式繁殖，但不形成假菌丝。在沙氏培养基上经37℃ 3天培养后可形成酵母型菌落，通常为乳黄色或橘黄色，表面湿润并有光泽。在利用营养物质方面与假丝酵母不同的是能分解尿素。

新型隐球菌按其荚膜抗原性分为*A*、*B*、*C*、*D*、*AD* 5个血清型，国内临床所分离菌株以*A*型最多，而*C*型尚未发现。

新型隐球菌在自然界的分布很广，是土壤、鸽类、牛乳、水果等的腐生菌，一般是通过外源性感染引起机体病变。由于在鸽子的粪便中大量存在新型隐球菌，因此鸽子可以作为该菌的主要传染源。在人和动物体表、粪便中也能分离到该菌。对人类而言，新型隐球菌通常是条件致病菌。新型隐球菌主要侵染肺部，常因吸入鸽粪污染的空气而感染，在肺部引起轻度炎症或隐性传染，亦可由破损皮肤及肠道传入。当机体免疫功能下降时可向全身播散，主要侵犯中枢神经系统，发生脑膜炎、脑炎、脑肉芽肿等，此外可侵入骨骼、肌肉、淋巴结、皮肤黏膜，引起慢性炎症和脓肿。新型隐球菌感染在免疫系统功能低下的人中常见，特别是艾滋病患者和终生需服用免疫抑制剂的器官移植患者。

研究发现，新型隐球菌的致病性与其荚膜有关，荚膜由多聚糖组成，是一种长链糖分子。当新型隐球菌进入宿主后，荚膜开始膨大。随着荚膜的膨大，免疫系统中的巨噬细胞就不能吞噬它了，进而诱使机体免疫无反应性，导致机体的抵抗力下降。还有的研究表明：新型隐球菌经紫外线照射后失去荚膜，对小鼠的致病力也消失；一旦恢复产生荚膜，致病力也随之恢复。

目前有 3 类药物治疗隐球菌病：多烯类（*AmB*）、唑类（如 *FLC*）和嘧啶类似物 5 - *Fc*，*AmB* 和 5 - *Fc* 联合用药被世界卫生组织推荐为隐球菌性脑膜炎诱导治疗的金标准。

（二）酵母菌与制药工业

酵母菌生长周期较短，繁殖迅速，细胞内含有丰富的蛋白质、核酸、氨基酸、维生素、酶和辅酶等，并含有细胞色素 *C*、麦角固醇等药用生理活性物质，因此，大量培养酵母菌体，可从中提取丰富的代谢产物，被广泛应用于制药工业。

药用酵母是一种经高温干燥的酵母粉，可用于治疗消化不良，并具有促进代谢、增强食欲等功效。

酵母菌的发酵能力强，利用烃类为碳源可发酵生产枸橼酸、反丁烯二酸、脂肪酸、甘油、甘露醇及乙醇等。利用酵母菌发酵能力强这一特性，可以蔗糖、磷酸盐等为底物来生产 1，6 - 二磷酸果糖。此外，从培养的酵母细胞中提取超氧化物歧化酶（*superoxide dismutase*，*SOD*）的研究已经取得进展，已发现酵母菌内含有铜、锌、锰三种不同类型的 *SOD*，并且酶活性高。目前人们正在对该酶进行分子修饰，以降低其免疫原性，延长半衰期。随着对酵母菌研究的不断深入，它必将在制药工业中发挥更大的作用。

扫码"学一学"

第二节　霉　菌

霉菌（*mold*）是丝状真菌的统称。与酵母菌一样，霉菌也不属于分类学上的名词。霉菌在自然界的分布极广，土壤、水体、空气及动、植物体中都有它们的踪迹，它们往往易在潮湿的条件下大量生长繁殖，多数都能形成肉眼可见的丝状、绒状或蛛网状的菌丝体（*mycelium*）。

霉菌与人类关系密切，广泛应用于以发酵为主的食品加工、工业生产、药品制造及生物转化等各个方面。环境中的腐生型霉菌对自然界物质循环也具有非常重要的作用，尤其是对数量极大的纤维素、半纤维素及木质素的分解和利用主要是通过霉菌完成的。

与此同时，霉菌污染对工农业所造成的损失也很大，食品、纺织品、皮革、纸张、木器、光学仪器、电工器材甚至药品等都能被霉菌污染，发生霉变。霉菌还能引起动植物的病害，严重威胁人类的健康。据统计，85% 以上的植物传染性病害是由霉菌感染引起的。一些寄生型霉菌也能感染人和动物，导致临床症状，如皮肤癣菌引起的各种癣症。特别是有的种类能产生毒素，目前已发现的真菌毒素有百种以上，如毒性很强的黄曲霉毒素，不但能引起中毒症状，还是强的致癌物质。

一、形态和结构

霉菌是具有分枝菌丝体的、不能进行光合作用的异养型真核微生物，其基本组成单位是菌丝细胞。菌丝（*hypha*）为一种管状结构，直径一般为 3 ~ 10μm，比普通细菌和放线菌大几倍到几十倍，由坚韧的含几丁质的细胞壁包被。菌丝能借助顶端生长进行延伸，并通过多次重复分枝而形成微细的网络结构，称之为菌丝体。

（一）菌丝组成与结构

霉菌的菌丝在固体培养基内和表面都能生长，向培养基内生长的菌丝主要功能是吸收营养，称为基内菌丝或营养菌丝；在培养基表面生长的菌丝为气生菌丝（图3-10），气生菌丝成熟时往往特化形成具有一定结构的用于繁殖的菌丝，称之为繁殖菌丝，繁殖菌丝能够产生各种类型的孢子。

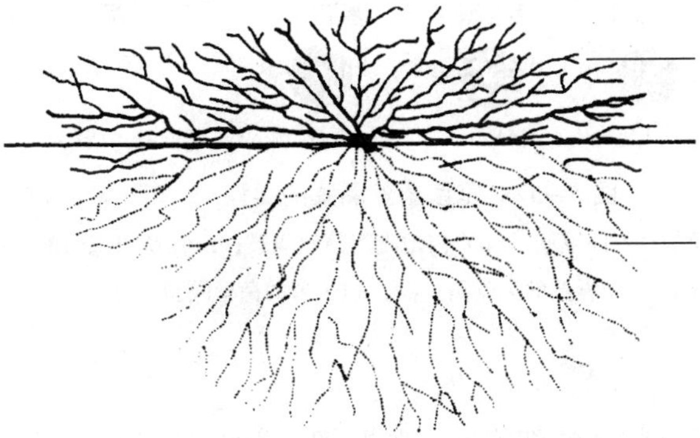

图3-10 在固体培养基上生长的霉菌的菌丝体

在显微镜下观察到的霉菌菌丝有两种类型：一种是菌丝管腔中无横隔膜，称为无隔菌丝；另一种是有横隔膜，称为有隔菌丝（图3-11）。

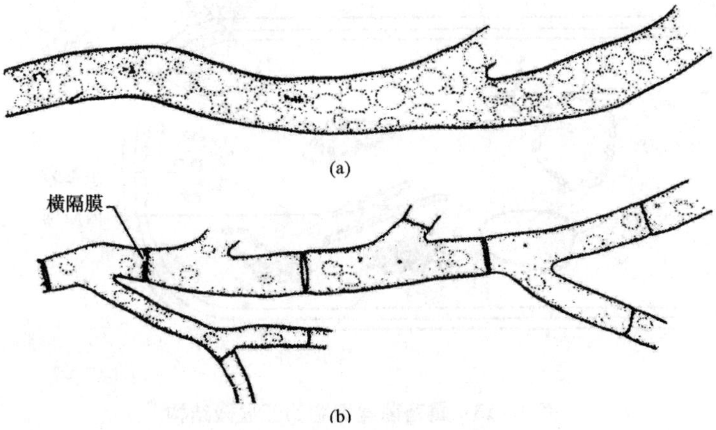

图3-11 霉菌的菌丝类型

（*a*）无隔菌丝；（*b*）有隔菌丝

无隔菌丝的整个菌丝为长管状的单细胞，细胞内含有多个核，生长时只表现为菌丝延长、细胞核裂殖增多和细胞质量的均匀增加，霉菌中的低等种类如根霉、毛霉、梨头霉等都属于这种类型。在无隔菌丝中一般看不到横隔膜，只有在菌丝体形成繁殖结构时才出现横隔膜，而且这种横隔膜是完全无孔的。

有隔菌丝为典型的多细胞结构，两横隔膜之间组成一个细胞。子囊菌、担子菌等许多高等种类真菌均属于这种类型。不同霉菌的横隔膜结构也不完全相同，主要有下列几种类型（图3-12）：①单孔型，隔膜中央具有一个较大的孔口，这种单孔型的隔膜是子囊菌等菌丝的典型特征；②多孔型，隔膜上有许多微孔，这些微孔在隔膜上的排列又各有其特征，如白地霉（Geotrichum candidum）和一些镰刀菌（Fusarium）；③桶孔型，这种隔膜有一中心孔，并且该孔的边缘膨大而使中心孔成为“琵琶桶”状，在其外面覆盖一层由内质网膜形成的弧形膜，叫做桶孔覆垫。霉菌的横隔膜可能是为了适应陆地环境而形成的，有隔菌丝的横隔膜在维持菌丝强度、防止胞内物质流失、抵抗干旱等方面发挥着重要作用。

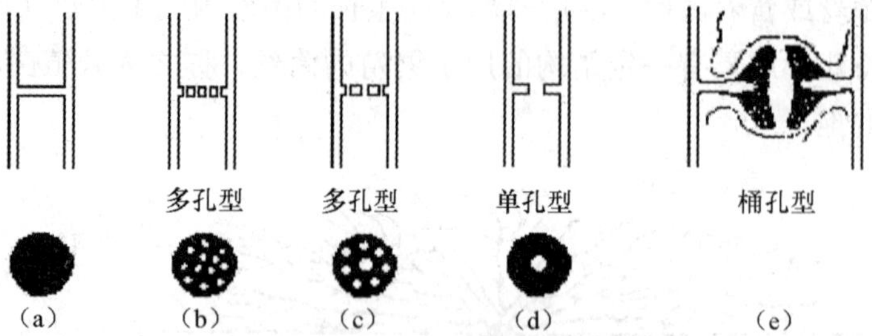

图 3-12　霉菌菌丝隔膜的类型

（a）低等真菌菌丝的全封闭隔膜；（b）白地霉的菌丝隔膜；（c）镰刀霉的菌丝隔膜；（d）子囊菌的菌丝隔；（e）担子菌的菌丝隔膜

（二）细胞结构

霉菌菌丝细胞的最外层是坚韧的细胞壁，紧贴细胞壁的是其细胞膜，在细胞膜包被的细胞质中，含有细胞核、线粒体、核糖体、高尔基体及液泡等结构。亚显微结构主要由微管和内质网等单位膜结构支持和组成（图 3-13）。

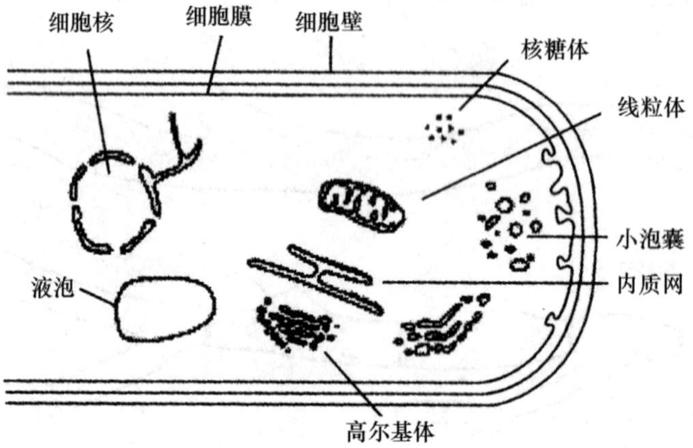

图 3-13　霉菌菌丝细胞的亚显微结构

1. 细胞壁　多数霉菌细胞壁的主要成分为几丁质。它是 N-乙酰葡萄糖胺借助 β-1,4-糖苷键连接成的链状聚合分子，该结构与组成植物细胞壁的纤维素相似，不同的是葡萄糖环上的第二碳原子连接的是乙酰氨基，而不是羟基。一些低等水生类型的霉菌，如水霉菌，其细胞壁成分为纤维素，有的还含有少量蛋白质。几丁质和纤维素分别构成了高等及低等霉菌细胞壁的多层、半晶体网状结构——微原纤维（microfibril），它镶嵌在无定形的 β-葡聚糖基质中，形成坚韧的外层结构。

2. 细胞膜　与原核细胞的细胞膜相似，霉菌的细胞膜也是半渗透性膜。霉菌的细胞膜含有甾醇，这种扁平的分子能增强膜的硬度。与其他生物膜结构不同的是，在霉菌的细胞壁和细胞膜之间能形成一种特殊的膜结构，称为膜边体（lomasome）。这种由单位膜包围形成的膜边体形状变化很大，有管状、囊状及颗粒状，该结构可能与细胞壁的形成有关。

3. 细胞质和内含物　霉菌菌丝细胞中的细胞质组成与其他真核生物基本相同，主要是由水、蛋白质、核酸、糖类及无机盐等构成的透明胶状液体。霉菌细胞质分布不均匀，在菌丝的不同生长阶段，各成分含量也有一定的差异。幼龄时，细胞质充满整个菌丝细胞，老龄时往往出现大的液泡，作为营养物和废物的储藏场所，其中含有多种物质，常见的有糖原、脂肪滴及异染颗粒等，特别是液泡的高含水量保持了细胞内的高膨胀压。

在细胞质中悬浮着一些细胞器，如线粒体、内质网、核糖体及高尔基体等，这些细胞器在能量产生、蛋白质合成等代谢活动中起着重要作用。

4. 细胞核 霉菌的细胞核分化程度高，包括核仁、核膜及核孔。不同种类霉菌的细胞核中含有的染色体数目不同，一般都在一条以上。染色体的结构、组成及功能与高等动、植物的基本相同，不同的是霉菌染色体是以单倍体形式存在的。在细胞有丝分裂时，染色体要进行复制并随之进行分离。电镜观察结果表明：在两个核形成期间核膜一般不消失，呈哑铃状，这种分裂称为核分离；当减数分裂发生时，随着核分离，核膜完全消失，直至形成两个新的核膜。

二、繁殖方式及生活史

（一）霉菌的人工培养

1. 营养要求及培养条件 霉菌的营养要求不高，在自然界的许多环境中都能看到霉菌的生长。人工培养霉菌也很容易，糖类中的单糖、双糖、淀粉和糊精等都能作为碳源，氮源中的无机氮源和有机氮源一般都能被利用。霉菌在生长过程中需要少量无机盐，个别种类需要一些微量元素及生长因子才能很好的生长。微量元素主要是K、P、Mg、S、Fe、Zn、Mn、Co等，生长因子多为维生素B_1、生物素和胸腺嘧啶等。

培养霉菌的培养基有很多种，实验室常用的有沙氏和察氏培养基。多数霉菌在pH 2~9的范围内均可生长，最适pH为4~6，最适生长温度为25~30℃，培养时需要有较高的湿度和良好的通气状况。霉菌的繁殖能力很强，但生长速度较慢，一般需要培养4天以上才能见到明显的菌落。

2. 菌落特征 由于组成霉菌菌落的单位是分枝状菌丝体，因此，霉菌菌落又称丝状菌落。在菌落形成初期，因菌丝稀少且不带有颜色，在培养基表面似雪花状，很难发现。随着菌丝体的不断生长、成熟，菌落变大并能扩散生长，个别种类的菌落扩散生长后能铺满整个培养皿。在细菌、放线菌、酵母菌和霉菌所形成的菌落中，霉菌是最大的。因霉菌的菌丝较粗大，故形成的菌落疏松，呈毯状、绒状、絮状或蛛网状，成熟后颜色加深并能产生大量的孢子，孢子堆积在菌丝表面，使菌落表面带有一层粉末状的结构。霉菌菌落能分泌多种色素，有的能产生水溶性色素使培养基带有一定的颜色，孢子一般产生脂溶性色素，颜色各异。由于扩散生长，处于菌落中心的菌丝成熟较早，颜色深；边缘的一般为刚长出的菌丝，颜色浅，多为白色；孢子堆一般位于菌落的中心，常具有特定的颜色。

（二）霉菌的生长

霉菌的生长是伴随菌丝细胞的延长、分裂和细胞质的合成等过程完成的，最后表现为菌丝体的生长。生长方式为菌丝顶端生长（hyphal tip growth），即生长发生在菌丝顶端，通过菌丝顶端的细胞膜与囊泡的融合而生长（图3-14）。囊泡内含有来自高尔基体的软化细胞壁的酶、细胞壁单体酶及聚合化酶，细胞壁先被软化，然后在膨压的作用下延伸，最后再变硬。在生长点的后面，菌丝还可以向顶端方向的侧面形成分枝，它们像芽一样膨出，生长成侧丝，随即很快变硬。在没有生长点的菌丝部位，细胞质大量合成并产生许多液泡，它们虽没有生长功能，但能合成细胞物质并通过液泡将其源源不断的输送至菌丝顶端，促使菌丝顶端细胞延长、生长。

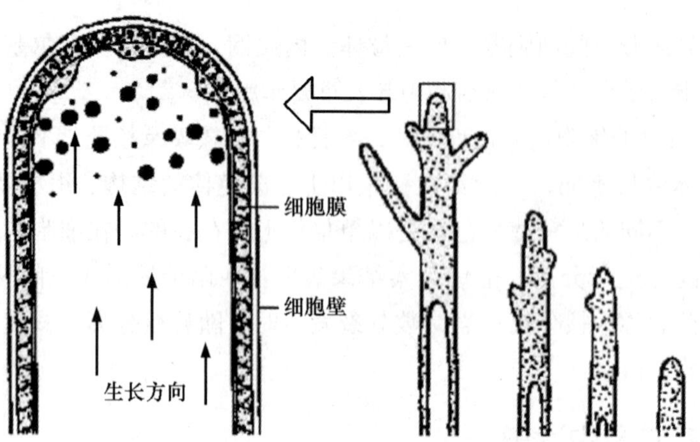

图 3－14　霉菌菌丝的顶端生长

需要指出的是，当菌丝繁殖形成孢子时，并不一定都采取顶端生长方式完成，有的是利用中间生长方式，如孢子囊中的孢子形成、低等霉菌有性繁殖时配子囊的形成等。

当霉菌呈丝状生长时，其生长速率不能借助细胞计数法进行测定，但可通过在适宜的培养条件下单位时间内菌丝质量的变化来测定。

（三）霉菌的繁殖方式及生活史

霉菌的繁殖能力很强，繁殖方式较复杂，多数霉菌既能进行无性繁殖，也能进行有性繁殖。在多数情况下，霉菌以无性繁殖为主，主要以产生大量无性孢子的形式完成；在液体培养时能够以菌丝断裂方式进行繁殖。在一定的生长阶段，当条件适宜时，多数霉菌可通过产生有性孢子的方式进行有性繁殖。

1. 无性孢子繁殖　无性孢子是指不经“异性”菌丝细胞配合，由菌丝自身分化或分裂形成的孢子，通过产生无性孢子进行的繁殖称为无性孢子繁殖。霉菌的种类丰富，产生的无性孢子类型最为复杂（图 3－15）。

（1）厚壁孢子（chlamydospore）　该种类型孢子具有较厚的壁，又名厚垣孢子。其形成过程是：在菌丝的顶端或中间由原生质浓缩、变圆、类脂物质密集，周围的菌丝壁增生并加厚，形成圆形、卵圆形或圆柱形的孢子。厚壁孢子的形成过程与细菌芽孢形成有类似之处，并且对不良环境也有较强的抗性，它既是霉菌的一种无性繁殖形式，也是霉菌的休眠体。当环境条件适宜时，厚壁孢子萌发，发育成新的菌丝体。接合菌门中的一些种类如总状毛霉（*Mucor racemosus*）往往能借助这种方式进行繁殖。

（2）芽生孢子（budding spore）　这种类型孢子的形成过程与酵母菌出芽类似，故名芽生孢子，简称芽孢子。出芽时，菌丝细胞壁变薄并突起形成芽体，细胞核及细胞质进入芽体后原生质浓集，细胞壁收缩，导致芽体与菌丝细胞分离。当出芽速度过快时，芽孢子不脱离母体细胞，可连接成链状，形成假菌丝样结构。

（3）关节孢子（arthrospore）　是由菌丝体断裂形成的，一般呈圆柱形。关节孢子的形成与释放过程与放线菌的孢子丝有些相似，由菌丝顶端向基部逐渐形成、成熟。先出现许多横隔膜，然后从隔膜处断裂，形成串状排列的多个孢子，如白地霉的无性繁殖形成的就

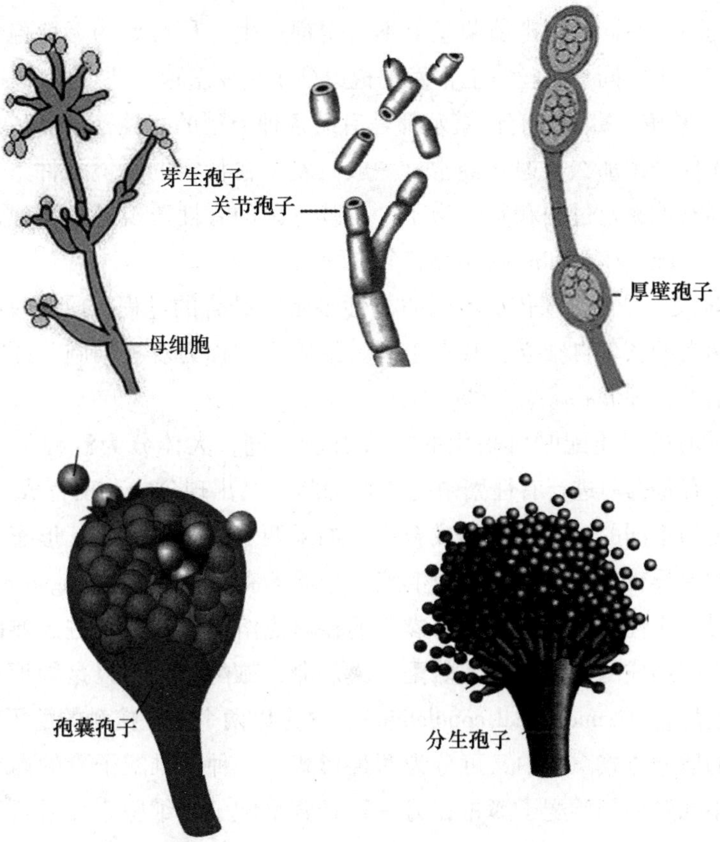

图 3-15 霉菌的各种无性孢子

是关节孢子。

（4）孢囊孢子（sporangiospores） 一些霉菌的菌丝发育成熟进入繁殖期后，菌丝的功能出现分化，一部分菌丝发育成孢子囊梗，梗的顶端细胞能特化形成一个圆球形、卵球形或梨形的囊状结构，称为孢子囊，囊内发育形成的孢子就是孢囊孢子。成熟的孢子囊主要由囊体、囊轴及孢子囊梗组成。孢囊孢子是一种内生孢子，其形成过程是：孢子囊内大量积聚细胞质和细胞核；包围了大量细胞核的原生质被分割成许多小块，每小块原生质中至少含有一个细胞核；原生质小块最后发育成孢囊孢子。当孢囊孢子完全成熟后，一般通过囊体破裂将大量的孢子释放至周围环境中。个别种类霉菌形成的孢子囊不破裂，孢子可从孢子囊上的小孔或管口溢出。

孢囊孢子有两种类型：一类是有鞭毛能运动的孢子，称为游动孢子（zoospore），水生霉菌产生的孢子多为游动孢子；另一类是无鞭毛不能运动的孢子，称为不动孢子（aplanospore）或静孢子，陆生霉菌产生的孢子多为这种类型，该孢子主要借助空气传播。

（5）分生孢子（conidium） 与孢囊孢子相比，分生孢子是裸露的，无囊包围，属于外生孢子，它是霉菌的主要无性孢子。产生分生孢子的菌丝往往能特化形成一定的结构，霉菌的种类不同，特化的结构也不同。有的比较简单，如红曲霉和交链孢霉可直接由分枝菌丝的顶端细胞分化，形成单个或成簇的孢子；有的较复杂，产孢菌丝往往能特化形成具有一定结构的分生孢子器，通过分生孢子器分泌孢子。如青霉和曲霉都可分化形成分生孢子器，两者的分生孢子器结构虽有所差异，但功能是一致的，都能在其顶端产生分生孢子。

分生孢子多为圆形或卵圆形，着生方式有单生、成链或成簇排列，其特点是产生的孢子量大，这也是决定霉菌繁殖力强的一个重要因素。

值得注意的是，在同一种霉菌菌丝上不一定都产生一种类型的无性孢子，如在许多霉菌特别是接合菌门中，同一菌丝体上常发现孢囊孢子和厚壁孢子共存的现象。

2. 有性孢子繁殖 霉菌的有性繁殖都是借助各种类型的有性孢子完成的。由于霉菌的有性繁殖不如无性繁殖那么普遍和经常，一般只发生在特定的环境条件下，因此，人工培养时很难观察到有性繁殖过程和有性孢子。与酵母菌的有性繁殖过程相似，霉菌有性繁殖的基本过程包括质配、核配和减数分裂三个阶段。

（1）质配阶段　是两个遗传型不同的“性细胞”结合的过程，质配时两者的细胞质融合在一起，但两者的核各自独立，共存于同一细胞中，称为双核细胞。此时每个核的染色体数目都是单倍的，即 $n+n$。

不同类型霉菌进行质配时所采用的方式有所不同，大体分为五种类型：①配子结合（gametogamy），有些霉菌进行有性繁殖的“性细胞”已出现分化，发育成“雌”、“雄”配子，由两个遗传型不同的配子结合形成合子。如果两个配子的大小、形态相似，称为同配生殖；若两者的差异较大，则称为异配生殖。②配子囊接触（gametangial contact），两个配子囊相互接触时，雄性的核通过在配子囊壁的接触点溶解成的小孔进入雌配子囊，或是借助两个配子囊之间形成的受精管进入雌配子囊。雌、雄配子囊可以是同形的，也可以是异形的。③配子囊配合（gametangial copulation），这是以两个相互接触的配子囊的全部内容物的融合为特征的质配方式。其中又可分为两种形式，一种是雄配子囊的内容物通过配子囊壁上的接触点小孔转移到雌配子囊中；另一种是两个配子囊细胞直接融合为一，两个配子囊壁接触部位融化而成为一个公共细胞。④“受精作用”（spermatization），此过程与植物的受精过程有些类似，多发生于子囊菌和担子菌。两种“性细胞”各自分化成“雄性”配子和“雌性”配子囊，“雄性”配子借助风、水及昆虫等媒体与“雌性”配子囊接触完成质配过程。⑤体细胞结合（somatogamy），一些高等的子囊菌和担子菌可直接利用菌丝细胞作为配子囊进行接合，完成质配过程。如果接合发生在相同类型的菌丝细胞之间，称为同宗接合；如果接合发生在不同类型的菌丝细胞之间，称为异宗接合。在担子菌中，常通过两种不同类型的菌丝细胞接合，形成双核菌丝，该现象称为菌丝连接（anastomosis）。

（2）核配阶段　质配完成后，双核细胞中的两个核进行融合，形成二倍体的合子，此时核的染色体数是双倍的，即 $2n$。在低等霉菌中，质配后紧接着进行的就是核配，而高等霉菌中，质配后不一定马上进行核配，经常以双核形式存在一段时间，在此期间双核细胞也可分裂产生双核子细胞。霉菌染色体的基因重组一般发生在核配阶段。

（3）减数分裂阶段　由于霉菌的核是以单倍体形式存在，故二倍体的核还需进行减数分裂才能使子代的染色体数与亲代保持一致，即恢复到原来的单倍体状态。多数霉菌在核配后立刻进行减数分裂，形成各种类型的单倍体有性孢子，但也有少数种类霉菌像酵母菌一样能以二倍体的合子形式存在一段时间，此现象常见于接合菌门中的霉菌。

经过上述三个阶段，霉菌最终以有性孢子完成繁殖全过程。霉菌有性孢子的形成是一个相当复杂的过程，有性孢子的类型也随霉菌的种类各异，常见的有性孢子有卵孢子（oospore）、接合孢子（zygospore）和子囊孢子（ascospore）三种类型（图 3－16）。

1）卵孢子　是通过配子囊接触形成的。“雄性”配子囊与“雌性”配子囊虽能在相同的菌丝上形成，但具有不同的形状。小的“雄性”配子囊发育成雄器，大的“雌性”配子囊发育成藏卵器。藏卵器在与雄器配合之前是多核的，经核解离和内部的原生质分割、浓

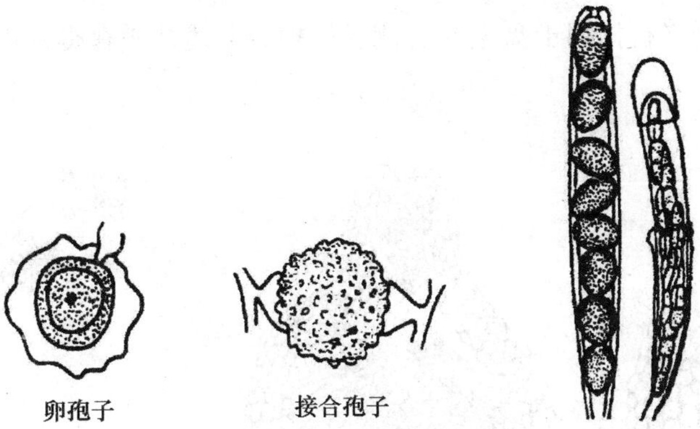

图 3－16　霉菌的有性孢子的形态

缩，形成一个至多个单倍体的原生质团，称为卵子或卵球（oospheres）。有的藏卵器发育的较为完善，内部的原生质分化为两层，中间的较密集，称为卵质，外围的则分化为周质层，卵质形成的卵球相当于高等生物的卵。雄器在配合之前也是多核的，当它接近藏卵器并与之配合时，形成一个至多个受精管，借助受精管将单倍体的核送入藏卵器，雄性核与卵球融合形成二倍体合子，每个受精的卵球外面长出一层较厚的壁即成为卵孢子。

卵孢子可以在藏卵器中休眠一段时间，条件适宜时萌发，长出芽管，内部二倍体合子进行减数分裂，形成的单倍体游动孢子借助芽管释放至周围环境中，再发育形成菌丝体。

2）接合孢子　是接合菌门典型的有性孢子，它是由菌丝上生出的形态相同或略有不同的两个配子囊接合形成的。当两个邻近的菌丝相遇后，各自的菌丝顶部或侧枝膨大发育形成原配子囊；两原配子囊接触后，各自顶端膨大形成横隔，隔成一个细胞，称为配子囊；两个配子囊之间的隔膜溶解，发生质配、核配，形成二倍体合子。这样由两个配子囊接合在一起，外面发育成较厚并多层的壁，内部含有二倍体合子，外形如瘤状的具有较深颜色的结构即为接合孢子。接合孢子同样可以进入休眠状态，环境条件适宜时萌发，经减数分裂形成单倍体的不动孢子，发育成菌丝体。

3）子囊孢子　是在子囊内经减数分裂后形成的单倍体孢子，子囊孢子的个数随霉菌的种类而异，4 个或 8 个的最为常见。子囊是一种囊状结构，形成方式比较复杂，在酵母菌中，子囊是由两个细胞经质配、核配和减数分裂形成的；而在霉菌中，配子结合、配子囊配合、受精作用和体细胞结合等质配方式最终都能导致形成子囊。子囊孢子形成的基本过程为：①由两种不同遗传型的菌丝各自发育形成“雌”、“雄”配子囊，“雄”配子囊通过受精丝与“雌”配子囊接触，完成质配过程；②两细胞核融合，形成二倍体合子，完成核配过程，此时含有二倍体合子的配子囊外壁开始发育；③二倍体合子进行减数分裂，形成单倍体子囊孢子，而此时的配子囊发育形成子囊。

子囊的形状多样，常见的有球形、卵圆形、豆荚形及圆筒形等，子囊孢子多为圆形，一般不带有鞭毛。在子囊和子囊孢子的发育过程中，“雌”“雄”配子囊附近的一些菌丝细胞可进一步分化，形成许多侧丝和细胞层，它们有规律的排列形成保护“组织”，将子囊包在其中，这样的结构称为子囊果。子囊果的大小、形态、结构随霉菌的种类而异，主要有三种常见类型（图 3－17）：①闭囊壳（cleistothecium），它的子囊被完全封闭在子囊果内部，一般呈球形；②子囊壳（perthecium），由多层菌丝细胞所构成的厚壁包围，形成壶形的结构，顶端有小孔，内部含有子囊及侧丝；③子囊盘（apothecium），形如盘状，由多层菌丝细胞构成，子囊平行排列于盘上并有侧丝保护。上述结构在霉菌的分类鉴定中具有一定的参考价值。

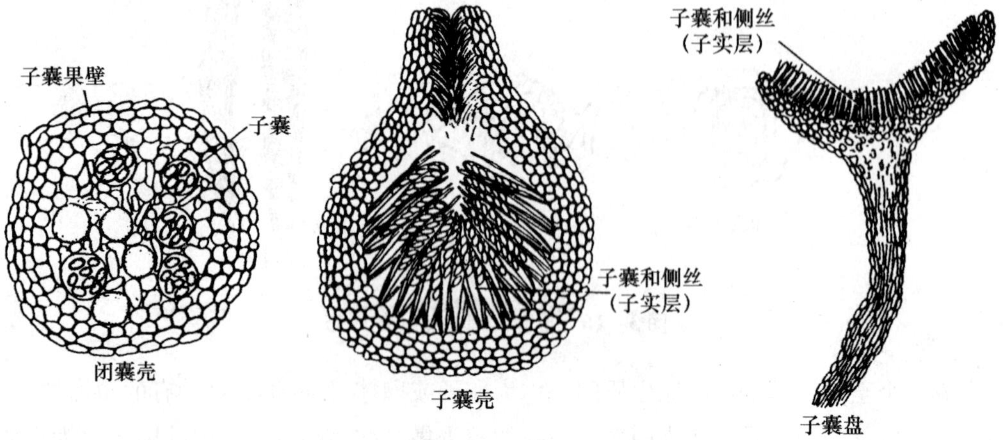

图 3－17　霉菌子囊果的三种形态

子囊果成熟后，子囊孢子通过小孔、裂缝或壁破裂等方式释放出来，萌发形成菌丝体。

3. 霉菌的生活史　霉菌的生活史都是从孢子开始，经过发芽、生长成为菌丝体，再由菌丝体经过无性和有性繁殖最终到产生孢子，即“孢子—菌丝体—孢子”的循环过程。

在绝大多数霉菌的生活史中都有无性阶段和有性阶段，它们分别组成无性世代和有性世代，因此，霉菌中的世代交替现象十分明显。典型的生活史如下：霉菌的菌丝体发育成熟后可通过各种方式产生并释放出无性孢子，无性孢子萌发形成新的菌丝体。这样的繁殖方式可循环多次，构成霉菌的无性世代。当无性繁殖进行一段时间后，一般在霉菌生长发育的后期并且是在特定的环境条件下，才进入有性繁殖阶段，即在菌丝体上分化出特殊的“性细胞”或配子，经质配、核配和减数分裂等环节，最后产生各种类型的有性孢子，有性孢子萌发再发育成新的菌丝体，上述过程构成霉菌的有性世代（图 3－18）。

有丝孢真菌主要是以无性孢子繁殖方式完成其生活史，还没有发现其有性繁殖阶段。由于它们的生活史中只发现了无性世代，又称其为半知菌。

三、霉菌的代表属

霉菌的种类繁多，不同种类的霉菌之间差异较大，下面仅介绍一些与人类关系较为密切的几类重要霉菌。

（一）毛霉属

毛霉（*Mucor*）在自然界分布很广，空气、土壤等环境中都有毛霉的孢子。毛霉的菌丝体是由管状分枝的无隔菌丝组成，因此可以将毛霉看作是单细胞霉菌。毛霉分类上属于接合菌门、藻状菌纲、毛霉目、毛霉属，属低等类型的真菌。

毛霉的镜下形态主要有菌丝体、孢子囊梗和孢子囊。孢子囊梗嵌入孢子囊内的部分称为囊轴，在孢子囊内发育形成大量的孢囊孢子（图 3－19）。

毛霉的生活史完整，包括无性繁殖和有性繁殖两个阶段，无性繁殖方式为孢囊孢子，有性繁殖方式为接合孢子。

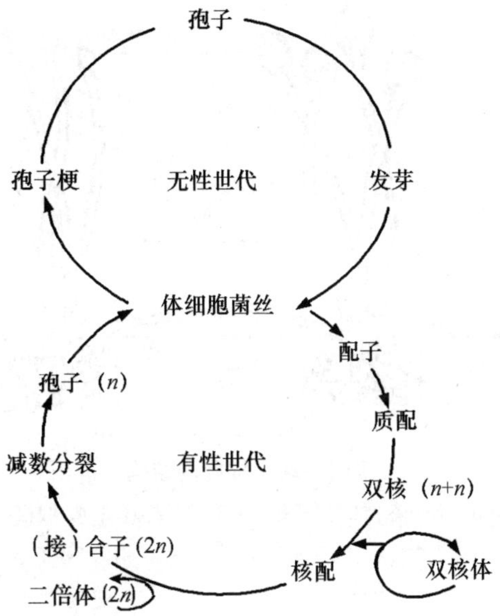

图 3－18　霉菌的生活史

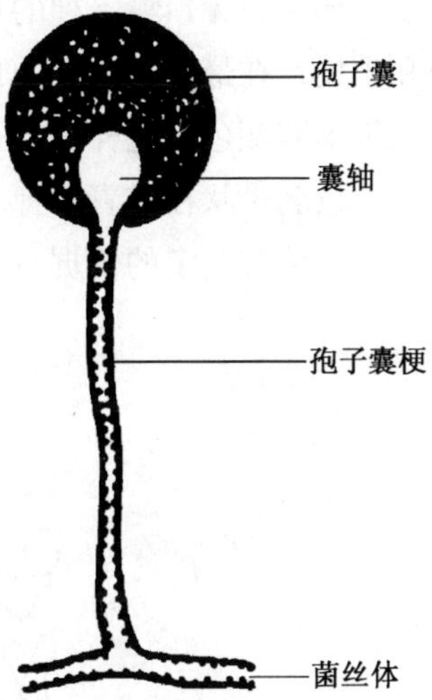

图 3－19　毛霉的结构

毛霉的应用广泛，有的种类能产生淀粉酶，有的产生蛋白酶，可用于工业上的糖化过程和豆豉、豆腐乳等蛋白质类食品的发酵。此外，毛霉还经常被用来生产乙醇、乳酸及延胡索酸等，在甾体化合物的生物转化方面也具有重要作用。

另一方面，毛霉的害处也较大，它是一种主要的微生物污染源，经常引起蔬菜、果品、衣物和药材等发霉变质，有的毛霉对一些纺织品及皮革等也有一定的破坏作用。

（二）根霉属

根霉（*Rhizopus*）分类上属于接合菌门、藻状菌纲、毛霉目、根霉属。根霉与毛霉两者的形态、结构有相似之处。根霉的菌丝无横隔，主要由匍匐菌丝、假根、孢子囊梗和孢子囊组成（图 3－20）。假根和匍匐菌丝有别于毛霉，是根霉、梨头霉（*Absidia*）等少数霉菌特有的结构。根霉的菌丝粗大，在显微镜的低倍镜下很容易观察。菌丝在固体培养基上生长迅速，若培养时间延长可充满整个培养皿内的空间，因此很难形成固定的菌落。

根霉具有典型的世代交替现象，无性繁殖方式是孢囊孢子；有性繁殖方式为接合孢子。根霉的孢子囊梗一般是在假根的相对位置上生出，顶端膨大发育成孢子囊，囊轴为半圆形，囊轴与孢囊梗之间有横隔。孢囊孢子多数为球形，成熟时分泌黑色色素。

根霉的营养要求不高，且易于在含淀粉等多糖的环境中生长，因此，含有淀粉的食品如果保存不当，特别容易污染根霉。根霉对其他物品的腐蚀能力也很强，可广泛引起包括皮革在内的多种物品发生霉变。另一方面，产生淀粉酶这一特性使根霉成为工业上重要的糖化菌种。此外，根霉还经常被用于生产乙醇、乳酸等，它在甾体化合物的生物转化方面也有重要作用。

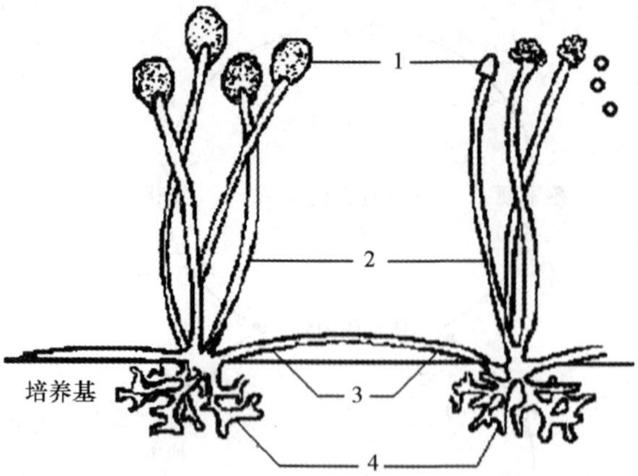

图 3-20　根霉的结构

1. 孢子囊；2. 孢子囊梗；3. 匍匐菌丝；4. 假根

（三）青霉属

青霉（*Penicillium*）分类上属于子囊菌门、子囊菌纲、青霉属。青霉是多细胞，菌丝有分隔，呈丛状着生并有明显分枝，无足细胞。气生菌丝发育成熟时特化成分生孢子梗，顶端不膨大，无顶囊，梗的顶端可出现多次分枝，在分枝末端生长出一轮或几轮对称的梗基和小梗，在最外层小梗的顶端可产生串状排列的分生孢子，分生孢子可产生青、灰绿、黄褐等不同颜色。这样的产孢结构称为分生孢子器，青霉菌的分生孢子器在显微镜下呈扫帚状，故名帚状枝或青霉穗（图 3-21）。帚状枝的形态、结构及梗基的生长轮数等都可作为青霉菌分类鉴定的依据。

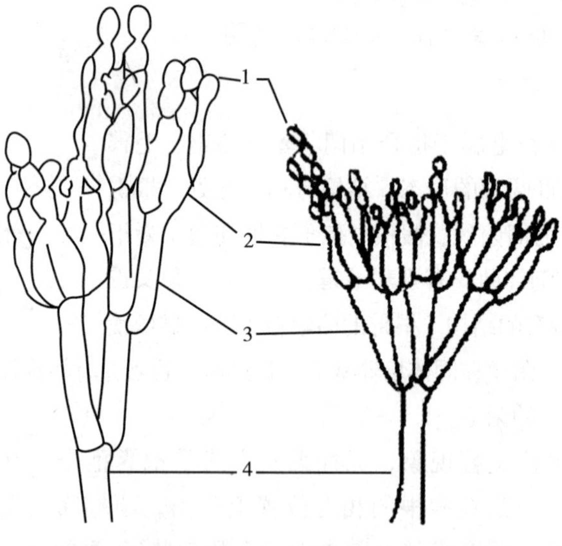

图 3-21　青霉菌的分生孢子器结构（青霉穗）

1. 分生孢子；2. 小梗；3. 梗基；4. 分生孢子梗

青霉菌无性繁殖即产生大量分生孢子，有性繁殖产生子囊孢子。

青霉菌在自然界的分布广泛，种类很多，几乎在一切潮湿的物品上均能生长。如橘青霉常生长在腐烂的柑橘皮上，呈现青绿色污染斑。在空气、土壤等环境中也有大量的青霉菌的孢子，青霉菌可使工农业产品、生物制剂、药物制品腐败变质。有些菌株产生的青霉菌素对人和畜类的健康也有很大危害。

青霉菌是抗生素的重要生产菌，其中的产黄青霉（*Penicillium chrysogenum*）是青霉素的产生菌，灰黄青霉菌是灰黄霉素的产生菌。除产生抗生素外，青霉菌也常用于有机酸、酶制剂的生产。由于其分解有机物的能力强，被广泛用于一些特殊有机化合物的生物转化。

（四）曲霉属

曲霉（*Aspergillus*）属于子囊菌门、子囊菌纲、曲霉属。曲霉是多细胞，菌丝有分隔，有分枝，当发育成熟时在气生菌丝上往往特化形成“足细胞”的结构，在“足细胞”上长出分生孢子梗，在其顶端膨大发育成顶囊，在顶囊表面以辐射状长出一层或两层小梗，最外侧小梗的顶端长有一串分生孢子。该菌属各菌株的菌丝和孢子常呈不同的颜色，故菌落的颜色各不相同，有黑、棕、黄、绿、红等颜色，且较稳定，是分类鉴定的主要依据。在显微镜下，曲霉特有的分生孢子器呈放射状的圆球体，称为分生孢子头（图3-22）。分生孢子头和顶囊的形状、大小，小梗的构成，分生孢子梗的长度等特点也是菌种鉴定的依据。

曲霉菌无性繁殖即产生大量分生孢子，有性繁殖产生子囊孢子。

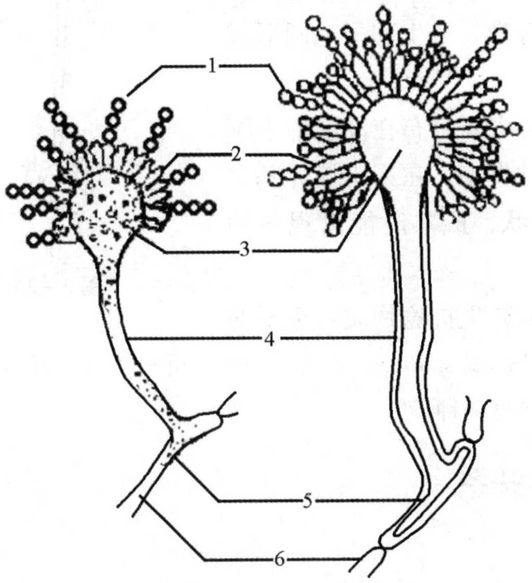

图3-22 曲霉菌的分生孢子器的结构

1. 分生孢子；2. 小梗与梗基；3. 顶囊；4. 分生孢子梗；5. 足细胞；6. 基内菌丝

曲霉菌在固体培养基上可形成圆形、毯状的大菌落，成熟后表面有孢子堆覆盖，呈现各种颜色。

曲霉菌分解有机物质能力极强，是工业发酵和食品酿造上的重要菌种，我国自古以来就有应用曲霉菌的糖化作用和分解蛋白质的能力制曲、酿酒、造酱的记载。现代发酵工业中利用曲霉生产葡萄糖酸等有机酸、酶制剂及抗生素等。曲霉菌也是引起粮食、食品和药材等霉变的常见污染菌。有些种类还能分泌毒素，如黄曲霉（*Aspergillus flavus*）能产生具有强烈致癌作用的黄曲霉毒素，严重危害人类健康。

（五）链孢霉属

链孢霉（*Neurospora*）又称脉孢菌，因其子囊孢子表面有纵向条纹，形如叶脉而得名。脉孢菌具有疏松网状的长菌丝，菌丝有横隔并具有明显分枝。成熟时气生菌丝能分化形成简单的分生孢子梗，在梗的末端可直接产生成串的分生孢子。由于常生长在面包等淀粉含量较高的食品上，并能分泌红色色素，俗称红色面包霉。

该菌属的繁殖方式既有无性繁殖，也有有性繁殖。无性繁殖产生分生孢子，有性繁殖产生子囊孢子，在分类上属于子囊菌门。由于其有性繁殖过程明显，子囊中孢子数一般为8个，且排列十分有规律，容易在显微镜下观察，因此它常常被用作遗传学研究的材料。

链孢霉菌丝体内含有丰富的蛋白质、维生素 B_{12} 等营养物质，常可用作饲料。该菌同样可引起食品等发生霉变。

（六）头孢霉属

头孢霉属（*Cephalosporium*）的微生物营养菌丝体较发达，有横隔，常结成绳束状排列。成熟时由营养菌丝上生长出直立的分生孢子梗，不分枝，中央较粗而向末端逐渐变细，在顶端可产生大量的分生孢子，并借助黏液聚集形成头状结构，故名头孢霉（图3-23）。

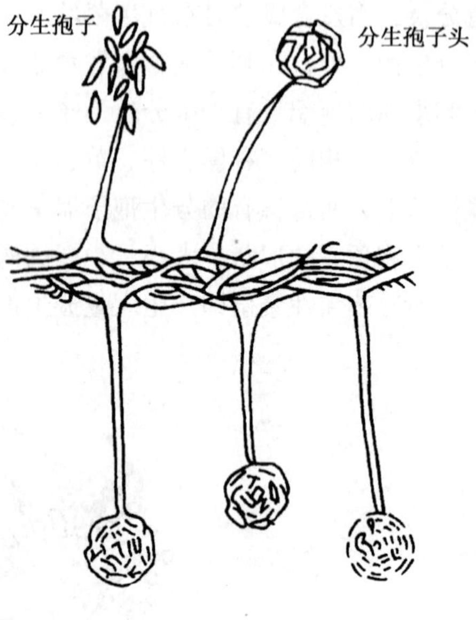

图3-23　头孢霉菌的结构

头孢霉的繁殖方式以无性的分生孢子为主，分生孢子头遇水后即可分散，分生孢子呈圆形或卵圆形。

头孢霉的腐生性强，主要分布在潮湿的土壤及植物残体中，含有多种类型。在人工培养基上生长良好，菌落呈绒毛状，成熟时能出现各种颜色。

头孢霉属有的菌株可产生抗癌物质及重要的抗生素，如顶头孢霉（*Cephalosporium acremonium*）可产生 β-内酰胺类抗生素——头孢菌素C，是抗生素生产的重要菌种。

四、霉菌与人类关系

（一）病原性霉菌

霉菌中少数种类能感染人和动物，引起各种霉菌性疾病。近年来由于长期使用广谱抗生素所造成的菌群失调，抗肿瘤药物和免疫抑制剂的广泛使用以及AIDS患者增加所致的免疫低下等，使霉菌感染有所上升。按照病原性霉菌侵入机体的部位和临床表现，可将其分为浅部感染霉菌和深部感染霉菌。此外，有些霉菌能产生毒素，这些毒素对人体、动物体造成的危害很大。

1. 浅部感染霉菌　是指那些能侵染机体的表皮、毛发和指（趾）甲等浅部角化组织的霉菌。这些霉菌一般不侵染机体深部，主要在皮肤表面的不同部位形成病变，可破坏角质化组织，故称皮肤癣菌（*Dermatophytes*）或皮肤丝状菌。皮肤癣菌分毛癣菌（*Trichophyton*）、表皮癣菌（*Epidermophyton*）和小孢子癣菌（*Microsporum*）三个属。

皮肤癣菌都能形成有隔的菌丝体，繁殖方式都采用无性的分生孢子。皮肤癣菌可在沙氏培养基上生长，形成丝状菌落，表面呈绒毛状、絮状或粉末状，成熟后多带有不同的颜色。根据菌落的形态、颜色和所产生的分生孢子，可对其做初步鉴定。皮肤癣菌的主要特性见表3-1。

表 3-1　皮肤癣菌的类型和特性

属名	无性孢子		颜色	侵染部位		
	大分生孢子	小分生孢子		皮肤	指（趾）甲	毛发
表皮癣菌	卵圆形或粗棒状	无	黄绿	+	+	-
小孢子癣菌	梭状	卵形或棒状	灰、棕黄、橘红	+	-	+
毛癣菌	细长棒状	葡萄状、梨状、棒状	白、灰、红、橙、棕	+	+	+

皮肤癣菌主要经孢子散播传染，常由于接触患癣病的人或动物（猫、犬、牛、马等）及染菌物体而感染。在临床上同一种癣症可由数种不同癣菌引起，而同一种癣菌因侵害部位不同，又可引起不同的癣症。三个菌属微生物均可侵犯皮肤，引起手癣、足癣、体癣和股癣等，其中手足癣是人类最常见的真菌病。毛癣菌属和表皮癣菌属可侵犯指（趾）甲，引起甲癣，俗称灰指（趾）甲。患者的指（趾）甲增厚变形，失去光泽。毛癣菌属和小孢子癣菌属还可侵犯毛发，引起头癣、黄癣及须癣。浅部感染的霉菌有嗜角质蛋白的特性，它们侵入皮肤等角质组织后，遇到潮湿、温暖的环境即大量繁殖，通过机械刺激和代谢产物的作用而引起局部病变。

对皮肤癣菌的感染，主要以预防为主，尽量避免直接或间接地接触皮肤癣患者，并注意皮肤清洁卫生。要经常保持鞋袜干燥以预防足癣。在治疗上，头癣患者可选用灰黄霉素、酮康唑、咪康唑和伊曲康唑等治疗 4~6 周；体癣和股癣患者宜选用外用抗真菌药物局部涂抹，对顽固性体癣可服用伊曲康唑、氟康唑等；甲癣的治疗相对困难，可口服灰黄霉素或曲康唑。在使用中应注意，灰黄霉素对肝、肾等脏器都有一定的损伤作用。

2. 深部感染霉菌　可分为皮下组织感染霉菌、全身性感染霉菌。

（1）皮下组织感染性霉菌　引起皮下组织感染的霉菌一般是自然界中的腐生菌，存在于土壤和植物中，常常经创伤部位侵入人体皮下组织。引起皮下组织感染的霉菌主要有着色真菌和孢子丝菌两大类。多数皮下组织感染性霉菌一般只局限于局部组织，少数可经淋巴管或血行而缓慢扩散至周围组织或器官。

着色真菌是一组真菌，对人类致病的主要有卡氏枝孢霉菌（*Clado-sporium carrionii*）、裴氏丰萨卡菌（*Fonsecaea pedrosoi*）和疣状瓶霉（*Phialophora verrucosa*）等。

着色真菌的菌丝体带有横隔，繁殖方式以无性分生孢子为主。由于机体被该类霉菌感染后，病损部位皮肤变色、发黑，故称着色真菌病（chromomycosis）。这类霉菌在沙保培养基上生长缓慢，培养数周可形成丝状菌落，菌落多呈棕褐色。着色真菌的分生孢子种类多样，有树枝型、剑顶型和花瓶型。

着色真菌一般经由外伤侵入人体，感染多发于肢体、颜面等暴露部位，以下肢多见。早期皮肤感染处发生丘疹，进而增大形成暗红色或黑色结节。

预防着色真菌病主要是避免外伤。病变皮肤面积较小者可经外科手术切除，皮损面积较大者可服用 5-氟胞嘧啶或伊曲康唑。

孢子丝菌主要指引起皮下组织感染的申克孢子丝菌（*Sporotrichum schenckii*）。申克孢子丝菌是一种二相型真菌，即在不同培养条件下，菌体可以两种形态出现。在自然环境中以霉菌的形式存在，菌丝体带有横隔，繁殖方式以无性分生孢子为主；在机体组织内或 37℃ 培养则为体积较小的酵母型真菌，以出芽方式繁殖。

申克孢子丝菌经皮肤微小的伤口侵入机体，然后沿淋巴管扩散，引起亚急性或慢性肉芽肿，使淋巴管形成链状硬结，进而形成坏死和溃疡，称为孢子丝菌下疳（sporotrichotic chancre)；本菌也可经口进入呼吸道、肠道，随后经血液循环进入其他器官，可引起深部感染或全身感染。

预防申克孢子丝菌感染主要是避免外伤。孢子丝菌感染的治疗可用碘化钾、伊曲康唑、酮康唑、两性霉素和特比萘芬等。

（2）全身性感染霉菌　是指那些能侵入机体深部的组织、器官或内脏，从而导致全身性感染的霉菌。与浅部感染性霉菌相比，感染的发生一般是外源性的，致病性较强。常引起侵染部位慢性肉芽肿样炎症、溃疡和组织坏死等。

深部感染性霉菌的种类很少，主要有烟曲霉、粗球孢子菌等。在酵母菌中能引起深部感染的种类较多，如白色念珠菌、新型隐球菌、荚膜组织胞浆菌、芽生菌及副球孢子菌等。这些真菌多数具有霉菌和酵母菌细胞的双重特征，既可形成菌丝体，也可以单细胞的酵母菌形态出现。新型隐球菌是深部感染真菌的代表类型。

3. 霉菌毒素　很多霉菌在生长过程中能产生一些有毒的代谢产物，称为霉菌毒素，当人、畜误食了含有霉菌毒素的食品后，常引起食物中毒。有些霉菌毒素还具有致癌、致畸和致突变作用。

目前，已经分离和鉴定出400多种真菌毒素，它们的性质、作用方式及毒性并不相同。按毒素损害机体的主要部位不同，分为肝脏毒素、肾脏毒素、神经毒素及造血组织毒素等，有些毒素可引起机体多部位的损伤。其中少数黄曲霉菌产生的黄曲霉毒素（aflatoxin）是迄今发现的毒性最强的霉菌毒素。黄曲霉毒素是一种双呋喃氧杂萘邻酮衍化物，毒性很强，可分为B、G两大家族。黄曲霉毒素特别是该毒素的B_1组分AFB_1在多种动物体内诱发肝癌。流行病学调查表明，黄曲霉毒素与人的肝癌发生密切相关。黄曲霉毒素毒性稳定，耐热性强，加热至280℃以上才被破坏，因此用一般烹饪方法不能去除毒性。黄曲霉主要污染粮油及其制品，如花生、花生油、玉米、大米、棉籽等。世界各国（包括我国）都制定了在各类食品和饲料中的最高允许量标准。我国卫生部规定在婴儿食品和药品中不得检出黄曲霉毒素。

除黄曲霉外，黑曲霉（*A. niger*）、赤曲霉（*A. rubrum*）、寄生曲霉（*A. parasiticus*）及温特曲霉（*A. wentii*）等也可产生黄曲霉毒素。除黄曲霉毒素外，其他真菌毒素也可致癌，如镰刀菌的T－2毒素可诱生大鼠胃癌、胰腺癌、垂体和脑部肿瘤；青霉产生的灰黄霉素可诱发小鼠甲状腺和肝肿瘤；赭曲霉产生的黄褐霉素可诱生肝肿瘤等。

霉菌毒素引起的中毒与一般性的细菌或病毒性感染不同，由于多数是在粮食中产生毒素，故受环境的影响较大。发病时常有季节性和地区性，但不传染。为了避免霉菌毒素中毒，要积极采取预防措施，对食用的粮食除要妥善保管外，在使用前需多次搓洗，以减少污染。

（二）霉菌与制药工业

许多霉菌在代谢过程中能产生抑制或杀死其他种微生物的抗生素，如青霉素、灰黄霉素、头孢菌素及环孢素等。其中，青霉素对革兰阳性菌及某些革兰阴性菌有较强的抗菌作用，长期以来一直是临床上的首选药物。以青霉素和头孢菌素为代表的β－内酰胺类抗生素是重要的抗感染药物，占据了世界感染药物市场的65%。产黄青霉、顶头孢霉等作为青霉素和头孢菌素C的工业生产菌，具有重要的经济价值，国内外对其展开了深入研究，建立了较为有效的基因转化体系。灰黄霉素是由青霉菌培养液中提取的一种耐热、含氯的抗真菌抗生素，主要能抑制各种皮肤癣菌，如毛癣菌、小孢子菌和表皮癣菌等。由产黄青霉发酵提取得到的青霉素 G 或青霉素 V 经化学扩环后可获得头孢菌素，头孢菌素属于广谱抗生素，抗菌谱较青霉素 G 广，临床上主要用于耐药金黄色葡萄球菌及一些革兰阴性杆菌引起的严重感染如肺部感染、尿路感染、败血症、脑膜炎及心内膜炎等。

红曲霉（*Monascus ruber*）是典型的丝状真菌，近年来，由于红曲发酵液中诸多生物活性物质的发现，红曲的药用价值得到了许多学者的关注。此外，红曲中蕴含着丰富的聚酮体合成酶（polyketidesynthase，PKS）基因，而聚酮体类物质是药物开发的宝库。聚酮体构造复杂且互补相关，但有共同的生物合成途径，由 PKS 介导合成。PKS 的多样性显示红曲中可产生更多具有生物活性的天然产物的巨大潜力。

除抗生素外，霉菌还广泛应用于各类有机酸和维生素的生产。曲霉属中的黑曲霉能生成浓度为2% ~5% 的乙醇，根霉属的少孢根霉（*R. oligosporus*）和米根霉（*R. oryzae*）等能生产浓度为 5% 的乙醇。除了乙醇以外，根霉属的菌种能生产正丙醇、正丁醇、异戊醇、有机酸等物质，使产品呈现特有的香味，因此，这类菌可用于生产具有特殊香味的饮料。霉菌产生的维生素主要是维生素 B_2，它可通过假囊霉属（*Eremothecium*）中的两个种阿舒假囊霉和棉病囊霉发酵来进行制备。

多数霉菌细胞都能产生一些重要的酶，其中的淀粉酶、蛋白酶、纤维素酶及果胶酶等酶制剂已经被广泛应用于各种工业生产上。赤霉菌能产生赤霉素，作为植物生长刺激素，它对各种农作物和蔬菜等的生长均有一定的促进作用。而能寄生于昆虫体内的白僵菌还可作为生物杀虫剂被用于一些农业害虫的生物防治上。

霉菌的分解能力强，对碳源的要求不十分严格，对包括甾体化合物在内的一些有机物具有一定的降解作用，常用于生物转化方面的研究和生产。通过霉菌的降解作用可使一些难以用化学方法改造的化合物得以分解、拆分或结构发生变化，从而产生新的生物活性，这为新药的筛选及传统药物的改造提供了一个重要辅助手段。

第三节　大型真菌

扫码"学一学"

大型真菌就是指能产生肉眼即可看清的大型子实体的真菌。近年来，国内外十分重视大型真菌资源的研究与利用。我国大型真菌生物种类多、分布广、资源丰富。常见的大型真菌包括药用菌和食用菌，如灵芝、香菇、草菇、金针菇、双孢蘑菇、木耳、银耳、竹荪、羊肚菌等。

大型真菌和我们人类的关系十分密切，多数大型真菌本身具有一定的食用及药用价值。如灵芝、猴头、茯苓等除含有蛋白质、氨基酸、维生素、多糖、微量元素等营养物质外，还具有抗癌、抗衰老、增强机体免疫力等药理活性，已经引起了人们的广泛关注。其中也有少数的大型真菌能产生毒素，引起食物中毒，因此在食用时要特别注意。

一、形态和结构

普通的大型真菌菌丝发育良好，具有分隔。菌体大小为（3 ~18）cm×（5 ~20）cm，个别的体积更大。大型真菌的形态各异，有头状、笔状、树枝状、花朵状、舌状和伞状（图 3 –24），其基本构成为子实体和菌丝体。菌丝体由许多分枝菌丝组成，分布于土壤、腐木等基质内。

大型真菌的菌丝体具有三个明显的发育阶段：初生菌丝（primary mycelium）、二生菌丝

(secondary mycelium) 和三生菌丝 (tertiary mycelium)。

初生菌丝为单倍体 (n), 由单核的担孢子萌发形成, 初期为多核, 持续时间很短或不明显, 随后即产生横隔形成单核初生菌丝, 初生菌丝通常不结实。二生菌丝为双核体 ($n+n$), 两个单核细胞进行异宗配合, 经细胞质融合, 但核不立即融合, 细胞内含有两个核的, 称为双核次生菌丝。二生菌丝可独立生活, 一般以锁状联合方式增殖细胞。即两个核同时分裂, 以"锁状联合机制"控制形成两个子细胞, 每个子细胞均具有两个不同的核。锁状联合的具体过程见图 3-25, 包括: ①双核菌丝的顶端细胞开始分裂, 两个核之间的菌丝壁向外侧生出一钩状分枝 [图 3-25 (a)]; ②细胞内一个核进入钩中 [图 3-25 (b)]; ③两个核同时进行一次有丝分裂形成 4 个子核 [图 3-25 (c)]; ④新分裂的两个子核移入到细胞的一端, 一个子核仍留在钩状突起中 [图 3-25 (d)]; ⑤钩向下弯曲与原细胞壁接触, 接触处的壁发生融合, 同时钩的基部产生横隔 [图 3-25 (e)]; ⑥钩中的核向下移, 在钩的垂直方向产生一隔膜, 一个细胞分成两个细胞, 每个细胞具有两个不同的子核 [图 3-25 (f)]; ⑦菌丝生长延伸 [图 3-25 (g)]。

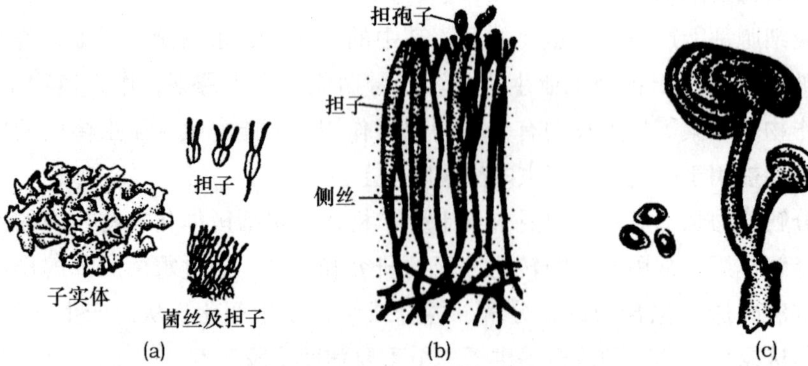

图 3-24　大型真菌的常见形态

(a) 银耳; (b) 木耳; (c) 灵芝

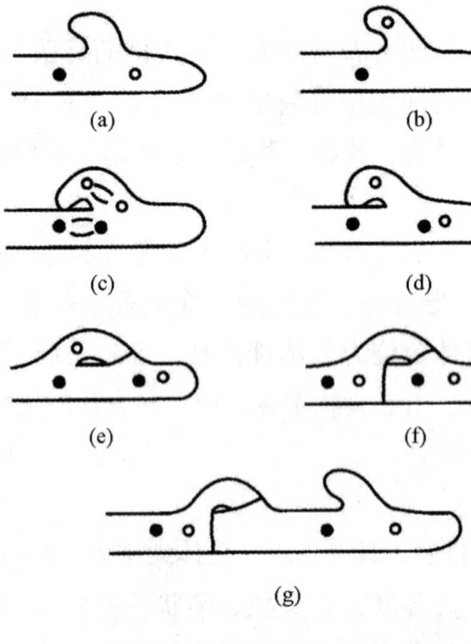

图 3-25　锁状联合过程

三生菌丝也是双核体 ($n+n$), 一般由二生菌丝特化形成。特化菌丝形成各种子实体

(fruit body)，子实体由营养菌丝和繁殖菌丝组成，是产生孢子的结构，不同的真菌子实体形态各异。子实体的形成过程见图 3－26。

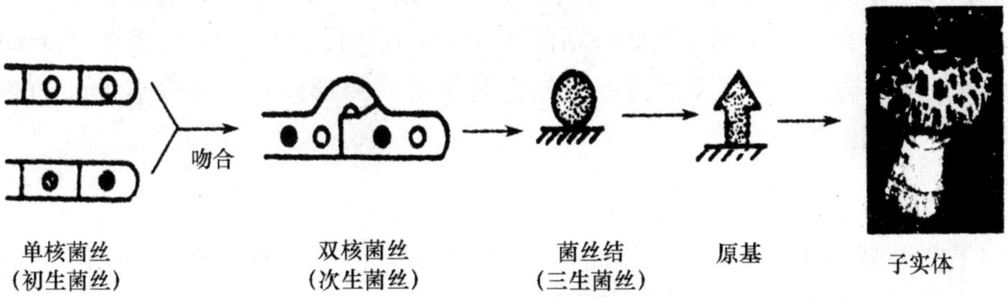

图 3－26 子实体的形成过程

二、繁殖方式及生活史

大型真菌在分类位置上多数属于子囊菌门和担子菌门，均为丝状真菌。其中伞状真菌的种类和数量最多，是担子菌门中的代表类型。

(一) 繁殖方式

担子菌的繁殖方式有无性繁殖和有性繁殖两种方式。

1. 无性繁殖 主要采取芽殖、裂殖和产生分生孢子等方式。

2. 有性繁殖 担子菌的有性繁殖是产生担子和担孢子，担子是担子菌产生孢子的构造，是完成了核配和减数分裂的细胞。担子及担孢子的形成过程见图 3－27。

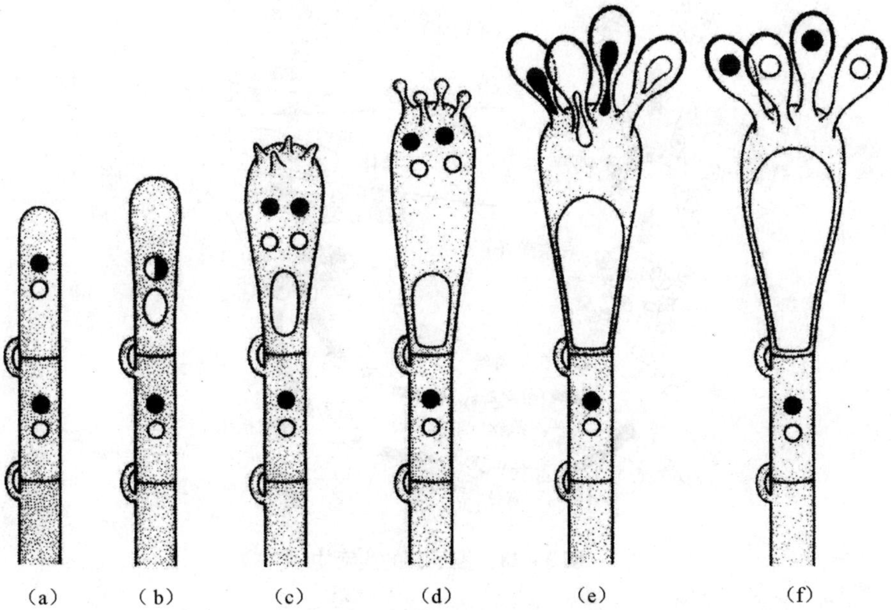

图 3－27 担子及担孢子的形成过程

(a) 双核菌丝的顶端；(b) 核配；(c) 减数分裂（双核期）；(d) 减数分裂（四核期）；
(e) 发育中的幼担孢子；(f) 成熟的担子与担孢子

双核菌丝的顶细胞逐渐增大，经锁状联合伸长形成幼担子。当条件适宜时，双核菌丝顶端细胞的两个核发生核配，经减数分裂形成产生 4 个单倍体的核，同时担子顶端长出 4

个小梗。小梗头部膨大，单核分别进入4个小梗，进而发育成4个单倍体的担孢子。

担孢子成熟后弹射出来，遇到合适条件再萌发，开始新的生活史。

伴随担孢子形成的另一重要特征是其次生菌丝能发育成子实体，又称担子果。担子果的形态特征突出，典型的伞菌子实体包括菌柄（stipe）、菌盖（pileus）、菌环（annulus）和菌褶（gills）等结构。许多大型真菌就是依据其子实体的形态特征来命名的。如蘑菇、马勃、层孔菌、珊瑚菌等。

（二）生活史

以担子菌为典型代表的大型真菌的生活史就是它们的有性世代，如图3－28所示。①由担孢子萌发先形成菌丝，初期为多核菌丝，短时间后迅速产生横隔形成单核初生菌丝；②两个宗系不同的的菌丝各自生出突起，经异宗配合发生质配，形成双核细胞；③通过锁状联合机制形成双核次生菌丝；④次生菌丝特化形成子实体；⑤子实体菌褶处形成棒状的双核担子；⑥担子中双核融合经核配形成二倍体；⑦减数分裂形成4个单倍体的担孢子；⑧担孢子成熟后弹射出来，遇到合适条件再萌发，开始新的生活史。

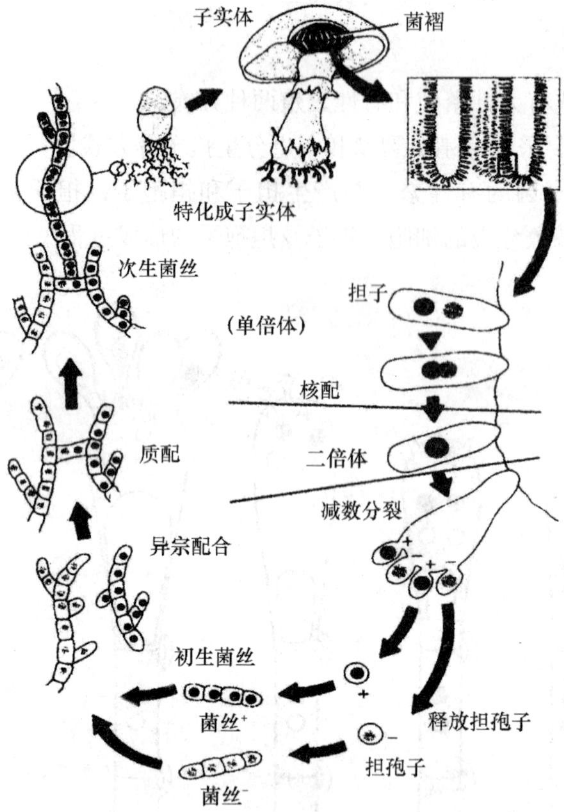

图3－28　担子菌的生活史

三、大型真菌与制药工业

中药唯我国特有，中药中包含了许多真菌类药物。明代李时珍的《本草纲目》中记载的茯苓、猪苓、槐耳、芝类等20余种。这种以大型真菌为主的真菌药物在药用范围、研究方法等方面日益扩大，备受世界关注。越来越多的研究表明这类药物在防病治病中的独特功效。

（一）药用大型真菌资源

药用大型真菌是具有保健和治疗疾病作用的一类真菌。我国药用真菌资源丰富，其中大型药用真菌约有300多种，目前已开发的大型药用真菌只有20~30种。随着科学研究的不断深入，药用大型真菌将在医学领域发挥越来越大的作用，具有很大的开发潜能。

如对灵芝、紫芝、密纹灵芝、密环菌、猪苓、茯苓、冬虫夏草、亚香棒虫草等多种大型真菌进行人工培养、菌丝体发酵、临床治疗和抗癌研究，已取得显著成绩。目前在攻克癌症、心血管等疑难病方面开展研究工作。药用真菌将作为重要的药物筛选对象，受到医药界的高度重视。

我国药用真菌按分类简单地分成子囊菌类、银耳和木耳类、多孔菌类、伞菌（蘑菇）类、腹菌（马勃）类。其中多孔菌、伞菌和腹菌的种类最多，筛选新的药用真菌的价值较大。

1. 银耳（tremella） 属于子囊菌类银耳科，是一种腐生菌。担子果纯白色、半透明、胶质状，由许多薄而皱褶的菌片卷曲形成鸡冠状或菊花状。银耳的担子，每个纵裂为四个细胞，4个细胞的下半部在横切面上连成“田”字形，上半部各个细胞形成细长的管，管顶伸出子实体表面，再生小梗，小梗上着生一个担孢子。银耳分布于福建、贵州、四川、浙江、江苏等地。常生于阴湿的山区的阔叶树木上。银耳是一种营养丰富的滋养补品，能滋阴养胃、生津、润肺、益气和血、补脑强心。

2. 茯苓（poria） 属多孔菌类多孔菌科。菌核球形，或呈不规则的块状，大小不等，小的如拳头，大的可达数十斤，表面粗糙，呈瘤状皱缩，灰棕色或黑褐色，内部白色或淡棕色，粉粒状，由无数菌丝及储藏物质聚集而成。子实体无柄，平伏于菌核表面，呈蜂窝状，厚3~10mm，幼时白色，成熟后变为浅褐色；孔管单层，管口呈多角形或不规则形，孔管内壁着生棍棒状的担子，担孢子为长椭圆形到近圆柱形，壁表面平滑，透明、无色。在全国大部分地区均有分布，常寄生于赤松、马尾松、黄山松、云南松等的根上。菌核入药，能利水渗湿，健脾宁心。

3. 灵芝（ganoderma） 属多孔菌类多孔菌科，为腐生性真菌。子实体木栓质。菌盖半圆形或肾形，厚2cm，初生时为黄色，其后渐变成红褐色，表壳有光泽，具环状棱纹和辐射状皱纹，边缘薄或平截，菌盖下面有许多小孔，呈白色或淡褐色，为孔管口。菌柄侧生，长约20cm，粗约4cm，孢子卵形，褐色，内壁有无数小疣。在我国许多省区均有分布，常生于栎树及其他阔叶树木桩上。子实体入药，为滋补强壮剂，用于失眠、神经衰弱等症。

4. 云芝（polysticus） 属于多孔菌科。子实体呈革质，菌盖覆瓦状叠生，无柄，平伏而反卷，半圆形至贝壳状，有细长毛或绒毛，颜色多样，有光泽，表面有狭窄的同心环带，边缘薄，波状，菌肉白色。孢子圆筒形。在全国各地山区均有分布。常生于杨、柳、桦、栎、李、苹果等阔叶树的朽木上。子实体入药，能清热、消炎。云芝多糖，有抗癌活性。

5. 脱皮马勃（lasiosphaera） 属于腹菌（马勃）类马勃科，为腐生性真菌。子实体近球形至长圆形，直径15~30cm，幼时白色，成熟时渐变成浅褐色，外包被较薄，成熟时以碎片状剥落；内包被纸质，浅烟色，成熟后全部破碎消失。其中孢丝长，有分枝，多数结合成紧密团块。孢子球形，外具小刺，为褐色。一般分布于西北、华北、华中、西南等地区，常生于山地腐植质丰富的草地上。子实体入药，能清热、利咽、止血等。

（二）药用真菌有效化学成分

药用真菌的抗癌作用机制不同于细胞类毒素药物的直接杀伤作用，而是通过机体免疫功能，增加巨噬细胞的吞噬能力，从而产生对癌细胞的抵抗力，间接抑制肿瘤生长的目的。

药用真菌的有效化学成分如下。

1. 多糖 某些大型真菌能分泌一些多糖类物质，称为真菌多糖。近年来的研究发现，这些多糖类物质具有重要的生理活性，是由于它们在增强机体免疫力、抗肿瘤、延缓衰老等方面表现出独特的药理作用，已经引起了国内外药物研究者的广泛关注。此外，一些多糖还可作为稳定剂添加在药物中，用以增加药物的稳定性，提高药物的利用度。

（1）香菇多糖（lentinan） 对小鼠皮下肉瘤（S－180）的抑制率为 80.7%；能活化巨噬细胞，对化疗药物起增效作用。

（2）茯苓多糖（pachymaran） 从茯苓菌核中分离出的多糖，有较强的抗癌作用，对小鼠皮下肉瘤（S－180）抑制率为 96.9%。

（3）银耳酸性异多糖（acidiheteroglucan） 从银耳子实体分离出，能抑制小鼠皮下肉瘤（S－180），提高人体免疫力，有助于肝脏解毒，并对老年性支气管炎有一定疗效。

（4）猪苓多糖（glucan） 从猪苓菌核中提取的一种水溶性葡萄糖，对小鼠皮下肉瘤（S－180）的抑制率为 99.5%，对食管癌、肺癌、胃癌、肝癌、肠癌、乳腺癌、宫颈癌等有一定疗效。

（5）密环菌多肽葡聚糖（peptide-richglucan） 从密环菌子实体中分离所得，对小鼠皮下肉瘤（S－180）的抑制率为 70%，对艾氏癌的抑制率为 80%。

此外，灵芝多糖、云芝多糖、虫草多糖、猴头多糖等均含有多糖类抗癌物质，并在医药和保健品上都得以广泛应用。

2. 萜类化合物 萜类化合物是指松节油和许多挥发油中含有的一些不饱和烃类化合物，这些不饱和烃具有 $C_{10}H_{16}$ 通式，根据成分可分为单萜、二萜、倍半萜和三萜、四萜乃至多萜。目前从药用真菌分离得到的萜类成分多属倍半萜、二萜和三萜，其主要作用是具有抗癌和抗菌活性。

3. 甾醇类 甾醇类化合物是一种重要的原维生素 D，受紫外线照射可转化为维生素 D_2。猪苓、冬虫夏草、金针菇、赤芝等真菌中均含有甾醇类化合物，可用于防治软骨病。

（三）药用大型真菌发酵工艺的研究

传统的大型真菌药物，如茯苓、银耳等其野生资源有限，除了用一般栽培手段解决药源外，现在不少种类广泛采用深层发酵法生产菌丝体及其发酵产物。这种方法是药用真菌实现工业化生产最具潜力的方法。

目前，我国有 30 多种真菌通过此方法获得有效物质，为制药工业提供了主要的原料来源。以灵芝的发酵生产为例，对灵芝进行深层培养，将利用发酵法产生的菌丝体制成的适当剂型，经临床试验表明，其与灵芝子实体有同等疗效。灵芝的发酵周期只有 5～7 天，与人工栽培周期相比，周期大大缩短。近年来，越来越多的药厂都加强了这方面的研究工作。

思考题

1. 真核微生物有何主要特点？
2. 比较根霉和毛霉的异同点。

3. 有4个分别接种细菌、放线菌、霉菌和酵母菌的无标签的平板培养物，请自行设计实验，用最简便的方法确定四株菌的类型。

4. 试述担子菌的特征及其有性繁殖的过程。

5. 青霉菌和曲霉菌的分生孢子器结构有何差异？

6. 药用真菌常见的有效化学成分有哪些？各有何生理活性？

7. 什么是单细胞蛋白（SCP）？为什么说酵母菌是一种优良的单细胞蛋白？

8. 什么是锁状联合？其生理意义如何？

（徐　威）

扫码“练一练”

扫码“学一学”

扫码“看一看”

第四章　病　毒

病毒（virus）为非细胞型微生物，具有下列特征：①病毒个体微小，为纳米（nm）级，能通过细菌滤器，不能用普通光学显微镜观察，必须借助电子显微镜才能观察到。②没有细胞结构，由核酸和蛋白质外壳构成。每种病毒只含有一种核酸，即 DNA 或 RNA。③专性活细胞内寄生，不能以横分裂法进行繁殖，而是以复制方式增殖。因病毒没有完整的酶系统，不能独立进行新陈代谢，必须依赖宿主细胞进行自身的核酸复制和蛋白质的合成。④具有感染性，绝大多数病毒能使人和动植物致病，据估计，人类传染病中约有 75% 是由病毒引起的。

第一节　病毒的大小、形态、结构、化学组成和分类

一、病毒的大小

病毒个体微小，能通过孔径为 0.22 ~ 0.45μm 的细菌滤器，一般大小范围为 10 ~ 300nm。如痘病毒（Poxvirus）大小为 300nm × 250nm × 200nm；中等大小的病毒直径约为 100nm，如流行性感冒病毒和人类免疫缺陷病毒（HIV）即艾滋病（AIDS）病毒；脊髓灰质炎病毒的直径仅为20 ~ 30nm，大约相当于血清清蛋白分子的大小。图 4 – 1 为主要病毒的大小和形态结构示意。

二、病毒的形态

1. 形态学术语

（1）病毒粒子（viron）　指成熟的、有感染性的和结构完整的病毒颗粒。在电子显微镜下呈现一定的形态。

（2）衣壳（capsid）　指包围病毒核酸或核蛋白核心的蛋白质外壳。

（3）衣壳粒（capsomer）　是构成病毒衣壳的形态学单位，由一条或多条相同或不相同的多肽链组成。

（4）核衣壳（nucleocapsid）　是病毒衣壳和病毒核酸的复合体。

（5）结构单位（structural unit）　是构成螺旋对称型病毒衣壳的形态学单位。这类病毒的衣壳单一的多肽链以螺旋方式卷曲而成。

（6）核心（core）　指病毒核酸或病毒颗粒的中心部分，由单一核酸 DNA 或 RNA 构成，与蛋白质密切相接，又称病毒基因组（genome）。

（7）包膜（envelope）　指包被在病毒核衣壳外，由脂质和蛋白质或（糖）蛋白组成的囊膜。

（8）包膜子粒（peplomer）　指处于病毒包膜表面，向外突出的钉状病毒特异性糖蛋白，它与无包膜病毒衣壳表面的突起统称为刺突（spike）。

2. 常见病毒的形态　多数动物病毒呈球形或近似球形，如脊髓灰质炎病毒（Poliovir-

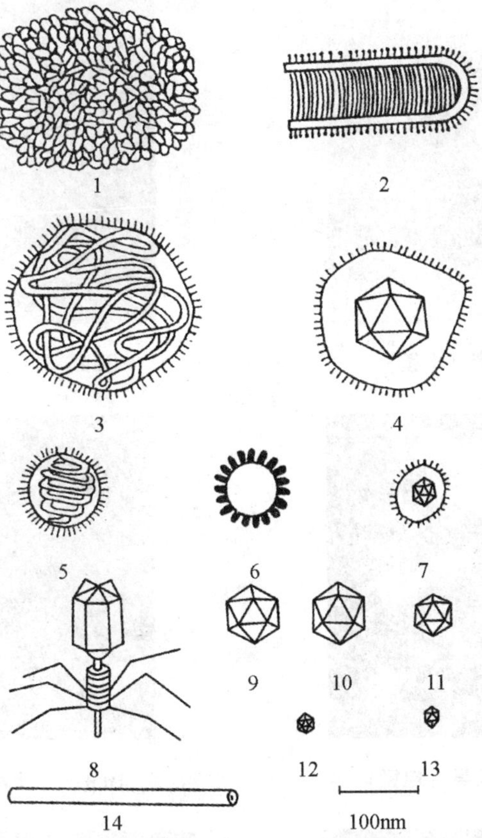

图 4-1 病毒的大小与形态结构示意

1. 痘病毒；2. 弹状病毒；3. 副黏病毒；4. 疱疹病毒；5. 正黏病毒；6. 冠状病毒；7. 包膜病毒；
8. T_2 噬菌体；9. 腺病毒；10. 呼肠病毒；11. 乳多空病毒；12. 小核糖核酸病毒；
13. 小脱氧核糖核酸病毒；14. 烟草花叶病毒

us）（图 4-2）、流感病毒（Influenza virus）（图 4-3）、腺病毒（Adenovirus）（图 4-4）等；多数植物病毒为杆状，如烟草花叶病毒（图 4-5）；有些病毒呈丝状或弹状，如狂犬病病毒（图4-6）、Bymovirus 病毒（图 4-7）等；痘苗病毒（Vaccinia virus）、痘病毒等则为砖形（图 4-8）；而大多数细菌噬菌体则具有头和尾的结构，呈蝌蚪状，如大肠埃希菌噬菌体（图 4-9）；有些病毒也有其多样性，如流感病毒，新分离株常呈丝状，细胞内稳定传代后呈直径约为 100nm 的拟球形颗粒。

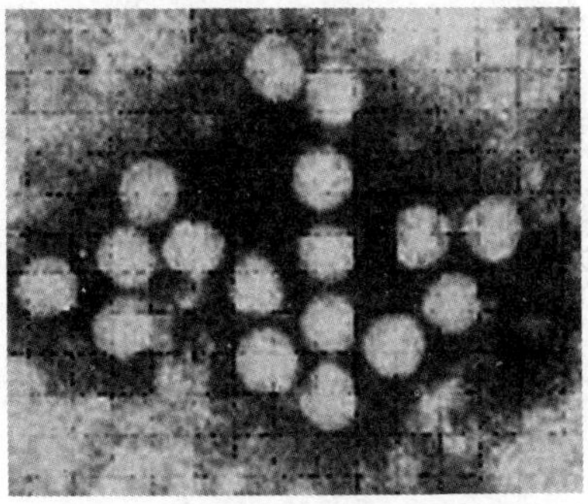

图 4-2 脊髓灰质炎病毒电镜照片

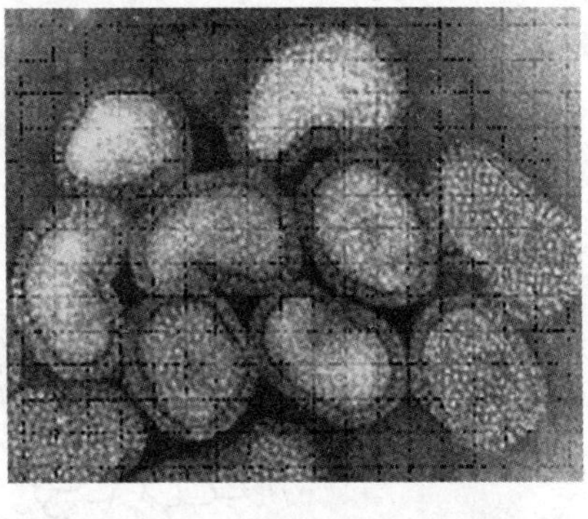

图 4-3 流感病毒电镜照片

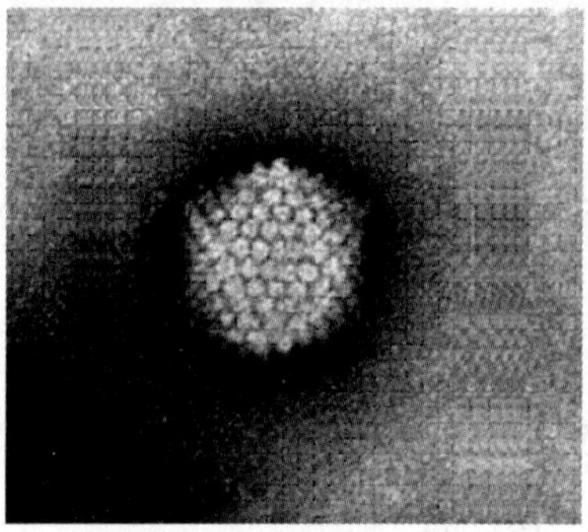

图 4-4　腺病毒（电镜）

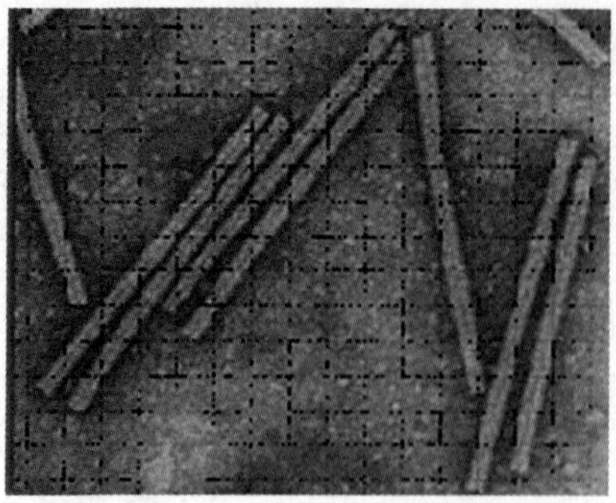

图 4-5　烟草花叶病毒（电镜）

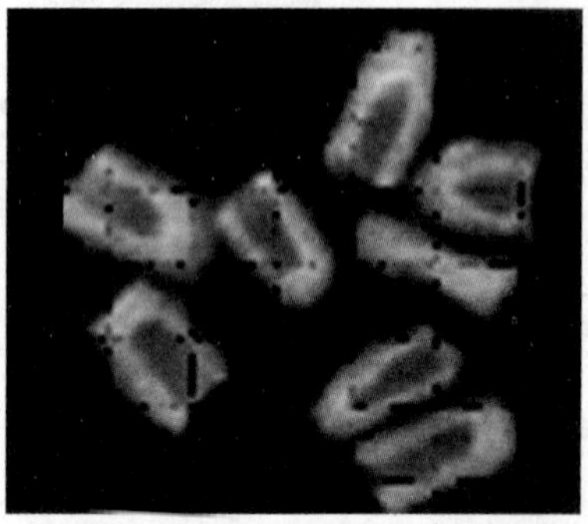

图 4-6　狂犬病病毒（电镜）

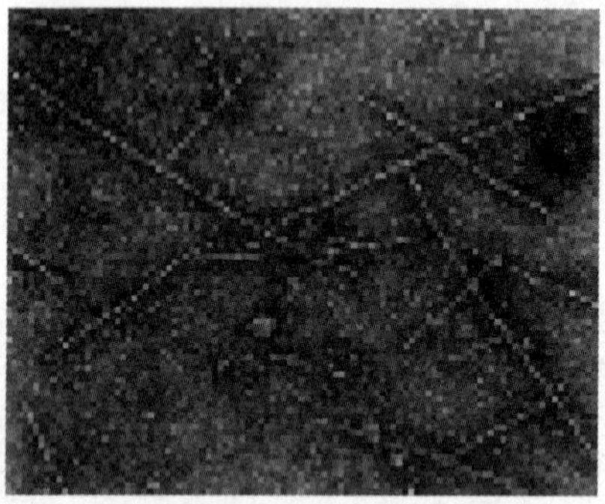

图 4-7　Bymovirus 病毒（电镜）

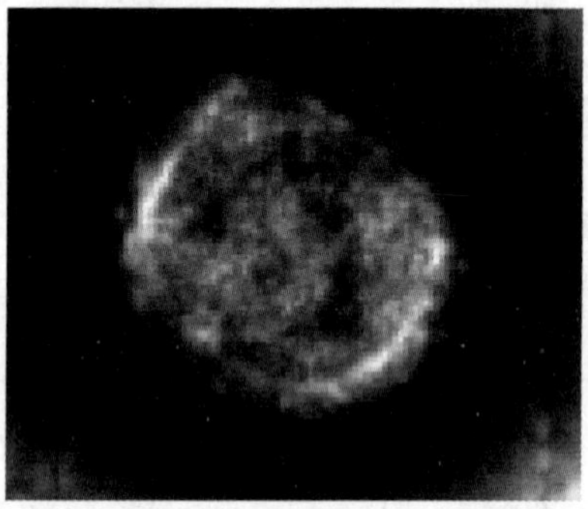

图 4-8　痘苗病毒（电镜）

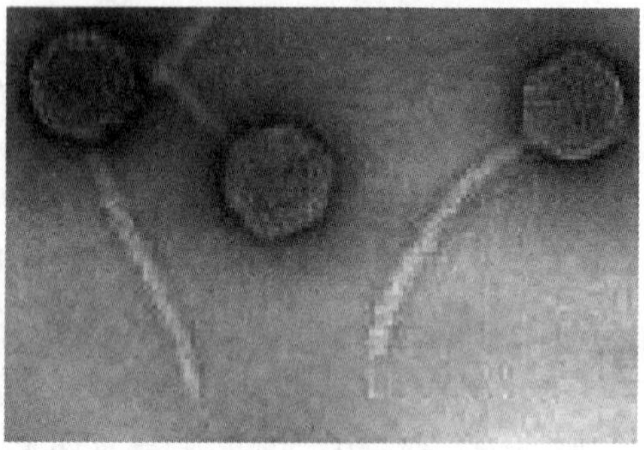

图 4-9　大肠埃希菌噬菌体（电镜）

3. 病毒衣壳的对称形式　病毒的核酸受到蛋白质外壳的包围，通常以两种对称形式表现出来（图 4-10）。

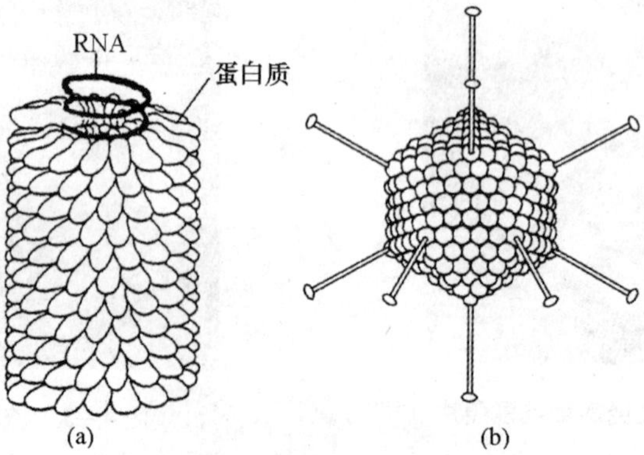

图 4-10　病毒衣壳对称形式

（a）螺旋对称型；（b）二十面体对称型

（1）螺旋对称型（helical symmetry）　外观杆状，实际上衣壳粒紧密缠绕像螺丝或弹簧状，如烟草花叶病毒（Tobacco mosaic virus）、狂犬病病毒（Rabies virus）等。

（2）二十面体对称型（icosahedral symmetry）　外观圆形，实则衣壳粒由二十面体对称构成，如腺病毒（Adenovirus）。

有少数病毒，如有尾噬菌体（T_4 噬菌体等）通常是由二十面体对称的头部和螺旋对称的尾部组成，称为“双对称”衣壳结构。还有很少的病毒，如痘病毒，其化学组成和结构复杂，看不出对称衣壳结构，可称之为复杂结构病毒。

三、病毒的结构和化学组成

（一）病毒的基本结构

病毒粒子是由核衣壳（核酸和蛋白质衣壳）组成。病毒粒子有的是裸露的，有的可被刺突样的糖蛋白构成的包膜所围绕。依据衣壳对称型和有无包膜，病毒可分为如图 4－11 所示四种基本结构。

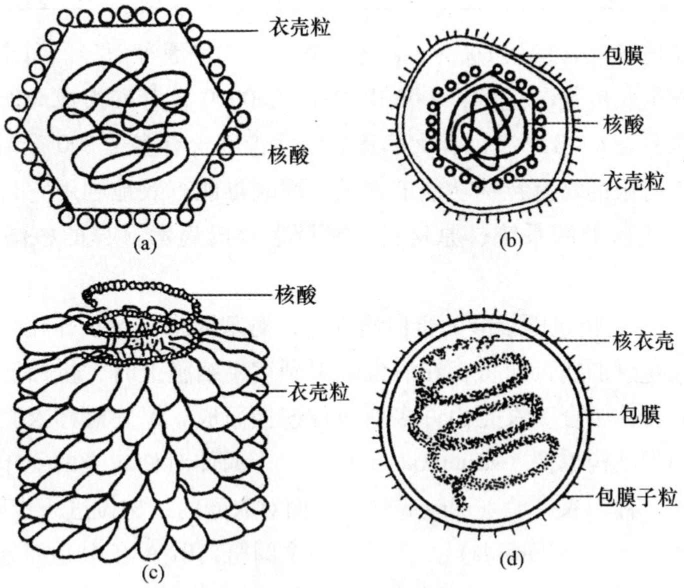

图 4－11　病毒的基本结构

（a）裸露二十面体对称；（b）有包膜二十面体对称；（c）裸露螺旋对称；（d）有包膜螺旋对称

（二）病毒的化学组成

病毒主要由核酸和蛋白质组成。核酸位于病毒的中心，为病毒核酸基因组，其携带病毒复制所需的遗传信息。蛋白质是病毒的外壳，包围着病毒核酸基因组，构成病毒一定的形态。病毒的蛋白质可分为结构蛋白和非结构蛋白。结构蛋白构成病毒的外壳、包膜子粒和存在于病毒体中的酶蛋白等，赋予病毒各种不同的形态；非结构蛋白在病毒复制增殖过程中起一定的作用。所有的病毒蛋白基因均由病毒基因组编码。

1. 核酸　病毒只含有一种核酸，DNA 或 RNA，不能两者兼备。病毒的核酸类型如表 4－1所示。核酸可以是单链的或是双链的，结构类型可以是线性 DNA、环状闭合共价 DNA 或节段 RNA。如呼肠病毒（Reoviruses）含有节段双链 RNA，流感病毒含有节段单链 RNA。单链 RNA 病毒又分为正链 RNA 病毒和负链 RNA 病毒，按照 RNA 是否与 mRNA 同极性，可分为正链 RNA 病毒，即 + RNA；反之，与 mRNA 互补极性的称为负链 RNA 病毒，即 – RNA。所谓同极性是指病毒复制时可以直接以病毒 RNA 作为 mRNA 进行生物合成；不同极性是指病毒复制时需要转录互补的 mRNA。

表 4 – 1　病毒的核酸类型

核酸类型		核酸结构	病毒举例
DNA	ssDNA	线状、单链	细小病毒
		环状、单链	ΦX174 噬菌体
	dsDNA	线状、双链	腺病毒，T_4 噬菌体
		闭合环状双链	乳多空病毒
		不完全环状双链	HBV
RNA	ssRNA	线状、单正链	脊髓灰质炎病毒，TMV
		线状、单负链	狂犬病病毒，副黏病毒
		线状、单正链、二倍体	HIV
		线状、单负链、分段	流感病毒
	dsRNA	线状、双链、分段	呼肠病毒

每个病毒粒子的核酸含量从 1% ~2% 至 35% ~45%，因种而异。每个病毒粒子只含一个分子的核酸，核酸长度是一定的，一般由 100 ~ 250000 核苷酸组成。所含基因数目差异也很大，小的病毒只含 4 ~ 8 个基因，大病毒如痘病毒则含有多于 200 个基因。显然病毒进入宿主细胞只携带有限的具有特殊功能的核酸。而病毒能有效地利用它自身的遗传物质作为模板，利用宿主细胞的酶系统、原材料、能量来合成病毒自身的核酸基因组和蛋白质外壳。

2. 蛋白质衣壳　是指包围核酸的蛋白质外壳，对基因组起保护作用，可免其受到外界环境的影响。对无包膜的病毒而言，在病毒吸附到宿主细胞上时，蛋白质衣壳上的吸附蛋白与宿主细胞上的受体结合。衣壳由许多亚单位连接而成。螺旋对称衣壳的亚单位是由一条多肽链构成，叫做结构单位（structural unit）；二十面体对称衣壳的亚单位则是由几条多肽链的多聚体构成，称为衣壳粒（capsome）。下面对衣壳的结构做进一步阐述。

（1）螺旋衣壳（helical capsids）　类似于一个圆筒，RNA 在中心部分（位于衣壳内侧螺旋状沟中），盘旋呈螺旋状，核酸的外面包围着蛋白质衣壳，它是由结构亚单位一个紧挨着一个地呈螺旋状排列而成。衣壳的直径取决于结构单位，其长度则受到基因组长度的控制。螺旋状衣壳有一个旋转的对称轴，该轴穿过圆柱体的中心（图 4 – 10）。

图 4 – 12 为烟草花叶病毒（TMV）蛋白亚基的形成示意。据研究，TMV 由 2130 个蛋白亚基组成。衣壳先初步装配成双层结构，每个双层含 34 个亚基（每层 17 个亚基）；然后可能由于 pH 的降低或由于 RNA 的结合，盘状变成双圈螺旋状；最后，许多双圈螺旋再聚合成完整的 TMV 衣壳。蛋白亚基的装配过程中，RNA 的嵌入起着关键作用。如果没有 RNA，TMV 的蛋白亚基虽能形成螺旋棒，但长度不一。

（2）二十面体衣壳（icosahedral capsids）　比圆筒状的螺旋衣壳复杂得多，二十面体有 20 个等边三角形的平面，12 个顶角，30 条边。腺病毒的衣壳是一典型代表（图 4 – 10）。腺病毒粒子由 252 个球形的衣壳粒排列成一个具有二十面的对称体。其中 240 个衣壳粒是空心的，是由多肽组成的六边形，称为六邻体（hexon），每个衣壳粒各自与 6 个衣壳粒相邻。位于二十面体顶角的 12 个衣壳粒，是由各种多肽组成的空心的五边形，称为五邻体，

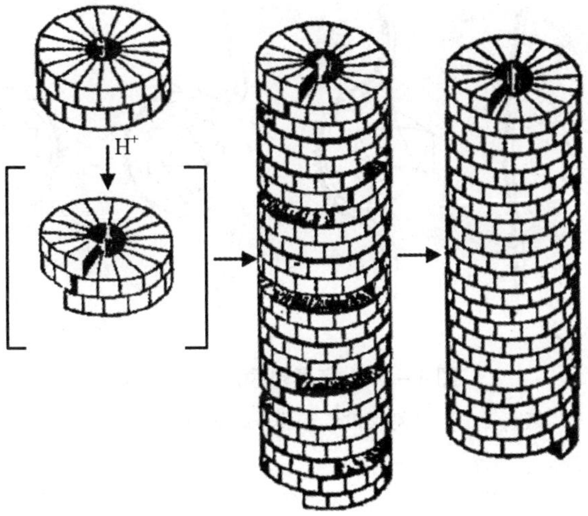

图4-12　烟草花叶病毒蛋白亚基的形成示意

各自与5个衣壳粒相邻。每个五邻体的中心基部突出一根末端带有顶球的纤维。衣壳粒长10nm，宽8.5nm，中空的孔径约2.8nm。

除上述两种对称型的病毒蛋白质衣壳外，还有一些病毒（如痘病毒，Poxvirus），其蛋白质衣壳结构复杂。痘苗病毒（Vaccinia virus）是痘病毒的典型代表，通常呈砖形，在电子显微镜下不具明显的衣壳，但在核酸外面有复杂的包膜围绕。最外层是双层的包膜，里面围绕一层可溶性的蛋白质抗原，再里面是镶嵌管状突出物的脂蛋白内膜，病毒粒子的最内部是致密而呈哑铃状的DNA核心。在核心两侧有侧体，性质不明（图4-13）。

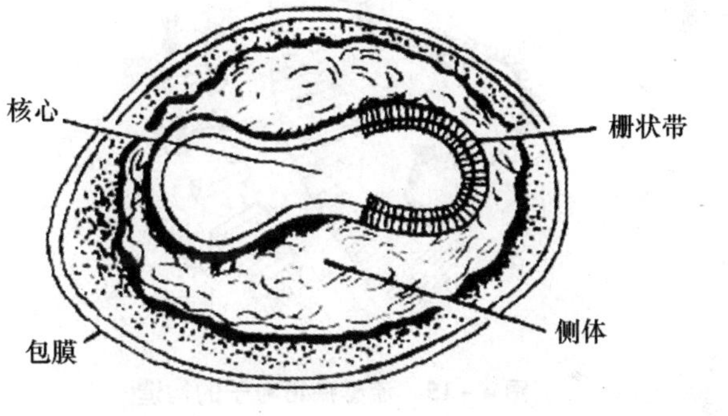

图4-13　痘苗病毒粒子横切面示意

3. 包膜　许多病毒粒子的外面包围着一层弹性膜，叫做包膜（envelope）。包膜由蛋白质和类脂构成，与宿主细胞膜极其相似，唯一不同之处在于包膜还含有病毒特有成分——糖蛋白，常以包膜子粒的形式存在。

病毒的包膜是在病毒复制时因出芽穿过宿主细胞膜时获得的（图4-14）。包膜由含有病毒糖蛋白的脂质双层膜组成，其中糖蛋白系病毒基因组所编码，脂质来源于宿主细胞。出芽的部位因病毒而异，如疱疹病毒（Herpes virus）穿过核膜出芽，而弹状病毒（Rhabdovirus）则穿过细胞膜出芽。

一些病毒的包膜上具有功能性的突起物，叫做刺突。如流感病毒的刺突上含有神经氨酸酶（neuraminidase，NA）和血凝素（hemagglutinin，HA）（图4-15、图4-16）。流感病毒吸附到宿主细胞时，NA与细胞膜发生作用，HA可促进病毒凝集红细胞的能力。麻疹病毒（Measles viruses）和腮腺炎病毒（Mumps viruses）都具有神经氨酸酶，而脊髓灰质炎病毒、腺病毒、麻疹病毒、腮腺炎病毒等也具有血凝特性。

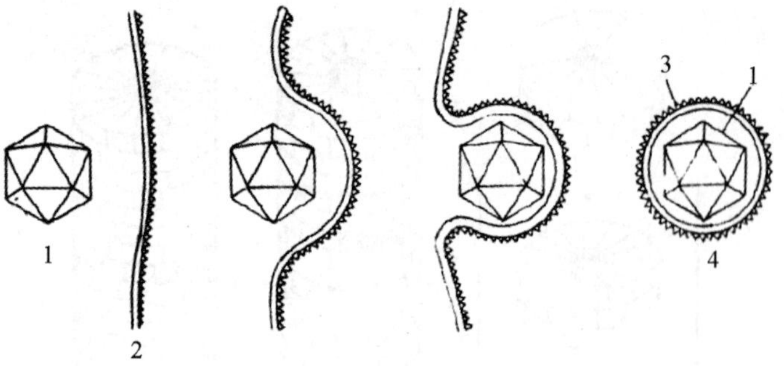

图 4-14　病毒包膜的形成过程

1. 核衣壳；2. 细胞膜；3. 包膜；4. 成熟有包膜的病毒粒子

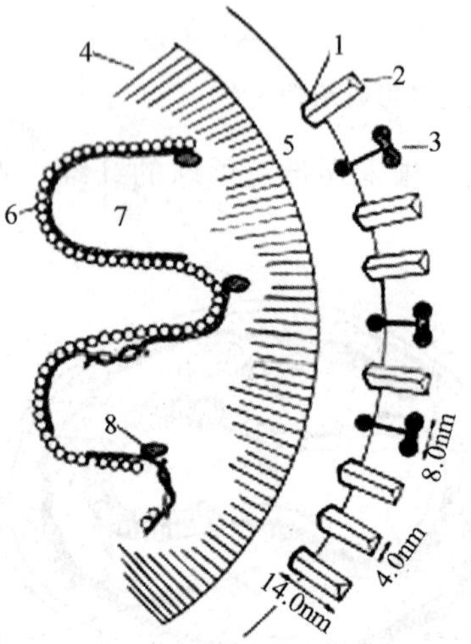

图 4-15　流感病毒粒子的构造

1. 疏水表面；2. 血凝素；3. 神经氨酸酶；
4. 膜或基质蛋白；5. 脂质；6. 核蛋白；
7. RNA；8. RNA 多聚酶

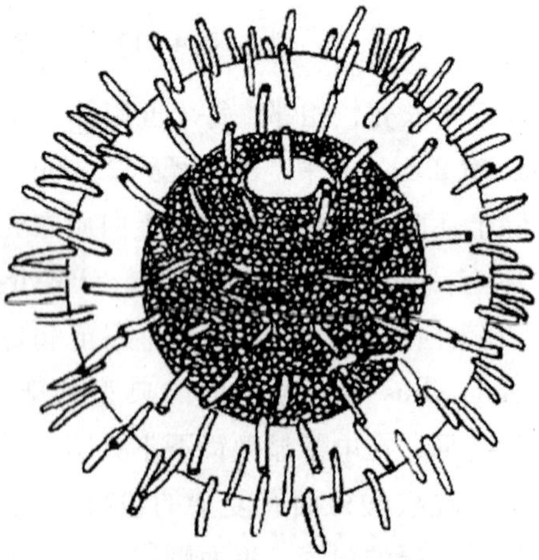

图 4-16　流感病毒粒子的刺突

四、病毒的分类

（一）"真病毒"

上述病毒即"真病毒"至少含有核酸和蛋白质两种成分。病毒的种类繁多，已报道的约有 4000 余种，病毒科学有序的分类对病毒的起源与进化、病毒的鉴定和病毒性疾病的防治都具有重要意义。病毒有多种不同的分类体系，如按宿主可将病毒分为动物病毒、植物病毒和细菌病毒（噬菌体），其中动物病毒又可分为脊椎动物病毒和昆虫病毒。病毒的分类主要依据其生物学特性，如病毒体特性、形态学、核酸基因组、蛋白质等，在此不做详细叙述。病毒常用的分类依据有：①病毒核酸的类型，如 DNA 病毒、RNA 病毒、双链或单链、线状或环状、分节段或不分节段；②病毒的形态，如球形、杆形、砖形、蝌蚪形等；③衣壳粒的数目、排列方式和对称形式；④包膜的有无；⑤病毒的抗原性；⑥宿主的种类；⑦传播方式或媒介种类等。

（二）亚病毒

亚病毒（subvirus）是一类比病毒更简单的生命形式，包括类病毒、拟病毒和朊病毒。

1. 类病毒（viroid） 是当今所发现的最小的、只含单独侵染性 RNA 一种组分、专性细胞内寄生的分子生物。如马铃薯纺锤型块茎类病毒（Potato spindle tuber viroid，PSTV）是瑞士学者 T. O. Diener 于 1967—1971 年研究发现的，它的大小仅为 50nm 长，呈棒状，由裸露的闭合环状 ssRNA 分子构成，相对分子质量为 1.2×10^5。PSTV 的 RNA 环由两个核苷酸长度分别为 179 和 180 的互补核苷酸链组成，核苷酸链间以氢键形成 122 个碱基对。整个棒状结构含 27 个内环，最大的螺旋分段含有 8 个碱基对，最大的内环含有 12 个核苷酸（图 4－17）。

类病毒具有一定的耐热性，90℃仍可存活。一些植物类病毒可通过种子传播。

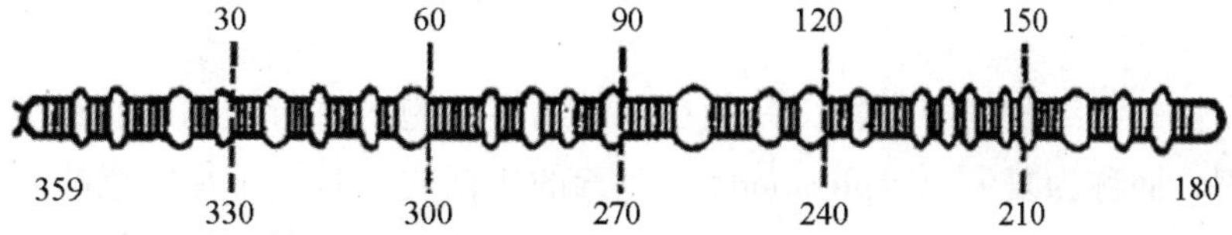

图 4－17 马铃薯纺锤型块茎类病毒（PSTV）结构示意

2. 拟病毒（virusoid） 只含不具单独侵染性的 RNA 组分，它是一类包被于植物病毒粒子中的类病毒。如绒毛烟斑驳病毒（velvet tobacco mottle virus，VTMoV）是绒毛烟上分离到的一种直径仅为 30nm 的二十面体病毒，其基因组除含有大分子线状 ssRNA（RNA－1）外，还含有类似于类病毒的环状 ssRNA（RNA－2）及其他的线状形式（RNA－3）。研究表明，绒毛烟斑驳病毒的 RNA－1 和 RNA－2 单独接种时都不具有感染性，只有 RNA－1 和 RNA－2 联合感染才产生绒毛烟斑驳病，这种环状 ssRNA 分子类似于类病毒的 RNA 分子，称为拟病毒。

拟病毒只有和病毒核酸 RNA－1 合在一起才能感染和复制（依靠辅助病毒的存在才能复制），而辅助病毒的复制不需要拟病毒的存在。拟病毒 RNA 进行滚环复制，以自身侵染性 RNA 为模板，合成多复制－RNA；再以－RNA 为模板合成一系列＋RNA，形成复制中间体 RI；从 RI 可形成线状 RNA－3，RNA－3 在 RNA 连接酶作用下环化成 RNA－2（拟病毒分子）。

3. 朊病毒（prion，virino） 又称蛋白侵染颗粒（proteinaceous infectious particle），它是一类能引起哺乳动物亚急性海绵样脑病的病原因子，其中包括人的库鲁病（Kuru）、克－雅病（Creutzfeldt-Jakob disease，CJD）、格－史综合征（Gerstmann-Straussler syndrome，GSS）、致死性家族失眠症（fetal familial insomnia，FFI）和动物的羊瘙痒症（scrapie）、牛海绵脑病（spongiform encephalopathy）等。此类病毒能引起人和动物致死性的中枢神经系统疾病，且具有不同于一般病毒的生物学特性和理化性质，如羊瘙痒因子无免疫性，对紫外线、辐射、非离子型去污剂和蛋白酶等一些能使病毒灭活的理化因子有较强的抗性。

朊病毒的化学本质是蛋白质，即朊病毒蛋白（prion protein，PrP）。如羊瘙痒病因子的蛋白质相对分子质量为 $2.7\times10^4\sim3.0\times10^4$，由于该蛋白质来源于羊瘙痒病，则以 PrP^{sc} 表示。事实上，正常人和动物的细胞 DNA 中含有编码 PrP 的基因，且细胞内的 mRNA 水平与是否感染瘙痒病因子无关，表明 PrP 是细胞组成型基因表达的产物。细胞的 PrP 称为 PrP^c，是相对分子质量为 $3.3\times10^4\sim3.5\times10^4$ 的膜糖蛋白。正常细胞表达的 PrP^c 与羊瘙痒病的 PrP^{sc} 为同分异构体，PrP^c 具有 43% 的 α 螺旋和 3% 的 β 折叠，PrP^{sc} 约有 34% 的 α 螺旋和 43% 的 β 折叠。多个 β 折叠使 PrP^{sc} 溶解度降低，对蛋白酶抗性增强。

Prusiner 等研究认为，PrP^{sc}来源于 PrP^{c} 以及 PrP^{c} 翻译后的加工，并非 PrP^{c} 蛋白的共价修饰，具体形成过程有待进一步阐明。有人认为 PrP^{sc}感染宿主细胞后与 PrP^{c} 结合，形成 $PrP^{sc}-PrP^{c}$ 复合体，导致 PrP^{c} 构型发生改变并转变为 PrP^{sc}，产生的两个 PrP^{sc}分子再分别与 PrP^{c} 分子结合，产生 4 个 PrP^{sc}分子，最终导致 PrP^{sc}分子数目呈指数增加。目前，一系列研究结果都支持 Prusiner 等提出的朊病毒仅由蛋白质组成以及 PrP^{sc}来源于 PrP^{c} 和 PrP^{c} 翻译后的加工这一假说。有关朊病毒的本质、朊病毒的繁殖及其传播方式和致病机制等有待进一步阐明。

第二节　病毒的增殖

病毒是专性的活细胞内寄生物，只能在活的宿主细胞内进行繁殖。它的繁殖方式不同于细菌的分裂，而称为复制（replication）。病毒的生活史（life cycle）意味着一系列的过程，先是病毒进入特异性的宿主细胞，在其中复制病毒材料，最后装配成完整的病毒粒子。成熟的病毒粒子最终从宿主细胞中释放出来，使宿主细胞裂解，完成病毒的一个复制周期。图 4－18 为 dsDNA 病毒的增殖过程。病毒增殖的时间因种而异，如脊髓灰质炎病毒在神经细胞中增殖需 6～8 小时，单纯疱疹病毒在上皮细胞中增殖需12～30小时，腺病毒在呼吸道细胞中的复制周期则需 48 小时。病毒复制周期基本上可分为：吸附、侵入和脱壳、生物合成、装配及释放。研究病毒的复制周期有助于了解病毒的致病机制，从而采取有效措施阻断其正常复制，达到防治病毒性疾病的目的。

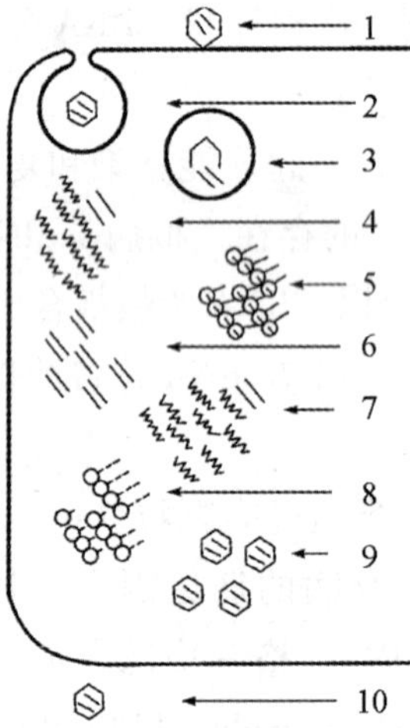

图 4－18　dsDNA 病毒增殖过程示意

1. 吸附；2. 侵入；3. 脱壳；4. 早期 mRNA 的转录；5. 早期蛋白质的翻译；
6. 病毒 DNA 的复制；7. 晚期 mRNA 的转录；8. 晚期蛋白质的翻译；9. 装配；10. 释放

一、吸附

当病毒粒子与细胞接触时，病毒粒子通过随机碰撞和静电引力可附着到细胞表面上，这一过程是可逆的，附着到细胞表面的病毒粒子可与细胞分离。当细胞表面具有与病毒结合的特异性受体存在时，病毒可结合在敏感细胞表面的受体位点（receptor site）上，这一过程是不可逆的。对于无包膜病毒来说，宿主细胞的年龄、遗传敏感性和种类均影响病毒的吸附（attachment or adsorption）。对于有包膜的病毒来说，宿主细胞的特异性来自包膜，包膜上特异的分子与宿主靶细胞上的受体结合。如流感病毒包膜子粒血凝素可与人上呼吸道黏膜细胞表面含唾液酸的糖蛋白结合，HIV 包膜子粒 gp120 可与人 Th 细胞膜上的 CD4 分子之间产生相互作用，结果是病毒特异性吸附到宿主细胞表面。

一般病毒均吸附在宿主细胞受体上，开始其增殖的第一步。然而痘病毒能吸附在任何细胞和任何适宜的带电荷的细胞表面，并不需要特殊的受体。

二、侵入和脱壳

一旦病毒粒子和宿主细胞的受体结合，病毒核酸会以特定的方式进入细胞。

1. 直接侵入 病毒吸附到宿主细胞膜上与受体结合，侵入的同时衣壳破损，病毒核酸进入细胞浆。

2. 胞吞作用 完整的病毒被吞入（类似吞噬作用）胞内成为内体，再与溶酶体融合，由溶酶体酶消化衣壳，释放出病毒核酸。

3. 融合 病毒的包膜与细胞膜融合（fusion），核衣壳进入细胞。酶消化衣壳，释放出病毒核酸。

病毒进入细胞的过程叫做侵入（penetration）。宿主细胞内的酶类消化衣壳，使之溶解释放出核酸的过程称之脱壳（uncoating）。有包膜病毒通过融合方式进入宿主细胞，这种方式有利于病毒的侵入，可直接从一个细胞进入另一个细胞，保护病毒免受外界环境的干扰。

三、生物合成

病毒侵入宿主细胞后，脱去衣壳，将核酸基因组释放于细胞内，病毒粒子已不存在，失去了感染性，随即开始了病毒核酸和蛋白质的生物合成（biosynthesis）。从最初失去感染性至最终细胞内出现复制的病毒子代粒子的过程称为隐蔽期（eclipse phase）。而潜伏期（latent phase）是指从最初失去感染性开始到子代病毒能游离存在于细胞外的时间，因此潜伏期包括隐蔽期和病毒从细胞中释放病毒颗粒所需要的时间。因此，病毒的生物合成是在隐蔽期进行的。

病毒的生物合成主要包括病毒基因组的复制、mRNA 的转录、病毒蛋白质的翻译和翻译后加工成熟过程。因为病毒只含有少量的蛋白质和自身的遗传信息，不能独立地进行代谢。在宿主细胞内的病毒实际上只相当于独立存在的基因组，它必须利用宿主细胞提供的化学结构材料、能量和酶系统，由病毒基因组支配细胞的遗传体系，指令合成病毒核酸和蛋白质。DNA 病毒的基因组除作为核酸复制的模板外，还为蛋白质合成提供了产生 mRNA 的遗传密码。+RNA 病毒基因组的功能除核酸复制外，还可直接作为 mRNA，合成病毒特异性蛋白。各种病毒有不同的生物合成场所，如腺病毒的基因组和核衣壳装配及成熟在宿主细胞核中进行，而脊髓灰质炎病毒的生物合成在细胞浆中进行。

病毒生物合成的重要步骤是 mRNA 的合成，根据核酸基因组类型和 mRNA 合成方法的不同可将病毒分成六类。

1. dsDNA（±DNA） 线状或环状双链 DNA，如腺病毒、疱疹病毒和痘病毒均具有线性双链 DNA，乳多空病毒（Papovaviruses）具有环状双链 DNA。双链 DNA 病毒的复制与一般微生物相同，以半保留方式进行复制，即亲代 DNA 既可以作为转录 mRNA 的模板，又可作为合成子代 DNA 的模板，如图 4－19 所示。

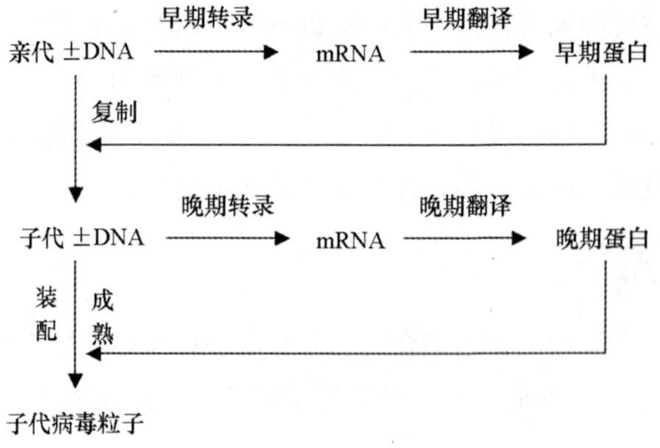

图 4-19 dsDNA（±DNA）病毒的复制过程

2. ssDNA（+DNA） 病毒以单链 DNA 作为基因组，如细小病毒（Parvoviruses）。复制时以单链 DNA 为模板，合成双链的 ±DNA，然后以 -DNA 为模板合成 mRNA 和 +DNA，如图 4-20 所示。

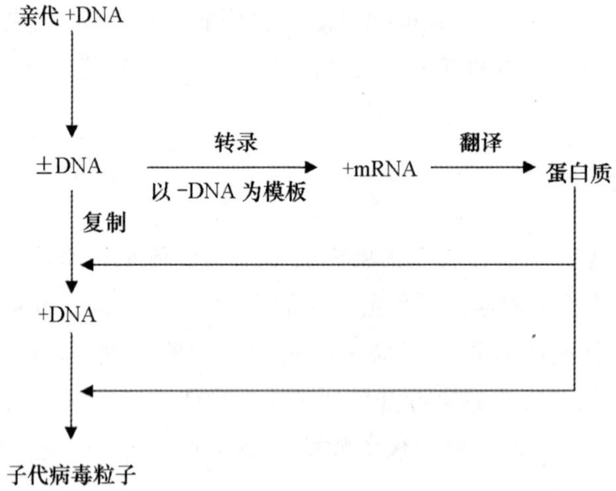

图 4-20 ssDNA（+DNA）病毒的复制过程

3. dsRNA（±RNA） 病毒以双链 RNA 作为基因组，如呼肠病毒（Reoviruses）和旋转病毒（Rotaviruses）。±RNA 病毒与 ±DNA 相似，合成 mRNA 时以 -RNA 为模板转录 mRNA；核酸复制时以已转录的 mRNA 为模板，再复制 -RNA，最终配对成 dsRNA，如图 4-21所示。

4. ssRNA（+RNA） 以单链 +RNA 作为基因组，如脊髓灰质炎病毒（Poliovirus）、披膜病毒（Togaviruses）和冠状病毒（Coronaviruses）等。这类病毒的 +RNA 可直接作为 mRNA 去翻译蛋白质。合成子代核酸时先复制出 -RNA 链，组成复制型 ±RNA，然后以 -RNA为模板，合成大量的子代 +RNA，如图 4-22 所示。

图 4-23 中，复制中间体（replicative intermediate，RI）是指以 -RNA 链作为模板，由结合在模板上的病毒蛋白 g（VPg）启动，合成新的多复制的 +RNA 链，每一条新生子链借助 RNA 多聚酶微弱地与 -RNA 模板相连，这种结构称为复制中间体。新生的 +RNA 链在合成完成时从模板上脱落下来，复制型（replicative form，RF）是指复制过程中的 ±RNA（dsRNA）形式。

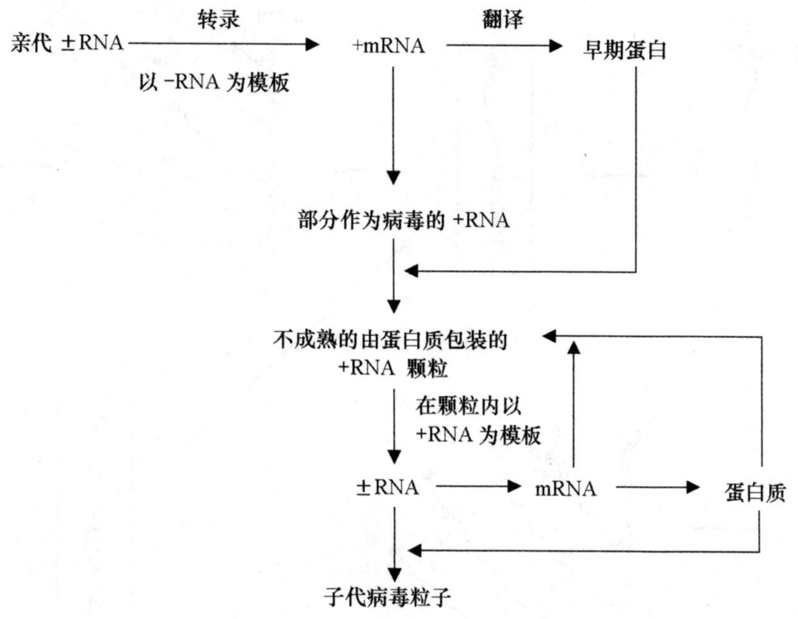

图 4－21　dsRNA（±RNA）病毒的复制过程

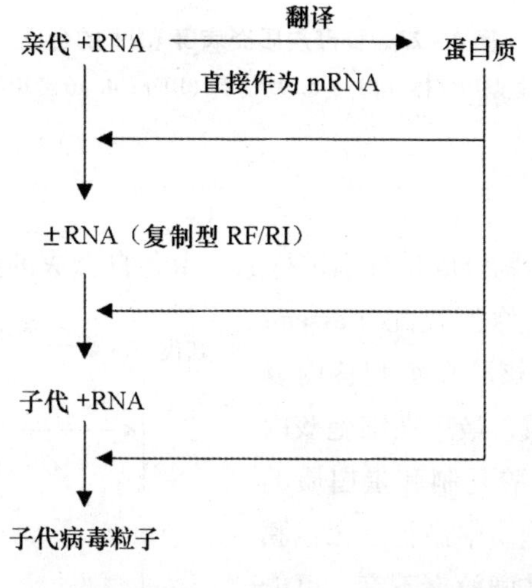

图 4－22　ssRNA（+RNA）病毒的复制过程

5. ssRNA（－RNA）　以－RNA 作为核酸基因组。如正黏病毒（Orthomyxoviruses）、副黏病毒（Paramyxoviruses）和弹状病毒（Rhabdoviruses）等。此类病毒复制时先复制出与－RNA 基因组互补的＋RNA 链，再加工为 mRNA 并翻译蛋白质，然后以全序列长的＋RNA 链作为模板合成子代－RNA 链，如图 4－24 所示。

6. 逆转录病毒 ssRNA（＋RNA）　逆转录病毒（Retroviruses）以＋RNA 为核酸基因组，如 RNA 肿瘤病毒（RNA tumor viruses）和人类免疫缺陷病毒（HIV）。逆转录病毒含有逆转录酶（reverse transcriptase），能以病毒＋RNA 为模板，合成－DNA，再以－DNA 为模板合成双链±DNA。合成的±DNA 整合到宿主细胞染色体上（称为前病毒，provirus），可使宿主细胞成为转化细胞，在一定的条件下，转化细胞可发生癌变。逆转录病毒的复制过程如图 4－25 所示。

不同核酸类型病毒的 mRNA 合成方式不同，简单概括如图 4－26 所示。

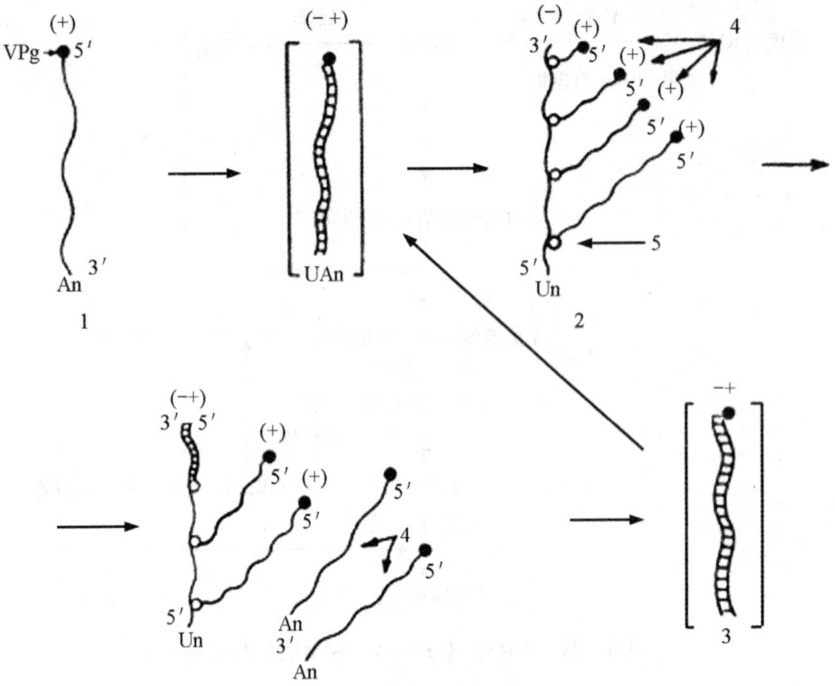

图 4－23　脊髓灰质炎病毒 RNA 的合成

1. 亲代 RNA；**2.** 复制中间体（RI）；**3.** 复制型（RF）；**4.** 子代 RNA；**5.** RNA 多聚酶

四、装配

病毒核酸和蛋白质的生物合成是分别进行的。由各自合成的蛋白质衣壳和核酸组装成新的完整的病毒粒子的过程称为装配（assembly）。大多数 DNA 病毒的核酸在细胞核内复制，蛋白质在细胞质中合成，最后在细胞核内装配。大多数 RNA 病毒核酸复制和蛋白质的合成及两者的装配均在细胞质中进行。无包膜的二十面体对称型病毒的装配效率不高，可能有 90% 的衣壳蛋白是没有被装配的，故而过量的衣壳粒留在细胞中。有包膜的病毒在核衣壳外面再包以包膜，完成它的装配过程。

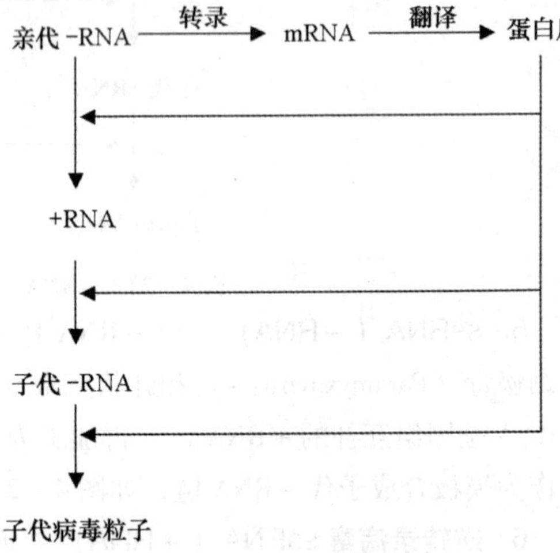

图 4－24　ssRNA（－RNA）病毒的复制过程

"装配"也有人称之为"成熟"（maturation），同样指核酸和蛋白质衣壳组装成核衣壳，产生完整的病毒粒子的过程。

五、释放

成熟的病毒粒子从感染细胞内转移到细胞外的过程称为释放（release），释放的方式因病毒而异。无包膜的二十面体对称型病毒以细胞破裂的方式被释放出来，如腺病毒、乳多空病毒；有包膜的病毒以出芽（buding）方式释放出来，在释放过程中获得包膜（大多自宿主细胞膜而来），同时获得病毒自身糖蛋白——包膜子粒。有包膜的病毒通过释放后才成为"成熟"的病毒粒子。

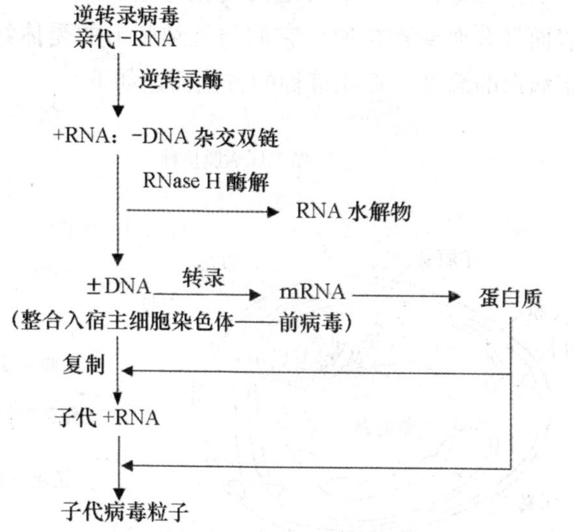

图 4－25　ssRNA（+RNA）逆转录病毒的复制过程

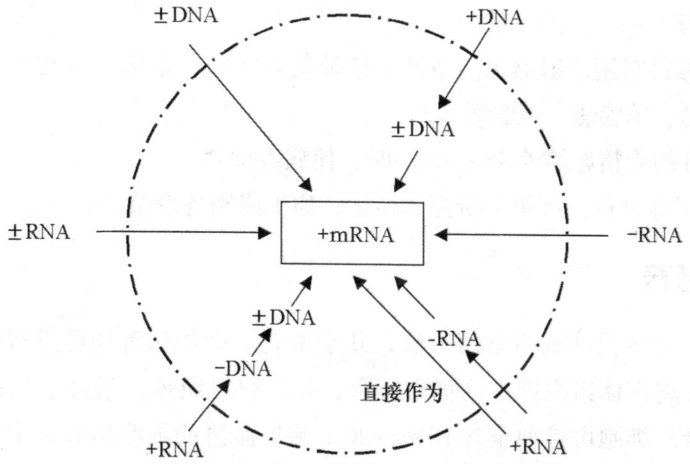

图 4－26　不同核酸类型病毒的 mRNA 合成方式

第三节　病毒的培养

病毒只能在活细胞内寄生，培养病毒必须首先培养病毒的宿主细胞。病毒的人工培养是指用人工方法培养细胞后再接种病毒，使病毒在活细胞内大量增殖。病毒人工培养方法包括动物接种、鸡胚培养和细胞培养（器官培养、组织培养和细胞培养），其中常用的为细胞培养法。

一、动物接种

幼鼠对许多病毒感染都很敏感，将病毒接种于其体内，可使其增殖。每种病毒都有自己的易感宿主，对病毒敏感的实验动物还有豚鼠、大鼠、兔或猴等。

二、鸡胚培养

受精鸡胚用于接种和繁殖病毒具有价廉、无菌，易于操作的优点，并可选择不同的接种部位，如图 4 – 27 所示。病毒在鸡胚上增殖的现象包括组织坏死、出现痘疤、血凝试验阳性等。因许多病毒表面具有血凝素抗原，它们与红细胞上的受体结合，可发生血细胞凝集的现象，常用以测定病毒的滴度。鸡胚接种的方法简述如下。

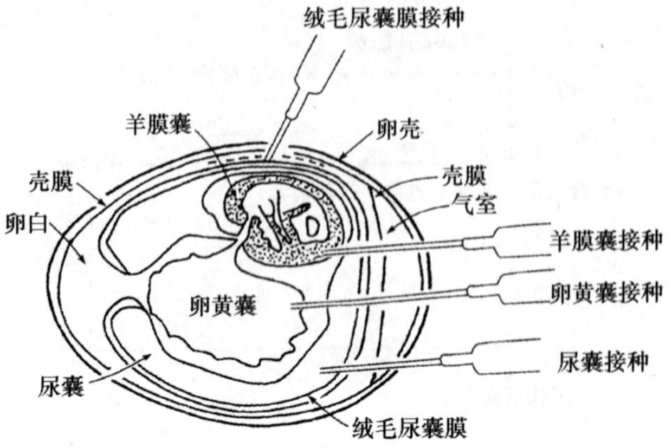

图 4 – 27　鸡胚构造和病毒接种部位示意

（1）选好孵育 7 ~ 15 天的受精卵。

（2）将含病毒材料用注射器无菌条件下接种至鸡胚的一定部位（按易感性选择，如绒毛尿囊膜、卵黄囊、羊膜囊、尿囊膜等）。

（3）接种病毒的受精卵培养 48 ~ 72 小时，使病毒增殖。

（4）取出含病毒材料，可用于研究、纯化、加工或制备疫苗。

三、细胞培养

细胞（组织）培养是实验室常用方法，几乎所有的动物病毒均可进行细胞培养，唯乙型肝炎病毒例外。将离体组织标本（如人胚肾、肺、瘤组织等）洗净、切碎和用胰酶消化后获得单细胞悬液。细胞可接种至含 10% ~ 20% 胎牛血清的细胞培养液中，于细胞培养瓶中恒温培养数天，细胞贴壁生长，胰酶消化可获得单细胞悬液。如将病毒接种至上述单细胞悬液，则病毒即大量增殖。

细胞培养中有三种标准的细胞系可供选用：①胚胎肺中的人成纤维细胞；②新生瘤细胞系；③初级猴肾细胞。除以上原代细胞外，人胚二倍体细胞及各种传代细胞系也常应用。

四、病毒在细胞内的增殖

1. 细胞病变　病毒感染宿主细胞并在细胞内大量增殖的直接结果是产生细胞病变效应（cytopathogenic effect，CPE），可作为病毒在宿主细胞内增殖的检测指标。病毒的致细胞病变效应随病毒种类和细胞类型不同而异，可直接导致细胞死亡。一般认为病毒 DNA 可能编码一种能抑制细胞 RNA 和蛋白质合成的蛋白质，宿主细胞的大分子合成受到抑制，最后导致死亡，这种毒性蛋白质是在病毒复制时产生的。病毒致死作用也可能与细胞溶解酶失常有关，因病毒引起的细胞膜损伤而释放出溶解性酶类，导致宿主细胞溶解。病毒引起的细胞病变除死亡和溶解外，还可能造成细胞浆空泡形成（空斑）、细胞变圆、脱落、凝集或互相融合。细胞融合的结果可能形成有一定界限的巨细胞或界限不清的合胞体（syneytium）或多核细胞。图 4 – 28 为麻疹病毒感染细胞后的病变效应示意。

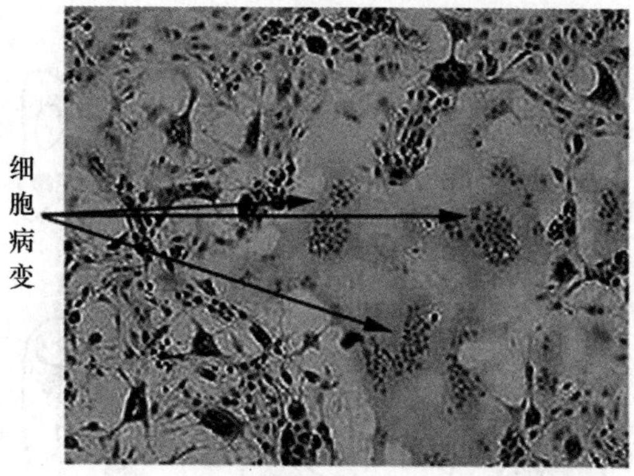

图 4-28 麻疹病毒感染细胞后的病变效应示意

2. 红细胞吸附 某些病毒（如正黏病毒、副黏病毒等）感染培养的宿主细胞后，宿主细胞表面可表达病毒特异性抗原成分血凝素，导致感染细胞能吸附动物红细胞。该红细胞吸附现象可作为病毒在细胞内增殖的指标或病毒的初步鉴定。图 4-29 为病毒感染细胞后的红细胞吸附示意。

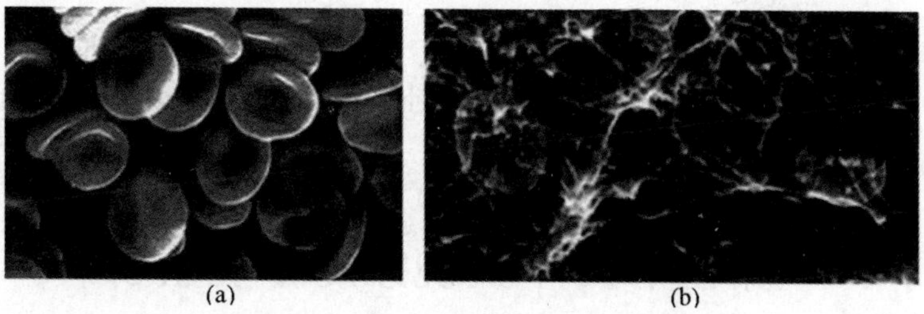

图 4-29 病毒感染细胞后的红细胞吸附示意

(a) 红细胞；(b) 红细胞吸附

3. 形成包含体 某些病毒侵染细胞后，在细胞内存留的痕迹，经特殊染色，能用普通光学显微镜观察到，该小体叫做包含体（inclusion body）。它们可能是病毒复制的部位，也可能是病毒颗粒或亚颗粒的聚集物。包含体的大小、形态、数量、存在的细胞种类、部位等均具有重要的诊断意义。如狂犬病病毒引起的包含体，位于神经细胞的细胞质内，呈圆形、嗜酸性，称为内基小体（Negri body）；而腺病毒引起的包含体，位于细胞核内，嗜碱性；麻疹病毒引起的包含体位于感染细胞的细胞核和细胞质内，嗜酸性。包含体的形态、大小、细胞内的位置和染色性等对病毒的鉴定有一定的意义。病毒感染宿主细胞后形成的包含体如图 4-30 所示。

4. 细胞代谢改变 病毒感染细胞后可抑制宿主细胞代谢，使培养液的性质如 pH 发生改变，可作为病毒增殖的参考依据。

肿瘤病毒感染细胞后，一般不导致死亡，而是引起细胞性质的变化，称为转化（transformation），并能将所获新特性传于后代。这种遗传学的稳定变化属于恶性转化。转化细胞的关键特征是：①失去接触抑制（正常细胞相接触时即停止生长）；②高度密集生长，即所谓“疯长”；③出现病毒特异性抗原；肿瘤抗原（tumor antigen，TA）和肿瘤特异性移植抗原（tumor specific transplantation antigen，TSTA）；④转化细胞移植易感动物，引起肿瘤；⑤增加植物血凝素的凝集能力；⑥引起形态学变化。

在转化细胞中，病毒特异性核酸已整合到宿主细胞的基因组中去。DNA 病毒的核酸可

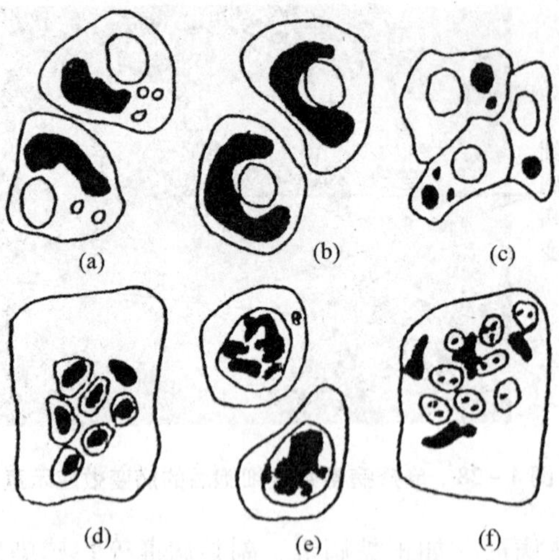

图 4-30　病毒感染细胞后形成的包含体

(a) 牛痘苗病毒感染后在细胞浆内形成的嗜酸性包含体（顾氏小体）；(b) 呼肠病毒感染后在核周胞浆内形成的嗜酸性包含体；(c) 狂犬病病毒感染后在细胞浆内形成的嗜酸性包含体（内基小体）；(d) 单纯疱疹病毒感染后在核内形成的嗜酸性包含体；(e) 腺病毒感染后在核内形成的嗜碱性包含体；(f) 麻疹病毒在核内和胞浆内形成的嗜酸性包含体

直接整合，而 RNA 病毒则需先经逆转录合成互补的 DNA 链，然后再整合到宿主细胞染色体上。

第四节　干扰现象和干扰素

一、干扰现象

有些病毒感染宿主细胞后，不一定会引起细胞病变，用显微镜观察不到细胞有病毒感染的痕迹，但一种病毒感染宿主细胞后，可抑制另一种病毒的增殖，这种现象称之为干扰现象（interference）。如鼻病毒感染的细胞可干扰副流感Ⅰ型病毒的增殖，从而不会产生宿主细胞感染流感Ⅰ型病毒后出现的红细胞吸附现象。病毒的干扰现象有助于对那些不引起 CPE 的病毒的存在与否做出判断。

20 世纪初，早在干扰素被发现之前病毒间的干扰现象就已为病毒学家所重视。干扰现象没有特异性，可以发生在异种病毒之间，也可发生在同种异型病毒株之间，甚至同一种病毒的无毒株与有毒株之间、灭活病毒与活病毒之间也可发生干扰现象。干扰现象不仅发生在动物机体身上，在组织培养细胞上也同样发生。但这并不是说任何病毒之间都有干扰现象，例如也有两种病毒感染同一细胞后，病毒在其中的增殖情况宛如单纯病毒感染时那样良好（如牛痘苗病毒与疱疹病毒，麻疹病毒与脊灰病毒）。病毒间的干扰现象在病毒疫苗的制备和预防接种上有重要意义。例如病毒的减毒活疫苗能阻止毒力较强病毒株的感染；机体被毒力较弱的呼吸道病毒感染后，可在一定时间内对另一些病毒不易感。由于病毒间干扰现象的存在，在制备多价病毒疫苗以及免疫接种时就必须考虑到这一问题，以免影响疫苗预防接种的效果。

病毒干扰现象的原因可能是多方面的，有可能是首先感染的病毒改变了宿主细胞的表面受体或是代谢途径，使得它们不能为另一病毒所利用。目前已经证明，在许多病毒-细胞系统中有缺损性干扰颗粒（defective interfering particle，DIP）的存在，它们干扰完整病毒的复制。再一个原因就是首先入侵的病毒诱导宿主细胞产生一种活性物质——干扰素，进而抑制了另一种病毒的增殖。

二、干扰素

干扰素（interferon，IFN）是1957年Isaacs和Lindenmann在研究病毒之间的干扰现象时，发现的具有抗病毒活性的物质。随后研究发现，IFN除具有抗病毒增殖活性外，还有抑制细胞分裂、免疫调节、抗肿瘤等多种生物学活性。干扰素是机体细胞受病毒感染或机体在其他IFN诱生剂作用下由细胞基因组控制产生的一类蛋白质，具有抗病毒增殖等多种生物学活性，其活性的发挥又受细胞另一基因组的调节和控制。必须指出的是，干扰素是一种分泌到细胞外的蛋白质，其本身并不能直接杀灭病毒，而是通过诱生其他效应蛋白质产生抗病毒活性，具有多方面生物学功能，且为广谱抗病毒活性物质。

（一）干扰素的性质和种类

1. 干扰素的性质 干扰素是由大多数脊椎动物感染病毒后产生的糖蛋白，其结构因动物种类不同而异，且同种动物的不同组织产生的干扰素在生物学性质上也有区别。如白细胞产生的干扰素在白细胞中最有效，而成纤维细胞产生的另一类型干扰素对成纤维细胞病毒感染显示保护作用。因此干扰素的作用受到细胞种类的限制，如人产生的干扰素才对人类有效。

干扰素是一组可溶性的糖蛋白分子，相对分子质量为15000～25000，无抗原性的物质，是正常动物细胞受到病毒感染后产生的。目前发现除动物病毒外还有许多干扰素诱生剂（interferon inducers）也能刺激细胞产生干扰素，如某些细菌、原虫、脂多糖、某些多聚物、小分子物质等。在此研究领域中最著名的干扰素诱生剂是一种合成的双链RNA，称为多聚肌苷酸-多聚胞苷酸（polyinosinic acid and polycytidylic acid，poly I：C）。

干扰素的抗病毒作用没有特异性，是广谱抗病毒药物。

2. 干扰素的种类 人类干扰素有三种，由白细胞产生的干扰素称为干扰素-α，由成纤维细胞产生的干扰素称为干扰素-β，由淋巴细胞受到促有丝分裂剂激活或致敏T淋巴细胞受抗原刺激而产生的干扰素称为干扰素-γ（免疫干扰素）。三种人干扰素的性质如表4-2所示。目前这三种干扰素都能利用基因工程技术进行生产，称为重组干扰素。

表4-2 常用人干扰素的性质比较

IFN	细胞来源	诱生剂	56℃ 30分钟	pH 2.0	抗病毒作用	抗肿瘤作用	免疫调节作用
IFN-α	白细胞	病毒、poly I：C	稳定	稳定	较强	较弱	较弱
IFN-β	成纤维细胞						
IFN-γ	T淋巴细胞	各种抗原、ConA、PHA	灭活	灭活	较弱	较强	较强

（二）干扰素的产生和作用机制

一般认为，在正常情况下，宿主细胞基因组中存在着IFN基因，但受阻遏物和操纵子的控制，IFN基因处于被抑制的状态，干扰素基因不能转录和翻译成蛋白质，从而不产生IFN。当病毒感染（或在其他IFN诱生剂作用下），IFN阻遏物失活，IFN基因去抑制而激活，通过转录和翻译合成了IFN蛋白（图4-31）。IFN作用同一细胞的另一组基因和（或）迅速释放到细胞外作用于同种细胞膜上的IFN受体，细胞内抗病毒蛋白（antiviral protein，AVP）基因去抑制而激活，转录并翻译产生几种 AVP，最终抑制病毒的增殖。AVP 作用如图 4－32 所示。

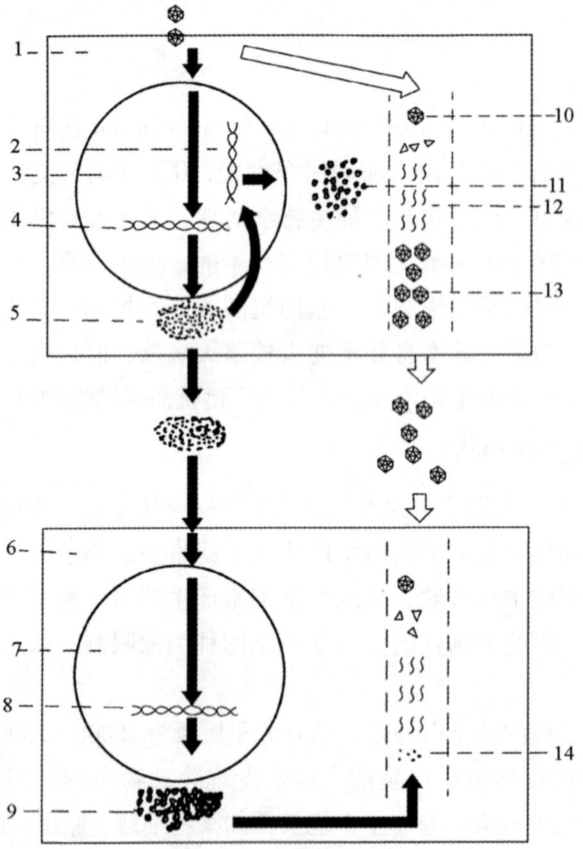

图 4－31　干扰素系统示意

1，6. 细胞；2，8. 抗病毒蛋白基因；3，7. 细胞核；4. 干扰素基因；5. 干扰素
9，11. 几种抗病毒蛋白；10. 病毒颗粒；12. 病毒基因组；
13. 新病毒颗粒；14. 病毒增殖抑制

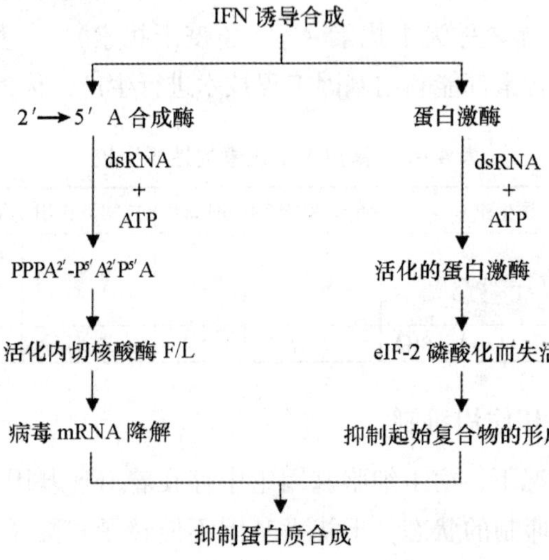

图 4－32　IFN 诱生的 AVP 抗病毒作用

（三）干扰素诱生剂

病毒是常见的干扰素诱生剂，其中双链 RNA 病毒诱生 IFN 能力较高。微生物如细菌、立克次体、原虫和衣原体等以及细菌的 LPS、真菌多糖等微生物代谢产物可诱导干扰素产生。人工合成的双链 RNA（如 poly I：C）、多核苷酸等大分子物质也是干扰素诱生剂。其次，还有低分子物质卡那霉素等、有丝分裂素植物血凝素（PHA）和刀豆蛋白 A（ConA）、中草药黄芪等。

（四）干扰素的制备和应用

干扰素具有广谱抗病毒作用，现已作为一种抗病毒药物在临床上使用。由于人类白细胞中天然干扰素含量极低，20 世纪 80 年代开始，人们利用基因工程方法生产干扰素，即把干扰素目的基因克隆到微生物或动植物细胞，使其分泌干扰素。采用 DNA 重组技术制备干扰素，纯度可达 95% 以上，价格比动物细胞产生的干扰素低廉得多，临床可用于抗病毒和免疫功能低下的患者的辅助治疗。

干扰素除抗病毒作用外，还有抑制细胞生长、免疫调节和抗肿瘤活性，不仅能抑制病毒引起的肿瘤，而且也能抑制非病毒性肿瘤，具有良好的应用前景。

第五节　抗病毒药物作用机制

由于病毒是活细胞内专一性寄生物，对病毒有抑制作用的药物对宿主细胞也会产生抑制，病毒特定的生物学特性给抗病毒药物的研制带来了困难，治疗病毒性疾病无特效药。近年来，国内开展了中草药抗病毒作用的实验研究，也发现了有些中草药，如板蓝根、大青叶、苍术、艾叶等对某些病毒具有一定的抑制作用，值得进一步研究。根据药物的抗病毒机制，供临床使用的抗病毒药物（化学结构如图 4－33 所示）及其机制如下。

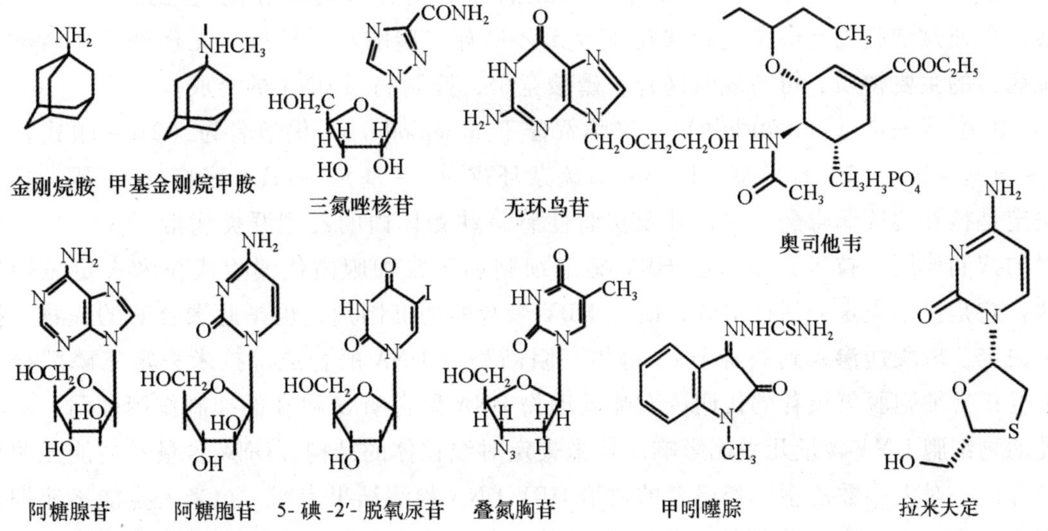

图 4－33　抗病毒药物的化学结构

一、抑制病毒侵入与脱壳

1. 盐酸金刚烷胺（amantadine hydrochloride）　商品名 Symmetrel，化学结构是三环癸烷，可抑制甲型流感病毒侵入宿主细胞和脱壳，但对乙型流感病毒及其他病毒无效。在甲型流感病毒感染的早期口服盐酸金刚烷胺，可缩短病程和减轻症状，从而在甲型流感病毒流行期可用于预防。金刚烷胺的衍生物 Rimantidine（α－methyl－1－adamantane methylamine）的作用同金刚烷胺。

2. 奥司他韦（oseltamivir） 商品名为达菲（Tamiflu），于1999年在瑞士上市，2001年10月在我国上市，其化学名称为（3R，4R，5S）－4－乙酰胺－5－氨基－3（1－乙基丙氧基）－1－环己烯－1－羧酸乙酯。奥司他韦作用的靶点是分布于流感病毒表面的神经氨酸酶（neuraminidase，NA）。神经氨酸酶在病毒的生活周期中扮演了重要的角色，流感病毒在宿主细胞内复制表达和组装之后，会以出芽的形式突出宿主细胞，但与宿主细胞以凝血酶－唾液酸相连接，神经氨酸酶以唾液酸为作用底物，可催化唾液酸水解，解除成熟病毒颗粒与宿主细胞之间的联系，使之可以自由移动侵袭其他健康的宿主细胞。奥司他韦口服后经肝脏和肠道酯酶迅速催化转化为其活性代谢物奥司他韦羧酸，奥司他韦羧酸的构型与神经氨酸的过渡态相似，能够竞争性地与流感病毒神经氨酸酶的活动位点结合，因而是一种强效的高选择性的流感病毒 NA 抑制剂（NAIs），它主要通过干扰病毒从被感染的宿主细胞中释放，从而减少甲型或乙型流感病毒的传播。

二、抑制病毒核酸合成

临床上应用的抑制病毒核酸合成的药物均为核苷类化合物。

1. 三氮唑核苷（ribavirin，病毒唑） 是杂环碱基三氮唑和核糖形成的核苷衍生物，具有毒性低和广谱抗病毒作用，是目前临床治疗病毒性疾病首选的药物。

2. 阿昔洛韦（acycloguanosine，acyclovir，ACV，无环鸟苷） 为合成的抗病毒药物，其化学结构是9－［（2－羟乙氧）甲基］鸟嘌呤［9－［（2－hydroxyethyoxy）－methyl］guanine］。具有选择性地抗疱疹病毒作用，对单纯疱疹病毒、水痘带状疱疹病毒和巨细胞病毒均有抑制作用。ACV 在感染细胞内经病毒的胸苷激酶磷酸化生成无环鸟苷单磷酸，再通过细胞鸟苷酸激酶磷酸化生成无环鸟苷二磷酸和三磷酸。无环鸟苷三磷酸是抗病毒的主要物质，可与脱氧鸟苷三磷酸竞争，抑制病毒 DNA 的合成。

3. 拉米夫定（lamivudine） 又称贺普丁（heptodin），化学名为（2R－顺式）－4－氨基－1－（2－羟甲基－1，3－氧硫杂环戊－5－基）－1H－嘧啶－2－酮。拉米夫定是核苷类抗病毒药。对体外及实验性感染动物体内的乙型肝炎病毒（HBV）有较强的抑制作用。拉米夫定可在 HBV 感染细胞和正常细胞内代谢生成拉米夫定三磷酸盐，它是拉米夫定的活性形式，既是 HBV 聚合酶的抑制剂，也是此聚合酶的底物。拉米夫定三磷酸盐渗入到病毒 DNA 链中，阻断病毒 DNA 的合成。拉米夫定三磷酸盐不干扰正常细胞脱氧核苷的代谢，对哺乳动物 DNA 聚合酶 α 和 β 的抑制作用微弱，对哺乳动物细胞 DNA 含量几乎无影响。拉米夫定对线粒体的结构、DNA 含量及功能无明显的毒性。对大多数乙型肝炎患者的血清 HBV DNA 检测结果表明，拉米夫定能迅速抑制 HBV 复制，其抑制作用持续于整个治疗过程，同时使血清氨基转移酶降至正常。长期应用可显著改善肝脏坏死炎症性改变，并减轻或阻止肝脏纤维化的进展。

4. 阿糖腺苷（adenine arabinoside，9－β－D－abinofuranosyl-adenine，ara-A，vidarabine） 与阿糖胞苷相似，对疱疹病毒、痘病毒、水痘带状疱疹病毒均有抑制作用。

5. 阿糖胞苷（cytosine arabinoside，cytosine－β－D－arabinofuranoside，ara-C，cytarabine） 为胞嘧啶核苷类似物，即胞嘧啶核苷结构中的核糖被阿拉伯糖取代。它可抑制病毒 DNA 的复制，使病毒失活。

6. 5－碘－2′－脱氧尿嘧啶核苷（5－iodo－2′－deoxyurldine，idoxuridine，IDU，碘苷） 商品名为疱疹净（stoxil）。为胸腺嘧啶核苷类似物，能与胸腺嘧啶核苷竞争所需的酶类，从而抑制病毒 DNA 的合成，或替代胸腺嘧啶核苷掺入病毒 DNA，导致病毒核酸异常，使病毒失活。

7. 叠氮胸苷（azidothymidine，3′－azido－3′－deoxythymidine，AZT） 是最早用于治疗人类获得性免疫缺陷综合征（AIDS，艾滋病）的化学药物，可抑制人类免疫缺陷病毒（HIV）的逆转录作用。因 AZT 具有较强的骨髓抑制作用和可能诱发基因突变的缺点，故近年使用较多的是双脱氧胞苷（ddC）和双脱氧肌苷（ddI），其作用与 AZT 相似，但副作用较小。

三、抑制病毒蛋白质合成

甲吲噻腙（methisazone）能抑制病毒蛋白质的合成，而不影响病毒的吸附、侵入和脱壳，也不影响病毒 DNA 和 RNA 的合成。

第六节 噬菌体

噬菌体（phage，bacteriophage）是侵染细菌的病毒。现除细菌外，放线菌和一些真菌也发现了相应的噬菌体。噬菌体具有病毒的一般特性，对宿主细胞有高度特异性。噬菌体多数分布在人和高等动物的肠道排泄物或由它们污染的水源和其他材料中，在脓汁、土壤中也时有发现。噬菌体的命名常冠以特殊宿主的名称，如大肠埃希菌噬菌体（coliphages）、金黄色葡萄球菌噬菌体（staphylophages）、伤寒杆菌噬菌体（typhoidphages）等。

一、噬菌体的生物学性状

1. 形态与结构 目前已知噬菌体蛋白质衣壳有三种基本形态：①蛋白质亚单位排列呈二十面体对称型，称为球形噬菌体；②双对称型，即头部为二十面体对称，尾部为螺旋对称，称为蝌蚪形噬菌体；③蛋白质亚单位呈螺旋对称排列成中空柱状，称为丝状噬菌体。按照噬菌体的结构可将噬菌体分为六种类型，如表 4－3 所示。

表 4－3 六类噬菌体的形态特征

类别	形态特征	核酸类型	噬菌体举例	宿主种类
1	六角型头部及伸缩性长尾	dsDNA	T_2、T_4、T_6	大肠埃希菌，假单胞菌，枯草杆菌，沙门菌，黏球菌
2	六角型头部及非伸缩性长尾	dsDNA	λ、T_1、T_5	大肠埃希菌，棒杆菌，放线菌
3	六角型头部及非伸缩性短尾	dsDNA	T_3、T_7	大肠埃希菌，假单胞菌，枯草杆菌，沙门菌
4	无尾、六角型头部的顶点衣壳粒大	ssDNA	ΦX174	大肠埃希菌，沙门菌
5	无尾、六角型头部的顶点衣壳粒小	ssDNA	R_{17}、雄性噬菌体（f_2，MS_2，Qβ）	大肠埃希菌，假单胞菌，柄细菌
6	无尾、纤维状	ssDNA	M_{13}、P_{f1}、V_6、雄性噬菌体（fd，f_1）	大肠埃希菌，假单胞菌

噬菌体大多呈蝌蚪形，大肠埃希菌 T_4 噬菌体是其典型代表，图 4－34 所示为大肠埃希菌 T_4 噬菌体的电镜照片。大肠埃希菌 T_4 噬菌体的结构如图 4－35 所示，它由头部和尾部两

部分组成。头部为稍长的二十面体对称型，大小为 80nm × 110nm，内部含有双链、线状 DNA 分子，相对分子质量为 1.12×10^8；尾部由尾领（collar）、尾鞘（sheath）、尾髓（tail core）、尾板（base plate）、尾刺（spike）和尾丝（tail fibers）组成，长短为 110nm × 20nm，尾丝可伸展，幅度可达 140nm。

图 4-34　大肠埃希菌 T_4 噬菌体（电镜）

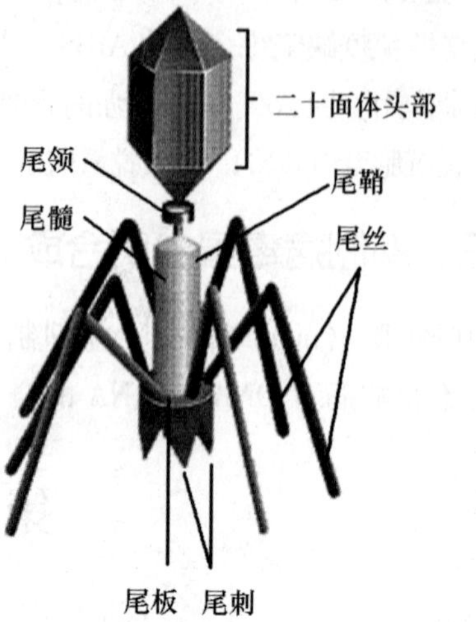

图 4-35　大肠埃希菌 T_4 噬菌体结构

2. 化学组成　噬菌体是侵染细菌的病毒，它具有病毒的一系列特征，主要由核酸和蛋白质组成。核酸只有一种，即 DNA 或 RNA，它是噬菌体的遗传物质。噬菌体核酸多数是双链、线状 DNA（T_1、T_4、T_7、λ 噬菌体等），也有双链环状 DNA（PM2），单链环状 DNA（ΦX174、fd 等），双链线状 RNA（*Pseudomonas phaseolica*，噬菌体 Φ6）和单链线状 RNA（Qβ、f_2 等）。噬菌体基因组的大小变化很大，可以从 3.6×10^3bp 直到 2.5×10^5bp。另外，噬菌体核酸中还含有稀有碱基，如 *E. coil* T 偶数噬菌体不含有胞嘧啶，而代以糖基化的5-羟甲基胞嘧啶；枯草杆菌噬菌体 SP01、SP82 不含胸腺嘧啶而是 5-羟甲基尿嘧啶。这些特殊的碱基就成为噬菌体 DNA 的天然标记。噬菌体蛋白组成头部和尾部结构，除了对内部核酸有保护作用外，还参与宿主细胞受体的识别，并与之结合。尾鞘蛋白的收缩有助于噬菌体头部核酸“注入”宿主细胞内，一次完成侵入与脱壳的作用。

二、噬菌体的增殖

噬菌体的增殖过程基本同其他病毒，但人们对 T 系列噬菌体的研究可谓更多更清楚。

1. 吸附　噬菌体的吸附有两个阶段：①可逆阶段，由随机碰撞或静电引力或氢键作用而相互接触，无任何特异性；②不可逆特异性结合阶段，不仅噬菌体与相应细胞表面产生牢固结合，且病毒粒子表面发生结构改变。

实验表明，噬菌体尾部能与宿主细胞壁表面上的受体发生特异性结合。受体的成分多种多样，如脂多糖、脂蛋白等。图 4-36 表明大肠埃希菌噬菌体感染细菌后，许多特异性的噬菌体被吸附在细胞表面，从噬菌体基本颗粒至细菌细胞壁的距离为30～40nm。

病毒粒子一般以尾丝（蝌蚪形噬菌体）或顶角上大的衣壳粒（无尾噬茵体）附着在细菌细胞的一定部位上。有的噬菌体以其尾部末端吸附于宿主细胞表面，如大肠埃希菌 T 系列噬菌体，有的噬菌体吸附在鞭毛或性菌毛上，如大肠埃希菌丝状噬菌体 M_{13} 只吸附在大肠埃希菌的性菌毛上。

2. 侵入 噬菌体侵入宿主细胞的方式较为复杂，通常是将核酸注入细胞，蛋白质留在细胞外。如蝌蚪形噬菌体的尾部吸附在细胞表面，然后再将核酸注入细胞，如图 4－37 所示。大肠埃希菌 T 系列噬菌体能水解细菌细胞壁肽聚糖，其作用相似于溶菌酶，使细胞壁产生小孔，可以导致细菌细胞内容物漏出。但在正常病毒繁殖过程中，小孔很快会被细菌修复。

图 4－36 大肠埃希菌噬菌体吸附宿主细胞的（电镜）

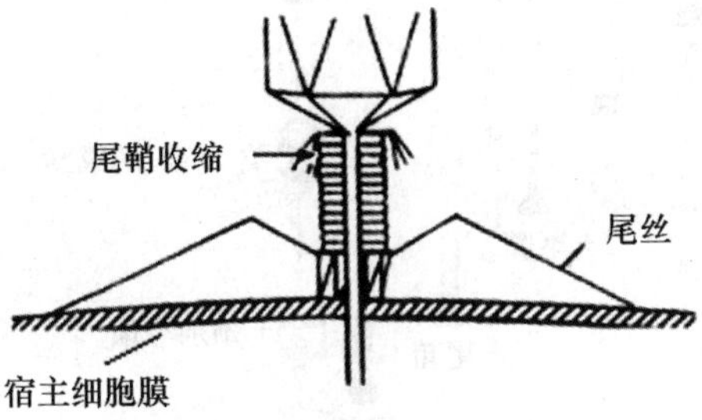

图 4－37 大肠埃希菌 T_4 噬菌体注入核酸的过程

3. 生物合成 噬菌体的复制比较复杂，如 T_4 噬菌体的核酸为 dsDNA，转录和翻译分为三期，如图 4－38 所示。它的复制循环仅需 20～30 分钟，但与其他病毒比较，除早期转录、晚期转录外，还增加了次早期（delaye dearly）转录的阶段。

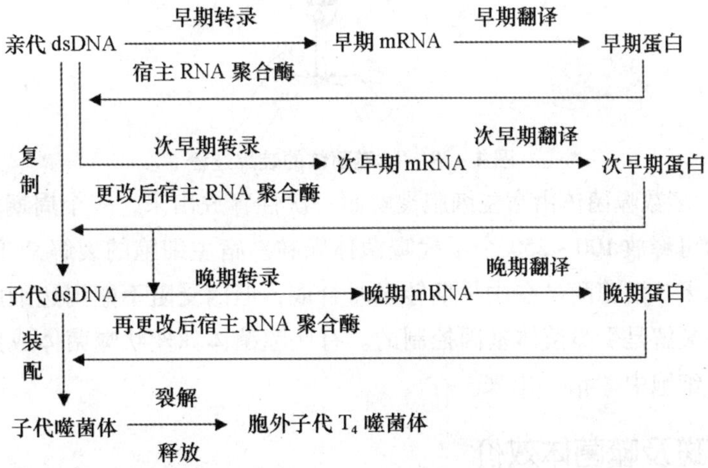

图 4－38 T_4 噬菌体的复制过程

（1）早期转录 利用细菌的 RNA 合成酶，以噬菌体 DNA 为模板来合成噬菌体mRNA，早期 mRNA 翻译的蛋白质含有噬菌体的 RNA 聚合酶（如 T_7 噬菌体）或更改蛋白质（如 T_4 噬菌体），即能与细菌原 RNA 聚合酶结合，更改其性质，使它只能转录噬菌体 DNA。

（2）次早期转录 利用噬菌体 RNA 聚合酶或更改后的宿主 RNA 聚合酶来合成噬菌体的次早期 mRNA 及次早期蛋白质（DNA 聚合酶、DNA 分解酶、溶菌酶等），或进一步更改宿主 RNA 聚合酶，为后期转录做准备。

（3）后期转录 子代核酸复制后，利用噬菌体 RNA 聚合酶或再更改后的宿主 RNA 聚合酶来合成晚期 mRNA 和噬菌体粒子的结构蛋白。

4. 装配 T_4 噬菌体在生物合成时，分别合成噬菌体 DNA、头部蛋白质亚单位、尾鞘、尾髓、基板和尾丝等部件，最后 DNA 收缩聚集，被头部蛋白质包围形成二十面体的结构，随之尾部也逐步装配起来，如图 4－39 所示。

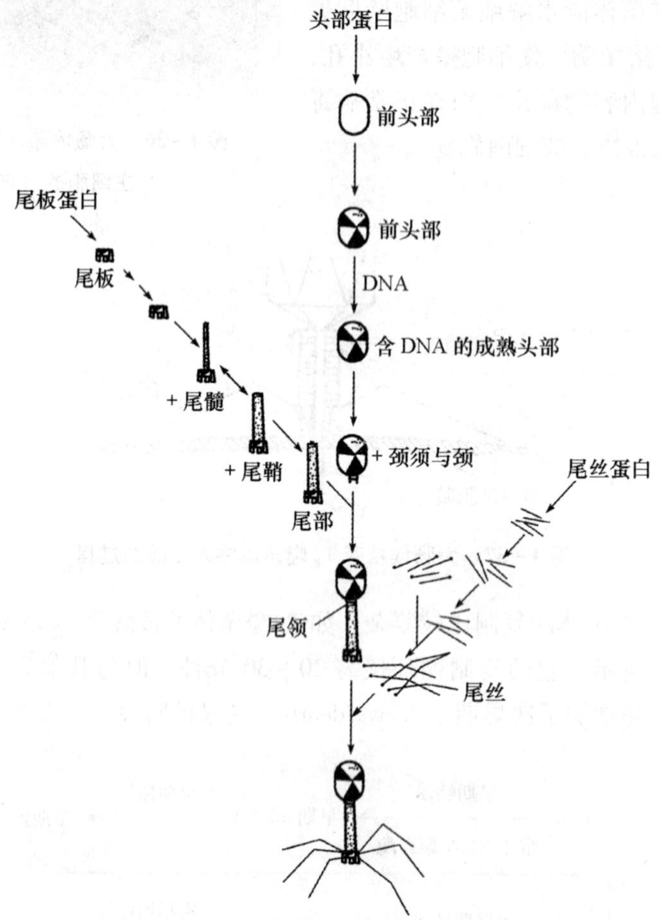

图 4－39　T_4 噬菌体的装配过程

5. 释放 大多数噬菌体由宿主细胞裂解而一次性释放出来，一个周期大约为 25 分钟，每一个感染细胞可释放 100～250 个子代噬菌体颗粒。宿主细胞的裂解是 T_4 噬菌体诱导的溶菌酶作用的结果。溶菌酶虽在次早期转录时合成，但因受阻不能到达细胞壁部位而发挥作用。最后细胞裂解是受噬菌体基因控制的。有些噬菌体如丝状噬菌体成熟后不破坏细胞壁，而是从宿主细胞中“钻”出来。

三、噬菌斑及噬菌体效价

自然环境中凡有细菌存在的地方都可能有相应噬菌体的存在。分离细菌噬菌体可取污水、粪便等作为分离材料。将材料接种于肉汤培养基中经短时间孵育后过滤除菌，或者将材料加入含有指定细菌的培养液中经培养后过滤除菌，所得的滤液加入待分离噬菌体的相应宿主菌细胞继续孵育。如培养液由最初的混浊状态变为透明澄清，则表明培养液中已有噬菌体增殖。将增殖的噬菌体与敏感宿主菌混合在溶化了的固体琼脂培养基中倾注平板，经孵育后，则平板上出现由噬菌体裂解宿主细胞而形成的透明的溶菌空斑称为噬菌斑（plaque）（图 4－40），不同噬菌体的噬菌斑形态和大小各有不同。一个噬菌斑就是一个噬菌体裂解细菌的结果，所以噬菌斑数目即代表噬菌体的数目。

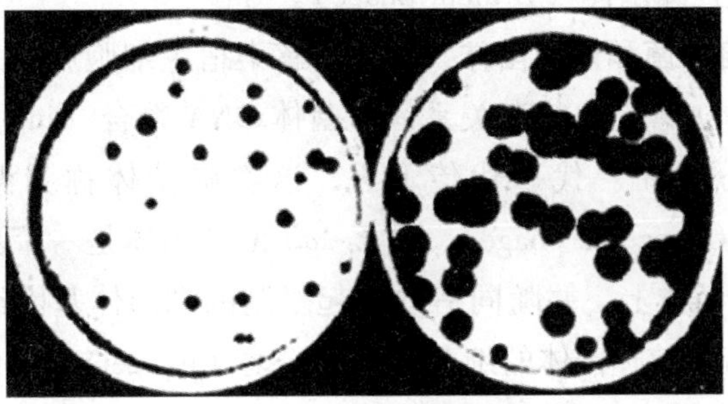

图 4－40 大肠埃希菌噬菌体的噬菌斑

为了判断噬菌体数目的多少，可通过连续稀释法在液体培养基中进行测定，以最大稀释度还能溶解相应细菌判为该噬菌体的效价。或者采用固体培养基作噬菌斑计数，可测定噬菌斑形成单位（plaque forming unit，PFU）数目，常以每毫升噬菌体液能出现的噬菌斑数（PFU/ml）表示。噬菌体的浓度又称为效价或滴度（titer）。

四、噬菌体的一步生长曲线

以上介绍的是烈性噬菌体（virulent phage）的繁殖过程，在感染细胞的初、中期，没有噬菌体繁殖的迹象，最后只有在宿主细胞破裂后才能看到噬菌体数目大量增加。这种繁殖过程称为一步生长。噬菌体的生长规律可以用一步生长曲线（one-step growth curve）来表示。

一步生长曲线的测定过程是：将敏感宿主菌培养物与相应噬菌体混合一定时间，加入抗噬菌体血清消除过量的游离噬菌体。上述处理的菌液进行稀释（防止第二次感染和吸附），经培养后，每隔一定时间取样，接种含宿主菌平板，测定噬菌斑数。以培养时间为横坐标，以噬菌斑数为纵坐标作图，绘制的曲线即噬菌体的一步生长曲线（图4－41）。

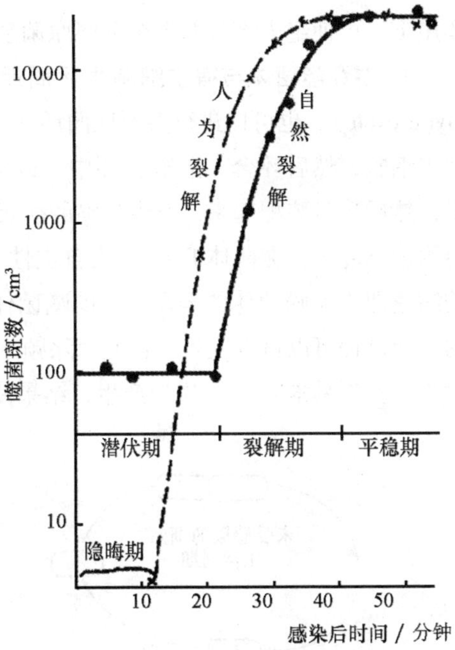

图 4－41 噬菌体的一步生长曲线

噬菌体感染宿主细胞后即在细胞内复制和增殖，噬菌体数量不断增加，但在宿主细胞裂解前，子代噬菌体粒子并不释放到培养液中。通常将噬菌体感染宿主细胞后到释放前的这段时间称为潜伏期（latent period）；随着菌体的继续破裂，噬菌体数目不断增加，直至达到最高值，这段时间称为突破期（rise phase）或裂解期；突破期后噬菌体数目不再增加，达到稳定值，称为平稳期（plateau）。

每个被感染的细菌释放的新的噬菌体平均数称为平均收获量（average yield of phage）或爆破量（burst size），可以用公式表示。

$$爆破量 = \frac{总释放噬菌体数}{起始感染细菌数}$$

五、噬菌体与宿主细胞生活周期

1. 烈性噬菌体 噬菌体感染宿主细胞后，在细胞内迅速增殖，最后使细胞裂解而死亡，这类噬菌体称为烈性噬菌体（virulent phage）。

2. 温和噬菌体、溶原菌和前噬菌体 噬菌体感染宿主细胞后，并不立即引起宿主细胞裂解，噬菌体与细胞建立稳定的共存关系，噬菌体 DNA 整合（integration）至细菌染色体中，并随宿主细胞的分裂而一代一代传下去，这类噬菌体称为温和噬菌体（temperate phage）或溶原噬菌体（lysogenic phage），如 *E. coli* λ 噬菌体是一个典型的温和噬菌体。通常把整合到宿主细胞染色体上，并随同宿主一起复制的噬菌体基因组叫做前噬菌体或原噬菌体（prophage）。把带有前噬菌体的细菌叫做溶原菌（lysogenic bacteria）。

λ 噬菌体进入宿主细胞，噬菌体 DNA 以线状双链形式进入，两端有未修复的互补末端，而后在细菌细胞内双链 DNA 的黏性末端互补，环合起来，缺口由连接酶连接和封合。此时噬菌体处于自主状态（autonomus state），随后细胞染色体和噬菌体 DNA“联会”、交叉连接，最终导致噬菌体 DNA 整合入宿主细胞染色体中，此时即为整合状态（integrated state）。噬菌体转换为前噬菌体，细菌细胞则溶原化。

3. 诱导 溶原菌能以极低的频率自发裂解，产生子代噬菌体，特别是在 UV 等理化因素作用下，可使绝大部分乃至全部溶原菌裂解释放子代噬菌体，理化因素的这种作用称为诱导。

4. 温和噬菌体与宿主细胞生活周期 λ 噬菌体感染宿主细胞后既可以进行溶解性循环（lytic cycle），也可以进行溶原性循环（lysogenic cycle）（图 4－42）。噬菌体 DNA 呈线状进入宿主细胞，然后环合。溶解循环中，以双链环状闭合 DNA 为模板复制核酸和生物合成蛋白质，然后自身装配起来，产生完整的病毒颗粒，最后细胞破裂，成熟的噬菌体释放出来。在溶原性循环中，噬菌体 DNA 失去自主性，整合（又称插入，insertion）到细菌 DNA 中，此时的细菌即为 λ 噬菌体的溶原菌，前噬菌体可随细菌的分裂而不断增殖，但不溶解细菌。反向的剪切过程可以自发发生，自发消除频率很低（10^{-2} ~ 10^{-5}）。也可经诱变剂（如紫外线、X 射线、丝裂霉素 C 等）诱导产生，结果使噬菌体的增殖进入溶解性周期。

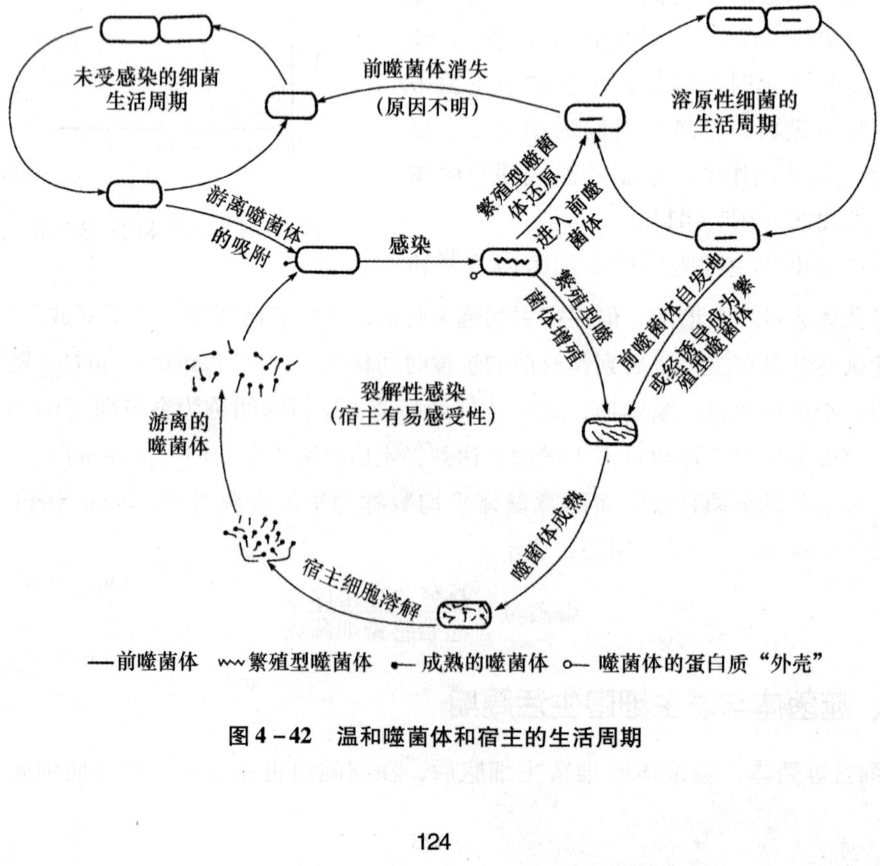

图 4－42 温和噬菌体和宿主的生活周期

溶原性细菌对同源的或其本身的噬菌体不敏感，这种特性称为“免疫性”，即这些噬菌体进入溶原性细胞后，既不能增殖，也不导致细胞裂解。因此在测定溶原细菌的噬菌体时必须同时加入非溶原性的指示菌。

六、噬菌体的应用

噬菌体可用于细菌的鉴定和分型。由于噬菌体的溶菌具有高度的特异性，故可用已知噬菌体去鉴定未知细菌，如鼠疫耶尔森菌苗、霍乱弧菌的鉴定就采用了噬菌体溶菌法。不仅如此，噬菌体还具有型特异性，即某型噬菌体仅裂解某型细菌，故可用于细菌的分型，如用葡萄球菌噬菌体对葡萄球菌进行分型；伤寒沙门菌 Vi 噬菌体可将有 Vi 抗原的伤寒沙门菌分为96 个噬菌体型。

由于噬菌体的结构简单，基因数较少，又易于大量增殖，噬菌体已成为分子生物学研究的重要工具。三个核苷酸决定一个氨基酸的三联密码这一重要发现就是通过研究噬菌体基因与蛋白质的关系后得到的。在遗传工程研究中，也利用噬菌体作为载体将目的基因带入宿主细胞中去，细菌在增殖过程中可表达目的基因产物。近年在基因工程抗体研究方面，也利用噬菌体表达的产物存在于噬菌体表面这一特性，通过多轮的抗原吸附 - 洗脱 - 扩增而大大简化筛选过程，并且噬菌体表达的抗体具有产量高、活性强、特异性好等优点，已将噬菌体用于基因工程抗体库的建立。

噬菌体分布广泛，在发酵工业中应严防噬菌体的污染，在菌种选育时可筛选抗噬菌体的突变株。噬菌体还可供作抗病毒药物和抗肿瘤抗生素筛选的实验模型，也可通过测定标本中的噬菌体或应用噬菌体效价增殖试验，检测标本中的未知细菌。

第七节 病毒与人类的关系

一、病毒在医药工业中的应用

病毒在医药工业上具有重要的作用。灭活的病毒可用于免疫动物生产抗病毒血清，也可作为灭活疫苗用于病毒性疾病的防治。病毒的培养可用于筛选所需的抗病毒药物。病毒生物合成过程的研究有助于我们对药物抗病毒机制的深入了解，进而合成和筛选疗效高和毒副反应小的抗病毒药物。

现代基因工程技术也进一步拓展了病毒在药物研究和生产领域的应用范围。如通过大规模培养宿主细胞，接种定向构建的重组腺病毒，可获得用于肿瘤基因治疗的生物药物。同时，可将所需的蛋白质目的基因克隆到病毒基因组中，获得的重组病毒感染大规模培养的宿主细胞，在病毒的增殖过程中则大量表达目的基因产物，从而制备基因工程蛋白质药物。通过对病毒的分子改造，还可得到无感染危险且具有某种病毒特性的假病毒，用于抗病毒药物的定向筛选，如筛选抗病毒与宿主细胞表面受体结合的药物等。

对病毒的深入研究是我们寻找有效抗病毒药物和战胜病毒性疾病的基础。

二、病毒的致病性和机体的免疫性

1. 病毒的感染和传播方式 病毒感染机体的方式有水平传播和垂直传播。水平传播是指病毒在人群的个体之间传播，包括：①呼吸道传播，如流感病毒、腮腺炎病毒等；②消化道传播，如甲型肝炎病毒、脊髓灰质炎病毒等；③皮肤接触传播，即通过注射、蚊虫叮咬等方式使病毒侵入机体，如狂犬病病毒、乙型肝炎病毒等。垂直传播是指病毒通过胎盘、产道或哺乳等方式由母体传染给婴儿，如疱疹病毒、脊髓灰质炎病毒、肝炎病毒、人类免疫缺陷病毒等。

病毒可与敏感细胞表面的特异性受体结合，病毒的感染具有细胞和组织特异性。病毒感染宿主细胞后可通过淋巴、血流和神经干等途径在体内扩散。

2. 病毒的致病机制 病毒感染宿主细胞并在细胞内大量增殖时可损害细胞，同时病毒是微生物抗原，可刺激机体产生免疫应答而造成免疫病理损伤。

病毒感染对宿主细胞的作用主要表现在：①杀细胞效应，即病毒在宿主细胞内增殖而导致宿主细胞死亡。这是由于病毒蛋白抑制宿主细胞的核酸复制和蛋白质合成，中断细胞的正常代谢，从而导致宿主细胞死亡。②宿主细胞膜发生变化，即病毒在宿主细胞内增殖后并不引起细胞死亡，成熟的子代病毒粒子以出芽的方式释放出宿主细胞外，使宿主细胞膜通透性增大、细胞肿胀。有些病毒则在宿主细胞表面表达病毒基因编码的抗原，如流感病毒感染的宿主细胞表面表达的血凝素。有些病毒感染宿主细胞后，宿主细胞相互融合，形成多核巨细胞或合胞体。③细胞转化，即 DNA 病毒的核酸、逆转录病毒合成的核酸 DNA 等整合到宿主细胞染色体上，使宿主细胞成为转化细胞，并导致宿主细胞的遗传性状发生改变。转化细胞在一定的条件下可发生癌变，如乙型肝炎病毒的感染可能与原发性肝癌有关。④细胞染色体畸变和形成包含体，即病毒感染导致宿主细胞的染色体缺失、断裂和易位，如子宫内早期病毒感染导致新生儿畸形。

病毒感染对宿主免疫应答造成的免疫病理损伤主要表现在：①体液免疫的病理作用，即病毒感染宿主细胞后在宿主细胞表面表达病毒基因编码的抗原可与机体产生的病毒特异性抗体结合，从而激活补体引起宿主细胞损伤。或病毒与机体特异性抗体结合后形成的免疫复合物沉积于肾毛细血管基底膜或关节滑膜部位，激活补体引起Ⅲ型超敏反应。②细胞免疫的病理作用，即病毒感染后的宿主细胞可与机体的致敏淋巴细胞［细胞毒 T 细胞 Tc（或称 CTL），迟发型超敏反应性 T 细胞］产生免疫反应，通过直接的细胞毒作用或释放淋巴因子等引起组织细胞损伤。③抑制免疫系统功能，即病毒感染宿主细胞后，使机体免疫功能下降，容易导致机体受细菌等感染和发生恶性肿瘤。

3. 机体的抗病毒免疫 机体受病毒感染后，会产生一系列的免疫应答，如免疫细胞分泌干扰素、体液中产生中和病毒的抗体、产生细胞毒 T 细胞 Tc 和迟发型超敏反应性 T 细胞 T_D 致敏淋巴细胞等，起到机体的抗病毒免疫作用。

4. 病毒感染的类型 病毒感染与细菌感染类似，临床可分为隐性感染和显性感染。隐性感染是指病毒侵入机体后，不产生临床症状，主要是由于机体的免疫力强。显性感染是指病毒侵入机体后，在宿主细胞内大量增殖，导致细胞裂解、死亡和组织损伤，并表现出显著的临床症状。临床上常见的病毒显性感染为急性感染（acute infection），即病毒潜伏期短、发病急、病程短，数日或数周即可康复，如流感、麻疹、腮腺炎等。有些病毒一旦侵入机体则会发生持续性感染（persistant infection），即病毒可在体内存在数月、数年或数十年，临床症状可有可无，被感染者成为病毒携带者，并具有传染性。如乙型肝炎病毒、人类获得性免疫缺陷病毒。

三、病毒与人类疾病

（一）常见人类病原性病毒简介

表4－4所示为常见的人类病原性病毒与其相关的疾病。

表4－4　常见人类病原性病毒

主要侵入途径	病毒科或属	代表性病毒名称	主要疾病
呼吸道	痘病毒 dsDNA	天花病毒（Variola virus）	天花（已消灭）
	疱疹病毒 dsDNA	单纯疱疹病毒 （Herpes simplex virus，HSV） 水痘－带状疱疹病毒 （Varicella-zoster virus，VZV） EB 病毒（EBV）	唇疱疹、角膜结膜炎、生殖器疱疹、脑炎等 水痘、带状疱疹、肺炎、脑炎 传染性单核细胞增多症
多种途径（口、生殖道、胎盘、输血、移植、哺乳等）	痘病毒 dsDNA 疱疹病毒 dsDNA	巨细胞病毒 （Cytomegalovirus，CMV）	巨细胞病、输血后传染性单核细胞增多症、先天性畸形、新生儿黄疸、肝炎
呼吸道	腺病毒 dsDNA	腺病毒（Adenovirus）	呼吸道感染、角膜（结膜）炎
性接触	乳多空病毒 dsDNA	人乳头瘤病毒 （Human papilloma virus，HPV）	喉乳头瘤、疣、尖锐湿疣、宫颈癌
呼吸道	细小病毒 ssDNA	人类细小病毒 B19 （Parvovirus B19）	儿童传染性红斑
注射、血液	嗜肝 DNA 病毒 不完全 dsDNA	乙型肝炎病毒 （Hepatitis B virus，HBV）	血清型肝炎（乙肝）
呼吸道	正黏病毒 ssRNA（－RNA）、分段	流感病毒（Influenza virus）	流行性感冒
呼吸道	副黏病毒 ssRNA（－RNA）	麻疹病毒（Measles virus） 腮腺炎病毒（Mumps virus） 副流感病毒（Parainfluenza virus）	麻疹 流行性腮腺炎 呼吸道感染
	披膜病毒 ssRNA（tRNA）	风疹病毒（Rubella virus）	风疹、胎儿畸形
虫媒	黄病毒 ssRNA（＋RNA）	流行性乙型脑炎病毒 （B encephalitis virus）	乙型脑炎（大脑炎）
消化道	小 RNA 病毒 ssRNA（＋RNA）	脊髓灰质炎病毒（Poliovirus） 甲型肝炎病毒（Hepatitis A virus）	脊髓灰质炎（小儿麻痹症） 甲型肝炎
消化道	呼肠病毒 dsRNA	人类轮状病毒 （Human rotavirus，HRV）	婴幼儿急性胃肠炎
狗咬	弹状病毒 ssRNA（－RNA）	狂犬病病毒（Rabies virus）	狂犬病
性接触、输血	逆转录病毒 ssRNA（＋RNA） 二倍体	人类免疫缺陷病毒（HIV） 人类嗜 T 细胞病毒（HTLV）	艾滋病 淋巴瘤、白血病

（二）流行性感冒病毒

流行性感冒病毒（Influenza virus）是流行性感冒的病原体，简称流感病毒，属正黏病毒科。

1. 生物学性状　流行性感冒病毒呈球形或丝状，有包膜，为 RNA 病毒。流感病毒球形颗粒的直径为 80～120nm，丝状则长短不一，可达数微米。流感病毒的结构示意如图 4－43

所示。流感病毒为单负链 RNA（－RNA）病毒，其核心为 RNA 和蛋白质组成的核糖体（ribonucleoprotein，RNP），即由八条单负链 RNA 和蛋白质组成的 8 条螺旋形结构，并含有流感病毒自身基因组编码的 RNA 多聚酶。核心和包膜之间为基质蛋白（M 蛋白），起保护核心和维持病毒形态的作用。流感病毒含有包膜，为脂质双层结构。包膜上分布有血凝素（HA）和神经氨酸酶（NA）两种刺突。HA 是由三条糖蛋白链以非共价键连接成的三聚体，流感病毒转译成的 HA 须被裂解成 HA1 和 HA2 后才具有感染性。HA1 是唾液酸受体结合的亚单位，易发生变异；HA2 具有膜融合特性，是侵入宿主细胞所必需的。HA 对人、鸡、豚鼠等红细胞具有凝集作用，流感病毒感染宿主细胞可在细胞表面表达 HA，使病毒感染后的宿主细胞产生红细胞吸附现象。

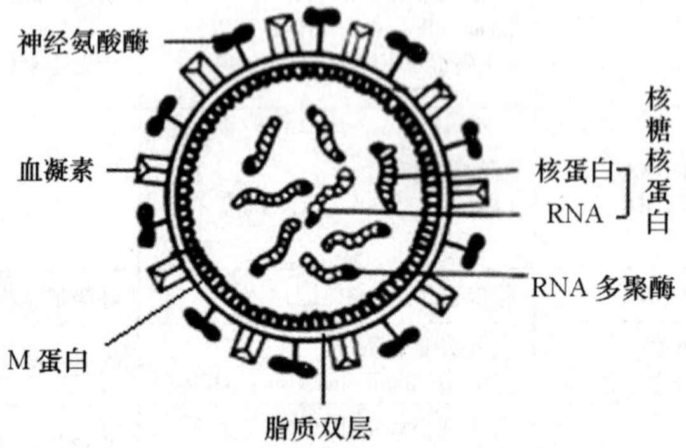

图 4－43　流感病毒结构示意

神经氨酸酶是由四条糖蛋白链组成的四聚体，具有水解宿主细胞表面末端为 *N*－乙酰神经氨酸的糖蛋白，有助于成熟病毒粒子从宿主细胞内释放。

流感病毒根据核蛋白和基质蛋白抗原的不同可分为甲、乙、丙型，再根据 HA 和 NA 可分为若干亚型（H1～H13，N1～N9）。甲型流感病毒的 HA 和 NA（特别是 HA）易于发生变异，而造成流感大面积流行，如 1997 年，香港地区的禽类流感病毒（H5N1）传染给人而引起了流感的暴发流行。乙型与丙型流感病毒的抗原较稳定，乙型流感常局部暴发，而丙型流感则主要感染婴幼儿。

流感病毒的复制过程如图 4－44 所示。流感病毒首先与宿主细胞表面上的特异性受体结合，通过胞饮或融合，病毒核酸进入宿主细胞，并在宿主细胞核内表达和复制。子代病毒粒子通过出芽方式获得胞膜，然后释放到宿主细胞外。

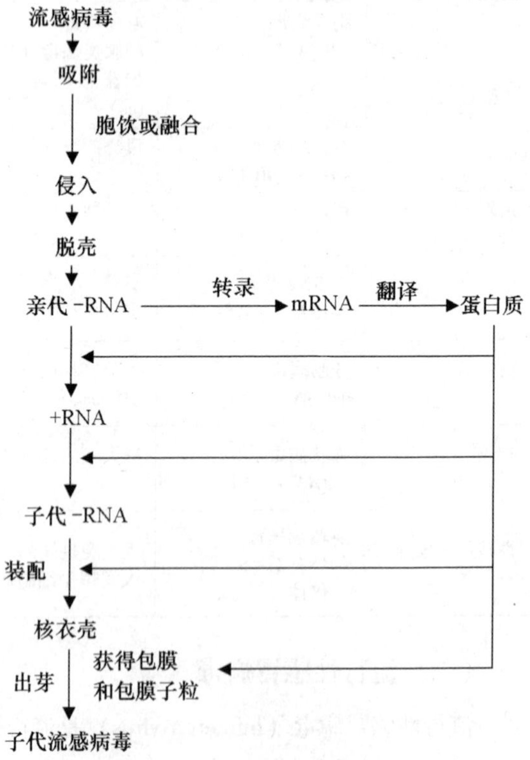

图 4－44　流感病毒的复制过程

2. 致病性与免疫性　流感病毒经呼吸道传播而侵入机体，并在宿主细胞内大量增殖，引起细胞变性、死亡和组织炎症，产生显著的流行性感冒临床症状，如发热、咳嗽等。流感病毒感染痊愈后机体可获得对同型流感病毒的免疫力。

3. 检查与防治　流感病毒可从被感染病毒的机体中分离出来，并可采用鸡胚培养扩增病毒，以进一步鉴定。另外，可采集患者的血清做血凝试验，以判断是否为流感病毒感染。

流感的防治应阻断流感病毒的传播途径，采取相应的杀灭流感病毒的措施。接种流感疫苗具有一定预防流感的作用，但疫苗株须与流行毒株在抗原上一致。

（三）肝炎病毒

肝炎病毒（Hepatitis virus）是病毒性肝炎的病原体，分为甲型、乙型、丙型、丁型和戊型。经消化道传播的甲型肝炎病毒可引起急性肝炎，一般不会导致慢性肝炎和长期携带肝炎病毒。乙型肝炎和丙型肝炎主要通过血液和密切接触等传播，可引起急性和慢性肝炎及长期携带病毒，研究表明，其与肝硬化和原发性肝癌有关。以下主要介绍甲型和乙型肝炎病毒。

1. 甲型肝炎病毒

（1）生物学性状　甲型肝炎病毒（Hepatitis A virus，HAV）属小核糖核酸病毒科（Picornaviridae），呈球形，直径为27nm，无包膜。甲型肝炎病毒衣壳为20面体对称结构，衣壳粒由VP_1、VP_2、VP_3、VP_4四种多肽组成。病毒核酸基因组为单正链RNA（+RNA），长度约为7400个核苷酸。

甲型肝炎病毒可经粪－口途径传播，潜伏期一般为15～50天。它对乙醚、胃酸不敏感，60℃下1小时病毒仍然存活，100℃煮沸5分钟能灭活病毒。

（2）致病性与免疫性　甲型肝炎病毒通过消化道侵入机体，并最终在肝组织细胞中复制增殖，导致肝功能异常等一系列临床症状。被感染甲型肝炎病毒而痊愈的人群对其再感染有免疫力。

（3）临床检查　可采用免疫荧光电子显微镜观察患者粪便等标本中的甲型肝炎病毒颗粒，也可检测患者血清中的HAV抗体。

2. 乙型肝炎病毒

（1）生物学性状　乙型肝炎病毒（Hepatitis B virus，HBV）属嗜肝病毒科（Hepadnaviridae），呈球形，直径为42nm，具有双层衣壳，因Dane首先在乙型肝炎病毒感染者的血清中发现，故又称为Dane颗粒。电镜下可见3种形式的乙型肝炎病毒颗粒，即大球形颗粒（Dane颗粒，42nm）、小球形颗粒（22nm）和管形颗粒［22nm×（50～700）nm］，如图4－45和图4－46所示。

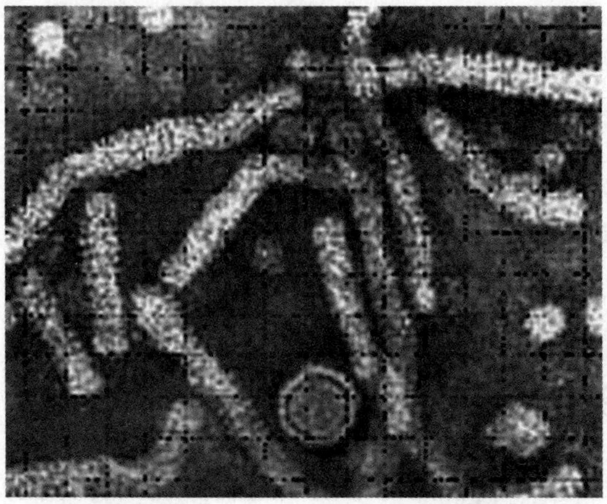

图4－45　乙型肝炎病毒电镜照片

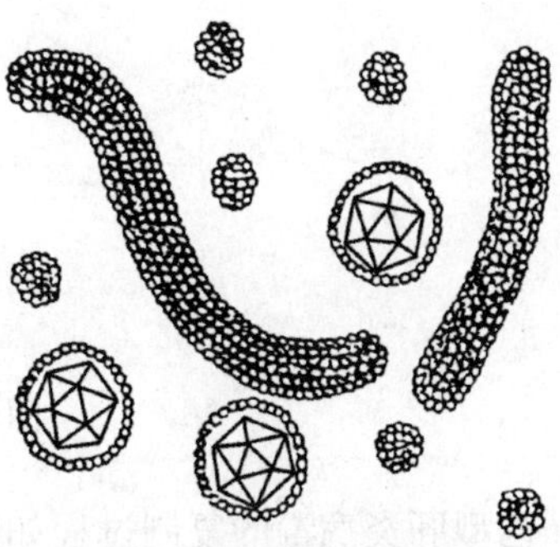

图4－46　乙型肝炎病毒三种颗粒结构模式

（Dane颗粒；小球形颗粒；管形颗粒）

Dane 颗粒是完整的 HBV 颗粒，含双层衣壳。外衣壳相当于一般病毒的包膜，由脂质和蛋白质组成，内衣壳是 20 面体立体对称的核心结构，含 DNA 和 DNA 多聚酶。HBV 核酸基因组为双股未闭合的环状 DNA，由 3200 个核苷酸组成，长股为负股，短股为正股（其长短在病毒体中可不相等），两股 DNA 的 5′末端有 250～300 个互补碱基形成环状 DNA。DNA 多聚酶具有合成 DNA 和逆转录酶功能。负股 DNA 含有 4 个开放阅读框，即 S 区含 S、$PreS_1$ 和 $PreS_2$ 基因，分别编码乙型肝炎病毒的表面抗原（HBsAg）、Pre S_1 和 Pre S_2 抗原，其中 HBsAg 于 1963 年首先由澳大利亚学者 Blumberg 发现，故被称为“澳抗”；C 区有 C 基因和前 C 基因，编码核心抗原（HBcAg）和 e 抗原（HBeAg）；P 区为编码 DNA 多聚酶的基因；X 区编码 HBxAg（可能与原发性肝癌有关）。小球形颗粒主要由乙肝表面抗原 HBsAg 组成，不含 DNA，无感染性。管形颗粒为一串聚合的小球形颗粒。

乙型肝炎病毒的抗原主要由病毒外衣壳上的表面抗原 HBsAg、Pre S_1、Pre S_2 和病毒内衣壳上的核心抗原 HBcAg、e 抗原（HBeAg）组成。HBsAg 是由 226 个氨基酸组成的分子量为 27000 的蛋白质，其 N 末端与 Pre S_2（55 个氨基酸组成）相连，同时，由 119 个氨基酸组成的 Pre S_1 与 Pre S_2 N 端相连。Pre S_1、Pre S_2 可能介导 HBV 与宿主细胞表面的受体结合。HBcAg 是相对分子质量为 22000 的蛋白质，而 HBeAg 为血清中相对分子质量为 19000 的可溶性蛋白。

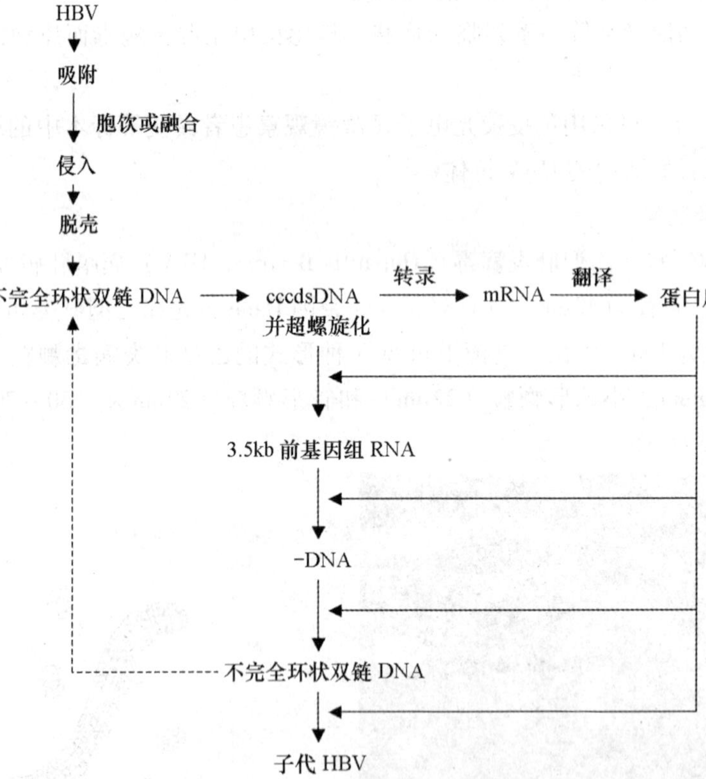

图 4－47　乙型肝炎病毒的复制过程

乙型肝炎病毒的复制过程如图 4－47 所示。①HBV 首先与宿主细胞表面上的特异性受体结合，通过胞饮或融合进入细胞浆内，核衣壳移位进入细胞核而实现病毒的吸附、侵入和脱壳过程。②进入细胞核的病毒核酸由 HBV 的 DNA 聚合酶修补并合成完整的闭合环状双链 DNA 然后超螺旋化。③以 - DNA 为模板，通过细胞 RNA 聚合酶转录 mRNA 和翻译成病毒蛋白质。其中合成的长度为 3.5kb 的 RNA 可作为合成 - DNA 的模板，称为前基因组 RNA。④3.5kb 前基因组 RNA、DNA 聚合酶、HBV 末端蛋白一起被核心蛋白包装形成核心颗粒（核衣壳）。⑤在 DNA 聚合酶逆转录酶作用下，以 3.5kb 前基因组 RNA 为模板合成 - DNA，形成 RNA：DNA 杂交双链，DNA 聚合酶起 RNase H 作用水解前基因组 RNA。⑥以全长 - DNA 为模板合成长短不一的 + DNA（留有单链区）并环化成不完全环状双链 DNA。⑦核心颗粒进入内质网，并获得外衣壳，形成成熟的子代 HBV 颗粒。HBV 颗粒、过剩的 HBsAg、可溶性 HBeAg 被运输，经高尔基体最后分泌出肝细胞，进入血液循环。核心颗粒在进入内质网前可重新进入肝细胞内进行核酸的复制。

（2）致病性与免疫性　乙型肝炎病毒常通过输血和被污染的注射器针头传播；外科手术、口腔治疗、针刺、剃须刀或牙刷等也可传播；乙型肝炎患者或 HBV 携带者的唾液、精液、阴道分泌物中均可检测到乙型肝炎病毒，故可通过密切接触和性接触传播；母婴传播也是 HBV 感染的重要途径。

乙型肝炎病毒感染机体后，病毒在肝细胞中不断复制和增殖，并导致组织损伤。感染 HBV 后，部分可发生原发性肝癌。

HBV 感染可刺激机体产生一系列抗体和免疫细胞。HBsAg 是 HBV 感染的主要标志，它可刺激机体产生相应的抗体（抗 HBsAb），并对机体产生保护作用。HBcAg 抗原性强，能刺激机体产生抗体（抗 HBcAb）。若该抗体为 IgM，表明 HBV 在体内复制，具有传染性；若该抗体为 IgG，则表明机体曾受到 HBV 的感染。HBeAg 与 HBV 的 DNA 聚合酶在血清中的消长基本对应，可作为体内病毒复制和感染者血清是否具有传染性的指标。

（3）临床检查　乙型肝炎病毒感染常采用抗原抗体检测、血清 HBV 的 DNA 和 DNA 聚合酶检测等，其中 HBV 的 HBsAg、HBeAg、抗 HBsAb、抗 HBeAb、抗 HBcAb称为“两对半”，是临床乙型肝炎病毒感染的检测指标（表 4 - 5）。

表 4 - 5　HBV 抗原抗体检测部分结果的临床分析

HBsAg	HBeAg	抗 HBsAb	抗 HBeAb	抗 HBcAb	临床判断
+	-	-	-	-	感染 HBV，结合肝功能判断病情
+	+	-	-	-	急慢性乙肝或无症状病毒携带者，传染性强
+	+	-	-	+	急慢性乙肝或无症状病毒携带者，传染性强，即统称的“大三阳”
-	-	+	+	+	乙肝恢复期，或感染过 HBV，有免疫力
-	-	+	+	-	乙肝恢复期
-	-	-	-	+	感染过 HBV
-	-	+	-	-	接种过乙肝疫苗或乙肝病毒感染已恢复
-	-	-	-	-	未感染过 HBV

注射乙肝疫苗是最有效预防乙型肝炎病毒感染的方法，可用于非 HBV 携带者、新生儿。目前，我国已采用基因工程法生产乙肝疫苗。

（四）人类免疫缺陷病毒

人类免疫缺陷病毒（human immunodeficiency virus，HIV）是获得性免疫缺陷综合征即艾滋病（acquired immunodeficiency syndrome，AIDS）的病原体，属逆转录病毒科（Retroviridae)。

1. 生物学性状 人类免疫缺陷病毒病毒颗粒呈球形，直径100～120nm，有包膜。图4－48所示为HIV的电镜照片，图4－49所示为HIV的结构示意。HIV为含有逆转录酶和整合酶的RNA病毒，核心为两条RNA链构成的双体结构。HIV核酸基因组外包有两层衣壳，内层衣壳蛋白为p24，外层衣壳蛋白为p17（内膜蛋白），包膜上含有糖蛋白（glycoprotein，gp）刺突（包膜子粒）gp120和gp41，相对分子质量分别为120000和41000，易发生变异。

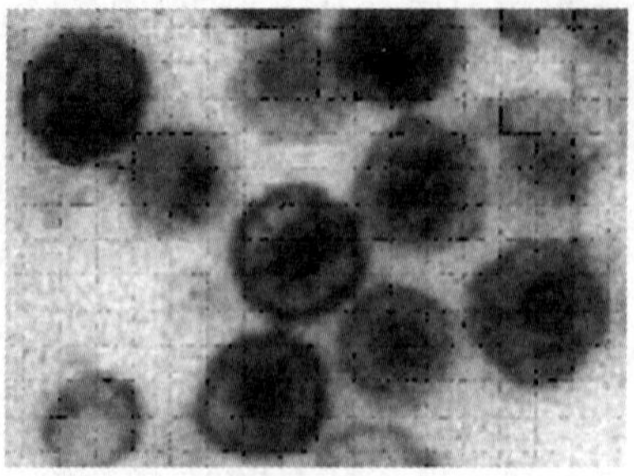

图4－48 HIV的电镜照片

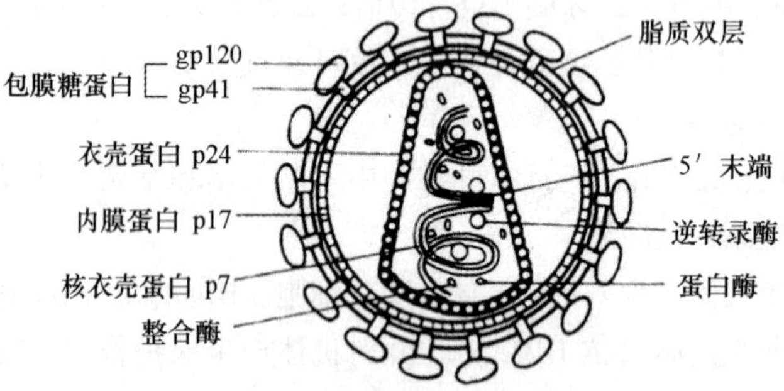

图4－49 HIV的结构示意

HIV感染时首先通过糖蛋白刺突gp120与淋巴细胞表面的CD4受体结合，再经包膜和宿主细胞膜融合使核衣壳进入细胞浆内。在逆转录酶的作用下以病毒＋RNA为模板合成互补的－DNA，形成杂交双链。＋RNA被RNase H进一步降解而获得－DNA模板，再合成dsDNA。dsDNA转位入细胞核（并完成脱壳），与宿主细胞染色体整合形成前病毒（provirus）。前病毒可以非活化状态长期潜伏于宿主细胞染色体上，并随细胞分裂而复制，然后转给子代，使细胞成为转化细胞。在一定条件下，前病毒被激活，进入病毒的复制周期，如图4－50所示产生子代病毒。

HIV的抵抗力较弱，56℃ 30分钟即可灭活，但在20～22℃可存活7天；0.2%次氯酸钠、0.3%双氧水和50%乙醇处理5分钟均可灭活病毒。

2. 致病性与免疫性 HIV主要通过三种方式传播：①同性或异性间的性行为；②输血或使用含HIV的血液制品、器官或骨髓移植、人工受精和使用被HIV污染注射器及针头等；③母婴传播。

HIV感染的是表面有CD4分子的淋巴细胞，如Th细胞，使细胞损伤或坏死，机体免疫力下降。急性期表现为发热、咽炎、淋巴结肿大、皮肤斑丘疹和黏膜溃疡等，1～2周后即可无症状而进入潜伏期，潜伏时间可达5～10年，潜伏期内HIV不断复制和感染宿主健康细胞，导致机体免疫力下降，直至机体发病后产生继发感染和肿瘤而死亡。

HIV感染可使机体产生体液免疫和细胞免疫，但都不能清除体内的病毒。同时，HIV表面糖蛋白的变异和前病毒的整合状态，使其极易逃避机体的免疫作用。所以HIV一旦感染，多为终生病毒携带。

3. 检查与防治 HIV的检测一般采用免疫学和分子生物学技术，如检测抗体的ELISA法、免疫荧光法（FIA）和放射免疫法（RIA），检测抗原的核酸杂交和RT－PCR等方法。

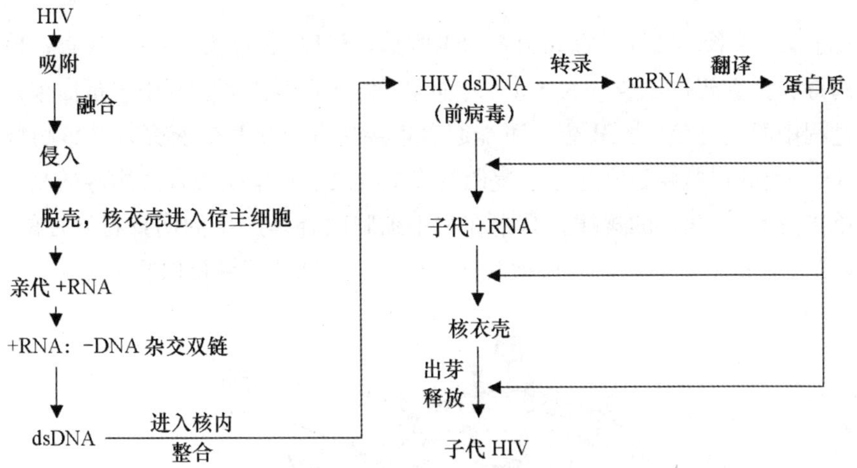

图 4－50　HIV 的复制过程

对 HIV 感染的预防应从其传播途径着手，避免血液、性接触和母婴等方面的传播。HIV 疫苗的研究已有一定的进展，但由于其刺突糖蛋白的变异性，疫苗的临床应用还需时日。

（五）SARS 病毒

目前，WHO 已将 SARS（severe acute respiratory syndrome）的病原确定为 SARS 病毒（SARS virus），它属冠状病毒科（Coronaviridae）（图 4－51）。

SARS 病毒的分类如图 4－52 所示。其实，冠状病毒科病毒只感染脊椎动物，与人和动物的许多疾病有关。如禽传染性支气管炎病毒（Avian infectious bronchitis virus，IBV）、人冠状病毒（Human coronavirus）、猪血凝性脑脊髓炎病毒（Porcine hemagglutinating encephalomyelitis virus）、猫传染性腹膜炎病毒（Feline infectious peritonitis virus）、犬冠状病毒（Canine coronavirus）、火鸡蓝冠病毒（Turkey bluecomb virus）和大鼠冠状病毒（Rat coronavirus，RCV）等。自 1980 年在德国召开第一届国际冠状病毒讨论会以来，日益受到医学、兽医学和分子生物学家的广泛重视。冠状病毒具有胃肠道、呼吸道和神经系统的嗜性。人冠状病毒分别属于 OC43 和 229E 两个抗原型，它是引起人类上呼吸道感染的病原，常引起成人的普通感冒，可以感染各个年龄组，主要发生在冬季和早春。冠状病毒感染分布在全世界各个地区。

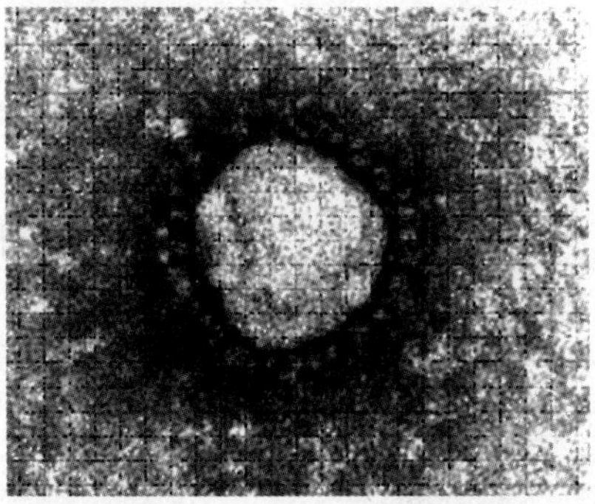

图 4－51　SARS 病毒（电镜）

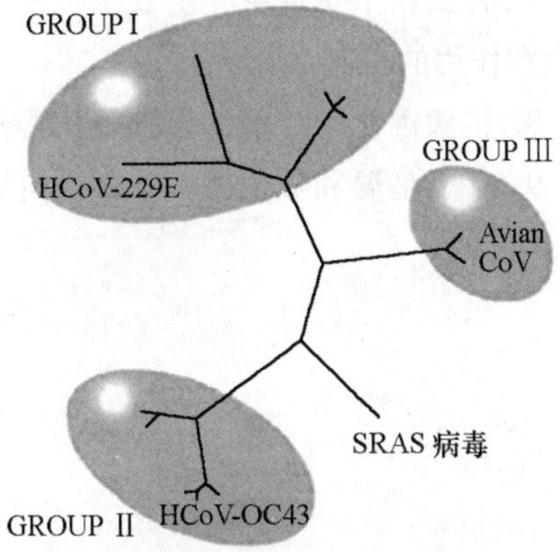

图 4－52　SARS 病毒的分类

SARS 病毒呈球形，结构示意如图 4－53 所示。SARS 病毒为＋RNA 病毒，核酸基因组易变异。病毒粒子主要抗原成分为 S 蛋白、M 蛋白、HE 蛋白等。其中 S 蛋白被认为是冠状病毒侵染过程中的关键蛋白。M 蛋白可能起着连接病毒包膜和核衣壳，并影响病毒出芽的功能。SARS 一类的冠状病毒在感染、复制的多个阶段涉及脂膜融合。病毒的复制增殖过程基本遵循单正链 RNA 病毒的规律。其中在宿主细胞内翻译产生的病毒特异性的 RNA 聚合酶，是 SARS 侵入宿主细胞之后，启动其他一切生命活动的关键蛋白质。

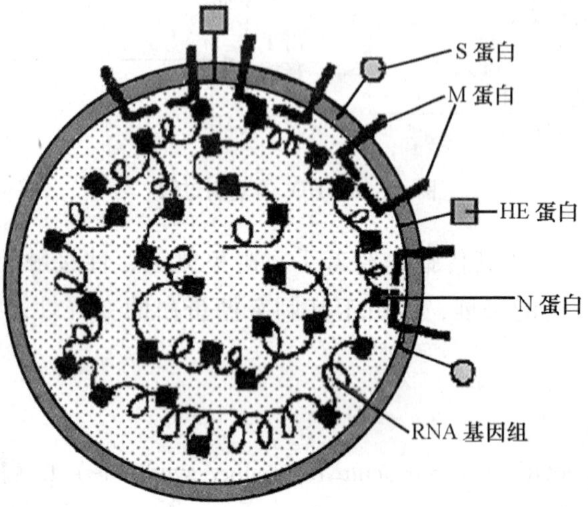

图 4－53　SARS 病毒结构示意

思考题

1. 什么是病毒？试述病毒的基本特点。

2. 试述病毒的基本结构与化学组成。

3. 真病毒如何进行分类？从核酸角度分类，流感病毒、乙肝病毒、HIV、SARS 病毒分别属于哪一类？

4. 什么是亚病毒、拟病毒、朊病毒？

5. 病毒的增殖可分为哪几个阶段？请以双链 DNA 病毒为例详细阐述。

6. 病毒培养主要有哪几种方式？在细胞中病毒的增殖可通过哪些现象来判断？

7. 什么叫干扰现象？引发干扰现象的重要活性物质——干扰素包含哪些种类？简述其产生和作用的机制。

8. 抗病毒化学疗剂的设计可从哪几个角度着手？

9. 什么是温和噬菌体？什么是溶原菌？什么是前噬菌体？温和噬菌体有几种存在形式？

扫码“练一练”

（周长林）

第五章　微生物的营养

营养（nutrition）是指微生物从外部环境中摄取和利用营养物质，以满足正常生长和繁殖需要的一种基本生理过程。营养是微生物生命活动的起点，为微生物的生命活动提供了必需的物质基础。营养物质（nutrient）则指能够满足微生物生长、繁殖及完成各种生理活动所需要的物质的统称。与其他生物一样，当微生物处于适宜的环境条件时，能够以其独特的方式不断地从外界吸收所需要的各种营养物质。有些微生物利用营养物质非常广泛，连塑料等高分子化合物和一些对其他生物有毒的物质也可以利用。有些微生物对营养要求较严格，需要给予补充，才能很好的生长。营养物质是微生物生命活动的物质基础，也是其生长繁殖的前提条件。

第一节　微生物的营养物质

扫码“学一学”

扫码“看一看”

微生物营养物质的确定，主要依据组成微生物细胞的化学成分以及我们所需要的代谢产物的化学组成等，分析微生物细胞的化学组成，是了解微生物营养物质的基础。

一、微生物细胞的化学组成

微生物细胞的化学组成与其他生物细胞的化学组成基本相同，最基本的组成单位是各种化学元素，由各种元素构成细胞内的各类生理活性物质并进一步形成相应的一些结构。

（一）组成元素

微生物细胞中组成元素的种类和各自所占的比例是相对稳定的。按微生物生长时对各类化学元素需要量的大小，可将组成微生物细胞的组成元素分为主要元素（macro element）和微量元素（trace element）。

1. 主要元素　碳、氢、氧、氮、磷、硫、钾、镁、钙和铁等是微生物细胞的主要组成元素，其中碳、氢、氧、氮、磷和硫这六种主要元素可占细胞干重的90%～97%。

2. 微量元素　是指那些含量极低且在不同类型微生物细胞中含量差异较大的一些元素，主要包括锌、锰、钠、氯、铜、硒、钨、钼、钴、镍和硼等。

微生物细胞内各化学元素的比例不是固定不变的，常因微生物种类的不同、所处的环境条件、菌龄的不同而不同。

（二）组成物质及生理功能

微生物细胞中的各类化学元素绝大多数是以化合物的形式存在的。重要的组成物质有水、有机物和无机物。水构成细胞的液体成分；简单无机物、有机物和以这些物质为基础合成的蛋白质、核酸、糖类及脂类等复杂生物大分子组成细胞的固形成分。

1. 水　是细胞维持正常生命活动必不可少的一种重要物质。微生物细胞的含水量较高，细菌含水量可占细胞鲜重的75%～85%，酵母菌为70%～85%，丝状真菌为85%～90%。细胞内的水主要以两种形式存在：一种是结合水；另一种是自由水。结合水与其他化合物紧密结合，而不能为微生物细胞利用；自由水通常以游离态存在，为细胞代谢提供一个液体内环境。

细胞中水的主要生理功能有：①作为细胞的组成成分；②提供细胞代谢活动的介质；③参与营养物质的吸收和代谢产物的排出；④直接参与部分生化反应；⑤良好的热导体，调节细胞内的温度；⑥维持细胞内蛋白质、核酸等生物大分子天然构象的稳定。

2. 固形成分

（1）蛋白质　是微生物细胞中主要的固形成分，占细胞固形成分的40%～80%。蛋白质的存在方式有两种：一是简单蛋白，如鞭毛蛋白、球蛋白和一些水解酶蛋白；二是复合蛋白，如核蛋白、糖蛋白、脂蛋白和酶蛋白等。蛋白质在微生物细胞中发挥着各种各样的生物学作用：①微生物细胞的重要结构物质，如参与染色体、核糖体和细胞膜的组成；②本身作为酶或辅酶，催化细胞内进行的各种生化反应；③参与营养物质的运输；④与细胞的生长繁殖及遗传变异有关。因此，可以说微生物的各种生理现象和生命活动都离不开蛋白质。

（2）核酸　微生物细胞内的核酸有脱氧核糖核酸（DNA）和核糖核酸（RNA），占细胞固形成分的10%～15%。DNA主要存在于细胞核（或核物质）、质粒和某些细胞器中。不同种类的微生物，其细胞内DNA的存在状态不同。其中真菌DNA与蛋白结合形成与高等生物类似的染色体；细菌和放线菌的DNA基本是以原核、游离形式存在的。RNA一般存在于细胞质中，除少量以游离状态存在外，多数都与蛋白质结合，形成核蛋白体。核酸是生物遗传变异的物质基础。对于细胞型微生物，DNA上携带全部的遗传基因，通过DNA的复制和细胞分裂将基因传递给子代，RNA主要参与并控制蛋白质的生物合成。

（3）糖类　占固形成分的10%～30%。糖类在细胞中的存在方式较复杂，既有以复杂组成成分存在的类型，如脂多糖、肽聚糖、荚膜多糖、真菌多糖等，也有以游离形式存在的类型，如糖原、淀粉等。前者主要组成微生物细胞的结构物质，后者主要是细胞内的储藏性碳源和能源，能被微生物分解利用。

（4）脂类　占固形成分的1%～7%，极个别类型偏高，如结核分枝杆菌体内的脂类含量高达40%。主要的脂类有脂肪、磷脂、糖脂、甾醇、蜡和多聚β-羟基丁酸等。脂肪是微生物的储藏物质；磷脂是构成微生物细胞内各种膜的主要成分；脂蛋白、糖脂及固醇是微生物细胞壁的重要组分；甾醇是真核和个别原核生物（支原体）细胞膜的组分。多聚β-羟基丁酸是低级脂肪酸聚合物，是多种细菌的碳源性储藏物质。

除上述固形成分外，微生物细胞中还有无机盐、维生素及一些特殊成分，这些成分的含量虽然很低，但对微生物细胞的生长是必不可少的。无机盐可以调节细胞的渗透压、维持酶活性；维生素，主要是B族维生素，常作为细胞中多种代谢酶类的辅酶或辅基，在微生物代谢过程中起重要作用。

（三）营养要素及主要作用

与其他生物一样，微生物必须不断地从外界吸收供其生长繁殖所需的各类营养物质。按照营养物质中所含主要元素成分及在微生物生长繁殖中的生理功能不同，可将其分为碳源、氮源、能源、无机盐、生长因子和水等六种营养要素。

1. 碳源（carbon source）　是为微生物生长繁殖提供碳元素或碳架来源的营养物质的统称，是含碳元素的各种化合物。碳源不仅用于合成微生物的含碳物质及合成细胞骨架，还可为微生物生长繁殖提供能量，由于绝大部分碳源物质在细胞内生化反应过程中能为机体提供维持生命活动所需的能源，因此碳源物质通常也是能源物质。

微生物可利用的碳源范围叫做碳源谱（spectrum of carbon source）。微生物的碳源谱极其广泛，主要包括无机碳源和有机碳源。无机碳源主要是 CO_2 及碳酸盐（CO_3^{2-} 或 HCO_3^-）；有机碳源的种类非常丰富，常见类型有糖类及其衍生物、脂类、醇类、有机酸和烃类等，其中最容易被细菌吸收利用的是糖类物质。糖类包括单糖、双糖和多糖。单糖主要是葡萄糖和果糖；双糖有蔗糖、麦芽糖和乳糖；多糖主要指淀粉、纤维素及糊精等。糖类中最简单的是葡萄糖，它是微生物最容易吸收和利用的一种碳源。当一些简单碳源和复杂碳源共存时，微生物一般是先利用简单碳源，只有在简单碳源完全耗尽后，才开始利用复杂碳源。

微生物种类不同，利用碳源的能力也不同。能利用无机碳源的微生物种类较少，多数微生物吸收和利用有机碳源。有些微生物能利用的碳源种类较多，适应环境的能力强，如假单胞菌属中的某些细菌可以利用90 种以上的不同类型碳源；有些微生物仅能利用少数的几种类型碳源，如有些酵母菌仅能利用少数的几种糖类作为碳源；而甲烷菌只能利用甲烷作为它的碳源进行生长繁殖。还有些特殊种类微生物由于其细胞内独特的酶使它们具有特异的分解和利用某些特殊碳源能力，如有些微生物可以在石蜡或人工塑料上生长，有些类型甚至能分解和利用有毒的含碳化合物、氰化物和酚类，这些微生物已经广泛应用于垃圾及污水处理等环保领域。因此，可以依据微生物利用碳源的类型和能力的差异来对其进行分类鉴定。

微生物发酵工业中要消耗大量碳源，常用的碳源有糖类、脂肪酸及一些有机酸。在特定情况下，蛋白质的降解产物也能作为碳源被利用。由于大量的碳源最初都来源于粮食，为了节省粮食可以利用一些粗粮或代用品作为碳源，如玉米粉、山芋粉、野生植物淀粉、麦糠、麸皮及工业废糖蜜等。目前，正在开展以纤维素、石油、CO_2 等为碳源和能源的微生物发酵研究工作。

2. 氮源（nitrogen source） 是为微生物生长提供氮素来源的营养物质的统称，是指那些含氮元素的各种化合物或简单分子。氮源主要为微生物细胞合成生命大分子物质如蛋白质、核酸等提供氮素。氮源一般不作为能源，只有个别种类的细菌能利用氨基酸、铵盐或硝酸盐同时作为氮源和能源。

微生物可利用的氮源范围称作氮源谱（spectrum of nitrogen source）。微生物的氮源谱也十分广泛。氮源可分为无机氮源和有机氮源两大类。无机氮源是一些无机含氮化合物，主要有铵盐、硝酸盐、NH_3 及 N_2 等；有机氮源主要是动物或植物蛋白及其不同程度的降解产物，也称为蛋白质类氮源，如鱼粉、黄豆饼粉、花生饼粉、牛肉膏、蛋白胨、玉米浆等。对于大多数微生物来说，无机氮源和有机氮源都可以作为生长的氮源。细菌可以利用铵盐、硝酸盐作为氮源，放线菌、霉菌可利用硝酸盐作为氮源，而牛肉膏、蛋白胨等有机氮源中由于含有多种营养因子，故可作为多数微生物的氮源物质。

由于一些无机氮源的相对分子质量小、结构简单，很容易被微生物吸收和利用，在较短时间内就可满足菌体生长需要，故称之为速效氮源。如硫酸铵就是一种速效氮源，该分子中的氮是以还原态形式存在的，可直接被微生物细胞吸收利用。相反，大多数有机氮源的相对分子质量大且存在形式较复杂，在被微生物利用之前还需经进一步的降解，因此微生物吸收和利用这样的氮源需要一段时间，称之为迟效氮源。如黄豆饼粉、花生饼粉中所含的氮主要是以蛋白质形式存在，这种类型氮源不能直接被微生物利用，属于典型的迟效氮源。在微生物的发酵生产中，必须在培养基中添加一定比例的速效氮源和迟效氮源。一般来说，速效氮源有利于菌体的快速生长，但由于维持时间短，表现为发酵持续能力差；

而迟效氮源由于是被微生物缓慢吸收和利用的，故在培养基中存留的时间长，有利于菌体合成代谢产物。在实际生产中，可以通过控制速效氮源和迟效氮源的加入量及加入时间来调整微生物的生长期和代谢产物合成期，从而达到提高发酵单位的目的。

除上述类型氮源外，个别种类的微生物能够吸收并利用环境中的游离氮气作为氮源，这些微生物被称为固氮微生物。它们能通过体内特有的固氮酶将分子态的氮转化为氨和其他氮化物，这一复杂生理过程称为生物固氮作用。具备固氮能力的微生物既有细菌，也有放线菌和真菌，统称为固氮菌。根据固氮菌与高等生物和其他生物的关系，可将其分为自生固氮菌和共生固氮菌，两者行使的固氮方式分别叫做自生固氮和共生固氮。自生固氮是菌体细胞本身借助其固氮酶独立完成的；共生固氮则是固氮菌与其他生物形成共生体，借助共生体来完成固氮过程。如土壤中的根瘤菌可以借助根毛侵入豆科植物的根部，通过生长刺激形成共生体——根瘤（root nodule）。根瘤内的菌体形态呈多形性，称为类菌体，类菌体内的固氮酶能固定分子态氮气，使之转变为氨，最后被植物吸收利用。

3. 能源（energy source） 是指能为微生物生命活动提供最初能量来源的营养物质和辐射能。微生物的能源谱常分两类：光能和化学能。少数微生物可利用光能，绝大多数微生物需要利用物质氧化释放的化学能。

在能源中，有些营养要素只有一种功能，有些营养要素则具有多种功能。如光能仅提供能量，称为单功能营养物质；NH_4^+ 是硝酸细菌的氮源和能源物质，称为双功能营养物质；蛋白质、氨基酸等同时具有碳源、氮源和能源的功能，称为三功能营养物质。

4. 无机盐（inorganic salt） 是为微生物生长提供必需的矿质元素，是微生物生命活动中必不可少的一类营养物质。无机盐主要是指含有磷、硫、镁、钾、钠、钙、铁等矿物质元素的各种无机化合物，一般以盐酸盐、硫酸盐、磷酸盐、碳酸盐及硝酸盐形式存在。它们为细胞生长提供必需的各种矿质元素，同时也为微生物细胞提供一些微量元素，以满足细胞各种生理活动的需要。与碳源和氮源相比，微生物细胞对无机盐的需求量很低，对一些微量元素的需要量更少，当培养基中微量元素过量时，往往会抑制微生物的生长。

无机盐对微生物细胞的功能是多方面的，主要作用包括：①维持生物大分子和细胞结构的稳定性；②作为酶或辅酶的组成部分；③作为酶的激活剂，参与调节酶的活性；④调节并维持细胞内的渗透压、控制细胞的氧化还原电位；⑤可以作为一些特殊类型微生物的能源（Fe^{2+}、S 等）。

微生物生长所需的一些矿质元素、相应存在形式的无机盐及其生理功能见表 5-1。

表 5-1　微生物生长所需的矿质元素、存在形式及其生理功能

矿质元素		主要存在形式	重要生理功能
主要元素	磷	$H_2PO_4^-$、HPO_4^{2-}、PO_4^{3-}	构成核酸、磷脂、辅酶，参与磷酸化，调节 pH
	硫	H_2S、S、$S_2O_3^{2-}$、SO_4^{2-}	构成氨基酸、酶活性基团、维生素，提供能源
	镁	$MgSO_4$、$MgCl_2$	组成酶活性部位，酶激活剂，维持膜活性
	钾	KH_2PO_4、K_2HPO_4、KNO_3	作为酶激活剂，维持渗透压，与物质运输有关
	钠	NaCl、NaH_2PO_4	与物质运输有关，维持渗透压，维持酶稳定性
	钙	$CaCl_2$、$CaCO_3$、$Ca(NO_3)_2$	降低膜透性，调节 pH，作为酶辅因子，芽孢抗热
	铁	$FeSO_4$	构成细胞色素、酶活性基团，提供能源

续表

矿质元素		主要存在形式	重要生理功能
微量元素	钴	$CoCl_2$	构成维生素 B_{12}、酶辅基
	锰	$MnSO_4$	多种酶激活剂，参与羧化反应
	铜	$CuSO_4$、$CuCl_2$	多元酚氧化酶活性基，与孢子色素形成有关
	锌	$ZnSO_4$	酶的活性基，酶的激活剂
	钼	$MoSO_4$	参与酶组成，促进固氮作用

5. 生长因子（growth factor） 是指那些微生物生长所必需的、细胞本身不能合成或合成量不足、必须借助外源加入的微量有机营养因子。常见生长因子主要有维生素、氨基酸及各类碱基（嘌呤及嘧啶）、卟啉及其衍生物等。生长因子不提供能量，也不参与细胞结构组成。多为酶的组成成分，与微生物的代谢密切相关。

不同类型微生物对生长因子的需要程度不同。有些微生物如一些天然野生型微生物，细胞中含有合成各种维生素的酶，能利用所吸收的营养物质合成自身需要的各种维生素，在培养这些类型微生物时，不需外源供给维生素。也有些微生物因缺少合成某种或多种维生素的酶，从而丧失了合成维生素的能力，在培养这些类型微生物时，必须外源加入相应的维生素。对微生物生长起重要作用的维生素主要是 B 族维生素，这些维生素是微生物细胞中各种酶的组成成分，缺少它们，酶的活性就会丧失，细胞内的各种代谢就会停止，表现为微生物不能生长。

微生物对氨基酸、碱基等生长因子的需要也与微生物细胞本身的特性有关。有些微生物在生长过程中可以通过吸收利用一些简单的碳源和氮源来合成这些生长因子；还有些微生物由于自身遗传基因的改变、环境条件的影响等导致细胞不能合成这些生长因子，必须在培养基中补充相应的氨基酸、碱基或含有这些生长因子的营养物质。氨基酸是合成蛋白质的前体，碱基则是合成核酸的原料，它们都是微生物生长所必需的。

凡是自身不能合成某种生长因子的微生物统称为营养缺陷型（auxotroph）。少数天然的营养缺陷型微生物在自然界中就存在，而多数营养缺陷型是在实验室通过人工诱变等方法获得的。营养缺陷型的应用很广，常用于研究微生物的代谢途径和与代谢过程有关的基因控制。在工业生产中，为了提高发酵单位，也大量采用一些与主产物代谢途径相关的一些副产物营养缺陷型。

值得提出的是，生长因子虽然对微生物生长极为重要，但需要量极低，过高反而会对微生物的生长产生抑制影响。在培养营养缺陷型微生物时，一定要控制好生长因子的浓度。

常见的生长因子及其生理功能和参考使用浓度见表 5－2。

表 5－2　一些微生物生长所需的生长因子、生理功能及参考使用浓度

生长因子	生理功能	参考使用浓度/（μg/ml）
硫胺素（维生素 B_1）	脱羧酶、转酮酶辅基，参与氧化脱羧、酮基转移	0.0005（金黄色葡萄球菌）
核黄素（维生素 B_2）	FMN 和 FAD 的前体，黄素蛋白的辅基，参与能量代谢	0.0012（乳酸菌、丙酸菌）
烟酸	NAD 和 NADP 的前体，脱氢酶的辅基，与能量代谢有关	3（弱氧化醋酸杆菌）
对氨基苯甲酸	叶酸的前体，转移一碳单位	0～0.01（弱氧化醋酸杆菌）
吡哆醛 （维生素 B_6）	转氨酶、脱羧酶辅基，参与氨基酸的消旋、脱羧及转氨	0.025（肠膜明串珠菌）

续表

生长因子	生理功能	参考使用浓度/（μg/ml）
泛酸	辅酶A前体，乙酰载体辅基，参与酰基转移	0.02（阿拉伯糖乳杆菌）
叶酸	组成四氢叶酸，参与一碳代谢、甲基转移	200（粪链球菌、乳酸菌）
生物素（维生素H）	羧化酶辅基，参与 CO_2 固定及脂肪酸合成	0.001（干酪乳杆菌）
胆碱	构成磷脂的极性部分	6（第Ⅲ型肺炎链球菌）
尿嘧啶	核酸（RNA）的合成原料	0~4（破伤风梭菌）
β-丙氨酸	辅酶的组分，合成氨基酸原料	1.5（白喉棒状杆菌）
精氨酸	蛋白质合成原料，与酶活性部位有关	50（粪链球菌）
甲硫氨酸	蛋白质合成原料，维持酶的天然构象	10（阿拉伯聚糖乳杆菌）
色氨酸	蛋白质合成原料	8（戴氏乳杆菌）

二、微生物的营养类型

微生物种类繁多，营养类型多而复杂，微生物的营养类型实质为利用营养物质的特定方式。微生物中分化出了各种各样的营养类型（表5-3）。

表5-3　微生物营养类型的分类

分类标准	营养类型
按碳源分	自养型（autotroph） 异养型（heterotroph）
按能源分	光能营养型（phototroph） 化能营养型（chemotrpoh）
以供氢体分	无机营养型（lithotroph） 有机营养型（organotroph）
按合成氨基酸能力分	氨基酸自养型（amino acid autotroph） 氨基酸异养型（amino acid heterotroph）
按微生物吸收营养物质的方式分	渗透营养型（osmotroh） 吞噬营养型（phagotroph）
按合成某些生长因子的能力分	原养型（prototroph）或野生型（wild type） 营养缺陷型（auxotroph）
按利用的有机物有无生命能力分	腐生型（saprophytism） 寄生型（parasitism）

虽然微生物营养类型划分方法很多，但目前更多的是根据碳源、能源及供氢体性质的差异划分微生物的营养类型，主要可分为光能无机自养型、光能有机异养型、化能无机自养型和化能有机异养型等四种基本营养类型（表5-4）。

表5-4　微生物的基本营养类型

营养类型	主要或唯一碳源	能源	供氢体	代表性微生物
光能自养型 （光能无机自养型）	CO_2	光能	H_2S、S、H_2 或 H_2O 等无机物	着色细菌、蓝细菌、藻类
光能异养型 （光能有机异养型）	CO_2 及简单有机物	光能	有机物	红螺细菌

续表

营养类型	主要或唯一碳源	能源	供氢体	代表性微生物
化能自养型（化能无机自养型）	CO_2 或碳酸盐	化学能（无机物）	H_2S、H_2、Fe^{2+}、NH_4^+ 或 NO_2^- 等无机物	硝化细菌、铁细菌、氢细菌
化能异养型（化能有机异养型）	有机物	化学能（有机物）	有机物	绝大多数细菌和全部真核微生物

（一）光能自养型

光能自养型也称光能无机自养型（photoautotroph），这种类型微生物能利用光作为能源，能并以 CO_2 作为主要或唯一的碳源，红硫细菌、绿硫细菌就属于该种营养类型，它们能以 H_2S 为供氢体，还原 CO_2 为细胞物质。光能无机自养型微生物一般都含有一种或几种光合色素，主要包括叶绿素、类胡萝卜素和藻胆素三大类，其中叶绿素为主要的光合色素。

（二）光能异养型

光能异养型也称光能有机异养型（photoheterotroph），这种类型微生物能利用光能，利用有机物作为碳源及供氢体，但不能以 CO_2 作为主要或唯一的碳源。人工培养光能异养型微生物生长时，通常需要供应外源的生长因子。红螺细菌属（*Rhodospirillum*）微生物属于这种营养类型，它能利用异丙醇作为供氢体，将 CO_2 还原为细胞物质，并同时在细胞内积累丙酮。

光能无机自养型和光能有机异养型微生物都可以利用光能生长，在地球早期生态环境的演化过程中起重要的作用。

（三）化能自养菌型

化能自养型也称化能无机自养型（chemoautotroph），这类微生物生长所需的能量来自于无机物氧化过程中放出的化学能，它们能够以 CO_2 或碳酸盐作为主要或唯一的碳源来合成细胞结构物质，而供氢体是 H_2S、H_2、Fe^{2+}、NH_4^+ 或 NO_2^- 等无机物。

这类微生物广泛分布于土壤及水环境中，甚至可以在完全无机及无光的环境中生长。由于受无机物氧化产生能量不足的制约，这类微生物一般生长迟缓。按照被氧化的无机物种类，可将该类微生物分为硫细菌、硝化细菌、铁细菌和氢细菌四种类型。

由于氧化会导致某些无机物中元素的化合价发生变化，从而使这些元素的存在形式发生改变，因此该类微生物在自然界中的一些重要元素的循环、物质转换中起着十分关键的作用。如土壤中的硝化细菌能以亚硝酸作为能源，通过氧化 NO_2^- 使之成为 NO_3^-，从中获取ATP，再以 CO_2 或碳酸盐为碳源来合成细胞物质。

（四）化能异养型

化能异养型也称化能有机异养型（chemoheterotroph）。生长所需要的能量来自有机物氧化过程中释放的化学能；生长所需要的碳源主要是一些有机化合物，如淀粉、糖类、有机酸、纤维素等；其合成代谢中的供氢体也是一些有机物的中间代谢产物。有机物对于这种类型微生物来说既是碳源也是能源，属于双重营养物。大多数细菌、放线菌、全部的真菌和原生动物均属于化能有机异养型微生物。

根据利用的有机物性质不同，还可以将化能有机异养型微生物分为腐生型和寄生型两类。前者可利用无生命的有机物（如动植物尸体和残体）作为碳源和能源；后者则主要借助寄生方式生活在活体细胞或组织间隙中，从宿主体内获得有生命的有机物质作为碳源和能源，离开寄主就不能生存。寄生型的微生物绝大多数都是致病性的微生物，寄生的结果会导致宿主发生病变。

这里需要指出的是，微生物营养类型的划分不是绝对的，不同营养类型之间的界限并非绝对，在特定环境条件下，有些自养型微生物可以利用有机物进行生长，一些异养型微生物也可以利用 CO_2 或碳酸盐作为碳源生长。有些微生物在不同生长条件下生长时，其营养类型也会发生改变；例如紫色非硫细菌（purple nonsulphur bacteria），当有机物存在时，利用有机物进行生长为异养型微生物；该菌在没有有机物时，可同化 CO_2，为自养型微生物；在光照和厌氧条件下，可利用光能生长，为光能营养型微生物；当处于黑暗与需氧条件下，该菌依靠有机物氧化产生的化学能生长，为化能营养型微生物；同样，在腐生和寄生之间也存在一些过渡性的中间类型。如大肠埃希菌既可以在人体肠道中行寄生生活，又可以在自然环境中行腐生生活，这种方式称为兼性腐生（facultive metatrophy）或兼性寄生（facultive paratrophy）。微生物营养类型的可变性无疑有利于提高其对环境条件变化的适应能力。

三、营养物质的运输

环境中的各种营养物质只有被吸收到细胞内，才能被微生物逐步利用。微生物细胞没有专门的摄食器官或相关结构，绝大多数是以渗透方式吸收营养物质。各种营养物质的进入及代谢产物的排出都是借助其细胞壁和细胞膜的结构和功能完成的。细胞壁和细胞膜组成了微生物细胞的屏障结构，该结构对各种营养物质具有自由或选择性的透过作用。

细胞壁是营养物质进入细胞的第一屏障。细胞壁的网格状结构允许相对分子质量低于800的小分子物质自由通过，但能阻挡大分子物质进入。复杂的大分子化合物如蛋白质、纤维素、多糖和果胶等在进入细胞前必须先经过微生物的胞外酶的初步分解后才能进入细胞。常见的胞外酶有蛋白酶、纤维素酶、淀粉酶和果胶酶等。

细胞膜是控制营养物质进入和代谢产物排出的主要屏障。它对营养物质具有选择性的通透作用。细胞膜的基本结构是脂质双层，因此，物质的脂溶性越高，越易通过细胞膜。细胞膜带有极性，膜上有微孔，特别是在膜上有一些与营养物质运输有关的转运蛋白（transport proteins），作为营养物质的载体，这些蛋白质能通过多种方式完成营养物质的跨膜转运过程。

除微生物细胞自身的结构外，营养物质本身的性质，如分子的大小、极性、所带电荷及细胞所处的环境条件，如pH、介质的离子强度及温度等也会在一定程度上影响物质的运输方式和运输效率。根据微生物细胞吸收营养物质的特点，一般可将运输方式分为简单扩散、促进扩散、主动运输和基团转位四种主要类型。

（一）简单扩散

简单扩散（simple diffusion）是在无载体蛋白参与下，营养物质顺浓度梯度以物理扩散作用进入细胞的一种物质运送方式。这种运输方式的主要特点是：①扩散方向是从高浓度向低浓度；②不消耗能量；③不需要膜上的载体蛋白（carrier protein）参与；④扩散的速率随浓度梯度的降低而减小，当细胞内外浓度相等时达到动态平衡（图5-1）。由于进入细胞的营养物质不断被消耗，使细胞内的营养物质始终保持较低的浓度，故胞外营养物质能源源不断地通过简单扩散进入细胞，使得平衡永远达不到，因此，简单扩散是微生物细胞始终进行的一种扩散。

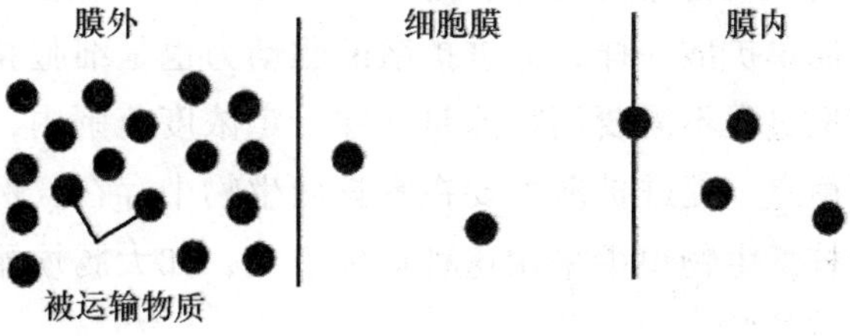

图 5-1　简单扩散模式

影响简单扩散的因素主要有被运输营养物质的浓度差、分子大小、溶解性、极性、膜外 pH、温度和离子强度等。一般相对分子质量小、脂溶性强、极性小、温度高时营养物质容易吸收，反之则不易吸收。pH 和离子强度是通过营养物质的电离程度而起作用的。

能够借助简单扩散方式进入细胞的营养物质种类并不多，主要是水、脂肪酸、乙醇、甘油、苯、某些氨基酸分子及一些气体分子（O_2、CO_2）等。简单扩散过程没有特异性和选择性，扩散速度很慢，因此不是细胞获取营养物质的主要方式。

（二）促进扩散

促进扩散（facilitated diffusion）又称协助扩散，指营养物质借助存在于细胞膜上的特异性载体蛋白，顺浓度梯度运送营养物质的方式。其运输过程基本与简单扩散一样，与简单扩散的不同之处在于促进扩散中还需要载体蛋白参加。载体蛋白也称作渗透酶（permease）、移位酶（translocase）或移位蛋白（translocator protein），是一种位于细胞膜上的蛋白质，一般为诱导酶。在促进扩散过程中，被运输的营养物质与膜上的特异性载体蛋白发生可逆性结合，载体蛋白像"渡船"一样把营养物质从细胞膜的一侧运送到另一侧，运输前后载体本身不发生变化（图 5-2），载体蛋白的存在只是加快运输过程。

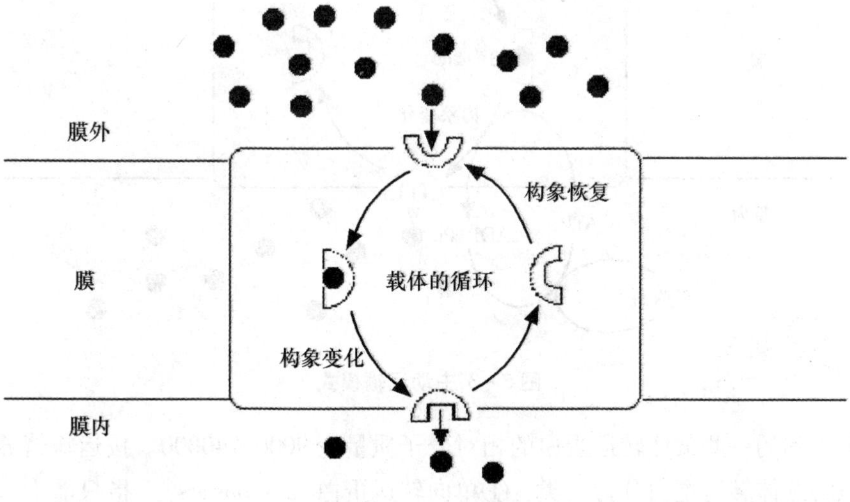

图 5-2　促进扩散模式

载体蛋白对被运输的物质有高度的专一性。某些载体蛋白只转运一种分子，如葡萄糖载体蛋白只转运葡萄糖；大多数载体蛋白只转运一类分子，如转运芳香族氨基酸的载体蛋白不转运其他氨基酸。也有的微生物对同一种物质的运输由几种载体蛋白完成。如酿酒酵母有三种不同的载体蛋白运输葡萄糖；另外，某些载体蛋白可同时运输几种物质，如大肠埃希菌可通过一种载体蛋白运输亮氨酸、异亮氨酸和缬氨酸。

通常在微生物处于高浓度营养物质的情况下，并且微生物细胞需要吸收某些营养物时，促进扩散才能发生。与简单扩散一样，促进扩散的驱动力也是细胞膜内外某营养物质的浓度梯度，因此，促进扩散过程不需要消耗能量。在一定浓度范围内，载体蛋白可提高运输速率，但不能改变总平衡点。促进扩散主要在真核微生物中存在，例如厌氧生活的酿酒酵母对葡萄糖的转运。原核微生物很少采用这种运输方式，如大肠埃希菌、沙门菌等肠道细菌对甘油的运输采用促进扩散。

（三）主动运输

主动运输（active transport）是指通过细胞膜上特异性载体蛋白构型变化，消耗能量，可以逆浓度梯度运输营养物质，且被运输的物质在运输前后并不发生任何化学变化的一种物质运输方式。

主动运输主要特点是：①需要载体蛋白参加；②消耗能量；③运输方向可以从低浓度向高浓度；④主动运输可以改变运输的平衡点。

由于这种运送方式也需要载体蛋白参与，因而对被运输的物质有高度的选择性，在膜的外表面转运蛋白对营养物显示了高的亲和力，使得营养物能与转运蛋白特异性结合；当营养物被运输穿过膜时，转运蛋白的构象发生改变，产生了对营养物具有低亲和力的结构，导致营养物在细胞内释放（图5-3）。与促进扩散不同的是：在主动运送过程中载体蛋白构象的变化需要消耗能量。有研究表明，新陈代谢抑制剂可以阻止细胞产生能量而抑制主动运输，但短时间内对促进扩散没有影响。

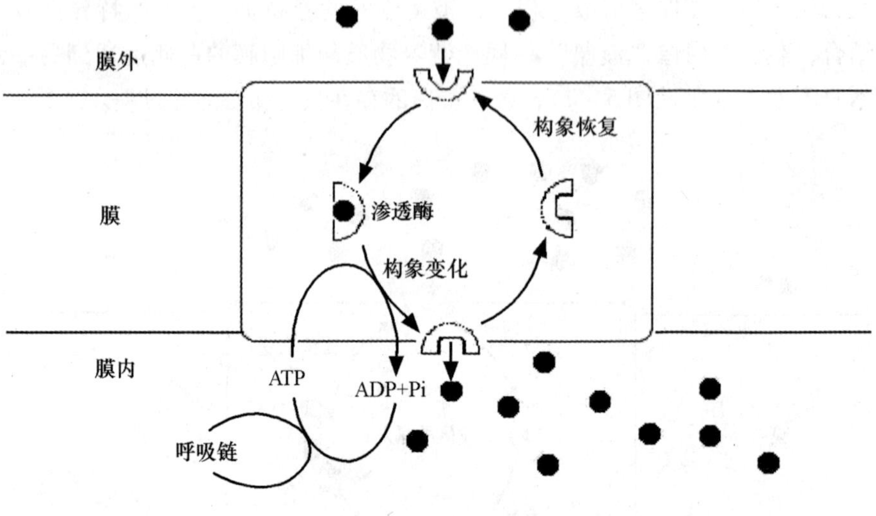

图5-3 主动运输模式

已经分离到的一些载体转运蛋白的相对分子质量为9000~40000。按运输营养物质的特点不同可以将载体转运蛋白分为三类：①单向转运蛋白（uniporters），指只能沿一个方向运输一种类型化合物的蛋白质；②同向转运蛋白（symporters），指能沿单一方向同时运输两种类型化合物的蛋白质；③反向转运蛋白（antiporters），指能同时转运两种类型的化合物但运输方向相反的蛋白质。多数的微生物往往只能借助单向转运蛋白来运输相应的营养物质，少数微生物可以利用同向及反向转运蛋白来运输不同的营养物质。

转运蛋白对被运输的营养物质具有高度的选择性，某种营养物质经主动运输后，其胞内浓度要远远高于胞外浓度。因此，主动运输可以改变运输的平衡点，对于很多生存于低浓度营养环境中的微生物来说，主动运输是影响其生存的重要营养吸收方式。

主动运输可以逆浓度差将营养物质运送入细胞内，因此，需要消耗能量。微生物主动运输的能量来源有两种方式：一种是质子动力（proton motive force，PMF）型，质子动力是一种来自膜内外两侧质子浓度差（膜外质子浓度 > 膜内质子浓度）的高能量级的势能，是质子化学梯度与膜电位梯度的总和。质子动力可在电子传递时产生，也可在 ATP 水解时产生。

能量来源的另一种方式为 ATP 动力型，即钠钾泵。它能在细胞膜上高效率地向细胞外排出 Na^+，同时向细胞内吸收 K^+。

主动运输是广泛存在于微生物细胞中的一种主要物质运输方式。大多数氨基酸、有机酸、糖类和一些离子（K^+、Na^+、HPO_4^{2-}、HSO_4^-）等都是通过主动运输透过细胞膜进入到微生物细胞内的。

（四）基团转位

基团转位（group translocation）是指需要载体蛋白参加，消耗能量的物质运输方式，且被运输物质在运输前后发生了分子结构修饰。因此，基团转位不同于主动运输，是一种特殊形式的主动运输。如葡萄糖经过这种方式被运输到细胞内后，经过修饰在其分子上增加了一个磷酸基团，变为 6 - 磷酸葡萄糖。除了营养物质在运输过程中发生了化学修饰这一特点外，该过程的其他特点都与主动运输方式相同。以基团转位方式运输的营养物质主要是各种糖类（葡萄糖、果糖、麦芽糖、甘露糖和 N - 乙酰葡萄糖胺等）、脂肪酸、核苷酸、碱基、丁酸等。

基团转位主要存在于厌氧和兼性厌氧型细菌中，需氧型细菌及真核细胞型微生物中尚未发现这种运输方式。基团转位一般是由细胞内复杂运输系统完成，这些运输系统常常由多种酶和特殊蛋白构成。不同类型的营养物，其运输系统不完全相同。研究比较清楚的基团转位系统是细菌细胞内的磷酸烯醇式丙酮酸/己糖磷酸糖转移酶系统，简称磷酸转移酶系统（phosphate transporting system，PTS）。PTS 系统中主要由五种不同的蛋白质组成，包括酶Ⅰ、酶Ⅱ（含有 a、b、c 三个亚基）和一种热稳定蛋白（heat stable carrier protein，HPr）。

HPr 是一种低分子质量的可溶性蛋白，结合在细胞膜上，起着高能磷酸载体的作用。酶Ⅰ是一种可溶性细胞质蛋白。HPr 和酶Ⅰ对被运输的物质无特异性。酶Ⅱ常由三个亚基组成，其中酶Ⅱa（也称酶Ⅲ）为可溶性细胞质蛋白，酶Ⅱb 具有亲水性蛋白，酶Ⅱc 是位于细胞膜上的疏水性蛋白，酶Ⅱb 常与酶Ⅱc 相结合。酶Ⅱ只专一性运输某一种营养物质，它们对底物具有特异性，一般经诱导而产生，种类很多。

磷酸转移酶系统每输入 1 个葡萄糖分子，需要消耗 1 个 ATP 的能量。PTS 系统运输糖的基本过程是：①热稳定蛋白的激活，细胞内高能化合物磷酸烯醇式丙酮酸（PEP）在酶Ⅰ催化下将其磷酸基团转位给 HPr，使其磷酸化，同时释放出丙酮酸；②带有磷酸基团的 HPr - P 将磷酸基团依次转移给酶Ⅱa、酶Ⅱb 和酶Ⅱc，同时游离出 HPr；③酶Ⅱc - P 将其磷酸基团转位到相应的糖分子上，使之磷酸化，酶Ⅱc 又重新释放出来，再参与下一个糖分子的磷酸化过程。经过上述过程，糖从细胞膜外被运输到膜内，并且糖分子上多了一个磷酸基团（图 5 - 4）。

由于细胞膜对大多数极性的磷酸化合物有高度的不渗透性，所以磷酸化后的糖一旦生成，就不易再流出细胞，因而细胞内的糖浓度远远高于细胞外。

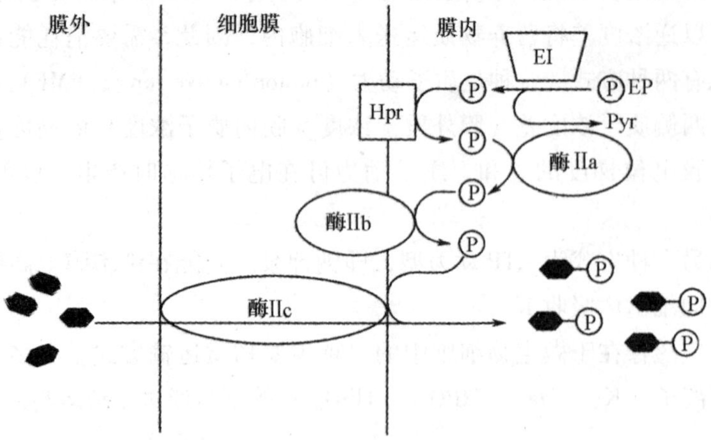

图 5-4　基团转位模式

四种营养物质运输方式的比较见表 5-5。

表 5-5　四种营养物质运输方式的比较

比较项目	简单扩散	促进扩散	主动运输	基团转位
物质运输方向	由浓至稀（顺向）	由浓至稀（顺向）	由稀至浓（逆向）	由稀至浓（逆向）
特异性载体蛋白	无	有	有	有
运输速度	慢	快	快	快
运输的分子	无特异性	有特异性	有特异性	有特异性
平衡终点	内外相等	内外相等	内部浓度高	内部浓度高
特异性	无	有	有	有
能量消耗	不耗能	不耗能	耗能	耗能
载体饱和效应	无	有	有	有
运输抑制物	无	有	有	有
运输前后分子结构	不变	不变	不变	修饰

扫码“学一学”

第二节　培养基

培养基（medium，culture medium）是人工配制的满足微生物生长繁殖或积累代谢产物的营养基质。任何培养基都应具备微生物生长所需要的六大营养要素。人们要认识微生物、研究微生物或者想要大量得到微生物代谢产物的前提就是首先要对微生物进行人工培养，即在适宜的条件下，利用培养基来培养微生物。多数微生物都可以在人工培养基上生长，但由于受到现有培养技术的限制，也存在部分不可培养的微生物。

一、培养基的配制原则

掌握培养基的配制原则、了解培养基的种类和应用是微生物学研究和微生物发酵生产的基础。配制培养基必须根据微生物的种类、培养的目的进行全面考虑。在具体配制时主要注意以下四点原则。

（一）选择适宜的营养物质

微生物的生长需要培养基含有碳源、氮源、无机盐、生长因子、水及能源等。不同营养类型微生物对营养物质的需求不一样，因此，根据不同微生物的营养需求选择适宜的营养物质非常重要。

自养型微生物能利用简单的无机物合成细胞生长所需要的糖、脂类、蛋白质、核酸、维生素等复杂的有机物，故其培养基的组成主要是由无机物构成；异养型微生物不能利用简单无机物合成有机物，在进行人工培养时需加入一些有机营养物质；对于一些营养要求特殊的微生物，培养时还需添加一些生长因子以满足其独特的营养要求。如为了使肠膜明串珠菌很好的生长，需要在合成培养基中添加30多种生长因子；而对于链球菌、淋病双球菌等病原菌，必须在含有血液或血清的有机培养基中才能生长。因此，在对一些营养要求尚不了解的微生物进行大量培养之前，需要详细考察其营养要求。

（二）营养物质浓度及配比合适

培养基中营养物质的浓度在一定范围内影响微生物的生长速度。营养物质浓度合适时微生物生长良好；营养物质浓度过低时不能满足微生物正常生长所需；营养物质浓度过高时则可能对微生物生长起抑制作用，例如高浓度糖类物质、无机盐、重金属离子等不仅不能维持和促进微生物的生长，反而起到抑制或杀菌作用。因此，培养基中营养物的浓度并非越高越好，过高的浓度不但造成浪费，还会给微生物的生长带来危害。

此外，培养基中各营养物质之间的浓度配比也直接影响微生物的生长繁殖和（或）代谢产物的形成和积累，其中碳氮比（C/N）的影响较大。碳氮比是指培养基中所含碳源的碳原子物质的量与氮源中氮原子物质的量之比。氮源不足时，菌体生长速度慢，不利于积累代谢产物；氮源过剩时，菌体生长过于旺盛，但不利于代谢产物的积累。

不同微生物需求的C/N比不同，细菌和酵母菌培养基中的C/N比约为5∶1；霉菌培养基中的C/N比约为10∶1。发酵工业中常用的种子培养基的C/N比要求较低。在微生物发酵生产中，培养基的C/N比直接影响发酵质量。例如在利用微生物发酵生产谷氨酸的过程中，培养基碳氮比为4∶1时，菌体大量繁殖，谷氨酸积累少；当培养基碳氮比为3∶1时，菌体繁殖受到抑制，谷氨酸产量则大量增加。再如，在抗生素发酵生产过程中，可以通过控制培养基中速效氮（或速效碳）源与迟效氮（或迟效碳）源之间的比例来控制菌体生长与抗生素的合成。

（三）培养基的物理、化学条件调节

培养基的物理、化学条件一般指pH、水活度、氧化还原电位等。

1. pH　培养基的pH对微生物生长的影响也较大。每种微生物生长都有其适宜的pH范围。培养基的pH必须控制在一定的范围内，以满足不同类型微生物的生长繁殖或产生代谢产物。不同微生物生长繁殖的最适pH条件一般不同。细菌生长的最适pH范围在7.0~7.6，放线菌生长的最适pH为7.5~8.0，真菌pH为4.5~6.0。所以配制培养基时，应根据所培养微生物的种类调节pH。值得注意的是，微生物生长的最适pH和积累代谢产物的最适pH经常不一致，所以在发酵生产中要根据发酵的不同阶段来适当调节培养液的pH。此外，在发酵后期，由于产生一些酸性的代谢产物，往往使培养液的pH下降，如不及时调节也会对微生物的生长及有用代谢产物的积累带来不利影响。

值得注意的是，在微生物生长繁殖和代谢过程中，由于营养物质被分解利用和代谢产物的形成与积累，培养基的初始pH会发生改变，为了维持培养基pH的相对恒定，通常采用下列两种方式。

（1）内源调节　在培养基里加一些缓冲剂或不溶性的碳酸盐。常用缓冲剂是 K_2HPO_4 和 KH_2PO_4 的混合物。该混合物中两者的浓度比例，可以使培养基的 pH 维持在 6.4～7.6。对于大量产酸的微生物可以在相应培养基中加入 $CaCO_3$。$CaCO_3$ 难溶于水，不会使培养基的 pH 过度升高，但它可以不断中和微生物产生的酸，同时释放出 CO_2，故可控制培养基的 pH 在一定范围内。此外，培养基中还存在一些天然的缓冲系统，如氨基酸、肽、蛋白质等都属于两性电解质，也可起到缓冲剂的作用。

（2）外源调节　有时微生物的代谢活动产生大量的酸碱，内源调节不足以解决问题，则需要采用外源调节。外源调节一般指在培养过程中，按实际需要不断或间断向液体培养基中流加酸液或碱液，以此调节培养液的 pH。

2. 水活度（a_w）　表示环境中微生物可实际利用的自由水或游离水的含量。a_w 的确切定义为：在同温同压下，某溶液的蒸汽压（P）与纯水蒸汽压（P_0）之比。不同微生物生长繁殖的 a_w 范围不同，一般细菌 a_w 为 0.90～0.98，霉菌 a_w 为 0.80～0.87，酵母菌 a_w 为 0.87～0.91，嗜盐菌 a_w 为 0.75，高渗酵母菌 a_w 为 0.61～0.65。

3. 氧化还原电位（Eh）　是度量氧化还原系统中还原剂释放电子或氧化剂接受电子趋势的一种指标，单位为伏（V）或毫伏（mV）。不同类型微生物对培养基中氧化还原电位要求不同。需氧微生物生长的 Eh 为 0.3～0.4V。

对于需氧和兼性厌氧微生物而言，培养基的氧化还原电位对微生物生长影响不大。但对专性厌氧微生物而言，培养基的氧化还原电位影响较大。在培养厌氧微生物时，要在培养基中加入还原剂，降低培养基的氧化还原电位。常用的还原剂为抗坏血酸、半胱氨酸、谷胱甘肽、二硫苏糖醇、氧化高铁血红素和疱肉等。

（四）培养基的灭菌处理及无菌状态的维持

要想获得微生物的纯培养，必须避免杂菌污染。由于培养基中的各营养物质并非是无菌的原料，且在培养基的配制过程中也会带来一定的污染，因此，新配制好的培养基必须马上进行灭菌处理，使之达到无菌状态。

对培养基灭菌一般采用高压蒸汽灭菌法，一般培养基用 103.5kPa，121.3℃，15～30 分钟可达到灭菌目的。培养基在高温高压条件下，其中某些营养成分可发生降解被某些成分之间可能发生化学反应，蒸汽压力越大或灭菌时间越长，培养基的营养成分被破坏得越多。如糖类在高温下易被破坏，培养基中的还原糖与氨基酸、肽类或蛋白质等有机氮在高温下易发生反应形成 5－羟基糠醛和棕色的类黑精。此外，糖类还能与磷酸盐发生络合反应，形成棕色色素。这些色素轻者引起微生物代谢途径的改变，重者影响菌体的生长繁殖。因此，含糖培养基常在 55.21 kPa，112.6℃，15～30 分钟进行灭菌，对于某些对糖要求较高的培养基，可将糖与其他成分分别灭菌，然后再混合，从而保证培养基的灭菌质量。

在高压蒸汽灭菌过程中，培养基中的无机盐之间也可能发生化学反应。如磷酸盐、碳酸盐与某些钙、镁、铁等阳离子结合形成难溶性复合物而产生沉淀，因此，常需要在配制培养基时加入少量螯合剂，常用的螯合剂为乙二胺四乙酸（EDTA）。也可以将含钙、镁、铁等离子成分的磷酸盐、碳酸盐分别进行灭菌，然后再混合，避免形成沉淀。

除上述原则外，在培养基的配制过程中还要考虑到培养基的渗透压及培养基的制作成本等方面的因素。当所设计的是大规模发酵用的培养基时，应重视培养基中各成分的来源和价格，应选择来源广泛、价格低廉的原料，提倡“以粗代精”“以废代好”“以野代家”“以烃代粮”“以国产代进口”等。

二、培养基的类型

培养基的类型很多，据估计目前约有数千种不同的培养基，这些培养基可根据培养基成分的来源、物理状态以及功能等而分成若干类型。

（一）按培养基成分的来源划分

按培养基成分的来源划分，可将其分为天然培养基、合成培养基和半合成培养基。

1. 天然培养基（complex medium）　是用天然原料或一些经过人工降解的天然有机营养物质（如牛肉膏、蛋白胨、酵母膏、麦芽汁、玉米粉、牛奶、马铃薯、花生饼粉和血清等）配制的，又称非化学限定培养基（chemically undefined medium）。这类培养基的化学成分常不恒定，也难以确定，但营养丰富，如培养细菌用的牛肉膏蛋白胨培养基，培养酵母菌用的麦芽汁培养基。天然培养基更适宜于一般实验室中菌种的培养和在生产上用来大规模地培养微生物和生产微生物产品。

2. 合成培养基（synthetic medium）　是由化学成分完全了解的物质配制而成的，也称化学限定培养基（chemically defined medium）。如培养放线菌的高氏一号合成培养基、培养真菌的察氏（Czapek）合成培养基等。这种培养基的化学成分清楚，组成精确，重现性强，但价格相对较贵，微生物生长较慢。合成培养基一般适于在实验室范围内进行有关微生物的营养需要、代谢、生理生化、遗传特性分析、菌种分类鉴定等要求较高的精细科学研究工作。

3. 半合成培养基（semi-synthetic medium）　是在天然有机物的基础上适当加入已知成分的无机盐类，或者在合成培养基的基础上添加某些天然成分，如培养霉菌用的马铃薯蔗糖琼脂培养基。这类培养基能更有效地满足微生物对营养物质的需要，是实验室常用的培养基。

（二）按培养基的物理状态划分

按培养基的物理状态划分，可将其分为固体培养基、液体培养基和半固体培养基三类。

1. 液体培养基（liquid medium）　指呈液体状态的培养基，溶剂是水，不添加任何凝固剂。这种培养基的成分均匀，微生物能充分接触和利用培养基中的营养成分。常用于大规模的工业生产以及在实验室进行微生物生理代谢活动研究。此外，可根据培养后的浊度判断微生物的生长程度。

2. 固体培养基（solid medium）　指用天然固体营养基质制成的培养基，或在液体培养基中加入一定量凝固剂而呈固体状态的培养基。常用的凝固剂主要有琼脂（agar）、明胶（gelatin）及硅胶（silica gel）。固体培养基中琼脂和明胶的添加量分别为 1.5% ~2.0% 和 5% ~10%。作为理想的凝固剂应具备的条件有：①不能被微生物分解、利用、液化；②有适当的熔点和凝固点，在微生物的生长温度内保持固态；③透明度好、黏着力强；④不因高温灭菌而被破坏；⑤对微生物无毒害作用。根据这些条件，琼脂是最常用的凝固剂。琼脂又称洋菜，是从红藻中提取出的多聚半乳糖硫酸酯，微生物不能利用琼脂为碳源。

天然固体培养基指由天然固态物质直接制成的培养基，如麸皮、大豆、马铃薯片剂、胡萝卜条等天然材料组成的都属于天然固体培养基。

固体培养基常用于微生物分离、纯化、鉴定、计数和菌种保存等方面的研究，可依据使用目的不同而制成斜面、平板等形式。

3. **半固体培养基** 指在液体培养基中加入少量凝固剂（如0.2%～0.8%的琼脂）而制成的半固体状态的培养基。

半固体培养基可用来观察微生物的运动特征、测定噬菌体的效价、进行厌氧菌的培养、菌种鉴定或保藏菌种等。

（三）按培养基的功能划分

按培养基的功能划分，可将培养基分为以下五种常用类型。

1. **基础培养基**（minimum medium） 是含有一般微生物生长繁殖所需的基本营养物质的培养基，如牛肉膏蛋白胨培养基，其组成为牛肉膏、蛋白胨、氯化钠和水。另外基础培养基也可作为一些特殊培养基的基础成分，再根据某种微生物的特殊营养要求，在基础培养基中添加所需营养物质即可。

2. **加富培养基**（enrichment medium） 也叫营养培养基，是在基础培养基中加入一些特殊的营养物质，以满足营养要求比较苛刻的某些异养微生物的生长，或用以富集（数量上占优势）和分离某种微生物。常见的特殊营养物质有血液、血清、动植物组织提取液、生长因子等。如肺炎球菌和溶血性链球菌必须在血琼脂培养基上才能很好的生长。

3. **鉴别培养基**（differential medium） 指在基础培养基中加入某种试剂或化学药品，使培养后会发生某种变化，从而区别不同类型的微生物或对菌株进行分类鉴定。如伊红美蓝乳糖培养基（Eosin Methylene Blue），即EMB培养基。它在饮用水、牛奶的大肠菌群数等细菌学检查和在*E. coli*的遗传学研究工作中有着重要的用途。

EMB培养基中的伊红和美蓝两种染料可抑制G^+细菌和一些难培养的G^-细菌。在低酸性条件下，这两种染料结合并形成沉淀，起着产酸指示剂的作用。因此，试样中多种肠道细菌会在EMB培养基平板上产生易于用肉眼观察的多种特征性菌落。大肠埃希菌分解乳糖能力强而产生大量混合酸，菌体表面带H^+，可被酸性染料伊红染色，伊红与美蓝结合，故使菌落呈深紫色，并有金属闪光，而其他几种产酸力弱的肠道菌的菌落则呈相应的棕色。

4. **选择培养基**（selective medium） 是一类根据某微生物的特殊营养要求或其对某些物理、化学因素的抗性而设计的培养基。利用这种培养基可以将某种或某类微生物从混杂的微生物群体中分离出来，广泛用于菌种的筛选工作。

选择性培养的方法主要有两种：一是利用待分离的微生物对某种营养物的特殊需求而设计的，如以纤维素为唯一碳源的培养基可用于分离纤维素分解菌；利用蛋白质为唯一氮源或缺乏氮源的培养基可分离出能分解蛋白质或具有固氮能力的微生物。另一种选择性培养是利用待分离的微生物对某些物理和化学因素具有抗性而设计的，如在培养基中加入胆酸盐，可选择性地抑制革兰阳性菌生长，有利于革兰阴性肠道杆菌的分离；如在培养基中加入7.5% NaCl，则可抑制大多数细菌，但不抑制葡萄球菌，从而选择培养葡萄球菌；在分离放线菌的高氏一号合成培养基中加入10%的酚，能抑制细菌和霉菌的生长。

5. **厌氧培养基**（anaerobic medium） 是专门用于培养厌氧微生物的培养基。要求培养基中营养物质的Eh不能高，Eh值一般控制在－150～－420mV比较合适。通常是在培养基中加入还原剂，以降低环境中的氧化还原电位，如液体培养基中可加入巯基乙酸钠、谷胱甘肽等。

除培养基外，微生物生长的环境也十分重要，要求环境中不能有氧。厌氧措施主要有：①以惰性气体来替代空气，排除环境中的游离氧；②接种微生物后，必须采取隔离空气的措施，如在培养基上面用凡士林或石蜡封闭，以隔绝外界的空气进入。目前已有专门用于培养厌氧菌的装置，如厌氧培养箱。

三、常用的培养基

1. 细菌培养基　细菌的营养要求一般较高，因此培养细菌的培养基组成成分中常含有营养物质较丰富的复杂有机物，如牛肉膏、蛋白胨等。实验室中常用的细菌培养基就是牛肉膏、蛋白胨培养基，又称营养肉汤（nutrient broth）。

牛肉膏蛋白胨培养基的组成：牛肉膏 3g、蛋白胨 10g、NaCl 5g、水 1000ml，调 pH 至 7.4～7.6，121℃湿热灭菌 20～30 分钟。

在上述液体培养基中加入 1.5%～1.6% 的琼脂即为营养琼脂（nutrient agar）培养基，它是常用的培养细菌的固体培养基。

2. 放线菌培养基　放线菌多数为腐生型需氧菌，常以糖类特别是淀粉、糊精等多糖作为碳源，并需要各种无机盐和一些微量元素，以满足其生长及合成抗生素的需要。实验室中常用的放线菌培养基为高氏一号培养基。

高氏一号培养基的组成：可溶性淀粉 20g、$K_2HPO_4 \cdot 3H_2O$ 0.5g、KNO_3 1g、$MgSO_4 \cdot 7H_2O$ 0.5g、$FeSO_4 \cdot 7H_2O$ 0.01g、NaCl 0.5g、琼脂 15～16g、水 1 000ml，调 pH 至 7.4～7.6，121℃湿热灭菌 20～30 分钟。配制时注意，可溶性淀粉要先用冷水调匀后再加入到以上培养基中。

3. 真菌培养基　与细菌和放线菌相比，真菌的营养要求不高，也比较容易培养。一般来说，单糖、双糖、糊精和淀粉等都可作为碳源。实验室中常用马丁（Martin）培养基，从土壤中分离真菌，用察氏培养基培养霉菌，用麦芽汁培养基培养酵母菌，马铃薯培养基（PDA）可以培养霉菌或酵母菌。

（1）马丁培养基　K_2HPO_4 1g、$MgSO_4 \cdot 7H_2O$ 0.5g、蛋白胨 5g、葡萄糖 10g、1/3000孟加拉红水溶液 100ml、水 900ml，自然 pH，121℃湿热灭菌 30 分钟。待培养基融化后冷却 55～60℃时加入链霉素（链霉素含量为 30μg/ml）。

（2）察氏培养基　蔗糖 30g、$NaNO_3$3g、$MgSO_4 \cdot 7H_2O$ 0.5g、$FeSO_4$ 0.01g、K_2HPO_4 1g、KCl 0.5g、水 1000ml，pH 自然，121℃湿热灭菌 20～30 分钟。

（3）麦芽汁培养基　麦芽汁培养基是由单一麦芽汁组成的天然培养基，糖度一般为8～10 巴林度，调 pH 至 6.0～6.5，115℃湿热灭菌 15～20 分钟。

麦芽汁的制作方法：将干麦芽粉加 4 倍水，在 55～65℃下保温糖化 3～4 小时，用碘液检查至完全糖化为止。新制备的麦芽汁糖度较高，故在使用前需加水稀释。

（4）马铃薯培养基　马铃薯（去皮）200g、蔗糖（或葡萄糖）20g、水 1000ml。

马铃薯培养基的配制方法：将马铃薯去皮，切成约 2cm ×2cm 的小块，放入 1500ml 的烧杯中煮沸 30 分钟，注意用玻璃棒搅拌以防糊底，然后用双层纱布过滤，取其滤液加糖，再补足至 1000ml，自然 pH，115℃湿热灭菌 20～30 分钟。培养霉菌用蔗糖，培养酵母菌用葡萄糖。

以上仅为几种培养普通微生物的常用培养基，如果要培养一些营养要求特殊的微生物，还需采用特殊的培养基或对原有的培养基组成进行调整，以满足微生物生长的需要。

扫码“练一练”

思考题

1. 什么是营养和营养物质？各种营养物质有何生理功能？

2. 举例说明微生物对营养物质的四种运输方式。

3. 什么是生长因子？生长因子主要包括哪几类化合物？是否任何微生物生长都需要生长因子？

4. 琼脂的哪些理化性质使得它成为理想的固体培养基凝固剂？

5. 在微生物的生长过程中，引起培养基 pH 改变的原因有哪些？在实际操作中如何维持微生物生长的 pH 条件的相对稳定？

6. 在培养基的配制过程中，需要遵循哪些原则？

7. 什么叫碳源？什么叫氮源？实验室和工业生产中常用的碳源和氮源物质有哪些？

8. 什么是培养基的碳氮比？请从工业生产角度说明培养基碳氮比的重要性。

（徐　威）

第六章　微生物的代谢

扫码“学一学”

代谢（metabolism）是生命的最基本特征之一。微生物的代谢，是指微生物从外界环境中摄取营养物质，通过体内的一系列变化，转变为微生物细胞物质，以维持其正常生长和繁殖的过程。研究微生物代谢的规律及特点，不仅可以在理论上揭示代谢和生命的本质，而且可以指导人们在生产实践中有的放矢地开发、利用微生物资源和防止微生物的危害。

第一节　微生物代谢的类型

微生物代谢包括物质代谢和能量代谢两个方面。前者又分为分解代谢（catabolism）与合成代谢（anabolism），后者分为产能代谢与耗能代谢。在微生物细胞内，四种代谢类型在一个调节系统的控制下协调地进行，以完成生命活动的各个过程。

一、物质代谢

在微生物细胞中蛋白质、核酸、糖、脂类等物质的变化过程称为物质代谢。物质代谢包括分解代谢（catabolism）和合成代谢（anabolism）。分解代谢是指微生物将各种营养物质由相对复杂的大分子降解为相对简单的小分子的过程；合成代谢则是指微生物将相对简单的小分子合成细胞组成物质的过程。分解代谢往往伴随能量的产生；合成代谢往往需要消耗能量。物质代谢和能量代谢是密不可分的。

在微生物细胞中，分解代谢与合成代谢同时存在、相互关联又存在明显差异。如微生物在自然界吸收了葡萄糖或其他糖类后可经异构、裂解、还原、化合等反应过程，将其转化成五碳、四碳、三碳和二碳等物质，为细胞物质的合成提供了前体骨架，如核糖中的戊糖碳架、嘌呤和嘧啶中的杂环、氨基酸和脂肪酸中的碳链等，从而为核酸、蛋白质、脂类和糖类的合成打下基础，这就是分解代谢的过程；而与此同时，微生物以这些简单的有机和无机化合物为基础，消耗能量合成细胞组成物质，使自然界的无机物质转化为有机物质，或使简单的有机物质转化为复杂的有机物质，这一过程就是合成代谢。如微生物可以利用含 NH_4^+ 或含 NO_3^- 的无机氮化物作为氮素营养，有些固氮微生物甚至能利用空气中的分子氮（N_2）为氮源，用以合成氨基酸等含氮有机物。合成代谢的结果又为分解代谢提供了物质基础。由此可见，分解代谢和合成代谢在微生物生活细胞中是相辅相成的，生命现象就是这种矛盾的对立统一。

此外，根据代谢产物的用途又可分为初级代谢（preliminary metabolism）与次级代谢（secondary metabolism）。微生物通过一些相同的代谢途径合成细胞生长和繁殖所必需的化合物的过程，称为初级代谢。初级代谢产物包括氨基酸、核苷酸、维生素等对代谢起重要作用的小分子、单体及某些多聚物。而微生物在代谢过程中产生的，但对微生物自身的生长、繁殖无显著功能的化合物，称为次级代谢产物，次级代谢的产物主要有抗生素、生长激素、色素等，产生次级代谢产物的过程称为次级代谢。

一般认为，初级代谢是微生物在生命活动中所不可缺少的代谢活动，任何一种初级代谢产物的合成障碍必定影响微生物细胞的生长和繁殖，甚至导致细胞死亡；而次级代谢则不然，它们的代谢产物产生与否对微生物生长繁殖影响不大，合成途径受到阻碍往往只影响次级代谢产物的产量，而不影响细胞的正常生长。此外，初级代谢存在于所有不同种类的微生物细胞中，且代谢途径和产物基本相同，并伴随微生物生长至死亡的整个生命过程；而次级代谢仅存在于某些微生物中，不同微生物其代谢途径不同，产物也不同，而且产物是菌体生长到一定阶段（对数期后期、稳定期）在体内产生的。微生物细胞对初级代谢调节能力强，代谢途径稳定，即便是用理化因素处理细胞，它的变化也比较小；而次级代谢不同，菌体对它的控制能力较弱，用理化因素处理很容易使其产生某种代谢物的性能发生变化（提高、降低或丧失），这也是我们用理化因素诱变筛选某种代谢产物的高产菌种的理论基础。

二、能量代谢

化学能、光能等能量在微生物细胞内的相互转化和代谢变化称为能量代谢。微生物的能量代谢是伴随着物质代谢进行的，二者是不可分割的整体。能量代谢包括能量的产生与消耗。微生物可以通过分解代谢和光能转换产生能量，产生能量用于合成代谢、营养物质运输、细胞的生长繁殖、维持细胞生命状态等。图 6－1 简单描绘了分解代谢、合成代谢、能量代谢之间的关系。

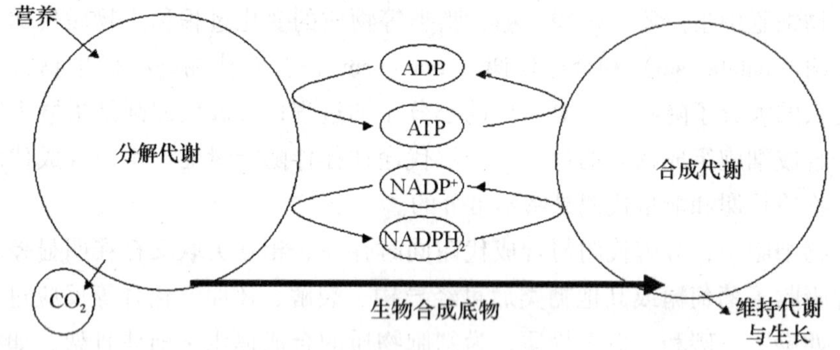

图 6－1　分解代谢、合成代谢、能量代谢之间的关系

不同的微生物有不同的产生能量的方式：有的是利用光能作为能源，有的则利用化学物质分解产生的化学能为能源，后者即化能营养微生物、利用无机物作为能源的是化能自养微生物，而利用有机物为能源的是化能异养微生物。但不论微生物以哪种物质产生能量，其产能反应均为氧化反应，故称其为生物氧化。

第二节　微生物的分解代谢及其能量产生

分解代谢是指微生物吸收、利用环境中的营养成分，将各种相对复杂的有机物质降解为相对简单的小分子，同时将产生的能量储存起来的过程，因此分解代谢往往也是产能代谢的过程。不同种类的微生物，进行生物氧化的营养基质不同，氧化反应中的电子传递体系不同，产生的能量也大不相同。一般而言，可以将分解代谢分为 3 个阶段：①将蛋白质、多糖以及脂类等大分子物质降解为氨基酸、单糖及脂肪酸等小分子物质；②将上述小分子进一步降解为丙酮酸、乙酰辅酶 A 等小分子中间体；③将这些小分子中间体分解为二氧化碳。②、③阶段伴随着 ATP、NAD(P) H 及 $FADH_2$ 的产生。分解代谢产生的 NAD(P) H 及

$FADH_2$ 的 H 和电子通过电子传递链被氧化，产生 ATP。分解代谢的三个阶段可以用图 6－2 表示。

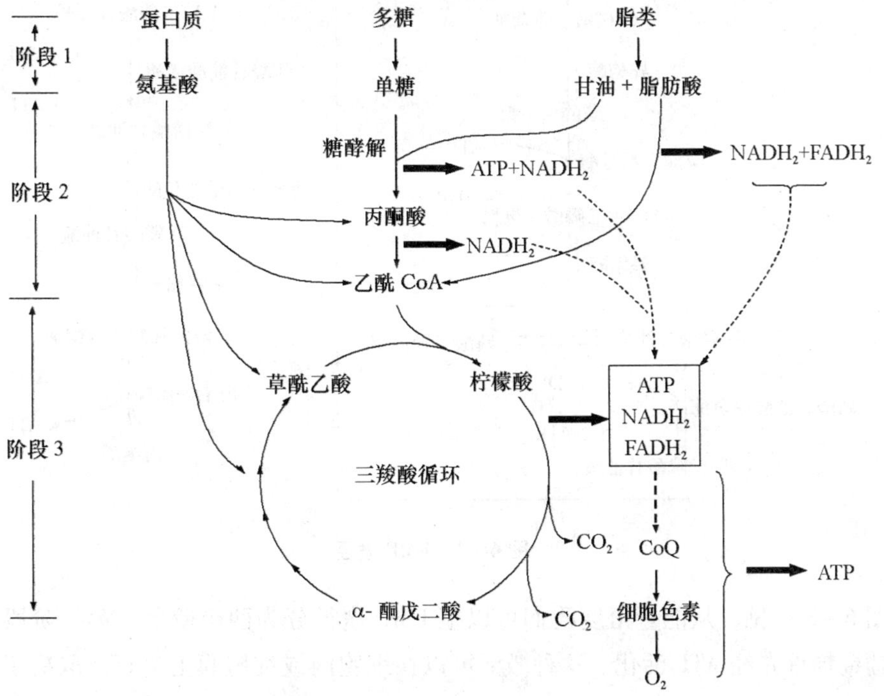

图 6－2　分解代谢的三个阶段

在微生物制药工业中，化能异养微生物是一类重要的菌种资源，因此它的产能代谢也是我们关注的重点。化能异养微生物以有机物作为能源，最常利用的有机碳源是葡萄糖。在葡萄糖的分解氧化过程中，微生物首先将葡萄糖转变为丙酮酸，同时产生少量 ATP 和还原力 $NADH_2$ 或 $NADPH_2$。根据 $NADH_2$ 或 $NADPH_2$ 中氢（或电子）去向的不同，可以将能量产生的方式分别命名为呼吸（respiration）和发酵（fermentation）。若是 $NADH_2$ 或 $NADPH_2$ 通过电子传递链将氢（或电子）转移给氧，同时产生大量能量，这一过程称为有氧呼吸（aerobic respiration）；若是将氢（或电子）转移给无机物，则为无氧呼吸（anaerobic respiration）；另外，它们还可将反应生成的 $NADH_2$ 或 $NADPH_2$ 直接用来还原有机物，积累代谢产物，这一过程称为发酵。化能异养微生物分解葡萄糖产生丙酮酸后是进行呼吸还是发酵，依微生物的种类和环境条件所决定。

一、葡萄糖分解途径

丙酮酸是微生物新陈代谢最重要的中间化合物。目前已知微生物可通过五条途径将葡萄糖分解为丙酮酸：己糖二磷酸途径（EMP 途径）、己糖单磷酸途径（HMP 途径）、ED 途径、磷酸酮解途径（PK 途径）和直接氧化途径。前三种途径普遍存在于微生物代谢中，但对于某一种微生物来讲，以其中一条途径为主。

（一）EMP 途径

为纪念研究微生物分解糖类发酵的 3 位最杰出的科学家，将构成糖酵解途径的这一系列反应称 EMP 途径（Embden-Meyerhof-Parnas pathway）。EMP 途径是一条重要的分解葡萄糖途径，它以葡萄糖为基质，经过一系列的中间步骤，最终生成丙酮酸（图 6－3）。

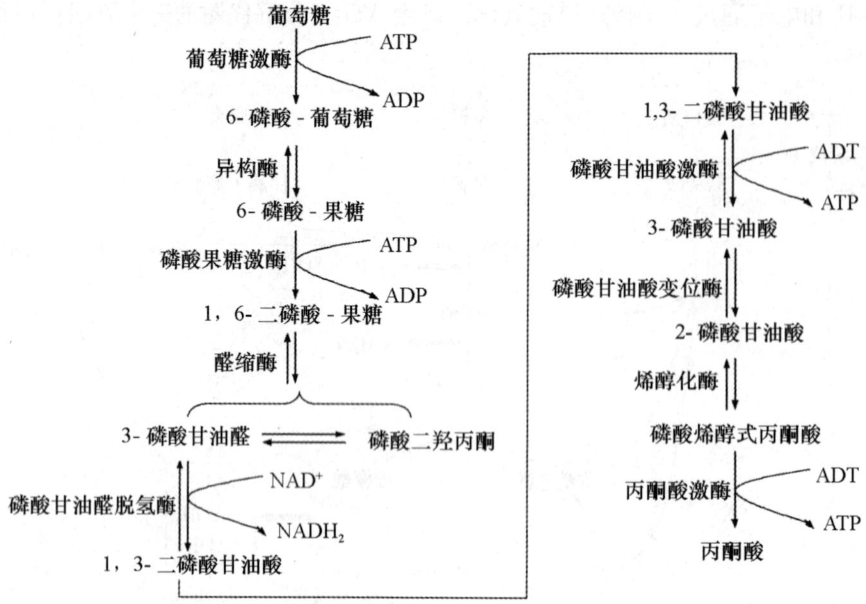

图 6-3　EMP 途径

由图 6-3 可见，从能量角度我们可以把 EMP 途径分为两个阶段。第一阶段为耗能阶段：①葡萄糖首先经 ATP 活化。这种激活可以在细胞内或细胞膜上进行，取决于所采用的糖运输系统；②在反应的第三步为了得到 1,6-二磷酸果糖需要再消耗 1 分子 ATP。第二阶段为产能阶段（并伴随 $NADH_2$ 的产生）：①3-磷酸甘油醛的氧化与 NAD 的还原偶合。每氧化 1 分子 3-磷酸甘油醛产生 1 分子 $NADH_2$ 和 1 分子 1,3-二磷酸甘油酸；②随后在生成丙酮酸的几步反应中把磷酸根转给 ADP，通过底物水平磷酸化作用生成 4 分子 ATP，故 1mol 葡萄糖经 EMP 降解平衡结果共形成 2 分子丙酮酸、2 分子 $NADH_2$ 和 2 分子 ATP。其总反应式为：

$$C_6H_{12}O_6 + 2NAD^+ + 2H_3PO_4 + 2ADP \longrightarrow 2CH_3COCOOH + 2NADH_2 + 2ATP$$

因为该途径降解反应发生在 1,6-二磷酸果糖上，故又名已糖二磷酸途径（hexose diphosphate pathway）。

在有氧条件下，糖酵解途径与三羧酸循环相结合，产生的丙酮酸即可进入三羧酸循环彻底氧化，最终生成二氧化碳和水，并放出更多的能量。

在无氧条件下，糖酵解途径生成的 $2NADH_2$ 必须氧化为 NAD 后才能继续不断地推动整个反应的进行。因此，$NADH_2$ 被用来还原各种有机物或无机物，在发酵过程中，即还原基质未完全氧化的产物，结果使这些被还原的物质在代谢中积累。

（二）HMP 途径

HMP 途径又称已糖单磷酸途径（hexose monophosphate pathway）也是一种存在于微生物当中的重要的糖分解途径。此途径除了可以为微生物生长提供能量以外，还可以提供不同碳原子骨架的磷酸糖和大量的 $NADPH_2$，其过程如图 6-4 所示。

HMP 途径的过程是：6-磷酸葡萄糖经脱氢后生成 6-磷酸葡萄糖酸，再经脱羧作用转化为 5-磷酸核酮糖。因为该途径降解反应发生在 6-磷酸葡萄糖酸上，故名已糖单磷酸途径。随后 5-磷酸核酮糖再进行分子重排而产生三碳、四碳、五碳、六碳、七碳等一系列中间产物。在 6-磷酸葡萄糖转变为 6-磷酸葡萄糖酸的一步脱下 1 对氢原子，由 6-磷酸葡

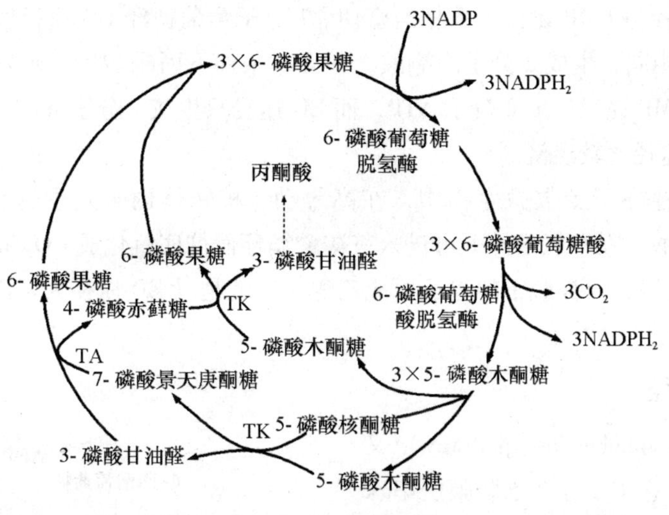

图 6－4　HMP 途径

萄糖酸脱羧生成 5－磷酸核酮糖时，再脱下 1 对氢原子，因此，经 HMP 途径共脱下 2 对氢原子。HMP 途径既可以通过三羧酸循环，将 6－磷酸葡萄糖（经过丙酮酸）彻底降解成为 CO_2，也可以不通过三羧酸循环将 6－磷酸葡萄糖直接降解为 CO_2。

HMP 途径主要是提供生物合成所需要的大量还原力（$NADPH_2$）和不同长度的碳骨架原料（3C、4C、5C 和 7C 等）。例如，5－磷酸核糖用于核苷酸、核酸及 NAD（P）$^+$、FAD（FMN）、CoA 等的合成；4－磷酸赤藓糖用于苯丙氨酸、酪氨酸、色氨酸和组氨酸等芳香族氨基酸的合成。另外，HMP 途径中的 6－磷酸葡萄糖和 3－磷酸甘油醛也是 EMP 途径的中间产物，说明两个途径是相通的，该途径同三羧酸循环系统也是相通的。

HMP 途径还与光能和化能自养微生物的合成代谢密切联系，途径中的 5－磷酸核酮糖可以转化为固定 CO_2 的受体——1,5－二磷酸核酮糖。

HMP 途径是广泛存在于生物界中的又一条重要的糖代谢途径，常与 EMP 途径同时存在于细胞中。但对不同微生物来讲，HMP 途径和 EMP 途径在代谢中所占的比例有所不同，大多数需氧和兼性需氧的微生物都有这条途径。

（三）ED 途径

该途径首先由 Entner 和 Doudoroff 两人在嗜糖假单胞菌（*Pseudomonas saccharophila*）中发现，因此称 ED 途径。ED 途径的反应步骤如图 6－5 所示。

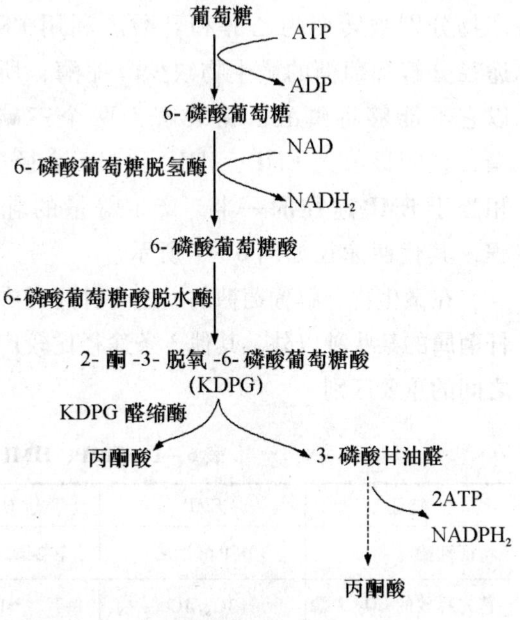

图 6－5　ED 途径

ED 途径的特点是：6－磷酸葡萄糖经氧化成 6－磷酸葡萄糖酸后，脱水（而不是脱氢）生成 2－酮－3－脱氧－6－磷酸葡萄糖酸（2－keto－3－deoxy－6－phosphogluconic acid，KDPG），再裂解生成 1 分子丙酮酸和 1 分子 3－磷酸甘油醛。3－磷酸甘油醛经氧化脱氢后也生成丙酮酸，而且此反应与 EMP 途径中的 3－磷酸甘油醛转变为丙酮酸的代谢途径相同。

可以看出，ED途径与EMP途径关系相当密切。1分子葡萄糖经ED途径所生成的末端代谢产物与EMP途径相同，生成2分子丙酮酸，在无氧条件下丙酮酸进一步发酵生成乙醇。但是在产能方面，EMP途径生成2分子ATP，而ED途径只生成1分子ATP。因此对于厌氧微生物来说，EMP途径比较经济。

ED途径主要存在于少数微生物中，在高等动、植物体内未发现这种产能代谢途径。ED途径中的丙酮酸，在有氧条件下可进入三羧酸循环而彻底氧化成CO_2和水。在无氧条件下可经脱羧生成乙醛，再被脱下的氢还原成乙醇，这就是以ED途径为基础的细菌乙醇发酵机制。

（四）PK途径

PK途径（phosphoketolase pathway）又称磷酸酮解途径，它主要存在于肠膜明串珠菌属（*Leuconostoc*）和双歧杆菌属（*Bifidobacterium*）中的一些种。根据降解的单糖不同，又可以分为磷酸戊糖酮解途径（PPK）和磷酸己糖酮解途径（PHK）两种。PK途径的反应步骤见图6-6。

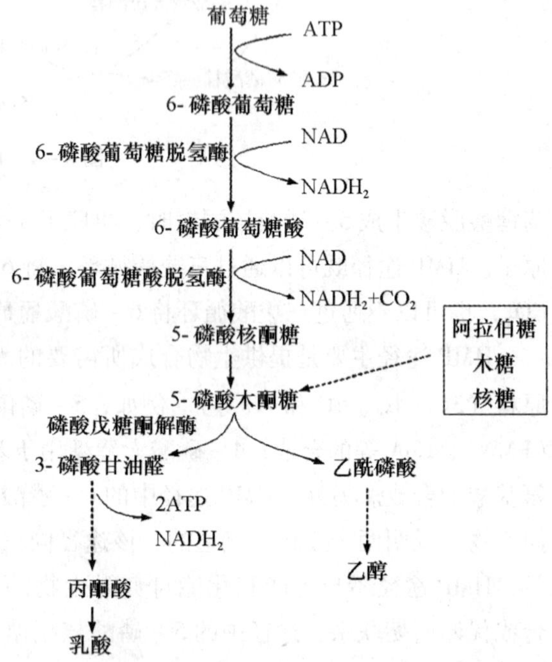

图6-6　PK途径

PPK途径的特点是在葡萄糖磷酸化后，再将它氧化生成6-磷酸葡萄糖酸。接着6-磷酸葡萄糖酸进一步氧化脱羧生成磷酸戊糖，磷酸戊糖经磷酸酮解反应生成乙酰磷酸和3-磷酸甘油醛，最后这些产物分别被转变为乙醇和乳酸。利用PK途径分解葡萄糖的微生物缺少醛缩酶，所以它不能够将磷酸己糖裂解为两个三碳糖，说明该菌无EMP、HMP和ED途径。该途径分解1分子葡萄糖产生1分子ATP，相当于EMP途径的一半，产生等量的乳酸、乙醇和CO_2。PHK途径包括了PPK的过程，其代谢途径如图6-7所示。

在微生物分解葡萄糖的上述4种途径中，除PK途径只发现存在于肠膜明串珠菌和双歧杆菌属的某些种以外，其他3条途径比较广泛地存在于微生物中。表6-1列出这几条途径之间的重要区别。

表6-1　EMP、HMP、ED、PK途径代谢的区别

特征	EMP	HMP	ED	PK
特征性酶	DFP醛缩酶	转酮酶、转醛酶	KDPG醛缩酶	磷酸酮解酶
首先释放的CO_2来源	3C、4C	1C	1C、4C	1C或不释放
产生ATP数量	2	1	1	

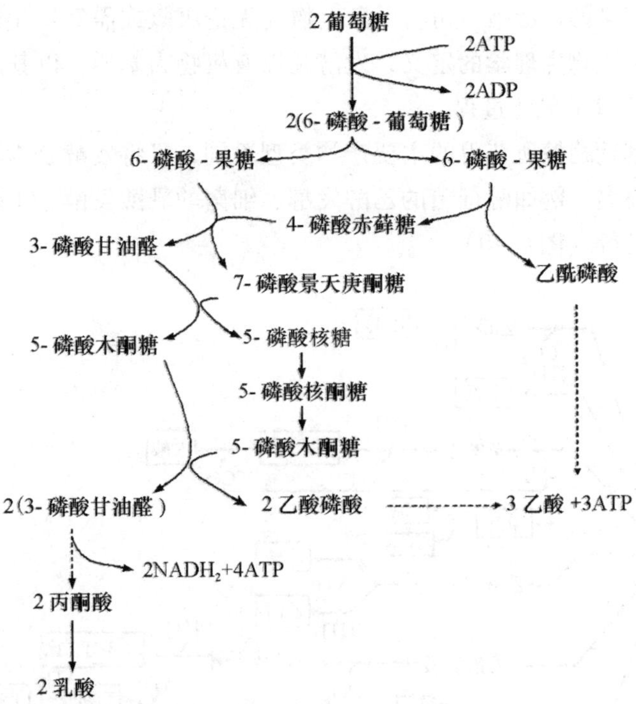

图 6-7 磷酸己糖酮解途径

(五)直接氧化途径

以上四种途径均是葡萄糖在被磷酸化后才逐步降解的。还有一些细菌，没有己糖激酶，不能将葡萄糖磷酸化，但是可以利用空气中的氧气，直接将葡萄糖氧化成葡萄糖酸，催化这个过程的酶是葡萄糖氧化酶。常见的细菌有假单胞菌、气杆菌和醋杆菌的某些属（图 6-8）。

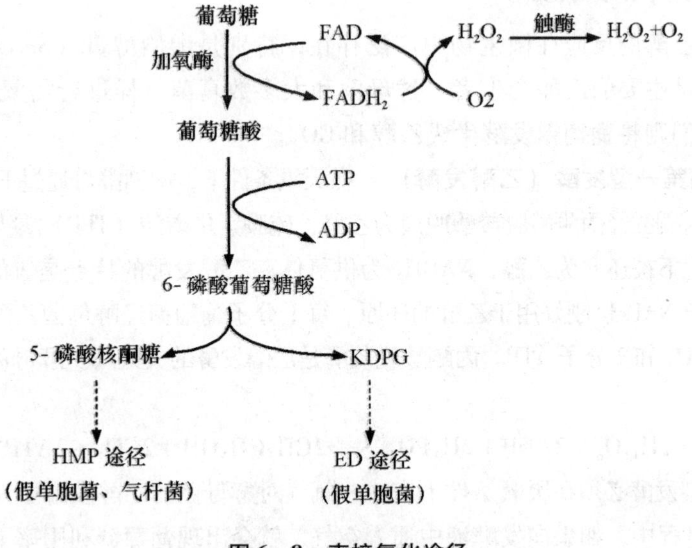

图 6-8 直接氧化途径

二、发酵

发酵（fermentation）是厌氧微生物和兼性厌氧微生物在无氧条件下产生能量的一种重要方式。发酵的特点是不消耗氧，因此，L. Pasteur 称发酵是“不需要空气的生命活动”。

现代发酵的概念是广义的，泛指一切利用微生物（无论厌氧或需氧）生产有用代谢产物的过程。而严格按照微生物生理学的定义，发酵是以有机物为基质，以其降解的中间产物为最终电子（或氢）受体的氧化过程。

根据微生物发酵葡萄糖所获得的主要产物类型不同，可将发酵分为不同的类型，通常以发酵的终产物来命名。例如酵母菌的乙醇发酵、细菌的乳酸发酵、丁酸发酵、丙酮－丁醇发酵、混合酸发酵等（图 6－9）。

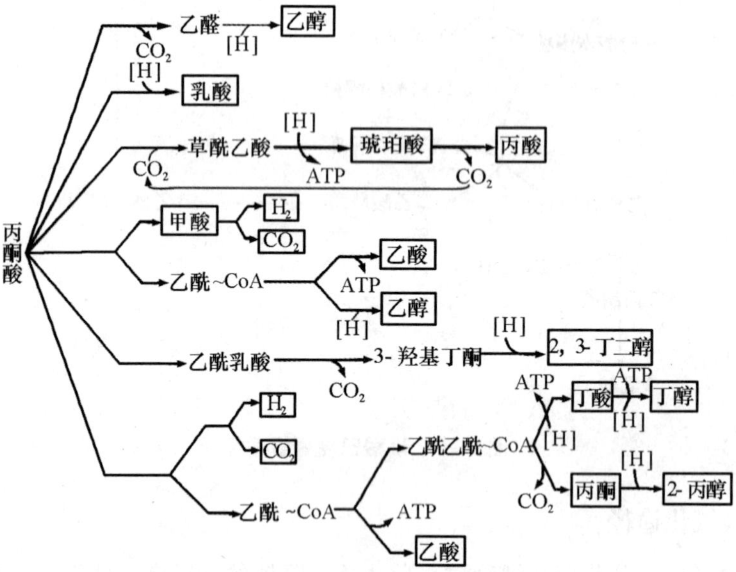

图 6－9　从丙酮酸出发的发酵产物

下面介绍几个典型的发酵途径。

（一）乙醇发酵和甘油发酵

糖发酵产生乙醇的反应在微生物中广泛存在，特别是酿酒酵母（*Saccharomyces cerecisiae*）的若干菌株是主要的乙醇产生者。酵母菌和大多数真菌一样进行需氧呼吸，但是当不存在空气时，它们则将葡萄糖发酵生成乙醇和 CO_2。

1. 酵母菌的第一型发酵（乙醇发酵）　在厌氧条件下，酿酒酵母通过 EMP 途径将葡萄糖转变成丙酮酸，丙酮酸经丙酮酸脱羧酶脱羧为乙醛，硫胺素焦磷酸（TPP）参与这步反应。乙醛在乙醇脱氢酶催化下被还原为乙醇，$NADH_2$ 为供氢体。乙醇发酵的特点是氢的完全平衡，EMP 途径产生的 2 分子 $NADH_2$ 刚好用于乙醛的还原。每 1 分子葡萄糖经酵母菌乙醇发酵后产生 2 分子乙醇、2 分子 CO_2 和 2 分子 ATP。丙酮酸脱羧酶是乙醇发酵的关键酶。酵母菌第一型发酵的总反应式为：

$$C_6H_{12}O_6 + 2ADP + 2H_3PO_4 \longrightarrow 2CH_3CH_2OH + 2CO_2 + 2ATP$$

酵母菌第一型发酵必须在厌氧条件下完成，氧气对酵母菌的乙醇发酵影响相当大。酵母菌发酵产生乙醇的过程中，如果向发酵液中通入空气，就会出现葡萄糖利用率下降，乙醇发酵停止，发酵作用为呼吸作用所代替，对某些酵母菌来说，剧烈的通气能完全阻遏发酵；当再次恢复到厌氧条件时，葡萄糖利用率上升，并伴随有乙醇产生。这一现象最早是由巴斯德在研究酿酒发酵过程时发现的，因此称为巴斯德效应（Pasture effect）。

pH 是影响乙醇发酵的另一个因素，酵母菌第一型发酵的 pH 往往控制在 3.5～4.5。

此外，盐浓度对乙醇发酵也有影响。当培养基中 NaCl 浓度达到 0.5～1.0mol/L 时，乙醇产量下降，产生甘油。

2. 酵母菌的第二型发酵（甘油发酵）　在酵母菌乙醇发酵培养基中加入适量亚硫酸氢钠（3%左右），发酵的产物则主要是甘油和少量乙醇，这就是酵母菌的甘油发酵。其机制是：加入的亚硫酸氢钠与乙醛起加成反应，生成难溶的结晶状亚硫酸氢钠加成物——磺化羟基乙醛。

$$CH_3CHO + NaHSO_3 \longrightarrow CH_3CHOH-SO_3Na$$

在这种情况下，使得乙醛不能作为受氢体还原成乙醇，从而使磷酸二羟丙酮代替乙醛作为受氢体还原生成α－磷酸甘油，α－磷酸甘油经α－磷酸甘油酯酶催化脱掉磷酸成为甘油，发酵的平衡式如下。

$$C_6H_{12}O_6 + NaHSO_3 \longrightarrow \text{甘油} + CH_3CHOH-SO_3Na + CO_2$$

由此可见，1分子葡萄糖产生1分子甘油，此过程不产生ATP。因此，在反应中亚硫酸氢钠必须控制在亚适量，以保留部分乙醛作为受氢体还原乙醇产生能量，从而保证菌体生长，使甘油发酵正常进行。

3. 酵母菌的第三型发酵（甘油发酵）　乙醇的正常发酵是在弱酸性条件下进行的，如将发酵过程的pH控制在弱碱性（pH 7.5）条件下，也可以使乙醇发酵转为甘油发酵，产物是大量甘油和少量乙醇、乙酸。其机制是：在弱碱性条件下，乙醛不能作为正常的受氢体，而是在2个乙醛分子之间发生歧化反应，即1分子乙醛被氧化成乙酸，1分子乙醛被还原成乙醇。

$$CH_3CHO + H_2O + NAD^+ \longrightarrow CH_3COOH + NADH + H^+$$

$$CH_3CHO + NADH_2 \longrightarrow CH_3CH_2OH + NAD^+$$

同样，磷酸二羟丙酮作为受氢体，生成α－磷酸甘油，进一步脱磷酸生成甘油，其总反应式为：

$$2\,\text{葡萄糖} \rightarrow 2\,\text{甘油} + \text{乙醇} + \text{乙酸} + 2CO_2$$

由于这种类型发酵不产生能量，因此只有酵母菌在非生长情况下才能进行这种发酵。图6－10是酵母菌乙醇发酵和甘油发酵途径。我们可以看出，通过微生物发酵获得我们所需要的产物，除了与微生物本身有关外，外界条件的控制也是非常重要的。

细菌，如运动发酵单胞菌（*Zymomonos mobilis*）、厌氧发酵单胞菌（*Zymomonos anaerobia*）等进行乙醇发酵的过程是通过ED途径进行的。

（二）乳酸发酵

能够通过发酵大量积累乳酸的细菌称为乳酸细菌。如乳杆菌属（*Lactobacillus*）、链球菌属（*Streptococcus*）、肠膜明串珠菌（*Leuconostoc mesenteroides*）和两歧双歧杆菌（*Bifidobacterium bifidum*）。乳酸细菌是兼性厌氧菌，它们是耐氧的，在有氧条件下能够生长，但在产生乳酸的过程中必须是严格的厌氧条件，缺乏过氧化氢酶的耐氧生长细菌大多是乳酸细菌。

乳酸细菌进行乳酸发酵的途径有EMP途径和PK途径。在厌氧条件下，以EMP途径中生成的$NADH_2$用于还原丙酮酸，生成并积累乳酸，其反应式为：

$$CH_3COCOOH + NADH_2 \longrightarrow CH_3CHOHCOOH + NAD^+$$

由于此途径结果只生成乳酸，因此这种类型的乳酸发酵称为同型乳酸发酵。同型乳酸发酵1分子葡萄糖生成2分子乳酸、2分子ATP。以pK途径发酵葡萄糖除得到乳酸以外，还会产生部分乙醇或乙酸，因此这种发酵称为异型乳酸发酵。在异型乳酸发酵中，1分子葡萄糖产生1分子乳酸、1分子乙醇和1分子ATP，相当于同型乳酸发酵的一半。

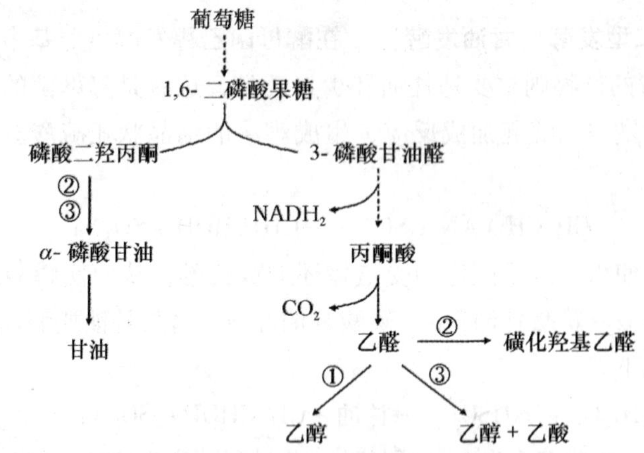

图6-10 酵母菌乙醇发酵和甘油发酵途径

①第一型发酵，$NADH_2$ 用于乙醛还原，产生2分子乙醇；②第二型发酵，乙醛被 $NaHSO_3$ 封闭，$NADH_2$ 用于磷酸二羟丙酮还原，产生甘油；③第三型发酵，2分子乙醛发生歧化反应，产生1分子乙醛和1分子乙醇，同时 $NADH_2$ 用于磷酸二羟丙酮还原，产生甘油

除制药工业外，乳酸细菌在家庭和农业以及食品工业中的应用也非常广泛。乳酸菌生长产酸可使环境pH降至5以下，从而抑制其他不耐酸的细菌生长，乳酸菌的这种由于产酸作用引起的抑制和防止其他细菌生长的作用使得它们在农业、乳酪、奶制品工业和家庭生活中发挥重要的作用。

三、呼吸作用

呼吸作用（respiration）是微生物分解利用营养基质时，通过氧化作用放出电子，电子经过电子传递链交给外源电子受体，并伴随能量产生的过程。根据外源电子的受体性质不同，可将呼吸分为有氧呼吸与无氧呼吸两种类型。

（一）有氧呼吸

有氧呼吸是指以分子氧作为最终电子受体的生物氧化过程，它的最终产物是 CO_2 和 H_2O。由于 CO_2 是碳的最高氧化形式，故有氧呼吸达到能量释放的最大值。

有氧呼吸是需氧微生物获得能量的主要途径，例如细菌中的芽孢杆菌、根瘤菌、固氮菌、硝化细菌以及霉菌、放线菌等在有氧环境中都吸收分子氧进行呼吸作用。兼性厌氧微生物在有氧条件下氧阻遏发酵作用，促进呼吸作用，也通过有氧呼吸获得生命活动所需的能量。

1. 三羧酸循环 以葡萄糖为基质的有氧呼吸过程可分为两个阶段：第一阶段是葡萄糖通过酵解转化为丙酮酸；第二阶段是在有氧条件下，丙酮酸转入三羧酸循环（TCA循环），通过一系列氧化还原反应最终转变为 CO_2 和 H_2O（图6-11）。

在细菌的有氧呼吸作用中，1分子葡萄糖可净合成38分子ATP，其中一部分ATP来自底物水平磷酸化作用，但大部分ATP是由电子传递磷酸化作用合成的（呼吸链）。

总反应式：

$$C_6H_{12}O_6 + 6O_2 + 38ADP + 38H_3PO_4 \longrightarrow 6CO_2 + 38ATP + 6H_2O + 1037.6kJ$$

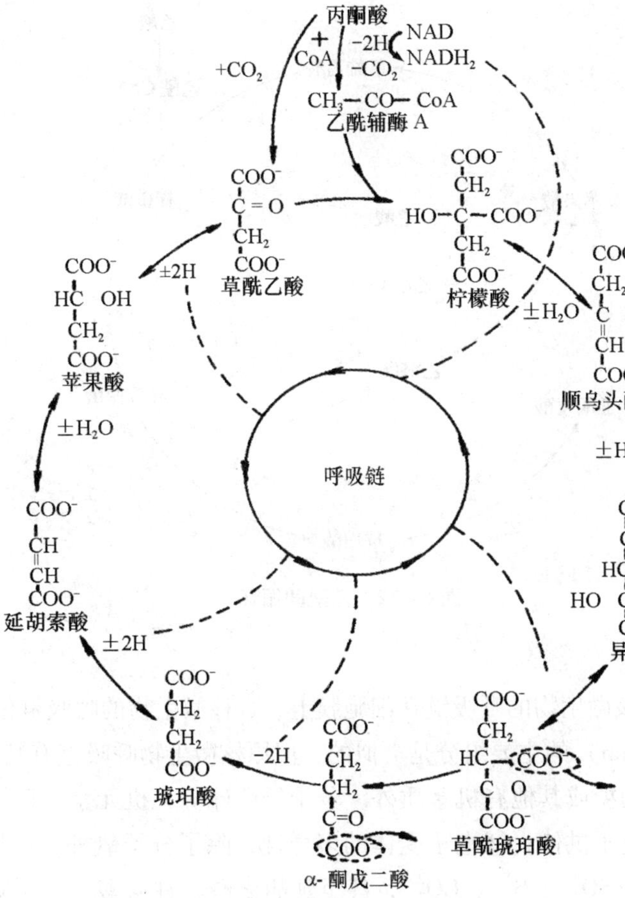

图 6-11 TCA 循环

而在酵母菌的有氧呼吸作用中，由于糖酵解产生的 2 分子 $NADH_2$ 是在细胞质中产生，在穿梭进入线粒体后，转化为 $FADH_2$，因而产生的 ATP 数量为 36 个。

TCA 循环为微生物代谢提供了大量能量，同时也通过了众多小分子前体可供合成代谢利用。如乙酰辅酶 A、草酰乙酸、α-酮戊二酸等。但是由于这些小分子前体的被利用，必然导致 TCA 循环的运转速度下降，为此，微生物有多种补充 TCA 循环中间产物的方式，统称为回补途径（anaplerotic reaction 或 anaplerotic sequence）。

一种回补途径是乙醛酸循环（又称 TCA 循环支路）。一些利用乙酸的微生物通过其乙酰辅酶 A 合成酶将乙酸转化为乙酰辅酶 A，然后借助于乙醛酸循环，在异柠檬酸裂解酶催化下将异柠檬酸裂解为乙醛酸和琥珀酸，而后在苹果酸合成酶作用下将乙醛酸与乙酰辅酶 A 合成为苹果酸（图 6-12）。经一次乙醛酸循环可以将 2 分子乙酸合成 1 分子苹果酸。

另外，微生物也可以在磷酸烯醇式丙酮酸羧化酶、丙酮酸羧化酶等的催化作用固定 CO_2，用于补充 TCA 循环的中间产物。

$$PEP + CO_2 + H_2O \xrightarrow{\text{PEP 羧化酶}} OAA + Pi$$

$$Pyr + CO_2 + ATP + H_2O \xrightarrow{\text{丙酮酸羧化酶}} OAA + ADP + Pi$$

（PEP：磷酸烯醇式丙酮酸；OAA：草酰乙酸；Pyr：丙酮酸）

回补途径在有机酸和氨基酸发酵工业中有很大意义。柠檬酸、苹果酸、琥珀酸、天冬氨酸族氨基酸以及草酰乙酸族氨基酸的积累，都得益于回补途径。

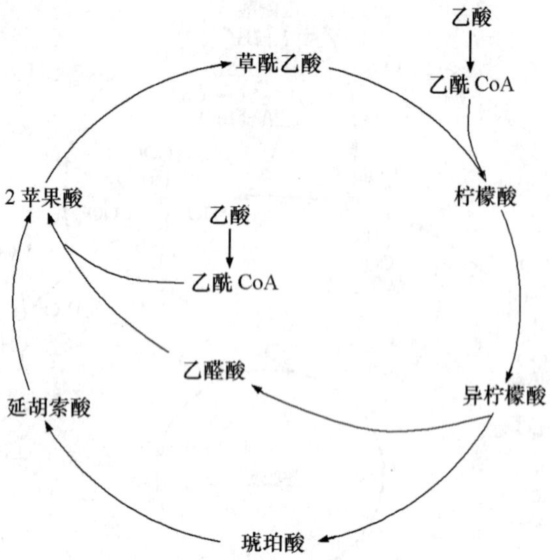

图 6-12　乙醛酸循环

2. 氧化磷酸化

（1）呼吸链　原核微生物的呼吸链在细胞膜上，真核微生物的呼吸链位于线粒体内膜，呼吸链（respiratory chain）的主要组分是类似的，但原核微生物呼吸链有其特点：①电子供体的多样性，除了葡萄糖或其他有机基质外，分子氢、硫等无机元素，Fe^{2+}、NH_4^+、NO^{2-}等无机离子都可用作电子供体；②电子受体的多样性，除了分子氧外，可用作最终电子受体的还有 NO_3^-、NO_2^-、SO_4^{2-}、S^{2-}、CO_3^{2-}，甚至延胡索酸、甘氨酸、二甲亚砜和氧化三甲亚胺等有机化合物；③细胞色素多样性，细菌中计有 a、a_1、a_2、a_3、b、b_1、c、c_1、c_4、c_5、d 及 o 等；④末端氧化酶，不仅有细胞色素 a_1、a_2、a_3、d、o 等，还有过氧化氢酶和过氧化物氧化酶等；⑤氧化还原载体取代性强，细菌呼吸链的组分和含量随着氧气的供应、生长阶段、基本营养供应、呼吸抑制剂的存在与否等环境因素变化而改变；⑥存在分支的呼吸链，例如大肠埃希菌在缺氧条件下，呼吸链就在 CoQ（辅酶 Q，泛醌）后产生分支，一支为 $Cytb_{556}$及 Cyto，另一支是 $Cytb_{558}$及 Cytd（图 6-13）；⑦电子传递方式多样化，在细菌中电子可经 CoQ 传递给细胞色素，也可不经 CoQ 而直接传递给细胞色素；⑧氧化磷酸化效率较低，以往认为细菌呼吸链的氧化磷酸化效率较低，它的 *P/O* 值通常小于 1。后来发现，许多细菌的 *P/O* 值可大于 2，至少某些需氧细菌呼吸链的 *P/O* 值为 3，兼性的大肠埃希菌的 *P/O* 值大约为 2。

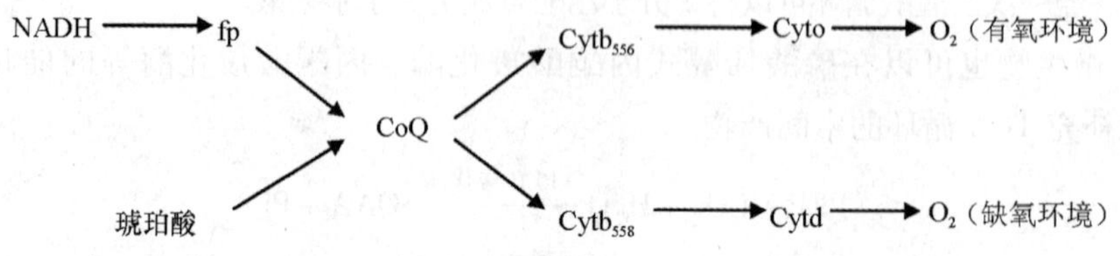

图 6-13　大肠埃希菌的分支链呼吸

（2）氧化磷酸化（oxidative phosphorylation）　又称电子传递磷酸化（electron transport phosphorylation）。它是指将呼吸链在传递氢（电子）过程中释放出的能量与 ADP 磷酸化相偶联产生 ATP 的过程。关于氧化磷酸化产生 ATP 的机制有 3 种假说：化学偶联假说、构象偶联假说和化学渗透假说。而迄今为多数人所接受的是 P. Mitchell（1961 年）的化学渗透假说（chemiosmotic hypothesis）。根据此假说，在氧化磷酸化过程中，位于细胞膜或线粒体内膜的呼吸链组分传递来自基质的氢时，在将电子传递给下一个电子载体的同时把质子从膜内泵到膜外，由于质子不能自由地透过膜因而造成了膜内外两侧质子浓度的差异——质子梯度（pH 梯度），与此同时，还形成了膜内外两侧的电位差——电位梯度。质子梯度与电位梯度产生了质子动势，这种动势中蕴藏着电子传递过程中所释放出的能量。在质子动势的驱动下，质子通过跨膜的 ATP 酶从膜外回到了膜内，并释放出能量驱使 ADP 磷酸化生成 ATP。

电子通过典型的 NAD^+ 呼吸链传递时，只有 3 处释放出足够能量能与 ADP 磷酸化相偶联，所以产生 3 分子 ATP。但是电子在 FAD 呼吸链传递时，因为只有两处能与 ADP 磷酸化相偶联，故仅产生 2 分子 ATP。若用 P/O 比（ATP/氧原子）表示呼吸链氧化磷酸化效率。那么，NAD^+ 呼吸链的 $P/O=3$，而 FAD 呼吸链的 $P/O=2$。

（二）无氧呼吸

无氧呼吸是指微生物在没有分子氧存在的情况下进行的生物氧化过程，无氧呼吸是兼性厌氧微生物或厌氧微生物获得能量的一种方式。作为无氧呼吸的氧化基质仍然是葡萄糖等有机物，氧化过程释放的电子通过电子传递链最终交给氧以外的电子受体，一般是无机物，如硝酸盐、硫酸盐、CO_2 等，或者极少数有机物，如延胡索酸等。进行无氧呼吸的微生物大多数是细菌。根据用作末端氢（电子）受体的化合物种类的不同可以区分为多种类型的无氧呼吸。

1. 硝酸盐呼吸（nitrate respiration） 又称反硝化作用（denitrification）。硝酸盐在微生物的代谢过程中，有两种方式：一是将硝态氮（如 NO_3^-）还原，转化为氨态氮（NH_4^+），并进一步将它转化为有机氨（$R—NH_3$）构成蛋白质等生物大分子，称为同化型硝酸盐呼吸；二是将硝酸盐逐级还原成 NO_2^-、N_2O 和 N_2 等气态产物而逸去的异化脱氮过程，称之为异化型硝酸盐呼吸。

进行硝酸盐呼吸的有地衣芽孢杆菌（*Bacillus licheniformis*）、铜绿假单胞菌（*Pseudomonas aeruginosa*）、托担负球菌（*Paracoccus denitrificans*）、脱氮硫杆菌（*Thiobacillus denitriiicans*）等。反硝化作用发生在有硝酸盐存在的土壤、水体、淤泥和废物处理系统等厌氧环境中。反硝化作用在农业上是不利的，但没有反硝化作用，氮素循环将会被中断。

2. 硫酸盐呼吸（sulfate respiration） 又称硫酸盐还原（sulfate reduction），硫酸盐呼吸是微生物利用硫酸盐（SO_4^{2-}）作为有机基质厌氧氧化时末端电子受体的一类特殊呼吸。它是硫酸盐异化还原形成 H_2S 的过程，是一个 8 电子还原过程。电子供体为有机酸、脂肪酸和醇类等有机物。进行硫酸盐呼吸的细菌称硫酸盐还原细菌（sulfate reducing bacteria）或反硫化细菌，它包括脱硫弧菌属（*Desulfovibrio*）、脱硫单胞菌属（*Desulfomonas*）、脱硫球菌属（*Desurfococcus*）、脱硫菌属（*Desulfobacter*）等。脱硫弧菌在有 CO_2、乙酸或其他有机碳源存在的情况下利用 H_2 作为电子供体。除硫酸盐（SO_4^{2-}）外，作为电子受体的还有亚硫酸盐（SO_3^{2-}）、硫代硫酸盐（$S_2O_3^{2-}$）或其他氧化态硫化合物。许多硫酸盐还原细菌利用乳酸作为基质，它被同时用作碳源、能源（电子供体），乳酸经丙酮酸被氧化成乙酸和 CO_2。总反应式为：

$$2CH_3CHOHCOOH + SO_4^{2-} \longrightarrow 2CH_3COOH + 2CO_2 + H_2S + 2H_2O$$

硫酸盐呼吸发生在富含硫酸盐的厌氧环境，如土壤、海水、污水、温泉、地热区、油井、天然气井、硫矿、腐蚀的铁、牛羊瘤胃、昆虫与人肠道中。

3. 硫呼吸（sulfur respiration） 又称硫还原（sulfur reduction）。这是以元素硫作为唯一末端电子受体从中取得生长所需能量的一类无氧呼吸。硫呼吸是元素硫异化性还原形成 H_2S 的过程。迄今所知的硫还原细菌（sulfur reducing bacteria）主要是硫还原菌属（*Desulfurella*）和脱硫单胞菌属（*Desulfuromonas*）等。例如利用乙酸为电子供体的乙酸氧化脱硫单胞菌（*D. acetoxidans*）能在厌氧条件下通过氧化乙酸为 CO_2 和还原元素硫为 H_2S 的偶联反应而生长。

$$CH_3COOH + 2H_2O + 4S \longrightarrow 2CO_2 + 4H_2S - 23.8kJ/mol$$

4. 碳酸盐呼吸（carbonate respiration） 又称碳酸盐还原（carbonation reduction）。这是一类以 CO_2 或碳酸氢盐（HCO_3^-）为呼吸链末端电子受体的无氧呼吸，根据产物将其分为两类：产甲烷菌和产乙酸菌。大多数产甲烷菌（methanogens，methane producing bacteria）可利用 H_2 作为电子供体（能源），以 CO_2 作为末端电子受体，产物为甲烷（CH_4）：

$$4H_2 + H + HCO_3^- \longrightarrow CH_4 + 3H_2O - 142.12kJ/mol$$

产乙酸菌中的同型产乙酸菌则利用 H_2/CO_2 进行无氧呼吸，产物全部或几乎全部为乙酸。

$$4H_2 + 2H + 2HCO_3^- \longrightarrow CH_3COOH + 4H_2O - 112.86kJ/mol$$

上述两个类群的碳酸盐还原菌都是专性厌氧细菌，在厌氧环境系统中起着重要的作用。特别是其中的产甲烷菌，作为厌氧生物链中的最后一个成员，在自然界的沼气形成以及环境保护的厌氧消化（anaerobic digestion）中担负着重要的角色。

5. 其他类型 可作为无氧呼吸中电子受体的无机物还有 Fe^{3+} 和 Mn^{2+} 等。现已发现，许多有机氧化物也能被一些细菌作为无氧呼吸中的末端受体（表6-2）。

表6-2 一些以有机物为电子受体的无氧呼吸

末端电子受体	还原产物	细菌
延胡索酸	琥珀酸	巨大脱硫菌、雷氏变形菌
甘氨酸	乙酸	斯氏梭菌
二甲亚砜（DMSO）	二甲硫（DMS）	弯曲杆菌属、埃希氏菌属、多种紫色细菌
氧化三甲胺（TMAO）	三甲胺（TMA）	若干紫色非硫细菌

第三节 微生物的分解代谢产物与鉴定反应

外界环境中分子量较小的有机物能够被微生物直接吸收，而分子量较大的有机物必须经过微生物分泌的胞外酶分解后才能被吸收利用。由于不同的微生物含有不同的酶类，故对自然界中各种有机物质的分解能力不同。其中较易被微生物分解的有含碳有机物中的淀粉、纤维素、半纤维素、果胶物质等的分解；对含氮有机物质中的蛋白质、几丁质和尿素的分解以及对含硫、含磷有机物的分解。研究微生物的分解代谢，一方面使我们对微生物如何利用大分子物质有所了解，另一方面使我们明确微生物所产生的分解代谢产物对微生物的分类、鉴定有十分重要的意义。

一、生物大分子的降解

多糖是由己糖、戊糖或这些糖的衍生物聚合成的大分子化合物。自然界中广泛存在的多糖有淀粉、纤维素、半纤维素、几丁质等多聚物。因多糖一般不溶于水，所以不能直接透过细胞膜被微生物吸收。微生物首先分泌胞外酶，将其水解成双糖或单糖后，才将其吸收利用。现仅以淀粉、纤维素为例讨论微生物分解多糖的过程。

（一）淀粉的水解

淀粉是葡萄糖单体通过糖苷键连接而成的多聚物，根据连接后的结构将淀粉分为直链淀粉和支链淀粉。前者是由 α－1,4－糖苷键连接的直链分子，后者是在直链分子的基础上，还有许多分支，分支点由 α－1,6－糖苷键连接。一般天然淀粉中，直链淀粉占10%～20%，支链淀粉占 80%～90%。二者均易被微生物产生的胞外淀粉酶分解成双糖与单糖，然后被微生物吸收利用。能分解淀粉的微生物种类很多，常见的有枯草杆菌、放线菌和霉菌的一些种。

催化淀粉水解成葡萄糖的酶不是单一酶，而是一类密切相关的酶。根据作用方式可以分为 α－淀粉酶、糖化淀粉酶（β－淀粉酶、葡萄糖淀粉酶和淀粉－1,6－转葡糖苷酶）两类（4 种）酶。

1. α－淀粉酶（液化淀粉酶）　许多细菌、放线菌和霉菌均能产生 α－淀粉酶（α－amylase），在工业生产中常用枯草杆菌作为生产菌种。该酶的特点是迅速液化淀粉、攻击淀粉分子内部 α－1,4－糖苷键，但对 α－1,6－糖苷键及靠近 α－1,6－糖苷键的 α－1,4－糖苷键无作用。该酶作用的结果是产生麦芽糖、含有 6 个葡萄糖单位的寡糖和带有支链的寡糖。由于产物的构型是 α 构型，故称 α－淀粉酶，又因淀粉经该酶水解后溶解黏度大大下降，故又称为液化淀粉酶。

2. 糖化淀粉酶　包括 β－淀粉酶、葡萄糖淀粉酶、淀粉－1,6－转葡糖苷酶。它们的共同特点是可将淀粉水解为麦芽糖或葡萄糖，因此称为糖化淀粉酶。

（1）β－淀粉酶　许多霉菌能产生 β－淀粉酶。该酶作用的特点是与 α－淀粉酶相反，它只作用于淀粉的末端，从非还原性末端开始以双糖为单位水解 α－1,4－糖苷键，但 β－淀粉酶不水解 α－1,6－糖苷键，遇到此键，作用停止，水解的终产物是麦芽糖、极限糊精（当支链淀粉水解一半时，反应停止时的剩余部分）及带分支侧链寡糖。由于麦芽糖的构型是 β 型，故称 β－淀粉酶。

（2）葡萄糖淀粉酶　该酶也是从淀粉分子的非还原末端开始，依次以葡萄糖为单位水解 α－1,4－糖苷键，该酶也不水解 α－1,6－糖苷键，但能越过此键作用 α－1,4－糖苷键，作用的结果是葡萄糖和带有 α－1,6－糖苷键的寡糖。

（3）淀粉－1,6－转葡糖苷酶（异淀粉酶）　该酶作用的特点是水解淀粉中的α－1,6－糖苷键。它能水解 α－淀粉酶和 β－淀粉酶水解后的产物极限糊精，作用结果生成葡萄糖。

淀粉在上述四类酶的共同作用下，可被完全水解成单分子葡萄糖（图 6－14）。许多微生物在生长过程中能合成分解淀粉的酶类，并将这些酶分泌到胞外。因此，我们可以通过微生物发酵方法生产微生物淀粉酶，用于棉织物的淀粉脱浆，以及用酶法来代替酸水解法生产葡萄糖。

（二）纤维素的降解

纤维素也是一种由许多葡萄糖分子通过糖苷键连接起来的大分子聚合物。与淀粉不同

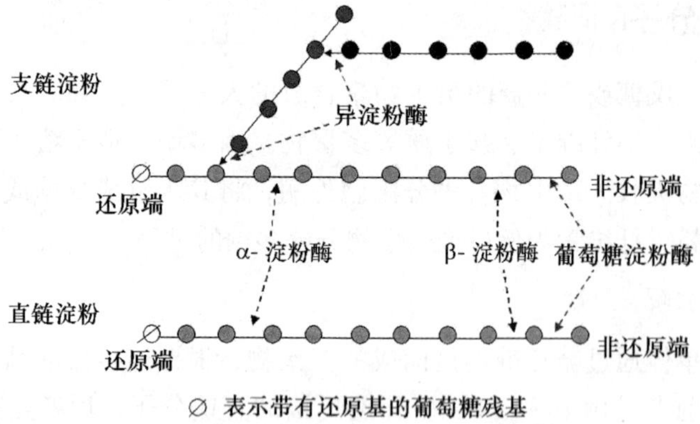

图 6－14　酶降解直链淀粉和支链淀粉的靶位置

它是葡萄糖经 β－1,4－糖苷键相连，相对分子质量比淀粉大的多，由 200～1 000 个葡萄糖亚基组成，更不溶于水，不能被人和动物消化吸收。但许多微生物能分解利用纤维素，其中分解能力较强的主要是真菌（如木霉、根霉、黑曲霉、青霉等）、细菌（如纤维素黏菌、纤维杆菌等）和放线菌（如黑色螺旋放线菌、纤维放线菌等）。

微生物分解纤维素是由纤维素酶催化完成的，纤维素酶是一类能够降解纤维素生成葡萄糖的复合物，称之为纤维素酶系，根据其中各酶功能的差异，可将其分为以下三大类。

（1）内切葡聚糖酶　来自真菌的该糖酶简称 EG，来自细菌简称 Len，又称为 C1 酶，这类酶作用于纤维素内部的非结晶区，随机水解 β－1,4－糖苷键，将长链纤维素分子截短，产生大量含非还原性末端的小分子纤维素。

（2）外切葡聚糖酶或纤维二糖酶　来自真菌的该酶简称 CBH，来自细菌简称 Cex，又称为 Cx 酶，这类酶作用于纤维素线状分子末端，水解 1,4－β－D－糖苷键，每次切下 1 个纤维二糖分子，故又称为纤维二糖水解酶。

（3）β－葡萄糖苷酶　简称 BG 酶，这类酶将纤维二糖和寡糖水解成葡萄糖分子。

Reese 提出了 C1－Cx 假说阐明纤维素酶的作用机制，该假说认为 3 种不同的纤维素酶在分解过程中存在着协同作用，首先 C1 酶随机水解切断无定型区的纤维素分子链，形成外切纤维素酶需要的新的游离末端，为 Cx 酶水解纤维素创造条件，然后 Cx 酶从多糖链的非还原端切下纤维二糖单位，纤维二糖再由 BG 酶水解成葡萄糖（图6－15）。

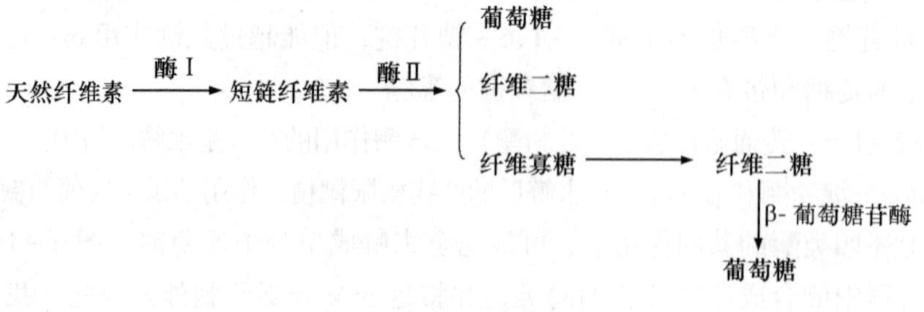

图 6－15　纤维素的分解

纤维素占植物干重的 35 %～50%，是地球上分布最广、含量最丰富的糖类，它是自然界中数量最大的可再生性物质，它的降解是自然界碳素循环的中心环节。纤维素的利用与转化对于解决世界能源危机、粮食短缺、环境污染等问题具有十分重要的意义，对它的研究和生产是人类生存环境改善和可持续发展的重要前提之一。

（三）其他多糖的降解

木聚糖是仅次于纤维素的分布最广泛和最丰富的糖类，也称之为“半纤维素”，但它们在结构上与纤维素无关。木聚糖链是由 β－D－木糖通过 β－1,4－糖苷键连接而成，许多降解纤维素的微生物也产生木聚糖酶。木聚糖酶是一类木聚糖降解酶系，属于水解酶类，包括内切 β－木聚糖酶、外切 β－木聚糖酶和 β－木二糖苷酶。木聚糖酶最早用于饲料工业，目前最被看好的应用前景是在生产燃料方面。用纤维素酶和木聚糖酶协同作用可以将植物纤维彻底水解为单糖，再运用基因工程和发酵工程生产乙醇。

果胶是构成高等植物细胞间质的主要物质，属于多聚半乳糖醛酸类物质，由 D－半乳糖醛酸经 α－1,4 糖苷键连接的直链构成。许多细菌和真菌具有代谢果胶的能力，果胶可在一系列酶的分解下生成半乳糖醛酸，后者进入糖代谢途径被分解放出能量。我国民间传统采用的大麻、亚麻沤浸脱胶技术就是利用了果胶分解菌分解果胶的能力。

几丁质是一种由 N－乙酰葡萄糖胺通过 β－1,4－糖苷键连接起来的不容易被分解的含氮多糖类物质，它是霉菌细胞壁的组成成分，一般生物不能分解利用它。微生物几丁质酶按反应初级产物类型可分为内切几丁质酶（EC 3.2.1.14）、外切几丁质酶（exochitinase）和几丁二糖酶。内切酶从几丁质链的任何一部分切割，产生几丁质寡糖。外切几丁质酶从几丁二糖或几丁质寡糖的非还原端依次切割，产生几丁单糖，几丁二糖酶专一降解几丁二糖为几丁单糖。几丁质酶降解几丁质，转化产生菌体蛋白、氨基寡糖素等产物，在人类食品、医药、化妆及动物饲料等行业具有广泛的开发前景。

（四）蛋白质、核酸和脂肪的降解

蛋白质是由许多氨基酸残基通过肽键连接起来的大分子物质。微生物必须将它们分解成小分子后才能被吸收利用，微生物种类不同，分解蛋白质的能力也不相同。如真菌分解蛋白质的能力很强，而且能利用天然蛋白质；而细菌对蛋白质的分解能力差异较大，大多数细菌不分解天然蛋白质，如大肠埃希菌与其他肠细菌不利用蛋白质，但芽孢杆菌、变形杆菌等分解蛋白质的能力强。所以，微生物利用蛋白质的能力可以作为菌种分类依据之一。

微生物分解蛋白质时首先分泌胞外酶，将复杂的蛋白质分解为短肽（或氨基酸），短肽（或氨基酸）透入细胞，再由胞内酶将短肽分解为氨基酸。

核酸多以核蛋白的形式存在，核酸在核酸酶的作用下，水解为寡核苷酸或单核苷酸，单核苷酸可进一步降解为碱基、戊糖和磷酸。这也是微生物利用核酸的步骤。核酸分解的第一步是水解核苷酸之间的磷酸二酯键，不同来源的核酸酶，其专一性、作用方式都有所不同。有些核酸酶只能作用于 RNA，称为核糖核酸酶（RNase），有些核酸酶只能作用于 DNA，称为脱氧核糖核酸酶（DNase），有些核酸酶专一性较低，既能作用于 RNA 也能作用于 DNA，因此统称为核酸酶（nuclease）。

微生物利用脂肪是通过脂肪酶的作用。脂肪酶可作用于三酰甘油（甘油三酯）的酯键，使甘油三酯降解为二酰甘油（甘油二酯）、单酰甘油（单甘油酯）、甘油和脂肪酸。脂肪酶在微生物中有广泛的分布，其产生菌主要是霉菌和细菌。

二、与代谢相关的微生物鉴定反应

微生物最容易利用的单糖是葡萄糖，除此之外，还可以利用果糖、半乳糖、甘露扫码"看一看"

糖、戊糖等单糖，也可以利用糖醇（如甘露醇）以及双糖（如蔗糖、乳糖）进行生长。不同微生物利用糖的能力不同，即便是都能利用某一种糖，但代谢途径不同，分解后的产物及出现的现象也不相同。根据这一原则可选择某种微生物生长的最佳碳源及鉴定菌种。

（一）碳源利用试验

碳源利用试验（carbohydrate utilization test）用来检测微生物是否具有分解某种糖（醇）的酶，借以选择微生物生长最佳碳源。采用碳源利用试验（生长谱法）测定微生物对某些糖类的利用情况，方法是首先将微生物接种不含碳源的平板，将平皿分为几个区域，在每一区点置不同糖类，培养后观察各糖周围是否有菌生长，该试验可确定微生物所利用的糖类。

（二）糖发酵试验

糖发酵试验（carbohydrate fermentation test）用来鉴定微生物对糖类的发酵利用情况，有助于菌种鉴别。将待测菌种接种于糖（醇）发酵培养基中，培养基中加入指示剂（如溴甲酚紫）及倒置小管（称为杜氏管）以确定菌种利用糖后产酸产气的情况。不同的菌种结果不同，例如大肠埃希菌能分解葡萄糖和乳糖，产酸且产气；而伤寒杆菌只分解葡萄糖产酸不产气，且不分解乳糖。其原理是菌种将葡萄糖分解成丙酮酸后，丙酮酸进一步分解成乙酰磷酸和甲酸，甲酸在甲酸脱氢酶（hydrogenlyase）的作用下分解为 CO_2 和 H_2。大肠埃希菌具有此酶，因此分解葡萄糖产酸和产气；而伤寒杆菌不含甲酸脱氢酶，所以分解葡萄糖只产酸不产气。

（三）枸橼酸盐利用试验

有些细菌能以枸橼酸钠作为唯一碳源生长，分解后产生 CO_2 再转变为碳酸钠，使培养基由中性变为碱性（pH 7.6 以上），培养基中指示剂溴百里酚蓝（Brom thymol Blue，BTB）由浅绿色变为深蓝色。在试验时，将待检菌种接种于以枸橼酸钠为唯一碳源的培养基上，37℃培养 1 ~4 天，逐日观察结果，阳性者斜面有菌生长，培养基变蓝色，若无菌生长，培养基保持原浅绿色为阴性。在枸橼酸试验（citrate utilization test）中阳性对照菌用已知产气杆菌，阴性对照菌用大肠埃希菌。

（四）V-P 试验

某些细菌如产气杆菌，分解葡萄糖生成丙酮酸，丙酮酸缩合、脱羧而转变成乙酰甲基甲醇（亦称 3 - 羟基丁酮）。乙酰甲基甲醇在碱性环境中易被空气中氧气氧化为二乙酰，二乙酰可与蛋白胨中精氨酸所含胍基发生反应，生成红色的化合物，即 V-P 试验（Voges-Proskauer test，V-P test）阳性。若培养基中胍基太少时，可加少量肌酸、肌酐等含胍基化合物，加入 α - 萘酚可加速反应。

$$\underset{\text{丙酮酸}}{2CH_3COCOOH} \longrightarrow \underset{\text{乙酰甲基甲醇}}{CH_3COCHOHCH_3} + 2CO_2$$

$$\underset{\text{乙酰甲基甲醇}}{CH_3COCHOHCH_3} \xrightarrow[KOH]{-2H} \underset{\text{二乙酰（丁二酮）}}{CH_3COCOCH_3}$$

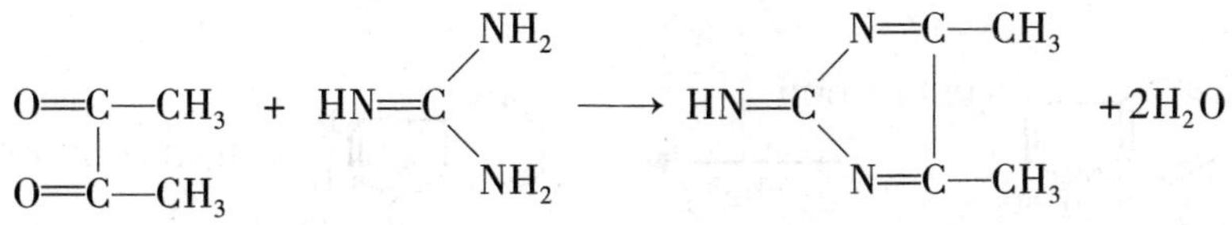

二乙酰　　　　　胍　　　　　红色化合物

试验时将待检菌接种于磷酸盐葡萄糖蛋白胨水培养基中，培养后，每毫升培养液加入6%α-萘酚0.5ml以及40% KOH溶液0.2ml；混匀，于37℃下保持15~30分钟，如是产气杆菌应出现红色，为阳性反应。由于大肠埃希菌分解葡萄糖不生成乙酰甲基甲醇，所以无此反应。

（五）甲基红试验

细菌在糖代谢过程中，分解葡萄糖产生丙酮酸。丙酮酸的分解产物随菌种不同而异，有些细菌（如大肠埃希菌）将丙酮酸进一步分解，产生的酸类较多（如甲酸、乙酸、乳酸等），使培养物的酸碱度在pH 4.5或更低，加入甲基红指示剂呈红色，即甲基红试验（methyl red test，MR test）阳性。而产气杆菌将2分子丙酮酸脱羧生成1分子的中性乙酰甲基甲醇，故培养物中形成的酸类较少，使培养物的酸碱度较高，pH在5.4以上甲基红指示剂呈橘黄色，为甲基红试验阴性。

实验时将菌种接种于磷酸盐葡萄糖蛋白胨水培养基中，37℃培养48小时，于5ml培养液中加入5~6滴甲基红试剂，立即观察结果。

（六）明胶液化试验

明胶是一种蛋白质，不同蛋白质由不同蛋白酶分解，如明胶由明胶酶分解。首先细菌分泌胞外明胶酶，将明胶分解，从而使明胶失去凝固能力而液化。变形杆菌、假单胞菌和梭状芽孢杆菌可产生明胶酶分解明胶；大肠埃希菌、沙门菌则无此酶，故无液化明胶的能力。因此，常以明胶液化试验等（gelatin liquefaction test）观察蛋白质分解与否，借以鉴别细菌。

试验时将待检菌穿刺接种于明胶高层培养基中，置20~22℃培养5天左右，每天观察有无明胶液化。由于在37℃培养，明胶呈现液态。故在37℃培养后、观察结果前，需先放4℃冰箱内30分钟，然后取出观察结果。以培养基不再凝固时为阳性。

（七）吲哚试验

蛋白质分解的最终产物是氨基酸。在一般条件下，氨基酸可作为原料直接合成细胞的有机物质，供给菌体生长。但在特定条件下，如在厌氧和碳源缺乏的条件下，氨基酸也能被某些细菌分解。能分解氨基酸的细菌远比分解蛋白质者多，如大肠埃希菌能分解几乎所有的氨基酸。氨基酸的分解有脱氨与脱羧两种形式，前者靠细菌的脱氨酶作用生成氨和酸类；后者是由脱羧酶作用生成胺类和CO_2，根据产物不同，常可用来进行菌种鉴定。

大肠埃希菌、霍乱弧菌等含有色氨酸酶，能分解蛋白胨中的色氨酸，生成吲哚。吲哚可与对二甲基氨基苯甲醛作用，生成玫瑰吲哚而呈红色，为吲哚试验阳性。产气杆菌、奇异变形杆菌、沙门菌属等细菌吲哚试验（靛基质试验，indole test）阴性。

试验时将待检菌接种蛋白胨水培养基中，经37℃培养1~2天，沿管壁加入柯式试剂（Kovac's reagent）0.5ml，使分成两层，于两液面接触处出现红色为阳性，无色为阴性。

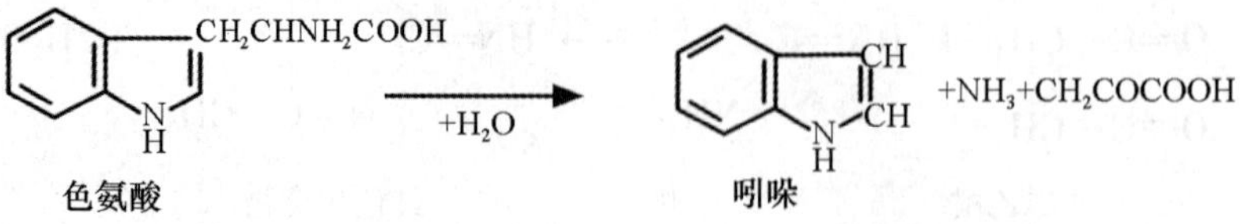

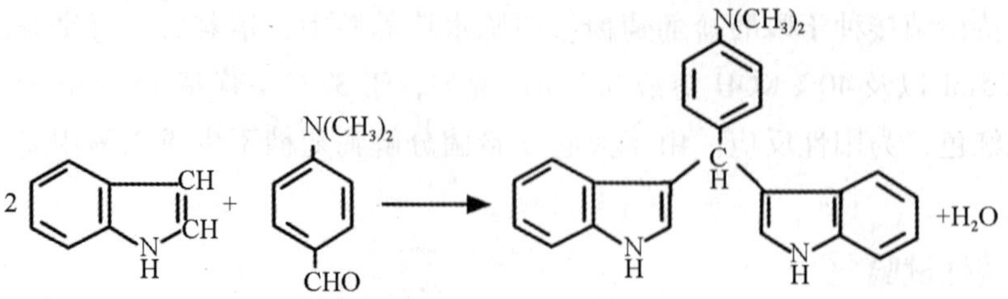

（八）硫化氢试验

有些细菌，如沙门菌分解半胱氨酸、甲硫氨酸等含硫氨基酸生成硫化氢，硫化氢与培养基中的醋酸铅或硫酸亚铁作用，则生成黑色的硫化物，则为硫化氢试验（hydrogen sulfide test）阳性。

试验时将待检菌穿刺接种于醋酸铅高层培养基中，经37℃培养1～2d，观察结果。若沿穿刺线上及周围培养基变黑或黑褐色为阳性，无变化为阴性。

细菌的生化反应是鉴别细菌的重要手段。其中吲哚试验（I）、甲基红试验（M）、V-P试验（V）和枸橼酸盐利用试验（C）简称为IMViC试验（i是为发音方便加入的，不表示实际意义），常用于大肠埃希菌和产气杆菌的鉴别。典型的大肠埃希菌的IMViC试验结果是“＋＋－－”，而产气杆菌是“－－＋＋”。

第四节　微生物的合成代谢

微生物的生长过程包括营养物质的吸收利用与细胞物质的合成。营养物质的吸收利用是微生物将外源大分子物质降解成小分子物质、转运到细胞内、再降解成小分子前体，同时产生能量的过程；细胞物质的合成则是利用分解代谢的产物消耗能量合成细胞组分及代谢产物的过程。微生物的合成代谢是在分解代谢基础上进行的，首先必须有相应酶参与反应；其次能量、还原力与小分子前体物质也是合成代谢的必要条件。

一、微生物合成代谢的三要素

（一）能量（ATP）的获得

微生物合成代谢需要大量能量，这些能量都是以ATP的形式提供。据估计，每生长1g细菌（干重）就需要20g ATP。微生物细胞通过发酵、呼吸、无机物氧化、光能转换产生ATP，产生的方式包括底物水平磷酸化、电子传递磷酸化和光合磷酸化。

（二）还原力的获得

在合成代谢过程中，需要大量的还原力，这是因为微生物从外界获得的营养元素都呈高度的氧化程度，如CO_2、NO_3^-、SO_4^{2-}等，而在微生物细胞组成中这些元素都是以高度还原态出现，如半胱氨酸中的C、N、S等元素，所以这些元素在被吸收合成细胞有机物之前，首先要被还原力还原。微生物细胞物质合成中的还原力主要是指还原型的烟酰胺腺嘌呤二核苷酸（$NADH_2$）和还原型的烟酰胺腺嘌呤二核苷酸磷酸（$NADPH_2$）。关于还原力的来源，对于化能异养菌来讲，通过发酵和呼吸过程产生，在糖酵解和三羧酸循环中产生还原力的几步反应在前文已有论述；每分子葡萄糖被分解为丙酮酸或呼吸作用产生还原力情况见表6－3。

表6－3　每分子葡萄糖产生还原力情况

途径	还原力	产物
EMP	$2NADH_2$	2丙酮酸
HMP	$2NADPH_2$	CO_2、5－磷酸－核酮糖
ED	$1NADH_2$ 和 $1NADPH_2$	2丙酮酸
TCA	$6NADH_2$ 和 $2FADH_2$	$4CO_2$

关于化能自养菌产生还原力的途径随菌种不同而异。自养微生物产生还原力的方式多是通过电子逆转方式，即在消耗ATP的前提下，电子通过在电子传递链上的逆转过程产生还原力。以这种方式产生还原力的菌体里，由于物质氧化产生的ATP大部分用来合成NAD(P)H_2，故菌体生长需要消耗更多的基质，这可能是这类菌体生长速度较低的缘故。氢细菌则可以通过氢酶的作用催化NAD(P)H_2的生成。

（三）小分子前体碳架物质的产生

微生物可将复杂的多糖分解成葡萄糖，进一步又可将葡萄糖降解，一方面为微生物生长提供能量，另一方面还为微生物合成细胞物质提供了小分子前体碳架物质。小分子前体碳架物质通常指糖代谢（EMP、HMP、TCA循环等途径）过程产生的不同数目碳原子的磷酸糖（如磷酸丙糖、磷酸四碳糖、磷酸五碳糖、磷酸六碳糖等），有机酸（如α－酮戊二酸、草酰乙酸、琥珀酸等）和乙酰CoA等，这些小分子物质可以直接作为合成生物分子的前体物质。在酶的催化下合成氨基酸、核苷酸、蛋白质、核酸、多糖等细胞物质。

微生物在生长过程中可以通过加速糖分解的方式来满足机体对这些前体物的需要。在具备能量、还原力和小分子前体碳架物质的条件下，经过酶的催化作用，微生物就可以合成大分子物质，供细胞生长和合成代谢产物的需要。本节以氨基酸的合成为例介绍合成代谢的过程。

二、氨基酸的生物合成

不同生物合成氨基酸的能力有所不同，动物不能合成全部20种氨基酸，植物和绝大多数微生物能合成全部氨基酸。不同氨基酸的生物合成途径各不相同，但它们都有一个共同的特征，就是所有氨基酸都不是以CO_2和NH_3为起始材料从头合成，而是起始于三羧酸循环、糖酵解途径和磷酸戊糖途径的中间代谢物，如丙酮酸、草酰乙酸、α－酮戊二酸及3－磷酸甘油等，根据这些小分子前体的不同，可以将氨基酸合成途径分成六大类（图6－16）。

（一）谷氨酸族氨基酸的生物合成

α－酮戊二酸衍生物可合成谷氨酸、谷氨酰胺、脯氨酸和精氨酸等非必需氨基酸。

α－酮戊二酸与NH_3在L－谷氨酸脱氢酶（辅酶为NADPH）催化下，还原氨基化生成L－谷氨酸；L－谷氨酸与NH_3在谷氨酰胺合成酶催化下，消耗ATP而形成谷氨酰胺；L－

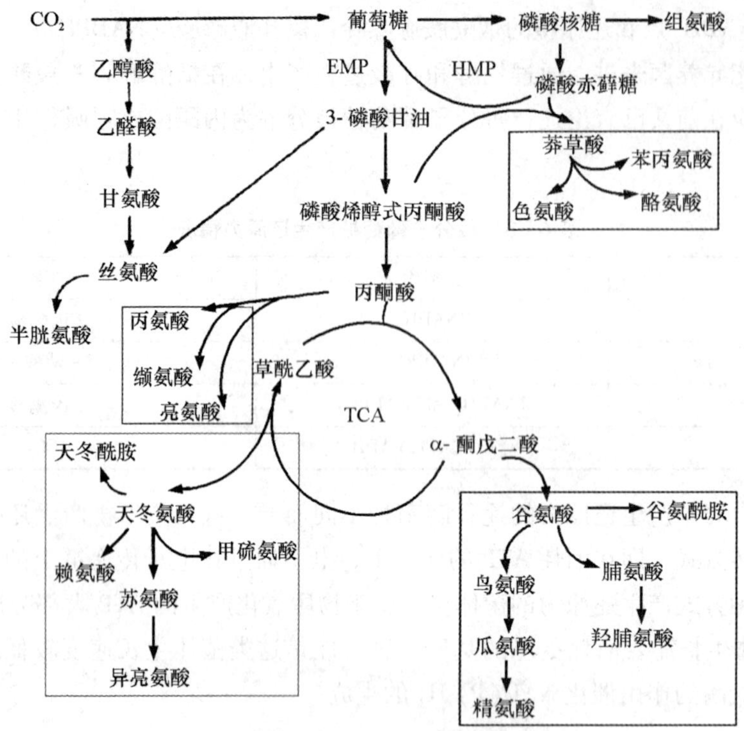

图 6－16　基础代谢和氨基酸的生物合成

谷氨酸－γ－羧基还原成谷氨酸半醛，然后环化成二氢吡咯－5－羧酸，再由二氢吡咯还原酶作用还原成 L－脯氨酸。L－谷氨酸也可在转乙酰基酶催化下生成 N－乙酰谷氨酸，再在激酶作用下，消耗 ATP 后转变成 N－乙酰－γ－谷氨酰磷酸，然后在还原酶催化下由 NADP 提供氢而还原成 N－乙酰谷氨酸－γ－半醛。最后经转氨酶作用，谷氨酸提供 α－氨基而生成 N－乙酰鸟氨酸，经去乙酰基后转变成鸟氨酸，通过鸟氨酸循环而生成精氨酸（图 6－17）。

谷氨酸是脯氨酸、鸟氨酸和精氨酸的前体。谷氨酸－γ－羧基还原生成醛，继而形成中间 Schiff 碱，进一步还原可生成脯氨酸（图 7－3）。此过程中的中间产物 5－谷氨酸半醛（glutamate－5－semialdehyde）在鸟氨酸－δ－氨基转移酶（ornithine－δ－amino-transferase）催化下直接转氨生成鸟氨酸。

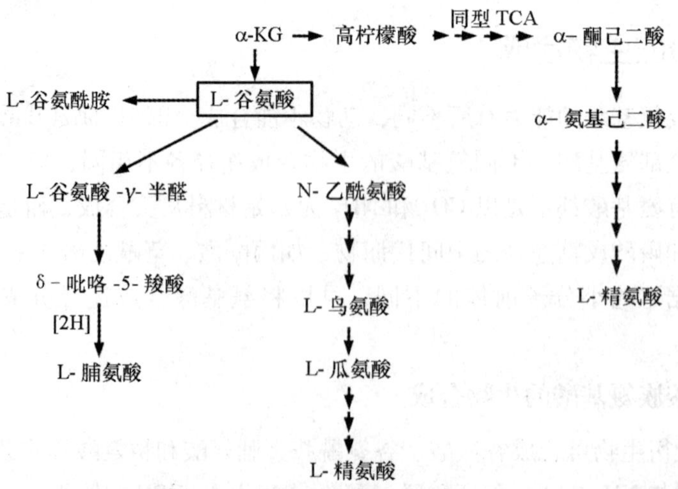

图 6－17　谷氨酸族氨基酸的生物合成

（二）天冬氨酸族氨基酸的生物合成

草酰乙酸衍生物可合成 L－天冬氨酸、L－天冬酰胺、L－赖氨酸、L－甲硫氨酸、L－苏氨酸，这些氨基酸称为天冬氨酸族氨基酸。

在谷草转氨酶催化下，草酰乙酸与谷氨酸反应生成 L－天冬氨酸；天冬氨酸经天冬酰胺合成酶催化，在有谷氨酰胺和 ATP 参与下，从谷氨酰胺上获取酰胺基而形成 L－天冬酰胺；细菌和植物还可以 L－天冬氨酸为起始物合成赖氨酸或转变成甲硫氨酸。另外，L－天冬氨酸为起始物合成 L－高丝氨酸，再转变成苏氨酸（苏氨酸合成酶催化）。L－天冬氨酸与丙酮酸作用进而合成异亮氨酸（图 6－18）。

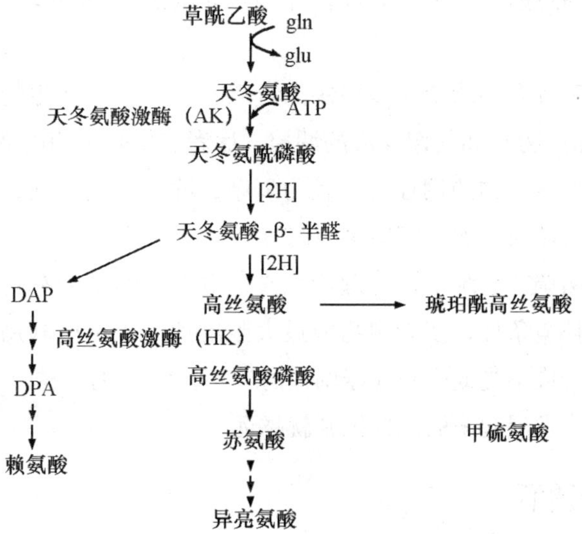

图 6－18　天冬氨酸族氨基酸的生物合成

谷氨酸棒杆菌、黄色短杆菌等中的天冬氨酸族氨基酸的主要代谢调节机制有：①天冬氨酸激酶为关键酶，受赖氨酸和苏氨酸优先协调反馈抑制；②优先合成，甲硫氨酸比苏氨酸、赖氨酸优先合成，苏氨酸比赖氨酸优先合成；③代谢互锁，赖氨酸分支途径的初始酶受亮氨酸的反馈阻遏。

（三）芳香族氨基酸的生物合成

芳香族氨基酸中苯丙氨酸、酪氨酸和色氨酸可以 4－磷酸赤藓糖为起始物在有磷酸烯醇式丙酮酸的条件下酶促合成分支酸，再经氨基苯甲酸合成酶作用转变成邻氨基苯甲酸，最后生成色氨酸；分支酸还可以转变成预苯酸，在预苯酸脱氢酶作用下生成对羟基丙酮酸，最后生成酪氨酸；在预苯酸脱水酶作用下预苯酸转变成苯丙酮酸，最后形成苯丙氨酸（图 6－19）。

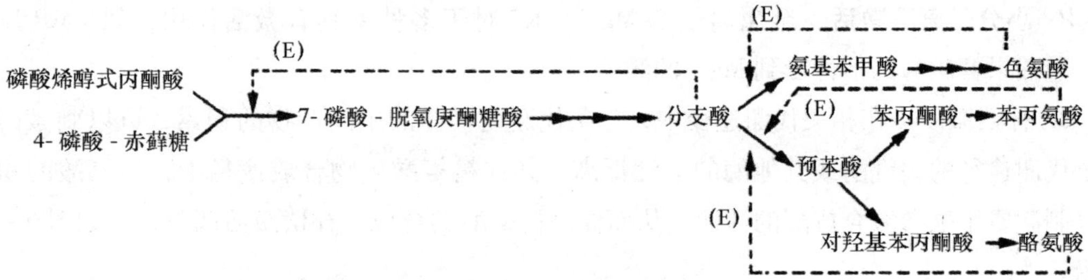

图 6－19　芳香族氨基酸的生物合成

枯草杆菌芳香族氨基酸合成途径中的顺序反馈抑制；（E）示抑制

以丙酮酸为起始物可合成L－丙氨酸、L－缬氨酸和L－亮氨酸，丝氨酸、半胱氨酸和甘氨酸由三磷酸甘油生成。

第五节　微生物代谢的调控

微生物的新陈代谢错综复杂，参与代谢的物质又多种多样，即使同一种物质也会有不同的代谢途径，而且各种物质的代谢之间存在着复杂的相互联系和相互影响。在长期的进化过程中，微生物建立了一套严密、精确、灵敏的代谢调节体系，能严格地控制代谢活动，使之有序而高效地运行，并能灵活地适应外界环境，最经济地利用环境中的营养物。

微生物的代谢调节具有多系统、多层次的特点，对于原核微生物而言，包括物质运输（吸收营养和排除代谢产物）和代谢反应的调控，后者主要是指酶的调控，包括酶的表达及酶的活性的调控。真核微生物的调控方式较为复杂，除了上述方式，还有酶的翻译、修饰水平的调控以及转录、转录后加工等层次的调节等。

了解微生物的代谢调节系统不仅有理论意义，更重要的是能有目的地改造微生物和为微生物提供最适合的环境条件，使微生物能最大限度地为人类所利用。遗传育种工作就是为获得目的代谢产物合成不受或少受代谢调控的“不正常”的菌株，越是理想的高产菌株，可能背离它自然进化中发展起来的调控机制就越远。

一、酶活性的调节

通过改变酶分子的活性来调节代谢速度的调节方式称为酶活性的调节。酶活性的调节方式直接，并且反应快，是发生在蛋白质水平上的调节。活性受到底物或产物（或其结构类似物）影响的酶称为调节酶（regulatory enzyme）。这种影响可以是激活，也可以是抑制酶的活性。

（一）酶的激活

1. 前体激活　通常把底物对酶的影响称为前馈，产物对酶的影响称为反馈。前馈作用一般是对酶的活性起激活作用，在分解代谢中，后面的反应可被较前面反应的中间产物所促进。如粪链球菌（*Streptococcus feacalis*）的乳酸脱氢酶活性可被1,6－二磷酸果糖所激活；又如在粗糙脉孢菌（*Neurospora rassa*）培养时，柠檬酸会促进异柠檬酸脱氢酶活性。

2. 小分子离子激活　金属离子如Mg^{2+}、K^{+}对于多种酶具有激活作用，如EMP途径中，磷酸果糖激酶的活性受到Mg^{2+}的激活。

3. 补偿激活　在相关代谢途径中，一条代谢途径中的中间产物的积累，可以刺激另外一条代谢途径的关键酶或其他酶的活性提高。如在精氨酸生物合成途径中，鸟氨酸的积累可以刺激氨甲酰磷酸合成酶的活性，从而促进精氨酸的合成。补偿激活调节方式如图6－20所示。

（二）酶的抑制

酶的抑制包括竞争性抑制和反馈抑制，在微生物代谢调节中更常见的是反馈抑制，尤

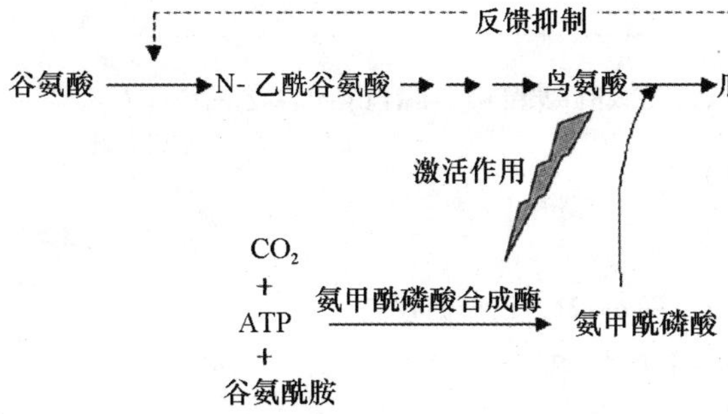

图6-20 补偿激活

其是末端产物对酶活性的反馈抑制。酶的抑制机制可以用别构酶学说来解释：调节酶通常是别构酶（allosteric enzymes），是催化代谢途径一系列反应中的关键酶。一般具有多个亚基，包括催化亚基和调节亚基。抑制过程的效应物称为抑制剂（inhibitor），调节酶的抑制剂通常是末端代谢产物或其结构类似物。抑制剂与调节亚基结合引起酶构象发生变化，使催化亚基的活性中心发生改变，酶的催化性能随之受到影响。效应物的作用是可逆的，一旦效应物浓度降低，酶活性就会恢复。

在糖的分解代谢中，其实没有固定不变的和真正的末端代谢物，从某种意义上讲，三磷酸腺苷（ATP）可以视为其唯一的代谢终产物。ATP是为许多反应提供能量的高能磷酸化物，细胞中的ATP、ADP和AMP含量处于相对平衡的状态。我们把细胞中全部腺苷酸中的能量，折算成相当于多少ATP，即能荷（energy charge，EC）来表示细胞中的能量状态，能荷可用下列公式来表示：

$$能荷（\%）=\frac{[ATP]+\frac{1}{2}[ADP]}{[ATP]+[ADP]+[AMP]}\times 100\%$$

系统中只有ATP时，EC值为1；只有AMP时，EC值等于零。大肠埃希菌在生长期的EC值为0.8，稳定期时逐渐降低到0.5，当EC值小于0.5时，细胞将死亡。

酶活性也受到能荷的调节。能荷不仅能调节ATP合成体系的酶（如磷酸果糖激酶、柠檬酸合成酶、异柠檬酸脱氢酶等）的活性，也能调节ATP利用体系的酶（如PRPP合成酶、乙酰CoA羧化酶和天冬氨酸激酶等）的活性。当能荷在0.75以上时，ATP合成体系的酶活性受到抑制，ATP利用体系的酶活性则急剧上升；能荷较低时，情况则相反。

巴斯德在研究酵母菌的乙醇发酵时发现：在有氧条件下，酵母菌进行呼吸作用，糖的消耗速度较低，乙醇产量显著下降。这种呼吸抑制发酵的现象被后人称为巴斯德效应（Pasteur effect）。巴斯德效应的本质是能荷调节，糖酵解和三羧酸循环都能产生ATP：有氧条件下，呼吸链的氧化磷酸化消耗$NADH_2$，大量合成ATP，细胞能荷增加，异柠檬酸脱氢酶受到ATP抑制，导致柠檬酸的累积，柠檬酸和ATP都是磷酸果糖激酶活性的抑制剂，从而限制了葡萄糖的利用速度；在厌氧条件下，酵母菌无法通过呼吸链产生ATP，细胞能荷较低，ADP和AMP激活磷酸果糖激酶，使利用葡萄糖生产乙醇的速度加快。图6-21说明了巴斯德效应的机制。

二、酶合成的调节

这是通过调节酶合成的量来控制微生物代谢速度的调节机制，这类调节在基因转录水

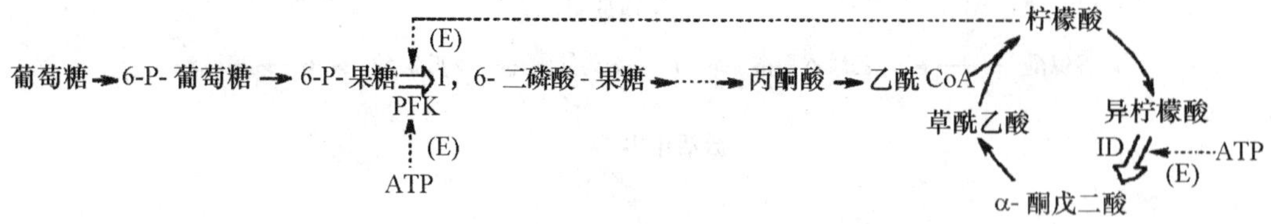

图 6－21　巴斯德效应

PFK－磷酸果糖激酶；ID－异柠檬酸脱氢酶；E－抑制

平上进行，对代谢活动的调节是间接的、也是缓慢的，它的优点是通过阻止酶的过量合成，能节约生物合成的原料和能量。酶合成的调节主要有两种类型：酶的诱导（enzyme induction）和酶的阻遏（enzyme repression）。

（一）酶的诱导

1. 诱导现象　根据酶的合成受环境条件影响的不同，将酶分为两类：一类称为组成酶（constitutive enzymes），它们的合成与环境条件无关，随菌体形成而合成，是细胞固有的酶，在菌体内的含量相对稳定，如糖酵解途径有关的酶；另一类称为诱导酶（inducible enzyme），只有在环境中存在诱导剂（inducer）时，它们才开始合成，一旦环境中没有了诱导剂，酶的合成就终止，例如在大肠埃希菌培养基中加入乳糖，就会产生与乳糖代谢有关的β－半乳糖苷酶和半乳糖苷透性酶等（图6－22）。这种环境物质促使微生物细胞中合成酶蛋白的现象称为酶的诱导。

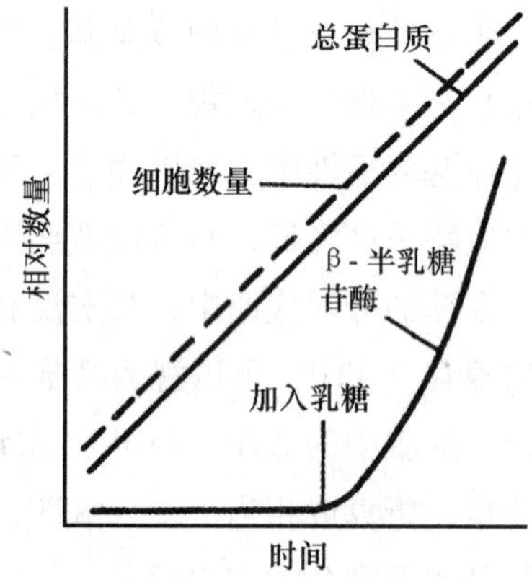

图 6－22　培养基中加入乳糖的诱导作用

诱导现象不仅存在于微生物利用某些碳源的酶系，也存在于对蛋白质、氨基酸及芳香族化合物等的利用过程中，甚至细胞色素和细菌叶绿素也是由相应酶催化生成的。

2. 诱导方式

（1）顺序诱导　第一种酶的底物会诱导第一种酶的合成，第一种酶的产物又可诱导第二种酶的合成，依此类推合成一系列的酶，例如先合成能分解底物的酶，再依次合成分解中间代谢物的酶，以达到对较复杂代谢途径的分段调节。在 *E. coli* 中，最初的诱导物乳糖诱导了代谢乳糖酶系的合成，将乳糖转化成半乳糖，半乳糖在细胞内浓度升高，又触发与半乳糖代谢相关酶的诱导合成。

（2）同时诱导　即加入一种诱导剂后，微生物能同时或几乎同时合成几种酶，它主要存在于较短的代谢途径中，合成这些酶的基因由同一操纵子控制，例如将乳糖加入到 *E. coli* 培养基中，即可同时诱导β－半乳糖苷酶、β－乳糖苷透性酶和β－半乳糖苷转乙酰酶的合成，这三种酶都由乳糖操纵子控制。

（二）酶的阻遏

在某代谢途径中，当末端产物过量时，微生物的调节体系就会阻止代谢途径中包括关键酶在内的一系列酶的合成，从而彻底地控制代谢，减少末端产物生成，这种现象称为酶合成的阻遏；可被阻遏的酶称为阻遏酶（repressible enzyme）。阻遏的生理学功能是节约生物体内有限的养分和能量。酶合成的阻遏主要有末端代谢产物阻遏和分解代谢产物阻遏两种类型。

1. 酶合成阻遏的方式

（1）末端代谢产物阻遏 由于某代谢途径末端产物的过量积累而引起酶合成的（反馈）阻遏称为末端代谢产物阻遏（end-product repression）。通常发生在合成代谢中，特别是在氨基酸、核苷酸和维生素的合成途径中十分常见。如当在大肠埃希菌培养基中加入精氨酸时，将阻遏精氨酸合成酶系（氨甲酰基转移酶、精氨酸琥珀酸合成酶和精氨酸琥珀酸裂合酶）的合成，而此时细胞生长速度和总蛋白质的合成速度几乎不变。若代谢途径是直线式的，末端产物阻遏情况较为简单，末端产物引起代谢途径中各种酶的合成终止，如图 6－23 所示。对于分支代谢途径来说，情况比较复杂。每种末端产物只专一地阻遏合成它自身那条分支途径的酶，而代谢途径分支点前的“公共酶”则受所有分支途径末端产物的共同阻遏。任何一种末端产物的单独存在，都不影响酶合成，只有当所有末端产物同时存在时，才能发挥阻遏作用的现象称为多价阻遏（multivalent repression）。多价阻遏的典型例子是芳香族氨基酸、天冬氨酸族和丙酮酸族氨基酸生物合成中存在的反馈阻遏。

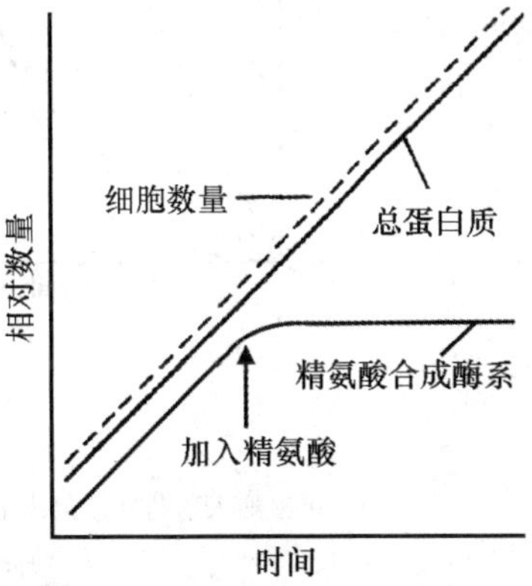

图 6－23 培养基中加入精氨酸的阻遏作用

在一些氨基酸合成途径中，末端产物氨基酸必须和它的 tRNA 结合后，才能起到阻遏作用。有些末端代谢产物本身具有独立的阻遏作用，但若与某些物质结合形成复合物，则会增强阻遏作用，如杆菌肽和铁离子形成复合物后，反馈阻遏作用增强。

末端代谢产物阻遏在微生物代谢调节中有着重要的作用，它保证了细胞内各种物质维持适当的浓度。当微生物已合成了足量的产物，或外界加入该物质后，就停止有关酶的合成，而缺乏该物质时，又开始合成有关的酶。

（2）分解代谢物阻遏 当细胞内同时存在两种可利用底物（碳源或氮源）时，利用快的底物会阻遏与利用慢的底物有关的酶合成。现在知道，这种阻遏并不是由于快速利用底物直接作用的结果，而是由这种底物分解过程中产生的中间代谢物引起的，所以称为分解代谢物阻遏（catabolite repression）。分解代谢物阻遏过去被称为葡萄糖效应。1942 年，Monod 在研究大肠埃希菌利用混合碳源生长时，发现葡萄糖会抑制其他糖的利用。例如大肠埃希菌在含乳糖和葡萄糖的培养基中，优先利用葡萄糖，并只有当葡萄糖耗尽后才开始利用乳糖，这就形成了在两个对数生长期中间的第二个生长停滞期，即出现了“二次生长现象”（图 6－24）；用山梨醇或乙酸代替乳糖，也有类似结果。

酶的诱导、分解代谢物阻遏和末端产物阻遏可以用操纵子学说解释，当某些底物存在时微生物细胞内就会合成诱导酶，几种底物同时存在时，优先利用能被快速或容易代谢的底物，而与代谢较慢的底物有关酶的合成将被阻遏：当末端代谢产物能满足微生物生长需要时，与代谢有关的酶的合成又被终止。

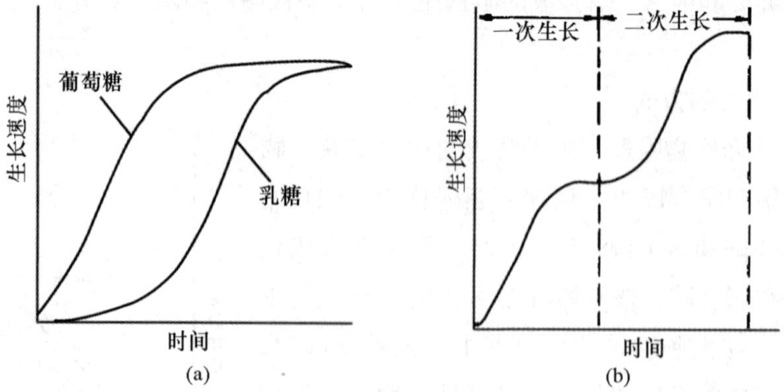

图 6－24　二次生长现象

（a）单独加入葡萄糖，菌体生长几乎没有延迟期；单独加入乳糖，菌体生长有明显的延迟期；
（b）同时加入葡萄糖和乳糖，菌体呈现二次生长

三、微生物代谢调节的控制

在微生物合成代谢过程中，反馈阻遏和反馈抑制往往共同对代谢起着调节作用，它们通过对酶的合成和酶的活性进行调节，使细胞内各种代谢物浓度保持在适当的水平。下面将讨论它们对代谢调节的模式。

（一）直线式代谢途径的反馈控制

对于只有一个末端代谢产物的途径，即直线式代谢途径，当末端代谢产物达到一定浓度时，就会反馈控制该代谢途径。末端产物的反馈阻遏一般是阻止该途径中所有酶的合成，末端产物抑制一般是抑制该途径关键酶（往往是第一个酶）的活性。如图 6－25 所示，大肠埃希菌的异亮氨酸合成途径属于直线式代谢途径的情形，异亮氨酸途径的第一个酶，即 L－苏氨酸脱氨酶，受到末端产物异亮氨酸的反馈抑制。核苷酸代谢途径中也有类似的现象，如大肠埃希菌中由氨甲酰磷酸和天冬氨酸合成胞嘧啶核苷三磷酸（CTP）时需要七种酶，当 CTP 达到一定浓度后，便反馈抑制催化第一个反应的酶，即天冬氨酸转氨甲酰酶。

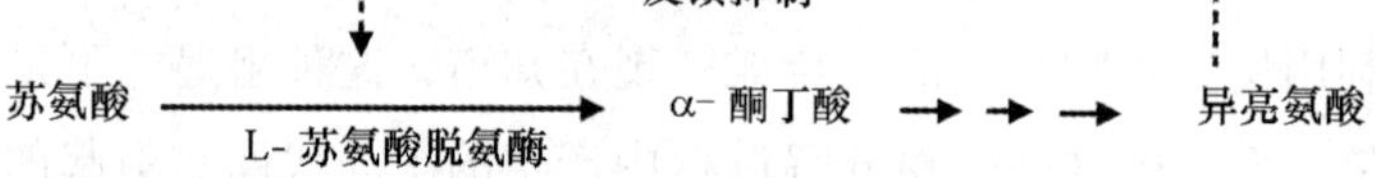

图 6－25　异亮氨酸合成时的直线式反馈抑制

（二）分支代谢途径的反馈控制

由几种末端代谢产物共同对生物合成途径进行控制的体系较为复杂，即便是同一代谢途径，不同菌种也会有不同的控制模式。这些控制可以是反馈阻遏或反馈抑制单独作用的结果，也可以是两者共同作用的结果。

1. 协同或多价反馈控制（concerted or multivalent feedback control）　分支代谢途径的几个末端产物同时过量时，该途径的第一个酶才会受到反馈阻遏或反馈抑制［图 6－26（a）］。终产物 E 和 G 单独过量对于第一个酶无抑制作用，只有 E 和 G 同时过量，才有抑制活性。如谷氨酸棒杆菌（*Corynebacterium glutamicum*）在合成天冬氨酸族氨基酸时，天冬氨酸激酶受赖氨酸和苏氨酸的协同反馈抑制。如果仅是苏氨酸或赖氨酸过量，并不能引起抑

制作用。

2. 累积反馈控制（cumulative feedback control） 每个分支途径的末端产物都以一定的百分比控制该途径第一个共同的酶所催化的反应。当几个末端产物同时存在时，它们对酶的抑制是累积的，各末端产物之间既无协同效应，也无拮抗作用。如图 6－26（b）所示，E 和 G 分别独立地抑制第一个酶活性的 20% 和 50%，那么，当 E 和 G 均过量时，它们对第一个酶的总抑制是 60%，即［（20%）＋（100%－20%）×50%］＝60%。

大肠埃希菌中的谷氨酰胺合成酶的调节属于这种情况。该酶受 8 个最终产物的累积反馈抑制，只有当它们同时存在时，酶活性才会被完全抑制。如色氨酸单独存在时，可抑制酶活性的 16%，CTP 抑制 14%，氨基甲酰磷酸抑制 13%，AMP 抑制 41%，这 4 种产物同时过量时，酶活性被抑制 63%。所剩的 37% 酶活性则受到其他 4 种产物——组氨酸、丙氨酸、磷酸葡萄糖和甘氨酸的累积抑制。

3. 合作反馈控制（coopreative feedback control） 或称增效反馈控制（synergistic feedback control）与协同反馈控制类似，但是该体系中的末端产物都有较弱的独立控制作用，当所有的末端产物同时过剩时，会导致增效的阻遏或抑制，即其阻遏或抑制的程度比这些末端产物各自独立过量时的总和还要大［图 6－26（c）］。当只有一个末端产物（图 6－26 中 E）过量时，紧接着分支点（图 6－26 中 C）后的反馈控制立即起作用，限制该末端产物的合成，代谢将转向细胞仍需要合成的其他产物继续进行（图 6－26 中 G）。

4. 顺序反馈控制 在顺序反馈控制（sequential feedback control）体系中，直接对第一个共同的酶起控制作用的并不是末端产物，而是分支点上的中间产物。如图 6－26（d）所示，每个末端产物均对紧接分支点 C 后导向各自分支途径的酶进行控制，E 抑制 C 向 D 反应，G 抑制 C 向 F 反应，E、G 单独或两者共同的抑制作用将导致 C 的积累，过量的 C 又会抑制 A 向 B 反应。枯草芽孢杆菌芳香族氨基酸合成的代谢途径属于典型的这种控制方式。

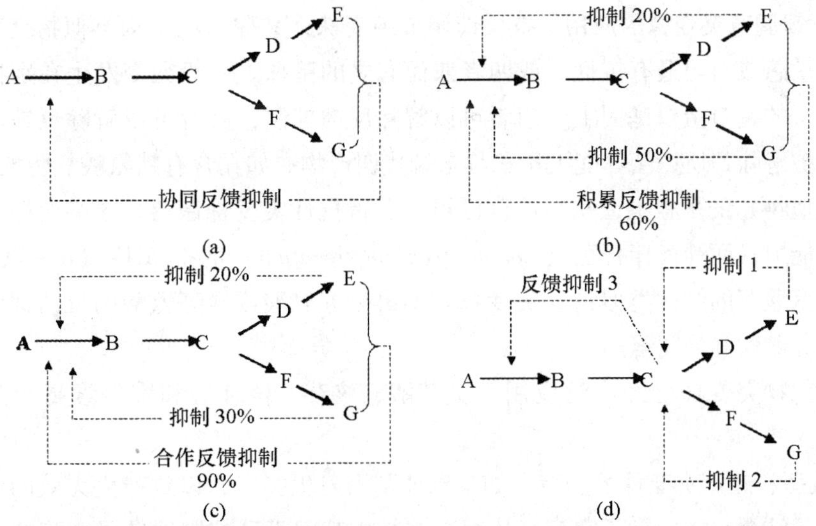

图 6－26　分支代谢途径的反馈抑制

（a）协同反馈抑制；（b）积累反馈抑制；（c）合作反馈抑制；（d）顺序反馈抑制

5. 同工酶调节 同工酶（isoenzyme）是催化相同的代谢反应而结构不同的一组酶的总称。在大肠埃希菌天冬氨酸族氨基酸的合成中，天冬氨酸激酶有 3 种（AK_1、AK_2、AK_3），分别受不同的末端代谢产物的反馈抑制和反馈阻遏。这样，在一种末端产物过量时，不至于干扰其他代谢终产物的合成。

四、代谢调节理论在发酵工业中的应用

1956 年，人类实现了谷氨酸发酵，标志着现代发酵工业的开始。现代发酵工业是建立在对微生物代谢调控理论了解的基础上的。在正常生理条件下，微生物通过其代谢调节系统最合理经济地利用营养物质用于合成细胞结构，进行生长和繁殖，它们通常不浪费原料和能量，也不积累中间代谢产物。人们了解了微生物的代谢调控机制，就可以有针对性地打破微生物的代谢控制体系，使代谢朝着人们希望的方向进行。虽然微生物代谢调节的理论目前还有很大的局限性，但已在微生物育种和发酵工艺的优化中发挥了重要作用。随着代谢调节理论的不断充实和完善，代谢的人工控制将对发酵工业发挥更加重要的作用。

随着分子生物学技术的进步，人们还可以利用基因技术修饰、改造和设计代谢途径，使得微生物代谢的途径、方式和产物朝着人类理想的方向发展，这就是代谢工程。

（一）在遗传育种中的应用

代谢是由酶催化的，酶是由遗传物质编码的。通过改变微生物遗传物质可以从根本上改变微生物原有的代谢控制机制，比如应用特定的营养缺陷型突变株和抗反馈调节的突变株可以获得特定代谢产物的积累。

1. 营养缺陷型突变株的应用 营养缺陷型突变株可用于积累中间代谢产物和末端代谢产物。对于直线式代谢途径，选育末端代谢产物营养缺陷型的突变株只能积累中间代谢产物。因为末端代谢产物对菌体生长是必需的，所以必须在培养基中限量供给该物质，使之足以维持菌株生长，但又不致造成反馈调节（阻遏或抑制），这样才有利于该菌株积累中间代谢产物。如在枯草芽孢杆菌中选育精氨酸缺陷型，可以获得鸟氨酸的大量积累；在谷氨酸棒杆菌中选育高丝氨酸缺陷型，可以获得赖氨酸的大量积累。

2. 抗反馈调节突变株的应用 抗反馈调节突变株，又称为抗结构类似物突变株，指对反馈抑制不敏感或对阻遏有抗性，或两者兼而有之的菌株。一般突变发生在别构酶的调节中心或操纵子的调节蛋白基因上，前者可以解除反馈抑制，后者可以解除反馈阻遏。因为反馈调节已被解除，所以菌体能大量积累末端代谢产物。如在含有精氨酸氧肟酸（L-精氨酸的结构类似物）的平板上，从高浓度区可以获得抗性突变株菌落，该突变株具有大量积累精氨酸的能力；而钝齿棒杆菌（*Corynebacterium crenatum*）的抗 AHV（α-氨基-β-羟基戊酸，苏氨酸等的结构类似物）突变株，不再受苏氨酸或异亮氨酸的反馈抑制，可以高浓度地积累苏氨酸和异亮氨酸。

结构类似物突变株已经广泛应用于氨基酸、核苷、核苷酸和维生素高产菌株的育种工作。

3. 组成型和超产突变株的选育 如果调节基因发生突变，以致产生无效的调节蛋白而不能与操纵子结合，或操纵子突变，从而造成结构基因不受控制地转录，酶的生成将不再需要诱导剂或不再被末端产物或分解代谢物阻遏，这样的突变称为组成型突变。少数情况下，组成型突变株可产生大量的、比亲本高得多的酶，这种突变称为超产突变。

（二）在发酵控制过程中的应用

1. 添加前体绕过反馈控制点 采用添加前体的方法，绕过反馈调节点，即不通过遗传学方法也能改变菌株的调节机制。在苯丙氨酸发酵培养基中添加苯丙酮酸，可以大量积累

苯丙氨酸，其原因是苯丙氨酸的前体苯丙酮酸来自外源，并不会因为苯丙氨酸的积累而有很大的波动。

2. 添加诱导剂　诱导酶只有在诱导剂存在时才形成，因此，在培养基中加入诱导剂，可以大量合成这类酶。从提高诱导酶合成量来说，最好的诱导剂往往不是该酶的底物，如大肠埃希菌β－半乳糖苷酶的最有效诱导剂是异丙酰β－D－硫代半乳糖苷，它不被β－半乳糖苷酶分解。高浓度底物诱导剂的利用速率太快时，也会引起分解代谢物的阻遏，因此对于许多工业发酵生产胞外酶的过程来说，如果以高浓度底物为诱导剂，产量反而不高。用底物的衍生物作诱导剂，利用速度缓慢，可以消除分解代谢物阻遏。

3. 发酵与分离过程偶合　反馈调节的启动只有末端代谢产物的浓度超过一定值后才会产生。如果在发酵的同时就将末端代谢产物不断地移走，使发酵体系中末端代谢产物的浓度始终处于较低的水平，那么菌体内代谢途径将始终畅通无阻。

与发酵过程偶合的分离手段很多，有膜分离、离子交换分离和萃取等，这些分离装置应该具有分离效率高、抗污染、易于重复使用等特点。

4. 控制细胞膜的通透性　微生物细胞膜对细胞内外物质的运输具有高度的选择性。细胞内代谢产物常以较高浓度积累在细胞内，并反馈控制它的进一步合成。采用生理学方法，可以改变细胞膜通透性，使细胞内代谢产物迅速渗透到细胞外，消除反馈控制，有利于提高发酵产量。

生物素是脂肪酸生物合成中乙酰 CoA 羧化酶的辅基，控制生物素的含量就可以改变细胞膜的成分，进而改变膜的通透性影响代谢产物的分泌。在谷氨酸发酵生产中，把生物素的浓度控制在亚适量情况下，能大量分泌谷氨酸，若过量供给生物素，菌体内虽有大量谷氨酸积累，但不能分泌到体外。

添加适量的青霉素也有提高谷氨酸产量的效果，其原因是青霉素可以引起细胞壁结构中肽桥间无法交联，造成细胞壁缺损，有利于代谢产物渗漏到胞外。甘油缺陷型菌株的细胞膜中磷脂比野生型菌株低，容易造成谷氨酸大量渗漏。

5. 混合碳源发酵和流加培养　次级代谢产物的生成大多与速效碳源（主要是葡萄糖）的消耗密切相关。只有在葡萄糖几乎耗尽，生长停止时，才开始大量合成次级代谢产物。在发酵工业中为了提高次级代谢产物的产量，常采用混合碳源培养基或在后期限量流加葡萄糖的方法。混合碳源由能被快速利用的葡萄糖和被缓慢利用的乳糖或蔗糖等组成。例如早期生产青霉素时常采用葡萄糖和乳糖为混合碳源，葡萄糖被快速利用以满足青霉菌生长的需要，当葡萄糖耗尽，才利用乳糖并开始合成青霉素。乳糖不是青霉素的直接前体，它之所以有利于青霉素合成，是因为它利用缓慢，使分解代谢物处于较低水平，不致于阻遏青霉素合成。当生长停止后限量流加葡萄糖也是为了达到同样的目的。

思考题

扫码“练一练”

1. 在化能异养微生物的生物氧化中，其基质脱氢和产能途径主要有哪几条？试比较各途径的主要特点及其应用。
2. 比较呼吸、无氧呼吸和发酵的异同点。
3. 试图示由 EMP 途径中重要的中间代谢物丙酮酸出发的主要发酵类型。
4. 试述在细菌鉴定中 IMViC 试验的原理。
5. 试比较酵母菌的第一、第二、第三型发酵的途径、特点和关键酶。

6. 试述微生物回补途径的类型和意义。
7. 微生物代谢调控的方式有哪些？在微生物育种有什么运用？
8. 什么是代谢工程？在制药领域有哪些应用？

（徐旭东）

第七章　微生物的生长与控制

在适宜的条件下，微生物不断地从外界吸收营养物质，通过代谢作用获得原料和能量，合成菌体自身组分，原生质和其他组成成分与结构有规律地、不可逆地增加，致使菌体的重量增加，体积增大，这种现象称为微生物个体生长（growth）。菌体数量增多的现象称为繁殖（reproduction）。单细胞微生物如细菌，当细胞增长到一定程度时，一般以简单的二分裂法进行无性繁殖，形成两个基本相似的子细胞，子细胞又重复以上过程。多细胞微生物如某些霉菌，细胞数目的增加如不伴随着个体数目的增加，只能叫生长，只有通过形成无性孢子或有性孢子，使菌体数目增加的过程才叫繁殖。生长和繁殖虽有区别，但关系却十分密切。生长是繁殖的基础，繁殖是生长的结果。当环境条件适宜时，生长与繁殖始终是交替进行的。这样，原有的个体已经发展成一个群体（population）或培养物（culture）。微生物群体在生长过程中个体体积和质量的变化不易察觉，所以常以细胞数量的增加或以细胞群体的总质量的增加作为生长的指标。因此，微生物的生长包括了微生物的个体生长和群体生长。

第一节　微生物在培养基中的生长及其培养方法

扫码“学一学”

一、微生物的生长

将微生物接种在适宜的培养基上，在适宜的培养条件下，采用不同的方法和装置，可获得实验室或在生产实践上所需的微生物的培养物，并可进一步获得大量有益的代谢产物。

（一）在固体培养基上的生长

1. 菌落和纯培养　在固体培养基表面或内部上，由单个细菌或孢子繁殖形成的肉眼可见的孤立菌群，称为菌落（colony）（图7－1）。在固体培养基表面菌落连成一片，称为菌苔（lawn）。不同细菌的菌落都各有特点，如菌落的组成、形状、大小、隆起、表面光滑或粗糙、边缘形状、颜色和培养基结合度都不尽相同，可作为衡量菌种纯度和鉴定菌种的重要依据。在平板培养基上形成的菌落往往有三种情况：表面菌落、深层菌落和底层菌落。理论上一个菌落是由一个细菌或孢子繁殖而来，可用作纯种分离、纯化、鉴定、保存和计数等。

微生物无处不在，在肥沃的土壤中，每克土含有亿万个细菌、真菌、藻类和原生动物，人的一个喷嚏就可散布上万个细菌，如何从混杂的环境中分离得到我们所需的目的菌呢？Koch创立了固体培养基，建立了纯培养技术，为推动微生物学的发展作出了划时代的贡献。对环境微生物进行人工培养得到混合培养物（mixed culture），从混合的培养物中分离得到单个微生物生长繁殖成的菌落，挑取单个菌落接种到新鲜培养基中，经培养就得到了该微生物的纯培养物（pure culture）。

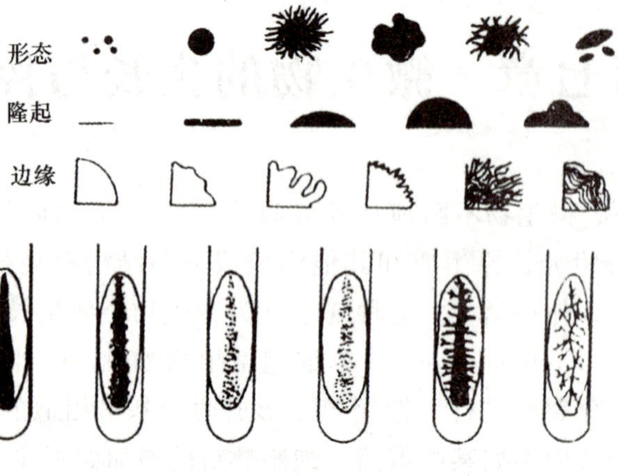

图 7－1 微生物的菌落和斜面培养特征

2. **纯培养的获得方法** 纯培养是利用和研究微生物的第一步，是微生物工作中最重要的一个环节。常用的方法有稀释法、单细胞分离法和富集培养法。

（1）稀释法 即通过一定的方法，使菌体浓度得到稀释，使微生物的细胞或孢子以单独的状态存在，在适宜的条件下形成菌落，常采用的方法有平板划线或平板涂布法、倾注倒平板法及液体稀释法。

平板划线或平板涂布法：平板即培养平板（culture plate）是指将熔化后的无菌固体培养基倒入无菌平皿，冷却凝固后即为平板。用接种环无菌操作沾取少许待分离材料，在平板表面进行连续划线或分区划线（图 7－2），在适宜的条件下培养，观察划线开始部分，微生物往往连在一起，随着线划得越来越多，菌数逐渐减少，最后可能形成单个孤立的菌落，可获得纯培养物。用 L 形玻棒代替接种环，在培养基表面涂布称为平板涂布法，涂布适宜，微生物也能一一分散，可在平板表面得到单菌落。该法操作简便，所需设备少，是纯培养分离的常用方法。

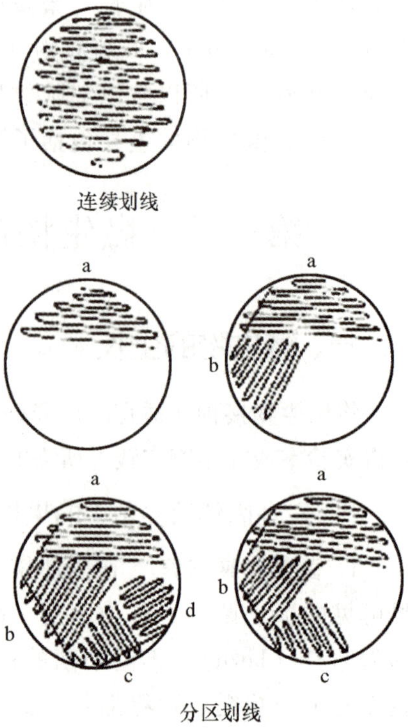

图 7－2 平板划线法

倾注倒平板法：本法也是常用的纯培养分离法。先将待分离的材料用无菌水做一系列的液体稀释，然后分别取不同的稀释液少许，与已溶化并冷却至 45℃左右的固体培养基混匀后倾注倒平板，在适宜的温度下培养一段时间，如果稀释得当，在平板表面或培养基内部就可出现分散的单个菌落。挑取单个菌落或重复以上操作，即可获得纯培养。该法既可定性又可定量，应用颇为广泛（图 7－3）。

液体稀释法：对于大多数细菌和真菌，可在固体培养基上良好生长，因此，用平板分离的方法通常是满意的，然而一些细胞较大的细菌、原生动物和藻类等不能在固体培养基上生长，需要用液体稀释法来获得纯培养。将待分离材料接种培养液中进行顺序稀释，高度稀释后有可能在某一稀释度大多数试管没有微生物生长，那么有微生物生长的试管中可能就是由一个微生物个体生长繁殖的结果，就是纯培养物。因此，采用稀释法进行液体分

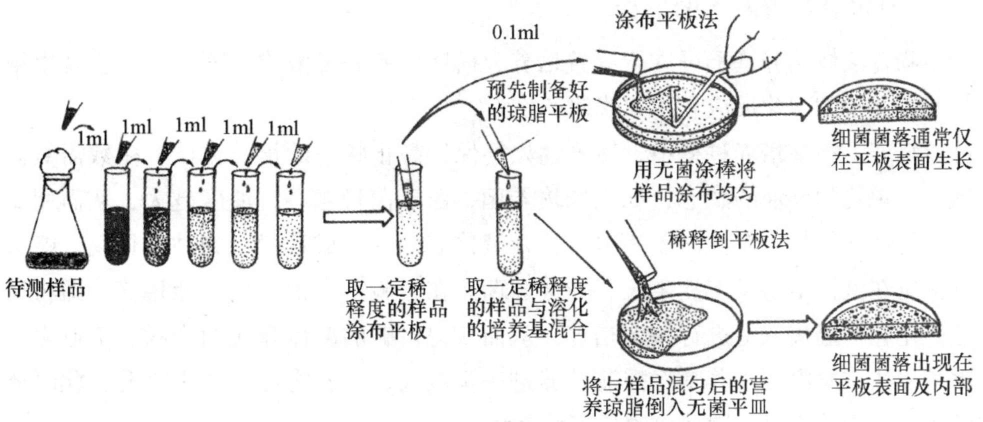

图 7－3　稀释后用平板分离细菌单菌落

离，必须在同一个稀释度有许多平行试管，且大多数表现为不生长。

（2）单细胞（或单孢子）分离法　此法需要高度熟练的操作技术，多限于高度专业化的科学研究使用。方法是微量操作器与显微镜联合使用。目前，市场上有售的显微操作仪种类很多，可从微量样品中挑取单个微生物细胞或孢子转接至合适的培养基中进行培养。

（3）富集培养法　混杂微生物群体中微生物的种类和数量并不均衡，很多微生物在混杂群体中的比例较少甚至非常少，采用一般的稀释方法几乎不可能分离到该种微生物；同时没有一种培养基或培养条件能满足群体中所有微生物生长的要求，采用一般的培养基和培养方法，无法分离某些特殊生理类型微生物，可“投其所好”或“取其所抗”选用适合某种微生物生长而限制其他微生物生长的选择培养基和培养条件，使该菌在群落中的数量上升，再通过稀释法进行纯培养即为富集培养。富集培养是微生物学最强有力的技术之一，只要掌握某一微生物的特殊要求，就可通过营养和生理条件的无穷尽组合方式从自然界选择特定微生物，开发有益菌株，满足人们生产和科研的需求。用于富集培养的主要是一些碳源和氮源，如纤维素可被用来富集纤维素分解微生物，石蜡油用来富集分解石油的微生物，或用于抑制其他生物的选择性抑制剂或理化因素。更多情况下，同时利用两方面的因素富集目的菌。例如要分离某种抗生素抗性菌株，可根据菌的多少采用选择培养基进行直接富集分离或先将样品和加有该抗生素的培养基培养一段时间，反复多次使目标微生物菌数大大增多，再分离纯化。

此外，也可将混杂微生物进行适当的处理，以消除非目的菌。如分离产芽孢的菌，可将样品用100℃处理3分钟以去除非芽孢菌。又如分离结核杆菌，可将痰液接种致敏感动物，被感染动物的某些组织可含有纯培养的结核杆菌，再采用平板技术将病菌分离出来。

（二）在半固体培养基上的生长

将细菌穿刺接种到半固体培养基中，经培养后，如是无动力的细菌，则可见到细菌仅沿穿刺线呈清晰的线形生长，周围培养基透明澄清；如是有动力的细菌，则细菌从穿刺线向四周培养基运动弥散，可见沿穿刺线呈羽毛状或云雾状浑浊生长。通过细菌在半固体培养基上的生长现象可判断该菌是否有动力，进而断定有无鞭毛的存在，是常用的鉴别细菌方法之一，也可用于菌种的保藏。

（三）在液体培养基上的生长

微生物在液体培养基上可进行静置培养、摇瓶培养和发酵罐培养。常用于观察微生物的生长状况，检测生化反应和积累代谢产物等。

静置培养是指在培养过程中，培养物始终保持静止状态的培养方法。多数需氧菌及兼性厌氧菌呈现均匀浑浊的状态，如大肠埃希菌，由于菌量越多，浊度越大，从而用比浊法可以估计细菌的数量。专性需氧菌多生长在液体表面并形成菌膜，如枯草杆菌。能形成长链的细菌则在液体下部呈沉淀生长，如链球菌。在实验室中常采用摇瓶培养，即将试管或三角瓶固定在恒温摇床上进行振荡培养，从而获得足够的菌体和代谢产物。工业生产上则利用罐培养法，发酵罐培养是将摇瓶培养进一步放大，培养物可达数十立升，此时还需向深层液中通入无菌空气，因此也称通气培养法。

二、微生物的培养方法

（一）分批培养

将微生物置于一定容积的培养基中，在适宜的条件下培养生长，一次收获，这种方式叫做分批培养（batch culture）或间歇培养。通常在研究细菌群体生长规律时采用分批培养，如生长曲线的研究。分批培养中营养物不断被消耗，有害产物不断积累，生长是有限制的，对数期维持时间较短，难以满足科研和生产的需求。

分批培养应用在生产实践上，就称为分批发酵（batch fermentation）。分批发酵包括简单分批发酵、补料分批发酵和反复补料发酵三种类型。简单分批发酵是全部将物料一次投入，经一定时间发酵后将发酵液一次放出。它以微生物的生长、各种营养物的消耗和代谢产物的合成都时刻处于动态之中为特征。简单分批发酵不能维持一定的菌体浓度，当基质耗尽后菌体将加速死亡，使活细胞含量迅速下降，不利于发酵生产。为克服简单分批发酵的缺点，设计了补料分批发酵。补料分批发酵是指在开始时投入一定量的基础培养基，到发酵过程的适当时期，开始连续补加碳源或（和）其他必需基质，直至发酵液体积达到发酵罐最大操作容积后，将发酵液一次全部放出。由于持续供给菌体维持和生长所需的营养，故能保持发酵液中有较高的活菌体浓度。另外，不断的补料稀释，对降低发酵液黏度，强化需氧发酵液的供氧，也是十分有利的。因此，补料分批发酵目前已广泛用于各种发酵产品的工业生产中。补料分批发酵由于发酵液体积不断增加，受发酵罐操作容积的限制，发酵周期只能控制在较短的时间内。如果通过降低初始发酵液体积来延长周期，则发酵罐平均容积利用率下降。反复补料分批发酵是在补料分批发酵的基础上，每隔一定时间按一定比例放出一部分发酵液，使发酵液体积始终不超过发酵罐的最大操作容积。反复补料分批发酵从理论上可以无限延长发酵周期，直至发酵产率明显下降，才最终将发酵液一次全部放出。这种操作类型既保留了补料分批发酵的优点，又避免了它的缺点，因而越来越被普遍应用于工业发酵中。

（二）连续培养

实验室研究和工业生产往往要求微生物能维持恒定的对数生长。连续培养（continuous culture）能满足这一要求，使微生物生长长时间处于对数生长的稳定状态或达到平衡生长。分批培养和连续培养的比较见表7－1。

表7-1　分批培养和连续培养的比较

方法	系统	生长状态	培养条件	自动化
分批培养	封闭	延迟→对数生长→稳定→衰亡	每期不同	困难
连续培养	开放	平衡	恒定	容易

连续培养是在研究典型生长曲线的基础上，采取有效措施，延长对数生长期。具体地说，就是在一个恒定容积的流动系统中培养微生物，一方面以一定的速度连续地加入新的培养基，并立即搅拌均匀；另一方面又以相同的速度流出培养物（菌体或代谢产物）。这样，培养系统中细胞数量和培养状态保持动态恒定（图7-4）。

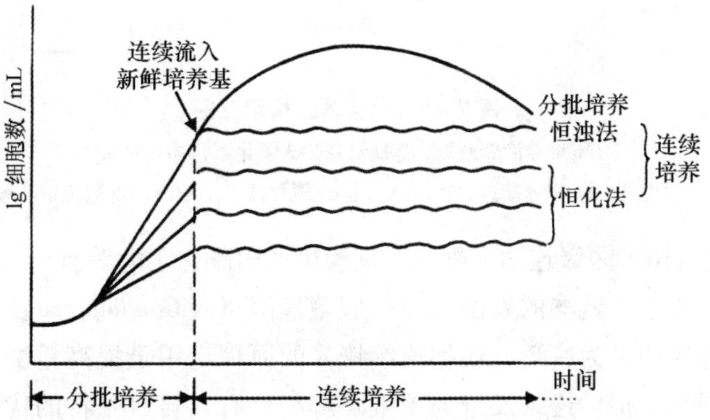

图7-4　分批培养和连续培养的关系

连续培养的类型很多，以下仅对控制方式不同的恒浊连续培养和恒化连续培养做一简单介绍。

1. 恒浊连续培养　借光电控制系统来控制调节流速，而使培养液浊度（即菌液浓度）保持恒定的连续培养方法称作恒浊连续培养。使用装置即为恒浊器（turbidostat）。新鲜培养基流入和培养物流出培养室的流速由光电控制系统调节，当培养室的浊度增加，流速加快，浊度降低；反之，流速减慢，浊度增加。工作的精度是由光电控制系统的灵敏度决定的。

恒浊连续培养可以获得具有一定生长状态的细胞，始终能以最高生长速率进行生长，并可在允许范围内控制菌液的浓度。在微生物工业中，可获得大量菌体或与菌体生长相平行的某些代谢产物如乙醇、乳酸等。

2. 恒化连续培养　与恒浊连续培养相反，恒化连续培养是控制恒定的流速，使培养室中的营养物浓度维持恒定，从而使培养物保持某一恒定的生长速率，又称恒组成连续培养。使用装置为恒化器（chemostat）（图7-5）。如前所述，营养物的浓度可影响微生物的生长速率和总生长量。营养物浓度高时并不影响微生物的生长速率，恒化连续培养的培养基中，必须控制某一生长限制因子，而使其他营养物过量，故细菌的生长速率取决于生长限制因子的浓度，而低于最高生长速率。通过自动控制系统不断予以补充限制因子，使其流速恒定，就可获得一定比生长速率的微生物细胞。

恒化连续培养与恒浊连续培养明显不同，其应用范围以实验室、科研为主。长时间细菌培养后可从中分离出不同的变种，有利于观察在不同生活条件下的变化，特别是DNA、RNA及蛋白质的变化，同时也是研究自然条件下微生物生态体系比较理想的实验模型。

连续培养如应用于生产实践上，就称为连续发酵（continuous fermentation）。我国早在

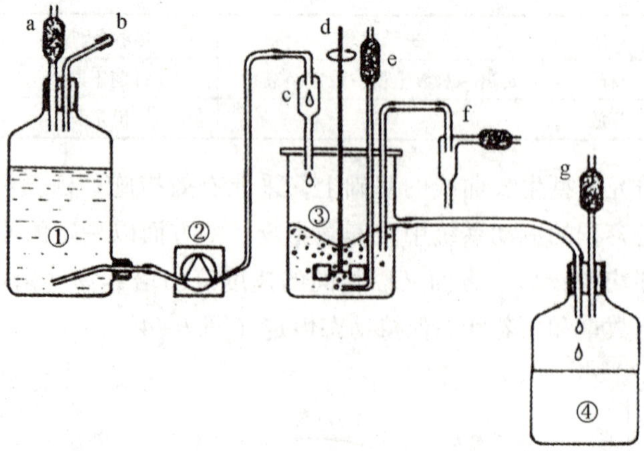

图7-5 恒化器结构示意图

①培养液储液瓶；②蠕动泵；③恒化器；④收集瓶

a，g. 过滤器；b. 培养基进口；c. 入口；d. 搅拌器；e. 空气过滤装置；f. 取样口

20世纪60年代就采用了多级连续发酵法大规模生产丙酮、丁醇等有机溶剂，现已广泛应用于酵母菌的生产，乙醇、乳酸的发酵以及用假菌丝酵母（*Candida spp*）进行石油脱蜡和污水处理等。在国外应用更为广泛，还把连续培养的原理运用于提高浮游生物的产量，日产量可比原有方法提高一倍。连续发酵与单批发酵相比有其自身独特的优势，最大优点是高效，取消了分批发酵中各批之间的时间间隔（非生产时间），提高了设备的利用率，缩短了发酵周期。同时，连续发酵处于平衡状态，各项参数如基质浓度、溶氧浓度及细胞密度等可用各种仪表进行自动控制，降低动力、人力的消耗，产品质量较均一稳定。易于分期控制，选择优化条件进行多级连续发酵，提高产量。同时，连续培养或连续发酵也有其缺点，最突出的问题是易遭受杂菌的污染和菌种退化。

（三）同步培养

微生物的个体结构简单，多为单细胞，但是与其他个体一样，也有一个生长过程，不同时期细胞内发生着复杂的变化。而要研究单个细菌的变化，最直接的方法是采用电子显微镜观察细胞的超薄切片，但此法操作繁琐，受到许多实验条件的限制，对操作人员的要求较高。另一种是使用同步培养（synchronous culture）技术，它是使群体中不同步的细胞转变成生长发育在同一阶段的培养方法。通过同步培养方法使微生物群体细胞处于同一生长阶段，并同时进行分裂的生长方式称为同步生长。同步培养方法获得的培养物称同步培养物。此时，对同步培养物的生长测定就相当于对个体细胞的测定，是一种理想的材料。

获得同步培养物的方法主要有选择法和诱导法两类。

1. 选择法 是通过物理学方法从随机的、不同步群体中选择出同步群体的方法。

（1）过滤分离法 不同培养时期的细胞大小不同，将细胞培养物通过孔径大小不同的微孔滤器，使大小不同的细胞分开，分别将滤液中的细胞取出进行培养，即可获得同步培养物。

（2）区带密度梯度离心法 不同生长阶段的细胞体积或质量不同，因此，可将不同步的细胞培养物悬浮在不被这种菌利用的糖或葡聚糖的不同梯度溶液中，通过密度梯度离心后，不同生长期的细胞处于不同的带，收集各部分区带进行培养，就可获得同步细胞。如图7-6（b）所示。

（3）滤膜洗脱法　滤膜洗脱法（Helmstetter-Cummings 技术）是选择法中的经典方法。将非同步的细菌液体培养物通过硝酸纤维素滤膜（Millipore）的过滤器，细胞紧密吸附其上；将滤膜翻转，再以新鲜培养基滤过洗去一些未粘牢的细菌，然后将滤器在适宜的条件下培养一段时间，再用培养基滤过，刚刚分裂的细菌由于不与滤膜接触而本身又附着液滴质量而下落，因此短时间内收集洗脱液并接种新鲜培养基即可获得同步培养，如图 7 -6（a）所示。

2. 诱导法　是根据细菌生长与分裂对环境条件如温度、光线和培养基等不同的原理来诱导同步性的方法。

（1）温度诱导法　最适生长温度和亚适生长温度交替变化，在亚适生长温度下培养物缓慢新陈代谢，生长稍受抑制，然后改换成最适生长温度即可使大多数细菌产生同步分裂。

（2）营养诱导法　将不同步的培养物在营养不足的条件下培养一段时间，可导致细菌生长缓慢直至生长停止，然后转入适宜培养基中则进入同步生长。如先将组氨酸缺陷型细菌在未加入组氨酸培养基成分的培养基中培养，然后移入含有组氨酸的培养基中，存活的细菌便开始同步生长。

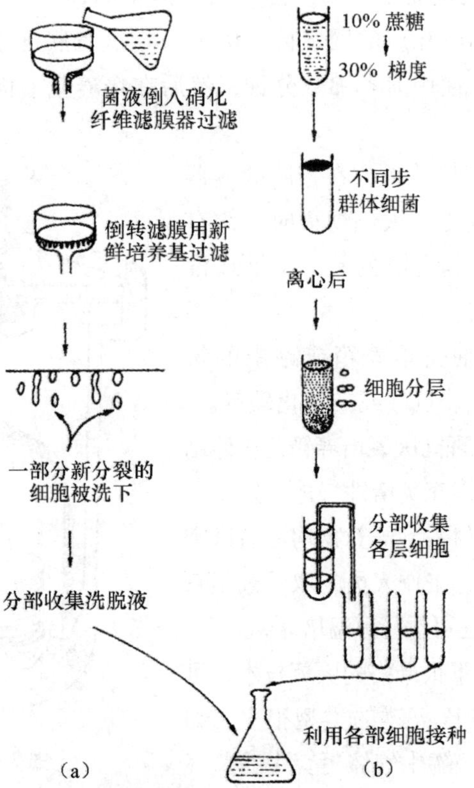

图 7 -6　同步培养方法

（a）滤膜洗脱法；（b）密度梯度离心法

此外，还可采用光照和黑暗交替培养的方式获得光合生物的同步生长物；通过诱导芽孢在同一时间内萌发，可获得产芽孢菌的同步培养物；采用代谢抑制剂如抗生素等方法获得同步生长的目的。诱导法有时会给细胞带来不利影响，干扰正常代谢，造成与正常细胞循环不同的周期变化，在生理学研究中往往采用选择法。采用同步培养时获得的同步生长物，因同步群体中的个体差异，其同步生长只能持续几代，如图7 -7所示，在第一个细胞周期中，群体中的细胞几乎同时分裂；在第二个细胞周期时，同步性已不似第一个周期明显，至第四、第五个细胞周期时几乎与随机分裂相同，几乎完全丧失了同步性。如何使不同步的培养物转变为同步，如何使同步培养物能较长时间保持同步，还需要进一步研究摸索。

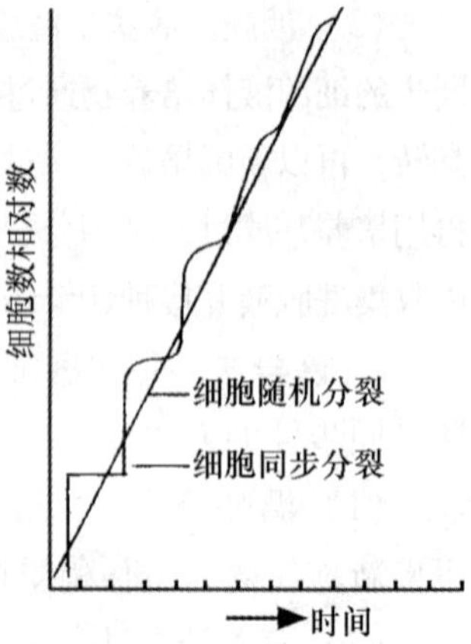

图 7-7　细菌的同步生长

（四）厌氧培养

在微生物世界中，厌氧菌的种类相对较少，绝大多数种类都是需氧菌或兼性厌氧菌。但近年来已发现越来越多的厌氧菌，如巴氏梭菌、丙酮丁醇梭菌等。专性厌氧菌的培养常采用物理或化学的方法。

1. 厌氧培养基　专性厌氧菌只能在很低的氧化还原电位的培养基中生长，因此在配制培养基时，除满足微生物的营养需求外，还要加入氧化还原指示剂和还原剂，如半胱氨酸、硫乙醇酸盐、Na_2S 或维生素 C 等。

2. 厌氧培养方法及装置

（1）深层培养　该法是简单、传统的方法，是将固体或半固体厌氧培养基装入试管，制备成高层琼脂柱，以培养相应的厌氧菌，厌氧菌在试管底部生长。如液体培养基，则在分装时加大培养基的量，使用前煮沸数分钟，然后在培养基上面覆盖一层液状石蜡或凡士林隔绝空气。

（2）烛罐法培养　将培养物放在密闭的容器中，点燃蜡烛，当氧气耗尽、火焰熄灭时，约有 7% CO_2 存留在空气中。本法较粗糙，仅供在没有厌氧培养的条件下使用。

（3）厌氧培养箱　抽去培养箱或罐中的氧气，充入其他气体如氮气、氢气或二氧化碳等。

（4）厌氧手套箱　原理同厌氧培养箱，箱体结构严密、不透气，其内始终充满惰性气体，处于高度无氧状态。优点是培养材料、培养物均可通过密闭装置的交换室进出箱体，工作人员的双手戴塑料手套可进入手套箱操作，还可进行恒温培养。

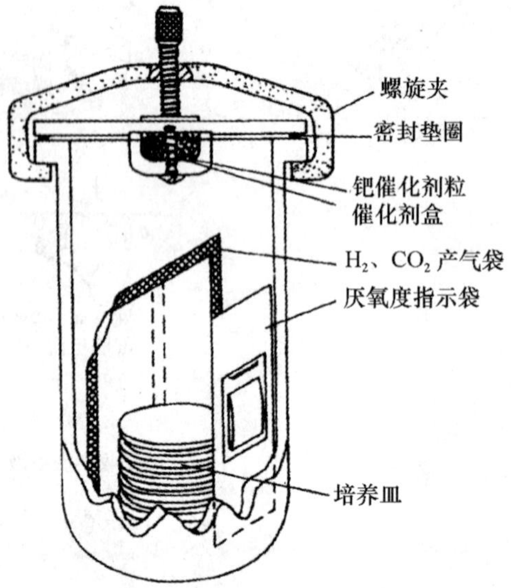

图 7-8　厌氧罐的结构

（5）厌氧罐　是一种不很严格的厌氧技术，可用于培养多数的厌氧菌。厌氧罐的类型很多，如 Gaspak 厌氧罐（图 7-8），罐中气体封套中的氢气与空气中的氧化合，在钯粒催化下生成水，造成厌氧环境。在罐内一般可放 10 个常用的平皿或任何液体培养的试管。

（6）厌氧培养皿　用于厌氧培养的培养皿有几种设计。如 Brewer 皿［图 7-9（a）］，是利用皿盖去创造一个狭窄空间，加上还原培养基的使用而达到厌氧培养的目的。而 Spray 皿或 Bray 皿［图 7-9（b）、（c）］则利用皿底有两个相互隔开的空间，其中一个放焦性没食子酸，另一个放 NaOH 或 $NaHCO_3$，使用时，使两者接触，发生吸氧反应，因而造成厌氧环境。但因焦性没食子酸有毒，氧化后产生的 CO 也有毒害作用，因此必须使用特殊的喷雾厌氧培养装置，将培养皿翻转。

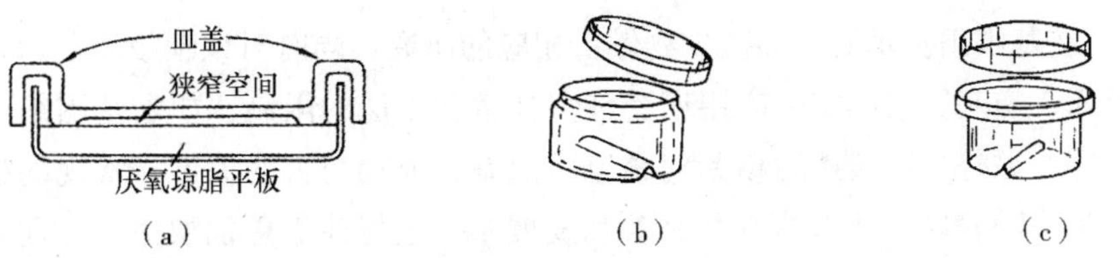

图 7－9　厌氧培养皿

（a）Brewer 皿；（b）Bray 皿；（c）Spray 皿

（7）Hungate 滚管技术　1950 年，美国著名微生物学家 R. E. Hungate 设计出一种具有划时代意义的严格厌氧装置——Hungate 滚管技术。由此推动了严格厌氧菌的分离和研究，其主要原理是利用铜柱除氧制备高纯氮，并用高纯氮排除小环境中的空气，使培养厌氧菌的工作各环节可始终在无氧条件下完成，保证严格厌氧菌的存活。

（五）稀有放线菌的培养及应用

稀有放线菌是指除常见的链霉菌以外的其他放线菌，而不是一个具体的分类学单元。稀有放线菌能产生众多生物活性物质，包括红霉素、利福平、马杜拉霉素、洋红霉素等抗生素，酶类和维生素等。其中一些抗生素已商业化，并产生了巨大的社会效益和经济价值。

筛选稀有放线菌不仅可以减少重复分离已知菌株，而且也能够扩展放线菌的次级代谢产物多样化。稀有放线菌的分离过程中样品预处理、抑制剂的选择、噬菌体的使用、碳源的选择及培养基的设计是几个需要注意的问题。样品预处理的目的在于减少细菌和真菌的污染，增加目的稀有放线菌的生长概率。富集培养是利用目标菌的某些特性，在土壤等样品中加入一些特殊物质，诱导目标菌大量富集，提高选择性分离效果。在抑制剂的选择方面，放线菌酮（100mg/L）、制霉菌素（100mg/L）能有效抑制真菌，同时不影响放线菌的生长。分离培养基加入微量的维生素混合物常常有利于稀有放线菌的生长。Gellangum（一类菌多糖）是一种很好的载体，可以用它来代替琼脂。

从现代分子生物学的研究结果看，未知放线菌仍然无穷无尽。因此，不断设计新的简便、有效的分离程序，分离未知菌仍然是放线菌资源开发的关键之一。为此，第一，要不断改变培养基的成分（尤其是碳源的种类和量），设计新的培养基；第二，要不断选用专一性的选择性抑制剂；第三，应更新平板稀释法，创造完全新型的分离方法。

三、未可培养微生物的研究方法

微生物蕴藏着巨大的基因多样性资源，采用传统的培养途径筛选微生物活性物质虽然有效但受培养技术的限制。利用传统的培养方法不能真实地揭示微生物的多样性。一些由于缺乏再现环境条件的方法和培养基质，难以用实验室标准方法复苏和培养的微生物称未可培养微生物（uncultured microorganism）。目前用于开发未可培养微生物的方法有多种，如宏基因组技术、遗传指纹图谱技术、VBNC 菌技术等。

1. 宏基因组技术　宏基因组（metagenome）是生境中全部微小生物遗传物质的总和，最初用来定义土壤细菌混合基因组。所谓宏基因组学就是利用现代基因组技术针对宏基因组进行系统研究，一般是分析微生物在环境中的基因组集合，直接分离未培养微生物基因组 DNA，并将其克隆到可培养微生物中，最后筛选所需的克隆。通过宏基因组技术我们已经获得大量的新基因，而且从宏基因组文库中获得大量信息、可以有效地丰富工业（开发新型生物催化剂）、农业、医学以及环境生态等各个领域，并且带来了很多应用的可能。Berry 等运用宏基因组技术对未知微生物做了相应的研究，同时对该项技术的应用起到了促进作用。然而，宏基因组的实际应用还受许多技术和方法的限制，如宏基因组文库的建立和筛选手段等，另外异源表达的相关问题也是限制其成功与否的关键。常规的检出方法昂贵且费时。相信随着这一技术的不断完善和发展，一定能建立更加快速、方便、有效的方法来开发未可培养微生物资源。

2. 遗传指纹图谱技术 即 DNA 指纹图谱法，是 1985 年由 Jefreys 等提出，它是通过用限制性内切酶消化和与特异的核心探针杂交取得不同大小的 DNA 片段的多点区带图谱，及与另一个 DNA 图谱比较以评价其相似性的技术，是对多点带图谱中个体的特异性进行评价的方法。此项技术已经广泛地应用于微生物学和生态学中，其优点是不受显隐性关系、环境和发育阶段的影响，允许同时进行多样本分析，这为研究未可培养微生物提供了行之有效的方法。该技术的不足是过于依赖内切酶的选用，同时由于方法繁杂、周期长、实验条件高等缺陷而无法大范围推广，对复杂微生物群落进行 DNA 分析时，得到的信息过大，图谱中的谱带较多，各带强度不利于分析，较难判断等位基因等。

3. VBNC 菌技术 细菌“活的未可培养状态”（viable but non-culturablestate，VBNC）即细菌在不良环境条件下，细胞缩成球形，用常规方法（平板法、最大可能近似值法）培养不能生长繁殖，但仍然具有代谢活性，是活细胞的一种特殊存在形式。细菌 VBNC 状态自 20 世纪 80 年代发现至今，受到极大的关注。随着研究的深入，具有 VBNC 状态的细菌的种类越来越多，到现在为止，已报道将近 60 多种细菌进入 VBNC 状态。其中包括许多对人体有害的病原菌，一些病原菌在 VBNC 状态下仍然具有致病性，从而对人类的安全构成威胁。随着研究的深入，VBNC 菌实验室模型已经日臻成熟。自发现细菌活的未可培养状态以来，已陆续有大量不同细菌进入 VBNC 状态的研究报道。随着各项技术的深入研究与发展，人们对未可培养微生物的认识更加深入。现有的成熟的未可培养微生物的检测方法即 VBNC 细菌的检测方法，随着分子生物学技术的发展而进步，也日渐成为人们探索的热点，VBNC 细菌作为自然环境中的一种公认的不可培养菌，很有可能是在极端环境下或在恶劣条件下，其基因发生了某些变化而导致其进入不可培养状态，但是仍然具有微弱的代谢活性。畜产品中的食源性病原菌一旦进入这种状态常会造成漏检，从而引起严重的公共卫生危机，所以建立一种针对畜产品相关病原菌 VBNC 状态的检测方法，对保障动物食品的安全以及人类健康势在必行。由此，我们更应该利用现有的成熟实验室中的 VBNC 细菌模型来建立细菌 VBNC 基因的检测方法。根据实验室中 VBNC 细菌的研究进展，我们有理由相信在自然环境中的大多非可培养菌具有相同的一组或几组基因，可以在实验室中的成熟 VBNC 细菌模型中寻找相同的基因，并设计探针来检测环境中的未可培养菌，特别是对于进入 VBNC 状态的食源性病原菌，此外，也可为我们认识自然界中未可培养微生物提供了一项新的研究路线。

扫码“学一学”

第二节　微生物生长的测定方法

微生物的群体是指单一纯培养物的群体。微生物特别是单细胞微生物，体积很小，个体生长很难测定且没有实际应用价值。因此，群体生长更具有科研和生产上的意义。

微生物群体在生长过程中个体体积和质量的变化不易察觉，常以细胞数量的增加或以细胞群体总质量的增加作为生长指标。主要是直接或间接测定微生物的数量、质量和生理指标等方法，主要方法有计数法和细胞量测定法。

一、计数法

1. **显微计数法**这是一种常用的方法，适用于单细胞微生物或丝状微生物所产生的孢子。用血细胞计数板（图7－10）或细菌计数板在显微镜下直接计数。测定方法简单、速度较快、需要设备少，同时可观察细胞形态，过浓的菌液稀释后也能计数。由于此法既包括活菌又包括死菌，又称全菌计数法。

计数板是一特制的载玻片，上面有一特定的计数室（总面积1mm²，高0.1mm），由25（或16）个中格组成，每个中格又被划分为16（或25）个小格，总计400个小格组成（图7－10）。将稀释的单细胞微生物悬液置于计数板载玻片与盖玻片之间的计数室内，在显微镜下计算出每毫升样品所含菌数。

菌数/毫升＝每小格平均菌数×400×10000×稀释倍数

2. **比浊法**　这是测定微生物生长的迅速方法。其原理是菌体不透光，光束透过菌悬液时可引起光的散射或吸收，降低透光率。在一定范围内，菌悬液中细胞浓度与混浊度成正比，菌越多，越显混浊，因此测定菌悬液的吸光度或透光率可以反映出细胞的浓度。

比浊法可以利用其他测定方法（如细胞称重法、细菌数、细菌氮等）与混浊度的相互关系绘制标准曲线求出相应菌的质量或菌数。灵敏的仪器，如分光光度计在可见光450～650nm波段内可以精确地测定菌悬液的混浊度。将未知菌数的悬液与已知菌数的悬液相比，就可以求出未知悬液所含的菌数。现在可以采用试管或不必取样的侧臂三角瓶来对某一培养物的菌体生长做定时跟踪，避免取用菌液造成的污染和误差（图7－11）。

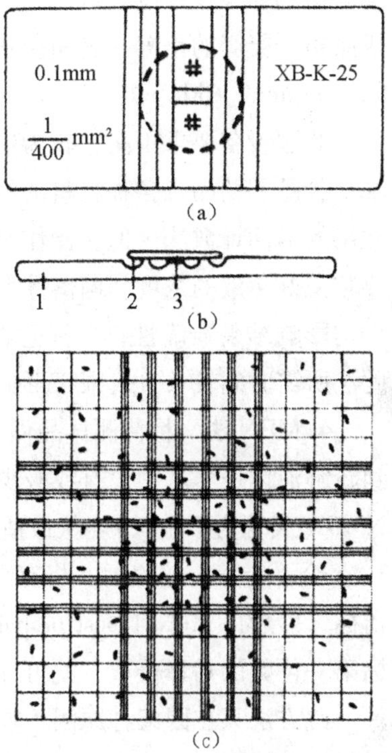

图7－10　血细胞计数板

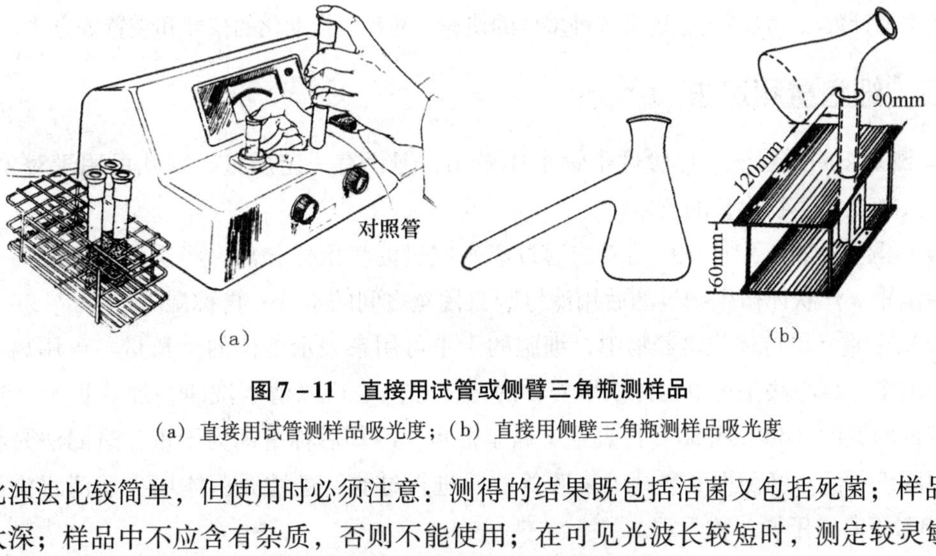

图7－11　直接用试管或侧臂三角瓶测样品

（a）直接用试管测样品吸光度；（b）直接用侧壁三角瓶测样品吸光度

比浊法比较简单，但使用时必须注意：测得的结果既包括活菌又包括死菌；样品颜色不宜太深；样品中不应含有杂质，否则不能使用；在可见光波长较短时，测定较灵敏；同时，菌悬液浓度必须在10^7/ml以上时才能显示出可信的混浊度。

在日常的科研工作中，有时对菌数的要求并不很精确，只要求在一定的范围内，此时可采用目测比浊法。目测比浊法是以不同浓度的氯化钡与稀硫酸配置成系列标准比浊管，形成硫酸钡的梯度沉淀，分别代表相对的细菌浓度（用相应的细菌标定）。以硫酸钡沉淀产生的浊度为标准，目测某一未知浓度的菌液与比浊管进行比较，可推测该菌的大致浓度。此法操作方便，设备要求低，但只适用于粗略的菌数测定。

3. 平板计数法 是一种常用的活菌计数法。在多数情况下，人们更关心的是计算活菌数。平板计数法是依据每个活的、分散的微生物在适宜的培养基、适宜的培养条件下能形成菌落的原理设计的。取一定量的稀释菌悬液与培养基在其凝固前混匀，制备混菌平板，或涂布于凝固的培养基表面制备涂菌平板，经培养后测定计算每毫升菌落形成单位（colony forming unit，CFU/ml）。

此法设备要求不高，较为准确，广泛应用于教学、生产和科研中，不仅适用于水、土壤、食品、药品等各种材料的细菌检验，而且即使样品中含菌量极少也可以测出，是最为常用的活菌计数法。但在操作时有较高的操作要求，操作者需要有熟练的技术，重要的是要掌握好菌液的浓度，菌落计数以每平板（9cm 直径）中有 30 ~ 300 个菌落为宜，过多过少均影响结果准确性；要注意菌悬液的分散度，如聚集成簇或成链会使计数偏低。此外，此法所需时间较长且仅限于形成菌落的微生物。

4. MPN 法 将待测样品做 10 倍系列稀释，直到该稀释液的少量（一般取 1ml）接种到新鲜液体培养基中没有或极少出现生长繁殖（在同一稀释度的许多平行管中，一般应超过 95% 表现为不生长）。从最适宜的 3 个连续的 10 倍稀释液中，按每支试管 1ml 接种，做 3 ~5 个平行管，培养后，将有细菌生长的最后 3 个稀释度中出现细菌生长的管数作为数量指标，然后由 MPN（most probable number，最大可能数量）表查出近似值，再乘以数量指标第一位数的稀释倍数，就可计算出原液的活菌含量。

此方法只在因某种原因不能使用平板菌落计数时才采用。

5. 膜滤器法 如果测定空气、水等量大而含菌浓度很低的样品中活菌数时，可将待测样品通过微孔膜滤器，细菌不能滤过，被截留在滤膜上浓集，因此可将滤膜放在培养基上或浸透了培养液的支持物表面进行培养，根据菌落数推知样品含菌数。也可以将含菌滤膜干燥、染色，并使透明，然后用显微镜计数。

微生物计数法发展迅速，现有多种多样的快速、简易、自动化的仪器和装置等方法。

二、细胞量测定法

1. 测定细胞质量法 尽管微生物个体微小，但仍有一定质量，因此可用于对单细胞、多细胞及丝状微生物生长的测定。

（1）湿重　将一定体积的培养物通过离心或过滤将菌体分离，经洗涤再离心后直接称重即为湿重。丝状体微生物过滤后用滤纸吸去菌丝之间的水分，再称湿重。

（2）干重　单位体积培养物中，细胞的干重可用来表示菌体的生长量。可用离心法或过滤法测定。离心法是将单位体积培养物的菌体经离心后以清水洗净，加热烘干（105℃）或在较低的温度（40℃或 80℃）真空干燥至恒重，冷却后称重即为干重；过滤法是将丝状真菌用滤纸过滤，细菌用醋酸纤维素膜等滤膜进行过滤。过滤后菌体用少量清水洗涤，然后在 40℃下真空干燥，称干重。

如果要测定固体培养基上生长的放线菌或丝状真菌，可先将其加热至 50℃，使琼脂溶化，过滤得菌丝体，用50℃生理盐水洗涤菌丝。再用上述方法测其湿重或干重。

一般来说，菌体的干重约为湿重的20%～25%，即1mg干菌体=4～5mg湿菌体=4×10^9～5×10^9个菌体。此法直接可靠，适用于菌体浓度较高的样品，但要求样品中不含非菌体的干物质。

2. 测定细胞总氮量法　氮是细胞的主要物质，大多数细菌的含氮量为其干重的12.5%，酵母菌为7.5%，霉菌为6.0%。根据其含氮量再乘以6.25，即可推知其粗蛋白的含量。测定含氮量的方法很多，如凯氏定氮法或Dumas氮气测定法等。此法适用于浓度较高的样品，但是操作较麻烦，主要用于科学研究。

3. DNA含量测定法　DNA是微生物重要的遗传物质，每个细菌的DNA含量平均为8.4×10^{-5}ng，相当恒定，因此提取一定体积培养物的DNA，测其含量，可直接反映菌体物质的量变并可计算出菌体的数量。

4. 其他生理指标测定法　微生物新陈代谢的结果，必然要消耗或产生一定量的物质，导致生理指标如呼吸强度、耗氧量、酶活性、生物热、发酵糖产酸量等发生变化，可借助特定的仪器测定相应的指标。这是一种间接方法，主要用于科学研究，分析微生物生理活性等。

第三节　微生物的群体生长规律

扫码“学一学”

一、细菌与酵母菌及霉菌的群体生长规律

（一）细菌的群体生长规律

1. 代时和生长的数学表达　生长的数学表达有不同的参数，包括代时、分裂率、细胞密度、细胞浓度、倍增率和倍增时等。

细菌的繁殖主要是无性二分裂法，每分裂一次，为一个世代。每经过一个世代，群体数增加一倍，所以细菌的群体生长是按指数速度进行的。这种类型的群体生长称为指数生长，这是单细胞微生物的生长特征。假定在时间t_0时细胞数为N_0，经过繁殖“n”代后，至时间t时的细菌数为N_t，则：

$$N_t=N_0\times2^n \qquad (7-1)$$

由于在作图时用细菌群体的对数更为方便，所以式（7－1）可化为：

$$\lg N_t=\lg N_0+n\lg2$$

$$n=\frac{\lg N_t-\lg N_0}{\lg2}=3.3\,(\lg N_t-\lg N_0) \qquad (7-2)$$

分裂率（v）即每小时分裂的次数，T表示增殖的时间（$T=t-t_0$），

$$v=\frac{n}{T}=\frac{3.3\,(\lg N_t-\lg N_0)}{t-t_0} \qquad (7-3)$$

代时（generation time，G）是指完成一次细胞分裂所需要的间隔时间，又称世代时间或倍增时间，可用下式表示：

$$G=\frac{T}{n}=\frac{1}{v}=\frac{t-t_0}{3.3(\lg N_t-\lg N_0)} \qquad (7-4)$$

不同的细菌有不同的代时，多数为20分钟左右，有的细菌特别是一些致病菌生长缓

慢，如结核分枝杆菌代时可达15小时左右。细菌代时除了与菌种本身有关，还和培养基的营养成分、培养条件特别是培养温度有关（表7-2）。不同的菌种代时差别很大，同一种菌在营养丰富的培养基中生长，其代时较短，反之则长；适宜温度下，菌体代时较短，过高和过低的温度都会使菌体的代时增长。

例题：设某细菌悬液在10小时内细胞数由10^5/ml增加到10^{11}/ml，求代时、分裂率和增代数。已知：$N_0=10^5$/ml；$N_t=10^{11}$/ml；$T=t-t_0=10$小时

求：G，v和n

代入式（7-4）得到G

$$G=\frac{10}{3.3(11-5)}\approx 0.5\text{ 小时}$$

代入式（7-3）得到v

$$v=\frac{1}{G}\approx\frac{6}{3}=2\text{ 分裂次数 / 小时}$$

代入式（7-2）得到增代数n

$$n=3.3\ (\lg 10^{11}-\lg 10^5)\ \approx 20\text{ 代}$$

即该菌代时应为30分钟；分裂率为每小时2次；10小时内共增殖20代。

表7-2　不同细菌不同培养条件的代时

菌名	培养基	培养温度/℃	代时/分钟
大肠埃希菌 (*Escherichia coli*)	肉汤	10	860
		37	17
		47.5	77
	牛奶	37	12.5
产气肠杆菌 (*Enterbacter aerogenes*)	肉汤或牛奶	37	16~18
	合成	37	29~44
结核分枝杆菌 (*Mycobacterium tubcrculosis*)	合成	37	792~932
金黄色葡萄球菌 (*Staphylococcus aureus*)	肉汤	37	27~30
嗜热芽孢杆菌 (*Bacillu thermophilus*)	肉汤	55	18.3
梅毒密螺旋体 (*Treponema pallidum*)	兔上皮细胞	37	1980

2. 生长曲线　大多数细菌通过无性二分裂法进行繁殖，繁殖速度很快。如大肠埃希菌在适宜的条件下，每20分钟左右分裂一次，如果始终保持这样的繁殖速度，在48小时内，其子代总重量可达2.2×10^{31}g，约为地球质量的4000倍。然而，实际情况是不可能的。随着营养物的消耗，有害代谢产物积累，外界条件变化，生长就会中止。微生物在有限体系中的生长称为群体生长（growth of population）。在科研和生产中，接种是细菌的群体接种，接种后的生长是群体生长。那么，微生物群体生长规律如何呢？虽然对单个细菌来说，生长和繁殖是两个不同的概念，但是对于细菌群体来说，多以细菌繁殖即细菌数目增加作为生长指标，细菌的繁殖亦视为群体的生长。

将一定量的纯种单细胞微生物接种到适宜的定量液体培养基中，在适宜的条件下培养，每隔一定时间取样，测算菌数，以时间为横坐标，菌数的对数为纵坐标，可绘制一条群体有规律的生长曲线，这就是微生物的典型生长曲线（growth curve）。生长曲线代表了细菌在适宜的环境中生长繁殖直至衰老全过程的动态变化（图7-12）。

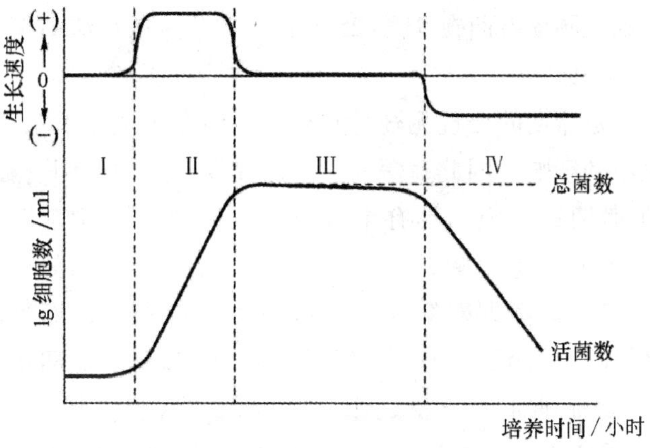

图 7－12 微生物的典型生长曲线

Ⅰ. 延滞期；Ⅱ. 对数期；Ⅲ. 稳定期；Ⅳ. 衰亡期

如图 7－12 所示，生长曲线并不是一条阶段分明的直线，往往是一条缓慢上升以后又逐渐下降的曲线。培养物是逐步地从一个生长期进入到下一个时期，某一生长期的末尾时并不是所有的培养细胞均处于相同的生理状态，典型的生长曲线可分为延滞期、对数期、稳定期和衰亡期四个时期，正确认识和掌握生长曲线各期的特点对指导发酵生产和科学研究是十分必要的。

（1）延滞期（lag phase） 又称停滞期、适应期、迟缓期或调整期，指少量纯种细菌接种到适宜培养基后，适应新环境，数目不增加的一段时期。生长速率等于零，细菌数几乎保持不变，甚至稍有减少。这一时期，细菌首先需要适应环境，合成新的酶类。这种新产生的酶由存在培养基中的新的基质诱导合成。二次生长（biphasic growth）现象可用来解释基质对酶合成的影响（图 7－13）。

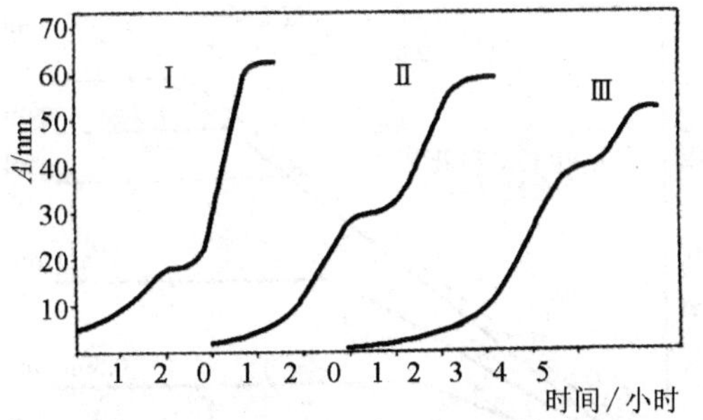

图 7－13 大肠埃希菌在含葡萄糖和山梨醇培养基中的双向生长

Ⅰ. 葡萄糖: 山梨醇 = 1:3；Ⅱ. 葡萄糖: 山梨醇 = 2:2；Ⅲ. 葡萄糖: 山梨醇 = 3:1

大肠埃希菌在含葡萄糖和山梨醇两种基质的培养基中生长，细菌首先利用葡萄糖生长，只有当葡萄糖耗尽时才开始诱导合成利用山梨醇所需的酶，随后山梨醇被微生物利用。因此在这样的培养基中表现为两个延滞期，这在发酵工业中对选择培养基具有重要意义。

延滞期细菌并不是处于完全静止的状态，胞内的 RNA 尤其是 rRNA 含量增高，原生质呈嗜碱性；核糖体、酶类和 ATP 的合成加快，易产生诱导酶（进入对数期的细胞，酶的诱导能力下降）；此时细胞形态变大或增长，许多杆菌可长成丝状，对不良环境如渗透压、温度和抗生素等敏感，如大肠埃希菌在53℃ 25分钟，在延滞期存活率仅为1%，而在对数生长期末几乎无死亡。

细菌群体生长中，延滞期的出现无疑是必须的。但在工业发酵和科研中，延滞期会使生产周期延长而产生不利影响，因此，深入了解延滞期产生的原因，影响延滞期长短的因素，采取有效缩短延滞期的措施，具有十分重要的意义。影响延滞期长短的因素除菌种本身外，主要有三方面：①菌龄，菌龄指菌种的群体生长年龄，即菌种在生长曲线上的哪一阶段。采用最适菌龄即对数期的菌种可缩短延滞期；而延滞期或衰亡期的菌种接种，则延滞期延长；采用稳定期的菌种接种，延滞期长短居中。②接种量，一般来说，接种量越大，延滞期越短，反之则长。因此，适当扩大接种量可缩短延滞期。在发酵工业上，一般采用1/10的接种量。③培养条件，接种于丰富的天然培养基中的菌群，延滞期要短于营养单调的合成培养基。在发酵生产中，往往在种子培养基中加入发酵培养基的某些成分，使发酵培养基的成分与种子培养基的成分尽量接近，以缩短延滞期。培养中其他条件如温度、通气量等不变或加入酶激活剂如 Mg^{2+} 等，也可缩短延滞期。

在此阶段后期，少数细胞开始分裂，曲线略有上升，进入下一阶段。

（2）对数期（logarithmic phase） 又称指数期（exponential phase）。在此期中，细胞代谢活性最强，酶的活力也高，菌体内各成分按比例有规律地增加，细胞平衡生长。最突出的特点是细菌数以几何级数增加，代时最短，活菌数和总菌数非常接近。对数期细胞是研究其生物学性状如形态、大小、染色性和基本代谢、生理的良好材料。这个菌龄细胞是噬菌体吸附的最适菌龄，也是发酵生产用作种子的最适菌龄。

对数期细菌代时（G）除与菌种、营养成分和温度有关外，营养物的浓度也影响微生物的生长速率和总生长量（图7－14）。

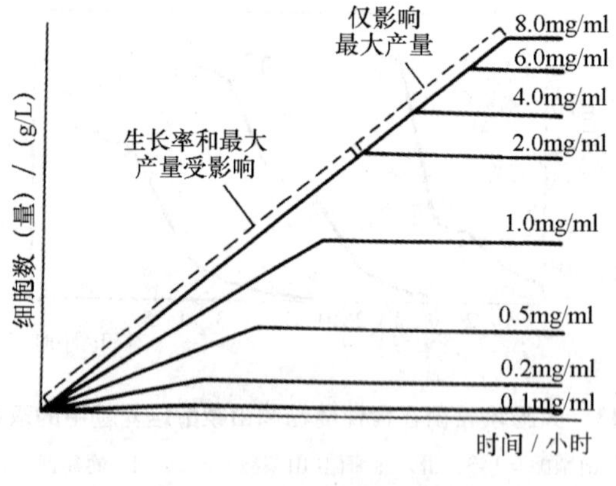

图7－14 不同基质浓度的生长曲线

营养物浓度既可影响微生物的生长速率，又可影响它的总量。如图7－14所示，只有在营养物浓度很低（0.1～2mg/ml）时，才会既影响生长速率又影响最大产量。随着营养物浓度的逐步提高（2.0～8.0mg/ml），生长速率不受影响，而仅影响最终的菌体产量。如果进一步提高营养物的浓度，则生长速率和菌体产量均不受影响。凡是处于较低浓度范围内，可影响微生物生长速率和总生长量的营养物，称为生长限制因子（growth limited factor）。

（3）稳定期（stationary phase）　又称平衡期、恒定期或最高生长期。其特点是新增殖的细胞数和死亡的细胞数处于动态平衡，生长速率逐渐趋向于零。这时的菌体产量达到了最高点并维持稳定。细胞开始储存糖原、异染颗粒和脂肪等储藏物；多数芽孢杆菌在此期形成大量的芽孢，适于芽孢的收集或菌种的保藏；抗生素等次级代谢产物开始大量形成，抗生素发酵生产中应考虑发酵液在此期放罐。

在一定体积的培养基中，细菌为什么不能按对数期的几何级数无限生长呢？这是由于对数期细菌活跃生长繁殖使营养物质消耗，营养物质比例失调；有害产物如酸、醇、毒素或 H_2O_2 等积累及 pH、氧化还原电位、温度等的环境改变，不适宜细菌的生长繁殖。对稳定期的深入研究，促进了连续培养技术的设计和研究。

稳定期的微生物，在数量上达到了最高水平，与菌体生长平行的代谢产物的积累也达到了高峰，此时，菌体的总产量客观上反映了培养基与生长条件是否适合该菌的生长。菌体的总生长量与所消耗的营养物之比即产量常数（K）。

$$K = \frac{\text{总生长量}}{\text{所消耗营养物质总量}} = \frac{x - x_0}{C_0}$$

式中，x 为稳定期时细胞干重（g/ml）；x_0 为刚接种时的细胞干重；C_0 为限制性营养物的浓度（g/ml）。K 值大小反映了某一细菌对营养物质的同化效率。

根据这一原理，可用适当的微生物作为指示菌，对维生素、氨基酸或核苷酸等生长因子进行定量的生物测定。

稳定期的长短与菌种和培养条件有关。生产上常常通过补料、调节 pH、调整温度等措施，延长稳定期，以积累更多的代谢产物。

（4）衰亡期（decline phase 或 death phase）　在衰亡期，菌体死亡的速率超过菌体繁殖的速率，菌体中活菌数目急剧下降，群体呈现负生长。其中有一段时间，活菌数呈几何级数下降，有人称之为“对数死亡阶段”。此时，细胞形态多样，出现畸形或衰颓形，有的菌因自溶酶的存在引起细胞的溶解而死亡，释放出氨基酸、抗生素、酶和内毒素等。在衰亡期末期可出现细胞代偿现象，有少量的细菌可能是从死亡或溶解细胞释放出来的物质中获取营养，因而可以存活几个月甚至几年。

（二）酵母菌和霉菌的群体生长规律

酵母菌生长较慢，其对数生长期的细胞浓度变化较细菌小。霉菌在分批培养时，菌丝体呈絮状，如果给予不停的搅拌，便可使菌丝均匀地分布于培养液中。在这种情况下，其生长繁殖的规律和细菌相似，表现为典型的生长曲线。

二、影响微生物生长的因素

扫码“看一看”

微生物在适宜的外界条件下才能生长繁殖，影响生长繁殖的外界因素很多。其中最主要的因素为营养物质、温度、pH、氧气。分别讨论如下。

（一）营养物质

满足微生物的营养物质需求，是微生物生长繁殖的首要条件。微生物所需的基本营养物质可分为碳源、氮源、无机盐、生长因子以及水。

（二）温度

温度是影响微生物生长的最重要的因素之一，微生物的生命活动受温度的影响极为明显，任何微生物的生长都在一定的温度范围内，即最低生长温度和最高生长温度。最适生长温度是指维持最大生长速率的温度。根据微生物生长的最适温度不同，将微生物分为嗜冷微生物（psychrophiles）、兼性嗜冷微生物（psychrotrophs）、嗜温微生物（mesophiles）、嗜热微生物（thermophiles）和超嗜热（hyperthermophiles）微生物 5 种不同的类型。（表 7 –3）

表 7 – 3　微生物生长的温度范围

微生物类型	生长温度/℃		
	最低	最适	最高
嗜冷微生物	0 以下	15	20
兼性嗜冷微生物	0	20 ~ 30	35
嗜温微生物	15 ~ 20	20 ~ 45	45 以上
嗜热微生物	45	55 ~ 65	80
超嗜热或嗜高温微生物	65	80 ~ 90	100 以上

绝大多数微生物适合在中等温度范围内生长，虽然多数病原菌是嗜温菌，它们最适的生长温度为 37℃，接近自然宿主的体温。

（三）pH

环境中的 pH 对微生物的生命活动影响很大，微生物作为一个总体来说，其生长的 pH 范围极广，绝大多数种类都生长在 pH 4 ~ 9，少数种类能在 pH 小于 2 或大于 10 的条件下生长。一般来说，真菌生长的 pH 范围比细菌广，细菌的 pH 范围仅为 3 或 4 个 pH 单位。与温度相似，微生物也有其最适 pH 和一定的 pH 范围。最适生长 pH 偏于碱性范围内的微生物，有的是专性嗜碱微生物，它们不能在中性环境中生长；有一些为兼性嗜碱性微生物，它们能在碱性条件下生长，也能在中性条件下生长。最适生长 pH 偏于酸性范围内的微生物也有两类：一类是专性嗜酸微生物；另一类是兼性嗜酸性微生物，如一些真菌。微生物在最适 pH 条件下，如果其他条件适合，酶活性最高，微生物生长速率最高。多数病原性细菌在中性或微碱性（相似人体环境）中生长良好。无论微生物的外环境条件的影响如何，细菌内部的生化反应适宜 pH 总是在中性。一般胞内酶的最适 pH 都接近中性，而周质空间的酶和胞外酶的最适 pH 则较接近环境的 pH。

微生物在基质中生长繁殖，营养物质不断被消耗，同时改变了基质的氢离子浓度。例如尿素细菌分解尿素后产生氨，基质 pH 上升；乳酸菌分解葡萄糖产生乳酸，基质 pH 下降。所以，在生产实践中要经常测定培养基 pH 的变化，作为一种生产指标；并采用加缓冲剂或调节酸、碱等方法以控制 pH。缓冲剂有近百种，不同的缓冲剂适用于不同的 pH 范围，在培养基中广泛使用的磷酸盐如 K_2HPO_4 和 KH_2PO_4 适用于 pH 6 ~ 8；也可通过选用不同的培养基组成成分如蛋白质、氨基酸等来调整环境 pH；工业生产中，如果大量产酸，常以 $CaCO_3$ 作为缓冲剂。

（四）氧气

微生物种类不同，对氧的需求不同，可分为需氧菌、微需氧菌、耐氧菌、兼性厌氧菌和专性厌氧菌 5 种类型（图 7 – 15），各自的特点分述如下。

1. 专性需氧菌（strict aerobe）　需氧呼吸产能，必须在有游离氧气的环境中才能生长，绝大多数真菌和许多细菌都是专性需氧菌，如结核分枝杆菌、铜绿假单胞菌、白喉棒状杆菌和枯草芽孢杆菌等。

2. **微需氧菌**（microaerophilic bacteria）　只能在较低的氧分压下（少于空气中氧含量）的条件下生长最好，其产能方式也是通过呼吸链并以氧为最终氢受体。如霍乱弧菌及少数拟杆菌属的种。

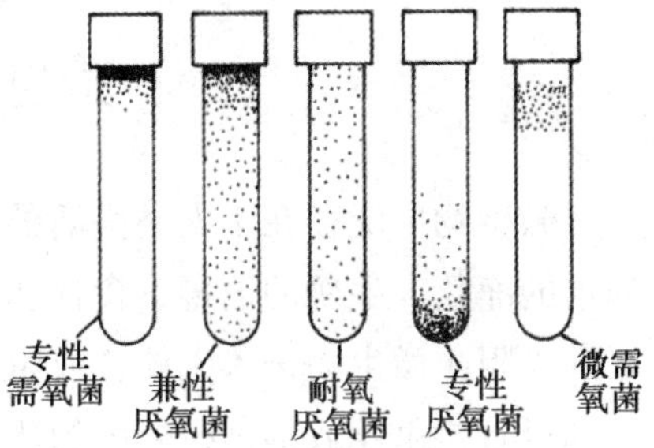

图 7-15　氧与细菌生长的关系

3. **耐氧菌**（aerotolerant anaerobe）　一类可以在分子氧存在下进行厌氧生活的厌氧菌，只能以发酵产能，但分子氧对其无毒害。细胞内存在 SOD 和过氧化物酶，但缺乏过氧化氢酶。一般的乳酸菌多数为耐氧菌，如乳链球菌、乳酸乳杆菌及肠膜明串珠菌等。

4. **厌氧菌**（anaerobe）　只能在无氧或基本无氧的条件下才能生长，分子氧对其有剧毒，即使短期接触空气，也会抑制其生长甚至死亡。通过发酵、无氧呼吸、甲烷发酵或光合磷酸化等获得能量。细胞内缺乏 SOD 和细胞色素氧化酶，大多数还缺乏过氧化氢酶，如破伤风菌、双歧杆菌属、光合细菌及产甲烷菌等。

为什么厌氧菌在有氧的条件下不能生长呢？原因：①厌氧菌无完整的呼吸链，缺乏细胞色素和细胞色素氧化酶，不能在有氧的环境中获得能量生长；②代谢中产生的超氧阴离子 O_2^- 反应力极强，可破坏重要生物分子和膜或形成其他活性氧化物，有强烈杀菌作用。需氧菌具有超氧化物歧化酶（superoxide dismutase，SOD）和过氧化氢酶，耐氧菌具有 SOD 和过氧化物酶，这些酶能将剧毒的 O_2^- 先歧化成有毒的 H_2O_2，然后还原成无毒的 H_2O。厌氧菌缺乏这些酶，故在有氧条件下不能生长。

5. **兼性厌氧菌**（facultative anaerobe）　在有氧和无氧条件下均能生长，但在有氧的条件下生长得更好，以有氧时进行呼吸产能为主，无氧的时候通过发酵或无氧呼吸产能。细胞内含有 SOD 和过氧化氢酶。许多细菌和许多酵母菌都属此类。

（五）水的活性

微生物的生活离不开水。水活度值（water activity，a_w），是指在一定的压力和温度条件下，溶液的蒸气压力与纯水蒸气压力之比。纯水的 a_w 为 1.00，溶液中溶质越多，a_w 越小。微生物生长的最低水活度在 0.60～0.99。微生物不同，其生长的最适 a_w 不同（表 7-4）。高于或低于所需要的 a_w 值，都会影响微生物的生长速率和总生长量。

表 7-4　不同微生物生长最适 a_w

	微生物	a_w
一般微生物	细菌	0.91
	酵母菌	0.80
	霉菌	0.76
高渗微生物	细菌	0.76
	真菌	0.65
	酵母菌	0.60

扫码“学一学”

第四节 微生物的控制

微生物广泛存在于人类生活的环境中，控制微生物能够保证公共卫生和人体健康。例如水的净化、牛奶的消毒、食物和药物的保存和制造过程等都需要采取控制微生物的措施，有助于阻止微生物进入人体，或阻断可能导致疾病发生的某一环节，也有一些方法如化学疗剂可直接杀死或抑制机体内的微生物，用以治疗疾病，从而保障社会公众的健康水平。

微生物的危害性还表现在引起工农业原料、产品、食品、生活用品以及药物的腐变与霉烂。研究危害各种工农业产品的微生物种类、分布、作用机制以及如何防治其危害的科学，称为霉腐微生物学（biodeteriorative microbiology）。全世界每年由于霉腐微生物引起的损失是极其巨大又难以确切估计的。全世界每年因霉变而损失的粮食就占其总产量的2%左右，这是一笔极大的浪费，必须采取有效的控制方法。

一、基本概念

在控制微生物方面经常用到的术语如下。

灭菌（sterilization）：杀灭物体上所有微生物的方法，包括杀灭病原微生物和非病原微生物、繁殖体和芽孢。

消毒（disinfection）：杀死物体中所有病原微生物但不一定杀死细菌芽孢的方法。它可以起到防止病原微生物感染或传播的作用。

防腐（antisepsis）：是指在某些理化因子作用下，能防止或抑制微生物生长繁殖的一种措施，它能防止食物腐败、物质霉变，例如日常生活中以干燥、缺氧、低温、盐腌或糖渍、防腐剂等防腐方法保藏食物。

无菌（asepsis）：指不含任何活微生物的状态，它往往是灭菌处理的结果。

无菌操作（asepsis technique）：指防止微生物进入人体或其他物品的操作方法。

死亡（death）：对微生物细胞来说，是指不可逆的失去生长、繁殖的能力。

杀菌（bacteriocidation）：指菌体虽死，但形体尚存。

溶菌（bacteriolysis）：指菌体杀死后，其细胞发生溶化、消失的现象。

抑制（inhibition）：是在亚致死剂量因子作用下导致微生物生长停止，移去这种因子后生长仍可以恢复的生物学现象。

化疗（chemotherapy）：即化学治疗。是指利用具选择毒性的化学物质如磺胺、抗生素等杀死组织内的病原微生物或病变细胞，但对机体本身无毒害作用的治疗措施。

抑菌、杀菌和溶菌的比较如图7－16所示。

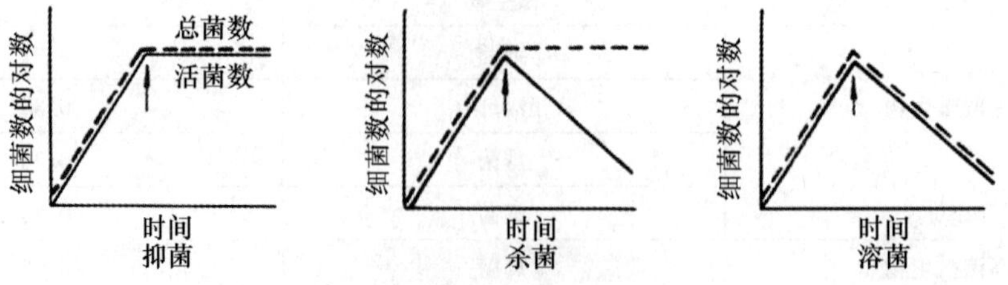

图7－16　抑菌、杀菌和溶菌的比较

（注意活菌数和死菌数的区别）

二、死亡曲线

（一）死亡的含义

如前所述，死亡对微生物细胞来说，是指不可逆地失去生长繁殖的能力。在实验室里判别微生物的死亡，是将微生物接种至新鲜固体培养基上，不生长繁殖即不形成菌落就意味着死亡。实验的可靠性取决于所选择的实验方法和培养基。同一种微生物在不同培养基上所表现出的生长行为不同，在某一培养基上可能99%的细胞死亡，至另一培养基上则可能100%存活。大量的临床样品中存在的少量活细胞不能直接用接种平板法检出，其原因可能是样品本身抑制微生物生长，应先将样品接种到液体培养基中进行稀释、增殖，然后再接种平板。测定死亡的条件也是很严格的，如将紫外线照射后的微生物细胞立即接种新鲜平板，99.99%的细胞已被杀死；但是如将这些微生物细胞先放入适宜的缓冲液20分钟，然后在接种新鲜平板，结果仅有10%的细胞被杀死（紫外线损伤得以修复）。

（二）死亡曲线的形成

人们无法测定微生物单个细胞的死亡，微生物死亡的测定是专指群体细胞的死亡测定。当采用理化因素处理微生物细胞时，细胞的死亡在单位时间内是连续进行的，如图7－17所示，在一定时间内，微生物细胞是以一个恒定的指数速率死亡，这个速率本质上说是菌体指数生长率的逆转，在最初的10分钟内，90%细胞死亡，以后每一个连续的10分钟间隔内均有90%的细胞连续死亡。

微生物群体死亡的指数过程符合下面的公式：

$$\frac{dx}{dt} = -kx \qquad (7-5)$$

式中，$k>0$，x为时间t（分钟）时的活菌数，因为活菌数x（菌数/ml）随时间t的增加而减少，所以$\frac{dx}{dt}<0$。

当$t=0$时，$x=x_0$，x_0为时间0的活菌数，积分等式（7－5）并化简得：

$$\text{In} = \frac{x_0}{x_t} = kt \qquad (7-6)$$

设$x=x_0-x_d$，x_d为时间t时的死亡细胞数，x_0为时间0的活菌数，则x_0-x_d=时间t时的活菌数。

$$\text{In} = \frac{x_0}{x_0-x_d} = kt \qquad (7-7)$$

以x_0-x_d（活菌数）的对数值对时间作图即为死亡曲线。图7－17是使用某抗生素后引起微生物死亡的典型单击曲线。从图7－17中可以得知：从时间0时就是一条直线，这说明该抗生素足以杀死该细菌，也就是说为了使全部细胞致死，必须损坏单一的靶位点，这类靶位点可以是原核微生物的染色体、细胞膜等，但不是多复制的酶或其他细胞组分。

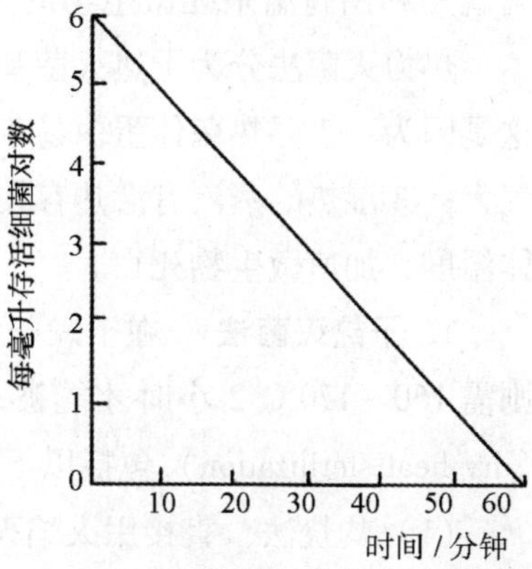

图7－17　死亡曲线（单击曲线）

如前所述，灭菌是指杀死物体中一切微生物的过程，但实际上，任何时刻都不能保证绝对灭菌，从图7－17可看出，在60分钟时，每毫升有一个（10^0）细菌，70 分钟时，每毫升有 10^{-1} 细菌，80 分钟时，每毫升有 10^{-2} 细菌，依此类推。那么究竟要用多少时间才能把物品彻底“灭菌”呢？在这个例子中，当抗生素作用 2 小时后，细菌存活的可能性是 10^{-6}，也就是在 1000L 培养物中有一个细菌存活，说明细菌存活的机率非常小，因而在这种情况下 2 小时，通常被认为是安全的灭菌时间。

上述死亡曲线，只有在所有的条件包括菌龄和菌群中所有个体生理状态都严格保持一致时才能获得。然而，同步生长较难获得，更多情况是对理化因子的敏感性表现差异，死亡曲线不是直线，斜率和形状均受微生物种类、细胞匀质性（homogeneity）、环境条件及理化因子的强度的影响。击中靶位点的几率也与理化因子的强度成比例，强度越大，细胞被杀死越快。图 7－18 表示在相同温度（35℃）下，不同苯酚浓度对大肠埃希菌的杀菌效果的影响，随苯酚浓度增加，存活菌数减少。

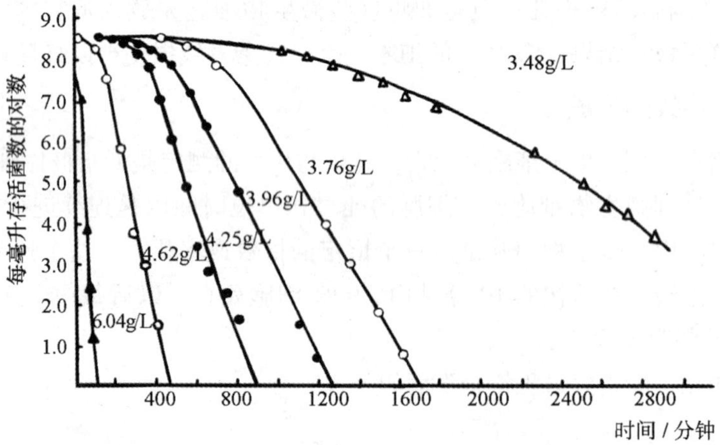

图 7－18　苯酚浓度对大肠埃希菌杀菌效果的影响

三、控制微生物的物理方法

消毒灭菌的物理因素主要有热力、紫外线、电离辐射、过滤和超声波等。

（一）热力灭菌法

如前所述，微生物必须在适宜的温度范围内才能良好生长繁殖。低于最低生长温度时，微生物的生长受到抑制，新陈代谢降低，处于休眠状态，所以低温适于保藏微生物（详见第十一章）。高温对菌体具有明显的致死作用，细胞内有机分子发生生物化学变化，DNA 断裂、核糖体解体、蛋白质变性及细胞膜结构破坏，从而导致微生物死亡。热力灭菌就是利用高温杀死微生物的方法，此法简便、经济、有效，应用非常广泛。

热力灭菌法分为干热灭菌和湿热灭菌两大类。在同一温度下，湿热灭菌效果比干热好，这是因为：①湿热菌体蛋白易于吸收水分，更易凝固变性；②湿热的蒸汽穿透力比干热空气大；③湿热的蒸汽有潜热存在，水由汽态变为液态时放出潜热 2255J/g（100℃），提高物体温度，加速微生物死亡。

1. 干热灭菌法　在干燥条件下，一般细菌的繁殖体 80～100℃ 1 小时可被杀死；芽孢则需 160～170℃ 2 小时才能被杀死。其作用机制是脱水干燥和大分子变性。干热灭菌法（dry heat sterilization）包括以下几种。

（1）灼烧法　直接用火焰灭菌，适于微生物实验室接菌环、接菌针、试管口、瓶口等的灭菌。

（2）焚烧法　直接点燃或在焚烧炉内焚烧，是一种彻底的灭菌方法，适用于废弃的污染物品、尸体等。

（3）干烤法　利用在密闭的烤箱中高热空气灭菌的一种方法。在 160～170℃ 维持 1～2 小时可杀灭包括芽孢在内的一切微生物，可彻底灭菌，适用于高温下不变质、不损坏、不蒸发的物品，如一般玻璃器皿、瓷器、金属工具、注射器、药粉等。但应用此法时，需注意温度不宜超过 180℃，避免包装纸与棉花等纤维物品烧焦引起火灾。同时应注意玻璃器皿等必须洗净烘干，不许沾有油脂等有机物。

2. 湿热灭菌法　湿热灭菌法（moist heat sterilization）　比干热灭菌法更有效。多数细菌和真菌的营养细胞在 60℃左右处理 5～10 分钟后即可被杀死，真菌的孢子稍耐热些，在 80℃以上的温度才能被杀死，细菌的芽孢最耐热，一般要在 120℃下处理 15 分钟才能被杀死。

（1）巴氏消毒法（pasteurization）　此法因巴斯德首创而得名，是一种较低温度消毒法。虽然嗜热微生物在此温度下可能免于一死，但它们在人体体温条件下不能生长，巴氏消毒法主要针对牛奶中的病原菌，如结核杆菌和沙门菌，它们均被杀死。其具体方法可分为两类：低温维持法（low temperature holding method，LTH），即 63℃下维持 30 分钟；高温瞬时法（high temperature short time，HTST），即 72℃下维持 15 秒。巴氏消毒法的优点是可以保留食品风味和营养价值，适用于牛奶、酒类、酱油等食品消毒。现在，牛奶等食品一般都采用超高温灭菌，即 135～150℃维持 2～6 秒，即可达到杀菌和保质，缩短了时间，又提高了经济效益。

（2）煮沸法（boiling）　100℃煮沸 5 分钟可杀死细菌的繁殖体，1～3 小时可杀死芽孢。此法主要用于外科器械、注射器、胶管、食具和饮用水的消毒。因被灭菌物品要浸湿，其应用受到一定限制。如水中加入 1%～2% 碳酸氢钠，可增高沸点至 105℃，加速芽孢死亡，既可提高杀菌力，又可防止金属器械生锈。

（3）流通蒸汽消毒法　又称常压蒸汽消毒法，是利用 1 个大气压下 100℃的水蒸气维持 15～30 分钟进行消毒，可杀死细菌的繁殖体，但不能保证杀死芽孢。可采用 Arnold 流通蒸汽灭菌器或普通蒸笼，常用于一般外科器械、注射器、食具等的消毒。

（4）间歇灭菌法（fractional sterilization）　因由 Tynall 创名，故又称丁达尔灭菌法（tyndallization）。是利用反复多次的流通蒸汽消毒法杀死细菌的繁殖体和芽孢的一种灭菌法。方法是将物品置于 Arnold 流通蒸汽灭菌器或普通蒸笼内，100℃的水蒸气维持 15～30 分钟，杀死其中的细菌繁殖体，但尚存有芽孢。取出物品置于 37℃培养箱过夜，使芽孢萌发成繁殖体，次日再用同法重复灭菌。如此连续 3 次，可将所有繁殖体和芽孢全部杀死，又不破坏被灭物品的成分。适用于某些不耐高温的培养基，如含有血清、卵黄等的培养基的灭菌。

（5）常规高压蒸汽灭菌法（normal autoclaving）　是灭菌效果最好、目前应用最广泛的方法。灭菌的温度取决于蒸汽的压力，在一个大气压下，蒸汽的温度为 100℃，但在密闭的高压蒸汽灭菌器内，加热时蒸汽不能外溢，随着饱和蒸汽压力的增加，温度也随着增高，杀菌力大为增强，能迅速杀死繁殖体和芽孢。

为达良好的灭菌效果，一般要求温度应达到 121.3℃（压力为 103.5kPa），时间维持 15～20 分钟，也可采用在较低的温度 113～115℃（即 55.2～68.9kPa）下维持 20～30 分钟的方法。此法适合于一切微生物学实验室、医疗保健机构或发酵工厂中培养基及多种器材、物料的灭菌。

高压蒸汽灭菌锅是每一个微生物学实验室、医院必备的设备。使用高压蒸汽灭菌时，要注意事先保证排出锅内冷空气，否则压力虽上升，但混合蒸汽的温度达不到饱和蒸汽的温度（表7-5）。此外，还需注意锅内水量，避免烧干；物品摆放应疏松，以使蒸汽流通；到达灭菌时间，停止加热后，待锅内压力自行下降至零，再缓缓打开排气阀门，使内外压力平衡，才可以取出灭菌物品；最后，要定期检测高压蒸汽灭菌锅的性能。检测方法是将专用的细菌测定纸条（含有耐热的枯草芽孢杆菌、嗜热脂肪芽孢杆菌等）放在待灭菌物品的中间，灭菌后取出，放入肉汤培养基中，经培养一段时间后，若不见细菌生长，说明高压蒸汽灭菌锅性能良好。也可采用熔融温度指示剂，其熔点正好是灭菌所需要的温度，如加入β-萘酚（121℃）、苯甲酸（121℃）、乙酰替苯胺（116℃）、硫黄（熔点115℃）等结晶，灭菌后检测是否溶化变形，即可判别灭菌温度是否达到要求。

表7-5 空气排除程度对灭菌温度的影响

压力表读数/kPa（磅/英寸^2）	饱和蒸汽温度/℃	排除1/2空气温度/℃
34.5 （5）	109	94
55.2 （8）	113	105
68.9 （10）	115	112
103.5 （15）	121	118
137.9 （20）	127	124
206.8 （30）	134	128

在高压蒸汽灭菌时，高温尤其是长时间的高温除对培养基中的淀粉成分有促进糊化和水解等少数有利影响外，会对培养基成分产生很多不利的影响，如改变培养基的pH（多为降低pH），形成沉淀物，改变色泽及破坏营养，降低培养基浓度等。消除以上有害影响的措施很多，主要有：①采用特殊加热灭菌法，例如对易被破坏的含糖培养基进行灭菌时，可先将糖液与其他成分分别灭菌后再合并；对含Ca^{2+}或Fe^{3+}的培养基与磷酸盐先分别灭菌，然后再混合，就不易形成磷酸盐沉淀；对含有在高温下易被破坏成分的培养基（如含糖组合培养基）可进行低压灭菌（113~115℃，即55.2~68.9kPa维持20~30分钟）或间歇灭菌；在大规模发酵工业中，可采用连续加压灭菌法进行培养基的灭菌等。②过滤除菌法，对培养基中某些不耐热的成分可采用过滤除菌法“灭菌”，过滤除菌的缺点是无法去除其中的病毒和噬菌体。③其他方法，在配制培养基时，为避免发生沉淀，一般应按配方逐一加入各种成分。另外，加入0.01%EDTA（乙二胺四乙酸）或0.01%NTA（氮川三乙酸）等螯合剂到培养基中，可防止金属离子发生沉淀；还可以用气体灭菌剂如氧化乙烯等对个别成分进行灭菌处理。

（6）连续加压灭菌法（continuous autoclaving） 也称“连消法”。此法适用大规模的发酵工厂中作培养基灭菌用。方法主要是将培养基在发酵罐外连续不断地进行加热、维持和冷却，再进入发酵罐。培养基一般在135~140℃下处理5 ~15秒。优点是：①因采用高温瞬时灭菌，可最大限度减少营养成分的破坏，提高了原料的利用率，比采用“实罐灭菌”（121℃，30分钟）产量提高5%~10%；②适于自动化操作，降低操作人员的劳动强度；③总的灭菌时间较分批灭菌时间明显减少，缩短了发酵罐的占用周期，提高了利用率；④由于蒸汽负荷均匀，提高了锅炉利用率。

3. 影响热力灭菌法的因素

（1）温度与作用时间　每种微生物都有一定的致死时间，这个术语是指在特定的温度条件下，杀死微生物所需的最短时间。致死温度是指在一定的时间内，杀死微生物所需的最低温度。热力灭菌法常以致死时间和致死温度为标准，一般而言，致死温度越高，则致死时间越短，灭菌效果越好。举例来说，结核杆菌加热58℃，需30分钟被杀死，59℃需20分钟，65℃需2分钟，72℃则只需几秒钟。

（2）微生物因素　主要与微生物的种类、菌龄和菌数有关。不同的微生物的热敏感性不同，来自同一种微生物的营养体与孢子对热的抗性不同，芽孢的抗热性远远大于营养体和孢子。如一般细菌的营养体55～60℃作用30～60分钟死亡，肉毒梭菌的芽孢对高热有很强的抵抗力，需煮沸3～5小时。幼龄菌比老龄菌对热的抵抗力小。灭菌物体中含菌量越高，杀死最后一个微生物所需的时间越长，如天然原料麸皮等植物性原料配置的培养基，一般含菌量较高，而合成培养基含菌量较低。

（3）灭菌对象的性质　主要与灭菌对象的pH和介质有关。灭菌对象的pH对灭菌效果有较大的影响，酸性时，微生物的抗热力明显减弱，对酸性物品灭菌时可考虑降低温度与时间。高浓度的糖、蛋白质和脂类能降低热的穿透性，增加对热的抗性。水分能促进菌体蛋白质凝固，加速菌体死亡因此，灭菌对象的含水量直接影响灭菌时间和温度。

（二）紫外线与电离辐射

紫外线（ultraviolet light）波长在100～400nm，在200～300nm时有杀菌作用，其中以265～266nm紫外线杀菌力最强。核酸、嘌呤、嘧啶和蛋白质等很多物质能吸收紫外线，核酸的最大吸收峰在265nm。当微生物被照射时，DNA吸收紫外线，在链间或链内相邻的胸腺嘧啶之间形成二聚体，从而改变了DNA的分子构型，干扰了DNA复制，造成微生物死亡。如果照射时间或照射剂量不足，则可引起微生物发生突变。此外，紫外线还对病毒、毒素和酶类有灭活作用。

在实际应用方面常使用人工的紫外灯。人工紫外灯是将汞置于石英玻璃灯管中，通电后汞化为气体，放出紫外线。紫外线杀菌力强，但释放能量较低，穿透力差，不能透过普通玻璃、纸张、尘埃和水蒸气等，故紫外线只适用于空气和物体表面的消毒。人工紫外线广泛用于微生物实验室、医院、公共场所、动物房的空气或不耐热物品表面消毒等。一般无菌室内装一支30W的紫外灯管，照射30分钟即可杀死空气中的微生物。空气的湿度超过55%～60%时，紫外线的杀菌效果迅速下降。使用紫外线消毒时，要注意防护，不能在灯下操作，紫外线会损伤皮肤和眼结膜。此外，紫外线可能诱导产生环境中有害变化而间接影响微生物的生长，如臭氧、过氧化物等。

电离辐射（ionizing radiation）光波短、能量强、穿透力高、被物质吸收后能引起物体原子或分子放出电子而变成离子，产生极强的致死效应，在足够剂量时，对各种微生物均有致死作用。其中最实用的杀菌射线是X射线、γ射线及阴极射线等，主要用于不耐热的塑料注射器、吸管、导管等，也可用于食品的消毒，而不破坏其营养成分。

（三）膜滤过除菌法

膜滤过除菌（membrane filtration）是用机械方法除去液体或空气中细菌的方法。所用的器具是滤菌器（filter）。滤过除菌主要用于一些不耐高温灭菌的血清、毒素、抗毒素、酶、抗生素、维生素的溶液、细胞培养液以及空气等的除菌。过滤除菌主要有3种类型：

①最早使用的是在一个容器的两层滤板中间填充棉花、玻璃纤维或石棉，灭菌后空气通过它就可达到除菌的目的。为了缩小这种滤器的体积，后来改进为在两层滤板之间放入多层滤纸，灭菌后使用也可以达到除菌的作用，这种除菌方式主要用于发酵工业。空气通过无菌棉花加活性炭过滤可得无菌空气，由于棉花纤维错综交织，能截住空气中的灰尘和细菌，微生物实验用的试管、烧瓶的棉塞以及空气过滤器等均能过滤空气中的杂菌，获得无菌空气以培养需氧的微生物。药品生产中GMP所要求的无菌车间的空气，则是通过初效、中效和高效过滤后净化空气。②膜滤器是由高分子材料如醋酸纤维或硝酸纤维制成的比较坚韧的具有微孔的膜，灭菌后使用。根据其孔径的不同，可分为微滤膜（>0.1μm）、超滤膜（0.1~0.01μm）、纳滤膜（NF，150~1000MW）和反渗透膜（RO，氯化钠截留率>99%）。根据不同的目的要求可选择不同类型的滤膜。微滤膜用于医药生产及医药制品的无菌检查已经相当广泛，已被纳入许多国家药典。液体培养基通过它就可以将细菌除去，这种滤器处理量比较少，主要用于科研。现已能生产制造的微孔直径约为0.1~100μm，这一技术特别适用于大体积溶液的消毒，如工业生产上啤酒、饮料及加热易破坏药液的消毒。对水样和其他材料的微生物计数和鉴定也常采用滤膜法。超滤膜可用于病毒、大分子有机物和蛋白质等的分离截留。纳滤膜可截留小分子有机物、COD、BOD、重金属离子等。反渗透膜可截留无机盐。纳滤膜和反渗透膜主要用于纯水和矿泉水制造，食品发酵工业、制药行业的生物制剂和无菌水的制备，污水处理系统等。③核孔滤器，它是由核辐射处理的很薄的聚碳酸胶片（厚10μm）再经化学蚀刻而制成。辐射使胶片局部破坏，化学蚀刻使被破坏的地方成孔，而孔的大小则由蚀刻溶液的强度和蚀刻的时间来控制。溶液通过这种滤器就可以将微生物除去，这种滤器主要用于科研。

（四）其他物理方法

1. 超声波杀菌法 不被人耳感受的高于20000Hz/s的声波，称为超声波。超声波由超声波发生器放出。频率较高的可闻声波和超声波（9000~100000Hz/s）可裂解多数细菌，尤其是革兰阴性菌更为敏感，但往往有残存者。超声波消毒，需要有高频率、高强度的超声波发生器，费用颇大，故至今还未得到实际应用。目前超声波主要用于粉碎细胞，以提取细胞组分或制备抗原等。超声波裂解细菌的机制主要是它通过水时发生的空化作用（cavitiation）（图7-19）。

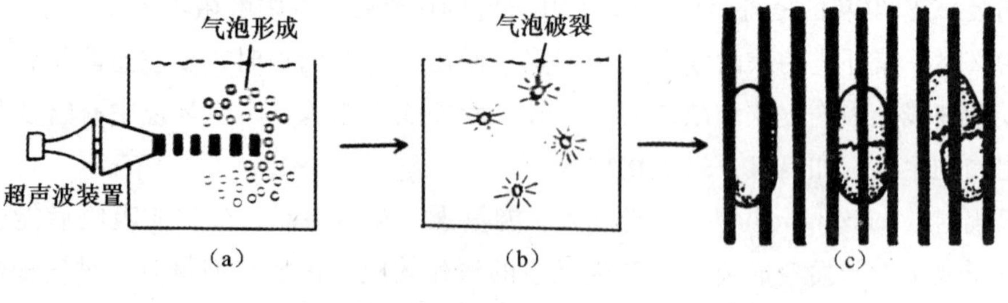

图7-19 超声波杀菌原理

（a）高频声波引起液体中微气泡的形成；（b）气泡破裂时，在液体中产生冲击波；（c）改变了的高压和低压区域撞击微生物使之破裂

当声波在液体中造成压力改变，应力薄弱区就形成许多小空腔，逐渐增大，最后崩破，崩破的压力可达101.3×10^3kPa（1000atm）。

2. 渗透作用 水或其他溶剂经过半透性膜而进行扩散的现象称为渗透（osmosis）。在渗透时溶剂通过半透膜时受到的阻力称为渗透压（osmotic pressure），渗透压的大小与溶液浓度成正比。

细胞质膜是一种半透膜，它将细胞内的原生质与环境中的溶液（培养基等）分开，微生物生长对环境的渗透压有一定的要求，使微生物细胞质膜所承受的压力在允许的范围之内。当微生物接种在渗透压低的培养基里时，细胞吸水膨胀，细胞质膜受到一种向外的压力即肿胀力。正常条件下，革兰阳性细菌的肿胀压力大约为1519.88～2026.5kPa，革兰阴性细菌的肿胀压力约为81.06～506.63kPa，由于细胞壁的保护作用，这种膨胀压力不会影响细菌的正常生理活动。当培养基的渗透压力高时，细胞质失水，发生质壁分离，导致生长停止。因此提高环境的渗透压，就可以达到控制微生物生长的目的。例如用盐（浓度通常为10%～15%）腌制的鱼、肉、食品就是通过加盐使新鲜鱼、肉脱水，使微生物不能在它们上面生长；新鲜水果通过加糖（浓度一般为50%～70%）制成果脯、蜜饯，抑制微生物生长与繁殖，起到防止腐败变质的效果。

大多数微生物能通过胞内积累某些调整胞内渗透压的相容溶质（compatible solutes）来适应培养基的渗透压变化，这类相容溶质可以是某些阳离子，如 K^+；氨基酸，如谷氨酸、脯氨酸；氨基酸衍生物，如甜菜碱（甘氨酸的衍生物）；或糖，如海藻糖类；这类物质被称为渗透保护剂或渗透调节剂或渗透稳定剂。

3. 沉积法　通过人工或自然方法，使悬浮物颗粒沉积到水的底部，这是水净化的基本方法，也是沉积法的原理。在自然界，大的颗粒和悬浮的微生物沉入湖泊、溪流的底部，使水净化。在自来水厂，沉积法在人工净化居民用水方面起了很大的作用。

4. 干燥法　水是微生物生长繁殖必不可少的物质，参与细胞内的各种生理活动，微生物在干燥环境中细胞脱水和细胞内盐类浓度增高，代谢活动停止，趋向死亡。各种微生物对干燥的抵抗力不同，金黄色葡萄球菌、链球菌、结核分枝杆菌、酵母菌等耐干燥力较强，芽孢的抵抗力更强，但真菌菌丝不耐干燥。飞沫或痰液中的微生物由于有机物的保护，可以增强其抵抗干燥的能力，这与结核病及其他呼吸道感染的传播有密切关系。

干燥法是去除或破坏微生物的重要自然方法。药材、食品、粮食等物品经干燥后，水分降至低点（3%左右），可以抑制微生物生长。用浓盐液或糖浆处理药物或食品，使细菌细胞内水逸出，也是久存食品和药品的方法之一。

四、控制微生物的化学方法

化学方法是用化学药品来杀死微生物或抑制微生物生长与繁殖的方法，包括用于消毒和防腐的化学消毒剂和防腐剂，用于治疗的化学疗剂等。化学方法很少能达到灭菌要求，它们只能从物体上除去病原微生物或抑制微生物生长繁殖，起到消毒防腐的作用。

消毒剂（disinfectant）：指具有消毒作用的化学物质。一般消毒剂在常用浓度下只能杀死微生物的营养体，对芽孢则无杀灭作用。

防腐剂（antiseptic）：指具有防腐作用的化学物质。

化学疗剂（chemotherapeutant）：指用于化疗目的的化学物质。最重要的化学疗剂有各种抗生素、磺胺类药物和中草药中的有效成分等。

实际上消毒剂和防腐剂之间无严格的界限，一种化学物质在高浓度下是消毒剂，在低浓度下是防腐剂，一般统称为消毒防腐剂。消毒防腐剂不仅作用于病原菌，同时对机体组织细胞也有损坏作用，因此只能外用或用于环境的消毒，主要用于体表（皮肤、黏膜、浅表伤口等）、器械、排泄物和周围环境的消毒。理想的消毒剂应是杀菌力强、作用迅速、无腐蚀性、能长期保存、对人畜无毒性或毒性较小的化学药品。

化学疗剂的最大特点是选择性地杀灭或抑制微生物，而对机体没有毒性或不产生明显毒性。

（一）消毒剂的种类、作用机制和适用范围

1. 常用的消毒剂和防腐剂 消毒剂和防腐剂可能是杀菌剂（bactericidal agents）或抑菌剂（bacteriostatic agents）。杀菌剂能杀死微生物，这种灭菌作用属不可逆过程，即除去杀菌剂，微生物仍不可能生长。有一些情况下，杀菌剂引起细胞溶解，称为溶菌剂（bacteriolytic agents）。抑菌剂即用于抑制微生物繁殖的一种药剂，当移去抑菌剂后，微生物又可恢复生长繁殖的能力。

消毒剂种类繁多，作用机制不尽相同，一种化学消毒剂对微生物的影响常是多方面的，但以某一方面为主。表7-6列出了常用的消毒剂的种类、作用机制和用途。

表7-6 常用防腐剂和消毒剂的种类、用途和作用机制

抗微生物剂	用途	作用机制	备注
0.05%~0.1%升汞	非金属物品器皿消毒	与蛋白质中的—SH结合，使失活	杀菌作用强，腐蚀金属器械，遇肥皂和蛋白质时失去作用
2%红汞	皮肤、黏膜、小创伤消毒	与蛋白质中的—SH结合，使失活	作用小，但无刺激性
硫柳汞0.02~0.1%	皮肤、手术部位消毒，生物制品防腐	与蛋白质中的—SH结合，使失活	杀菌力弱，抑菌力强
硝酸银1%	皮肤、新生儿滴眼预防淋球感染	沉淀蛋白质，使其变性	刺激皮肤
硫酸铜0.1%~0.5%	游泳池、供水池	与蛋白质—SH结合使失活	遇有机物失活
高锰酸钾0.1%	皮肤、尿道、阴道消毒，蔬菜水果消毒	氧化蛋白质的活性基团	久置失效，随用随配
过氧化氢3%	口腔黏膜消毒，冲洗伤口	创建厌氧环境，氧化蛋白质	不稳定
过氧乙酸 0.2%~0.5%	塑料、玻璃器材及洗手	氧化蛋白质的活性基团	原液对皮肤金属有腐蚀性
氯（0.2~0.5）ppm	饮水及游泳池消毒	破坏细胞膜、酶、蛋白质	刺激性强
漂白粉10%~20%	饮水消毒，地面、厕所及排泄物消毒	破坏细胞膜、酶、蛋白质	有效氯易挥发，有腐蚀及褪色作用，不能用于金属及衣物消毒
碘酊2%~2.5%	皮肤消毒	蛋白质中酪氨酸的碘化作用	不能与红汞同用，有刺激性，用后用乙醇脱碘
苯扎溴铵 0.05%~0.1%	外科手术洗手，皮肤黏膜消毒，浸泡手术器械	蛋白质变性，溶解细胞膜上的脂肪	遇肥皂及其他合成洗涤剂作用减弱
度米芬 0.05%~0.1%	皮肤创伤，金属橡皮塑料类物质消毒	蛋白质变性，溶解细胞膜上的脂肪	遇肥皂及其他合成洗涤剂作用减弱
醋酸5~10ml/m^3 加等量水蒸发	空气消毒	改变pH，蛋白质凝固，破坏细胞膜和细胞壁	刺激皮肤
生石灰加水按1:4或1:8配成糊状	消毒排泄物及地面	改变pH，蛋白质凝固，破坏细胞膜和细胞壁	腐蚀性大，应新鲜配置

续表

抗微生物剂	用途	作用机制	备注
苯酚3%～5%	地面、家具、器皿的表面消毒	凝固蛋白质，破坏细胞膜	杀菌力强，有特殊气味
煤皂酚2%～5%	地面、家具、器皿的表面消毒	凝固蛋白质，破坏细胞膜	腐蚀性强
龙胆紫2%～4%	浅表创伤消毒	与蛋白质的羧基结合	对葡萄球菌作用较好
乙醇70%～75%	皮肤消毒，体温计消毒	蛋白质变性，溶解脂肪，脱水剂	有刺激性，不宜用于黏膜及创面，易挥发
甲醛0.5%～10%	物品消毒，接种箱、接种室的熏蒸	破坏蛋白质氢键或氨基	尸体防腐2%，穿透力弱，对组织有过敏毒性，受有机物干扰
戊二醛2%（pH 8左右）	外科器械的消毒	破坏蛋白质氢键或氨基	不稳定，对皮肤有毒性
环氧乙烷	手术器械，毛皮，食品，药品	有机物烷化，酶失活	易爆，对皮肤有毒，需要维持湿度

注：1ppm = 10^{-6}。

2. 影响消毒剂发挥作用的因素 消毒剂的作用效果受环境、微生物种类及消毒剂本身等多种因素的影响，合理使用可提高消毒效果，否则会减弱消毒效果，在使用过程中应加以注意。影响消毒效果的主要因素有以下几种。

（1）消毒剂的性质、浓度和作用时间 各种消毒剂的理化性质不同，对微生物的作用方式各异。例如表面活性剂对革兰阳性菌的杀菌效果比对革兰阴性菌好；龙胆紫对葡萄球菌作用较强。同一种消毒剂的浓度不同，其消毒效果也不同。绝大多数消毒剂在高浓度时杀菌作用大，当浓度降低至一定程度时只有抑菌作用，但醇类例外，以70%～75%浓度的乙醇或50%～80%异丙醇的杀菌力最强，原因可能是高浓度醇类可使菌体表面蛋白质迅速凝固，导致乙醇等无法继续渗入菌体内部发挥作用。消毒剂在一定浓度下，对细菌的作用时间越长，消毒效果也越强。

（2）微生物的种类与数量 同一消毒剂对不同微生物的杀菌效果不同。例如70%乙醇可杀死一般细菌繁殖体，但不能杀灭细菌的芽孢；5%苯酚5分钟可杀死沙门菌，而杀死金黄色葡萄球菌则需10～15分钟；一般消毒剂对结核杆菌的作用要比对其他细菌繁殖体作用差。因此，必须根据消毒对象选择合适的消毒剂。微生物的数量越大，所需消毒时间就越长。

（3）环境因素 被消毒物品的温度、pH、环境中的有机物的存在等都影响消毒剂发挥作用。一般温度升高，可提高消毒效果，例如2%戊二醛杀灭炭疽杆菌芽孢10^4/ml，20℃时需15分钟，40℃需2分钟，56℃时需1分钟。细菌在适宜的pH环境中抵抗力较强，酚类在酸性溶液中效果最好。环境中的有机物常与消毒剂结合而影响其杀菌效果。在对皮肤或器械消毒时，应先洗净再用药，对痰、排泄物的消毒，应选用受有机物影响小的消毒剂。

（二）化学疗剂

化学疗剂是用来治疗传染病或治疗细胞恶性增生所引起疾病的化学物质，化学疗剂的最大特点是选择性地杀灭或抑制微生物，对机体没有毒性或较少毒性。通常用化学方法制备或从微生物、动植物得到。抗毒素等生物制品不属于化学疗剂，当然也不包括体外杀菌和抑菌的消毒防腐剂。化学疗剂主要包括磺胺类、抗生素类和中草药的有效成分。

1. 抗代谢药物的代表——磺胺类 在微生物生长过程中常常需要一些生长因子才能正常生长，因此可以利用生长因子结构类似物干扰机体的正常代谢来达到抑制微生物生长的目的。生长因子等的结构类似物又称抗代谢物（antimetabolite），由这些结构类似物取代正常成分之后造成代谢紊乱，抑制机体的生长。抗代谢物如果与正常代谢物同时存在，能产生一种竞争性拮抗作用，只有当正常代谢物的量少或不存在时，抗代谢物才有作用。

抗代谢药物种类较多，如对氟苯丙氨酸、5－氟尿嘧啶和5－溴胸腺嘧啶，分别是苯丙氨酸、尿嘧啶和胸腺嘧啶的结构类似物，在治疗由病毒和微生物引起的疾病上起着重要作用。磺胺类（sulfonamides）药物是最常用的抗代谢药物，广泛应用于临床。

1934年，德国G. Domagk对各种偶氮染料进行抗菌实验，发现一种红色染料——百浪多息（prontosil，4－磺酰胺－2,4－二氨基偶氮苯）给白鼠做静脉注射后，可治疗链球菌属（*Streptococcus*）和葡萄球菌属（*Staphylococcus*）细菌所引起的感染，但在体外无作用。1935年，又发现"百浪多息"可治疗人的链球菌病及儿童的丹毒症。

为什么"百浪多息"进入机体会对病原菌有抑制作用而对机体无毒？法国的Trefouel和Fuller提出"百浪多息"在机体内转化为具有抑菌活性的磺胺。此后，磺胺就成了青霉素应用前治疗许多细菌性传染病尤其是治疗溶血性链球菌（*Streptococcus hemolyticus*）、肺炎链球菌（*S. pneumoniae*）、痢疾志贺菌（*Shigella dysenteriae*）、布鲁菌属（*Brucella*）、奈瑟球菌属（*Neisseria*）以及金黄色葡萄球菌（*staphylococcus aureus*）等引起的各种传染病的最有效化学疗剂，使人类对化学疗剂的兴趣达到一个空前的高度。

磺胺类药物是叶酸组成部分对氨基苯甲酸（PABA）的结构类似物。

磺胺　　对氨基苯甲酸（PABA）

图7－20　磺胺及对氨基苯甲酸的化学结构

不少细菌要求外界提供PABA作为生长因子以合成代谢中必不可少的重要辅酶——转移一碳基团的四氢叶酸（THFA或CoF）。磺胺类药物被微生物吸收后取代对氨基苯甲酸，干扰叶酸的合成，抑制了转甲基反应，导致代谢紊乱，从而抑制生长。人类不能利用外界的PABA自行合成叶酸，必须在营养物中直接提供四氢叶酸，因而磺胺呈现高度选择毒力，对人无毒，对某些需以PABA作原料自行合成四氢叶酸的病原菌有高度抑制作用。

三甲氧苄二氨嘧啶（trimethoprim，TMP）能抑制二氢叶酸还原酶，使二氢叶酸无法还原成四氢叶酸。

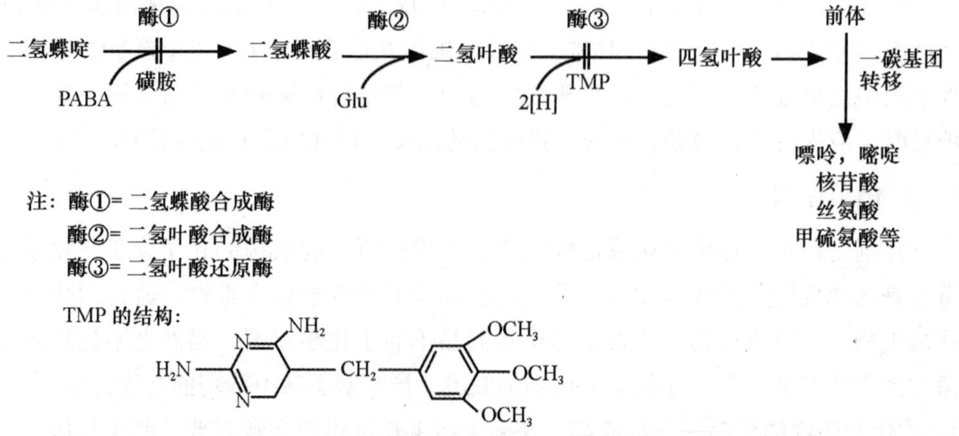

图7－21　磺胺及TMP在微生物的四氢叶酸合成途径中的抑制作用

如果 TMP 与磺胺合用，作用于不同的环节，TMP 就增强了磺胺的抑制效果，故 TMP 有磺胺增效剂之称。

2. 抗生素　自从第一个抗生素（antibiotics）——青霉素于 20 世纪 40 年代问世并应用于临床以来，人类已经从自然界发现和分离了万余种抗生素，并且对其中一些主要抗生素如青霉素、头孢菌素、四环类抗生素、氨基糖苷类抗生素等进行化学结构改造，先后制备了近十万种半合成抗生素。抗生素的作用机制如下。

（1）抑制细胞壁合成　细胞壁的完整性可维持细胞的坚韧性，使菌体维持一定的形态并抵抗内部强大的渗透压而不会破裂，细胞壁不能正确合成或不完整，将造成菌体死亡。

革兰阳性菌的细胞壁与革兰阴性菌的细胞壁相比，有明显厚得多的网状肽聚糖层。多种抗革兰阳性菌的抗生素的作用机制与抑制肽聚糖的合成有关，使得细胞壁无法完全形成。这些抗生素的种类及作用点见图 7－22。

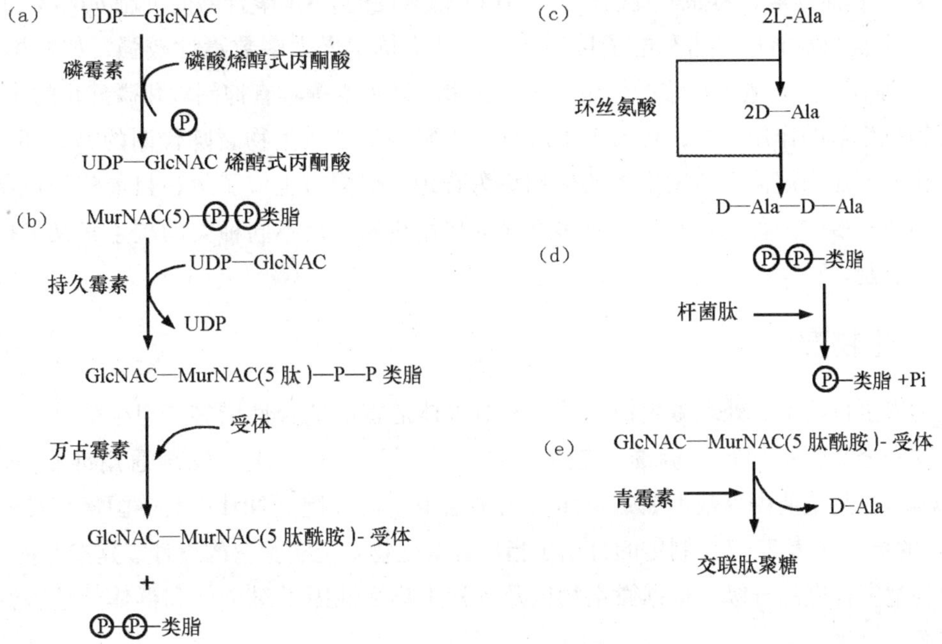

图 7－22　肽聚糖合成的抑制点

（2）作用于细胞膜　一些抗生素能改变膜透性或使细胞膜破裂，对细菌有较强的杀菌作用。

多黏菌素为多肽类抗生素，在同一分子中有亲水多肽基团又有疏水基团，亲水性基团可以与细菌细胞膜磷脂上的磷酸基形成复合物，而疏水基团可以插入膜的脂肪酸链之间，解聚细胞膜的结构，使细胞膜的通透性增加，细胞破裂死亡。多黏菌素是许多细菌杀菌剂，尤其对铜绿假单胞菌有效，但对动物和人也有毒害，通常作局部治疗用。抗真菌抗生素两性霉素 B 和制霉菌素可与敏感真菌的细胞膜中的甾醇结合，破坏膜的完整性，使细胞内钾离子等内容物渗出，细胞死亡。两性霉素 B 和制霉菌素对新型隐球菌、白假丝酵母菌和酵母菌等具有良好的抗菌作用。

（3）作用于蛋白质合成　干扰蛋白质合成的抗生素很多，主要有四环素类、氨基糖苷类、大环内酯类、氯霉素等。这些抗生素作用于蛋白质合成的许多不同的位点上。

四环素类作用于核糖体30S亚基16S rRNA上，使氨酰tRNA复合物不能结合到核糖体上，阻断肽链的延伸。此外，四环素还有类似重金属的螯合作用，抑制某些细菌的酶。氨基糖苷类如链霉素，对蛋白质的起始、延长、终止各阶段均有影响，但其主要作用是不可逆地与核糖体30S亚基结合，抑制蛋白质合成的起始及密码子的识别。大环内酯类抗生素如红霉素，可与核糖体的50S亚基结合抑制多肽的合成。林可霉素抗菌作用和红霉素相似，但不完全一样。林可霉素仅与革兰阳性菌的核糖体形成复合物，而不与革兰阴性菌核糖体结合，和链霉素、四环素之间无交叉抗药性，而和红霉素有部分交叉抗药性，这可能是因为林可霉素与核糖体的结合部位有一部分与红霉素的结合部位重合。

（4）抑制核酸的合成　不同的抗生素通过不同的机制来干扰或抑制微生物的核酸的合成或复制，同时由于宿主细胞的核酸代谢与微生物很相似，因此，这类抗生素对宿主细胞均有毒性。例如博来霉素能直接与DNA共价结合，造成DNA链的断裂。丝裂霉素能使双链DNA发生交联，干扰DNA的解链，抑制DNA的复制。由于丝裂霉素的作用，最终导致DNA降解。利福霉素和利福平直接作用于DNA依赖性的RNA聚合酶而抑制mRNA的合成。

（5）干扰细胞能量代谢和电子传递体系　此类抗生素大多数毒性较强，如竹桃霉素、抗霉素A等具有抑制电子转移的作用，短杆菌素、寡霉素等具有抑制氧化磷酸化的作用。

了解抗生素的作用机制，有助于了解抗生素影响病原微生物新陈代谢的哪些环节，从而寻找化学治疗的规律，使抗生素的使用更为合理。但同时也应了解，目前作用机制已完全清楚的还不多。一种抗生素往往有多方面的作用机制，而不同种类的抗生素又可以有相同的作用机制。

五、生物安全

生物安全指防范、处理微生物及其毒素对人体危害的综合性措施。卫生部已经颁布了针对生物安全实验室的行业标准《微生物和生物医学实验室生物安全通用准则》（WS 233—2002），其主要内容基本上是参照美国国立卫生研究院（NIH）及美国疾病控制中心（CDC）的标准（表7-7）制定的，用于指导各级生物安全实验室的设计、建造及使用。

生物危害程度的分级：根据微生物以及各种生物活性因子对个体和群体的危害性将其分为四级。

危害等级Ⅰ（低个体危害，低群体危害）：不会导致健康工作者和动物致病的细菌、真菌、病毒和寄生虫等生物因子 。它们中绝大部分因为种系屏障而不感染人类，例如某些对人不致病的动物病毒等。

危害等级Ⅱ（中等个体危害，有限群体危害）：能引起人或动物发病，但一般情况下对健康工作者、群体、家畜或环境不会引起严重危害的病原体。实验室感染不导致严重疾病，具备有效治疗和预防措施，并且传播风险有限。对于其所致的感染有高效药物或疫苗防治，例如铜绿假单胞菌等。

危害等级 Ⅲ（高个体危害，低群体危害）：能引起人类或动物严重疾病，或造成严重经济损失，但通常不因偶然接触而在个体间传播，或能使用抗生素、抗寄生虫药治疗的病原体，例如产毒的结核分枝杆菌、炭疽芽孢杆菌、立克次体等。

危害等级Ⅳ（高个体危害，高群体危害）：能引起人类或动物非常严重的疾病，一般不能治愈，容易直接或间接或因偶然接触在人与人，或动物与人，或人与动物，或动物与动物间传播的病原体，例如天花病毒和HIV等。

根据多接触的生物病原体的危害程度，生物安全防护水平（biosafety level，BSL）也分为四级。

表 7-7　美国疾病控制中心实验室生物安全级别标准——生物安全实验室分级

美国疾病控制中心	病原	操作	一级屏障	二级屏障
BSL-1	不会经常引发健康成人疾病	标准的微生物操作	不要求	开放实验台、洗手池
BSL-2	人类病原菌，因皮肤伤口、吸入、黏膜暴露而发生危险	BSL-1 操作外加：①限制进入；②有生物危险警告标志；③“锐器”安全措施；④生物安全手册，其中规定废物消毒和医疗观察	1 级、2 级生物安全柜实验服、手套，若需要则采取面部保护措施	BSL-1 外加：高压灭菌锅
BSL-3	内源性和外源性病原，可通过气溶胶传播，能导致严重后果或生命危险	BSL-2 操作外加：①控制进入；②所有废物消毒；③洗涤前，实验服消毒；④有基础血清	1 级、2 级生物安全柜保护性实验服、手套，若需要则采取呼吸保护措施	BSL-2 外加：①和进入走廊隔开；②双门进入，门自动关闭；③排出的空气不循环；④实验室内负压
BSL-4	对生命有高度危险的危险性病原或外源性病原：致命、通过气溶胶而致实验室感染：或未知传播风险的有关病原	BSL-3 操作外加：①进入前换衣服；②出实验室前淋浴；③带出设施的所有材料消毒	3 级生物安全柜或 1 级、2 级生物安全柜加全身的、供应空气的正压防护服	BSL-3 外加：①单独建筑或隔离区域；②有供气系统、排气系统、真空系统、消毒系统；③其他有关要求

扫码“练一练”

思考题

1. 什么是生长？什么是繁殖？它们之间的关系如何？
2. 细菌的群体生长繁殖分哪几期？各期有何实际意义？
3. 微生物纯培养的获得方法是什么？
4. 简述影响化学消毒剂作用的因素。
5. 简述紫外线杀菌的机制及应注意的事项。
6. 简述微生物的培养方法，各自的特点与应用。
7. 影响微生物生长的主要因素有哪些？
8. 测定群体生长繁殖的方法是什么？
9. 何谓同步生长？如何使微生物达到同步生长？
10. 试比较杀菌（灭菌）、消毒、防腐的异同点，并举例说明。
11. 抗生素对微生物作用的机制有哪几种？举例说明。
12. 什么是化学疗剂？各种化学疗剂怎样影响微生物的生长？

（周丽娜）

扫码“学一学”

第八章 微生物的遗传与变异

遗传（heredity 或 inheritance）与变异（variation 或 variety）是生物体最本质的属性之一。遗传是指生物的亲代特性在子代中重现的现象。但是遗传并不意味着亲代和子代的完全相似，事实上亲代和子代之间，子代的个体之间总有着不同程度的差异，这种差异的表现就是变异。

所谓遗传性是指亲代生物传递给子代一套实现与其相同性状的遗传信息，这种信息只有当子代生活在合适的环境条件下时，才能转化为具体的性状。和一切生物一样，微生物的遗传性是相对稳定的，但在外因和内因的相互作用下，总会有少数个体的遗传性状发生改变，表现在形态、菌落、毒力、酶活性、抗药性等各个方面。在遗传物质水平上发生了改变而引起某些相应性状发生改变的特性称为变异性，这种变异性是可以遗传的，又称遗传变异性。遗传性保证了物种的存在和延续，而变异性则推动了物种的进化和发展。故此，微生物遗传与变异是我们进行菌种选育和菌种保藏的主要理论依据。

表型饰变（modification）是指微生物在生活条件改变时，发生暂时的形态、生理等特性的改变，但随着环境条件的复原，它们又恢复了原有的特性，所以是不可遗传的变异。如赤霉素产生菌，在见光培养时呈橘红色，在黑暗条件下培养时则呈白色，当把白色的菌丝接种在新鲜的培养基上，放回到见光处培养时，则又出现橘红色，这种改变即为表型饰变。遗传性变异和表型饰变是完全不同的两种概念，我们主要研究的是遗传性变异，在微生物育种过程中，更应加以区别。

由于微生物具有个体小、结构简单、营养体是单倍体、生活周期短、繁殖速度快、直接受外界环境的作用、大多数为无性繁殖及可在相同条件下得到大量个体等特点，微生物已经成为现代遗传学研究的主要实验对象。对微生物遗传变异规律的研究，不仅促进了分子生物学的发展，同时亦为微生物育种技术提供了丰富的理论基础，促使育种工作从不自觉到自觉、从低效到高效、从随机到定向、从近缘杂交到远缘杂交方向发展。

第一节 遗传变异的物质基础

扫码“看一看”

在生物体中是否存在着专门执行遗传物质变异功能的物质？这是生物学界长期争论不休的问题之一。直到所谓三个经典实验结果的发表，才逐步确立了“核酸，尤其是脱氧核糖核酸（DNA），是一切生物遗传变异的物质基础”这一科学结论，从而亦使生物学发展到分子生物学新阶段。

一、遗传变异物质基础的实验证明

（一）转化实验

转化（transformation）现象是由英国医生 F. Griffith 在 1928 年首先发现的，当时他把少量无毒、无荚膜的粗糙型（rough，R 型）肺炎链球菌（*Streptococcus pneumoniae*，旧称肺炎双球菌）和大量已经加热杀死的有毒、有荚膜的光滑型（smooth，S 型）肺炎链球菌细胞混合注射到小白鼠体内，结果小白鼠病死，并意外地在死鼠体内发现有活的S型肺炎链球菌细胞（图8－1）。1930－1931年，H. P. Robert Sia和M. Dawson等人在体外进行了类似的试验，将活的R型肺炎链球菌与致死的S型肺炎链球菌混合，分离到活的S型肺炎链球菌细胞。

1933年，L. Alloway进行了进一步的无细胞试验，他们将致死的S型肺炎链球菌用石英沙磨碎，并过滤去除杂质，保留其上清液，随后将该上清液加入到活的R型肺炎链球菌中，最终分离到活的S型肺炎链球菌细胞。1940－1944年，O. T. Avery等人在离体条件下得到了进一步的证实，分别将从S型细胞中提取的多糖、蛋白质、RNA、DNA转化至R型细胞，发现只有用DNA（1.6ng）转化才能获得转化子。

由于肺炎链球菌由R型转变为S型时产生了荚膜多糖，而多糖是通过酶催化合成的，因此，人们首先设想，蛋白质是否有转化能力？可是从S型肺炎链球菌中提取得到的多糖或蛋白质都不能引起转化，只有从S型肺炎链球菌提取出的DNA才能引起转化，而且转化的效率随着DNA纯度的增加而增加，而经DNA酶处理后的DNA则失去转化作用，所以可以认为转化因子是DNA。

为了排除是否由少量杂质引起转化作用这一可能性，1949年转化因子DNA已经被纯化到所含蛋白质不高于0.02%，转化效果非但不减反而增加，因此可以确信，在肺炎链球菌中，决定型别的遗传物质是DNA。DNA的转化效率非常高，其转化所需的最低浓度为10^{-5} μg/ml。

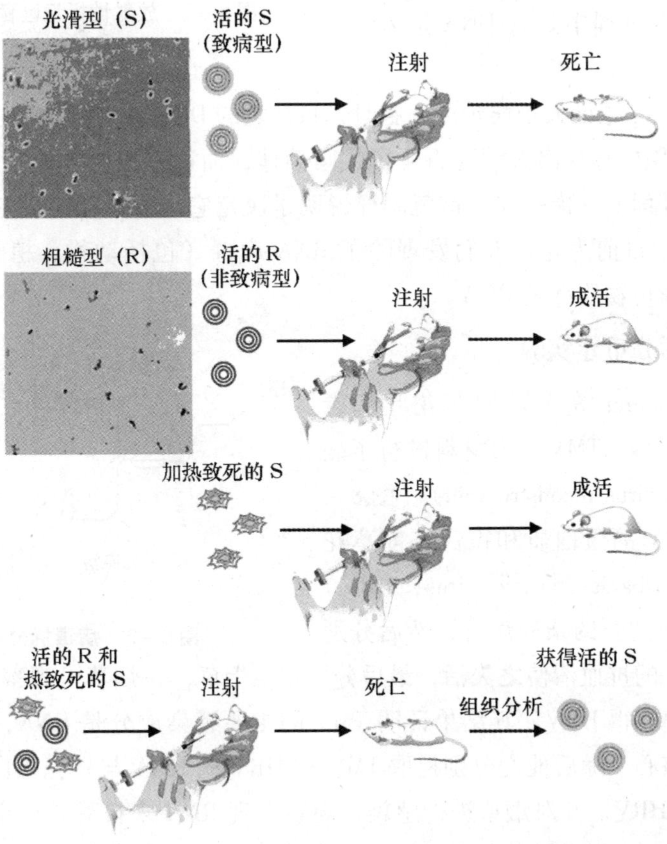

图8－1　转化实验

（二）噬菌体感染实验

1952 年，科学家 A. D. Herskey 和 M. Chase 利用放射性示踪元素，对 T_2 噬菌体的吸附、增殖和裂解进行了系统研究。

T_2 噬菌体是感染大肠埃希菌的一种噬菌体，它由蛋白质外壳和 DNA 核心所组成，其中，蛋白质中含硫而不含磷，而 DNA 中含磷而不含硫。把大肠埃希菌培养于分别含有 ^{32}P 和 ^{35}S 标记的培养基中，再用 T_2 噬菌体感染大肠埃希菌，将得到 ^{32}P 和 ^{35}S 标记的 T_2 噬菌体。然后用标记的噬菌体感染一般培养液中的无标记的大肠埃希菌，经过短时间保温以后，用组织捣碎器搅拌，使吸附在菌体外表的 T_2 蛋白质外壳脱离细胞并均匀分布，接着进行离心，分别测定沉淀物和上清液中的放射性核素标记，测定结果表明，几乎全部的 ^{32}P 都和细菌在一起出现在沉淀中，而 ^{35}S 则几乎全部存在于上清液中，这结果表明，在感染过程中，噬菌体的 DNA 进入细菌细胞中，它的蛋白质外壳则不进入细菌细胞中去（图 8－2）。若对分离出的细菌继续培养，可于上清液中检测到 ^{32}P，该结果进一步证明了噬菌体侵染过程中是其 DNA 进入了宿主细胞中。

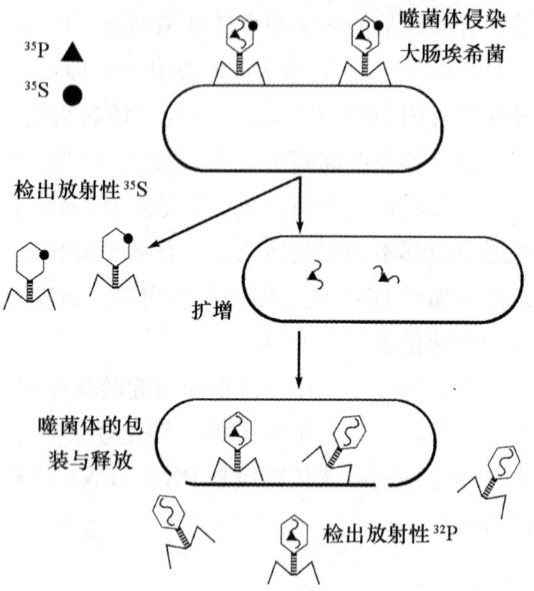

图 8－2　放射性标记噬菌体感染实验

从实验可知，T_2 感染大肠埃希菌细胞时，只把它的 DNA 注射到细胞中去，可是经过短短 20 分钟后从细胞中释放出大约几百个子代噬菌体，而这些噬菌体的蛋白质外壳的形状、大小和留在细胞外面的一模一样，这就同样说明了决定它的蛋白质外壳特性的遗传信息的携带物是 DNA。到目前为止，人们发现除了 RNA 病毒（包括动物、植物病毒和噬菌体）外，其他生物的遗传物质都是 DNA。

（三）病毒拆分重建实验

1956 年，F. Conrat 等人以烟草花叶病毒（Tobacco mosaic virus，TMV）为材料进行了病毒拆分重建实验（virus reconstruction）（图 8－3）。分别提取 TMV 的蛋白质和霍氏车前草花叶病毒（Holmes ribgrass mosaic virus，HRV）的 RNA，混合后重建新的杂种病毒，然后分别加入 TMV 和 HRV 的抗血清使之失活，最后分别感染烟草，在烟草可观察到 HRV 感染特有的病斑，并可分离获得 HRV，其结果证明 TMV 的主要感染成分是 RNA，而病毒外壳的主要作用是保护其核心。随后他们分别提取 TMV 和 HRV 的 RNA 与外壳蛋白，然后分别交替组装重建 TMV 和 HRV，并对烟草进行感染，观察发现 RNA 来自哪一个亲本，病症就与哪一个亲本相似，产生的子代病毒也与哪一个亲本相同，通过该实验同样证实了 RNA 是 TMV 的遗传物质基础。

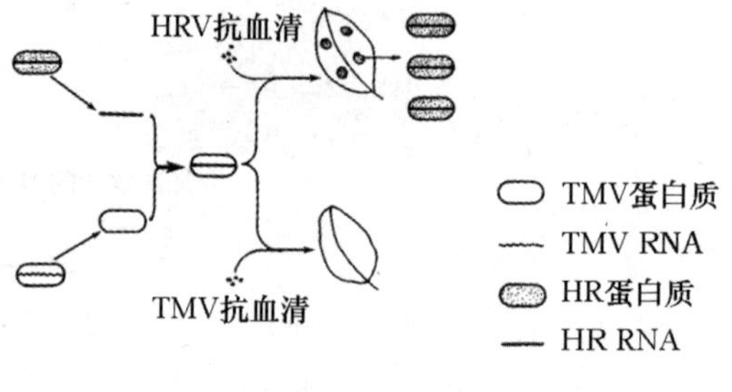

图 8－3　病毒拆分重建实验

二、遗传物质在微生物中的存在形式

除 RNA 病毒外，DNA 是微生物的遗传物质。另外，微生物还有质粒、细胞器 DNA（真核微生物中）等所谓的核外遗传物质，而核内 DNA 为主要的遗传物质。

（一）核物质——染色体

DNA 的主要存在形式是染色体。染色体是细胞分裂期间显微镜下可见的，由染色质构成的具有特殊形态和数目的物质。核物质主要由染色体构成。

1. 真核微生物染色体　真核微生物（酵母菌、霉菌等）具有真正的细胞核结构。遗传物质是以细胞分裂间期的染色质（chromatin）和细胞分裂期的染色体（chromosome）的形式而存在的，它们的主要化学组成是线状双链 DNA 分子和蛋白质（主要是组蛋白）。组成真核微生物染色体的基本单位是核小体（nucleosome），每个核小体（图 8－4）由大约 200bp 的 DNA 和五种组蛋白构成。四种组蛋白（H_2A、H_2B、H_3 和 H_4）各两个分子构成一个扁圆体（组蛋白八聚体），双链 DNA 分子在其上环绕约 $1\frac{3}{4}$圈（146bp）后构成核小体的核心颗粒。在 DNA 分子"进"、"出"扁圆体处（即核心颗粒上的 146bp DNA 两端分别延伸 10bp，即 166bp DNA）连接一个 H_1 分子。酵母菌核小体结构中无 H_1 组蛋白。连接两个核小体核心颗粒之间的 DNA 称为连接 DNA（linker DNA），平均长度 50～60bp。多个核小体连接起来形成染色质，染色质浓缩、反复折叠便成为一定形状的染色体。核小体首先螺旋化形成直径约为 30nm 的螺线管（solenoid），再进一步高级结构化，最终形成能在光学显微镜下可见的染色体（图 8－4）。

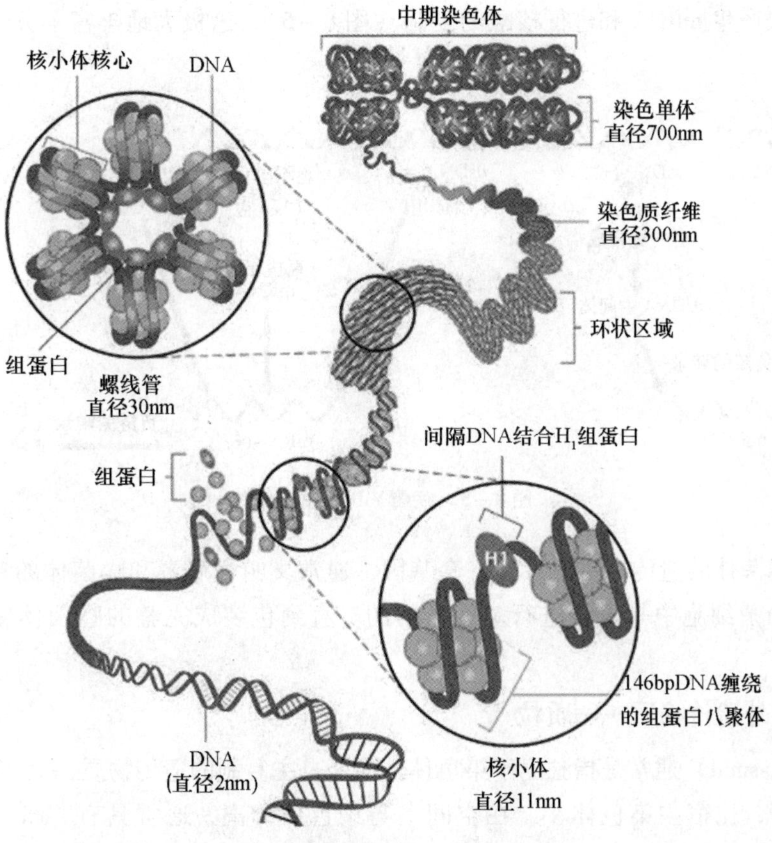

图 8－4　染色体的结构

一般而言，真核微生物含有多条染色体，如酿酒酵母（*Saccharomyces cerevisiae*）有16条染色体，构巢曲霉（*Aspergillus nidulans*）有6条染色体等。真核微生物的基因组远远大于原核微生物，具有多个起始位点，大部分含有内含子（即不被翻译的部分），存在大量重复序列。

2. 原核微生物染色体 主要由DNA（约占80%）和蛋白质（约占20%）组成，多数为环状双链分子。一般相对集中在细胞的一个区域，没有核膜包围，故此称为拟核（nucleoid）。拟核中的蛋白质，有些与DNA的折叠有关，有些参与DNA的复制、重组和转录。

原核微生物（细菌、放线菌等）没有真正的细胞核，核质仅为裸露的DNA，称为拟核或类核（nucleoid）。原核微生物也没有真正的染色体形态，为叙述方便以及和真核微生物比较，将原核微生物的核DNA也称为染色体。染色体DNA是原核生物主要的遗传物质，一般是一条裸露的共价闭合环状的（covalently closed circular，CCC）双链DNA分子。基因组DNA分子量较小，重复序列较少，如大肠埃希菌，1997年完成了其基因组的全序列测定，其环状染色体DNA约含4.7×10^6bp，长度为1300μm，大约是菌体细胞的1000倍，含有约4100个基因，其中重复序列约占1%。

典型的原核微生物往往只含有一条染色体，并且染色体DNA是环形的。但也有例外，如类球红细菌（*Rhodobacter sphaeroides*）有两条染色体，而布氏螺旋体（*Borrelia burgdorferi*）和铅青链霉菌（*Streptomyces lividans*）的染色体是线形的。

3. 病毒的遗传物质 除朊病毒（蛋白质侵染因子）外，已知的所有病毒和噬菌体的遗传物质均是DNA或RNA。病毒和噬菌体的核酸类型多种多样：可以是双链，也可以是单链；可以是单正链，也可以是单负链；可以是环状的，也可以是线状的；可以是一个完整的核酸分子，也可以是分成多个节段的。病毒和噬菌体核酸结构的多样性，必然导致其采用不同的方式产生mRNA和进行核酸的复制（图8－5），这极大地丰富了分子遗传学的研究内容。

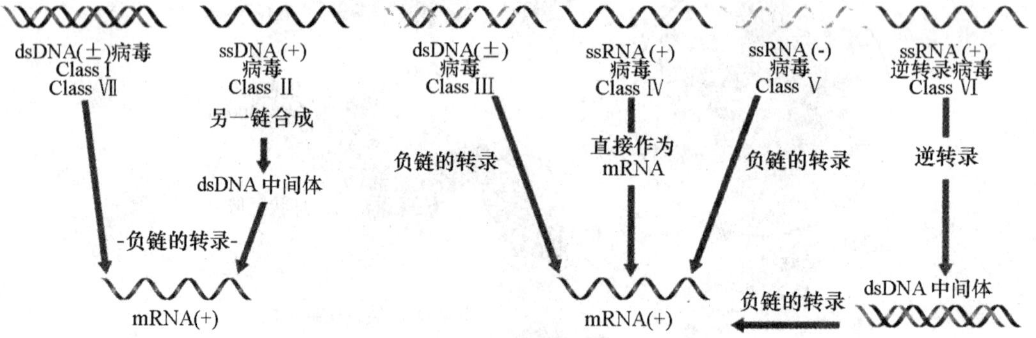

图8－5 病毒mRNA的合成

病毒和噬菌体的遗传物质包含着一套基因，通常又叫做病毒和噬菌体的基因组。噬菌体基因组在细菌细胞中是重复进行基因重组的。直到包装成完整的噬菌体颗粒，重组才结束。

（二）核外遗传物质——质粒

质粒（plasmid）通常是指独立于染色体外而能自主复制的遗传物质，大多是由DNA组成的环形分子，比宿主染色体小，在空间上与染色体分离，通常具有共价、闭合、环状DNA的基本特征。许多质粒既可以游离于细胞质中自主复制，也可以整合入宿主细胞染色体中，随染色体复制而复制，这种质粒又称为附加体（episome）。质粒不仅与微生物遗传物质的转移有关，也与某些微生物的致病性、次生代谢产物（如抗生素）的合成以及微生物的抗药性有关，它又是基因工程中最常用的载体，因而对质粒的研究日益受到重视。原核微生物的细菌、放线菌中已发现有质粒，真核微生物的某些酵母菌中也发现有质粒存在。

1. 质粒的基本特性

（1）质粒一般是共价、闭合、环状、双链 DNA（ccc dsDNA）分子，有超螺旋和开环两种存在形式。自然的质粒大小从 1.0 ~ 100kb 不等，典型的质粒约为染色体的 1/20。

（2）能自主复制。质粒可独立于宿主染色体外自主复制。质粒复制后在细胞分裂时能随染色体一起分配至子细胞，继续存在并保持固有的复制数。质粒在细胞中的数量决定于复制数，而复制数又决定于复制类型。复制数少的为严紧型质粒（stringent control），染色体与质粒复制数的比例一般为（1∶1）~（1∶2），如 F 质粒，严紧型质粒通常是分子量较大的接合型质粒。复制数多的为松弛型质粒（relaxed control），正常情况下染色体与质粒复制数的比例为（1∶10）~（1∶30），如 ColE1 质粒。松弛型质粒可以用一定的实验手段使其复制数大大增多，如在培养液中加入氯霉素可使松弛型质粒复制数扩增至 1000 ~ 3000 个。

（3）不相容性　不相容性（incompatibility）又叫不亲和性。不亲和性是指同一细胞中的质粒不能并存的现象。两种不同类型的质粒若能稳定地共存于一个宿主细胞内，这种现象称为质粒的相容性；反之，则称为不相容性。由于质粒的不相容性与它们之间的亲缘关系有关，因而可将质粒分成若干不相容群。在同一细胞中，属于同一不相容群的质粒相互排斥，但可与另一不相容群质粒共存。

（4）质粒所携带的基因不是细胞生长所必需的，但质粒同染色体基因一样具有一定的表型效应。染色体基因能满足细胞生命活动的需要。质粒所带的基因只决定宿主细胞的某些特性，如带抗药基因的质粒可使细菌产生抗药性等。质粒基因编码的这些特性有利于宿主细胞在特定环境条件下的生存，如假单胞菌中有些分解性质粒，带有分解酶类，可降解樟脑、辛烷、甲苯和二甲苯等物质。

（5）质粒能从宿主细胞自发消除（curing）。人为应用某些理化因素处理可大大提高质粒的消除频率，如高温、紫外线及吖啶类物质处理可使一部分质粒消除。

（6）质粒可以从一个细菌转移给另一个细菌。根据其转移方式，一般把质粒分为两类：一类是接合型质粒，可通过两个菌细胞的直接接合而主动转移，如 F 因子；另一类是非接合型质粒，需要通过噬菌体转导才能转移的质粒 DNA，如青霉素酶质粒。

2. 医药方面的重要质粒

（1）F 因子（fertility factor）　编码细胞壁外的性纤毛（sex pili），使细胞之间可以接合。F 因子即致育因子，“F”代表致育性，即具有“接合”的能力。F 因子全长 99 159bp，含有促使质粒从一个细胞转移到另一个细胞的转移区（*tra*）；调节 DNA 复制的区域，如复制起始区（*oriS*）、转移起始区（*oriT*）、复制功能区（*rep*）和不相容基因（*inc*）等；还含有多个转座子，如 Tn1000 等，有助于实现附加体的功能。

（2）R 质粒（drug-resistance plasmid）　即抗药质粒，含抗药质粒的宿主可表现出对一种或多种抗生素或药物的抗性。根据抗药质粒能否借接合而转移，分为接合型和非接合型抗药质粒。

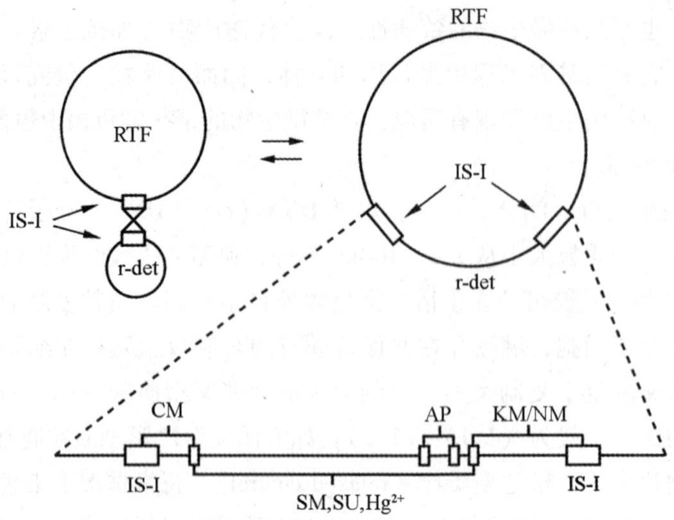

图 8-6　R1-19 质粒的遗传图

CM. 氯霉素；AP. 氨苄西林；SM. 链霉素；KM. 卡那霉素；NM. 新霉素

接合型抗药质粒由抗药决定簇（resistant determinant，r-det）和抗药转移因子（resistant transfer factor，RTF）两部分组成，两者均可自行复制。前者决定抗药性，后者决定抗药性是否可以转移。两者共同存在才能将抗药性转移。

图 8-6 为抗药质粒 R1-19 的图谱。RTF 和 r-det 两部分既可解离成两个独立自主复制的质粒，也可整合为一个大质粒。在 r-det 之中同时含有抗链霉素、氯霉素、磺胺、氨苄西林、卡那霉素、新霉素以及汞的抗性基因。

非接合型抗药质粒，也可简称为 r 质粒。它们在结构上没有 RTF，只有 r-det，因此含有这种抗药质粒的细菌只具有抗药性，不能进行接合转移。

抗药质粒能使宿主菌具有抗药性，并且一个抗药因子可携带多种抗药基因。由于质粒的自主复制，抗药性可以传给后代；又由于它们的致育性，能以接合作用从抗药菌传递给敏感菌，在同种、种间甚至属间传播，导致抗药性迅速广泛地蔓延，给人类带来极大危害，已引起普遍重视。

（3）Col 质粒　又叫 Col 因子，是编码大肠菌素（colicin）的质粒。存在于大肠埃希菌和某些其他细菌中，它所产生的大肠菌素是蛋白质类的抗菌物质，能杀死或溶解同种属或近缘细菌的不同型菌株。Col 质粒对维持肠道内正常菌群的平衡有一定作用。

（三）转座因子

转座因子（transposable element）又称跳跃基因（jumping gene），指的是细胞基因组中能够从一个位置转移到另一位置的一段 DNA 序列，被誉为可移动的遗传因子（mobile genetic elements）。转座因子从基因组的一个位置转移到另一个位置的过程叫做转座（transposition），如从染色体的一个位置转移到另一个位置，从质粒至染色体或质粒至质粒等。

早在 20 世纪 40 年代，美国遗传学家 B. McClintock 就在玉米中发现转座因子，当时称为控制因子。20 世纪 60 年代，I. shapiro 发现大肠埃希菌由插入序列（insertion sequence，IS）引起极性突变的现象。目前已证实在真核及原核生物中均有存在，且某些噬菌体本身就是转座因子。由于转座因子的转座行为，使 DNA 分子发生各种遗传学上的分子重排，在促使生物变异及进化上具有重大意义。

1. 原核生物的转座因子 原核生物中的转座因子，按其结构与遗传性质可以分为三类。

（1）插入序列（insertion sequence，IS） 是最简单的转座因子，通常是比较短的DNA序列，一般大小为750～1600bp，IS除了带有和它的转座功能相关的基因即转座酶（transposase，Tnp）外，不含有任何其他已知基因。IS两端通常有反向重复序列（inverted repeat sequence，IR），长度为10～40bp（图8－7）。IS可独立存在于DNA中，也可成为转座子的一部分，作为转座时所需要的靶序列（target sequence）。

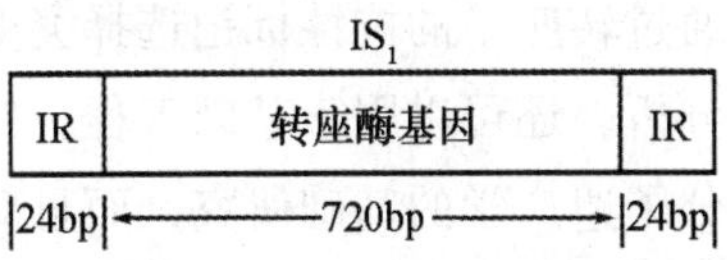

图8－7 插入序列

（2）转座子（transposon，Tn） 是一类分子量较大的转座因子，一般大小为2～25kb，目前发现的转座子中，最小的是Tn1681（2086bp），最大的是Tn4（23.5kb）。Tn除了有转座功能外，还含有其他基因，称为标志基因（tranposon markers），如抗生素或金属抗性基因、产细菌毒素基因、某些糖发酵基因等。有些Tn两端连接一个短的颠倒重复序列，为30～50bp，该类型Tn称为复杂转座子（complex transposon）；而有的Tn两段接的就是IS，两个IS可构成顺向重复（direct repeat）序列或颠倒重复序列，该类型Tn称为复合转座子（compound transposon）。图8－8是复合转座子TnA的结构示意图。

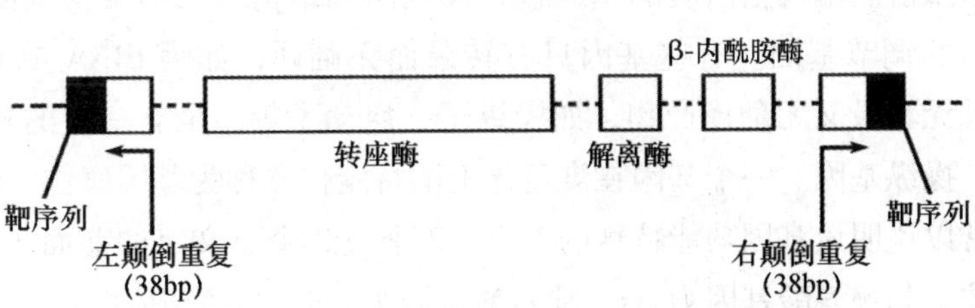

图8－8 复合转座子TnA的结构

（3）转座噬菌体（mutation phage，Mu噬菌体） 是指一类可以引起突变的溶原性噬菌体，其结构复杂，分子量大，插入位点的专一性不高，一般大小为（3～5）×10^4bp。温和噬菌体（如*E. coli* λ噬菌体）一般是整合到宿主染色体的一定位置上，而Mu噬菌体并没有一定的整合位置。游离的转座噬菌体与插入的转座噬菌体在基因顺序上完全相同，证明其整合方式与溶原性噬菌体整合方式不同，更像转座子的转座。转座是转座噬菌体的一种生活方式，其插入基本无靶序列的要求。大肠埃希菌温和噬菌体具有转座行为，能插入到宿主染色体的任一位置，导致宿主菌变异，故而得名突变噬菌体或诱变噬菌体。Mu噬菌体已成为研究细菌变异的工具之一，通常用作生物诱变剂。

2. 转座的遗传学效应 转座因子不仅能在两个没有任何同源性的基因组之间转座，而且还能引起一系列的异常重组，带来相应的遗传学变化。①引起插入突变：转座因子插入在宿主染色体的某一结构基因内，就造成该基因功能的丧失。如果插入的位置是一个操纵子（operon）的前端基因，就有可能发生一个极性突变（polar mutation），带来极性效应，即不仅被插入的基因灭活，而且插入位置下游的所有基因均不能表达或表达大为降低。②插入位置上出现新的基因，如抗药性基因等。③造成受体DNA分子插入位置上少数核苷酸对的重复：靶序列重复。④不准确的切离带来染色体的畸变，包括缺失和倒位等。⑤转座因子可以从插入位置上消失，这一过程称为切离（excision），精确切离可导致回复突变。

由于转座现象的普遍性和转座引起的遗传学效应明显，转座因子除了它本身在遗传学中的意义外，也是遗传学研究中的一个有用的工具。如作为遗传育种工具，将自杀质粒与某一转座子连接，转化进非肠道细菌，该质粒不能复制，转座子可随机插入宿主染色体，通过转座子的抗性标记选择突变菌株。利用转座得到的各种突变株可进行基因转移和定位分析，还可以用于基因工程，构建一些不同质粒融合或复制子融合的特殊菌株，这不仅对分子遗产学的基础研究，而且对基因工程菌的构建都有潜在的用途。

第二节　基因突变

一、基因和性状

（一）基因的概念和基因符号

基因（gene）一词由丹麦生物学家 W. Johansen 于 1909 年提出，用以代替孟德尔的“遗传因子”。直到20 世纪50 年代以后，“基因”才有一个较明确的概念。目前认为基因是遗传单位，即为一条多肽或 RNA（tRNA 或 rRNA）分子合成编码所必需的完整的一段核酸序列。就基因对蛋白质合成的编码功能而言，就是以基因核苷酸序列为模板，通过转录和翻译合成一条多肽链。编码蛋白质的基因包括编码酶和结构蛋白的结构基因以及编码阻遏蛋白或激活蛋白的调节基因。有些基因只有转录而无翻译，如为 tRNA 或 rRNA 编码的基因。对于那些既无转录又无翻译产物，如操纵子、启动子等，虽有一定的功能，但是不再叫做启动基因、操纵基因。一个基因在染色体上的特定位置称为基因座位（gene locus）。

基因符号常以说明该基因功能特性的 1 个、2 个或 3 个英文字的前面 3 个字母来表示，应小写且用斜体，如赖氨酸基因为 *lys*、脯氨酸基因为 *pro*。与核糖体中较大的蛋白质亚基有关的基因用 *rpl*（由 ribosomal protein large 3 个字的第 1 个字母组成）表示。表型相同的不同基因突变，用3 个小写英文字母后的大写字母表示，如 *hisA*、*hisB* 等代表组氨酸的各个不同基因。同一基因的不同位点突变，用基因符号后的阿拉伯数字表示。如*proA*315、*proA*2033。如突变位点所属基因还不确切，则大写字母用一短线代替，如 *pro* – 5、*lys* – 1，短线后的数字表示菌株序号。基因功能的存在或缺陷以在基因符号右上角上 + 或 – 表示，如 his^- 表示组氨酸基因缺陷，丧失了合成组氨酸的功能。对药物的抗性或敏感性则以 r 或 s 加在基因符号的右上角来表示，如对链霉素（streptomucin）有抗药性或敏感性分别写作 str^r 或 str^s。基因型的表型用大写字母表示，并加正负号如 Pro^+、Pro^-。

（二）性状和表型及基因组和基因型

性状是构成一个生物个体的有关结构、形态、物质和功能等各方面特征的总称。表型（phenotype）指微生物在特定条件下所表现出来的某种生物学特性。性状侧重于一般条件下的全部特征，表型侧重于某一条件下的单一特征。

基因组（genome）指配子细胞或某一生物单倍体细胞所具有的一整套基因，一个病毒颗粒所含有的核酸也称为基因组。基因型（genotype）是指基因组的核酸序列。基因组侧重于全部的核酸序列和总量，基因型则代表某个基因的功能和特性。

微生物的基因组比高等生物的基因组要小得多，最小的 *E. coli* 噬菌体 MS_2 仅含有 3 个基因，长约 3 000bp。细胞内只具有一套基因组的称为单倍体（haploid），如原核微生物以及病毒和噬菌体。细胞内具有两套基因组的称为二倍体（diploid），如高等动、植物的体细胞、真核微生物的一些细胞。通常只有部分基因型表达在表型之中（尤其在真核微生物二倍体中），因为在杂合子的情况下，隐性等位基因是不表达在表型之中的，但仍能传递给后代。

二、基因突变

突变（mutation）是变异的一种，指组成生物基因组的核苷酸序列发生了可遗传的变化，从而导致了生物性状的改变。突变主要包括基因突变（又称点突变）和染色体畸变两大类，基因突变是由于 DNA 链上的一对或少数几对碱基发生改变而引起的，而染色体畸变是指 DNA 的大段变化（损伤）现象，如染色体的插入、缺失、重复、易位或倒位等。根据发生突变的原因不同，基因突变又可分为自发突变（spontaneous mutation）和诱发突变即诱变（induced mutation）。

（一）基因突变的类型

突变的类型很多，它们之间互有联系、难以截然区分，本节从实用目的出发，按突变后突变株能否以选择性培养基进行鉴别而分别称为选择性突变株和非选择突变株。据此，基因突变类型可进一步划分为以下几种类型。

1. 营养缺陷型（auxotroph）　指的是某一野生型菌株（wild type strain）经基因突变后，其生长需要某一营养物质，在基本培养基中不能正常生长繁殖的突变类型。该突变型是一类重要的生化突变型，是微生物遗传学研究中重要的选择标记和育种的重要手段。

野生型菌株是指从自然界分离到的、发生营养缺陷型突变前的、能够在基本培养基中生长的原始菌株。如能够合成色氨酸的野生型可以用 trp^+ 表示。原养型（prototroph）是指营养要求在表型上和野生型相一致的类型，它可能是野生型，也可能不是。该类型通常是由营养缺陷型经回复突变或重组而产生的，如色氨酸原养型，也可以用 trp^+ 表示。

Ames 试验（鼠伤寒沙门菌/微粒系统检测化学诱变剂）是 1975 年，B. N. Ames 等人用鼠伤寒沙门菌的组氨酸营养缺陷型突变株，观察其在测试物作用下，回复突变为原养型而建立的化学诱变剂检测系统。遗传毒性试验包括微核试验、生殖细胞突变试验、Ames 试验、染色体畸变试验等，是新药临床前安全性评价的重要指标。由于 Ames 试验可有效地反映出被测试药物所具有的潜在诱变性，而被视为必不可少的遗传毒性试验之一。由于化学物质对微生物的诱变作用，反映了它对哺乳动物的潜在致癌作用，所以可用此系统来检测一些化学物质的诱变性。此外，该法简便、快速、有一定可靠性，也是检测农药、药物、食品添加剂以及工厂、实验室和环境中的一些化学物质诱变性的好方法。Ames 试验所用的菌株是几种不同的组氨酸突变型的标准测试菌株，它们除了有组氨酸突变（his^-）外，还有 DNA 切除修复系统的缺失突变（ΔuvrB）和细菌表面脂多糖屏障突变（rfa），如 TA97 移码突变（rfa ΔuvrB hisD6610，R 因子：Apr^+）、TA98 移码突变（rfa ΔuvrB hisD3052，R 因子：Apr^+）、TA100 碱基置换（rfa ΔuvrB hisG46，R 因子：Apr^+）、TA102 赭石型突变（rfa Apr hisG428，R 因子：Apr^+ 和 Tcr^+）。试验时，一般吸取 0. 1ml 试验菌液和 0. 1ml 待检样品于同一小试管内，混匀（也可放置 37℃，振荡作用 20 分钟，使充分接触），随后加入 2ml 上层半固体培养基，摇匀，迅速铺平于已制备好的琼脂底层平板上；同时将 0. 1ml 菌液加入到装有 2ml 上层半固体培养基试管内，摇匀，倾注于底层平板上作阴性对照。37℃培养 48 小时，计数。如回复突变数超过阴性对照（自发回复突变数）2 倍以上，即为阳性，表明样品具有致突变作用；可采用正定霉素、亚硝基胍（NTG）、丝裂霉素和 2 - 氨基芴等作为阳性药物对照。

2. 抗性突变型（resistant mutant） 指由于基因突变而使原始菌株产生了对某种化学药物或致死物理因子抗性的变异类型。这些抗性突变型在遗传学基本理论研究中具有重要作用，是一种重要的选择性标记。

3. 形态突变型（morphological mutant） 是指由于突变而产生的个体或菌落形态发生的非选择性变异。这是一类非选择性突变，因为突变型和非突变型在基本培养基上同样生长，且没有任何生长差异，只能靠形态变化辨别。

4. 条件致死突变型（conditional lethal mutant） 是指在某一条件下可正常生长、繁殖并实现其表型，而在另一条件下却无法生长、繁殖的突变类型，常用于分离生长繁殖必需的突变基因。如温度敏感突变型（temperature-sensitive mutant，T_S）属于典型的条件致死突变型，突变体在较高温度下（如 42℃）不能生长，只能在较低的温度下（如25～30℃）生长。

5. 其他突变型 除上述突变型外，还有如毒力、糖发酵能力、代谢产物的种类和产量以及对某种药物依赖的突变型等。此外，高产量突变型在提高工厂的经济效益方面具有重要意义。

（二）基因突变的规律

由于生物界的遗传物质基础是相同的，所以显示在遗传变异的本质上都遵循着相同的规律，这在基因突变的水平上尤为突出。基因突变具有如下的一般规律。

1. 自发性和不对应性 就微生物的某一群体而言，基因突变的发生在时间上、个体上、基因上或位点上都有明显的随机性，即突变是自发的，和微生物所处环境因素以及人为诱变因素没有对应关系。如抗青霉素的突变并非由于接触过青霉素，抗噬菌体突变亦不是由于接触了噬菌体。一般从表面上看来，人们习惯于认为抗青霉素突变株是由于接触青霉素，但事实上却恰恰相反，在接触青霉素之前，抗青霉素突变株就已经产生了，具体的实验证明，将在后面做详细介绍。

2. 稀少性 自发突变虽然可以随时发生，但是突变频率极低，一般在 10^{-9}～10^{-6}，但某些外界的物理或化学的因素可显著地提高突变频率，这种作用就叫诱变，具有诱变作用的某些因素叫诱变剂。而所谓突变率（mutation rate）是指每一个细胞在每一世代中发生某一性状突变的概率，也有用每单位群体在繁殖一代过程中所形成突变体的数目来表示的。例如突变率为 1×10^{-8}者，即意味着当10^8 个细胞群体分裂为2×10^8 个细胞时，平均会形成一个突变体。

3. 独立性 突变的发生一般是独立的，一个基因突变与另一个基因突变之间是互不相关的独立事件，即在某一群体中既可发生抗青霉素的突变型，亦可发生抗链霉素的或任何其他药物的抗药性，也可以发生其他任何性状的突变。如一个基因发生突变的概率是 10^{-a}，而另一个基因的突变率是 10^{-b}，则同时发生两种基因突变的概率是 $10^{-(a+b)}$，相当于两者的乘积，这就指出了两个基因的突变是相互独立的。抗药性突变的发生彼此独立无关，这对于药物治疗方面具有指导意义。

4. 稳定性 由于突变的根源是遗传物质的结构发生了稳定的变化，基因突变是遗传物质发生突变的结果。突变型基因与野生型基因一样具有相对稳定的结构，并可以稳定遗传，属于遗传性变异。

5. 可逆性 由原始野生型基因变异为突变型基因的过程叫正向突变（forward mutation)，相反的过程则叫回复突变（back mutation）。实验证明，任何性状都可以发生正向突变，也可以发生回复突变。回复突变原因有 3 种，包括真正的回复突变、基因内抑制和基因间抑制。

（三）证明突变自发性的经典实验

突变的微生物与其所处环境因素之间的不对应性，如抗药性的产生不是由于药物引起的，这一时很难为人们所接受，所以对抗性产生的原因长期争论不休，直到 1943 年以后才有科学家从不同角度以严密的科学实验初步解决了这长期的争论。

1. 变量试验（flucututation test）　又称波动试验或彷徨试验。这是由 S. E. Luria 和 M. Delbrück 两位科学家于 1943 年根据统计学原理进行的，如图 8 – 9 所示。

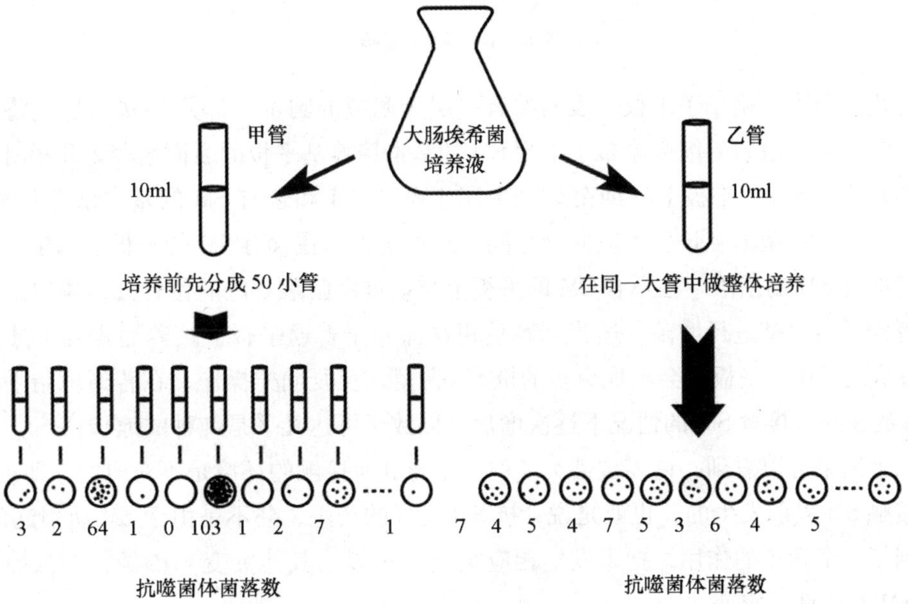

图 8 – 9　变量试验

取对噬菌体 T_1 敏感的大肠埃希菌对数期肉汤培养液，用新鲜培养液稀释成浓度为 10^3/ml 的细菌悬液，然后在甲、乙两试管各分装 10ml，接着把甲管中的菌液分装于 50 支小试管中（即每管 0.2ml），保温 24 ~ 36 小时后把各小管的菌液分别倒在 50 个预先涂有 T_1 的平板上，经培养后计算各平板上所产生的抗噬菌体菌落数；乙管的 10ml 菌液则不经分装，先保温 24 ~ 36 小时，然后再分成 50 份加到同样涂有 T_1 噬菌体的平板上，适当培养后，分别计算出各平板上产生的抗噬菌体菌落。

结果表明，来自甲管的 50 个平板中，从统计学的角度看，各平板之间抗性菌落数相差极大，而来自乙管的 50 个平板间出现的抗性菌落数基本相同。这就说明，大肠埃希菌抗噬菌体性状的突变，不是由于环境因素——噬菌体引起的，而是在它们接触到噬菌体前，在某一次细胞分离过程中随机地自发产生的，突变出现的时间越早，则抗性菌落数就多；突变发生的晚，则抗性菌落少；噬菌体在这里仅起着淘汰原始的未突变的敏感菌和检出抗噬菌体突变型的作用，细菌抗性的出现与接触噬菌体与否无关。

2. 影印试验　1952 年，J. Lederberg 夫妇创建了影印培养（replica plating）方法，并通过该方法证明了抗链霉素（streptomycin，SM）突变型的产生与微生物是否接触链霉素无关，试验原理见图8－10。

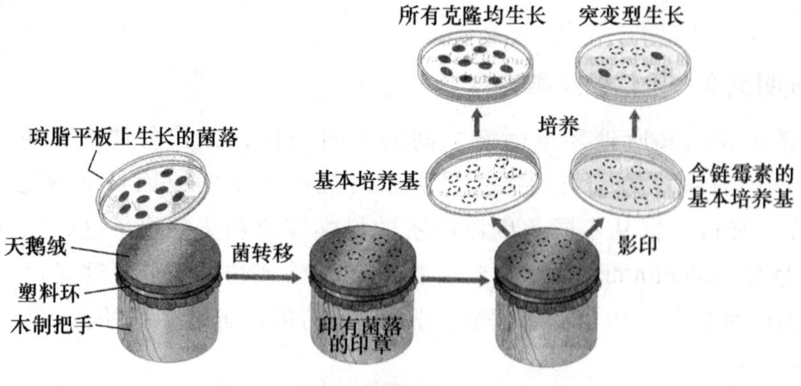

图 8－10　影印试验

实验用一个直径略小于平板、表面贴有一层天鹅绒的圆木“印章”进行。先将对药物（如链霉素，SM）敏感的细菌涂布于不含 SM 的基本培养基平板的表面培养。几小时后，用无菌绒印从不含 SM 的平板上将细菌分别影印于不含 SM 和含有 SM 的基本培养基平板上，上述两块平板上细菌的生长位置应完全相同。经过培养，在含有 SM 的平板上偶尔出现细菌菌落，此即抗 SM 的菌落。在不含 SM 的平板上与该抗性菌落对应的位置处，挑取菌落，接种于新鲜肉汤培养基进行增菌，适当稀释后再次涂布于普通平板，培养后重复上述影印过程，则在含有 SM 的平板上会出现更多的抗 SM 菌落。反复同样操作，在普通琼脂平板上的抗 SM 菌数在并未接触 SM 的情况下逐次增加，以致于可达几乎是纯种的地步。

从以上结果可以看到，许多抗性突变的产生与其所接触的环境是不对应的，即抗 SM 突变是在接触 SM 以前发生的，也就是说，抗 SM 变异的产生，并不是由于 SM 所引起的。SM 只是起到了一个筛子的作用，把未发生相应突变（可以是其他突变）的菌株淘汰掉，而保留了对 SM 有抗性的突变株。

三、基因突变的分子机制

基因突变是遗传物质结构的改变，即 DNA 分子中碱基序列改变的结果，该过程可以是自发地，也可以通过人工诱变处理而产生。环境条件可以诱发突变，但突变不一定按照环境的要求而相应的改变，两者无因果关系。根据基因突变产生的过程，可将基因突变分为自发突变和诱发突变。

（一）自发突变机制

基因突变的自发性是基因突变的第一规律，自发突变是指在没有人工参与下生物体自然发生的突变，这并不是说自发突变是没有原因的。大多数自发突变是发生于 DNA 复制过程中，主要是由于碱基的错配。自发突变可能有以下几种机制。

1. 背景辐射和环境因素的诱变　不少自发突变实质上是由于一些原因不明的低剂量诱变因素的长期综合诱变效应，包括内源性和外源性因素。外源性的诱变因素如充满宇宙空间的各种短波辐射、高温以及环境中存在的各种低浓度的诱变物质；放射性氧也能通过对 DNA 的化学修饰而改变其结构，如放射性氧可使鸟嘌呤自发突变，生成 8－羟基鸟嘌呤。内源性的诱变因素如微生物自身的各种代谢产物。如过氧化氢是普遍存在于微生物体内的一种代谢产物，同时又是一种诱变剂。微生物自身所携带的转座因子，其转座行为也可引起自发突变。

2. 碱基结构的变化

（1）异构效应　DNA 的四种碱基中，T 和 G 有酮式和烯醇式两种互变异构状态，C 和 A 有氨基式和亚氨基式两种互变异构状态。由于平衡一般倾向于酮式或氨基式，因此，在 DNA 双链中总是以 A－T、G－C 配对的形式出现（图 8－11）。但在偶然情况下，T 会以稀有的烯醇式出现，复制时 T 就与 G 配对，在下一轮复制时，G 与 C 配对，从而 A－T 就变成了 G－C。同样，如果 C 以稀有的亚氨基式出现，则复制时就与 A 配对，在下一轮复制时，A 与 T 配对，从而 G－C 就变成了 A－T 碱基对。G、A 的互变异构也产生同样的碱基置换效应。

（2）5－甲基胞嘧啶（5－MeC）自发脱氨作用　甲基化的胞嘧啶是自发突变的热点（hot spot）。在细菌和病毒的 DNA 中约有 5% 的 MeC，它与 G 正常配对。但 MeC 偶尔自发脱氨后就成为 5－甲基尿嘧啶（5－MeU），即胸腺嘧啶 T。这样 G－MeC 配对变为 G－T 配对，在下一轮复制时，T 与 A 配对，从而 G－MeC 就变成了A－T碱基对。

正常的碱基配对模式：

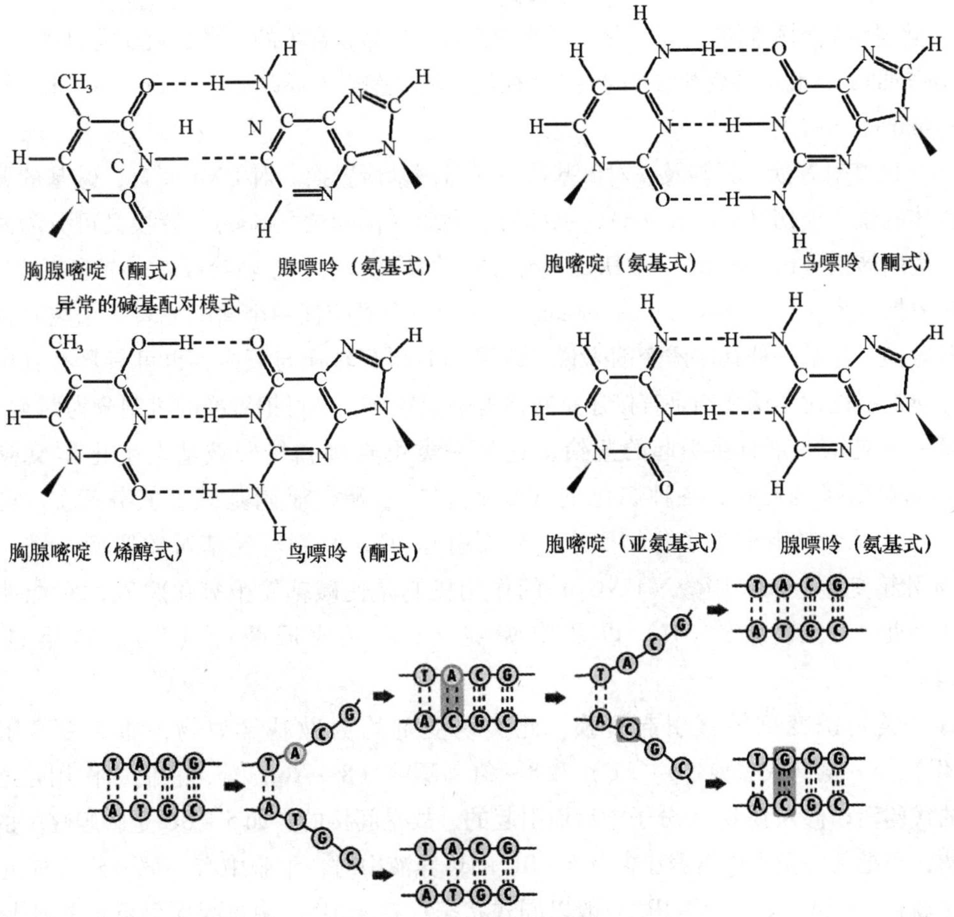

图 8－11　碱基配对和异构效应

3. 环出效应　即环状突出效应，在 DNA 复制过程中，如果其中一个或几个核苷酸偶尔向外突出成环，则在新合成的 DNA 链继续复制时就会越过该环出部位，导致缺失突变（图8－12）。

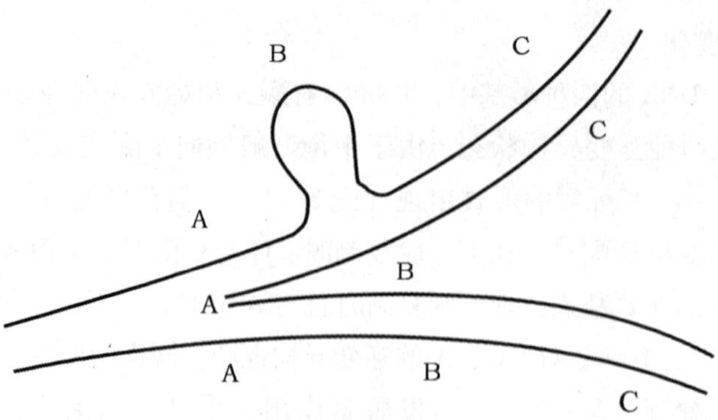

图8－12　环出效应

（二）诱变突变机制

诱变剂（mutagen）是一类能与DNA分子发生化学反应，并使其结构发生改变的物质。用诱变剂处理细胞得到突变型，则为诱发突变。诱变剂种类很多，作用方式多种多样。即使是同一种诱变剂，也常有几种作用方式。

1. 化学诱变剂引起的突变　化学诱变剂的种类很多，常见的一类是碱基类似物（nucleotide base analog）。化学诱变剂引起的突变往往是碱基对置换（base-pair substitution）和移码突变（frame-shift mutation）。

（1）碱基对置换　只涉及一对碱基被另一对碱基所置换。对DNA而言，碱基的置换属于染色体的微小损伤（microlesion），也称为点突变（point mutation）。置换又可分为两个亚类：一类叫转换（transition），即DNA链中的一个嘌呤被另一个嘌呤或者一个嘧啶被另一个嘧啶所置换；另一类叫颠换（transversion），即指一个嘌呤被一个嘧啶或者一个嘧啶被一个嘌呤所置换。对某一种具体诱变剂来说，既可同时引起转换与颠换，也可只具有其中的一个功能，如根据化学诱变剂是直接还是间接地引起置换，又可把置换的机制分为两类。

第一类是诱变剂直接引起的置换，这是一类可直接和核酸碱基发生化学反应的诱变剂，如亚硝酸、羟胺、各种烷化剂（如硫酸二乙酯、亚硝基胍、氮芥等），它们可以与一个或几个核苷酸发生化学反应，从而引起DNA复制时碱基对的置换，进一步使微生物引起变异。如亚硝酸（HNO_2）的作用机制是使碱基发生氧化脱氮，它能使腺嘌呤（A）变成次黄嘌呤（H）以及胞嘧啶（C）变成尿嘧啶（U），转换过程见图8－13。

另一类是诱变剂间接引起置换，此类诱变剂均为碱基类似物，如5－溴尿嘧啶（5－BU）、5－氨基尿嘧啶（5－AU）和8－氮鸟嘌呤（8－NG）等，它们的作用是通过活细胞的代谢活动掺入到DNA分子中后而引起的，故是间接的。如5－BU是胸腺嘧啶的结构类似物，当把某一微生物培养在含有5－BU的培养液中时，细胞中有一部分新合成的DNA中的T就被5－BU取代。5－BU一般以酮式状态存在于DNA中，因而仍可正常地与A配对，这时并未发生碱基对的转换。它有时可以烯醇式状态出现于DNA中，当DNA进行复制时，在相应位置上出现的就是G而不是A，G再正常地与C配对，这样就完成了A－T到G－C的转换，过程见图8－14。

同理，由于5－BU的掺入也可引起G－C回复到A－T的过程，这就是为什么同一种诱变剂既可引起突变又可引起回复突变的原因。同时亦说明5－BU这类代谢类似物只对正在新陈代谢和生长繁殖中的微生物起作用，而对静息的细胞不起作用。

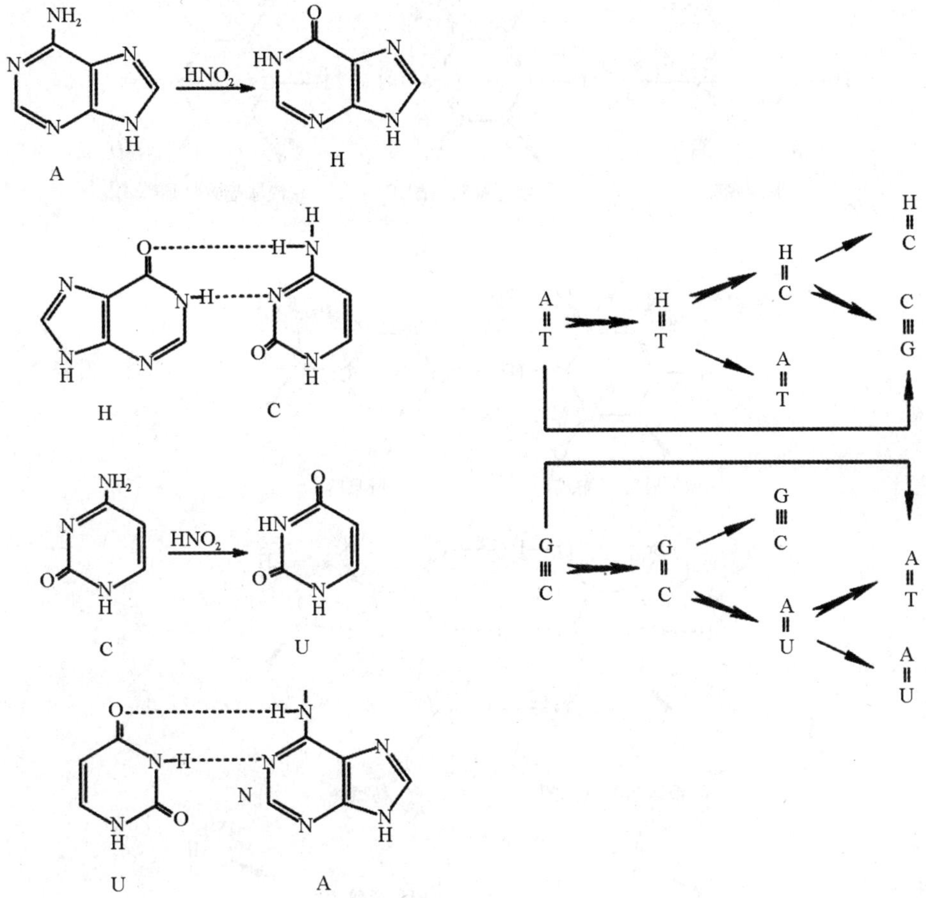

图 8－13　HNO$_2$ 作用机制

（2）移码突变　是指一种诱变剂引起 DNA 分子中的一个或几个核苷酸的增加或缺失，从而造成突变点以后的全部遗传密码的转录和翻译都发生错误，由这类突变产生的突变体叫移码突变体。移码突变多发生在碱基重复的 DNA 序列，且不能由其他诱变剂引起回复突变。

吖啶类染料（如原黄素、吖啶黄、吖啶橙和 α－氨基吖啶等）及其系列被称为 ICR 类化合物（它们由美国肿瘤研究所“Institute for Cancer Research”合成而得名，是一类由烷化剂和吖啶类化合物相结合的化合物）都是移码突变的有效诱变剂。

吖啶类是一类扁平分子化合物，可作为嵌入剂（intercalating agent）插入两个 DNA 碱基对之间。

由吖啶类化合物诱发的移码突变及其回复突变有如下程序：

正常 DNA 链上的三联密码子：ABC | ABC | ABC | ABC | ABC | ABC | ABC

↓

加进一个碱基，密码子后移：ABC | ABC | AB＋ | CAB | CAB | CAB | CAB

↓

缺失一个碱基，密码子前移：ABC | ABC | BCA | BCA | BCA

加进三个（或缺失三个）碱基，则有一小段不正常。

↓　↓　↓

ABC | AB＋ | CAB | ＋CA | B＋C | ABC | ABC | ABC

不正常片段

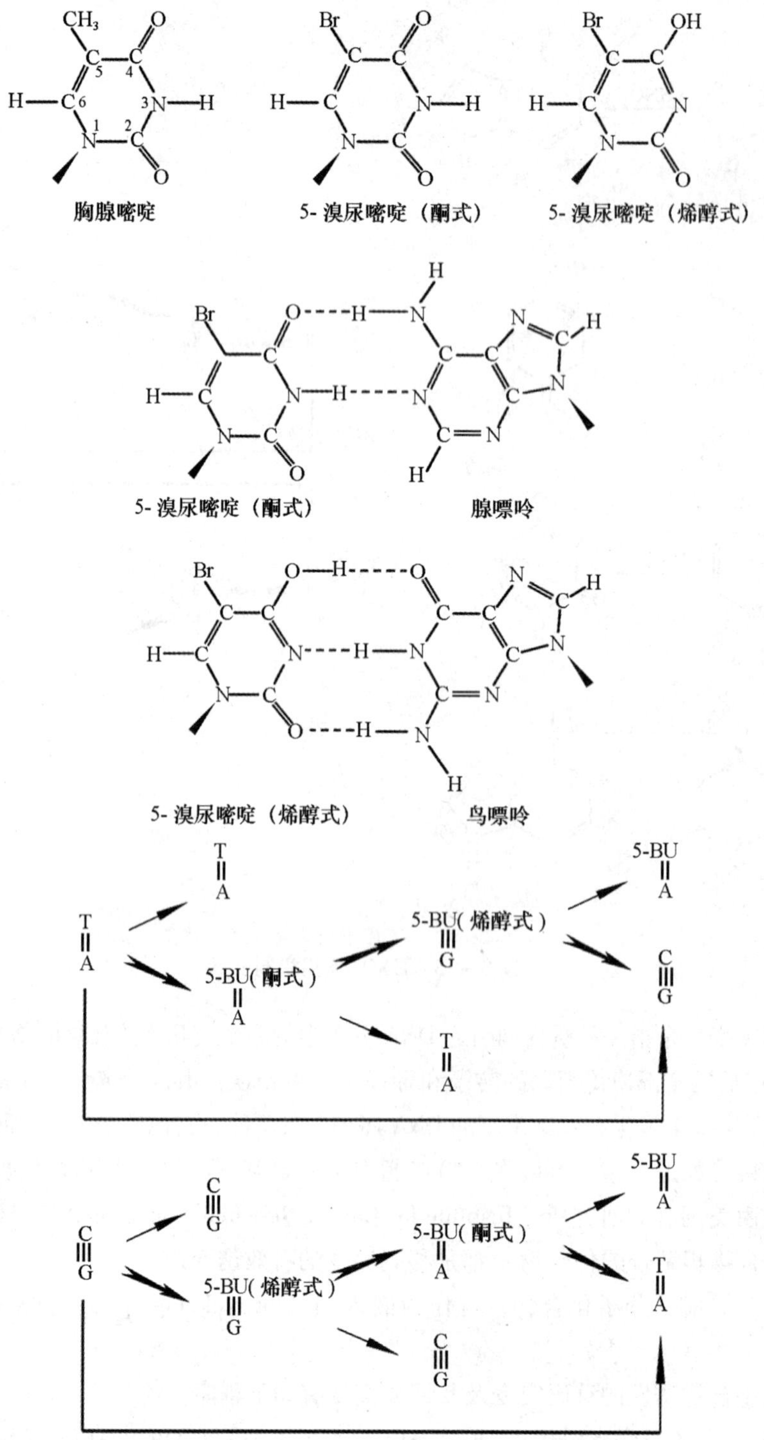

图 8-14　5-BU 的诱变机制

此外，某些化学诱变剂如某些烷化剂，能引起 DNA 的大损伤，即染色体畸变，它主要是指染色体结构上的缺失（deletion）、重复（duplication）、倒位（inversion）和易位（translocation）以及染色体数目的变化。

应该指出的是，许多化学诱变剂的诱变作用不是单功能的，如常用的诱变剂亚硝酸就既能引起碱基对的转换作用，又能诱发染色体畸变作用。

2. 物理诱变剂引起的突变　物理诱变剂主要是辐射诱变，如紫外线和电离辐射（X射线、γ射线和宇宙射线等）等。辐射诱变分为直接作用和间接作用，突变出现的频率与照射剂量成线性关系，且剂量关系曲线都通过原点。这说明任何一点辐射都足以诱发突变，只要总剂量不变，多次照射和一次照射的诱变效果相等。即少量多次辐射和一次大量辐射的剂量效应相同。

紫外线引起DNA损伤的原因很多，如引起DNA分子链上氢键的断裂、DNA分子内和分子间的交联、嘧啶的水合作用以及形成胸腺嘧啶二聚体。其中胸腺嘧啶二聚体（图8－15）的形成是紫外线诱变的主要机制。

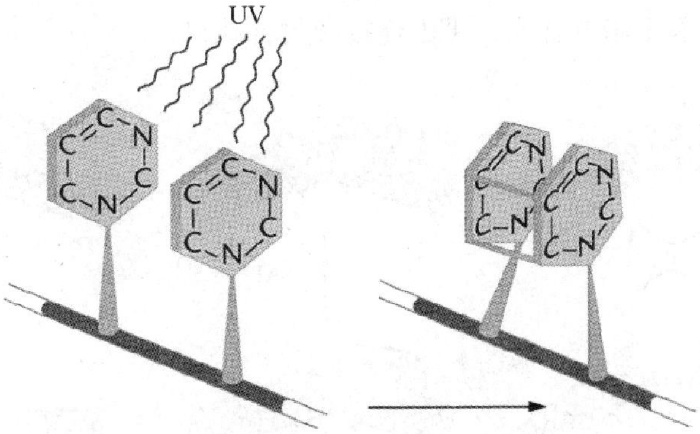

图8－15　胸腺嘧啶二聚体的形成

胸腺嘧啶二聚体可以在单链或双链DNA上相邻的两个胸腺嘧啶分子间形成，这样就会阻碍双链的复制或者阻碍碱基的正常配对和影响腺嘌呤的掺入，带来了DNA分子构型的扭曲，从而引起机体发生突变。

电离辐射可引起水及其他物质的电离，形成化学自由基。其中最重要的是羟自由基OH·，它能与细胞中的大分子（主要是DNA）反应，并促使其失活。

四、DNA损伤的修复

微生物DNA的突变和损伤可以导致微生物的变异和死亡，在长期进化过程中，微生物亦产生了多种方式去修复损伤后的DNA。

（一）光复活作用

把经紫外线照射后的微生物暴露于可见光下时，可明显降低其死亡率。其机制一般认为是：经紫外线照射后所形成的带有胸腺嘧啶二聚体的DNA分子，在黑暗中会被一种光激活酶（photoreactivating enzyme，PRE）结合，当形成的复合物暴露在可见光（300～500nm）下时，会因获得光能而发生解离，从而使二聚体重新分解成单体，同时，光激活酶从复合物中释放出来，可再次进行修复。由于微生物一般都存在着光复活作用（photoreactivation），所以在采用紫外线作为诱变剂时其操作必须在避光（或红光）下进行。

（二）切除修复

切除修复（excision repair）于1958年发现，属无错修复（error free repair），又称暗修复（dark repair），该系统除了碱基错配和单核苷酸插入不能修复外，几乎所有其他的DNA

损伤均可修复，既可以修复 UV 引起的损伤，又能修复化学诱变剂及其电离辐射引起的其他损伤，是细胞内的主要修复系统。

该修复系统包括 UvrA、UvrB、UvrC 和 UvrD 四种蛋白质的联合作用。图 8－16 是其修复步骤：①UvrA 以二聚体的形式和 DNA 结合，再吸收 UvrB 结合成为 $UvrA_2B$－DNA 复合体；②$UvrA_2B$ 具有解旋酶活性，在 ATP 提供能量的前提下，沿着 DNA 巡视；③$UvrA_2B$ 遇到 DNA 损伤，解旋不能进行，但 $UvrA_2B$ 和损伤 DNA 的结合能力大为提高（是非损伤 DNA 的近千倍），结合后释放 UvrA 二聚体；④UvrC 和 UvrB 结合，UvrB 具有核酸内切酶活性，先在损伤处 3′端 3～5 个核苷酸处切断，再由 UvrC 的核酸内切酶活性在损伤处 5′端 7～8 个核苷酸处切断；⑤UvrD 将含有损伤位点的长 11～13 个核苷酸单链 DNA 片段 3′以及 UvrBC 释放；⑥由 DNA 聚合酶 I 修复合成，再由连接酶封合缺口。

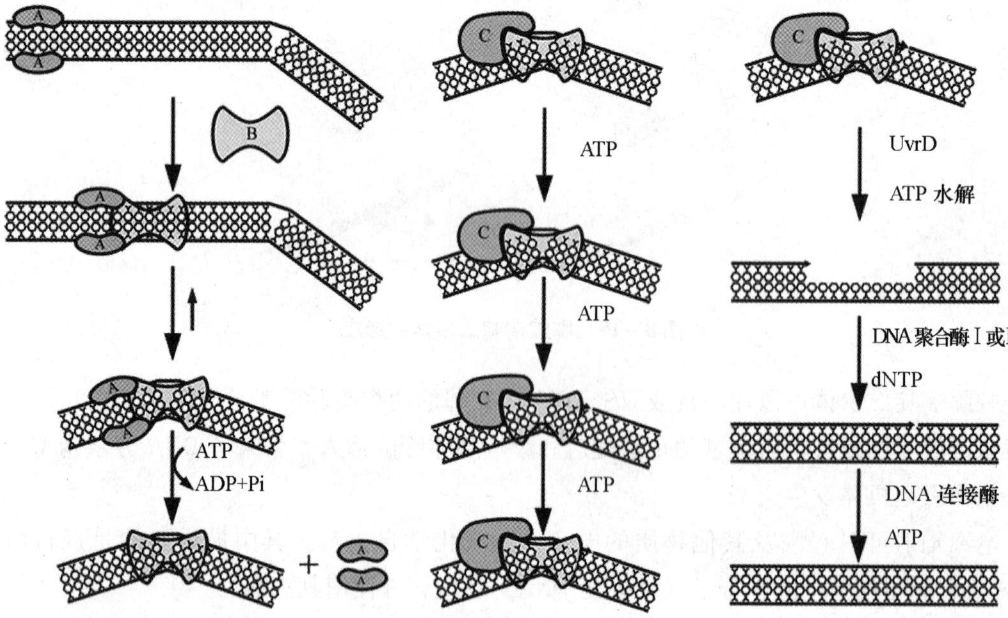

图 8－16　切除修复

（三）重组修复

这是在 DNA 复制时进行的一种越过损伤的修复，又称复制后修复（postreplication repair）。这种修复不将损伤的碱基除去，而是通过复制后，经染色体交换，使子链上的空隙部位不再面对着损伤的序列而是面对着正常的单链，在这种条件下 DNA 聚合酶和连接酶便起作用将空隙部位进行修复（图 8－17）。重组修复（recombination repair）与 *recA*、*recB* 和 *recC* 基因有关。*recA* 编码一种相对分子质量为 40 000 的蛋白质，它具有交换 DNA 的活力，在重组和重组修复中起关键作用，*recB* 和 *recC* 基因分别编码核酸外切酶 V 的两个亚基，该酶也是重组和重组修复所必需的，修复合成中需要的 DNA 聚合酶和连接

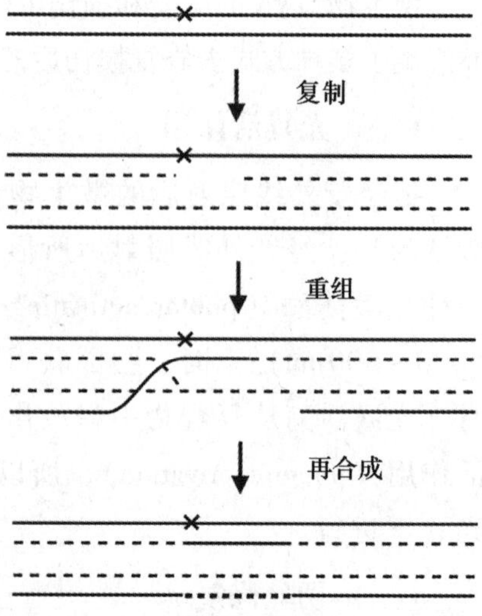

图 8－17　重组修复

酶的功能和切除修复相同。

重组修复中损伤的DNA并没有被除去，当进行下一轮复制时，留在母链上的损伤仍会给复制带来困难，还需要重组修复来弥补，直到损伤被切除修复消除。但是，随着复制的进行，后代的细胞群中的损伤DNA将逐渐被稀释掉。

（四）SOS修复

以上三类修复系统都是不经诱导而发生的，当DNA分子受到较大范围的重大损伤时，会诱导产生一种应急反应，该修复是一种倾向差错（error prone）修复机制。借用国际紧急呼救信号“SOS”，称之为SOS反应（SOS response），表示细胞处于危机状态。SOS修复（SOS repair）一方面通过增加细胞内原有的修复酶（切除修复、重组修复）的合成，提高酶活性而增强修复功能；另一方面诱导产生新的DNA聚合酶来应急修复，以便细胞能够存活下来而不至于死亡。这种经诱导产生的新的聚合酶能够通过DNA上受损伤的部位使子链的合成继续下去而不停留在损伤部位。但它的校对活性很低，识别碱基的精度差，可在子链任何位置出现错配碱基（图8-18）。在这一修复过程中，原有的损伤不但保留下来，并且增加了错误的碱基对，所以导致细胞的突变率增加，因此这类SOS修复又称为倾向差错的修复。一般认为，SOS修复系统是紫外线诱发突变的主要原因。当然，一旦细胞度过DNA复制受阻的难关，就迅速关闭了SOS系统。因为SOS修复过程是一个倾向差错的修复过程，所以不到万不得已时不会启动这一系统的。据报道，SOS修复中应答基因超过40个。其中有一类基因称为*din*基因（damage inducible gene），在DNA损伤后才大量表达，许多*din*基因参与SOS修复，但目前多数基因的功能尚不清楚。

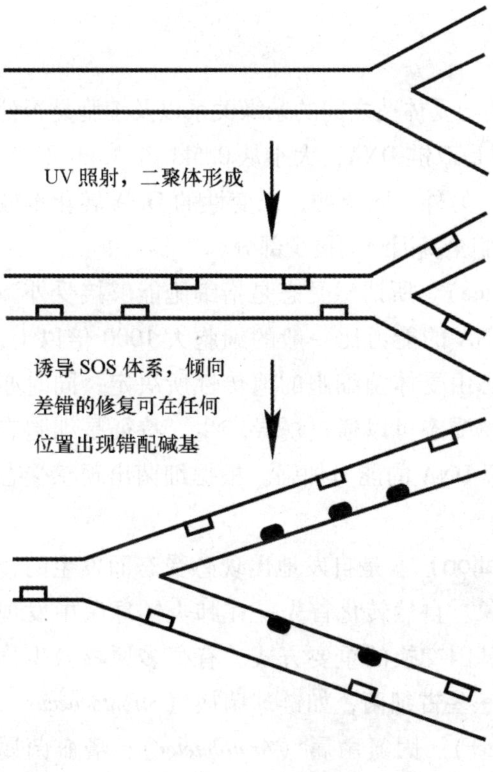

图8-18　SOS修复

第三节　基因的转移和重组

基因突变是微生物获得新的遗传型个体的重要方式，同时，微生物在不发生突变的情况下，亦可以产生新的遗传个体，这种方式就是基因重组（gene recombination）。所谓重组是指遗传物质之间基因的物理交换。

同源重组（homologous recombination）是指不同来源的两段同源DNA序列之间的遗传交换；同源DNA是指相同或相近的DNA序列，这种重组在经典遗传学中称之为“杂交”。重组可以看作是分子水平上的一个概念，而杂交（hybridization）可看作是细胞水平上的一个概念，常用的杂交育种的理论基础即为基因重组，杂交中必然包含重组，但重组则不限于杂交一种形式。在原核微生物中，基因重组可有转化、转导和接合等不同形式，现分述如下。

一、转化

（一）转化现象

受体菌（recipient）接受供体菌（donor）的DNA片段，从而获得了部分新的遗传性状的现象称为转化（transformation），起转化作用的DNA片段称为转化因子（transform factor），转化后的受体菌称为转化子（transformant）。转化现象是由英国科学家F. Griffith于1928年首先发现的，当时他把R型肺炎链球菌（*Streptococcus pneumoniae*）和加热致死的S型肺炎链球菌细胞混合注射给小白鼠，结果小白鼠病死，且在死鼠体内分离到活的S型肺炎链球菌。转化现象的发现，在理论上证明了遗传物质的基础是DNA，成为现代遗传学和分子生物学的里程碑。在实践中也为菌种选育、基因工程提供了重要的实验方法。

（二）转化条件

转化成功与否与供体DNA片段的大小、供体菌与受体菌之间的亲缘关系以及细胞是否处于感受态有着密切联系。一般而言，转化因子必须是双链DNA，大小从0.5kb至15kb不等，但也有少数报道认为线性单链DNA也有转化作用。另外，同源的、未变性的DNA转化率较高。因此，一次转化过程受体细胞只能获得供体细胞全基因组的极少部分。

能进行转化的菌体必须是感受态的（competence）。所谓感受态是指细胞能够接受外源DNA的生理状态。处于感受态的细胞，其吸收DNA的能力比一般的细胞大1000倍以上，而且吸收速度很快，一般只需5～10分钟。感受态由受体菌细胞的遗传性所决定，同时亦受细胞的生理状态、菌龄和培养条件等的影响。感受态可以通过诱导产生，特征是细胞表面正电荷增加，细胞壁通透性加大，细胞表面分解DNA的能力加强。根据细菌出现感受态的形式，可将转化分为三种类型。

1. 自然遗传转化（natural genetic transformation） 是自发地出现感受态而发生的转化，是细菌细胞在一定的生长阶段出现的生理现象。自然转化首先是在肺炎链球菌中发现的，近年来的研究表明，自然转化可能是自然界基因交换的重要方式。有很多原核微生物可发生自然转化，包括某些革兰阳性和阴性菌及一些古细菌，如链球菌属（*Streptococcus*）、芽孢杆菌属（*Bacillus*）、不动杆菌属（*Acinetobacter*）、固氮菌属（*Azotobacter*）、嗜血菌属（*Haemophilus*）、奈瑟球菌属（*Nesseria*）及栖热菌属（*Thermus*）等。

2. 人工转化 即人为地对细菌进行物理化学处理，使细菌（甚至是本来不具备自然遗传转化能力的细菌）具有接受外源DNA的能力。如加入Ca^{2+}、冷（热）激处理大肠埃希菌，可以使之处于感受态。也有报道称在转化时加入环腺苷酸（cAMP），可以使感受态水平提高1万倍。人工转化（artifical transformation）是基因工程的基础技术之一，但在大部分情况下是指将外源质粒DNA转化到受体菌中。

3. 原生质体转化 原生质体（protoplast）是指除去细胞壁的细胞或是说一个被质膜所包围的裸露细胞。将DNA和聚乙二醇（PEG）混合后一同加入原生质体，或用电穿孔等方法将DNA导入原生质体，使其获得某些新的特性的过程称之为原生质体转化。

（三）转化过程

转化因子（DNA片段）的获得可通过以下2个途径：①供体菌溶解后释放；②人工提取DNA。每个感受态细胞约可掺入10个转化因子，转化频率通常为0.1%～1.0%，最高仅有 10% 左右，转化因子在极低浓度（$1\times10^{-5}\mu g/ml$）下依旧具有转化功能。转化的过程可大体分为如图 8－19 所示的四步。

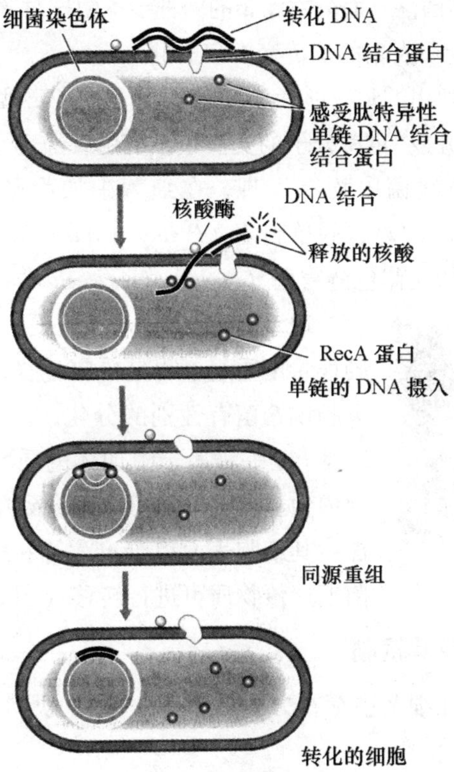

图 8－19　转化的过程

（四）转染

细菌转化所用的 DNA 来源于病毒的转化过程称为转染（transfection）。即把噬菌体或其他病毒的 DNA（或 RNA）提取出来用它去感染感受态的宿主细胞，并进而产生正常的噬菌体或病毒后代的过程。

二、接合

（一）接合现象

供体与受体直接接触后，质粒从供体细胞转移至受体细胞的过程称为接合（conjugation）作用。革兰阴性菌通过性菌毛完成接合，而革兰阳性菌通过分泌类似性激素的短肽刺激细胞接合。前者传递不同长度的单链 DNA 给后者，并在后者细胞中进行双链化或进一步与染色体发生交换、整合，从而使后者获得供体菌的遗传性状。通过结合而获得新性状的受体细胞，称为接合子（conjugant）。

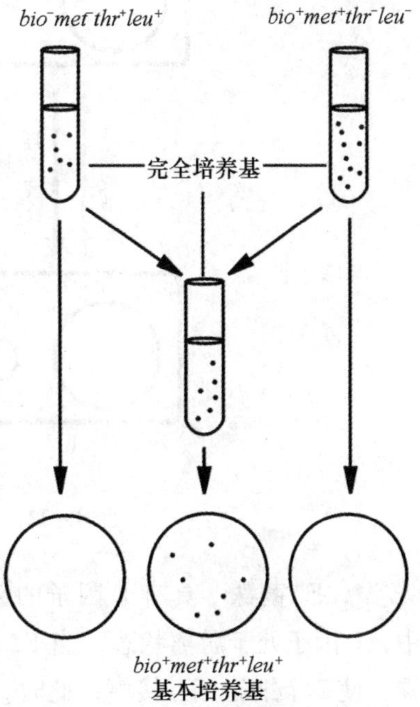

图 8－20　大肠埃希菌接合实验

由于原核微生物的基因组重组率很低，较难找到重组子（recombinant），所以直到 1946 年，耶鲁大学的 J. Lederberg 和 E. L. Tatum 设计了一个著名的实验（图 8－20），证明了原核微生物的接合现象。它们筛选出了两种不同营养缺陷型的大肠埃希菌 K12 突变株（菌株Ⅰ：$bio^- met^- thr^+ leu^+$，菌株Ⅱ：$bio^+ met^+ thr^- leu^-$），将它们在完全培养基中混合培养后，再涂布于基本培养基平板上。结果发现，在基本培养基上出现了 $bio^+ met^+ thr^+ leu^+$ 的原养型菌落，而分别涂布的两种亲本菌株对照组都不出现任何菌落。该实验可以解释为细菌之间接合后发生的遗传交换和重组。

1950 年，B. D. Davis 利用"U"形管实验证实了上述原养型的出现必须得经过细胞的接触；而仅仅通过营养成分或 DNA 分子的交换是不能引发原养型产生的。

接合现象在细菌和放线菌中均有发现，在细菌中如大肠埃希菌（*E. coli*）、沙门菌（*Salmonella*）、志贺菌（*Shigella*）、假单胞菌（*Pseudomonas*）等属中较为常见，在放线菌中研究较多的是链霉菌属，如天蓝色链霉菌（*Streptomuces coelicolor*）。

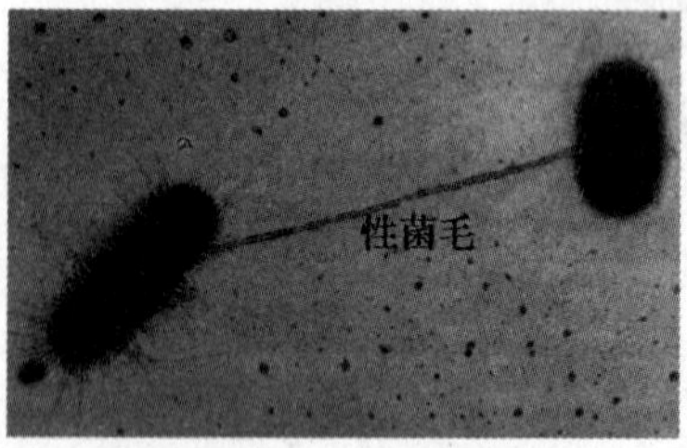

图 8－21　细菌的接合

1952 年 W. Hayes 在重复 Lederberg 的实验时发现，大肠埃希菌重组过程是单向过程，基因的转移具有极性，即大肠埃希菌有性别的分化，决定性别的因子即为 F 因子。F 因子是一种属于附加体的质粒，它既可脱离染色体在细胞内独立存在，也可以整合到染色体上，凡有 F 因子的菌株，其细胞表面就会产生 1～4 根所谓的性菌毛，通过性菌毛遗传物质可进行转移（图 8－21）。

（二）F 因子的转移及其机制

根据 F 因子的有无和在细菌中存在方式的差异，可将大肠埃希菌分为 4 种类型，其相互作用关系如图 8－22 所示。

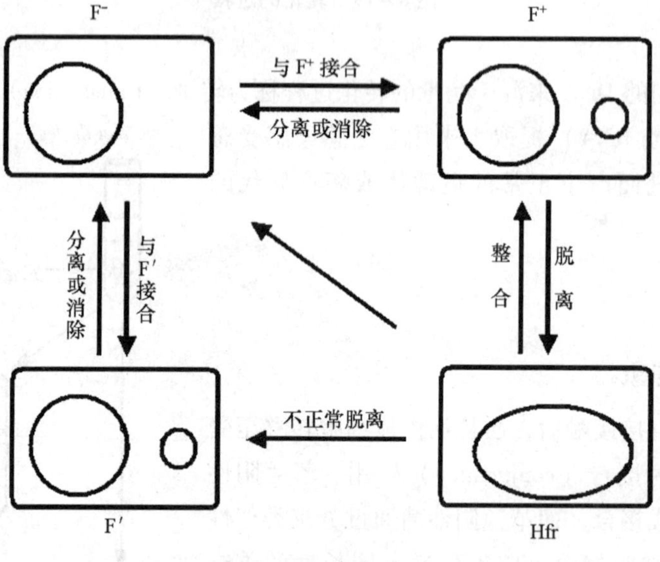

图 8－22　F⁺、F⁻、Hfr 和 F′菌株之间的关系示意

1. **F⁺菌株**　具有 F 因子的菌株即为 F⁺菌株（F plus，雄性；供体菌），在这种细菌中，F 因子处于游离状态，当 F⁺与 F⁻菌株接触时，首先 F⁺菌株通过性菌毛，连接 F⁻菌株，使 2 个细胞相互接触，此时，F⁺菌株中 F 因子的一条 DNA 单链在特定位置上断裂并转移入 F⁻菌株，在转移的同时，DNA 链进行复制，结果 F⁻菌株就转变为 F⁺菌，而 F⁺菌保持不变［图 8－23（a）］。

2. **F⁻菌株**　不具 F 因子的菌株称为 F⁻菌株（F minus，雌性；受体菌），细胞表面没

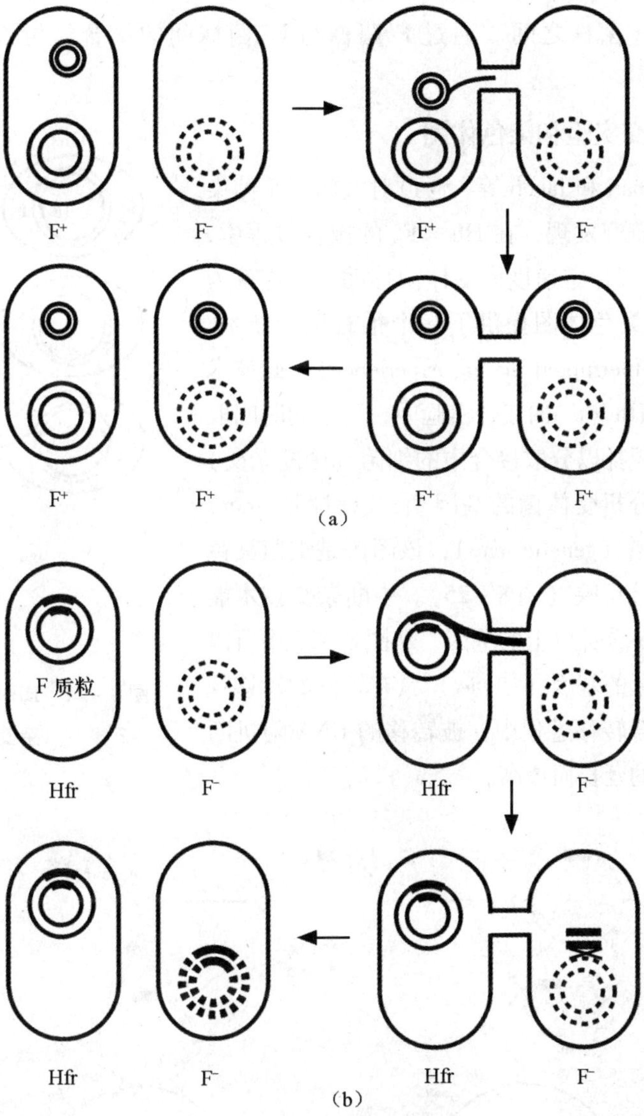

图8-23　细菌的接合转移

有性菌毛。但它可通过与 F^+ 菌株或 F′菌株的接合而接受供体菌的 F 因子或 F′因子，从而使自己转变成"雄性"菌株，也可接受来自 Hfr 菌株的部分或全部遗传信息。

3. Hfr 菌株　在这种细菌中，F 因子整合于 F^- 菌株染色体的特定位点上，它与 F^- 菌株结合的重组频率比 F^+ 与 F^- 菌株的染色体重组频率高出百倍以上，故又称高频重组菌株(high frequency recombination，Hfr)。当它与 F^- 菌株发生接合时，Hfr 菌株的染色体在 F 因子处发生断裂，由环状变成线状。线状染色体全部转移到 F^- 细胞中所需的时间约为100min。由于 F 因子部分结构基因位于线状染色体的末端，所以必然要等到整条染色体全部转移完成时 F 因子才能完整地进入 F^- 细胞，可是事实上由于种种原因，这种线状染色体在转移过程中经常会发生断裂，所以 Hfr 菌株的基因虽然都可以进入 F^- 细菌，但越在前面的基因进入的机会就越多，而 F 因子部分基因因为位于末端，故进入 F^- 细胞的机会极少。总之，通过 Hfr 菌株和 F^- 菌株的结合，在大多数情况下，受体细菌仍是 F^-，只有在极少数情况下，由于遗传物质的完全转移，受体细菌才能成为 Hfr 菌株 [图8-23 (b)]。

4. F′菌株　当 Hfr 菌株内的 F 因子因不正常切离而脱离核染色体组时，可重新形成游离的但携带一小段染色体基因的特殊 F 因子，称为 F′因子（F prome），其遗传性状介于 F^+ 和 Hfr 菌株之间。通过 F′菌株与 F^- 菌株间的接合，可以使后者亦转变为 F′菌株。

（三）中断杂交实验和染色体图

1965 年，Wollman 和 Jacob 等人通过对大肠埃希菌染色体转移的动力学研究发现，在 Hfr × F^- 的接合过程中，线性染色体 DNA 是以恒定速度向受体菌移动的，这就为绘制大肠埃希菌的染色体图提供了一个很有用的技术，即中断杂交实验（interrupted mating experience）。此技术的基本要点是：在 Hfr × F^- 的接合实验中，于不同时间取样，并将样品剧烈搅拌以分散接合中的细菌（中断杂交）（图 8－24），然后分析受体菌的基因型，以时间（min）为单位绘制遗传图谱（genetic map），该图谱是细菌染色体上基因顺序的直接反映（图 8－25）。中断杂交技术能很精确地定位相隔 3 分钟以上的基因，从图 8－25 中可以看出，离转移点较远的基因（如 *met*）具有较低的转移频率，这是因为在接合转移过程中，被转移的 DNA 随机断裂概率随转移时间的延长而增高。

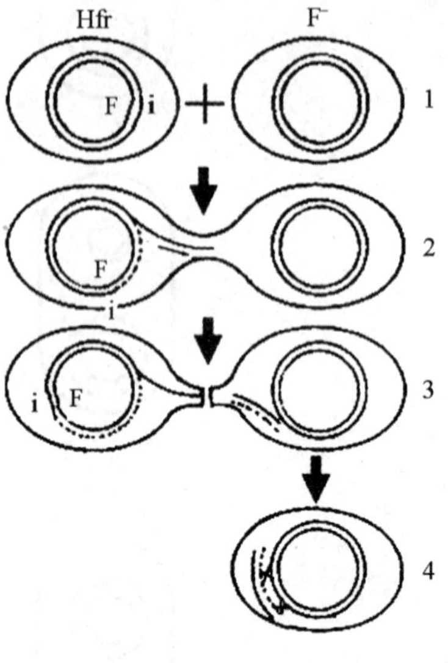

图 8－24　Hfr × F^- 接合的中断杂交实验

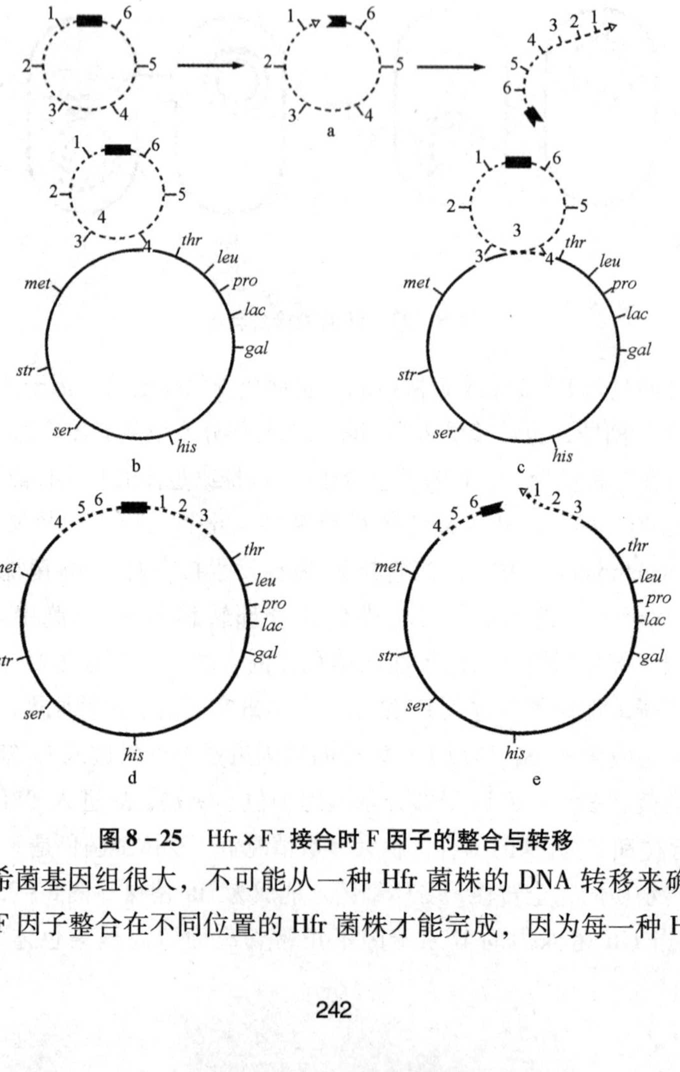

图 8－25　Hfr × F^- 接合时 F 因子的整合与转移

由于大肠埃希菌基因组很大，不可能从一种 Hfr 菌株的 DNA 转移来确定其遗传图谱，所以必须用多株 F 因子整合在不同位置的 Hfr 菌株才能完成，因为每一种 Hfr 菌株由于转移过程中染色体的随机断裂而只能转移一部分基因，也就是说只能对这一部分基因进行遗传分析，而另一些 Hfr 菌株由于它们转移的起点、方向各异，因而对前一种 Hfr 菌株不能转移的基因，它们可以高频率进行转移，将其结果综合起来便可以得到较完整的遗传图谱。

图 8－26 表示用五株 Hfr 与 F^- 菌株进行接合后所转的染色体基因连锁群。分析这些基因连锁的特点，即任何一组中任何一对相邻的基因在其他每一组中也是相邻的，这就可以推断大肠埃希菌染色体 DNA 为环状。这与 Cairns 用放射性自显影技术观察到的结果相符。图 8－27 是中断杂交实验绘制的 *E. coli* K12 的遗传图谱。

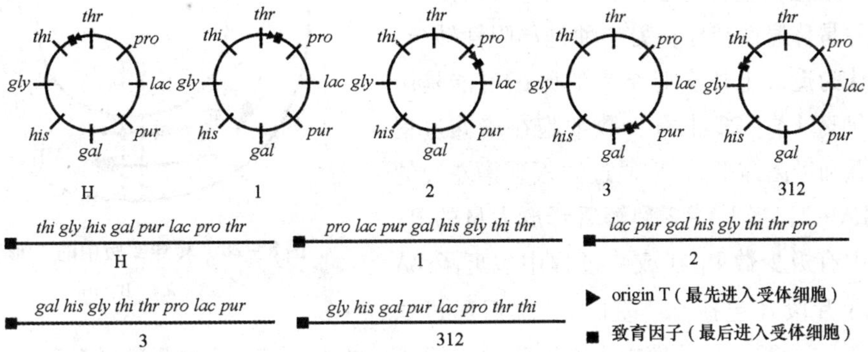

图 8－26　*E. coli* 不同的 Hfr 菌株与 F^- 菌株接合的结果

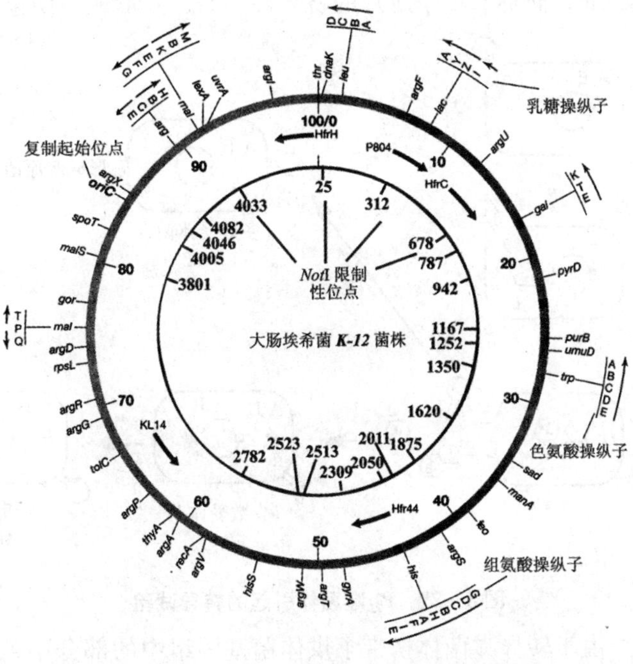

图 8－27　*E. coli* K12 部分基因的遗传图谱

三、转导

（一）转导现象

转导（transduction）是以噬菌体作为媒介，将供体细菌的基因导入受体细菌的过程。1952 年，J. Lederberg 和 N. Zinder 等人为了证实鼠伤寒沙门菌中是否存在接合现象，将 LA－22：trp^- his^+（P_{22}）和 LA－2：trp^+ his^- 两菌株于基本培养基上进行混合培养，结果发现获得原养型（trp^+ his^+）几率为 10^{-5}，通过 U 形管实验（图 8－28）发现这个过程不需要菌体之间的直接接触，而是通过一个所谓的“滤过因子”（FA）为媒介而实现的，经深入研究，证明此过滤因子对 DNase 不敏感，与温和噬菌体 P_{22} 有相同的质量大小、相同的血清型反应。

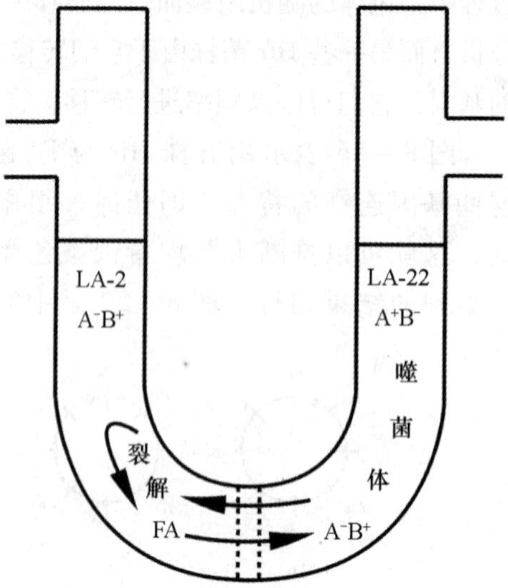

图 8－28　转导实验中的 U 形管

A：*his*　B：*trp*

（二）转导机制

转导是以噬菌体为媒介将一个细胞的 DNA 转移到另一个细胞，这种寄主间基因的转移有两种方式：一种是普遍性转导；另一种是局限性转导。人们普遍认为造成上述实验结果的原因可能是由于溶原性细菌 LA－22 中有少数细胞在培养过程中释放出温和噬菌体 P_{22}，它通过滤板感染左边的敏感菌株LA－2，当 LA－2 裂解后释放大量的 P_{22} 子代，其中有极少数 P_{22} 在成熟过程中包裹了 LA－2 的 DNA 片段（包括 *trp*$^{+}$ 基因），然后通过滤板再去感染 LA－22，从而使极少数（10^{-8} ~ 10^{-6}）的 LA－22 获得了新的基因，再经重组后，终于导致原养型（*his*$^{+}$ *trp*$^{+}$）的形成（图 8－29）。该过程的发生依赖于噬菌体 P_{22} 识别包装位点（packaing site，简称 pac 序列）的特异性不高，并形成错误包装。

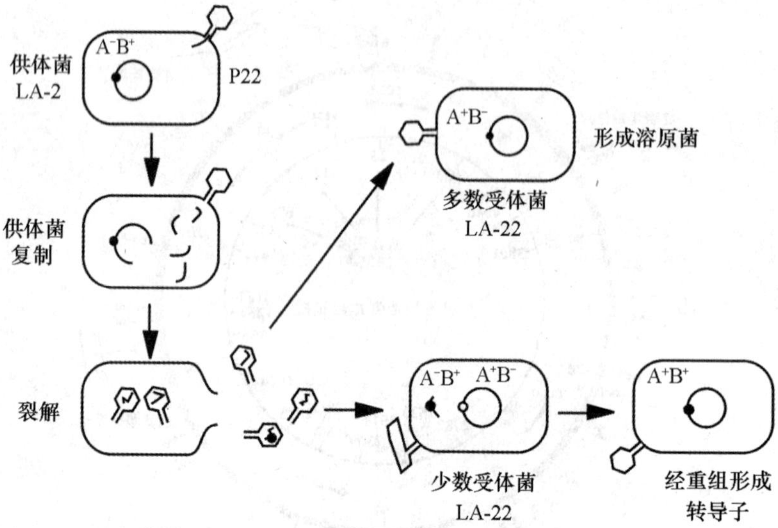

图 8－29　P_{22} 噬菌体引起的转导试验

1. 普遍性转导　由于转导噬菌体携带了供体菌基因组中的部分染色体片段，当它感染受体菌时，使后者获得了这部分遗传性状的现象叫做普遍性转导（generalized transduction），其转导频率为 10^{-8} ~ 10^{-6}。

在普遍性转导中，一般认为供体染色体的片段与受体染色体需经过 2 次交换，才能成为一个稳定的转导子（图 8－30）。

流产转导（abortion transduction）是指经转导进入受体菌的外源 DNA 既不进行交换、整合与复制，也不迅速消失，仅仅进行转录、翻译和性状表达的现象。发生流产转导的细胞，在进行细胞分裂时，外源 DNA 片段只能传递给其中一个子细胞，另一个子细胞仅获得该片段的部分表达产物，在表型上仍然表现轻微的供体菌的性状，随着分裂的进行，表现该性状的菌体逐渐被“稀释”（图 8－31）。

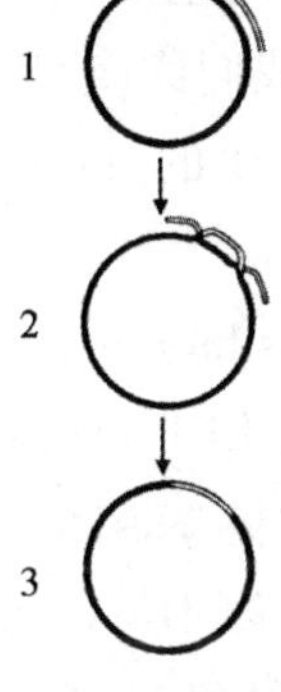

图 8－30　外源染色体片段通过双交换形成稳定的转导子

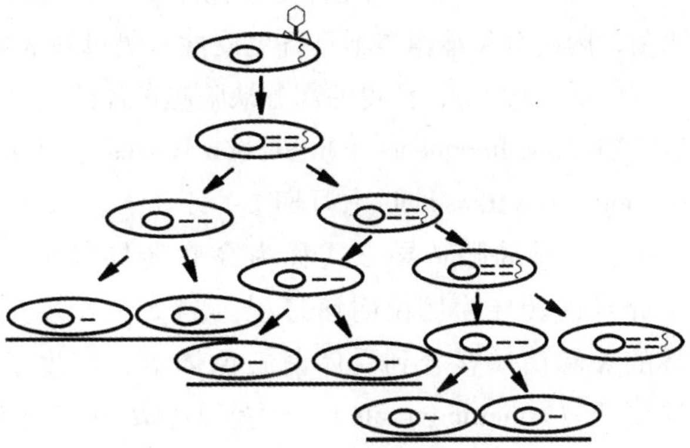

图 8－31　流产转导示意

2. 局限性转导（restricted transduction）　也称为特异性转导（specialized transduction），该现象于 1954 年在大肠埃希菌 K12 菌株中首先被发现，它是指通过某些部分缺陷的温和噬菌体把供体菌的少数特定基因转移到受体菌中的转导现象。该过程中，噬菌体专一性地转导宿主染色体附着位点附近的一段 DNA 或少数几个基因。

现在已经知道，有些温和噬菌体感染受体菌后，其染色体会整合到细菌染色体的特定位点上，从而使宿主细胞发生溶原化，如果该溶原菌被诱导而发生裂解时，在前噬菌体插入位点两侧的少数宿主基因（如大肠埃希菌的 λ 前噬菌体，其两侧分别为 *gal* 和 *bio* 基因）会因偶尔发生不正常切割（频率约为 10^{-6}）而连在噬菌体 DNA 上（同样噬菌体亦将相应一段 DNA 遗留在宿主细胞染色体上），这种杂合的 DNA 被“误包装”到 λ 噬菌体外壳中，从而产生了一种特殊的噬菌体，即部分缺陷噬菌体（partial defective phage）（图 8－32）。

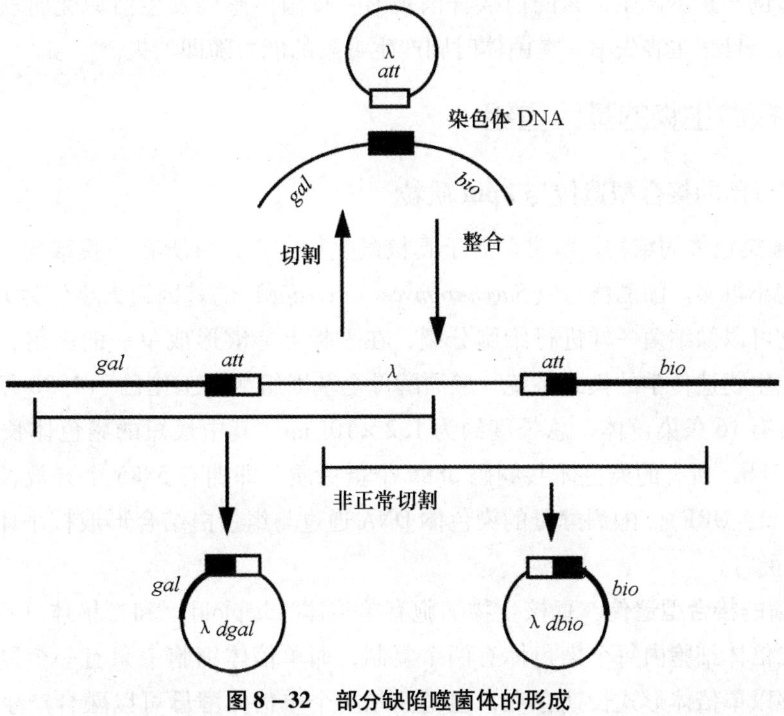

图 8－32　部分缺陷噬菌体的形成

λdgal 表示携带了 *gal* 基因的缺陷噬菌体，*λdbio* 表示携带了 *bio* 基因的缺陷噬菌体，当

它们以低感染复数（m. o. i）感染受体菌时，便将供体菌的 *gal* 基因或 *bio* 基因带到受体菌内。λ*dgal* 或 λ*dbio* 整合到受体菌染色体 DNA，使之成为一个局限转导子。该转导子并不是溶原菌，因而对 λ 噬菌体不具备免疫性，仍可被 λ 噬菌体感染。由于上述产生不正常切割的概率极低（10^{-6}），获得的部分缺陷噬菌体的比例也是很低的，我们称该裂解物为低频转导裂解物（low frenquence transduction lysates），上述获得局限转导子的过程称为低频转导（low frenquence transduction，LFT）。

还有一种局限转导方式称为高频转导（high frequence transduction，HFT）。现在以 λ 介导的转导为例说明该过程。当 *E. coli* 接受高感染复数的 LFT 裂解物的感染时，正常的 λ 噬菌体整合到受体菌染色体上，产生了一个可以使缺陷噬菌体（λ*dgal*）插入的位点（attachment site），于是 λ*dgal* 也整合到噬菌体染色体 DNA 中，形成所谓的“双重溶原菌（double lysogen）”。同时，正常的 λ 噬菌体也提供了 λ*dgal* 所缺失的基因，使之可以行使正常的复制功能。当该双重溶原菌接受紫外线照射时，两种噬菌体都可以获得复制。其裂解产物中含有等量的正常 λ 噬菌体和缺陷噬菌体 λ*dgal*，此即高频转导裂解物（high frequence transduction lysates，HFT lysates）。由于正常的 λ 噬菌体使得缺陷噬菌体 λdgal 得以整合和复制，故称之为辅助噬菌体（helper phage）。

当使用低感染复数的 HFT 去感染另一个受体菌（如 *E. coli* gal^-，即不发酵半乳糖的突变型）时，就可以高频率地将它转化为能发酵半乳糖的 *E. coli* gal^+，在平板上可以同时形成噬菌斑和阳性菌落。

大肠埃希菌 K12 温和噬菌体（λ 噬菌体）对半乳糖基因的转导是典型的局限性转导。此外，还有一种和局限性转导相接近的现象叫溶原转变（lysogenic conversion）。这是指温和噬菌体感染其宿主而使之发生溶原化时，因噬菌体基因整合到宿主的基因组，从而使后者获得除免疫性以外的现象。当宿主丧失这一噬菌体时，通过溶原转变而获得的性状亦同时丧失，其典型例子是不产生毒素的白喉杆菌被 β－噬菌体感染发生溶原化时就变成产毒素的致病菌，而一旦宿主丧失 β－噬菌体时则产生毒素的能力随即消失。

四、真核微生物的基因重组

（一）酵母菌的接合型遗传与 2μm 质粒

1. 酵母菌染色体的结构 酵母菌属于真核微生物，它具有所有的膜结构，但是其基因组比真核生物小得多。酿酒酵母（*Saccharomyces cerevisiae*）的基因组大小仅为 *E. coli* 基因组的 2.6 倍，它可以像细菌一样进行细胞分裂，在平板上能够形成单一的菌落，是在分子水平上研究真核生物遗传学的模式系统。酿酒酵母全基因组测序工作已于 1996 年完成，其单倍体细胞共含有 16 条染色体，总长度约为 1.2×10^7 bp。其中最短的染色体长度为 230kb，最长的达 1532kb，所有的染色体共编码 5885 个蛋白质，即拥有 5885 个开放读码框（open reading fragment，ORF）。酿酒酵母的染色体 DNA 通过与组蛋白结合形成核小体结构，但是它没有 H_1 组蛋白。

2. 酵母菌的接合型遗传 真核生物细胞有单倍体（haploid）和二倍体（diploid）两种存在形式。二倍体细胞内每个染色体有两个复制，而单倍体细胞中只有一个复制。酿酒酵母的细胞能够以单倍体形式长期存在，但是偶尔两个单倍体酵母可以融合产生一个二倍体细胞。有丝分裂（mitosis）是指伴随着 DNA 复制，细胞中的染色体浓缩、分裂，被均分为两份，每个子细胞各分到一份染色体的过程。酿酒酵母单倍体细胞在每个细胞分裂之前进行减数分裂（meiosis），从而保持每个细胞中含有 16 条染色体。减数分裂是指从二倍体阶段转变成单倍体阶段的过程。减数分裂涉及二次分裂：在第一次分裂中，同源染色体分离，被分配到各自分开的细胞中，遗传状态由二倍体变为单倍体；第二次分裂实质上与有丝分裂相同，两个单倍体细胞分裂，生成四个单倍体配子（子囊孢子）（图 8－33）。

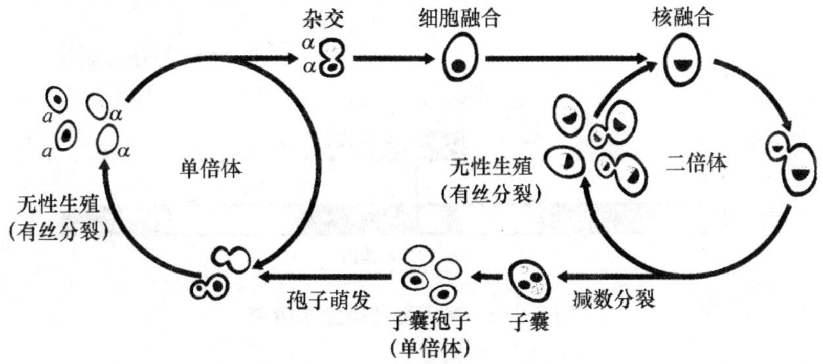

图 8－33　酿酒酵母生活史

酵母细胞有两种不同的单倍体细胞类型，称为接合型（mating type），它们类似于高等生物中的雄配子和雌配子。不同类型的单倍体可彼此接合形成二倍体细胞。一个二倍体细胞能形成两种不同结合型的四个配子。形成配子的二倍体细胞称为子囊（ascus），子囊内的细胞称为子囊孢子（ascospore）。酵母细胞的两种接合型分别为 a 型和 α 型，其接合型分别由 a 和 α 两个基因来控制，相同接合型酵母细胞不能发生接合。所有酵母细胞中同时含有 a 和 α 两个基因，它们可以定期地相互转换，但是只有一个基因能够获得表达。

酵母染色体有一个接合型位点 *MAT* 位点，其两侧有两个沉默基因 α 和 *a*，它们均可插入 *MAT* 位点。若 *a* 基因插入该位点，则表现为 *a* 型；若 α 基因插入该位点，则表现为 α 型。所有酵母细胞中同时含有 *a* 和 α 两个基因，但它们并不表达，但是这些沉默基因可作为转换时插入基因的来源。接合型基因的转换过程属于同源重组，转化时，适当的 *a* 基因或 α 基因由沉默位点复制并插入到 *MAT* 位点，替换该位点上原有的基因，因此原有的接合性基因从这里被切除并丢弃，这一机制称为盒式机制（*cassette mechanism*）（图 8－34）。

酿酒酵母的 *a* 和 α 基因是调节（*regulatory*）基因，其功能是调控肽类激素 *a* 因子（*a factor*）和 α 因子（α *factor*），这些激素是由处于接合阶段的酵母细胞所分泌的，与接合型不同的细胞有很高的亲和性，一旦结合，则引起细胞表面的变化，并进一步使细胞发生融合而形成一个二倍体合子，合子经减数分裂再转变为单倍体营养形式。

3. 2μm 质粒　酵母中的 2μm 质粒是一个环状、周长 2μm 的 6318bp 的 dsDNA 分子。2μm 质粒存在于大多数酿酒酵母菌株中，位于酵母细胞核内，复制数为 50～100。该质粒只携带与复制和重组相关的 4 个蛋白质基因（*REP*1、*REP*2、*REP*3 和 *FLP*），并不赋予宿主细胞任何遗传表型，属于隐蔽质粒。它的最显著特征是质粒上有两个 600bp 的反向重复序列，分别为 2.7kb 的大单一区域和 2.3kb 的小单一区域所间隔，其中各含有一个专一性重组序列（FRT）。经该区域重组后，可产生 A 型和 B 型两种互变异构型的混合 2μm 质粒（图 8－35）。

（二）丝状真菌的准性生殖

准性生殖（parasexual reproduction 或 parasexuality）是一种类似于有性生殖，但更为原

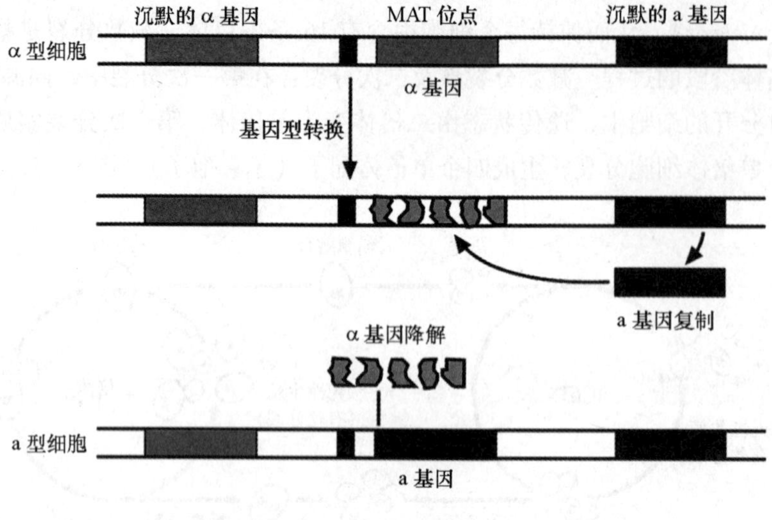

图 8-34　基因型转换盒式机制

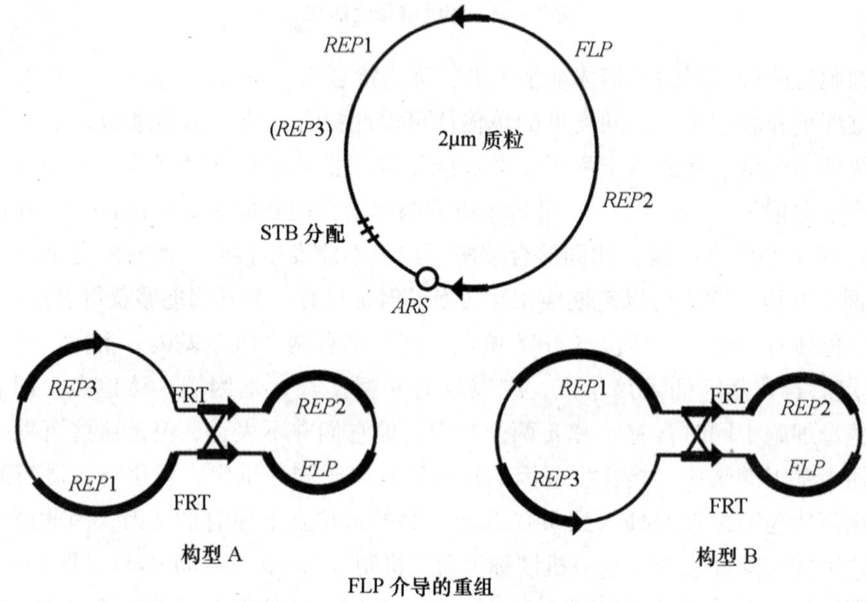

图 8-35　酵母 2μm 质粒及其不同构型

始的一种生殖方式，是真菌除有性生殖以外的又一种导致基因重组的过程，可看作是营养细胞的有性生殖，主要存在于一些半知菌中。准性生殖可使同种生物两个不同菌株的体细胞发生融合，它与有性生殖的最大区别是不经减数分裂、不产生有性孢子，但可导致低频率的基因重组并产生重组子。准性生殖过程发生在营养细胞中，并且整个基因组均参与重组，虽然具有有性生殖的效果，但却没有有性生殖的过程。

异核体（heterocaryon）是指同一细胞内存在着不同基因型的细胞核，这种现象又称为异核现象。

准性生殖的过程包括异核体的形成、二倍体的形成以及体细胞的交换和单元化。首先是形态上没有区别，但在遗传性状上可能有区别的两个亲本体细胞的菌丝连接，即通过菌丝连结（anastomosis）形成异核体，其频率很低。随后异核体中来自不同菌丝细胞的细胞质进行融合，但核不进行融合。异核体能够独立生活，其分生孢子发生分离后，可表现出

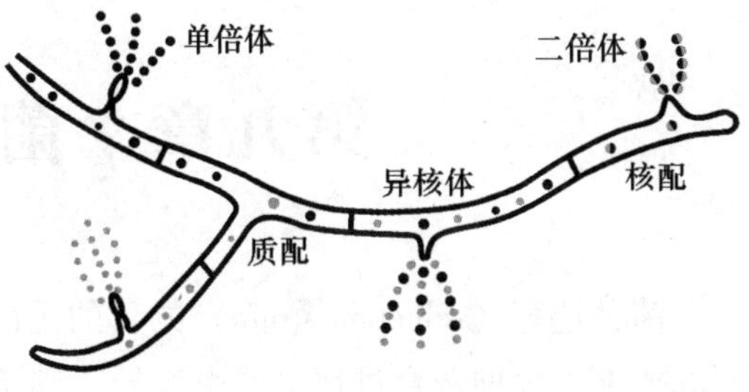

图 8-36　准性生殖

亲本的类型，但异核体可以极低的频率发生核融合（nuclear fusion），形成杂合二倍体。二倍体的杂合子在进行有丝分裂过程中，有极少数细胞会发生体细胞交换（somatic crossing-over），即体细胞中染色体间的交换，导致某些基因的重组或通过单元化过程的染色体不离开行为及随后的染色体丢失，形成某些基因结合的二倍体或单倍体分离子（图 8-36）。

单元化实质上来源于有丝分裂异常，其发生频率为 10^{-3}。在减数分裂过程中，每一对染色体同时减为半数，但在单元化过程中，每一次细胞分裂时只有个别染色体可能由一对变为一个，即在一系列有丝分裂过程中一再发生染色体不离开行为。同时，二倍体还以 10^{-2}频率进行体细胞交换，形成单倍体。在准性生殖过程中，单元化和体细胞交换是两个独立无关的事件。二者发生在同一细胞中的概率很小。

思考题

1. 什么是性菌毛？F^+和 F^-有何区别？
2. 什么是 Ames 试验？其主要作用是什么？
3. 请简要阐述酵母细胞的生活史。
4. 请对减数分裂和有丝分裂进行比较。
5. 基因突变的类型有几种？
6. 请举例说明哪些突变可以进行回复突变。
7. 举例说明哪些经典试验可以证明 DNA 是遗传物质，并分别阐述其原理和流程。

（郭　敏）

扫码“练一练”

第九章　菌种选育与保藏

扫码“学一学”

菌种选育（selection strain）的目的是改良或改变菌种的特性，使其符合工业生产或科研的要求。菌种选育过程主要由变异、筛选、表达这三个环节组成。根据使菌种产生变异的方式的不同，菌种选育可分为自然选育、诱变育种、杂交育种、原生质体融合、基因工程这五种方法。菌种选育的理论基础是微生物遗传学和微生物代谢调节控制理论，灵活应用这些理论是菌种选育成功的关键。一个优良的菌种被选育出来以后，要保持其生产性能稳定、不污染杂菌、不死亡，这是菌种保藏的主要目的。本章将对菌种选育与保藏的常用方法进行介绍。

第一节　菌种选育

扫码“看一看”

菌种选育是指采用物理学、化学、生物学以及基因工程等手段，人为地改变菌种的遗传物质结构，从而创造出具有某些优良特性或特殊遗传标记的新菌株的方法。菌种选育可以显著提高生产菌株目标产物的产量，或使生产菌种获得产量以外的其他有利性状，因此它是发酵工业非常重要的技术环节。目前菌种选育主要有自然选育、诱变育种、杂交育种、原生质体融合、基因工程等方法。本节主要介绍自然选育和诱变育种。

一、自然选育

不经过人工诱变处理，利用菌种的自发突变而进行菌种选育的过程，叫做自然选育或自然分离。自然选育可以达到纯化菌种、防止菌种衰退、稳定生产、提高发酵产量的目的。

发酵工业中使用的生产菌种，几乎都是经过人工诱变处理后获得的突变株。因此生产菌株往往具有遗传上不够稳定和生活力弱的特点，在使用过程中容易发生菌种衰退现象。在发酵生产过程中，菌种的自然选育是一项日常工作，通常一年应进行一次自然选育工作。常用的自然选育方法是单菌落分离法。

单菌落分离法：把菌种制备成单孢子悬浮液或单细胞悬浮液，经过适当的稀释后，在琼脂平板上进行分离。然后挑选单个菌落进行生产能力测定，从中选出优良的菌株。采用单菌落分离法有时会夹杂一些由两个或多个相邻的孢子（或细胞）所长成的菌落。另外不同孢子的芽管间发生吻合，也可形成异核菌落。要克服这些缺点，就要特别重视单孢子（或细胞）悬浮液的制备方法。为使单孢子（或细胞）悬浮液有良好的分散度，力求去除菌丝断片或粘接在一起的成串的孢子，可采用如下方法制备单孢子（或细胞）悬浮液：①对于细菌，因其在固体斜面培养基上常粘在一起，故要求转种到新鲜肉汤液体中进行培养，以取得分散且生长活跃的菌体；②对放线菌和霉菌的孢子，采用玻璃珠或石英砂震荡打散孢子后，用滤纸或棉花过滤。对某些粘性大的孢子，常加入 0.05% 的分散剂（如 Tween80），以获得分散的单个孢子。

二、诱变育种

诱变育种是通过诱变剂处理提高菌种的突变概率，扩大变异幅度，从中选出具有优良特性的变异菌株。诱变育种和其他育种方法比较，具有速度快、收效大、方法简便等优点，是当前菌种选育的一种重要方法。在生产中应用得十分普遍。但是诱发突变缺乏定向性，因此诱发突变必须与大规模的筛选工作相配后才能收到良好的效果。

诱变育种的工作流程见图 9－2。

出发菌种(沙土管或冷冻管)
↓
斜面(或肉汤培养 24 小时)
↓
单孢子悬液(或细菌悬液)
↓
诱变处理(处理前后的孢子液或细菌悬液活菌计数)
↓
涂布平皿
↓
挑取单菌落传种斜面
↓
摇瓶初筛
↓
摇瓶复筛
↓
挑出高产菌株稳定性试验和菌种特性考察
↓
放大试验罐中试考查
↓
大型投产试验

图 9－2　诱变育种的工作流程

以下叙述诱变育种工作中三个重要环节：突变的诱发、突变株的筛选、突变株的高产表达。

（一）突变的诱发

由出发菌种开始，制出新鲜孢子悬浮液（或细菌悬浮液）作诱变处理，然后以一定稀释度涂布平皿，至平皿上长出单菌落为止的各步骤为诱变过程。简述如下。

1. 菌种的斜面　出发菌种的斜面非常重要，其培养工艺最好是经过试验已知的最佳培养基和培养条件。要选取对诱变剂最敏感的斜面种龄，要求孢子数量适中。

2. 单孢子悬浮液制备　（见一、自然选育）。

3. 孢子计数　诱变处理前后的孢子悬液要孢子计数，以控制孢子悬液的孢子数和统计诱变致死率，常用于诱变处理的孢子悬液浓度为 10^5～10^8 个孢子/ml。孢子计数采用血球计数法在显微镜下直接计数。诱变致死率采用平板活菌计数来测定。

4. 单菌落分离　平皿内倾入 20ml 左右的培养基，凝固后，加入一定量经诱变处理的孢子液（以控制每一平皿生长 10～50 个菌落为合适的量），用刮棒涂布均匀后进行培养。

突变的诱发受到菌种的遗传特性、诱变剂、菌种的生理状态以及诱变处理时环境条件的影响。紫外线是最常用的诱变剂。

（二）突变株的筛选

诱变处理的孢子，经单菌落分离长出单菌落后，随机挑选单菌落进行生产能力测定。每一被挑选的单菌落传种斜面后，在模拟发酵工艺的摇瓶中培养，然后测定其生产能力。筛选过程主要包括传种斜面、留种保藏菌种和筛选高产菌株这三项工作。

传种斜面：主要挑选生长良好的正常形态的菌落传种斜面，并可适当挑选少数形态或色素有变异的菌落。经诱变处理，形态严重变异的往往为低产菌株。

留种保藏菌种：经筛选挑出的比对照生产能力高10%以上的菌株，要制成沙土管或冷冻管留种保藏。留种保藏菌种这一步骤很重要，有此一步可保证高产菌株不会得而复失，复筛结果比较可靠，也符合生产过程的特点。

筛选高产菌株：诱变处理后的孢子传种斜面后，要进行生产能力测试筛选。为了获得优良菌株，初筛菌株的量要大，发酵和测试的条件可粗放一些。例如可以采用琼脂块筛选法进行初筛，也可以采用一个菌株进一个摇瓶的方法进行初筛。随着以后一次一次的复筛，对发酵和测试的要求应逐步提高，复筛一般每个菌株进3～5个摇瓶，如果生产能力继续保持优异，再重复几次复筛。初筛和复筛均需有出发菌株作对照以比较生产能力是否优良。复筛后，对于有发展前途的优良菌株，可考察其稳定性、菌种特性和最适培养条件等。

菌体细胞经诱变剂处理后，要从大量的变异菌株中，把一些具有优良性状的突变株挑选出来，这需要有明确的筛选目标和筛选方法，需要进行认真细致的筛选工作，育种工作中常采用随机筛选和理性化筛选这两种筛选方法。

1. 随机筛选　随机筛选即菌种经诱变处理后，进行平板分离，随机挑选单菌落，从中筛选高产菌株。为了提高筛选效率，常采用下列方法。

（1）摇瓶筛选法　这是生产上一直使用的传统方法。即将挑出的单菌落传种斜面后.再由斜面接入模拟发酵工艺的摇瓶中培养，然后测定其发酵生产能力。选育高产菌株的目的是要在生产发酵罐中推广应用，因此摇瓶的培养条件要尽可能和发酵生产的培养条件相近。但是实际上摇瓶培养条件很难和发酵罐培养条件相同。摇瓶筛选的优点是培养条件与生产培养条件相接近，但工作量大、时间长、操作复杂。

（2）琼脂块筛选法　这是一种简便、迅速的初筛方法。将单菌落连同其生长培养基（琼脂块），用打孔器取出，培养一段时间后，置于鉴定平板以测定其发酵产量。琼脂块筛选法的优点是操作简便、速度快。但是，固体培养条件和液体培养条件之间是有差异的，利用此法所取得的初筛结果必须经摇瓶复筛验证。

2. 理性化筛选　传统的菌种选育是采用随机筛选的方法。由于正变株出现的概率小，产量提高的范围通常在生物学波动的范围内，因而选出一株高产菌株需要耗费大量的人力、物力。而且，随着发酵产量不断提高，用随机筛选方法获得高产菌株的概率越来越小。近年来，随着遗传学、生物化学知识的积累，人们对于代谢途径、代谢调控机制了解得更多了，因而筛选方法逐渐从随机筛选方法转向理性化筛选方法。理性化筛选（rational screening）是运用遗传学、生物化学的原理，根据产物已知的或可能的生物合成途径、代谢调控机制和产物分子结构来进行设计和采用一些筛选方法，以打破微生物原有的代谢调控机制，获得能大量形成发酵产物的高产突变株。

微生物的代谢产物不同，其筛选方法也有所不同。

（1）初级代谢产物高产菌株的筛选　初级代谢产物是和微生物的生长、繁殖直接有关的一类代谢产物，它们是组成细胞的各种大分子化合物或辅酶的基本成分。氨基酸、核苷酸、维生素是发酵工业中最常见的初级代谢产物。

根据代谢调控的机理，氨基酸、核苷酸、维生素等小分子初级代谢产物的合成途径中普遍存在终产物反馈阻遏或反馈抑制。这对于产生菌本身是有意义的，因为可避免合成过多的代谢物而造成能量的浪费。但是，在工业生产中，需要产生菌产生大量的氨基酸、核苷酸、维生素。因此，需要打破微生物原有的终产物反馈调节。

要使微生物大量地积累初级代谢产物，最重要的是需打破终产物反馈调节。降低终产物浓度和筛选抗反馈突变菌株是打破终产物反馈调节的两项重要措施。

1）降低终产物浓度　降低终产物浓度有两种方法可以达到此目的：①选育终产物的营养缺陷型菌株，在培养基中供给限量的终产物使该菌株能生长，但不致造成反馈调节，因而积累大量中间代谢产物。假设一代谢产物的生物合成途径为：A→B→C→D→E。B、C、D 为该代谢途径的中间代谢产物，E 为该代谢途径的终产物。E 作为终产物，通常对催化该代谢途径第一步反应的酶有反馈抑制作用。如果通过诱变处理使得 C→E 代谢途径中断，则为 E 的营养缺陷型，就可以避免终产物 E 对催化该代谢途径第一步反应的酶的反馈调节，使得原本不能大量积累的中间代谢产物 C 能够大量积累。②筛选细胞膜透性改变的突变株，使之大量分泌终产物，以降低细胞内终产物浓度，从而避免终产物反馈调节。例如，用谷氨酸棒杆菌的生物素营养缺陷型进行谷氨酸发酵，生物素是合成脂肪酸所必需的，而脂肪酸又是组成细胞膜类脂的必要成分。该缺陷型在生物素处于限量的情况下，不利于脂肪酸的合成，因而使细胞膜的透性发生变化，有利于将谷氨酸分泌至菌体细胞外的发酵液中。如果使用油酸缺陷型菌株或者甘油缺陷型菌株，即使在生物素过量的条件下，也可使谷氨酸在体外的发酵液中大量积累。

2）筛选抗反馈突变菌株　①筛选结构类似物（抗代谢物）抗性突变株：分离抗反馈突变菌株最常用的方法是用与代谢产物结构类似的化合物（结构类似物）处理微生物细胞群体，杀死或抑制绝大多数菌体细胞，选出能大量产生该代谢物的抗反馈变株。结构类似物一方面具有和代谢物相似的结构，因而具有和代谢物相似的反馈调节作用，阻碍该代谢物的生成；另一方面它不同于代谢物，不具有正常的生理功能，对菌体细胞的正常代谢有阻碍作用，会抑制菌的生长或导致菌的死亡。例如，一种氨基酸终产物，在正常的情况下，参与蛋白质合成，过量时可抑制或阻遏它自身的合成酶类。如果这种氨基酸的结构类似物也显示这种抑制或阻遏，却不能用于合成有活性的蛋白质，那么当用这种结构类似物处理菌种时，大多数菌体细胞将由于缺少该种氨基酸而不能生长或者死亡，只有那些对该结构类似物不敏感的突变株，仍然能够合成该种氨基酸而继续生长。某些菌株所以能抵抗这种结构类似物，是因为被该氨基酸（或结构类似物）反馈抑制的酶的结构发生了改变（抗反馈抑制），或者被阻遏的酶的生成系统发生了改变（抗反馈阻遏）。由于突破了原有的反馈调节系统，这些突变株就可产生大量的该种氨基酸。②利用回复突变筛选抗反馈突变菌株：经诱变处理出发菌株，先选出对产物敏感的营养缺陷型，再将营养缺陷型进行第二次诱变处理得到回复突变株。筛选的目的不是要获得完全回复原状的回复突变株，而是希望经过两次诱发突变，所得的回复突变株有可能改变了产物合成酶的调节位点的氨基酸的顺序，使之不能和产物结合，因而不受产物的反馈抑制。例如，谷氨酸捧杆菌的肌苷酸脱氢酶的回复突变株对其终产物鸟苷酸的反馈调节不敏感，从而提高了鸟苷酸的产量。

（2）次级代谢产物（主要是抗生素）高产菌株的筛选　次级代谢是某些生物为了避免在初级代谢过程中某些中间产物积累所造成的不利作用而产生的一类有利于生存的代谢类型。次级代谢有不同于初级代谢的特点。因此其筛选方法和初级代谢略有不同。次级代谢产物不是菌生长、繁殖所必需的，往往不能简单地采用筛选营养缺陷型或结构类似物抗性菌株的方法来获得高产菌株。次级代谢又受到初级代谢的调节，次级代谢和初级代谢有一些共同的中间产物，这些中间产物可以进而合成初级代谢产物，也可以进而合成次级代谢产物，这取决于菌的遗传特性和生理状态。微生物的代谢调节系统趋向于平衡地利用营养物质。当环境中某些营养物质过剩，而某些营养物质缺乏时，菌体为了避免不平衡生长而导致死亡，在代谢调节系统作用下，菌的生长繁殖速率下降，并通过代谢途径的改变将过剩的营养物质转变成与生长繁殖无关的次级代谢产物。因此，筛选某些营养缺陷型或初级代谢产物结构类似物抗性菌株可以消除初级代谢产物对那些与初级代谢产物有共同中间产物的次级代谢产物合成的反馈调节，而有利于次级代谢产物的合成。次级代谢产物的生物合成受终产物反馈调节的影响较小而受分解代谢物调节的影响较大。大多数菌在被快速利用的碳、氮、磷源消耗至一定程度时才出现有活性的次级代谢酶，因此筛选解除分解代谢调节的突变株可以获得高产。

次级代谢产物高产菌株的筛选方法有许多种，以下介绍八种较为常用的筛选方法。

1）利用营养缺陷型筛选　抗生素产生菌的营养缺陷型大多为低产菌株，但是如果某些次级代谢和初级代谢处于同一分枝合成途径时，筛选初级代谢产物的营养缺陷型常可使相应的次级代谢产物增产。例如，芳香族氨基酸营养缺陷型可以增产氯霉素，芳香族氨基酸和氯霉素的生物合成途径中有一个共同的中间代谢物莽草酸，当诱变处理使莽草酸 → 芳香族氨基酸的生物合成出现遗传性阻碍时，菌体不能够合成芳香族氨基酸，从而避免了芳香族氨基酸对莽草酸生物合成的反馈调节，莽草酸得以大量合成，进而合成大量的氯霉素。同样的道理，脂肪酸和制霉菌素、四环素、灰黄霉素有共同的中间代谢物丙二酰辅酶 A，脂肪酸营养缺陷型可以增产上述的抗生素。

2）筛选负变株的回复突变株　选择经过诱变处理后抗生素生产能力明显降低或完全丧失，但其他性状仍近于正常的突变株作为实验材料，进行诱变，再挑选高产菌株。因为两次诱变都作用于和抗生素生物合成有关的基因上。动摇了抗生素合成的遗传基础。用此方法得到的突变株，其抗生素合成有关的酶受调节的程度，往往低于原出发菌株。此外，从负变株中筛选回复突变株也比较容易，因为负变株没有发酵产量或发酵产量很低，便于从中检出有较高抗生素产量的回复突变株。

3）筛选去磷酸盐调节突变株：磷酸盐对许多抗生素的生物合成有抑制作用，筛选去磷酸盐调节突变株对于生产抗生素是很有意义的。因为要提高抗生素的产量；既要使产生菌生长到一定的量，又要使产生菌产生较多的抗生素。这样培养基中必须加入一定量的磷酸盐，以供菌体生长的需要，但菌体生长所需要的磷酸盐浓度往往对抗生素生产有抑制作用，去磷酸盐调节突变株可消除或减弱这种抑制作用以获得高产。

为了筛选到去磷酸盐调节菌株，可设计如下筛选方法：①筛选能在磷酸盐抑制浓度条件下，正常产生抗生素的突变株：将孢子悬浮液诱变处理后，将孢子接种于完全培养基上，使突变株得以表达，再由完全培养基上的菌落影印接种于发酵培养基（含正常浓度的磷酸盐、加琼脂），待菌落长出后，用打孔器把长有单个菌落的琼脂块转移到一张浸有高浓度磷酸盐的滤纸上培养、发酵，然后生物检定其抑菌活力。抑菌活力明显大于其他菌落的可能就是去磷酸盐调节突变株。从影印平板挑取相应的菌落，摇瓶发酵测定抗生素产量。②筛选磷酸盐结构类似物（如砷酸盐，钒酸盐）抗性突变株：磷酸盐结构类似物对菌体细胞具有毒性，其抗性菌株可能对磷酸盐调节不敏感。例如，钒酸钠是一种 ATP 酶的抑制剂。粗糙脉孢菌的细胞内有两种磷酸盐转运系统。一是低亲和力的磷酸盐转运系统 Ⅰ，一是高亲和力的磷酸盐转运系统 Ⅱ，钒酸钠抗性突变缺失磷酸盐转运系统 Ⅱ，因而避免了过多地吸收钒酸钠而导致菌的死亡，同时也避免了过多地吸收磷酸盐而导致磷酸盐抑制。

4）筛选去碳源分解代谢调节突变株　能被菌快速利用的碳源在被快速分解利用时，往往对许多其他代谢途径中的酶（包括许多抗生素合成酶和其他的酶）有阻遏或抑制作用，成为抗生素发酵产量的限制因素，不利于发酵生产工艺的控制。筛选去碳源分解代谢调节突变株，对于提高抗生素发酵产量，简化发酵生产工艺具有重要意义。抗生素生产中最常见的碳源分解代谢调节是“葡萄糖效应”，葡萄糖被快速分解代谢所积累的分解代谢产物在抑制抗生素合成的同时也抑制其他某些碳、氮源的分解利用。因此，可利用这些碳（或氮）源作为唯一可供菌利用的碳（或氮）源，进行抗葡萄糖分解代谢节突变株的筛选。例如，将菌在含有葡萄糖（阻遏性碳源）和组氨酸为唯一氮源的培养基中连续传代后，可选出去葡萄糖分解代谢调节突变株。正常的组氨酸分解酶类是被葡萄糖分解代谢物阻遏的，如果突变株能在这种培养基中生长，说明它具有能分解组氨酸而获得氮源的酶。这样的结果，可有两种解释：第一种解释是组氨酸分解酶发生了突变，不再受到原有的分解代谢物阻遏；第二种解释是葡萄糖分解代谢有关的酶发生了突变，不再产生或积累那么多的分解代谢阻遏物。第二种解释符合许多去葡萄糖分解代谢调节突变株的特性，因为同时有许多酶（受分解代谢调节的酶）的生成都不再受到葡萄糖分解代谢物阻遏。这种现象也是我们在抗生素育种工作中选择这种方法筛选去碳源分解代谢调节突变株的依据。

5）筛选氨基酸结构类似物抗性突变株　许多抗生素和氨基酸有共同的前体或者有些氨基本身可以作为某些抗生素的前体。因此，氨基酸的代谢和抗生素合成有着密切的联系，打破菌种对氨基酸代谢的调节，可能导致抗生素高产。

在培养基中加入氨基酸结构类似物，氨基酸结构类似物对菌的生长有抑制作用，因此可以筛选到解除了氨基酸反馈调节的突变株。这些突变株能够在含有氨基酸结构类似物的培养基中生长，抗性的机制可能在于生成较多的氨基酸，从而提高抗生素前体的量。例如，在青霉生物合成途径中，半胱氨酸和缬氨酸是青霉素母核的前体。筛选抗半胱氨酸结构类似物或抗缬氨酸结构类似物的抗性突变株，可以提高半胱氨酸或缬氨酸的生成量，进而提高青霉素产量。又如赖氨酸和青霉素有共同的中间代谢产物 α－氨基己二酸，筛选抗赖氨酸结构类似物抗性突变株，可以解除赖氨酸对 α－氨基己二酸生成的反馈调节，使 α－氨基己二酸生成量增加而促进青霉素合成。

6）筛选二价金属离子抗性突变株　加入能和产物（抗生素）或其中间体结合的生长抑制剂（二价金属离子），抑制剂达一定浓度，抗生素低产菌株不能生长而高产菌株能够幸存下来。因而可能筛选到高产菌株。抗性的机制为形成大量产物或中间体和二价金属离子结合以解除二价金属离子对产生菌的毒性。

采用上述方法曾筛选出青霉素和杆菌肽等抗生素的高产菌株。杆菌肽能和二价金属离子结合，具有输送二价金属离子进出细胞的生理功能。选育杆菌肽高产菌株时，于培养基中添加适量的硫酸亚铁，在此条件下筛选到的抗性菌株多数表现出高产的特性。其可能的抗性机制是：产生菌形成大量的杆菌肽和二价铁离子结合，将二价铁离子送出细胞外，从而避免了二价铁离子对产生菌的毒性作用。

7）筛选前体或前体结构类似物抗性突变株　前体或前体结构类似对某些抗生素产生菌的生长有抑制作用，且可抑制或促进抗生素的生物合成。筛选对前体或前体结构类似物的抗性突变株，可以消除前体或前体结构类似物对产生菌的生长及其抗生素合成的抑制作用，提高抗生素量。例如，灰黄霉素发酵使用氯化物为前体，筛选抗氯化物的突变株，提高了灰黄霉素的产量；以苯氧乙酸为青霉素前体，选用抗苯氧乙酸突变株，提高了青霉素 v 的发酵产量；以青霉素的前体缬氨酸、α－氨基己二酸或半胱氨酸、缬氨酸的结构类似物，筛选抗性菌株，提高了青霉素的发酵产量。

依据前体特性的不同，可将前体分为三种类型。其筛选抗性突变株的增产机制也有所不同。第一类前体是产生菌不能合成或很少合成的化合物。这一类前体通常需要人为地添加到发酵培养基中以促进提高抗生素产量或提高抗生素某一组分的产量。例如青霉素侧链前体苯氧乙酸、苯乙酸等。这一类前体通常对产生菌的生长具有毒性作用。对这些前体具有抗性的高产菌株可以通过高活性的酰基转移酶将前体掺入青霉素分子的侧链中。这样一种前体抗性突变株通过将前体转变成青霉素而解除了前体对产生菌的毒性，使产生菌在高浓度的毒性前体存在时也能生长。筛选这一类前体的抗性突变株应注意避免那些由于细胞膜透性下降使前体吸收减少的低产突变株或那些由于加强了对前体氧化分解的低产突变株。第二类前体是产生菌能够合成但不能大量积累的初级代谢中间产物。发酵生产中需要在发酵培养基中补充这一类前体以提高抗生素产量。例如红霉素发酵生产中添加丙醇以提高发酵产量。这一类前体物质过多会干扰产生菌的初级代谢而抑制菌的生长。抗性菌株的增产机制可能在于迅速将丙酸衍生物合成为红霉素，从而避免丙酸衍生物对初级代谢的干扰作用。第三类前体是初级代谢终产物。这一类前体一般对自身的生物合成有反馈调节作用，因而难以在细胞内大量积累。例如青霉素发酵生产中缬氨酸反馈抑制乙酰羟酸合成酶，从而抑制了缬氨酸的合成。筛选抗缬氨酸结构类似物抗性突变株，可使乙酰羟酸合成酶对缬氨酸反馈抑制的敏感性减弱，使细胞的内源缬氨酸的浓度增加而提高青霉素产量。

8）筛选自身所产的抗生素抗性突变株　某些抗生素产生菌的不同生产能力的菌株对其自身所产的抗生素的耐受能力不同，高产菌株的耐受能力大于低产菌株。因此，可用自产的抗生素来筛选高产菌株。例如有人把金霉素产生菌多次移种到金霉素浓度不断提高的培养基中去，最后获得一株提高生产能力四倍的突变株。

除了以上介绍的理性化筛选方法，用于菌种理性化筛选的，还有各种类型的突变株，如组成型突变株、消除无益组分的突变株、能有效利用廉价碳源或氮源的突变株、细胞形态改变更有利于分离提取工艺的突变株、抗噬菌体的突变株等。这些突变株均有重大的经济价值，而且这些筛选目标虽然不以产量为唯一目标，但突变株所具有的优良特性却往往能导致产量的提高。

以产物合成相关的关键酶为靶位，定向筛选关键酶活性提高的突变株是一种值得推广的选育方法。

（三）突变株的高产表达

菌种的发酵产量决定于菌种的遗传特性和菌种的培养条件。突变株的遗传特性改变了，其培养条件也应该作出相应的改变。在菌种选育过程的每个阶段，都需不断改进培养基和培养条件，以鉴别带有新特点的突变株，寻找符合生产上某些特殊要求的菌株。高产菌株被筛选出来以后，要进行最佳发酵条件的研究，使高产基因能在生产规模条件下得以表现。例如，某诱变处理四环素产生菌得到的突变株，在原培养基上与出发菌株相比较，发酵单位的提高并不明显。但是在原培养基配方中增加碳、氮源浓度，调整磷的浓度，该菌株就表现出代谢速度快、发酵产量高的特性，用该菌株进行生产，并采用通氨补料的工艺来适应该突变株代谢速度快的特点，使四环素发酵产量有了新的突破。总之，在菌种选育的同时，要重视培养基和发酵条件的研究，以保证突变菌株得到最佳的表现。

第二节 菌种保藏

一个优良的菌种被选育出来以后，要保持其生产稳定、不污染杂菌、不死亡，这是菌种保藏的目的。

菌种保藏原理主要是根据菌种的生理、生化特性，人工创造条件使菌体的代谢活动处于休眠状态。保藏时，一般利用菌种的休眠体（孢子、芽孢等），创造最有利于休眠状态的环境条件，如低温、干燥、隔绝空气或氧气、缺乏营养物质等，以降低菌种的代谢活动，减少菌种变异，达到长期保存的目的。一个好的菌种保藏方法，应能保持原菌种的优良特性和较高存活率，同时也应考虑到方法本身的经济、简便。由于微生物种类繁多，代谢特点各异，对各种外界因素的适应能力不一致，一个菌种选用何种方法保藏较好，要根据具体情况而定。

一、常用的菌种保藏方法

（一）斜面保藏法

此方法利用4℃ 冰箱保存菌种斜面，保存期1～3个月。保存期间冰箱的温度不可波动太大，不能在0℃以下保存，否则培养基会结冰脱水，造成菌种性能衰退或死亡。影响斜面菌种保藏时间的一个重要方面是斜面培养基中水分的蒸发。这使培养基营养基质浓度增大，造成“盐害”，更主要的是脱水后培养基表面收缩，造成板结，对菌种造成机械损伤而成为菌种的致死原因。

（二）液体石蜡保藏法

在斜面菌种上加入灭菌后的液体石蜡，用量高出斜面1cm，使菌种与空气隔绝，试管直立，置于4℃冰箱保存期1年。此法适用于不能以石蜡为碳源的菌种。液体石蜡采用蒸汽灭菌，灭菌后的石蜡在40℃烘箱中烘干备用。

（三）固体曲保藏法

这是根据我国传统制曲原理加以改进的一种方法，适用于产孢子的真菌。该法采用麸皮、大米、小米或麦粒等天然农产品为产孢子培养基，使菌种产生大量的休眠体（孢子）加以保存。该法的要点是控制适当的水分。例如在采用大米孢子保存法时，先取大米充分吸收水膨胀，然后倒入搪瓷盘内蒸15分钟（使大米粒仍保持分散状态）。蒸毕，取出搓散，稍冷，分装于茄形瓶内，蒸汽灭菌30分钟，最后抽查含水量，合格后备用。

将要保存的菌种制成孢子悬浮液，取适量加入已灭菌的大米培养基中，敲散拌匀，铺成斜面状，在一定温度下培养，在培养过程中要注意翻动，待孢子成熟后，取出置冰箱保存，或抽真空至水分含量在10%以下，放在盛有干燥剂的密封容器中低温或室温保存。保存1～3年。

（四）砂土管保藏法

本方法是用人工方法模拟自然环境使菌种得以栖息。适用于孢子的放线菌、霉菌以及产芽孢的细菌。

砂土是砂和土的混合物，砂和土的比例一般为3:2或1:1，将黄砂和泥土分别洗净，过筛，按比例混合后装入小试管内，装料高度为1cm左右，经间歇灭菌2～3次，灭菌后烘干，并作无菌检查后备用。将要保存的菌种斜面孢子刮下，直接与砂土混合；或用无菌水洗下孢子，制成悬浮液，再与砂土混合。混合后的砂土管放在盛有五氧化二磷或无水氯化钙的干燥器中，用真空泵抽气干燥后，放在干燥低温环境下保存。此法保存期可达 1 年以上。

（五）冷冻干燥法

此法的原理是在低温下迅速地将细胞冻结以保持细胞结构的完整，然后在真空下使水分升华。这样菌种的生长和代谢活动处于极低水平，不易发生变异或死亡，因而能长期保存，一般为 5 ~ 10 年。此法适用于各种微生物。具体的做法是菌种制成悬浮液，与保护剂（一般为脱脂牛奶或血清等）混合，放在安瓿管内，用低温酒精或干冰（ -15℃以下）使之速冻，在低温下用真空泵抽干，最后将安管真空熔封，低温保存。

（六）液氮超低温保藏法

以上介绍的几种菌种保藏方法，菌种在保藏过程中都有不同程度的死亡，特别对一些不产孢子的菌体保存效果不够理想。微生物在 -130℃以下，新陈代谢活动停止，这种环境下可永久性保存微生物菌种。液氮的温度可达 -196℃，用液氮保存微生物菌种已获得满意的结果。

液氮超低温保藏法简便易行，关键是要有液氮冰箱装置。该方法要点是：将要保存的菌种（菌液或长有菌种的琼脂块）置于10%甘油或二甲基亚砜保护剂中，密封于安瓿管内（安瓿管的玻璃要能承受很大温差而不致破裂），先将菌液降至 0℃，再以每分钟降 1℃的速度降至 -35℃，然后将安管放入液氮罐的气相中保存（液氮上面的气相温度为 -150℃以下）。

菌种保藏要获得较好的效果，需注意如下三方面。

1. 菌种在保藏前所处的状态 绝大多数微生物的菌种均保藏其休眠体，如孢子或芽孢。保藏用的孢子或芽孢等要采用新鲜斜面上生长丰满的培养物。菌种斜面的培养时间和培养温度影响其保藏质量。培养时间过短，保存时容易死亡，培养时间长，生产性能衰退。一般以稍低于生长最适温度培养至孢子成熟的菌种进行保存，效果较好。

2. 菌种保藏所用的基质 斜面低温保藏所用培养基，碳源比例应少些，营养成分贫乏比较好，否则易产生酸，或使代谢活动增强影响保藏时间。砂土管保藏需将砂和土充分洗净，以防其中含有过多的有机物，影响菌的代谢或经灭菌后产生一些有毒物质。冷冻干燥所用的保护剂，有不少经过加热就会分解或变质的物质，如还原糖和脱脂乳，过度加热往往形成有毒物质，灭菌时应特别注意。

3. 操作过程对细胞结构的损害 冷冻干燥时，冷冻速度缓慢易导致细胞内形成较大的冰晶，对细胞结构造成机械损伤。真空干燥程度也将影响细胞结构，加入保护剂就是为了尽量减轻冷冻干燥所引起的对细胞结构的破坏。细胞结构的损伤不仅使菌种保藏的死亡率增加，而且容易导致菌种变异，造成菌种性能衰退。

二、菌种的衰退和复壮

（一）菌种的衰退

一个生产菌种生产多年以后，表现为生产性能衰退；某些在实验室小试发酵获得成功的菌种进行中试放大发酵试验却屡屡失败；氨基酸发酵过程中需采用种种措施稳定生产菌种生产性能（详见第十八章第二节控制生产菌株稳定的方法）。以上这些宏观现象告诉我们，虽然生产菌种来自一个性状优良的微生物个体，但随着其后的传代培养，使用时的生产菌种是由众多的微生物个体组成，其中有许多是已发生了变异个体，其中使发酵产量降低的负变异的个体数目大大多于使发酵产量提高的正变异的个体。由于负变异的个体生长速度比具有高产性能原始菌种个体要快，随着传代培养的延续，上述现象将更加严重。这样总的表现是菌种生产性能衰退。下面我们分析一下菌种衰退的原因。

菌种的生产能力决定于菌种的遗传特性和菌种的生理状态。菌种衰退的原因也包括这两个方面。

1. 菌种遗传特性的改变　导致菌种遗传特性改变的遗传学机理有三个方面：异核现象、自发突变和回复突变。①异核现象：某些菌丝在生长时会和邻近的菌丝细胞间发生融合，形成异核菌丝体（简称异核体），即在一条菌丝里含有几个遗传特性不同的细胞核，共同生活在均一的细胞质里。异核体可以由遗传特性不同的菌丝融合后形成。异核体所产生的单核或多核的孢子具有不同的遗传特性和不同的生长繁殖速度，其结果是伴随着菌种的传代培养，菌种的遗传特性发生改变。②自发突变：由于 DNA 在复制过程中会出现偶然的差错，以及环境中某些物质和某些微生物自身的代谢产物对微生物有微弱的诱变作用，菌种以很低的频率发生自发突变，导致菌种遗传特性改变。③回复突变：突变所产生的变种或杂交重组所形成的杂种往往不稳定，容易发生回复突变或产生分离子，以致在菌种这一群体中形成具有不同基因型的个体。以上是导致菌种变异的遗传学机制。这些可能导致菌种衰退的变异，通过菌种所处的环境因素的影响得以表现。生产过程中，菌种传代的次数过多和菌种保藏条件不良均会导致菌种衰退性变异。生产菌种需要传代培养。虽然原始斜面菌种是由单菌落发育而来，但斜面培养物的个体具有不同的遗传特性，所有菌种的性状实际上是菌种群体的特征。群体较纯的，传代后变异较少；群体不纯的，传代后变异多。菌种传代次数越多，菌种衰退变异越严重。虽然基因突变具有不定向性，有减低产量的负变异，也有提高产量的正变异。但是对于一个产量较高的生产菌种而言，出现负变异的几率更高些，更重要的是传代培养具有某种富集负突变株的选择作用，导致整个菌种群体生产性能的衰退。生产中我们通常所说的菌种优良性状是和大量生产发酵产物有关的，高产菌株往往表现生活力弱、生长繁殖速度慢的特点。高产菌种负变异出现几率高和生长繁殖慢的特点，使得传代培养实质上具有使菌种群体负变异个体增多，使菌种的生产能力衰退。此外，菌种保藏过程中采用的一些手段，例如冷冻干燥，会对菌体细胞结构和 DNA 造成损伤，在修复这些损伤时，菌体可能发生变异。因此，菌种保藏条件不良也会使得菌种衰退性变异。

2. 菌种生理状况的改变　菌种的遗传特性需要在一定条件下才能表现出来，菌种的培养条件对菌种的发酵产量也会有重大影响。由于培养条件不适当，使菌种处于不利于发酵生产的生理状况，其结果也表现为菌种衰退。菌种培养条件影响菌种发酵产量有以下三方面的原因：①菌种培养基的性质可影响菌落类型的比例，进而影响发酵产量。一个菌种不是纯一的群体，而是由一些变异菌株混合组成，这些变异菌株所占的比例决定该菌种的特性。一个由单菌落发育而来的菌种分离在固体培养基，可以长出许多种形态培养特征各异的菌落。这些不同的菌落类型在代谢和生长繁殖速度等方面有一定差异。培养基的性质可以影响各变株在培养物中的比例而改变菌种特性。最显著的实例是同一个菌种在不同的固体培养基上培养，所生长出来的单菌落，其形态培养特征有显著差异，各种类型菌落所占的比例不同。灰色链霉菌在豌豆琼脂培养基上，有 3 ~ 4 种菌落类型，而在黄豆粉培养基上仅出现两种菌落类型。②菌种培养基通过影响菌种的生理状况而影响发酵产量。菌种培养基的营养过于丰富不利于孢子形成而不利于发酵。菌种培养基的营养贫乏也同样不利发酵。因为菌种在营养贫乏的培养基中多次传代，会使菌体细胞内缺乏某些生长因子而衰老甚至死亡。因此，自然选育或菌种培养所用的培养基，应选择具有传代后生产能力下降不明显，菌体不易衰老，以及正常类型菌落丰富等优点的培养基。③菌种培养基中含有诱导剂或阻遏物，使菌体的某些与发酵产量有关的基因处于活化状态或阻遏状态。这样一种生理状态的菌种，即使转移至发酵培养基中，其基因的活化壮态或阻遏壮态可能以类似生理性迟延或细胞分化的机制保持较长一段时间而影响发酵产量。

根据以上菌种衰退原因的分析，防止菌种衰退的主要措施如下：①尽量减少菌种的传代次数；②用单核细胞传代；③优化菌种的培养条件；④选择合适的菌种保藏方法。

（二）菌种的复壮

恢复已衰退菌种优良特性的措施称为复壮。一般有如下三种方法。

1. 分离纯化法 衰退菌种实际上是一个混合的微生物群体，采用单菌落自然分离方法，可获得性状优良的菌种。

2. 淘汰法 采用低温或高温等条件淘汰已衰退的个体，留下未退化的健壮个体，从而达到复壮的目的。例如对大肠杆菌产青霉素酰化酶斜面菌种采用80℃短时间处理，青霉素酰化酶产量有所提高。

3. 宿主体内复壮法 对于寄生性微生物的衰退菌株，可通过接种至宿主体内恢复其典型性状。例如肺炎链球菌经过多次人工培养基上传代后，毒力减弱。经小白鼠体内传代，荚膜增厚，毒力增强。

扫码“练一练”

思考题

1. 简述理性化筛选概念。
2. 根据理性化筛选概念，如何选育初级代谢产物高产菌株？
3. 为什么工业生产菌株容易衰退？对菌种衰退原因进行分析并提出防止菌种衰退的措施。

（邓祖军）

第十章　微生物系统进化、分类及生态学

扫码“学一学”

生物是不断进化的，现在地球上存在的一切生物都是由原始、低级的生命形式逐渐发展进化而形成，各种生物之间都必然有着或远或近的亲缘关系。我们对微生物进行系统进化和分类研究的目的，一方面是研究微生物在自然界进化的规律，了解微生物的系统发生，按照它们的亲缘关系进行分群归类，有规则地列成一个分类系统；另一方面是根据一定的分类系统对它们的特性做人为的归纳，找出一种或一套特征制成检索表，以便能迅速而简单地识别鉴定未知的微生物。

微生物是地球上最早出现的生命形式，其生物多样性在维持生物圈和为人类提供广泛、大量未开发的资源方面起着重要的作用。研究微生物的生物多样性，不仅仅是开发模式菌株，也为我们了解和探索生命的策略和极限、了解微生物在生物圈中维持可持续发展的作用、开发微生物基因资源、阐明生态和生物进化原理等提供了有力的支撑。

第一节　微生物进化及其多样性

一、原始生命形式及其进化

地球在最初没有生命，原始大气中的化学元素依赖宇宙射线、紫外线、雷电、火山爆发及陨石冲入大气等能量，逐步合成构成生命的氨基酸或蛋白质。原始地球具备生命起源的环境和物质要件：①早期的还原性大气，使原始地球初期形成的前生物有机分子得以积累保存；②早期大气无游离氧，地球外层空间未形成臭氧层，强烈的太阳紫外线对早期大气中化学反应起重要作用，雷电、宇宙射线也是原始地球化学进化中的重要能源；③原始海洋的形成为生命诞生准备了必要条件。

在自然现象中获得能量，偶然将元素结合起来，产生了最简单的生物分子形式——氨基酸和核酸。现在找到的最早化石是出现在南非的球状和杆状结构细菌的化石，已确定这是35亿年前的化石。据科学家估计，生命起源的化学进化距今约40亿年，大约在30多亿年以前，开始出现原核生物，在10多亿年以前，才出现了真核生物。

古细菌的大部分分支与细菌中最早的两个分支均为嗜热菌，Woese C. R 等认为生命起源于很热的环境，可能与热泉生态系统有关。科学家在东太平洋的加拉帕戈斯群岛附近发现了几处深海热泉，在这些热泉里生活着众多管栖蠕虫、蛤类和细菌等群落，在这样的高温、高压、缺氧、偏酸和无光的环境中，化能自养型细菌利用热泉喷出的硫化物（如 H_2S）所得到的能量去还原 CO_2 而制造有机物，然后其他动物以这些细菌为食物而维持生活。热泉喷口附近的环境不仅可以为生命的出现以及其后的生命延续提供所需的能量和物质，而且还可以避免地外物体撞击地球时所造成的有害影响，因此热泉生态系统是孕育生命的理想场所。

二、生物进化的尺度分子

19世纪末到20世纪初，微生物学家与其他生物学家一样承认进化，认为理顺细菌之间

的进化关系非常重要，从 Beijerinck、Kluyver 到 Van Niel，在研究细菌的自然关系方面做了很大努力，但结果是只依靠表型特征不能达到自然分类的目的。Van Niel 曾无奈地表示“微生物进化的主要途径可能是永远的秘密”。

1969 年康奈尔大学的 Robert. H. Whittaker 依据细胞结构及获得营养的方式，在《Science》杂志上提出了五界学说，即生物包括动物界（Animalia）、植物界（Plantae）、真菌界（fungi）、原生生物界（Protista）和原核生物界（Monera）。图 10－1 纵向显示原核生物界是真核生物界的前阶段，横向显示吸收式营养、光合营养（photosynthesis）和摄取式营养这三大进化方向。

五界系统不能真正解决微生物系统发育的问题。原核微生物形体微小、结构简单、化石资料缺乏，如何确定微生物类群的进化关系，用什么特征作为微生物类群的划分指标，是传统微生物分类方法的难题。

随着人们对生物的认识从宏观发展到微观，科学家对物种分类的依据也从宏观形态发展到了微观分子。现今世界上存在的核酸和蛋白质分子都是从共同的祖先不断进化而形成的，作为生物遗传物质的核酸和作为生命机器的蛋白质分子中着关于生物进化的信息，可用于系统发生关系的研究。

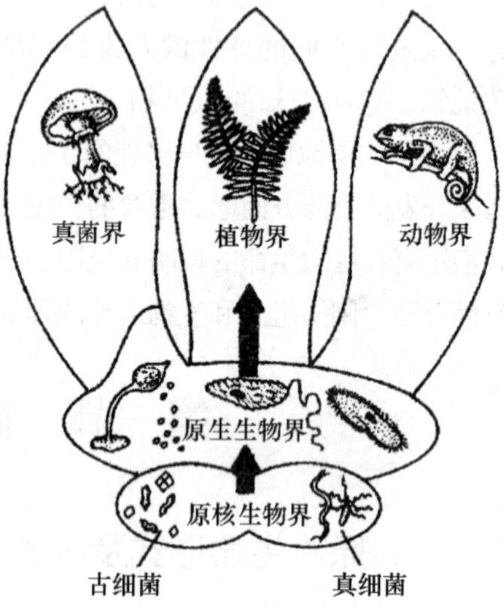

图 10－1　Whittaker 五界系统

在分子水平上进行分析具有许多表型分析所没有的优势，所得到的结果更加科学、可靠。分子系统发生分析直接利核酸序列或蛋白质分子提取的信息，作为物种的特征，通过比较生物分子序列，分析序列之间的关系，构造系统发生树，进而阐明各个物种的进化关系。当然，这些分子不仅在序列上保留进化的痕迹，它们的结构也保留着进化的痕迹。

在众多生物大分子中，16S rRNA 是最适合作为描述生物系统进化的尺度。这是因为：①rRNA在各种生物中的功能都是参与蛋白质合成，且该功能一直不变；②16S rRNA 分子中，既有高度保守区，又有适当的中度保守区和高度变化区，适合不同进化距离的各种生物亲缘关系的研究；③16S rRNA 分子量大小合适，便于序列分析；④16SrRNA 普遍存在于原核生物和真核生物（同源分子为 18S rRNA），可以作为测量各种生扬进化的尺度。

1977 年，Woese 等人测定了 200 多种原核生物的 16S rRNA 和真核生物的 18S rRNA 的寡核苷酸顺序谱，经比较研究，不但搞清了原核生物和真核生物的许多系统进化问题，而且还以此为根据提出了生命体系的三原界学说（图 10－2）。20 世纪 80 年代中期，PCR 技术以及对 PCR 扩增产物进行序列分析方法的出现，使得人们可以用完整而不是部分的 DNA 序列来判断生物之间的系统发育关系。1996 年 8 月，TIGR（The Institute for Genomic Research）在《Science》上发表了产甲烷球菌的全基因组序列，为三原界学说的建立和发展找到了坚实的证据。

三、系统发育树

在研究生物进化和系统分类中，常用一种类似树状分支的图形来概括各种（类）生物之间的亲缘关系，这种树状分支的图形称为系统发育树（phy1ogenetic tree）。通过比较生物大分子序列差异的数值构建的系统树称为分子系统树（molecular phylogenetic tree）。图形中，分支的末端和分支的连接点称为结（node），代表生物类群，分支末端的结代表仍生存的种类。

1981 年 Woese 等根据某些代表生物 16S rRNA（或 18S rRNA）序列比较，首次提出了一个涵盖整个生命界的系统树，而后又进行了多次修改和补充（图 10－3）。从图中可以看出，系统发育树根部的结代表地球上最先出现的生命，也就是生物的共同祖先（Universal ancestor）。由它分三条进化路线，形成了三个原界：①古细菌（Archaebacteria）原界，包括产甲烷细菌、极端嗜盐菌和嗜热嗜酸菌；②真细菌（Eubacteria）原界，包括蓝细菌和各种除古细菌以外的其他原核生物；③真核生物（Eucaryotes）原界，包括原生生物、真菌、动物和植物。古细菌和细菌虽然同属核生物，但是它与真细菌的关系更密切。从该系统树还可以看出，古细菌分支的结点离根部最近，其分支距离也最短，这表明它是现存生物中进化变化最少、最原始的一个类群。真核生物则离共同祖先最远，它们是进化程度最高的生物种类。

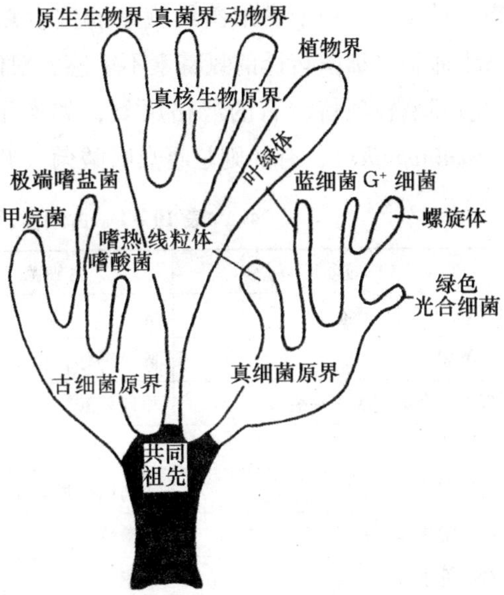

图 10－2　三原界系统

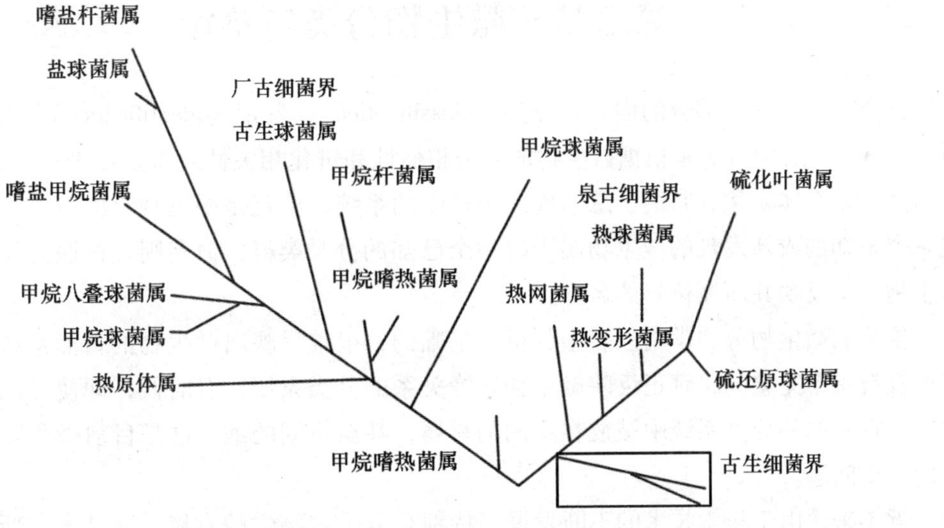

图 10－3　系统发育树

促使人们提出三原界学说的最重要原因是发现了曾被称为“第三生物”的古细菌，与真细菌相比，古细菌具有一系列独特的性状：①特殊的细胞膜类脂。古细菌所含的类脂是不可皂化的，其中的中性类脂以类异戊二烯类（isoprenoid）的烃化物为主，极性类脂则以植烷甘油醚（phytanyl glycerol ethers）为主。② 细胞壁的成分独特而多样。有的以蛋白质为主，有的含杂多糖，有的类似于肽聚糖（称之为“假肽聚糖”）。但不论是何种成分，它们都不含胞壁酸、D－氨基酸和二氨基庚二酸。③ 核糖体的 16S rRNA 的核苷酸序列独特，既不同于真细菌，也不同于真核生物。④ tRNA 的核苷酸序列也很独特，且不含有胸腺嘧啶。⑤ 蛋白质合成的起始密码是甲硫氨酸，与真核生物相同。⑥ 对抗生素的敏感性较独特，对那些作用于真细菌细胞壁的抗生素如青霉素、头孢霉素和 D－环丝氨酸等不敏感；对能抑制真细菌转译的氯霉素不敏感；对能抑制真核生物转译的白喉毒素十分敏感。⑦其生态环境较独特，有的严格厌氧，如产甲烷菌（*Methanogens*），有的是极端嗜盐菌（*Extremehalophiles*），有的则是嗜热嗜酸菌（*Thermoacidophiles*）。

表 10－1　古细菌、真细菌以及真核生物的比较

比较项目	古细菌	真细菌	真核生物
tRNA 上 TΨC 环有无 T	无	一般有	一般有
二氢尿嘧啶	除一种外，无	一般有	一般有
蛋白质合成起始氨基酸	甲硫氨酸	甲酰甲硫氨酸	甲硫氨酸
核糖体亚基	30S，50S	30S，50S	40S，60S
延伸因子	可与白喉毒素反应	不与白喉毒素反应	可与白喉毒素反应
对氯霉素敏感性	不敏感	敏感	不敏感
对茴香霉素敏感性	敏感	不敏感	敏感
16S 或 18S rRNA 上 3′端有无 AUCACCUCC 结合片断	有	有	无
RNA 聚合酶的亚基数	9～12	4	12～15
细胞膜中的脂类	醚键，有分支的直链	酯键，无分支的直链	酯键，无分支的直链
细胞壁	多样，无胞壁酸	多样，含胞壁酸	动物无细胞壁，其他多样

第二节　微生物分类与鉴定

分类学包含三个部分的内容：分类（classification）、鉴定（identification）和命名（nomenclature）。其中分类是根据微生物的表型相似性和进化相关性对微生物进行分组和归类，即通过大量个体实例，归纳、总结成一个科学的系统；鉴定是根据现有的分类群特征，确定一个未知的或新发现的微生物属于哪一个已知的分类类群；命名则是按照公认的法则给微生物一个反映其所属位置的名称。

传统的微生物分类学是以表型分析为基础的，很难反映出微生物的自然系统分类。目前还没有一个完整的，真正反映微生物亲缘关系的分类系统，有时候，即使是同一种微生物往往在不同的分类系统中被放在不同的科属，甚至不同的纲，这是目前微生物分类中存在的主要问题。

近年来，由于科学技术的不断发展，特别是分子生物学的发展，新技术、新方法不断地应用于微生物分类，这就是基因型鉴定，它具有快速、灵敏和特异性高等特点，也反映了微生物物种之间的进化关系和系统发育，这种分类学也称为生物系统学（systematics）。

一、微生物分类单元与等级

微生物分类的单位和高等动物、植物一样，依次分为界（kingdom）、门（phyllum）、纲（class）、目（order）、科（family）、属（genus）、种（species）。分类上的一般原则是，将相近似的种归纳在一起称为属，又把相近似的属归在一起称为科，依次类推，由科合为目，由目合为纲，由纲合为门等，由此构成一个完整的分类系统。

在微生物的分类中“种”是最基本的分类单位，种以下还可以分为变种/亚种、菌株和型等。

（一）种（species）

“种”是微生物最基本的分类单位。“种”可以定义为相似菌株的集合，该菌株集合应该与其他类群的菌株在表型特征、亲缘关系等方面存在明显的差异。关于微生物“种”的概念，目前还有不同的看法，但不管人们怎样理解“种”的概念，微生物的“种”都是客观存在的，具有相对稳定性。根据16S rRNA序列分析，同源性大于97%的两个原核微生物很可能是同一个种，此观点已得到很多实验方面的支持。

另一方面，生物又是不断变化的，同一种生物的不同个体，由于它们所处的环境不同，其本身或它的后代也会出现一些变异。同种生物个体之间的变异是形成新种的前奏，所以物种又是变化的。在一定条件下，物种保持相对稳定，这是物种存在的根据，这才使生物分类成为可能。而变则又是物种发展的根据，再加上微生物本身的特点，这样就很难区别种内的变异或种间的不同，当然也就不可避免地给微生物分类带来困难。所以，目前微生物分类中所描述的“种”，在不同程度上都有人为的、暂时的性质，而且也不可避免会出现一些混乱。

（二）亚种（subspecies）或变种（variety 或 var.）

从自然界分离到某一微生物的纯种，必须与已知的典型种（称为模式种）所记载的特征完全符合，才能鉴定为同一个种。有时分离到的纯种大部分特征和典型种完全符合，但有某一特性与典型种不同，而这一特性又是稳定的，又不至于区分成为新种时，我们就把这种微生物称为典型菌种的亚种或变种。亚种和变种时同义词，1976年以后，菌种的亚等级一般采用亚种，不再使用变种。

（三）型（type 和 form）

亚种以下的细分，但现在已经很少使用。当同种和同亚种的不同菌株之间的性状差异，不足以区分为新的亚种时，可以分为不同的型。例如，结核杆菌依据其寄主的不同，分为人型、牛型和禽型。目前尚在使用的以“型”分类的指标有生物型（biotype）、血清型（serotype）、噬菌体型（phagotype）等。

（四）群或类群（group）

在自然界中，常常发现有些微生物种类在特性上介于另外两种微生物之间，彼此不易严格区分，因此，就称它们为同一“群”。例如，大肠埃希菌和产气杆菌两个种之间的区别是十分明显的，但在自然界还发现存在着许多介于这两种细菌之间的中间类型，于是我们就将一切介于大肠埃希菌和产气杆菌之间的中间类型，包括大肠埃希菌和产气杆菌在内，总称为大肠埃希菌群，但是，群还可用于其他场合，表示不同的意义，这就需要我们注意加以区别。

（五）菌株或品系（strain）

这是在微生物学上经常碰到的一个名词，主要是指不同来源的同一种微生物的纯培养。我们从自然界分离到的微生物纯培养，尽管同属一个种，但由于来源不同，它们之间总会出现一些细微的差异，我们就把这同种不同来源的纯培养称为不同的菌株。从自然界分离到的每一个微生物纯培养都可称为一个菌株，一般在学名后用数字、地名或符号来表示。

二、细菌分类系统简介

（一）细菌分类系统

目前有3个比较全面的细菌分类系统，一个是苏联的克拉西里尼科夫著的《细菌和放线菌的鉴定》，第二个是美国布瑞德（R. S. Breed）等人主持编写的《伯杰鉴定细菌学手册》，第三个是法国的普雷沃（Pre′vot）著的《细菌分类学》。这3个系统虽都是针对细菌的，但所依据的原则、排列的系统、对各群菌的命名、所用名称的含意都各不相同，其中以《伯杰鉴定细菌学手册》使用较广，而且较有代表性，是一个有参考价值的分类系统。

《伯杰鉴定细菌学手册》（Bergey′s Manual of Determinative Bacteriology）自1923年第1版以来，相继于1925年、1930年、1934年、1939年、1948年、1957年、1974年出版了第2版到第8版，几乎每一版均吸取了许多分类学专家的经验，其内容也经过不断扩充和修改。1984年和2001年，《伯杰鉴定细菌学手册》又出版了新的版本，新版名称更改为《伯杰系统细菌学手册》（Bergey′s Manual of systematic Bacteriology），1984年出版了第1版，和以前版本比较，新版的内容又有了较大的改变，这主要由于近年来其他边缘学科的不断发展，进一步推动了细菌分类学的迅速发展，在新版中又增加了许多新科、新属和新种。第2版《伯杰系统细菌学手册》于2000—2012年共出版5卷，分别安排的内容如下。

第一卷（2001） 古细菌和最早分支及光合细菌（The Archaea and The Deeply Branching and Phototrophic Bacteria）

1. 古细菌界（域）（Domain：Archaea）

泉古细菌门（Phylum：Crenarchaeota）

广古细菌门（Phylum：Euryachaeota）

2. 细菌界（域）（Domain：Eubacteria）

产液细菌门（Phylum：Aquificae）

热袍菌门（Phylum：Thermotogae）

热脱硫杆菌门（Phylum：Thermodesulfobacteria）

奇异球菌－栖热菌门（Phylum：Deinococcus－Thermus）

产金色菌门（Phylum：Chrysiogenetes）

屈挠菌门（Phylum：Chloroflexi）

热微菌门（Phylum：Thermomicrobia）

硝化螺菌门（Phylum：Nitrospira）

脱铁菌门（Phylum：Deferribacteres）

蓝细菌门（Phylum：Cyanobacteria）

绿菌门（Phylum：Chlorobi）

第二卷（2005） 朊细菌（The Proteobacteria）

朊细菌门（Phylum：Proteobacteria）

α－朊细菌纲（class Ⅰ：Alphaproteobacteria）

β－朊细菌纲（class Ⅱ：Betaproteobacteria）

γ－朊细菌纲（class Ⅲ：Gammaproteobacteria）

δ－朊细菌纲（class Ⅳ：Deltaproteobacteria）

ε－朊细菌纲（class Ⅴ：Epsilonproteobacteria）

第三卷（2009）　厚壁菌（Firmicutes）

厚壁菌门（Phylum：Firmicutes）

梭菌纲（class Ⅰ：Clostridiales）

柔膜菌纲（class Ⅱ：Mollicutes）

芽胞杆菌纲（class Ⅲ：Bacilli）

第四卷（2011）　拟杆菌、螺旋体、无壁菌、酸细菌、丝杆菌、梭杆菌、网团菌、芽单胞菌、黏胶球形菌、疣微菌、衣原体、浮霉菌（The Bacteroidetes，Spirochaetes，Tenericutes（Mollicutes），Acidobacteria，Fibrobacteres，Fusobacteria，Dictyoglomi，Gemmatimonadetes，Lentisphaerae，Verrucomicrobia，Chlamydiae and Planctomycetes）

浮霉菌门（Phylum：Planctomycetes）

衣原体门（Phylum：Chlamydiae）

螺旋体门（Phylum：Spirochaetes）

丝杆菌门（Phylum：Fibrobacteres）

酸细菌门（Phylum：Acidobacteria）

拟杆菌门（Phylum：Bacteroidetes）

梭杆菌门（Phylum：Fusobacteria）

疣微菌门（Phylum：Verrucomicrobia）

网团菌门（Phylum：Dictyoglomus）

第五卷（2012）　放线菌（The Actinobacteria）

放线细菌门（Phylum：Actinobacteria）

放线细菌纲（class：Actinobacteria）

新版更多采用了核酸序列分类的资料，对细菌分类从人为的分类体系向自然的分类体系发展必将起着极大的推动作用。

放线菌属于原核微生物，在《伯杰系统细菌学手册》第2版中放在细菌界（域）第五卷放线细菌纲中。由于放线菌发现较晚，早期还把它放在真菌中，直到20世纪60年代才认识到放线菌属于原核微生物。又由于放线菌和抗生素的产生有关，对放线菌的分类研究也较多。放线菌的的分类系统中，较有代表性的，而且用得较广的有2个系统，即美国Waksman的分类系统和苏联的Krassilnikov的分类系统，这2个分类系统都是以形态特征为主来划分科属的，中国科学院吸收了上述2个分类系统的优点，拟定了一个中国科学院划分科、属的分类检索表，由于各系统的观点不一，放线菌目以下科属排列也有不同，学名也不完全一致（中国科学院的分类系统与瓦氏系统的学名基本相同），应用时应注意加以区别。

（二）真菌分类系统

对于真菌的分类，不同的真菌学家都有不同的看法，常用的有Ainsworth系统（1973，1983）、V. Arx系统（1981）、Kendrick系统（1992）、《真菌字典》（1995）和Alexopoulos & Mins系统（1996）等的分类系统。

在这些分类系统中，仍然是以生态环境、形态特征、细胞结构、生殖行为作为主要的分类依据，结合系统发育的规律来划分。以分子生物学的方法研究真菌各类群的亲缘关系，揭示它们之间的本质和进化关系，仍是真菌分类学应努力的方向。相对而言，Ainsworth系统更为真菌分类学者所接受，其基本的分类情况，在真菌章已有介绍，在此不再详述。

酵母的分类，一般认为以 Lodder 的分类系统较为全面和实用。1952 年 Lodder 编写了《The Yeast：A taxonomic study》一书，1970 年出版了第 2 版，较为全面地介绍了酵母菌分类的情况。该书描述了 39 个属，370 多个种。由于对酵母菌的深入研究和新方法、新技术在微生物分类学中的逐步被应用，促进了酵母菌的分类，1970 年以后，又发现了不少新种。1982 年由 Kreger Van Rij 主编的“The Yeast：A taxonomic study”第 3 版中，已增加到 56 个属和 500 多个种，是目前较新的酵母菌分类系统。

（三）病毒分类系统

病毒的分类比细菌、放线菌等的分类更复杂，困难亦较多，这主要是由病毒本身的特性所决定的。最早的病毒分离自可见（或显微镜下可见的）微生物和其他生物体中，如贝杰林克（Beijerinck）和伊凡诺夫斯基（Ivanovski）研究的 TMV（tobacco mosaic virus）、Loeffler 和 Frosch 研究的口蹄疫病毒（foot – and – mouth disease virus）以及 Reed 和 Carroll 研究的黄热病病毒（yellow fever virus），病毒分类仅仅是对其物理化学特性（大小）或者对其致病性（寄主。生态和传播性等）进行鉴定。如 可引起肝病的，包括甲肝病毒、乙肝病毒、丙肝病毒、黄热病毒，以及 Rift Valley fever virus 均归为“肝炎病毒”（the hepatitis viruses），引起花叶病的植物病毒，如 cauliflower mosaic virus，ryegrass mosaic virus，brome mosaic virus，alfalfa mosaic virus，and tobacco mosaic virus）统称“花叶病毒”（the mosaic viruses）。

20 世纪 30 年代，随着电子显微镜的发明，以及分离提纯病毒新方法的应用，逐渐转向对病毒本身的结构特征（如衣壳粒数目，有无包膜等）和化学组成进行了较详细的研究，使病毒的分类逐渐摆脱人为的因素，进而以病毒生化特性为依据，尤其是强调病毒核酸的结构，因此更能反映病毒的本质。

国际病毒分类委员会（International Committee on Taxonomy of Virus，ICTV）是专门商讨研究病毒分类的权威机构，它的前身是成立于 1966 年的国际病毒命名委员会（International Committee on Nomenclature of Viruses，ICNV），1973 年更名为 ICTV。该委员会编著的《病毒的分类与命名》（The Classification and Nomenclature of Viruses）是权威性的病毒分类系统，该系统相继于 1971 年、1976 年、1979 年、1982 年、1991 年、1995 年、1999 年、2005 年、2009 年和 2017 年共出版了十次报告。其中 1982 年的第 4 次报告与以往 3 个版本比较具有明显的变化，首次以核酸类型及股数作为主要分类依据，增加了许多科、属，组及新发现的病毒，提出了更适用于所有病毒的分类和命名原则。1991 年，ICTV 将种的等级水平确定为重要参数，并且增加到属、亚科、科和目等分类单元。在 2017 年发布的最新报告中，将病毒分为 9 目，131 科，46 亚科，803 属和 4853 种。

根据核酸结构的特点，ICTV 将病毒分为以下 7 类：

双链 DNA 病毒（The dsDNA Viruses）

单链 DNA 病毒（The ssDNA Viruses）

DNA 和 RNA 逆转录病毒（The DNA and RNA Reverse Transcribing Viruses）

双链 RNA 病毒（The dsRNA Viruses）

负单链 RNA 病毒（The Negative Stranded ssRNA Viruses）

正单链 RNA 病毒（The Positive Stranded ssRNA Viruses）

亚病毒因子（The Subviral Agents）

按照宿主的不同，病毒分为古细菌病毒（如 *Fuselloviridae*）、藻类病毒（如 *Phycodnavi-*

ridae)、细菌病毒（如 *Corticoviridae*）、真菌病毒（如 *Barnaviridae*）、非脊椎动物病毒（如 *Baculoviridae*）、支原体病毒（如 *Inoviridae*）、植物病毒（如 *Bromoviridae*）和脊椎动物病毒（如 *Adenoviridae*）。哺乳动物和人类（脊椎动物）病毒由于和人类健康、畜牧业直接相关，得到较为深入的研究。人类传染病的80%由病毒引起，至今还有许多疾病缺乏有效的对付手段，如流感、乙肝、疱疹、艾滋病等。

三、微生物分类鉴定技术

在鉴定微生物之前，首先要对被鉴定的微生物进行纯种分离，在得到由单个微生物细胞发育而成的纯培养后，方可以下列依据进行鉴定与分类。

（一）形态学和生理生化特征

个体形态特征主要观察细胞外形、大小和排列方式等，例如鉴定霉菌可以观察分生孢子外形、穗的大小和分生孢子的排列情况。在细菌细胞构造方面，可观察有无运动性，鞭毛着生的部位及数目，有无芽胞、芽胞着生的部位和形态，以及细胞内含物等。在染色反应上，应进行革兰染色和抗酸性染色，说明是阳性还是阴性反应。在菌落形态上，是观察微生物在琼脂平板上培养后生成菌落的特征，如菌落的外形、大小、颜色、光泽、黏稠度、隆起情况、透明程度、边缘特征、是否产生脂溶性或水溶性色素以及气味等。

生理生化的不同本质上是酶和蛋白质的不同，间接反映了微生物基因组的不同，因而生理生化试验对微生物分类具有很大的意义。如营养类型分析是判断微生物是属于光能自养、光能异养、化能自养或化能异养还是兼性营养型。对碳源和氮源的利用分析是试验多种糖类（单糖、双糖、多糖）能否被利用作为碳源和能源，以及对一定有机物（醇类、有机酸烃类等）或CO_2的利用能力。对于氮源来讲，看其是否利用蛋白质、蛋白胨、氨基酸、铵盐，还有大气中的游离氮。

不同的微生物因生理特性的不同，而产生不同的代谢产物，因此，通过检查代谢产物可以鉴定菌种。主要检查在培养基中微生物是否可以产生有机酸、酒精、碳氢化合物、气体等，能否分解色氨酸而产生吲哚；能否分解糖而产生乙酰甲基甲醇；能否使硝酸盐还原而产生亚硝酸盐或氨，以及能否产生色素或其他物质如抗生素等。

不同微生物所需要的温度范围不同，因此，鉴定微生物就要查明它们生长的最适、最低和最高温度，在对氧气的关系上，则要查明它们是好氧还是厌氧，是微量好氧还是兼性厌氧。

（二）血清学试验和噬菌体分型

由于微生物的种，尤其是亚种，在性状上的差异甚微，仅依据上述形态特征和生理生化方面的特征来鉴定菌种还难于区别，而采用血清学反应则在很多方面可以查出它们之间更细微的区别，因此，血清学反应在微生物的分类上得到广泛的应用。

血清学反应的基本原理，就是用已知菌种、型或菌株制成抗血清，根据它是否与待鉴定的对象发生特异性的血清学反应来鉴定未知菌种、型或菌株的微小差异。如肺炎链球菌，通过血清学反应区分出来有几十个类型，所以它尤其在医学微生物学上具有很重要的作用。血清学反应同样也可以用于病毒的分类，尤其是应用于噬菌体的分类，可以利用噬菌体的抗原性不同，鉴定出很多不同的型。

噬菌体对于宿主的感染和裂解常常具有高度的特异性，即一种噬菌体往往只能感染和裂解一种细菌，甚至只能裂解种内的某种菌株，所以可以根据噬菌体的宿主范围将细菌分为不同的噬菌体型。

（三）细胞壁成分分析

目前已知细菌、霉菌和酵母菌的细胞壁成分都有明显不同，故可用细胞壁的成分分析进行微生物的分类。如在放线菌分类中，已广泛应用细胞壁成分的分析作为分类的依据。如白乐杰诺卡菌（*Nocardia pelletieri*），原来按形态分类，有人认为应属于诺卡菌属，而有人则把它列入链霉菌属，但后经细胞壁成分分析，发现白乐杰诺卡菌中有三株菌都没有作为诺卡菌属特征的阿拉伯糖，却含有作为链霉菌属特征的丙氨酸、谷氨酸、甘氨酸和 L－2，6－二氨基庚二酸，从而证实了白乐杰诺卡菌中的三株菌确属于链霉菌属。近年来，有人对 18 个属的放线菌的细胞壁进行了分析，根据细胞壁的氨基酸组成，将它们的细胞壁分 6 个细胞壁类型，又根据细胞壁糖的组成分 4 个糖类型，并结合形态特征提出了相应的科属检索表。

（四）气相色谱鉴定

利用红外吸收光谱来测定物质的化学结构已作为一种常规的方法被采用。一般认为，每种物质的化学结构都有特定的红外吸收光谱，若两个样品的吸收光谱完全相同，可以初步认为它们是同一种物质，因此，人们就利用红外光谱技术测定微生物细胞的化学成分来进行微生物的分类。人们曾利用这种技术先后对芽胞杆菌、乳酸杆菌、大肠杆菌和酵母菌等进行分类，近年来又应用于放线菌的分类。实验证明，这种技术适于“属”的分类，而不适于同一属内不同种或菌株之间的区分。这种方法的优点是：简单快速，用少量的样品（菌体或提取物）就可以得到满意的结果。

（五）核酸分析和分子杂交

DNA 是遗传信息的主要携带者，而遗传信息又是决定于 4 种碱基在 DNA 链上的排列顺序列，因此，关于不同类群微生物 DNA 成分的特异性问题就引起了微生物分类工作者的注意。不同的生物，亲缘关系越远的种，其碱基对排列序列差别就越大。从 20 世纪 70 年代起，分类学家考虑用原核生物的遗传物质——DNA 的特征作为分类依据之一，主要有 GC 含量测定、核酸的杂交技术和序列分析等。

DNA 碱基对的序列、数量和比例在细胞中是稳定的，不受菌龄和一般外界因素的影响，因此，可以通过测定 DNA 的碱基比例或 G＋C 的百分比值（即：G＋C 占 4 种碱基总量的摩尔数百分比，mol%）来判断微生物种属间亲缘关系的远近。

各种微生物的 G＋C 百分比值变化范围很大，原核生物在 20%～70%。一般而言，同一“种”内的不同菌株，其含量变化范围在 2%～5%，两种微生物的 G＋C 百分比值相差在 10% 以上，这两种微生物就肯定不属于同一个种或属。但是，两个完全不相关的微生物，可能具有相同或相似的 G＋C 百分比值，因此，G＋C 百分比值用于微生物鉴定时，必须和其他分类方法相结合使用。

G＋C 百分比值已经用于微生物的分类鉴定中。如《伯杰鉴定细菌手册》第 7 版中，根据 37℃生长，石蕊牛奶反应和气味的产生等特征，曾将假单胞菌属产荧光、不液化明胶的类群划分为 10 个种，后来根据 DNA 的 G＋C 百分比值测定结果都是（60～63）mol%，又经转导测定证明，它们应合并为一个种，因而在《伯杰鉴定细菌学手册》第 8 版把这 10 个种归为恶臭假单胞菌（*Pseudomonas putida*）。

微生物拥有相同的 G + C 百分比值，并不意味着它们具有相同的碱基序列，所以G + C 百分比值相同的微生物可能属于完全不同的两个种。DNA - DNA 杂交是建立在碱基互补配对基础上的一种测定 DNA 同源性的方法，如果两条 DNA 的碱基对排列序列完全互补，那么它们就可以生成完整的杂交双链，即杂交率为 100%；如果双链只有部分互补，那么它们的杂交率就低于 100%，也就是在杂交双链中含有部分不配对的单链。杂交率越高，表明它们之间的亲缘关系越接近。不同属的微生物 DNA 通常只显示本底杂交率，为 1% ~5%。一般把同源性大于 60% 的两个菌株归为同一个种，70% 以上的为同种内不同亚种，同源性为 20% ~60% 的两个菌株归为同一个属。

核酸序列分析主要比较 23S、16S 和 5S rRNA 的序列同源性，尤其是 16S rRNA 的序列特别重要，因为这是原核生物中比较保守的寡聚核甘酸，其同源性大小可决定亲缘关系的远近。从 20 世纪 70 年代起，Woese 等测定了 200 多种原核生物的 16S rRNA 和真核生物的 18S rRNA 的寡聚核苷酸序列，弄清了原核生物和真核生物的系统进化问题，提出了三原界假说。

（六）数值分类法

数值分类法（numerical taxonomy）又称统计分类法（taxonometrics），是一种现代微生物分类法。数值分类法是在与林奈同时代的法国植物学家阿丹松（M. Adanson）200 年前发表的分类原理基础上，借助现代的计算机技术而发展起来的。现代新阿丹松学派（New Adansonian）的代表人物 Sheath 自 1956 年将其用于细菌分类以来，不少国家都采用此法。它与传统分类法的区别主要是：① 传统法采用的分类特征有主次之分。而数值法根据“等重要原则”，不分主次，通过计算菌株间的总相似值来分群归类。② 传统法根据少数几个特征，采用双歧法整理实验结果，排列出一个个分类群。而数值法采用的特征较多，一般是 50 ~60 个，多的则达到 100 个特征以上，进行菌株间两两比较，数据处理量较大，需借助于计算机才能实现。

数值法这种主次不分的分类方法不能突出主要矛盾，未必能真正地反映微生物“种”的特征。另外，数值分类还存在一些技术和方法上的问题，仍处于探索阶段。在目前条件下，应用最广泛的仍是实用而且简单的传统分类方法。

第三节　微生物生态学

生态系统（ecosystem）指在一定的空间内生物成分和非生物成分通过物质循环和能量流动相互作用、相互依存而构成的一个生态学功能单位。生态系统有四个主要的组成成分。即非生物环境、生产者、消费者和分解者。其中微生物主要扮演分解者的角色，它们分解死亡生物体的有机物质，将其还原为无机物质，完成自然界的物质循环。

研究微生物生态学，具有多方面的意义。微生物种类繁多、性能各异，且增殖快、适应力强，在地球上分布极广，其生物多样性在维持生物圈和为人类提供广泛的、大量的未开发资源方面起着重要的作用。种类众多的微生物为我们提供大量可供选择的生物活性物质，而我们目前所了解的微生物种类，只占地球上全部微生物的 10%；微生物的多样性也是巨大的基因库和酶库，具有潜在的运用价值；通过了解人体内微生物种群的生命活动规律，有助于我们对病原微生物致病性、耐药性的了解，有针对性地提出资料方案或设计出新的药物；制药行业的生产环节中也需要微生物种群的活动规律，如研究发酵罐内菌体生长规律，有助于提高发酵产品的产量。厂房设计、产品质量控制中也涉及了一定的微生物生态学知识。

微生物中的一些成员又是人类和其他生物的敌人，如历史上数次流行并杀死了数以万计生命的鼠疫、伤寒、霍乱以及20世纪下半叶开始威胁人类的艾滋病等。对微生物多样性的认识、保护是整个生物圈保护中必不可少的内容。组学时代的到来，将一个崭新的、全面的和内在的微生物世界展现在人们面前，它充分显示了微生物的生物多样性，并揭示了生物进化的动力。

一、微生物在自然界的分布

1. 微生物在土壤中的分布 土壤为微生物生长提供了所需要的各种基本要素，而且还具有保温性能好、缓冲性强等优点，因此，土壤是微生物的大本营，是人类最丰富的菌种资源库。土壤中尤以细菌最多，占土壤微生物总量的70% ~90%，放线菌、真菌次之，藻类与原生动物较少。土壤中不同类型的细菌有不同的作用：有的能够固定空气中的氮元素，合成细胞中的蛋白质；有的能够分解农作物的秸秆，它们大多是异养菌。

微生物积极参与土壤物质转化过程，在土壤形成、肥力演变、植物养分有效化和土壤结构的形成与改良、有毒物质降解及净化等方面起着重要作用。数量庞大、种类繁多的土壤微生物是丰富的生物资源库。由于人类对自然环境、自然资源的过度开发和强烈干预，使得地球上数以万计的物种消失或濒临灭绝，生境遭受严重破坏，生物多样性丧失，生态系统稳定性减弱，资源日益枯竭。

土壤微生物是陆地生态系统中重要的生命体，对所生存的微环境十分敏感。因此土壤微生物指标已被公认为土壤生态系统变化的预警及敏感指标，对土壤微生物多样性研究具有重要意义。目前的研究表明，土壤中尚有90%的微生物还未能在实验室中培养鉴定，所以，微生物作为巨大的基因资源库，蕴藏着极其丰富的基因潜质。

2. 微生物在水体中的分布 地球表面有71%海洋，储存了地球上97%的水。凡有水的地方都会有微生物存在。水体微生物主要来自土壤、空气、动植物残体及分泌排泄物、工业生产废物废水及市政生活污水等。许多土壤微生物在水体中也可见到。水中溶有或悬浮着各种无机和有机物质，可供微生物生命活动之需。但由于各水体中所含的有机物和无机物种类和数量以及酸碱度、渗透压、温度等的差异，各水域中发育的微生物种类和数量各不相同。

大气水和雨雪中仅为空气尘埃所携带的微生物所污染，一般微生物数量不高，尤其在长时间降雨过程的后期，菌数较少甚至可达无菌状态。高山积雪中也很少，种类主要有各种球菌、杆菌和放线菌、真菌的孢子。河流经城市时由于大量的城市污水废物进入河流，因此城市下游河水中的微生物无论在数量上还是在种类上都要比上游河水中丰富得多。池塘水由于有机物较丰富，且受人畜粪便污染，往往有大量腐生性细菌、藻类、原生动物生存和繁殖。在湖泊中的微生物分布与池塘中的相类似，但在大型湖泊中，由于水体的不流动性和污染物分布的不均匀性，微生物的分布在各部分水体中有所差异。一般来说沿岸水域中的微生物要比湖泊中心水域中的微生物丰富得多，其活性也高。地下水一般无有机物污染而很少有甚至无微生物生长。

由于海水具有含盐高、温度低、有机物含量少、在深处有很大的静压力等特点，海水微生物区系与其他水体中的很不一样。只有能适应于这种生态环境的微生物才能生存，包括嗜盐或耐盐的革兰阴性细菌、弧菌、光合细菌、鞘细菌等。这些微生物的嗜盐浓度范围不大，以海水中盐浓度为最宜，少数可在淡水中生长，但不能在高盐浓度（如30%）生长。最适生长温度也低于其他生境中的微生物，一般为12～25℃，超过30℃就难以生长。许多深海细菌是耐压的，最适生长pH在7.2～7.6。海水中微生物的分布以近海岸和海底污泥表层为最多，海洋中心部位水体中数量较少。从垂直分布来看，10～50m深处为光合作用带，浮游藻类生长旺盛，也带动了腐生细菌的繁殖，再往下则数量大为减少。

3. 微生物在大气中的分布　空气不是微生物生活的良好场所，没有微生物生长繁殖所必需的营养物质和其他条件，但空气中却飘浮着许多微生物。土壤、水体、腐烂有机物以及人和动植物体上的微生物，随着气流的运动被携带到空中，随空气流动到处传播，因而微生物的分布是世界性的。

微生物在空气中的分布很不均匀，尘埃多的空气中，微生物也多。畜舍、公共场所、医院、宿舍、城市街道等空气中的微生物数量较多，海洋、高山、森林地带，终年积雪的山脉或高纬度地带的空气中，微生物数量则甚少。空气的温度和湿度也影响微生物的种类和数量，夏季气候湿热，微生物繁殖旺盛，空气中的微生物比冬季多。雨雪季节的空气中微生物的数量大为减少。

空气中的微生物主要是各种球菌、芽孢杆菌、产色素细菌以及对干燥和射线有抵抗力的真菌孢子等。也可能有病原菌，如结核分支杆菌、白喉棒杆菌、溶血性链球菌及病毒（流感病毒、麻疹病毒）等，在医院或患者的居室附近，空气中常有较多的病原菌。空气中的微生物与动植物病害的传播，发酵工业的污染以及工农业产品的霉腐变质都有很大的关系。

4. 农业、工业产品中的微生物　各种农产品上均有微生物生存，粮食尤为突出，全世界每年因霉菌而损失的粮食就占总产量的2%左右，以曲霉危害最大，青霉次之。黄曲霉产生的黄曲霉毒素是一种强烈的致肝癌毒物，对热稳定（300℃时才能被破坏），对人、家畜、家禽的健康危害极大。现已发现的黄曲霉毒素有Bl、B2、G1、G2、B2a、G2a、M1、M2、P1等10种，以Bl的毒性和致病性最强，其次是M1，G1，B2、M2、G2的毒性依次减弱。B1的致癌作用比已知的化学致癌物都强，它比二甲基亚硝胺强75倍。

粮食、食品、油料均含丰富的营养物质，是微生物的天然培养基。最容易生长的微生物有霉菌、酵母菌、细菌、放线菌。粮食、油料种子有100多种植物病原微生物。

农业产品中的微生物来源有二：一是原生性微生物，是农产品本身固有的微生物，是微生物与植物在长期相处的关系中形成的；另一是次生性微生物，是农产品储存、加工、运输中经各种途径感染的微生物，可以来自空气、土壤、仓库加工等。

农产品中的微生物，不仅导致产品变质，降低营养价值，还可产生50多种毒素。此外还可衍生致病菌如沙门氏菌、葡萄球菌、变形杆菌、致病菌等，引起中毒。

许多工业产品是部分成全部由有机物组成，因此易受环境中微生物的侵蚀，引起生霉、腐烂、腐蚀、老化、变形与破坏，即便是无机物如塑料、玻璃也可因微生物活动而产生腐蚀与变质，使产品的品质、性能、精确度、可靠性下降。

扫码“看一看”

5. 人体中的微生物　皮肤表面温度适中，pH稍偏酸，可利用水一般不足，汗液中有无机离子和其他有机物，是微生物生长的合适生境。据估计人体表皮至少有250种细菌，仅在人的前臂上就生活着大约182种细菌，共分为91类，优势的细菌种群是革兰阳性菌，它们包括葡萄球菌、链球菌、丙酸菌（*Propionibacteriu*）和棒杆菌（*Corynebacterium*）四类。

革兰阴性菌较少见于皮肤。在每个人的皮肤表面，有大约3/4的细菌与别人皮肤表面的细菌不一样，男性皮肤上的细菌与女性皮肤上的细菌也有着显著的差别。皮肤表面正常栖居的微生物对外来微生物具有排斥作用，可以防止外来病原微生物的侵染，对皮肤有保护作用。

口腔内温度稳定，水分充足，营养丰富，好氧的大环境和厌氧的微生境并存，为微生物提供了多种多样的微生境。唾液一方面为微生物提供了生长因子，但也含有抗微生物物质。口腔微生物分布于软组织黏膜表面、牙齿表面和唾液，主要类群包括细菌、放线菌、酵母菌、原生动物和病毒，以细菌数量最多，每毫升唾液中含有1亿个细菌，整个口腔中细菌的种类超过600种，然而，大约有一半尚未命名。唾液链球菌（*S. salivarius*）是最早在口腔中定居的链球菌，一般在出生后1～2天就可以从新生儿口腔分离到。出生后几天口腔中的早期菌群包括葡萄球菌属、奈瑟氏球菌、乳杆菌。韦荣氏菌属是最早在口腔中定植的厌氧微生物。另外白色假丝酵母在新生儿口腔中的检出率可达80%。

胃肠道所包含的人体器官有胃、小肠和大肠，胃肠道微生物研究的主要是大肠内的微生物。胃的特点是酸度高（pH甚至低于3），含大量的消化酶，这种生境不适合于微生物生长，因此胃内仅有数量较低的附在胃壁上的抗酸微生物，包括酵母、链球菌、乳杆菌等。小肠中正常环境pH稍偏碱，表面多腺体，含有消化酶，强烈蠕动。微生物数量从近胃端的低量（10^3CFU/ml）到近大肠端的高量（10^8CFU/ml）。大肠的正常环境pH偏碱到中性，表面多腺体，温和蠕动，微生物数量巨大（10^{11}CFU/ml）。其区系组成包括：拟杆菌、真杆菌、厌氧链球菌、双歧杆菌、肠球菌、肠杆菌、乳酸菌、梭菌、酵母等。

人和胃肠道微生物存在着对双方都有利的共生关系。微生物合成的维生素、蛋白质，产生的能源可以为人吸收利用，低水平的肠道区系（通常使用抗生素后的第二天）将会导致叶酸和维生素K的缺乏。胃肠道易于受到外来微生物或病原微生物的侵染。能侵染胃的微生物有细菌（幽门螺杆菌）、病毒、酵母、寄生虫。幽门螺杆菌可能与人类B型胃炎、消化性溃疡及胃癌等有着密切关系。

6. 极端环境中的微生物 在自然界中，有些环境是普通生物不能生存的，如高温、低温、高酸、高碱、高盐、高压、高辐射等。然而，即便是在这些通常被认为是生命禁区的极端环境中，仍然有些微生物生活着，我们将这些微生物叫做极端环境微生物（Extreme microorganisms）或者嗜极菌（extremophiles）。

嗜热菌（Thermophiles）俗称高温菌，广泛分布在温泉、堆肥、地热区土壤、火山地区以及海底火山地等。兼性嗜热菌最适宜生长温度在50～65℃，专性嗜热菌最适宜生长温度则在65～70℃。在美国黄石国家公园的含硫热泉中，曾经分离到一株嗜热的兼性自养细菌——酸热硫化叶菌（*Sulfolobus acidocaldarius*），它们可以在高于90℃的温度下生长。从意大利一处海底火山口附近的硫黄矿区分离到的一种极端嗜热菌（*pyrodictium*）是迄今所知嗜热性最强的细菌，该处的海床由热矿沉积物和被硫覆盖的洞隙组成，海床上不断喷射出热海水和火山气，温度高达103℃。嗜热菌种类很多，营养范围亦非常广泛，但多数种类营异养生活，营自养生活的嗜热菌主要包括产甲烷细菌和硫化叶菌，不过其中有一部分是混合营养型。

专性嗜冷菌（Psychrophiles）适应在低于20℃以下的环境中生活，温度超过22℃时，其蛋白质的合成就会停止。在地球的南北极地区、冰窖、终年积雪的高山、深海和冻土地区，都分布着这样的嗜冷微生物，已发现的嗜冷菌有真细菌、蓝细菌、酵母菌、真菌及嗜冷古生菌，绝大多数为革兰阴性菌。专性嗜冷菌的细胞膜内含有大量的不饱和脂肪酸，保证了细胞膜在低温下的流动性。兼性嗜冷菌生长的温度范围较宽，最高温度达到30℃时还能生活。嗜冷微生物是导致低温保藏食品腐败的根源。

在一些与地热活动有关的环境如火山地区和地壳薄弱的地方，因为有火山气体中元素硫的氧化而导致环境呈现高温和酸性，但分布着嗜酸微生物（Acidophilus），包括极端嗜热的古细菌、中等嗜热的古细菌和真细菌、嗜温的真细菌等，最有名的是氧化亚铁硫杆菌（*Thiobacillus ferrooxidans*），专性自养，嗜酸，能氧化硫和铁，并产生硫酸。目前已经分离培养的嗜酸微生物包括钩端螺旋菌（*Leptospira*）、嗜酸硫杆菌（*Thiobacillus acidophilus*）、嗜酸热原体（*Thermoplasma acidophilum*）、椭圆酵母、红酵母、头孢霉菌（*Cephalosporium*）等。

嗜碱微生物（Alkaliphilies）广泛地存在于多种环境中。在天然碱湖、碱性沙漠、热泉、南极以至马里亚纳海沟等极端自然环境下，都能分离出了嗜碱微生物。碱湖是地球上最稳定的碱性环境，是嗜碱微生物理想的生长场所。在一些人工环境，如在水泥制造、染料制备、印染以及造纸食品加工等工业过程排出的碱性废水和碱性废渣的堆积、扩散、渗漏产生的局部碱性区域中，也有碱性微生物的存在。嗜碱微生物是指那些最适生长在pH为8.0以上，通常在pH 9~10生长的微生物，专性嗜碱微生物可在pH 11~12的条件下生长，但在中性条件下却不能生长。第一个发现的嗜碱菌是粪链球菌（*S. faecalis*）以来，目前已分离到的嗜碱微生物包括芽孢杆菌属、微球菌属、链霉菌属、假单胞菌属、黄杆菌属（*Flavobacterium*）和无色杆菌属（*Achromobacter*）等的一些种。近年来，人们还发现了嗜碱的能进行光合作用的细菌。

嗜盐菌（Halophiles）通常分布在晒盐场、盐湖、腌制品中。嗜盐菌能够在盐浓度为15%~20%的环境中生长，有的甚至能在32%的盐水中生长。极端嗜盐菌有盐杆菌（*Halobacterium*）和盐球菌（*Halococcus*）均属于古细菌。盐杆菌细胞含有红色素，所以在盐湖和死海中大量生长时，会使这些环境出现红色。一些嗜盐细菌的细胞膜中含细菌视紫红质，能吸收太阳光的能量。有的嗜盐菌能引起食品腐败和食物中毒，如副溶血弧菌（*Vibrio parahaemolyticus*）是分布极广的海洋细菌，通过污染海产品、咸菜、烤鹅等致病，是引起食物中毒的主要细菌之一。嗜盐菌可用于生产胞外多糖、聚羟基丁酸（PHB）、食用蛋白、调味剂、保健食品强化剂、酶保护剂、计算机存储器等，还可用于海水淡化、盐碱地改造利用以及能源开发等。

在海洋深处以及深油井中，分布着一些嗜压微生物（Piezophiles），它们生存的环境中压力达1000多个大气压，在常压下它们却是不能生存的。自1979年Yayanose等首次成功获得嗜压微生物纯培养，科学家已分离到不少嗜压菌，它们主要属于γ-亚群菌属，如希瓦菌属（*Shewanella*）、莫里特拉菌属（*Moritella*）、科尔韦尔菌属（*Colwellia*）、发光杆菌属（*Photobacterium*）和嗜冷单胞菌（*Psychromonas*）。此外，还发现一些嗜压的酵母菌。耐高温和厌氧生长的嗜压菌有望用于油井下产气增压和降低原油粘度，借以提高采收率。对深海嗜压菌及其耐压机制的研究至今仍落后于其他极端微生物。

二、微生物与其他生物的相互关系

1. 微生物与植物之间的相互关系 植物的茎、叶和果实表面是某些微生物的良好生境，细菌、蓝细菌、真菌（特别是酵母）、地衣和某些藻类常见于这些好气的植物表面。有益微生物和有害微生物种群同时与植物长期共同生存，组成了独特的微生物群落，形成植物微生物生态体系。

不同种的植物叶际有特定的群落组成，与植物生长发育、植物抗性密切相关。叶际细菌在其生长发育过程中，能产生多种拮抗性或竞争性的代谢产物，直接或间接达到阻碍或杀死病原菌的效果。某些微生物的结构多糖经裂解后产生大小、组分及结构不一的各种寡糖，能够诱导植物产生防御反应。一种荧光假单胞杆菌（*P. fluorescens*）产生的噬铁素可以与环境中的铁离子高度结合，而使植物病原菌缺乏铁营养不能生长繁殖。

生物之间的共生（symbiosis）是一种极为普遍的生命活动和生态现象，也是生物之间最基本、最重要的相互关系。细菌与植物共生在自然界广泛存在，如根瘤菌侵染豆科植物形成根瘤，固定大气中的N素，平均能提供豆科植物所需氮素的50%～70%，对自然界的素循环起着十分重要作用，我国古代采用豆科轮作的办法提高土壤肥力，就是利用了这一点。

植物内生微生物（Endophyte）是指分布在没有外在感染症状的健康植物组织内，与宿主植物协同进化，具有重要的生物学功能的微生物群落。内生真菌与宿主协同进化，在演化过程中二者形成了互惠共生关系：一方面内生真菌可从宿主中吸收营养供自己生长需要，另一方面内生真菌在宿主的生长发育和系统演化过程中起重要的作用。内生真菌可增强宿主的生长，增加宿主对氮元素的吸收，如固氮醋杆菌（*Acetobacter diazotrophicus*）对于甘蔗有明显的促生作用。水稻内生的成团泛菌（*Pantoea agglomerans*）能分泌4种不同的植物生长激素，它们共同调节水稻的生命活动，影响水稻乳熟期光合产物的分布。另外，内生真菌可增强宿主抗干旱、抵抗病虫害的能力：木霉菌属（*Trichoderma* sp.）的许多内生菌可以分泌胞外酶来降解致病性真菌的细胞壁；有的内生真菌在宿主内产生麦角生物碱等有毒物质，对植物致病菌和有害昆虫有抗性。

某些病毒、细菌、真菌和原生动物能引起植物的病害，主要的病害是由真菌引起的。病害使植物功能失常，因而降低了植物生长和维持它们生态位的能力。病原体通过不同的途径进入植物体内，通过产生分解酶、毒素和生长调节因子干扰植物的正常功能。被感染植物能产生各种形态上和代谢上的异常，有的植物会快速死亡，或经历缓慢的变化过程，而走向死亡。

2. 微生物与动物之间的相互关系 昆虫有1000万种，约占地球所有生物物种的一半，其肠道结构多种多样，肠道微生物也非常丰富。等翅目的白蚁肠道优势菌有拟杆菌属（*Bacteroides*）、厚壁菌门（*Firmicutes*）、螺旋体（*Spirochaetes*）及变形菌门（*Proteobacteria*）等。鳞翅目昆虫舞毒蛾、棉铃虫、家蚕中肠的优势菌主要有肠球菌（*Enterococcus*）及变形菌门的细菌。直翅目昆虫沙漠蝗肠道的优势菌群为肠杆菌（*Enterobacter*）。

低等白蚁的肠道内含有多种多样的微生物区系，肠液中微生物密度达10^{9}～10^{11}CFU/ml。如散白蚁（*Reticulitermes flavipes*）后肠存在着至少20～30种不同形态的细菌或古细菌，其中古细菌绝大多数属于甲烷短杆菌属（*Methanobrevibacter*）。而栖北散白蚁（*Reticulitermes speratus*）肠道的微生物多属于螺旋体、拟杆菌、梭菌和变形杆菌等。我们将这些在系统发育上与其他物种不同的细菌称为“白蚁菌群（Termite group）”。

瘤胃作为反刍动物的消化器官，是迄今已知的降解转化植物纤维素类物质效率最高的天然体系，它依赖瘤胃微生物群体的协同作用，将天然纤维类物质快速降解转化成一系列动物营养和能源物质。反刍动物的瘤胃为微生物提供了良好的栖息环境，其容积巨大，且分隔成多室，瘤胃中氧化反应电位低（－250 ～ －450mV），温度为38.5～42.0℃，pH

5.0~7.5，几乎可以满足厌氧微生物的厌氧环境。瘤胃微生物各个群体有各自的生态位和各自的作用，同时由于微生物间的交互饲喂、互作关系等特殊动态模式，使得微生物群体得以高效分解纤维素类物质。可以认为瘤胃是一个完美的、天然的秸秆纤维降解消化的加工厂和高效厌氧发酵罐，目前尚没有任何人工系统能与之媲美。

反刍动物瘤胃中栖息的微生物包括细菌、真菌、古细菌和原虫，还有大量噬菌体。常见瘤胃细菌有纤维素消化菌有30~40种，其中白色瘤胃球菌（*Ruminococcus albus*）、黄色瘤胃球菌（*Ruminococcus flavefaciens*）和产琥珀酸丝状杆菌（*Fibrobacter succinogenes*）是公认的瘤胃三大优势纤维分解菌，另外还有半纤维素消化菌如居瘤胃拟杆菌（*Bacteroides ruminicola*）、淀粉分解菌如反刍兽月形单胞菌（*Selenomonas ruminantium*）等。

3. 微生物与人体之间的关系　人的体表和体内栖生着许多种类和数量的正常微生物，其中肠道微生物约占人体总微生物量的78.68%，已经鉴定出500多种正常肠道微生物，其数量是人体体细胞和生殖细胞之和的10倍，总重量约1.5kg，人肠道满足了肠道微生物生长和繁殖所需要的各种生理条件，包括氧气天然的隔绝、充足的营养物质以及适宜的温度和酸碱度等。分析表明，成人肠道微生物分属6大门：厚壁菌门、拟杆菌门、变形菌门、放线菌门、疣微菌门、梭杆菌门。肠道微生物及其代谢产物对宿主的能量平衡和生理活动也产生重要的影响。

2003年，完成了人体与细菌共生作用模型之一的多形拟杆菌（*Bacteroides thetaiotaomicron*）基因组的测序工作。功能基因组学分析结果表明，已知功能蛋白有2782种，占编码蛋白质4779种的58%。这些已知功能蛋白划分成四大功能区：多糖摄取和降解（如糖苷水解酶）；荚膜多糖合成（如糖苷转移酶）；环境感知和信号传导、DNA变异（如转座酶）。上述的功能蛋白分区化反映出肠道微生物为适应宿主而采取的高度进化策略：①获取食物多糖；②感知肠道的环境；③改变宿主和自身基因表达，以建立与宿主之间互惠互利的关系。人类基因组和微生物基因组之间比较，充分地揭示了多形拟杆菌具有惊人的利用人类不可消化性食物多糖能力的分子机制，揭示出肠道微生物群落及其基因组赋予了人类一些没有在自身上进化出的遗传和代谢功能，弥补了人类某些生物学缺陷。

肠道微生物能够降解和发酵非可消化碳水化合物，扩大了宿主可利用原料的范围，提高了能量利用效率，营养功能是肠道微生物对宿主的最重要的功能之一。如肠道微生物能促进上皮细胞的生长与分化，其代谢产生的短链脂肪酸（SCFA）如乙酸盐、丙酸盐和丁酸盐主要的作用就是为肠上皮细胞的提供营养。此外，肠道细菌还参与了维生素的合成及各种离子（如Ca^{2+}、Mg^{2+}、Fe^{3+}）的吸收。

肠道微生物群落另外的一个重要功能就是对宿主的保护作用。宿主肠道共生微生物在肠道表面形成“菌膜屏障”，是抵抗外源微生物定殖的重要防线，对于机体组织免受外来病源菌的侵袭具有很重要的作用。肠道内共生微生物可以抵制病原菌的生长，这种抗病原菌生长的能力被称为“定殖抗力（colonization resistance）”，定殖抗力为宿主保证了宿主拥有一个稳定的内环境系统。当存在外界扰动如抗生素、免疫抑制剂的应用时，都会打破这一稳定的生态平衡，使得某些机会致病菌过度生长。另外细菌还通过对营养物质的竞争来抑制病原菌的生长。“宿主-微生物”的这种共生关系还可以减少营养物质的过度产生，从而避免某些正常菌群的竞争者（如微生物大肠埃希菌O_{157}）的生长。

人体微生物还与我们多种疾病密切相关，比如心血管疾病患者肠道微生物中柯林斯菌比正常人丰富，心力衰竭患者革兰阴性菌比正常人丰富等。这些微生物可能导致代谢紊乱、释放引起炎症的脂多糖、释放促进心血管疾病的物质如氧化三甲胺等。肠道微生物与癌症的发生更是密切相关，它是国际癌症研究机构第一个认定的致癌微生物。另外，大肠杆菌 NC101 和脆弱拟杆菌会导致结肠癌，肝螺杆菌会导致肝癌和乳腺癌都陆续被科学家所证实。

此外，肠道微生物还与类风湿性关节炎、中枢神经系统疾病等有关，类风湿性关节炎是一种系统性自身免疫性疾病，研究发现，类风湿性关节炎患者肠道中普氏菌多于常人，而拟杆菌门较少，接受药物治疗后降低普氏菌，则病症明显缓解。抑郁症、焦虑症、自闭症等均可能是由于肠道微生物菌群失调导致的，科学家通过小鼠实验证明无菌小鼠比正常带菌小鼠更容易表现出焦虑行为，说明神经系统是受肠道微生物影响的。

总之，人体中的微生物已经被证实对人体健康有着至关重要的影响，鉴于其重要性的存在，很多科学家建议把人体微生物称之为“微生物器官”。如何通过调节人体微生物群落的数量和种类达到保障人体健康的目的，已经成为当下最热门的研究领域。

三、微生物生态学在药学和生物技术中的应用

1. 极端微生物的应用 在发酵工业中，嗜热菌可用于生产多种酶制剂如纤维素酶、蛋白酶、淀粉酶、脂酶工业中。在环境保护方面，主要体现在处理食品和造纸工业废水、芳香族化合物、氰化物、有机磷农药、重金属及其他有机难降解物质。利用高温酶处理木浆可以有效地祛除木质素，减少对化学漂白剂的用量，从而减少了对环境的污染。

嗜热菌研究中最意义重大的成果之一就是将嗜热水生菌（*Thermus aquaticus*）中耐热的 Taq DNA 聚合酶广泛用于分子生物学中聚合酶链式反应（PCR），给基因工程带来革命性的进步。在医药工业中，利用嗜热菌获得了 9 种抗生素，其中高温放线菌属（*Thermoactinomyces*）中的热红菌素（thermorubin）和热绿链菌素已应用于医药领域，并且已经工业化。Phoebe 等首次报道了一种由极端微生物代谢产生的抗真菌的抗生素，命名为 Pyochelin，有较大的应用前景。来源嗜热芽孢杆菌（*Bacillus stearothermophilus*）的碱性磷酸酯酶（alkaline pho sphatase，AP）是一种有用的工具酶，在免疫学研究中常用作酶联试剂，在 Southern 或 Northern 印迹分析技术中已有用 AP 代替同位素标记探针检测产物。

低温酶在工业上的应用优势在于这类酶催化反应最适温度较低，可以节约能源。例如低温蛋白酶可用于皮革处理，而低温脂肪酶及蛋白酶可作为洗涤剂添加剂。在食品工业中，低温 β - 半乳糖苷酶可以在低温条件下降低牛奶中乳糖的含量使其水解成葡萄糖和半乳糖，可提高牛奶的溶解性和可消化性；低温果胶酶可以降低果汁的粘性，使终产品变得澄清。在一些南极低温细菌和酵母中存在的类胡萝卜素具有重要的生理功能，可以有效地保护细胞中各种生物大分子不受自由基的损伤，这对保护细胞正常生命代谢，防止衰老和癌变及提高免疫力具有重要意义。

嗜盐古菌的紫膜蛋白能够通过构型的改变储存信息，并具有广泛的值和温度耐受范围，是未来制造生物计算机芯片的理想材料。同时这种蛋白构型的改变能产生可检测的电信号，为进一步的生物光控技术研究带来了希望。极端嗜盐菌的细菌视紫质机理的研究还有望应用于 ATP 合成、太阳能电池、淡化海水、生物芯片等方面。嗜盐菌在一定条件下能大量积累聚羟基丁酸用于可降解生物材料的开发，目前主要应用于医学领域，如外科手术、患者碳源外充等。利用菌体发酵方面，可用以生产聚羟基丁酸（PHB）、胞外多糖类物质等多聚化合物，也有用来生产食用蛋白、食品添加剂、酶的保护剂和稳定剂、表面活性剂、抗微

生物化合物、类激素物质、EPA 等。

极端微生物广泛分布于地球上，它们在生态系统中发挥着重要作用，还为人类提供了丰富的微生物资源。进入 20 世纪 90 年代以后，极端微生物及其相关产物的研究以及它们在现代生物工程中的潜在价值，逐渐引起人们的广泛关注，并成为一个新的研究热点。

2. 细菌群体感应系统及其应用　微生物的群体感应（quorum sensing，QS），也称自诱导，是细菌根据种群密度大小进行细胞内或细胞间信息交流，协调群体行为并调控基因表达的一种机制。Bassler 等首次发现海洋细菌哈氏弧菌（*Vibrio fischeri*）产生并感应 AI－1 类信号分子，利用信号分子在细胞间的扩散，来感知自身和周围环境中其他细菌的数量变化，当信号分子的浓度达到一定的阈值时就能启动菌体中相关基因的表达，调控相关的生物学功能，如抗生素的生物合成、毒性因子的产生、胞外多糖的合成、细菌丛集、质粒结合转移、稳定生长期的进入等。

一般来说，一种细菌只产生并感应某一特定种类的信号分子。如革兰阴性菌产生 autoinducer I（自诱导物 1，AI－1）类信号分子，最常见的是酰基高丝氨酸内酯（N－acyl homoserine lactones，AHLs）；革兰阳性菌产生寡肽类（autoinducing polypep tides，AIP）信号分子。种内特异的信号分子使菌体在复杂的生境中识别自己，同时也需要一种机制来检测他种细菌的存在，去“数”自己与别人的比例，从而根据这种比例的变化调节自己的行为。

对细菌群体感应现象的研究具有深远的理论意义和现实意义。经过研究，人们发现通过调控系统可以提高抗生素的产量，而利用固氮细菌的系统可以优化植物根部的结节形成，也可产生细菌信号分子的转基因植物用于病害防治而提高作物产量，还有人尝试在宿主中表达合成信号分子的基因，过早地导致毒力基因的表达，激发宿主的防御反应等间信号传递的新机制，以达到对病原物进行防治的目的。近年更发现细菌能产生一种具有协调性、功能性和高度结构性的膜状复合物——生物被膜（biofilm），其表面包被多聚糖基质，内部包含众多输送养料的管道，适应能力强，是细菌对抗生素耐药的主要原因，而且估计超过的微生物感染由细菌的生物被膜引起。研究表明，由于细菌群体感应系统对生物被膜的形成以及生物被膜结构的稳定起着关键性作用，等通过合成出来化合物干扰分子信号可以干扰细菌的系统，使之不能在其叶表产生群聚和形成生物被膜，因此，被认为是解决细菌耐药性问题的突破点之一。由于细菌群体感应现象归根到底是调节微生物的群体生长和代谢，因此也被某些学者看做解决发酵工艺放大的基本途径。

3. 海洋微生物生物活性物质研发　海洋微生物多样性是所有海洋微生物种类、种内遗传变异及其生存环境的总称，包括生活环境的多样性、生长繁殖速度的多样性、营养和代谢类型的多样性、生活方式的多样性、基因的多样性和微生物资源开发利用的多样性等。海洋微生物种类繁多，据统计有 100 万～2 亿种，而且相对于陆地微生物而言，它们能够耐受海洋特有的高盐、高压、低营养、低光照等极端条件，因而在物种、基因组成和生态功能上具有多样性。随着陆栖微生物在抗生素、酶、酶抑制剂、多糖等生物活性物质方面的大量开发和应用，通过寻找新种属的微生物或特殊性状的微生物来开发新型微生物天然活性物质的难度越来越大，于是世界各国和组织纷纷把研究开发的重点转向了前景更为广大的海洋微生物。

目前，海洋微生物天然活性物质的开发应用已取得了很多成果，例如已经从海洋细菌、放线菌、真菌等微生物体内分离到多种具有较强生物活性的物质，包括毒素、抗生素、不饱和脂肪酸、类胡萝卜素等，并着手于这些物质的工业化生产。今后对海洋微生物活性物质研究的重点将是：通过加深对海洋微生物尤其是非可培养细菌的生态分布规律及其多样性的了解，寻找新型化合物；确定活性物质的初级和次级代谢的遗传、营养和环境因素，作为开发新的和高级产品的基础；鉴定具有生物活性的化合物，并确定它们的作用机理和天然功能，为一系列新的和有选择的活性物质在医药和化工上的应用提供模型。

极端酶（extremozyme）是指那些在非常规条件下仍然发挥作用的酶，主要来源于极端生物，是极端生物在恶劣环境中生存的基础。根据其生理特性的不同，极端酶可分为嗜热酶、嗜冷酶、嗜酸酶、嗜碱酶、嗜压酶、嗜盐酶、耐有机溶酶、耐抗代谢物酶及耐重金属酶等。海洋微生物作为极端酶的来源具有突出的特点和优势：具有显著的耐压、耐碱、耐盐和耐冷等特性；物种多样性丰富；代谢易于调控；在极端条件下具有相对较高的活性。目前，国内外已经从海洋极端环境微生物中分离得到了大量的新的极端酶并且在多种行业内得到应用。

4. 植物共附生微生物与新药研发 自20世纪70年代从短叶红豆杉（*Taxus brevifolia*）树皮中分离出具有抗癌活性的化合物紫杉醇以来，内生菌的分离及其代谢产物的研究普遍受到重视。研究表明，内生真菌的代谢产物普遍具有一定的抗菌作用。据估计植物内生真菌总数超过100万种，因此内生真菌资源极其丰富，是新型药物的一个重要来源。除紫杉醇外，已从内生真菌中已分离到多种活性物质。如：从 *P*1 *microspora* 分离到的抗真菌剂 ambuic acid；从 *T*1 *wilf ordii* 中分离到的免疫抑制剂 Subglutinols A 和 B；从 *C*1*querci na* 分离到的肽类抗真菌剂 cryptocandin，已被几家公司开发为治疗真菌引起的皮肤和指（趾）甲病制剂。

5. 微生态学和人体疾病研究 生活在人体肠道内数以万亿的细菌和人体有着密不可分的互利共生关系，肠道菌群的组成影响着每个人的健康。研究发现，肠道菌群结构紊乱与许多疾病如糖尿病、肥胖症等有关。不同的人具有不同的肠道菌群组成结构，饮食、药物以及环境因素可以影响个体肠道菌群的组成。因此，科学家们认为可以通过发明一些以肠道细菌为靶点的药物，纠正紊乱的菌群结构从而达到治疗各种疾病的目的。

肠道菌群能够参与机体内很多代谢过程，但是在数以万计的细菌中究竟是哪一些在发挥重要的作用，并且具体影响哪些代谢通路，人们对此了解的还不够深入。近年来，基因组和代谢组技术的发展，为解决上述难题提供了新的手段。研究人员利用细菌DNA指纹图谱和基因组标记测序等基因组技术全面深入地刻画了人类肠道菌群的组成结构，发现他们尽管属于同一个家庭，遗传背景彼此相关、生活环境相似，但每一个个体仍然具有其特有的肠道菌群结构特征。同时，利用核磁共振等代谢组技术分析志愿者尿液中代谢物的组成，通过比较志愿者肠道菌群组成变化与他们的代谢特性变化的关系，初步发现了肠道内某些特定细菌与人体尿液中的某些代谢物呈显著的相关关系，提示这些肠道细菌对人体健康特别重要。例如，研究者发现人体肠道内共有的一种“友好”细菌——属于厚壁菌门（*Firmicutes*）梭菌科（*Clostridiaceae*）的 Faecalibacterium prausnitzii 与8种人体的代谢物质有统计相关性，提示这种细菌在参与宿主多种代谢过程中有着很重要的作用。

通过分析人体的代谢谱来解析肠道菌群组成和功能，能够准确地描绘出细菌与宿主代谢之间的互作关系，使人们有可能利用这些代谢信息确定一个人肠道微生物的组成和功能。这项新的研究成果，为将来充分认识不同的肠道细菌如何影响机体代谢过程，譬如如何将食物转化成能量、如何维持细胞存活等问题迈进了一大步。反之，也可以利用肠道菌群结构的分子标记，诊断人类代谢是否正常或偏差的程度，进而以这些特定的肠道细菌为靶点，通过改变它们与宿主之间的相互作用来开发治疗疾病的新方法。

6. 白蚁肠道、瘤胃微生物基因组与生物能源　瘤胃微生物是反刍动物必不可少而独特的组成部分。之前的研究通常将动物消化道微生物群落与宿主的关系归纳为共栖（xenobiosis，一个种类受益，而另一个种类不受影响）或互惠共生（两个种类都受益）。但是，“共栖”不能正确地描述动物消化道微生物群落个体对于其他个体或宿主的有益作用。现在，许多研究者将动物消化道微生物群落看作是宿主的一个器官，这主要是因为微生物群落由多种细胞系组成，细胞间或细胞与宿主之间具有信息交流能力，能够消耗、储藏和重新分配能量，调控具有代谢重要性的化学转换过程，具有通过自我复制来维持和修复自身的能力。消化道微生物群落基因组（Microbiome，微生物组）中包含的基因数目大概是宿主自身基因数目的100倍，具有宿主自身不具备的代谢功能。因此，越来越多的研究者将动物视为由宿主和相关微生物共同组成的“超生物”，从宿主自身基因组和微生物组的结合体的角度来进行研究。

瘤胃微生物群落中蕴藏有丰富的参与碳水化合物、脂类和氮素代谢的遗传资源，不仅是了解日粮营养物质代谢和牛奶成分合成机制的基础，瘤胃细菌和瘤胃真菌能分泌纤维素酶，对纤维素有较强的降解能力，而且在饲料、瘤胃调控、食品发酵和生物质利用、生物能源等领域中具有极大的应用潜力。

虽然对白蚁的研究已经有一个多世纪的历史，但对于其消化道内的微生物的特征与作用还知之甚少。美国能源部联合基因组研究所、加州理工学院、哥斯达黎加国立生物多样性研究所等单位联合测定了白蚁肠道微生物基因序列，后续的任务就是发现这些遗传结构所产生的代谢途径，并阐明白蚁在自然条件下是如何进行消化的。并在此基础上，可以人工合成这些新型酶类，以加速作为新一代生物燃料的纤维素乙醇的开发利用。

随着这项测序工作的展开，对于白蚁肠道内与消化木材有关的复杂的微生物群落共生关系逐渐揭开神秘的面纱。像牛一样，白蚁有多个胃，每个胃都形成一个特定的环境，从而“孕育”了不同的微生物群落。这些微生物在木材聚合物转化为糖类的过程中均承担一步或几步生物转化的任务。测序结果表明，白蚁肠道微生物基因组包含7100个遗传密码，肠道主要有密螺旋体（treponemes）与丝状杆菌（fibrobacters）两类微生物菌群。其中密螺旋体早有认识，而丝状杆菌则是全新的发现。这两类微生物均与牛的瘤胃降解纤维素有一定关系，与木质纤维素酶有着直接的联系，密螺旋体似乎专门从事木质纤维素的分解，而丝状杆菌则参与糖分的发酵过程。白蚁可在其后肠中高效地将毫克级的木质纤维素转化为可供发酵的糖分，但将这个过程扩大至工厂化生产生物燃料却没那么简单，必须先找到分解纤维素的关键酶基因。

思考题

1. 种以上的分类单元分几级？
2. 试比较古细菌、细菌和真核生物间的主要差别。
3. 什么是系统发育树？
4. 什么叫数值分类法？
5. 为什么说土壤是人类最丰富的菌种资源库？如何从中筛选所需要的菌种？
6. 什么是极端微生物？它们在理论和实践中有何重要性？

扫码“练一练”

7. 试举几个植物共附生微生物与新药研发成功的例子。
8. 什么是微生物的群体感应？该理论在药物研发中有什么意义？
9. 海洋微生物的应用前景有哪些？

（徐旭东）

第二篇

免疫学基础

扫码“学一学”

扫码“看一看”

第十一章　抗　原

抗原（antigen，Ag）是指所有能诱导机体发生免疫应答的物质。即能被 T/B 淋巴细胞表面的抗原受体（TCR/BCR）特异性识别与结合，活化 T/B 细胞，使之增殖分化，产生免疫应答产物（致敏淋巴细胞或抗体），并能与相应产物在体内外发生特异性结合的物质。因此，抗原物质具备两个重要特性：免疫原性（immunogenicity）和免疫反应性（immunoreactivity）。免疫原性即指抗原诱导机体发生特异性免疫应答，产生抗体和/或致敏淋巴细胞的能力；免疫反应性是指能与相应的免疫效应物质（抗体或致敏淋巴细胞）在体内外发生特异性结合反应的能力。

同时具有免疫原性和免疫反应性的物质称为完全抗原（complete antigen）或免疫原（immunogen），自然界大多数抗原属于完全抗原。某些小分子物质单独不能诱导机体发生免疫应答，即不具有免疫原性、只有免疫反应性，这类物质称为半抗原（hapten）或不完全抗原（incomplete antigen）。半抗原多为简单的分子，当其与大分子蛋白等物质结合后可获得免疫原性。赋予半抗原以免疫原性的蛋白质称为载体（carrier）。

结构复杂的蛋白类大分子物质通常为完全抗原，如大多数病原微生物的结构蛋白及其蛋白类代谢产物，而结构简单的小分子物质多为半抗原，如二硝基苯（DNP）、某些药物、类脂等。青霉素降解产物青霉烯酸即为半抗原，一旦与人体蛋白质载体结合即可获得免疫原性从而激发免疫应答，介导超敏反应。

第一节　决定抗原免疫原性的因素

一、异物性

免疫的本质是机体的免疫系统识别自己与非己，并通过免疫应答排除非己的过程。因此，抗原都是非己的异物。抗原异物是指其结构组成与自身正常成分有差异或免疫系统发育成熟前从未接触过的物质。抗原与机体之间的亲缘关系越远，组织结构差异越大，异物性越强，其免疫原性就越大。在胚胎发育期，淋巴细胞通过识别自身抗原肽 - MHC 分子复合物，经过克隆选择清除自身反应性细胞，从而对自身组织形成免疫耐受。

根据异物性，可将抗原分为：①异种抗原，来自异种动物、植物和微生物的抗原性物质，如各种病原微生物及其外毒素、异种动物血清（如破伤风抗毒素）、异种动物蛋白、花粉等；②同种异型抗原，在同种动物不同个体间，存在的各种组织成分的差异，如 ABO 血型、Rh 血型或 HLA 等抗原成分；③自身抗原，正常自身组织成分及体液组分处于免疫耐受状态，不能激发免疫应答，但如打破自身耐受，则可引起自身免疫应答，如胚胎期与淋巴细胞隔绝的自身组织（如精子、眼晶状体蛋白，因感染或理化等因素被释放出来成为自身抗原）或感染、药物和辐射等因素使自身组织结构发生改变成为自身抗原；④病毒感染细胞、肿瘤细胞等对免疫系统均有异物性，见本章第三节。

二、一定的理化性状

（一）大分子胶体

抗原除具有异物性外，同时应为大分子胶体物质，一般而言，抗原的相对分子质量越大，含有抗原表位越多，结构越复杂，则免疫原性越强。相对分子质量大于100kDa的抗原为强抗原，小于10kDa的抗原通常免疫原性较弱。大分子胶体物质化学结构复杂且稳定，不易被机体降解排除，可在体内存留较长的时间，易形成对免疫系统刺激并产生免疫应答。另外，大分子物质表面的抗原决定簇相对多，对免疫系统有较强的刺激作用。

（二）一定的化学组成和结构

抗原免疫原性的强弱还与抗原的化学组成与结构有关。①多数大分子蛋白质具有很强的免疫原性，但含有大量芳香族氨基酸，尤其是含有酪氨酸的蛋白质其免疫原性均明显高于不含酪氨酸的蛋白质，这与芳香族氨基酸组成的蛋白质结构稳定、不易在体内被降解有关。②复杂的多糖具有免疫原性，如血型抗原、细菌的荚膜多糖、脂多糖均为多糖抗原。多糖的免疫原性取决于单糖的数目、类型及结构的复杂性。③核酸及脂类的免疫原性均很差，若能与蛋白质结合形成核蛋白或脂蛋白则有免疫原性。

（三）合适的空间构型

抗原的空间构型是指抗原分子中一些被称为表位的特殊化学基团的三维结构（本章第二节），抗原表位与相应淋巴细胞表面的抗原受体在空间上互相吻合，二者才能特异结合，从而激活淋巴细胞启动免疫应答。

抗原分子表位的性质、位置、间距等细微变化都会影响其与淋巴细胞表面相应受体的结合，导致免疫原性的改变。用多聚丙氨酸和多聚赖氨酸合成多肽的研究证明(图11－1)，将酪氨酸和谷氨酸残基连接在多聚丙－赖氨酸主链骨架的表面，其表位的性质和位置都易对淋巴细胞形成刺激，这种聚合物是一种良好免疫原［图11－1（a)]；若将酪氨酸和谷氨酸残基连接在多聚丙－赖氨酸分子内部，虽然表位的性质未改变，但其间距小，不易被淋巴细胞接近，这种聚合物则无免疫原性［图11－1（b)]；如果将图11－1b中的物质侧链间的距离增大，这一聚合物的免疫原性又有一定恢复［图11－1（c)]。

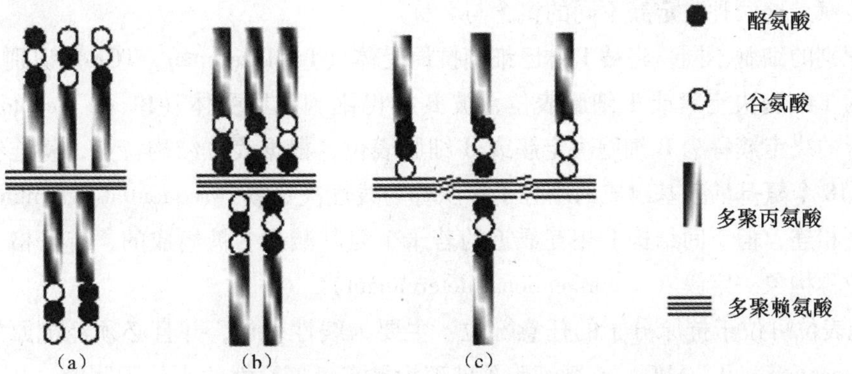

图11－1 抗原分子表面的化学基团的位置及间距对抗原免疫原性的影响

(a) 抗原分子表面的化学基团的位置与间距决定抗原免疫原性的强弱。以多聚赖氨酸为主链，以多聚丙氨酸连接酪氨酸、谷氨酸为侧链组成抗原。(b) 当酪氨酸、谷氨酸残基位于侧链最外端时该物质免疫原性较强，当酪氨酸、谷氨酸残基位于侧链内侧时则免疫原性较弱或无，而 (c) 当加大各侧链间距，尽管酪氨酸、谷氨酸残基位于侧链内侧，但其免疫原性仍较强

三、完整性

多数抗原需经非消化道途经（如注射、吸入、经破损伤口等）完整地进入机体内才具有免疫原性，如人工免疫动物或预防接种时需经皮内、皮下、肌内、静脉或腹腔等途径注射抗原物质。口服抗原易被消化道的酶水解破坏其结构，丧失免疫原性。

四、其他因素

免疫原性的强弱与抗原的物理性状有关，如球形蛋白质分子较纤维形蛋白质分子免疫原性强；可溶性抗原由于易被蛋白酶降解，其免疫原性弱于颗粒性抗原；聚合状态的蛋白质分子较单体蛋白质免疫性强。因此，许多免疫原性较低的蛋白质，一经聚合或吸附在大的颗粒表面，其免疫原性就可被增强。

抗原物质能否成为免疫原，除抗原本身应具备以上条件外，还受宿主遗传因素、年龄、性别、生理状态等因素的影响，此外，与抗原进入机体的剂量、途径、免疫间隔的时间以及免疫佐剂的应用等诸多因素有关。

第二节　抗原的特异性与交叉反应

一、抗原的特异性

某一特定抗原只能诱导机体产生针对该抗原的相应抗体和（或）致敏淋巴细胞，抗原也只能与相应的抗体和（或）致敏淋巴细胞特异性结合，这种性质称为抗原的特异性（antigenic specificity）。决定抗原特异性的结构基础是存在于抗原分子中的抗原决定簇。

（一）决定抗原特异性的物质基础——抗原决定簇

1. 抗原决定簇的本质　抗原决定簇（antigenic determinant，AD）为抗原分子中决定抗原特异性的特殊化学基团，一般由数个氨基酸、单糖或核苷酸组成，是抗原与T淋巴细胞或B淋巴细胞表面的抗原受体及抗体特异结合的分子基础，又称为表位（epitope）。

2. 抗原决定簇的分类　抗原决定簇主要有半抗原决定簇和载体决定簇两种，但又可从不同的角度赋予这两种决定簇不同的概念与名称。

根据识别的细胞不同，将被T淋巴细胞抗原受体（T cell receptor，TCR）识别、结合的决定簇称为T细胞决定簇或T细胞表位，被B淋巴细胞抗原受体（B cell receptor，BCR）识别、结合的决定簇称为B细胞决定簇或B细胞表位；根据表位结构特点，将连续线性排列的由8~18个氨基酸残基组成的小分子多肽称为线性决定簇（sequential determinant）；而把序列上不相连，但空间结构上相互靠近的若干个氨基酸或多糖组成的、有严格三维空间构型的表位称构象决定簇（conformentional determinant）。

T细胞表位可位于抗原分子的任意部位，主要为线性表位，并且必须经抗原呈递细胞（antigen-presenting cell，APC）或靶细胞预处理为具有免疫原性的小分子肽段，并与自身的MHC分子结合方可被T细胞识别。

B细胞表位多是位于天然抗原分子表面的半抗原表位，可为构象表位或线性表位，不需加工处理即能被BCR直接识别。半抗原表位又有功能性或非功能性表位，前者是指位于抗原分子表面易被BCR或抗体识别的表位，后者是位于抗原分子内部、不能直接与BCR或抗体结合的表位，也称隐蔽性表位。在某些因素诱发下，其隐蔽在内部的非功能性决定簇可暴露在抗原分子表面，成为功能性表位，如机体的某些组织成分因受感染、辐射、药物等因素作用而发生变性或被修饰，成为能被 B 细胞识别的表位，诱发自身免疫病。T 细胞表位、B 细胞表位的比较见表 11－1。

表 11－1 T 细胞表位、B 细胞表位特性的比较

特性	T 细胞表位	B 细胞表位
表位的类型	线性决定簇	构象决定簇、线性决定簇
表位的位置	抗原分子任意部位	抗原分子表面
表位的性质	主要为处理后的抗原肽段	天然多肽、多糖、脂多糖或有机化合物
表位的受体	TCR	BCR
表位的大小	$CD4^+$ T 细胞表位为 13～17 个氨基酸 $CD8^+$ T 细胞表位为 8～10 个氨基酸	5～15 个氨基酸、5～7 个单糖或 5～7 个核苷酸
MHC 分子	必需	不需
识别方式	被 MHC 分子递呈给 TCR	被 BCR 及抗体直接识别

3. 抗原决定簇的数量——抗原结合价 一个抗原分子表面可具有一种或多种性质不同的抗原决定簇，每种决定簇仅具有一种特异性。抗原分子表面能与抗体分子结合的功能性决定簇的总数，称抗原的结合价。一般天然抗原结构复杂，分子表面往往有多种、多个抗原决定簇，为多价抗原。

4. 抗原决定簇的功能

（1）与淋巴细胞抗原受体结合启动免疫应答 在免疫应答中，抗原借抗原决定簇与相应的 T 淋巴细胞或（和）B 淋巴细胞的抗原受体结合，激活 T 或 B 淋巴细胞，启动免疫应答。换言之，淋巴细胞表面的抗原受体通过识别抗原决定簇而区分“自己”与“非己”，针对“非己”产生免疫应答。

（2）与相应的免疫应答产物结合 通过抗原决定簇与相应的致敏 T 淋巴细胞或抗体结合，在体内使抗原被清除，在体外可用于多种临床诊断。因此，抗原决定簇是决定抗原免疫原性和抗原免疫反应性的物质基础。

（二）抗原特异性的易变性

抗原决定簇的性质、数目和空间构象等因素都会影响抗原的特异性。例如把结构有细微差别的苯胺、对氨基苯甲酸、对氨基苯磺酸和对氨基苯砷酸四种半抗原，分别与载体蛋白以偶氮方式结合后免疫动物，所获得的四种抗体只能与相应的半抗原发生结合反应，不能与其他抗原起反应（表 11－2）；即使半抗原的组成完全相同，但立体异构的差异也都影响抗原免疫原性和抗原特异性，用特异的抗体可将它们极细微的差异区别开来（表 11－3）。以上实验说明抗原决定簇的细微变化都将改变抗原的特异性。

表 11－2 化学基团的性质对抗原表位免疫反应性的影响

半抗原 / 抗体	苯胺 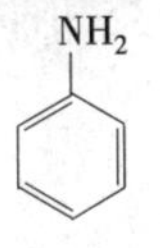	对氨基苯甲酸 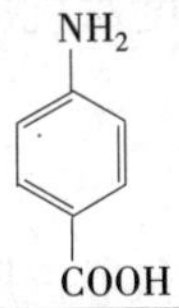	对氨基苯磺酸 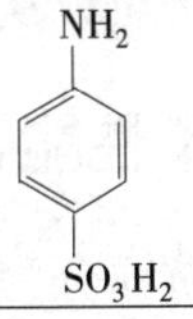	对氨基苯砷酸 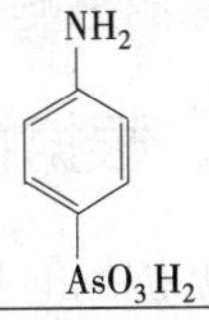
抗苯胺抗体	+	－	－	－

续表

半抗原 \ 抗体	苯胺 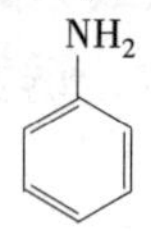	对氨基苯甲酸 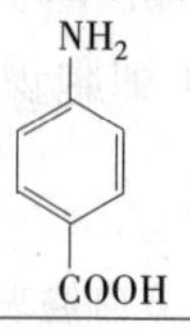	对氨基苯磺酸 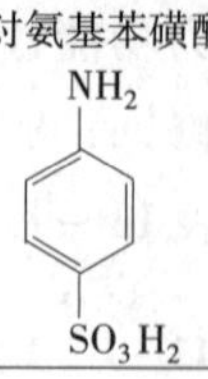	对氨基苯砷酸 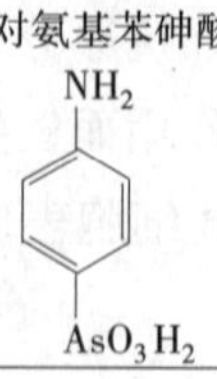
抗对氨基苯甲酸抗体	-	+	-	-
抗对氨基苯磺酸抗体	-	-	+	-
抗对氨基苯砷酸抗体	-	-	-	+

表 11-3　化学基团的空间位置对抗原表位免疫反应性的影响

半抗原 \ 抗体	苯胺 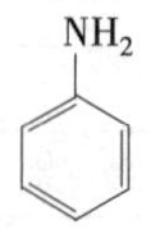	邻位氨基苯甲酸 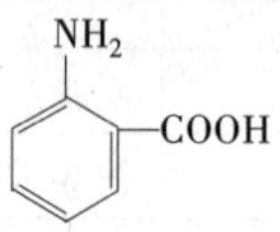	间位氨基苯甲酸 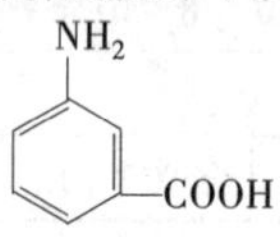	对位氨基苯甲酸 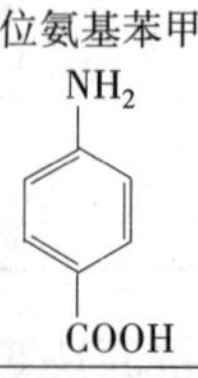
抗苯胺抗体	+	-	-	-
抗邻位氨基苯甲酸抗体	-	+	-	-
抗间位氨基苯甲酸抗体	-	-	+	-
抗对位氨基苯甲酸抗体	-	-	-	+

此外，隐藏于抗原分子内部的抗原决定簇一般是无功能的，但因某种因素使抗原分子内部的抗原决定簇暴露出来，也会影响抗原的特异性。

二、共同抗原及交叉反应

天然抗原表面常常有多种抗原决定簇，两种不同的抗原之间可能有相同或相似的决定簇，这种共有的抗原决定簇称为共同抗原（common antigen），亲缘关系很近的生物之间存在的共同抗原，称为类属抗原，例如伤寒沙门菌与甲、乙型副伤寒沙门菌间的共同抗原，即为类属抗原。在无种属关系的生物之间存在的共同抗原，称为异嗜性抗原，例如大肠杆菌 O_{14}型的脂多糖与人的结肠黏膜间有共同抗原（详见本章第三节）。一种共同抗原刺激机体产生的抗体或致敏的淋巴细胞，可与其他含有共同抗原的物质发生结合反应，称为交叉反应（crossreaction）。链球菌感染后的肾小球肾炎或风湿性心脏病的主要病因是链球菌含有与肾小球基底膜及心肌存在共同抗原，链球菌刺激机体产生的抗体和 T 细胞可攻击肾小球及心肌组织。此外，交叉反应还可应用于免疫学诊断（如外斐反应）。

第三节　抗原的种类

抗原的分类方法有很多，可以从不同的角度对抗原进行分类和命名。

一、根据抗原的基本性能分类

根据抗原的基本性能将抗原分为完全抗原和半抗原。

二、根据抗原刺激 B 细胞产生抗体时对 Th 细胞的依赖性分类

（一）胸腺依赖性抗原

胸腺依赖性抗原（thymus-dependent antigen，TD-Ag）是指需在 APC 及 Th 细胞参与下，才能激活 B 细胞产生抗体的抗原。绝大多数蛋白质抗原属于此类，如病原微生物、血细胞、血清蛋白等。其共同的特点是：①相对分子质量大，结构复杂，表面具有多种抗原决定簇，既有可被 TCR 识别的载体决定簇，又有被 BCR 识别的半抗原决定簇；②可以诱生各类 Ig；③既可激发体液免疫，又可激发细胞免疫；④可诱导机体产生免疫记忆。

（二）胸腺非依赖性抗原

胸腺非依赖性抗原（thymus-independent antigen，TI－Ag）是指刺激 B 细胞产生抗体时不需 T 细胞辅助的抗原，分为 TI－1Ag 和 TI－2Ag。TI－1Ag，如细菌的脂多糖（LPS），含有 B 细胞丝裂原和 B 细胞表位；TI－2Ag，如荚膜多糖、多聚的鞭毛素等，由多个重复 B 细胞表位组成。这类抗原的特点是：①无载体决定簇；②不能激活 T 细胞，只能激活 B 细胞产生 IgM 类抗体，无抗体类别的转换；③只能诱导体液免疫，不能激发细胞免疫应答；④不能诱导机体产生免疫记忆。TD-Ag 和 TI－Ag 的区别见表 11－4。

表 11－4　TD-Ag 和 TI－Ag 的比较

比较项目	TD－Ag	TI－Ag
化学特性	蛋白质	多糖
结构特点	复杂，含有多种不同的表位	简单，含有单一表位
应答类型	体液免疫和细胞免疫	体液免疫
T 细胞辅助	必需	无需
MHC 限制性	有	无
类别转换	形成	不形成
免疫记忆	产生	不产生

三、根据抗原来源分类

（一）天然抗原

天然抗原为自然界动、植物蛋白质，微生物及其代谢产物，微生物制剂，同种异型抗原，自身抗原和异嗜性抗原等。

（二）人工抗原

人工抗原指用化学合成法或基因重组法制备的抗原。

1. 人工结合抗原　将已知化学结构的决定簇与天然抗原结合在一起，如偶氮蛋白质。

2. 人工合成抗原　用化学方法合成的高分子氨基酸聚合物。

3. 基因工程抗原　利用分子生物学技术将编码抗原的基因克隆至载体 DNA 中，然后导入受体细胞中使其表达、收集、提取、纯化而得的抗原，如基因工程疫苗。

四、根据抗原与机体的亲缘关系分类

（一）异种抗原

来自异种动物、植物和微生物的抗原性物质称为异种抗原（xenoantigen），种属关系愈远，免疫原性愈强。

1. 各种病原微生物及其代谢产物 细菌、病毒、立克次体、螺旋体等微生物有较强的免疫原性，但因其化学组成复杂，每种微生物都是由多种性质不同的抗原成分组成的复合体，具有多种多样的决定簇。以细菌为例，其主要抗原有以下几类。

（1）菌体抗原 为细菌细胞壁的抗原成分，肠道杆菌的菌体抗原亦称为 O 抗原。

（2）鞭毛抗原 鞭毛为某些细菌的特殊结构，化学性质为蛋白质，肠道杆菌的鞭毛抗原称 H 抗原。

（3）细菌外毒素 为某些细菌的合成代谢产物，化学性质为蛋白质，是良好的抗原。

2. 疫苗及类毒素 用微生物或细菌外毒素制成的用于预防接种的抗原性生物制品（详见第十七章）。

3. 异种动物的免疫血清 临床用于紧急预防和治疗外毒素引起的疾病时使用的抗毒素，是将类毒素免疫马，获得的免疫血清。含有抗毒素的马血清对人具有双重作用：①使用特异性抗毒素以中和患者体内外毒素的毒性，起到防治疾病的目的；②马血清对人体而言是异种动物蛋白，具有免疫原性，能诱发免疫应答而引起血清过敏性休克或血清病等超敏反应（详见第十五章）。

4. 植物蛋白 植物蛋白如花粉、花生、坚果等可使某些机体产生超敏反应。

5. 异嗜性抗原（heterophile antigen） 是一类与种属特异性无关的，存在于人、动物、植物以及微生物间的共同抗原。最初由 Forssman 发现，又称 Forssman 抗原。如 A 族溶血性链球菌某些型别的细胞表面成分与人的肾脏和心肌具有共同抗原，感染后可因交叉反应而引起肾小球肾炎或心肌炎。

（二）同种异型抗原

在同一种属不同个体之间所存在的抗原称同种异型抗原（alloantigen），如人类血型抗原和主要组织相容性抗原。

1. 血型（红细胞）抗原 重要的为 ABO 系统和 Rh 系统，人类的 ABO 系统有 A、B、AB 和 O 四型。红细胞表面含有 A 抗原，血清中为抗 B 抗体者为 A 血型；红细胞表面为 B 抗原，血清中为抗 A 抗体者为 B 血型。而 AB 型红细胞上有 A 和 B 两种抗原，不含抗 A 和抗 B 抗体，O 型红细胞上不含 A、B 两种抗原，但血清中含抗 A 和抗 B 抗体。因此误输入异型血，可出现免疫溶血反应，后果十分严重。Rh 血型在人群有两型，而且大多数为 Rh 阳性，如在某些情况下（如输血或妊娠），Rh 阳性红细胞进入 Rh 阴性的机体内可刺激机体产生抗 Rh 抗体，也可引起严重的溶血反应（详见第十五章）。

2. 主要组织相容性抗原 人类的主要组织相容性抗原最初是从人的白细胞表面发现的，故称为人类白细胞抗原（human leukocyte antigen，HLA）。HLA 是人体最为复杂的同种异型抗原（详见第十二章第四节）。

（三）自身抗原

能引起自身免疫应答的自身组织成分称为自身抗原（autoantigen）。自身物质在下列情况下会成为自身抗原。

1. 修饰的自身抗原 许多理化和生物因素可通过多种方式改变自身组织和细胞的结构或性质，使之成为可被自身免疫细胞识别、清除的抗原。如长期服用甲基多巴的患者，药物改变了红细胞膜上抗原成分，诱发产生抗红细胞抗体，因而发生自身免疫溶血性贫血。另外，许多病毒感染可伴发宿主细胞结构的改变，因此病毒感染与自身免疫病的发生密切相关。

2. 隐蔽的自身抗原 隐蔽抗原是指体内某些与免疫系统在解剖位置上处于隔绝部位的抗原。精子、眼晶状体、神经髓鞘磷脂性蛋白以及某些器官或细胞（如甲状腺、胃壁细胞等）均属这类抗原。机体对这类抗原未能形成自身耐受，由于外伤、感染、手术不慎等原因，这些抗原可释放并接触免疫系统，引起免疫应答以致发生自身免疫病。

（四）独特型抗原

淋巴细胞的抗原受体 TCR、BCR 及每种特异性抗体的 V 区都具有独特氨基酸序列与空间构型，这种独特氨基酸序列与空间构型即为独特型抗原。

五、肿瘤抗原

细胞在癌变过程中出现的新抗原及过度表达的抗原物质总称为肿瘤抗原，可分为两类。

（一）肿瘤特异性抗原

肿瘤特异性抗原（tumor-specific antigen，TSA）是指瘤细胞特有的或只存在于某种肿瘤细胞而正常细胞不表达的抗原。近年来的研究发现，用化学致癌剂或某些病毒等诱发的实验动物肿瘤，在瘤细胞表面可检出 TSA。但人类的自发肿瘤中尚未完全充分证实，大多数的肿瘤特异性抗原都属于某些肿瘤的共有抗原。

（二）肿瘤相关抗原

肿瘤相关抗原（tumor-associated antigen，TAA）指在非肿瘤细胞也表达，但在细胞癌变时其含量明显增多的抗原成分。无严格的肿瘤特异性，但可用于某些肿瘤的辅助诊断，TAA 有两类。

1. 与肿瘤有关的病毒抗原 与人类肿瘤有关的病毒主要有 EB 病毒（与 Burkitt 淋巴瘤、鼻咽癌等有关），人乳头瘤病毒（与宫颈癌、皮肤癌、乳头状瘤有关），乙型肝炎病毒（与原发性肝癌有关），人 T 细胞白血病病毒（与人 T 细胞白血病有关）。目前从上述肿瘤细胞中可检出相关病毒的基因和抗原，或在患者血清中查到高滴度的相关病毒的抗体，有助于辅助诊断。

2. 胚胎性抗原 这类抗原是宿主在胚胎发育过程中产生的正常成分，出生后逐渐消失或表达量很低。当细胞癌变时，这类抗原可重新合成。胚胎性抗原分两种：①分泌性胚胎抗原，如肝细胞癌变时产生的甲胎蛋白（α-fetoprotein，AFP），它是由胎儿肝细胞合成的一种糖蛋白，相对分子质量 70kDa，胚胎 6 周时出现在胎儿血清中，16 周达高峰，21 周后下降，出生后直至成年血清中含量极微。在原发性肝癌和畸胎瘤等患者血清中可检出高含量的甲胎蛋白，故目前 AFP 试验已广泛用于原发性肝癌的诊断和普查。②癌胚抗原（carcinoembryonic antigen，CEA），这类抗原在直肠癌、结肠癌患者血清中含量可以增高，也可以用于辅助诊断。

六、其他重要抗原

（一）变应原

能刺激 IgE 产生引起速发型超敏反应的抗原称为变应原（allergen）（详见第十五章）。

（二）耐受原

可以诱导机体产生特异性免疫不应答的抗原称耐受原（tolerogen）（详见第十四章第二节）。

第四节　非特异性免疫刺激剂

与抗原特异性激活 T/B 细胞应答不同，某些物质可非特异性激活 T/B 细胞应答，称为免疫刺激剂（stimulator）。非特异性免疫刺激剂主要包括超抗原、佐剂和丝裂原等。

一、超抗原

（一）概念及特点

1. 概念　超抗原（superantigen，SAg）是一类不需经抗原呈递细胞（APC）加工处理就可直接与 APC 表面的 MHC－Ⅱ类分子及 TCR 的 V 区结合的抗原。这类抗原只需极低浓度即可使多克隆 T 细胞活化，产生极强的免疫应答，主要包括细菌的某些外毒素（如金黄色葡萄球菌的肠毒素、链球菌致热外毒素等）和某些病毒蛋白（如小鼠乳腺肿瘤病毒蛋白等）。

2. 特点

（1）超抗原不需抗原呈递细胞加工处理，而是以完整的蛋白质分子一端直接与抗原呈递细胞 MHC－Ⅱ类分子的非多态区外侧结合，另一端与 T 细胞的 TCRVβ 链外侧结合，激活 T 细胞时无 MHC 限制性。

（2）超抗原对 T 细胞具有强大的刺激能力，超抗原主要与 $CD4^+$ 的 T 细胞结合，其结合与 TCR 的 α 链无关，只与 TCRVβ 链 CDR3 外侧区域结合，由于人 TCR 的 Vβ 基因片段只有 20 余种，故一种超抗原至少可激活机体 T 细胞库中 1/20 以上的 T 细胞，而普通抗原仅能激活 $1/10^6 \sim 1/10^4$ 的 T 细胞（图 11－2）。

（二）超抗原在医药方面的意义

1. 超抗原诱导免疫抑制和免疫耐受　超抗原使大量 T 细胞过度活化，通过活化细胞的凋亡进行克隆清除，对同一抗原的再次刺激不发生增殖，即产生免疫耐受。

2. 超抗原的抗肿瘤前景　超抗原通过激活多克隆 T 细胞释放大量细胞因子，从而对肿瘤细胞有明显的杀伤效应。因此，超抗原有可能成为新一代的抗瘤制剂。

3. 超抗原与疾病　超抗原与毒性休克综合征、川崎病、多种细菌性食物中毒、银屑病等疾病的发生和发展有关。

二、免疫佐剂

（一）概念及生物学作用

1. 概念　免疫佐剂（immunoadjuvant）是一类与抗原一起或预先注入机体，能非特异

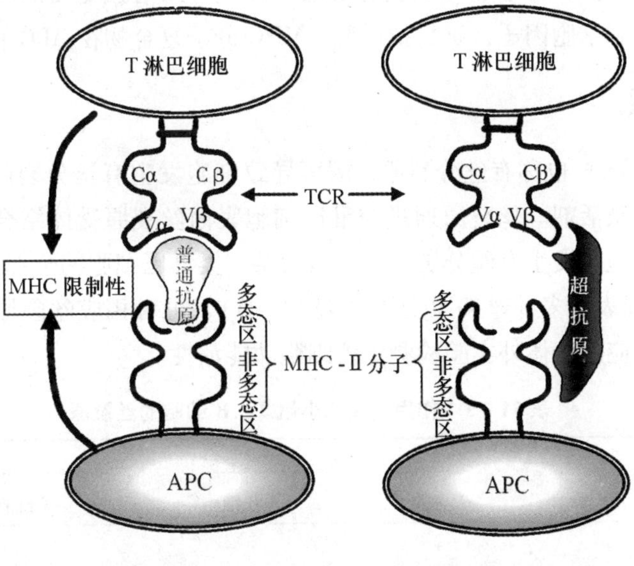

图 11－2 超抗原与 MHC－Ⅱ分子及 TCRVβ 链结合示意图

性地增强机体对抗原的免疫应答或改变免疫应答类型的物质，简称佐剂（adjuvant）。

2. 生物学作用

（1）增强抗原的免疫原性，使无免疫原性或免疫原性很弱的物质成为良好的免疫原，如将无免疫原性的合成多肽与弗氏佐剂混用，可使其获得较强的免疫原性。

（2）增强机体对抗原刺激的反应能力，提高机体初次应答和再次应答的抗体滴度。

（3）改变抗体类型，使由产生 IgM 转变为产生 IgG。

（4）产生或增强迟发型超敏反应。

（二）常见种类

1. 生物性佐剂 是细菌或其产物，其本身具有免疫原性，如分枝杆菌（结核杆菌、卡介苗）、短小棒状杆菌、百日咳杆菌、革兰阴性杆菌内毒素（脂多糖）等。目前还发现了细胞因子，如粒细胞－巨噬细胞集落刺激因子（GM-CSF）、白细胞介素－1 和白细胞介素－2（IL－1和 IL－2）、干扰素－γ（IFN－γ）等的佐剂活性。

2. 无机化合物 如氢氧化铝、明矾。

3. 人工合成的双链多聚核苷酸 如双链多聚肌苷酸：胞苷酸（PolyI：C），双链多聚腺苷酸：尿苷酸（PolyA：U）。

4. 油剂 花生油乳化佐剂（佐剂 55）、矿物油、植物油、羊毛脂等。

5. 弗氏佐剂 弗氏（Freund）佐剂又分弗氏不完全佐剂（FIA，内含石蜡油与羊毛脂）和完全弗氏佐剂（FCA，不完全弗氏佐剂添加死卡介苗），是目前动物实验中最常见的佐剂，但易在注射局部形成肉芽肿和持久性溃疡，因此不适用于人体使用。近年来，人工合成胞壁酰二肽（muramyl dipeptide，MDP）作为卡介苗细胞壁中的一种成分，可口服，用于提高疫苗的接种效果，是对人体无不良反应的有效佐剂。

（三）作用机制

免疫佐剂作用机制尚不完全清楚，可能与以下因素有关：①改变抗原的物理性状，形成抗原储存库，增加抗原在体内潴留时间；②有些佐剂本身就是免疫细胞的多克隆激活剂（如脂多糖），可以刺激淋巴细胞增殖分化，扩大免疫应答能力；③促进吞噬细胞对抗原的吞噬及加工处理与递呈；④增加 T 细胞的活化（佐剂可以增强免疫细胞表达 T 细胞活化所需的协同刺激分子和细胞因子，延长抗原肽 - MHC 分子复合物在 APC 表面的表达时间）。

三、丝裂原

丝裂原（mitogen）也称有丝分裂原，因可导致细胞发生有丝分裂而得名，属于非特异性淋巴细胞多克隆激活剂。丝裂原通过与淋巴细胞表面丝裂原受体结合，刺激静止淋巴细胞转化为淋巴母细胞并发生有丝分裂，从而激活某一类淋巴细胞的全部克隆。

T、B 细胞表面表达多种丝裂原受体（表 11 - 5），可对相应丝裂原刺激产生强烈增殖反应，目前已广泛应用于体外实验检测免疫细胞功能活性。

表 11 - 5　作用于人和小鼠 T、B 细胞的丝裂原

	人		小鼠	
	T 细胞	B 细胞	T 细胞	B 细胞
ConA（刀豆蛋白 A）	+	-	+	-
PHA（植物血凝素）	+	-	+	-
PWM（商陆丝裂原）	+	+	+	-
LPS（脂多糖）	-	-	-	+
SPA（葡萄球菌蛋白 A）	-	+	-	-

思考题

扫码“练一练”

1. 何谓抗原？有何基本特性？
2. 决定抗原免疫原性的条件有哪些？
3. 比较 TD-Ag 和 TI - Ag 的异同点。
4. 叙述抗原的特异性和交叉反应性。
5. 何谓抗原决定簇？比较 T 细胞决定簇和 B 细胞决定簇的特点。
6. 简述超抗原和普通抗原的异同点。
7. 叙述抗原的种类，简述各种抗原在医药学领域的意义。

（王艳红）

第十二章　免疫分子

第一节　免疫球蛋白

扫码“学一学”

抗体（antibody，Ab）是B细胞识别抗原后活化、增殖分化为浆细胞，由浆细胞合成和分泌的能与相应抗原发生特异性结合的球蛋白。抗体主要存在于血清中，也见于其他体液及分泌液中，因此将以抗体为主要分子的免疫效应称为体液免疫。1937年Tiselius和Kabat用电泳技术将血清蛋白进行分析，发现其包含白蛋白、甲种球蛋白（α－球蛋白）、乙种球蛋白（β－球蛋白）和丙种球蛋白（γ－球蛋白）等组分，抗体活性主要存在于γ－球蛋白组分中，故过去也将抗体称为γ－球蛋白。但后续研究证明α、β－球蛋白也均含有部分抗体活性，γ－球蛋白也不全为抗体分子。

免疫球蛋白（immunoglobulin，Ig）泛指具有抗体活性或化学结构与抗体相似的球蛋白，可分为分泌型（secreted Ig，sIg）和膜型（membrane Ig，mIg），前者主要存在于血清等体液中，发挥免疫功能；后者存在于B细胞膜上，即B细胞表面的抗原受体（BCR）。免疫球蛋白包括抗体以及多发性骨髓瘤、巨球蛋白血症患者血清中未证实有抗体活性的球蛋白，故免疫球蛋白是化学的概念，而抗体是功能性的概念，抗体均是免疫球蛋白，但并非所有免疫球蛋白都具有抗体的生物学活性。

一、免疫球蛋白的结构

（一）免疫球蛋白的基本结构

1. 重链和轻链　免疫球蛋白的基本结构是由两条相同的重链（heavy chain，H链）和两条相同的轻链（light chain，L链）通过链间二硫键连接而成，构成一个呈“Y”字形的单体分子。其中重链分子量为50000～75000kDa，有450～550个氨基酸残基，链间有二硫键相连，轻链相对分子质量约为25000kDa，每条有214个氨基酸残基，通过二硫键与重链连接（图12－1）。

根据免疫球蛋白重链恒定区氨基酸组成的差异将重链分为μ、δ、γ、α、ε五种类型，并据此将免疫球蛋白分为五类，即IgM、IgD、IgG、IgA和IgE。其中有些类别又分为不同亚类，例如IgG又由于γ链的不同分为四种亚类IgG1、IgG2、IgG3、IgG4。同一种属内个体间的同一类免疫球蛋白在重链恒定区氨基酸组成、序列基本一致，不同种属之间的同一类Ig在重链恒定区氨基酸组成和序列上具有差异。同样的原理，轻链可分为两型，即κ型和λ型。正常人免疫球蛋白所含κ链∶λ链约为2∶1。

2. 可变区和恒定区　免疫球蛋白分子的多肽链两端分别称为氨基端（N端）和羧基端（C端）。重链和轻链在靠近N端约110个氨基酸的组成和排列变化很大，其他部分则相对比较恒定，据此将随抗原表位不同而变化的区域称为可变区（variable region，V区），而其他区域称为恒定区（constant region，C区）。V区分别占重链靠N端的1/4（δ、γ、α）或1/5（μ、ε）区域（用V_H表示）以及轻链靠N端的1/2区域（用V_L表示）（图12－1）。

可变区决定抗体与表位结合的特异性，其中V_H和V_L各有3个区域的氨基酸组成和排

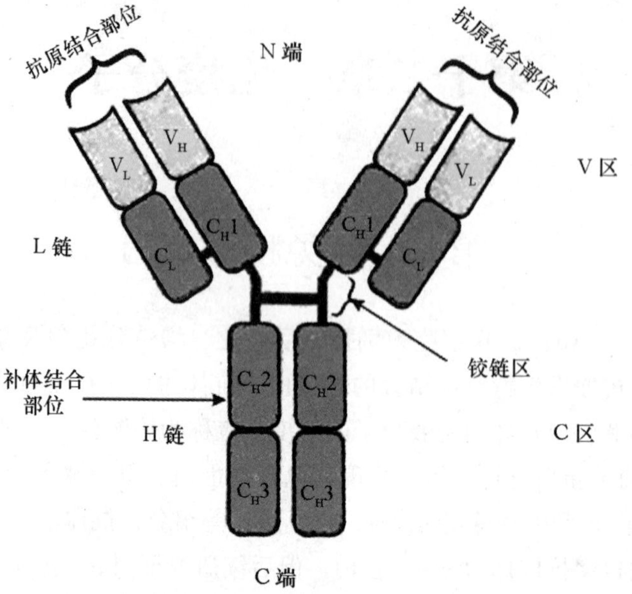

图 12－1　免疫球蛋白分子结构示意图（以 IgG 为例）

列顺序显示更大的变化，称此区域为超变区（hypervariable region，HVR），或称互补决定区（complementary determining region，CDR），是抗体和抗原表位互补结合的区域，故名之。V区其他部分相对比较保守，称为骨架区（frame region，FR），此区域虽不与抗原表位结合，但对维持 CDR 的空间构型起着很重要的作用（图 12－2）。

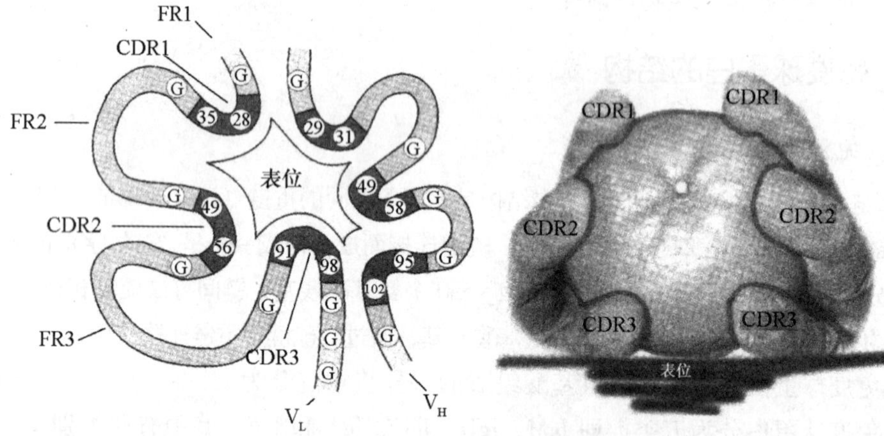

图 12－2　CDR 与抗原表位结合示意

3. 铰链区（hinge region）　位于 C_H1 和 C_H2 之间，由十几个氨基酸残基组成，富含脯氨酸，具有弹性、易于伸展、弯曲，也易被酶解。铰链区的灵活性有利于抗体的 V 区与不同距离的表位结合，也易使补体结合位点暴露，有利于启动补体的活化。

（二）免疫球蛋白的其他结构

1. 连接链（joining chain，J 链）　是由浆细胞合成的多肽链，主要功能是将两个或两个以上的免疫球蛋白单体连接在一起。IgM 经 J 链通过二硫键将五个单体相互连接成五聚体，分泌型 IgA 经 J 链通过二硫键将两个单体连接形成二聚体，IgD、IgG 和 IgE 为单体，不含 J 链（图 12－3）。

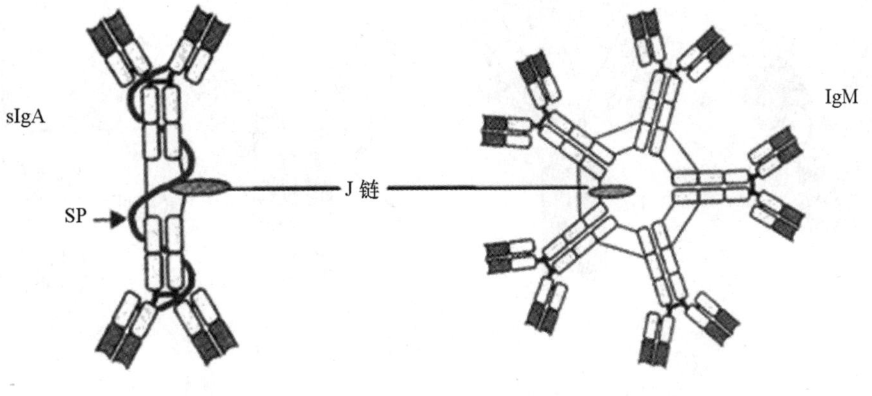

图 12－3　sIgA 和 IgM 结构示意

2. 分泌片（secretory piece，SP）　是由黏膜上皮细胞合成的多肽。IgA 与 J 链在浆细胞内合成并连接，在穿越黏膜上皮细胞过程时与分泌片结合，形成分泌型 IgA（sIgA）。分泌片的作用是介导 sIgA 向黏膜上皮外主动输送，并保护 sIgA，使之不易受黏膜环境中各种蛋白酶的破坏，延长其半衰期（图 12－3）。

（三）免疫球蛋白的功能区及抗体的功能

免疫球蛋白分子的每条肽链均可通过折叠，并由链内二硫键连接形成若干个球形功能区，或称结构域（domain）。每个结构域约由 110 个氨基酸组成，各具有一定的功能，称为免疫球蛋白功能区。虽各自功能不同，但其二级结构却具有相似性，均包括两个反向平行 β－片层，中心由二硫键垂直连接稳定，形成"β－桶状"，这种折叠方式称为免疫球蛋白折叠（immunoglobulin folding）。

轻链有 V_L 和 C_L 两个功能区。IgG、IgA 和 IgD 的重链有四个功能区，分别为 V_H、C_H1、C_H2、C_H3，IgE 和 IgM 则多一个 C_H4，故有五个功能区。各功能区的功能是：①V_H 和 V_L，结合抗原的部位，可与相应的抗原表位形成精确的空间互补，从而发挥中和作用等效应。②C_H1 和 C_L，具有部分同种异型的遗传标志。③C_H2（IgG）和 C_H3（IgM），补体结合部位，是补体通过经典活化途径激活时 C1 与免疫球蛋白分子结合的部位，母体的 IgG 借助 C_H2 通过胎盘进入胎儿体内。④IgG 的 C_H3 可与吞噬细胞、B 细胞、NK 细胞表面的 IgG Fc 受体（FcγR）结合，从而介导调理吞噬作用和抗体依赖的细胞介导的细胞毒作用（antibody-dependent cell-mediated cytotoxicity，ADCC）；IgE 的 C_H2 和 C_H3 可与肥大细胞和嗜碱性粒细胞表面的 IgE Fc 受体（FcεRⅠ）结合，引起Ⅰ型超敏反应。

（四）免疫球蛋白的水解片段

木瓜蛋白酶能够在铰链区二硫键的近 N 端切断重链，将 IgG 分子裂解为相对分子质量基本相等的 3 个片段。其中两个片段完全相同，具有单价结合抗原的能力，被称为抗原结合片段（fragment antigen binding，Fab），含有一条完整的轻链和重链 N 端的 1/2 部分，能与一个抗原表位发生特异性结合，为单价。另外一个片段不能结合抗原，是抗体分子与效应分子以及细胞相互作用的部位，相当于 IgG 的 C_H2 与 C_H3 功能区，由于在低温下可结晶，故名可结晶片段（fragment crystallizable，Fc）［图 12－4（a）］。

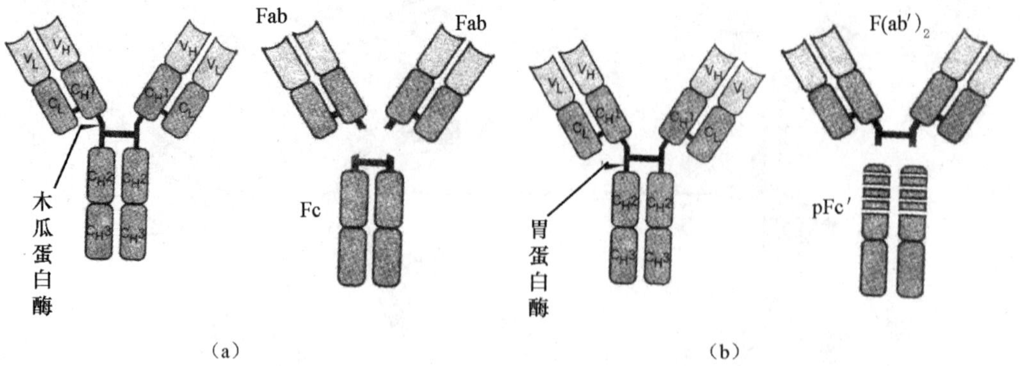

图 12-4　免疫球蛋白（IgG）水解片段示意图

（a）木瓜蛋白酶水解片段；（b）胃蛋白酶水解片段

胃蛋白酶在铰链区二硫键近 C 端切断重链，将 IgG 裂解为一个较大片段和两个小片段，前者是由二硫键相连接的两个 Fab 段，以 F（ab′）$_2$ 来表示，具有双价抗体活性，后者被继续水解为若干无生物学活性的 pFc′小片段，不再具有免疫学活性［图 12-4（b）］。

以酶水解免疫球蛋白分子，不仅是研究免疫球蛋白结构与功能的重要方法，也在制备免疫制剂和医疗实践中具有很重要的实际意义，如取材于马血清的白喉或破伤风抗毒素经胃蛋白酶消化后精制提纯的制剂，因除去重链的 Fc 段，可减少超敏反应发生。

二、免疫球蛋白的异质性

机体内免疫球蛋白是多种多样、高度不均一的，这种现象称为免疫球蛋白的异质性。

（一）免疫球蛋白的类别

1. 类（class）　指同一种属所有个体内的 Ig，根据其重链恒定区（C_H）氨基酸组成、排列顺序、构型及二硫键的差异，可分为 IgM、IgD、IgG、IgA 和 IgE 五类。

2. 亚类（subclass）　指同一类 Ig 根据重链恒定区氨基酸组成的细微差异及二硫键位置和数目的不同，如人类 IgG 有 IgG1、IgG2、IgG3、IgG4 四个亚类，IgA 有 IgA1 和 IgA2 两个亚类。

3. 型（type）　指各类 Ig 根据轻链恒定区（C_L）氨基酸组成和排列顺序的差异，可分为 κ 和 λ 两型。

4. 亚型　κ 链无亚型，λ 链根据恒定区个别氨基酸的不同分为四个亚型。

（二）免疫球蛋白的抗原性

Ig 就其功能而言是抗体，具有抗体的多种生物学活性，但就其化学本质而言，是具有复杂结构的糖蛋白分子，具有抗原的特性，在 Ig 分子上存在着各种表位。用相应的抗 Ig 血清测定这些表位并将它们分类，分别称为同种型、同种异型和独特型表位（图 12-5）。由于是用血清学方法鉴定 Ig 的表位，故也称为 Ig 的血清型。

1. 同种型（isotype）　指同一物种所有个体同类或同型 Ig 分子上所共有的表位，位于 C_H 和 C_L。同种型有两个重要含义：①根据 C_H 和 C_L 把人类 Ig 分为不同的类和型，这些类别和型别均存在于同种每个个体中；②同一种属所有个体中每一类或亚类、型或亚型上的同种型表位均相同，但有别于其他物种，例如将人的 IgG 免疫其他动物，所获得的抗人 IgG 抗体可以与所有人类的 IgG 的 C_H 和 C_L 发生特异性结合，这种特异性结合现已广泛应用于临床检验和科研。可以说，同种型的特异性是因种而异。

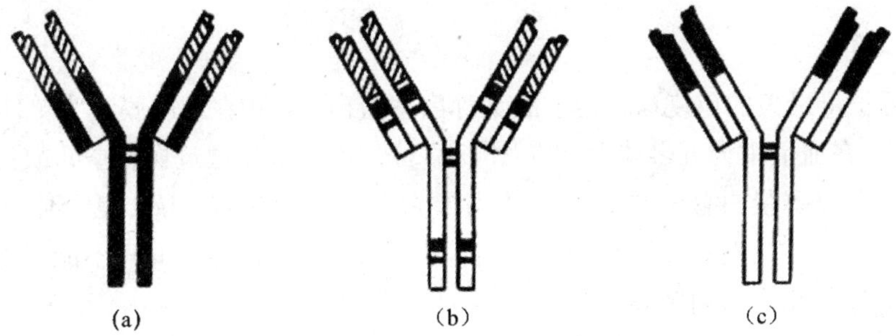

图 12－5　Ig 分子的同种型、同种异型和独特型表位所在位置

（a）同种型；（b）同种异型；（c）独特型

2. 同种异型（allotype）　是指同一种属不同个体间的 Ig 分子其 C 区除有共同的表位外，还可出现某个或者几个氨基酸残基的不同。这是由不同个体的遗传基因所决定的，可作为个体的遗传标志。

3. 独特型（idiotype，Id）　是指在同一个体内可含有众多特异性不同的抗体，每一种抗体的 V 区有其独特的氨基酸序列和构型，这就构成了 IgV 区的表位。该表位不仅对异种、同种异体具有免疫原性，在自身体内也可诱导产生抗独特型抗体，从而形成独特型网络，对免疫应答进行调节（见免疫调节部分）。

（三）免疫球蛋白异质性产生的原因

1. 抗原及其表位的多样性　自然界存在着千差万别的抗原，每一种抗原分子表面有着各种性质不同的表位（即抗原决定簇），因此，针对不同表位的抗体，其 V 区是不一样的，这是异质性的体现形式之一。同时，每一种抗体分子又有其类别和型别，这种异质性体现在抗体的恒定区。

2. 免疫球蛋白基因的遗传控制　免疫球蛋白的编码基因在胚系阶段以分隔的、数量众多的基因片段形式存在。在 B 细胞分化发育过程中，这些基因片段发生重排和组合，由于重排的多样性、基因重排时连接的多样性以及 B 细胞在发育过程中的高频突变，从而产生数量巨大、能识别多种特异性抗原的抗体。

三、五类免疫球蛋白的特性和功能

（一）IgG

IgG 多以单体形式存在，人体 IgG 有 IgG1、IgG2、IgG3 和 IgG4 四个亚类，其中以 IgG1 为主。IgG 是血液中的主要抗体成分，占血清免疫球蛋白总量的 75%～80%，半衰期最长，为 20～23 天。婴儿出生后 3 个月开始合成 IgG，5 岁左右达到成人水平。

IgG 是抗感染的主要抗体，参与组织、黏膜层的抗感染免疫应答，大多数抗菌、抗病毒抗体、抗毒素都为 IgG 类。IgG 是五类免疫球蛋白中唯一能够通过胎盘的抗体，在新生儿被动免疫中起着重要的作用。某些自身抗体，如系统性红斑狼疮（SLE）患者的抗核抗体、抗甲状腺球蛋白抗体也属于 IgG。IgG 还参与Ⅱ、Ⅲ型超敏反应。

两个或两个以上 IgG 分子同时结合于微生物表面时能够活化补体裂解靶细胞。IgG 以其 Fc 段与吞噬细胞和 NK 细胞表面的相应受体结合，发挥调理吞噬和 ADCC 作用。在免疫学检验中，还能利用IgG的Fc段与金黄色葡萄球菌表面A蛋白（SPA）结合，进行协同凝集试验。

（二）IgM

IgM是分子量最大的免疫球蛋白，故又称巨球蛋白。IgM在细胞膜上为单体形式（膜型IgM，mIgM），在血清中为五聚体形式（图12－3），由于不易通过血管壁，故主要存在于血液中，占血清免疫球蛋白总量的10%，体内半衰期为5天左右。IgM是个体发育过程中最早合成和分泌的抗体，发育晚期的胎儿即能合成IgM，由于母体的IgM不能通过胎盘，故脐带血中检出IgM提示有宫内感染。

IgM是免疫应答过程中最早出现的抗体分子，在机体早期免疫防护中起着重要的作用。又由于半衰期短，故IgM升高说明机体有近期感染，检测IgM可用于感染的早期诊断。mIgM是组成B细胞抗原识别受体（BCR）复合物的主要成分。天然血型抗体为IgM。IgM也参与Ⅱ、Ⅲ型超敏反应。

IgM是高效能抗体，理论上抗原结合价为10，但与大分子抗原结合时，由于空间位阻的原因，只表现为5价。其激活补体的能力和凝集能力很强，所以在促进溶菌、杀菌及凝集能力方面比IgG大，但中和毒素和抗病毒的能力低于IgG。

（三）IgA

IgA分为血清型和分泌型两种。血清型IgA主要存在于血清中，多为单体分子，占血清免疫球蛋白总量的10%～20%。sIgA主要存在于外分泌液（初乳、唾液、泪液、胃肠液、支气管分泌液等）中，由J链连接而成的二聚体和分泌片组成。IgA和J链主要由呼吸道、胃肠道及泌尿生殖道等处黏膜固有层中的浆细胞合成，在浆细胞内形成二聚体，当二聚体IgA分泌经过黏膜上皮细胞时，与该细胞合成的分泌片结合，形成完整的sIgA，分布于黏膜表面。

sIgA是人体分泌液和黏膜免疫中的主要抗体，是肠道、呼吸道、尿道、乳汁以及泪液中最丰富的免疫球蛋白，通过阻抑黏附、裂解细菌、免疫排除作用对机体防止局部微生物感染具有十分重要的意义，在黏膜表面也有中和毒素的作用。新生儿可从母亲分泌的初乳中获得sIgA，对其抵御呼吸道和消化道感染起到了很重要的作用。婴儿出生后4～6个月开始合成IgA。

（四）IgD

IgD在血清中含量很低，占免疫球蛋白总量的1%。以单体形式存在，有一个相对较长的铰链区，对蛋白水解酶和高温十分敏感，故其半衰期很短，仅为3天，在个体发育的任何时间均产生。血清中IgD的功能尚不清楚，但B细胞膜上的IgD是B细胞成熟的主要标志，未成熟B细胞表达mIgM，成熟B细胞同时表达mIgM和mIgD，当受抗原或其他物质刺激活化后或分化成为记忆B细胞时，mIgM和mIgD逐渐消失。

（五）IgE

IgE是正常人血清中含量最少的免疫球蛋白，血清浓度极低。在个体发育过程中合成较晚，单体形式。IgE通过其C_H2、C_H3结构域与肥大细胞和嗜碱性粒细胞表达的高亲和力受体（FcεRⅠ）结合，导致Ⅰ型超敏反应，故称亲细胞抗体。IgE还与抗寄生虫感染免疫密切相关。

四、人工制备的抗体

抗体是一种非常重要的生物活性物质，在疾病的诊断、预防和治疗过程中发挥着重要作用，故人类对抗体的需求非常大，需要利用各种方法制备、获得抗体。

（一）多克隆抗体

多克隆抗体（polyclonal antibody，PcAb 或 pAb）是利用纯化的抗原免疫动物后，诱导动物多个 B 细胞克隆产生针对该抗原多种抗原决定簇的抗体混合物，恢复期患者血清或免疫接种人群血清也可获得多克隆抗体，这是人工制备抗体最早采用的传统方法。

这种抗体的优点是来源广泛，制备容易，由于是混合血清，其免疫作用全面；缺点是特异性差，易出现交叉反应。

（二）单克隆抗体

单克隆抗体（monoclonal antibody，McAb 或 mAb）是由单一克隆 B 细胞杂交瘤细胞产生的，只识别一种抗原表位的具有高度特异性的抗体。

1975 年，Köhler 和 Milstein 建立了体外细胞融合技术，即用抗原免疫小鼠的脾细胞（富含 B 细胞）与小鼠的骨髓瘤细胞融合而形成杂交瘤细胞。它继承了两个亲代细胞的特点，既保存了骨髓瘤细胞无限繁殖的特点，又具有免疫 B 细胞可合成和分泌特异性抗体的能力。融合后的细胞经特殊的选择培养基培养，将融合成功的杂交瘤细胞选择出来进行单个培养，再经特异性抗原检测后寻找到针对某种抗原（表位）的杂交瘤细胞，可通过体外培养或接种于小鼠腹腔内大量扩增，即克隆化，从细胞培养上清液或小鼠腹水中可获得单克隆抗体。

单克隆抗体的优点很多，结构均一、纯度高、特异性强、少或无血清交叉反应、效价高、易大量制备，故已广泛应用于生命科学的各个领域。例如用于检测各种抗原，包括肿瘤表面抗原、细胞表面抗原及受体、激素、药物、神经递质及细胞因子等，单克隆抗体可与抗癌药物、毒素或放射性物质偶联，用于肿瘤患者的体内定位诊断和治疗，抗 T 细胞的单抗、抗 IL－2R 的 mAb 可用于防治器官移植排斥反应等。故该抗体的问世极大地推动了免疫学乃至医学的发展。由于单克隆抗体是动物源性的，对人体具有较强的免疫原性，能引起超敏反应，应用于临床治疗仍受到很大的限制。

（三）基因工程抗体

随着分子生物学技术的发展，20 世纪 80 年代后开始了基因工程抗体（genetic engineering antibody）的研究。基因工程抗体的原理是借助 DNA 重组和蛋白质工程技术，在基因水平上对编码免疫球蛋白分子的基因进行切割、拼接或修饰，构成新型的抗体分子。科学家对鼠源性抗体进行改造，构建人－鼠嵌合抗体，保留了鼠源性抗体的 V 区，将其抗体的 C 区剪切，拼接上人源抗体的 C 区，从而获得人－鼠嵌合抗体。此类抗体既保留了鼠源性抗体的特异性和亲和力，又显著减少了其对人的免疫原性。基因工程抗体还有小分子抗体、单链抗体以及双特异性抗体等多个类别。

扫码“学一学”

第二节　补体系统

一、补体的概念与理化特性

（一）补体的概念

Pfeiffer 最早发现，新鲜免疫血清中加入霍乱弧菌可以使弧菌裂解，并将此现象称为免疫溶菌现象。1895 年 Bordet 证明，人和动物新鲜血清中存在一种不耐热的成分，可辅助特异性抗体使细菌溶解，由于这种成分是抗体发挥溶细胞作用的必要补充条件，故被称为补体（complement，C）。补体并非单一成分，而是存在于人和脊椎动物血清与组织液中一组具有酶活性的球蛋白，包括 30 余种可溶性蛋白和膜结合蛋白，故也称之为补体系统。补体广泛参与机体抗微生物免疫防御反应和免疫调节，也可介导免疫病理的损伤性反应。

（二）补体的理化特性

补体约 90% 由肝细胞合成，少量由单核 - 巨噬细胞和肠黏膜上皮细胞等合成。多数为 β - 球蛋白，少数为 α - 球蛋白或 γ - 球蛋白，约占血浆中球蛋白总量的 10%。补体各成分含量差别较大，以 C3 含量最高，D 因子含量最少。补体性质很不稳定，对许多理化因素敏感，其中某些补体固有成分（如 C1、C2、C5、C8 等）对热敏感，56℃ 30 分钟即可灭活。室温下补体活性亦可逐渐减弱甚至丧失，在 0 ~ 10℃ 仅能保持 3 ~ 4 天。故检测补体必须用新鲜血清，若存放则应保存在 -20℃ 以下。

二、补体系统的组成与命名

（一）补体系统的组成

根据补体系统各成分的生物学功能，可以分为三类。

1. 补体固有成分 存在于体液中，主要参与补体的激活反应过程，包括：①参与经典激活途径的成分，C1、C4、C2；②参与甘露聚糖结合凝集素激活途径的成分，MBL、丝氨酸蛋白酶；③参与旁路激活途径的成分，P 因子、D 因子、B 因子；④三条活化途径共同的末端反应成分，C3、C5、C6、C7、C8、C9。

2. 补体调节蛋白 以可溶性或膜结合形式存在，参与补体激活的调控，包括备解素（properdin，P 因子）、C1 抑制物、I 因子、H 因子、C4 结合蛋白等。

3. 补体受体（CR） 存在于不同细胞膜上，介导补体活性片段或调节蛋白发挥生物学效应，包括 CR1 ~ CR5、C3aR、C2aR、C4aR 等。

（二）补体系统的命名

补体系统的命名一般有以下规律：将参与经典激活途径的固有成分以符号“C”表示，按其被发现的先后顺序分别称为 C1、C2、C3……C9。其中 C1 又含有三个亚单位，分别称为 C1q、C1r、C1s。补体系统其他成分以大写英文字母表示，如 B 因子、D 因子、P 因子、I 因子等；补体系统调节蛋白多以功能命名，如 C1 抑制物、C4 结合蛋白（C4bp）、促衰变因子（DAF）等；补体活化后的裂解片段在其符号后加小写字母，大片段加 b，小片段加 a，如 C3b 与 C3a；补体成分被激活时，具有酶活性的成分或复合物，在其符号上加一横线表示，如 $C\overline{3bBb}$、$C\overline{4b2a}$等；被灭活后的成分在其符号前加 i 表示，如 iC3b。

三、补体系统的激活途径

在生理情况下，血清中大多数补体成分均以无活性的酶前体形式存在。当受到某些激活物质的作用后，各补体成分按一定顺序，以连锁的酶促反应方式依次活化，并表现出各种生物学活性。

补体的激活过程依据其起始顺序的不同，可分为三条途径：①由抗原 - 抗体复合物结合 C1q 启动激活的途径，为经典途径；②由 MBL（甘露聚糖结合凝集素）结合至细菌启动的激活途径，为 MBL 途径；③由病原微生物等提供接触表面，从 C3 开始激活的途径称为旁路（替代）途径。但不论哪条途径，其末端通路均相同，即最终形成攻膜复合体（membrane attack complex，MAC），使细胞溶解。同时，活化过程中产生的许多补体片段，具有多种生物活性，参与机体的生理、病理性免疫效应。

（一）补体激活的经典途径

经典途径又称传统途径或 C1 激活途径。IgG（IgG1、IgG2、IgG3）或 IgM 类抗体与相应抗原结合形成的复合物——抗原抗体复合物（immune complex，IC）是经典激活途径的主要激活物。此复合物与 C1q 结合开始，依次激活补体各成分直至 C9。

为了更好地理解补体的激活过程，将之人为地分为三个阶段，即识别阶段、活化阶段和膜攻击阶段。

1. 识别阶段 抗原和抗体结合后，抗体发生构象改变，使 Ig Fc 段的补体结合部位暴露出来，补体 C1 与之结合并被激活，这一过程被称为补体经典激活途径的启动或识别。

C1 是由 C1q、C1r 和 C1s 三个单位结合而成的牢固非活性大分子。C1q 相对分子质量最大，为六个亚单位组成的六聚体，每个亚单位的 N 端为束状，C 端则为球形，呈放射状排列，构成 C1q 分子的头部，亦即 C1q 与抗体的结合部位（识别部位）。C1r 和 C1s 在有 Ca^{2+} 存在的情况下，以 C1s－C1r－C1r－C1s 的顺序连接成四聚体，缠绕在 C1q 分子近头部的六聚体间（图 12－6）。当两个以上 C1q 分子头部与免疫球蛋白分子上的补体结合位点结合时，即 C1q 桥联免疫球蛋白之后，才能激活后续的补体各成分。IgG 为单体，只有当其与抗原结合时，才能使两个以上的 IgG 分子相互靠拢，提供两个以上相邻的补体结合点与 C1q 接触，才能激活补体。而 IgM 因是五聚体，与抗原结合后，只需一个分子即可启动 C1q，故 IgM 激活补体的能力远远大于 IgG。

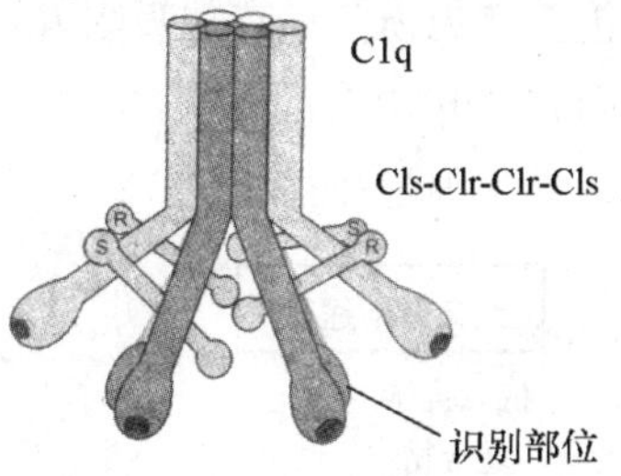

图 12－6 C1 分子结构示意

C1q 与补体结合位点桥联后，其构型发生改变，导致 C1r 裂解成为大小两个片段，其中小片段即活化的 C1r，可作用于 C1s，使 C1s 活化形成 C$\overline{1s}$酶，其底物为 C4 和 C2。

2. 活化阶段 C1s 作用于后续的补体成分，至形成 C3 转化酶（C$\overline{4b2a}$）和 C5 转化酶（C$\overline{4b2a3b}$）的阶段。在 Mg^{2+} 存在下，C$\overline{1s}$使 C4 裂解为 C4a 和 C4b 两个片段。C$\overline{1s}$与 C4 反应之后能更好地显露出 C$\overline{1s}$并作用于 C2 的酶活性部位。C2 在 Mg^{2+} 存在下被 C$\overline{1s}$裂解为两个片段 C2a 和 C2b。当 C4b 与 C2a 结合成 C$\overline{4b2a}$即为经典途径的 C3 转化酶。

C3 被 C3 转化酶裂解为 C3a 和 C3b 两个片段，分子内部的疏脂基外露，成为不稳定的结合部位。C3b 通过不稳定的结合部位，结合到抗原抗体复合物上或结合到 C$\overline{4b2a}$激活 C3 所在部位附近的微生物、高分子物质及细胞膜上，C3b 的另一端是稳定的结合部位，C3b 通过此部位与具有 C3b 受体的细胞相结合。这个特点，对于介导调理作用和免疫黏附作用具有重要意义。C3b 与 C$\overline{4b2a}$相结合产生的 C$\overline{4b2a3b}$为经典途径的 C5 转化酶。C5 是此酶的天然底物。补体裂解过程中生成的小分子 C4a、C2b、C3a 释放到液相中，发挥各自的生物学活性。

3. 膜攻击阶段 C5 转化酶裂解 C5 后，继而作用于后续的其他补体成分，形成膜攻击复合物（MAC），最终导致细胞受损、细胞裂解的阶段。C5 转化酶裂解 C5 产生出 C5a 和 C5b 两个片段。C5a 游离于液相中，具有过敏毒素活性和趋化活性。C5b 可吸附于邻近的细胞表面，但其活性极不稳定，当与 C6 结合成 C5b6 复合物则较为稳定，但此 C5b6 并无活性。C5b6 与 C7 结合成三分子的复合物 C5b67 时，方较稳定，不易从细胞膜上解离。C5b67 即可吸附于已致敏的细胞膜上，也可吸附在邻近的、未经致敏的细胞膜上（即未结合有抗体的细胞膜上）。C5b67 是使细胞膜受损伤的一个关键组分。它与细胞膜结合后，即插入膜的磷脂双层结构中。C5b67 虽无酶活性，但其分子排列方式有利于吸附 C8 形成 C5b678。其中 C8 是 C9 的结合部位，通常与 12～15 个 C9 分子结合，共同形成 C5b678（9）n，即补体的膜攻击复合物（MAC），可使细胞膜穿孔受损（图 12－7）。

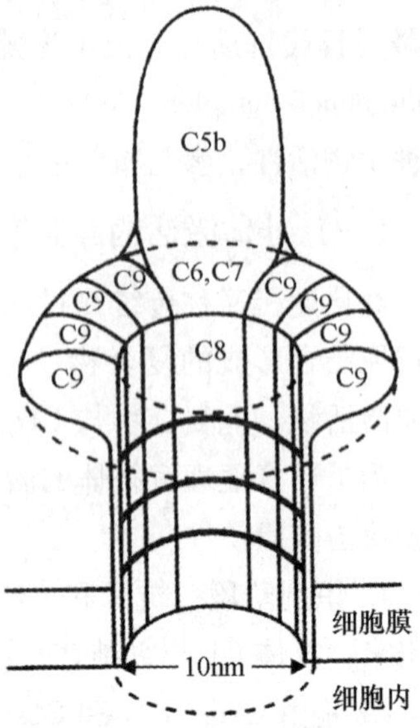

图 12－7　MAC 结构示意

目前已经证明，C5b、C6、C7 结合到细胞膜上，细胞膜仍完整无损；只有在吸附 C8 之后才出现轻微的损伤，细胞内容物开始渗漏；在结合 C9 后才加速细胞膜的损伤过程，导致细胞死亡（图 12－8）。

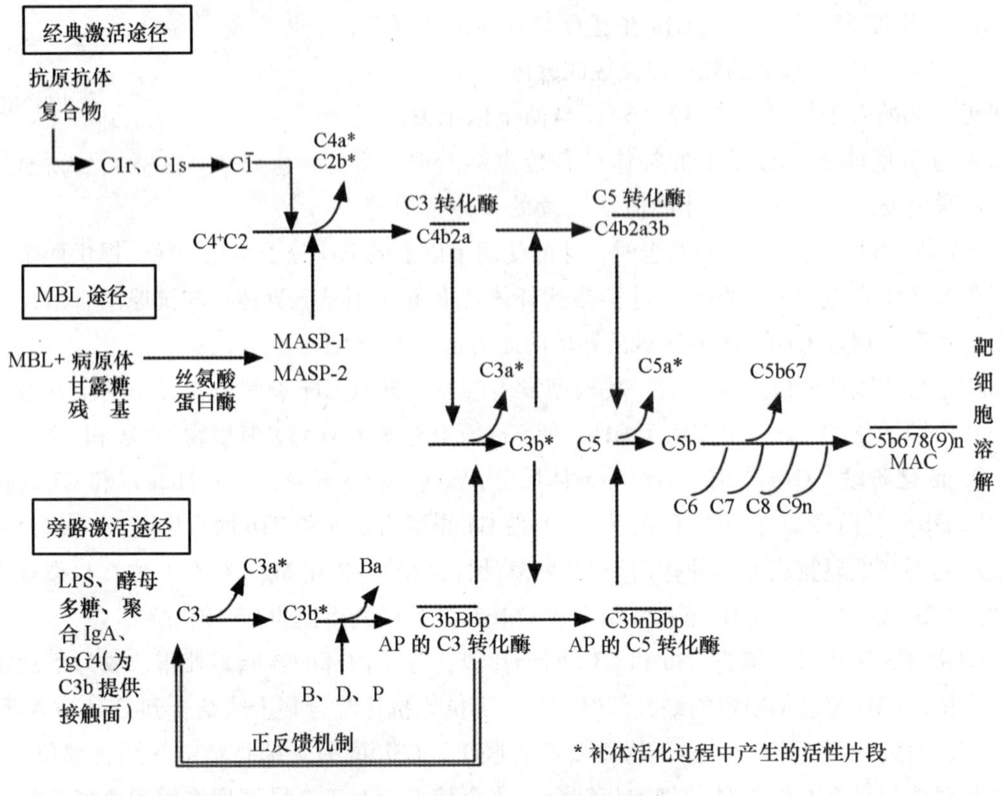

图 12－8　补体三条激活途径全过程示意

（二）补体激活的甘露聚糖结合凝集素途径

甘露聚糖结合凝集素（MBL）途径也称 MBL 激活途径或凝集素途径，与经典激活途径基本类似。MBL 是 MBL 激活途径的主要激活物。在病原微生物感染早期，肝细胞合成分泌的 MBL 等急性期蛋白明显增加。MBL 是一种钙依赖性糖结合蛋白，属于凝集素家族，可与某些细菌表面的甘露糖残基结合，然后与体内的丝氨酸蛋白酶结合，形成 MBL 相关的丝氨酸蛋白酶（MBL-associated serine protease，MASP）。MASP 具有与活化的 C1 相同的生物学活性，可分解 C4 和 C2，形成 C3 转化酶，其后的反应过程与经典激活途径相同（图 12－8）。

（三）补体激活的旁路途径

旁路途径又称替代途径，与经典激活途径的不同之处主要是其激活过程越过 C1、C4、C2 三种成分，直接激活 C3，然后完成 C5～C9 的激活过程。细菌细胞壁成分（脂多糖、肽聚糖、磷壁酸）、酵母多糖，还有凝聚的 IgA 和 IgG4 等物质是旁路激活途径的主要激活物。这些物质提供了使补体旁路激活连锁反应得以进行的接触表面。

1. C3 转化酶的形成　在生理条件下，C3 可受蛋白酶的作用，缓慢、持续地产生少量 C3b。血清中的 D 因子可将结合状态的 B 因子裂解成 Ba 和 Bb。大片段的 Bb 和 C3b 结合成 C$\overline{3bBb}$复合物，此即旁路途径的 C3 转化酶。C$\overline{3bBb}$极易被迅速降解。而血清中的 P 因子可与 C$\overline{3bBb}$结合使之稳定。

2. C5 转化酶的形成　当旁路途径激活物存在时，可使 C$\overline{3bBb}$受到保护而不易被降解。C$\overline{3bBb}$裂解 C3 生成 C3a 和 C3b，后者沉积在颗粒表面并与 C$\overline{3bBb}$结合形成 C$\overline{3bBb3b}$（亦称 C$\overline{3bnBb}$），该复合物即旁路途径的 C5 转化酶，其作用类似经典途径的 C$\overline{4b2a3b}$。C5 转化酶一旦形成，其后激活过程及效应与经典途径完全相同，即进入 C5～C9 的激活阶段，形成 MAC，导致靶细胞溶解（图 12－8）。

3. 旁路途径的特点　旁路途径的激活过程也是补体系统的一个重要放大机制。在激活物存在的情况下，C$\overline{3bBb}$裂解 C3，产生更多的 C3b 再沉积于颗粒物质表面与 Bb 结合，形成更多的 C3 转化酶，可放大起初的激活作用，故 C3b 既是 C3 转化酶的组成成分，又是 C3 转化酶作用生成的产物。此过程形成迅速放大的正反馈环路。

旁路途径和 MBL 途径活化不需要抗原抗体复合物参与，故在病原微生物感染时，补体发挥作用的时相顺序依次是旁路途径、MBL 途径、经典途径；然而当经典途径和 MBL 途径活化时，通过 C3 放大途径也可活化旁路途径，可见三者是以 C3 活化为中心而密切相连的。

四、补体系统激活后的生物学功能

补体系统被活化后具有多种生物学活性，体现在两个方面：①补体激活后，在细胞膜上形成膜攻击单位，导致靶细胞裂解；②补体在激活过程中产生不同的蛋白水解片段，在免疫和炎症反应中发挥各种生物学效应。

（一）补体介导的细胞溶解

补体系统被激活后，可在多种靶细胞表面形成膜攻击单位，从而导致靶细胞溶解，这种效应称为补体依赖的细胞毒作用（complement dependent cytotoxicity，CDC），如溶血反应就是典型的补体溶细胞作用。当外源微生物侵入后，补体裂解外源微生物是宿主抗感染的重要机制之一。补体能协助抗体溶解某些革兰阴性细菌、支原体、含脂蛋白包膜的病毒、异体红细胞和血小板。如仅有抗体与相应的细胞或细菌结合，而缺少补体参与，则不产生溶解作用。在病理情况下，自身抗体在自身组织细胞上可通过经典途径激活补体，出现补体参与的组织细胞破坏等病理现象。

（二）调理作用

补体激活过程中产生的 C3b、C4b 称为调理素，可促进吞噬细胞的吞噬作用，即补体的调理作用。C3b、C4b 一端与靶细胞或免疫复合物结合，另一端与带有相应受体的吞噬细胞（单核－巨噬细胞、中性粒细胞）结合，在靶细胞和吞噬细胞间起桥梁作用，从而促进吞噬细胞对靶细胞或免疫复合物的吞噬。这种调理作用在机体抗感染免疫过程中尤其重要。

（三）参与炎症反应

在补体活化过程中可产生多种具有炎症介质作用的补体活性片段。C3a、C4a 和 C5a 亦称过敏毒素，能导致急性炎症反应。其中 C3a、C4a 和 C5a 可与肥大细胞、嗜碱性粒细胞表面相应受体结合，促使其脱颗粒，释放组胺等血管活性介质，引起血管扩张、毛细血管通透性增加、平滑肌收缩；C5a 还有趋化作用，又称中性粒细胞趋化因子，能吸引中性粒细胞，使其向组织炎症部位聚集，加强对病原微生物吞噬，同时增强炎症反应；C2b 具有激肽样作用，能增加血管通透性，引起炎症反应。

（四）清除免疫复合物

正常情况下，机体血循环中可持续存在少量免疫复合物（IC），当体内存在大量循环免疫复合物时，免疫复合物可沉积在血管壁上，通过激活补体造成局部组织损伤（Ⅲ型超敏反应）。而补体成分的存在，可通过以下机制清除免疫复合物。

1. 抑制 IC 的形成　C3、C4 可结合到免疫复合物上，阻碍免疫复合物相互形成致病性的分子，在组织中沉积。

2. 促进 IC 的溶解　C3 可嵌入到抗原抗体分子中，使 IC 中的部分抗原和抗体分子解离，导致复合物变小，易于降解或排出。

3. 免疫黏附作用　补体还可通过 C3b 或 C4b 使免疫复合物黏附到表面带有相应补体受体的红细胞、血小板及某些淋巴细胞上，形成较大的复合物，从而易于被吞噬细胞吞噬和清除，此即免疫黏附作用。由于红细胞的数量巨大，是通过免疫黏附作用清除 IC 的主要参与者。

（五）免疫调节作用

补体可对免疫应答的各个环节发挥作用，主要通过以下方式实现：①C3 可参与捕捉、固定抗原，使抗原容易被 APC 处理与递呈；②补体成分可与多种免疫细胞相互作用，调节免疫细胞的增殖和分化，如 C3b 与 B 细胞表面相应受体结合，可使 B 细胞增殖分化为浆细胞；③补体参与调节多种免疫细胞的效应功能，如杀伤细胞与 C3b 结合后可增强对靶细胞的 ADCC 作用。

五、补体激活的调节

补体的激活是一种高度而有序的级联反应，在正常情况下，能发挥广泛的生物学效应，对机体有保护作用。但补体激活失控，则会对自身组织细胞造成损伤，引起超敏反应或自身免疫病。机体通过一系列复杂的因素，调节补体系统的激活过程，使之反应适度。这种调控机制包括补体系统中某些成分的裂解产物易于自行衰变以及多种灭活因子和抑制物的调节作用。

（一）自行衰变调节

某些补体成分的裂解产物极不稳定，易于自行衰变，成为补体激活过程中的一种自控机制。例如 C$\overline{4b2a}$复合物中的 C2a 自行衰变即可使 C$\overline{4b2a}$不再能持续激活 C3，从而限制了后续补体成分的连锁反应。C5b 亦易于自行衰变，影响到 C6～C9 与细胞膜的结合。此外，只有结合于固相的 C4b、C3b 及 C5b 才能触发经典途径，而旁路途径的 C3 转化酶则仅在特定的细胞或颗粒表面才具有稳定性，故人体血液循环中一般不会发生过强的自发性补体激活反应。

（二）调节因子的作用

体内存在多种可溶性以及与膜结合的补体调节因子，除旁路途径的 P 因子具有正调节作用之外，其余均为补体激活的负调控蛋白。主要的补体调控蛋白及生物学活性见表12－1。

表 12－1　补体调节蛋白及生物学活性

调节分子	血清浓度（μg/ml）	相对分子质量（$\times10^3$）	生物学活性
体液中可溶性调节因子			
$C\overline{1}$ 抑制物	180	105	使 $C\overline{1}s$ 失去活性，不能裂解 C4、C2
C4 结合蛋白（C4bp）	250	590	与 C4b 结合，加速 $C\overline{4b2b}$衰变
I 因子（C3b 灭活因子）	50	90	灭活 C3b、C4b
H 因子（C3b 灭活促进因子）	400	150	置换 $C\overline{3bBb}$中的 Bb，使其失去活性
S 蛋白（MAC 抑制物）	500	80	阻止 MAC 插入到靶细胞
SP40/40	50	0.08	抑制 MAC 的形成，防止 MAC 溶细胞作用
膜结合蛋白			
CR1（C3b 受体 1，CD35）		200	分布于多数血细胞上，加速 C3 转化酶的降解
MCP（膜辅助蛋白，CD46）		45～70	分布于血细胞（除红细胞）和上皮细胞，辅助 I 因子介导 C3b、C4b 降解
DAF（促衰变因子）		75	分布于多数血细胞表面，加速 $C\overline{4b2b}$的降解
HRF（同源限制因子/C8 bp）			分布在血细胞膜表面，抑制旁观细胞溶解
MIRL（膜反应性溶解抑制物，CD59）			分布于红细胞、淋巴细胞、单核细胞、血小板，阻止 C7、C8 与 C5b6 复合物结合，防止 MAC 形成

第三节　细胞因子

扫码“学一学”

一、细胞因子的概念及共性

（一）细胞因子的概念

细胞因子（cytokine，CK）是指主要由活化的免疫细胞和某些组织细胞分泌的一类具有多种生物学活性的小分子蛋白质。通常将单核细胞产生的细胞因子称为单核因子（monokine，MKs），将淋巴细胞产生的细胞因子称为淋巴因子（lymphokine，LKs）。细胞因子具有调节固有免疫和适应性免疫、参与细胞生长分化、介导炎症反应、刺激造血及参与组织修复等多种功能，在异常情况下也参与免疫病理反应。临床上以细胞因子或其受体为靶点的相应生物制剂，已广度应用于治疗肿瘤、自身免疫病、感染性疾病、免疫缺陷病及防止移植排斥反应等领域。

（二）细胞因子的共性

细胞因子来源广泛，种类繁多，功能各异，但具有以下共性。

1. 理化特性　大多数细胞因子为小分子量（8～30kDa）的可溶性糖蛋白或多肽。多数以单体形式存在，少数以二聚体或三聚体形式存在半衰期短。

2. 产生及分泌特性

（1）细胞因子的分泌是短暂的自限性事件　细胞因子通常没有预存的前体形式，在细胞活化后开始新的转录、翻译，一旦合成，细胞因子迅速分泌导致所需细胞因子的暴发释放。

（2）多源性和多向性　一种细胞因子可以由多种不同的细胞在不同条件下产生，即几种不同类型的细胞可以分泌一种或几种相同的细胞因子，称为细胞因子产生的多源性；而一种细胞可产生多种不同的细胞因子，称为多向性。例如 IL－1 可由活化的单核－巨噬细胞、NK 细胞、B 细胞、内皮细胞等产生；活化的 T 细胞可以产生 IL－2、IL－3、IL－4、IL－5等。另外一种细胞因子还能激发更多细胞因子产生瀑布效应。

3. 生物学作用特性

（1）高效性　细胞因子须与靶细胞表面相应的细胞因子受体特异结合，才能表现其生物学效应，在极微量水平（$10^{-12} \sim 10^{-10}$mol/L）即可表现其生物学效应。

（2）作用范围的局部性与系统性　大部分细胞因子作用于分泌细胞自身（自分泌，autocrine）或其邻近的细胞（旁分泌，paracrine），在局部发挥生物学效应。T 细胞分泌的细胞因子主要作用于与 APC 接触形成的免疫突触。少数细胞因子也可以作用于远端靶细胞（内分泌，ndocrine），表现系统性效应。

（3）作用复杂性　①一种细胞因子可以作用于多种不同的靶细胞，产生多种不同的生物学效应（图 12－9），即多效性（pleiotropy）；如 IFN－γ 可以激活并增强单核－巨噬细胞杀伤活性，可增强 NK 细胞的细胞毒作用，促进 CTL 成熟与功能分化。②细胞因子常可以影响其他细胞因子的活性，如一种细胞因子增强另一种细胞因子的某种生物学作用，称为协同性（synergism）；一种细胞因子也可以抑制另一种细胞因子的某种生物学作用，称为拮抗性（antagonism）；几种不同的细胞因子还可表现相同或相似的效应，称为重叠性（overlapping）。③双向性，适量的细胞因子表现为生理性调节作用，过量则可能表现为病理损伤。

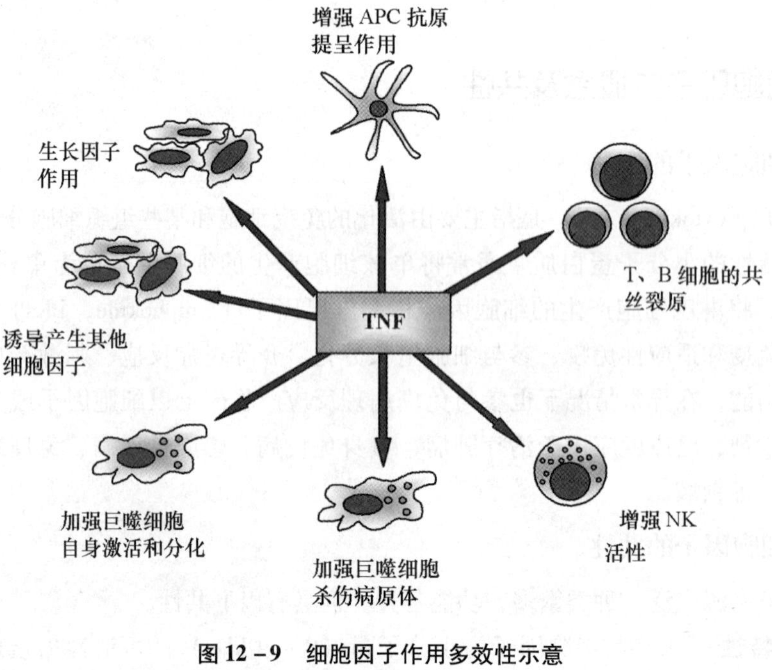

图 12－9　细胞因子作用多效性示意

4. **网络特性** 细胞因子的作用不是独立存在的，表现为通过合成分泌的相互调节、受体表达的相互诱导与制约、生物效应的相互影响而构成细胞因子的网络性。此外，细胞因子与神经递质和激素等物质之间也存在相互影响与调节，参与构成免疫系统-神经系统-内分泌系统网络。

二、细胞因子的常见种类及其主要功能

细胞因子根据其结构与功能可分为白细胞介素、干扰素、肿瘤坏死因子、集落刺激因子、生长因子及趋化因子等不同种类。

（一）白细胞介素

白细胞介素（interleukin，IL）因最初发现由淋巴细胞、单核-巨噬细胞等白细胞产生并在白细胞间发挥作用而得名。后来研究发现，许多细胞能产生IL，而且IL不仅介导白细胞相互作用，也可作用于其他细胞，但这一名称仍被沿用。目前已经命名的白细胞介素有38种（IL-1～IL-38）（表12-2）。

表12-2 几种重要白细胞介素的特性及功能

名称	来源细胞	靶细胞	主要功能
IL-1	单核-巨噬细胞、树突状细胞、纤维母细胞、内皮细胞	Th细胞、B细胞、NK细胞、单核-巨噬细胞、内皮细胞等	刺激T和B细胞的增殖、分化和成熟，刺激造血细胞，参与炎症反应
IL-2	活化的T细胞	活化T细胞、B细胞、NK细胞、单核-巨噬细胞、DC	刺激T和B细胞的增殖和分化，增强NK细胞、单核细胞杀伤活性
IL-3	活化的T细胞	造血干细胞、肥大细胞等	促进多能造血干细胞增殖，促进肥大细胞、嗜酸、嗜碱性粒细胞增殖与分化
IL-4	活化的T细胞	活化B细胞、T细胞、内皮细胞	促B细胞和T细胞增殖，刺激造血祖细胞增殖与分化，诱导IgE、IgG产生参与Ⅰ型超敏反应
IL-5	活化的T细胞	嗜酸性粒细胞、B细胞	促进细胞增殖与分化，诱导IgA产生
IL-6	淋巴细胞 单核细胞 纤维母细胞	活化B细胞、造血干细胞、浆细胞、T细胞	促进B细胞分化，促进肝细胞产生急性期蛋白，抑制乳腺癌细胞，刺激骨髓瘤细胞，刺激造血细胞，参与炎症
IL-8	单核-巨噬细胞 血管内皮细胞	中性粒细胞、嗜碱性粒细胞、淋巴细胞	中性粒细胞趋化和活化作用，T细胞趋化作用，促进血管生成，参与炎症及过敏反应
IL-10	活化的T细胞 单核-巨噬细胞	巨噬细胞、B细胞、肥大细胞、Th细胞	抑制Th合成分泌细胞因子，促进胸腺细胞增殖，促进B细胞增殖
IL-12	B细胞	活化T细胞、NK细胞	促进Tc、NK、LAK细胞杀伤功能，诱导细胞免疫
IL-13	活化的T细胞（Th2）	Th2细胞、B细胞、巨噬细胞	诱导B细胞增殖分化，促进IgG和IgE合成，抑制单核-巨噬细胞合成分泌炎性因子
IL-14	活化的T细胞	活化的B细胞	诱导活化B细胞增生，对静止B细胞无刺激作用
IL-15	T及其他组织细胞	T细胞、活化的B细胞	与IL-2作用相似
IL-17	活化的T细胞	上皮细胞、内皮细胞及其他细胞	促进破骨细胞的生成、促进血管形成、诱导炎症性细胞因子
IL-18	巨噬细胞	Th1细胞、NK细胞	诱导T细胞、NK细胞产生IFN-γ，有利于Th1产生细胞因子

续表

名称	来源细胞	靶细胞	主要功能
IL－21	活化的 Th 细胞、NKT 细胞	所有淋巴细胞、DC	$CD8^+$ T 细胞活化和增殖的协同刺激分子，促进 NK 细胞的细胞毒作用，促进 Th17 细胞分化
IL－23	活化的 DC	活化 T 细胞、记忆 T 细胞和 DC	促进血管形成，减少 $CD8^+$ T 细胞浸润
IL－24	白细胞，单核细胞	白细胞、多种肿瘤细胞	抑制肿瘤细胞增殖、诱导肿瘤细胞凋亡、抑制血管形成、促进免疫细胞增殖，促进伤口愈合
IL－35	B 细胞	Treg 细胞、Th17 细胞	抑制 Th 细胞的增殖分压、增强 Treg 功能

（二）干扰素

干扰素（interferon，IFN）是最早发现的细胞因子，是由病毒或其他干扰素诱生剂诱导机体产生的一类抗病毒蛋白，因其具有干扰病毒复制的能力而得名。根据来源和理化性质，可将人干扰素分为 α、β 和 γ 三种。IFN－α、IFN－β 主要由白细胞、成纤维细胞和病毒感染的组织细胞产生，也称Ⅰ型干扰素。IFN－γ 为Ⅱ型干扰素，主要由活化的 T 细胞和 NK 细胞产生。不同类型 IFN 功能相似，主要生物学活性为抗病毒、抗肿瘤和免疫调节。

（三）肿瘤坏死因子

肿瘤坏死因子（tumor necrosis factor，TNF）为一种能使肿瘤组织出血坏死的细胞因子。根据其来源和结构不同分为 TNF－α 和 TNF－β 两种类型。TNF－α 主要由活化的单核－巨噬细胞产生。大剂量 TNF－α 可使食欲减退、脂蛋白合成受到抑制引起恶液质，故 TNF－α 也称恶液质素。TNF－β 又称淋巴毒素（Lymphotoxin，LT），主要由活化的 T 细胞产生。TNF－α 和 TNF－β 的生物学作用相似，具有抗肿瘤、参与免疫应答、介导炎症反应和发热反应。

（四）集落刺激因子

集落刺激因子（colony stimulating factor，CSF）是由活化的 T 细胞、单核－巨噬细胞、血管内皮细胞和成纤维细胞等产生，可刺激造血干细胞和不同发育阶段的造血细胞的增殖分化，在半固体培养基上形成相应细胞集落的细胞因子。根据 CSF 的主要功能和靶细胞，已命名的有粒细胞集落刺激因子（G－CSF）、巨噬细胞集落刺激因子（M-CSF）、粒细胞－巨噬细胞集落刺激因子（GM-CSF）、红细胞生成素（erythropoietin，EPO）、干细胞生长因子（SCF）及多能集落刺激因子（multi－CSF）等。

（五）生长因子

生长因子（growth factor，GF）泛指一类刺激相应细胞重复和分化的细胞因子，根据其作用的细胞不同分为转化生长因子（transforming growth factor，TGF）、成纤维细胞生长因子（fibroblast growth factor，FGF）、表皮生长因子（epithelial growth factor，EGF）、神经生长因子（nerve growth factor，NGF）、血管内皮细胞生长因子（vascular endothelial cell growth factor，VEGF）、血小板衍生的生长因子（platelet derived growth factor，PDGF）和肝细胞生长因子（hepacyte growth factor，HGF）等。

（六）趋化因子

趋化因子除趋化免疫细胞外，还有活化免疫细胞、调节血细胞发育、血管生成、细胞凋亡等功能，在肿瘤发生、发展、浸润转移，病原微生物感染以及移植排斥反应等病理过程中发挥作用。目前发现的趋化因子已多达50余种，其结构特点是几乎都含有由1对或2对保守的半胱氨酸残基（c）形成的分子内二硫键。根据其氨基端半胱氨酸残基的个数及其排列顺序分为c亚家族、cc亚家族、cxc亚家族和cx3c亚家族。

三、细胞因子及其受体与临床应用

（一）细胞因子与某些疾病发生发展的相关性

1. 细胞因子与感染性疾病　感染可诱生多种细胞因子参与炎症反应。如IL－8可吸引中性粒细胞等聚集于病灶，同时IL－1、TNF－α和GM-CSF等可以激活单核吞噬细胞、中性粒细胞，促进其释放多种炎症介质。IL－1、IL－6和TNF－α还作用于体温调节中枢引起发热反应。目前认为G^-菌引起弥漫性血管内凝血（DIC）、中毒性休克是与细菌内毒素刺激机体产生过量TNF－α有关。

2. 细胞因子与肿瘤　细胞因子对肿瘤的作用具有双重性。如TNF－α和LT可直接杀伤肿瘤细胞；IFN－γ、IL－4可抑制多种肿瘤细胞生长；IL－2和IFN－γ可诱导增强NK、LAK和CTL对肿瘤细胞的杀伤作用，但有些细胞因子可促进肿瘤细胞生长，如TGF－β。

3. 细胞因子与移植排斥反应　移植排斥反应发生时患者血清及移植物局部细胞因子水平常发生明显变化，如肾移植后发生排斥反应的患者血清及移植物局部IL－1、IL－2、TNF及INF－γ、IL－6等水平明显升高。骨髓移植后发生排斥反应的患者IFN水平明显升高。

4. 细胞因子与免疫性疾病　IL－4过度分泌和IFN－γ产生不足可诱导Ⅰ型超敏反应；SLE、类风湿性关节炎、多发性硬化症等患者血清IL－2、TNF－α水平升高；银屑病病损局部和患者血清中TNF－α和IL－6水平均见升高；以上表明细胞因子参与超敏反应及自身免疫性疾病的发生发展。

（二）细胞因子检测与某些疾病的辅助诊断

细胞因子单独作为疾病诊断的指标尚缺乏特异性，但某些特定细胞因子检测可作为辅助指标用于某些疾病的早期诊断、鉴别诊断或预后及疗效评估。如在类风湿性关节炎的滑液中IL－8和MCP－1的水平升高，而骨性关节炎则不升高。临床多种疾病的病情严重程度与血清或局部TNF－α水平相关，如脑膜炎或HIV感染患者血清TNF－α水平与病死率相关。

（三）细胞因子与疾病的治疗

1. 细胞因子补充（添加）疗法　用于治疗肿瘤、病毒感染或一些贫血症，如IFN可用于治疗病毒性肝炎、角膜炎、感染性生殖器疣，EPO用于治疗贫血症。

2. 细胞因子阻断（拮抗）疗法　用于治疗超敏反应和自身免疫性疾病；抗IL－2抗体或IL－2受体拮抗剂可用于移植排斥反应。

扫码“学一学”

第四节　免疫细胞膜分子

免疫应答过程涉及免疫系统中细胞、分子等多种因素，而各种细胞之间的相互作用都是通过其细胞膜表面分子来实现的。这些分子参与调节和控制免疫细胞的抗原识别、信号转导、细胞活化及靶细胞杀伤等效应机制，共同完成机体免疫应答，主要包括细胞膜表面的多种抗原分子和受体分子。此外，免疫细胞膜分子常用于免疫细胞的分析鉴定，故又称之为细胞表面标志（cell surface marker）。本节重点介绍 MHC 分子、白细胞分化抗原和黏附分子。

一、主要组织相容性抗原系统

（一）相关概念

免疫学的兴起揭开了同种异体组织不相容的奥秘，研究表明同种异体组织不相容的本质是供者与受者细胞表面存在不同的同种异型抗原，诱发产生了免疫应答致使机体发生移植排斥反应。因此，移植排斥反应的本质是特异性免疫应答，这种代表个体组织特异性的同种异型抗原被称为移植抗原（transplantation antigen）或组织相容性抗原（histocompatibility antigen）。

到 20 世纪中叶，已证实诱发移植排斥反应的组织相容性抗原有多种，其中起主导作用、可引起强而迅速排斥反应的抗原称为主要组织相容性抗原系统（major histocompatibility antigen system，MHAS）；而另一些起次要作用、引起弱而缓慢排斥反应的抗原称为次要组织相容性抗原系统（minor histocompatibility antigen system，mHAS）。编码主要组织相容性抗原系统的基因群称为主要组织相容性复合体（major histocompatibility complex，MHC），MHAS 也称为 MHC 分子（或抗原）。

以后的数十年间，多种哺乳动物的 MHAS 及其编码基因群相继得到鉴定和命名。人类的 MHAS 称为 HLA，编码基因为 HLA 复合体；小鼠的 MHAS 称 H－2 抗原系统，相应的基因群称为 H－2 复合体等。哺乳动物都具备 MHC，虽然其各自的命名不同，但他们的组成、结构、分布和功能却非常相似。小鼠由于具有繁殖快、易于饲养等特点，成为研究 MHC 的最佳动物模型，迄今对人类 MHC 的认识，也大多借鉴于小鼠H－2复合体的实验资料。

但需说明的是：主要组织相容性抗原的名称源于器官移植手术，随着免疫学的飞速发展，MHAS 的概念已远远不能涵盖其真正的生物学功能。因此，MHC 的现代概念为定位于不同哺乳动物某一染色体的一组紧密连锁在同一条染色体上具有高度多态性的基因群，编码产物除参与移植排斥反应外，在免疫应答和免疫调节中发挥重要作用。

（二）HLA 复合体

HLA（human leucocyte antigen）复合体即人类的 MHC。由一系列连锁基因组成，具有高度多态性。是迄今发现的人类最为复杂的基因系统。现知，HLA 基因全长 3600kb，占人基因组的 1/3000。

1. 定位与结构 定位于人类第六号染色体短臂 6p21.31 区域，该区域共确认出 224 个基因座，其中有 128 个是可表达蛋白的功能性基因，96 个伪基因。依据基因座在染色体上的分布及其编码产物功能、结构的不同，可将 HLA 复合体的基因座分为三个基因区，分别称为 HLA Ⅰ类基因区、HLA Ⅱ类基因区和 HLA Ⅲ类基因区（图 12－10）。

（1）HLA Ⅰ类基因区　位于复合体远离着丝点的一端，最早发现的三个功能性基因：HLA－A、HLA－B、HLA－C，称为经典 HLA Ⅰ类基因（classical class Ⅰ gene），又称 HLA Ⅰ*a* 基因。分别编码 HLA Ⅰ类分子的 HLA－A 抗原、B 抗原和 C 抗原的 α 链。HLA Ⅰ*a* 基因具有高度多态性，每个基因座有为数众多的复等位基因。另外，近年来在该基因区还发现了一些与Ⅰ类基因结构相似的基因，称为非经典的Ⅰ类基因（non－classical class Ⅰ gene），主要包括 HLA－E、HLA－F 和 HLA－G 等基因。

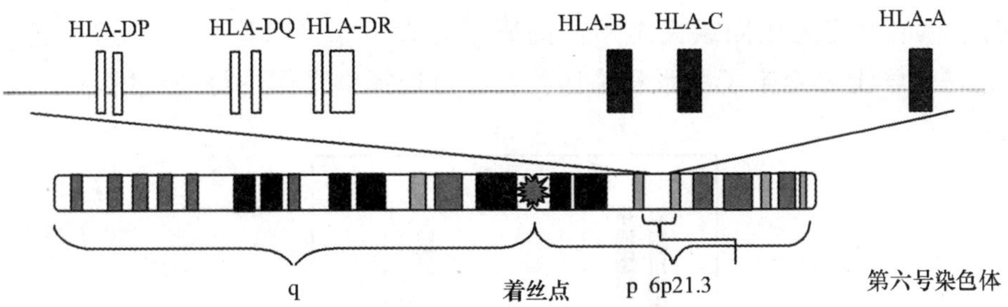

图 12－10 人第六号染色体短臂 HLA 基因结构示意图

HLA－E 基因：包括 26 种等位基因，其编码的 HLA－E 分子表达于各种组织细胞，在羊膜和滋养层细胞表面高度表达。HLA－E 分子是 NK 细胞表面 C 型凝集素受体家族（CD94/NKG2）的专一性配体，由于 HLA－E 分子与杀伤细胞抑制性受体结合的亲和力明显高于与杀伤细胞活化性受体结合的亲和力，因此具有抑制 NK 细胞对自身细胞杀伤的作用。

HLA－G 基因：编码的 HLA－G 分子主要分布于母胎界面绒毛外滋养层细胞，在母胎耐受中发挥功能。

（2）HLAⅡ类基因区　位于复合体的近着丝点端，包括较早发现的 HLA－DR、HLA－DP 和 HLA－DQ 三个功能性基因座，称为经典 HLAⅡ类基因。HLAⅡ类基因同样具有较高多态性，分别编码 HLAⅡ类分子的 HLA－DR 抗原、DP 抗原和 DQ 抗原的 α 链与 β 链，因此 HLA－DR、HLA－DP 和 HLA－DQ 亚区均分别有编码 α 链与 β 链的两个基因座。另外，HLAⅡ类基因区还有位于 HLA－DQ 与 HLA－DP 之间的多个与抗原呈递相关的基因，称为免疫功能相关基因。其中参与内源性抗原呈递的主要有 TAP 和 PSMB 基因，参与外源性抗原呈递的有 DM 和 DO 基因。

TAP 基因：抗原处理相关转运体（transpoter associated with antigen processing）或称抗原肽转运体（transpoter of antigen peptide）基因，包括 TAP1 和 TAP2 两个基因座位，其产物表达于内质网膜，参与内源性抗原肽向内质网腔的转运。

蛋白酶体 β 亚单位基因：（proteasome submit betatype，PSMB）基因，包括 PSMB8 和 PSMB9（旧称 LMP2、LMP7）两个基因座位，其产物存在于胞质溶胶中，是组成胞浆蛋白酶体的重要蛋白质成员，参与对内源性抗原的降解。

（3）HLAⅢ类基因区　位于 HLAⅠ类基因区与 HLAⅡ类基因区之间。该区主要是免疫功能相关基因，包括：①编码血清补体成分的基因，C2、C4A、C4B、Bf（B factor）；②编码细胞因子的基因，TNF 基因，编码 TNF－α；LT 基因，编码淋巴毒素（lymphotoxin，LT）或称 TNF－β；③热休克蛋白基因，热休克蛋白（heat shock protein，HSP）基因编码 HSP。该基因在进化上高度保守，基因产物参与炎症和应激反应，并在内源性抗原的加工递呈中发挥作用；④ 21－羟化酶基因，21－羟化酶（CYP21）基因编码肾上腺 21－羟化酶。其缺失可导致肾上腺增生症，是与免疫无关的基因。

2. 遗传特点

（1）单倍型遗传　连锁在一条同源染色体上的 HLA 基因组合称为 HLA 单倍型（haplotype）；两条同源单倍型组成了 HLA 基因型（genotype）。单倍型遗传即指在遗传过程中，HLA 单倍型是以一个完整的遗传单位由亲代传给子代。因此，子代的两条

HLA 单倍型一个来自父方，一个来自母方。而同胞间，一个单倍型完全相同的概率为 50%，两个单倍型完全相同或完全不同的概率为 25%（图 12－11）。这一遗传特点，使 HLA 在法医学上鉴定亲子关系和临床器官移植选择供受体中得到应用。

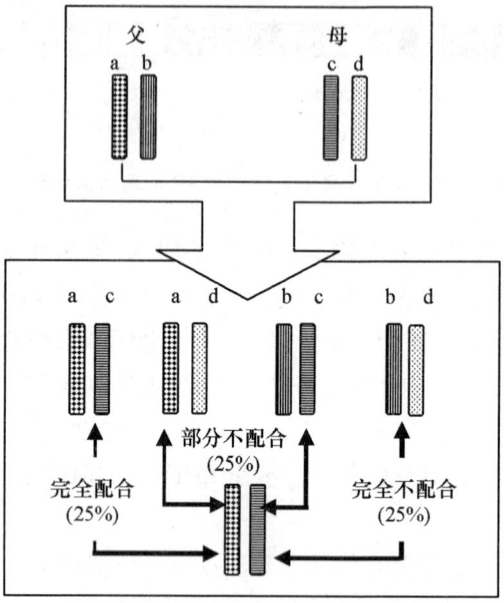

图 12－11　HLA 单位型遗传示意图

（2）高度多态性　多态性（polymorphism）是指在随机婚配的群体中，染色体同一基因座上有两种以上基因型，可编码两种以上的基因产物。丰富的多态性是 HLA 基因系统的一个重要特点。造成 HLA 高度多态性的原因主要为：①HLA 等位基因均为共显性（codominant），共显性是指在每一世代中，无论是纯合子状态还是杂合子状态，同源染色体上的一对等位基因控制的性状均能表现出来。由于多数个体的 HLA 位点都是杂合子，故这一遗传特点增加了个体 HLA 表型的多态性。②存在复等位基因（multiple alleles）：在群体中，属于同一基因座的不同结构的基因系列称为复等位基因。HLA 复合体的基因座在人群中拥有为数众多的复等位基因。即使仅以 HLA Ⅰ类基因座 A、B、C 和 HLA Ⅱ类基因座 DR、DQ、DP 所具有的复等位基因来计算，在随机组合的情况下，人群中可能出现的基因型别已远远超过世界人口总数。因此，在无关人群中很难找到 HLA 基因型完全相同的两个个体。HLA 的高度多态性极大地扩展了个体和群体对不同抗原肽递呈和产生应答的范围，但也为组织器官移植中选择供受体增加了障碍。

（3）连锁不平衡（linkage disequilibrium）　是指在某一群体中，分属两个或两个以上基因座的等位基因同时连锁出现在一条染色体上的预测频率不等于实测频率。实测频率与预测频率的差值称连锁不平衡参数。现已发现，HLA 复合体中至少有 50 余对等位基因显示连锁不平衡，而且一些连锁不平衡倾向于出现在某些人群、某些人种和某些民族，但其产生机制尚不清楚。该特征说明 HLA 各基因并非完全随机地组成单倍型，某些基因比其他基因更多或更少地相伴出现。这一现象在一定程度上限制了群体中 HLA 单倍型的多样性，为临床器官移植寻找匹配供受体提供了机会。

（三）HLA

HLA 为人类的 MHAS，是由 HLA 复合体编码的表达于有核细胞表面的一组抗原，代表个体组织特异性，具有多种生物学功能和医学意义。因最先在白细胞表面发现而得名，主要包括经典 HLA Ⅰ类分子和经典 HLA Ⅱ类分子。

1. HLA 分子结构与分布

（1）HLA Ⅰ类分子　是由 HLA Ⅰ类基因区基因编码的 α 链（重链，相对分子质量 44000）和第 15 对染色体基因编码的 β2m（轻链，相对分子质量 12000）组成的膜蛋白分子。其中 α 链为穿膜肽链，分为胞浆区、穿膜区和胞外区。α 链的胞浆区为羧基端部分，参与细胞内外信号转导；疏水性的穿膜区肽段形成螺旋状，穿过胞膜脂质双层，将Ⅰ类分子锚定在膜上；α 链的胞外区为氨基端部分，肽段较长，借助链内二硫键折叠成 α1、α2、α3 三个结构域，分别包含约 90 个氨基酸残基。

α1 和 α2 为 α 链的多态区，共同组成Ⅰ类分子的抗原结合槽，因能与经过消化处理的内源性抗原肽结合而被命名为肽结合区。α3 结构域是 α 链的恒定区，与免疫球蛋白结构同源，故名 Ig 样区，能与 T 细胞的 CD8 分子结合。β2m 不穿过细胞膜，与 α 肽链胞外区以非共价键结合，起稳定Ⅰ类分子的作用。β2m 氨基酸序列高度保守，在不同物种间差别很小，同属于 IgSF 结构域。

Ⅰ类分子主要分布在除成熟红细胞以外的几乎所有有核细胞表面，包括网织红细胞和血小板。不同的组织细胞表达Ⅰ类抗原的密度各异。其中外周血白细胞Ⅰ类抗原的表达量最高，又便于获取，因此成为研究此类抗原的最好材料。神经细胞、成熟滋养层细胞一般不表达经典Ⅰ类抗原。

（2）HLA Ⅱ类分子　是由两条同为 HLA－Ⅱ类基因区基因编码的 α 链（相对分子质量 35000）和 β 链（相对分子质量 28000）组成的异源二聚体。基本结构与Ⅰ类分子相似（图 12－12）。α、β 链均为穿膜肽链，分别有胞浆区、穿膜区和胞外区。胞浆区为 α、β 链的羧基端部分，参与细胞内外信号转导；穿膜区肽段形成螺旋状穿过细胞膜脂质双层，分别将 α、β 肽链锚定在细胞膜上；两条链的胞外区均为肽链的氨基端部分，分别形成 α1、α2 和 β1、β2 两个结构域。

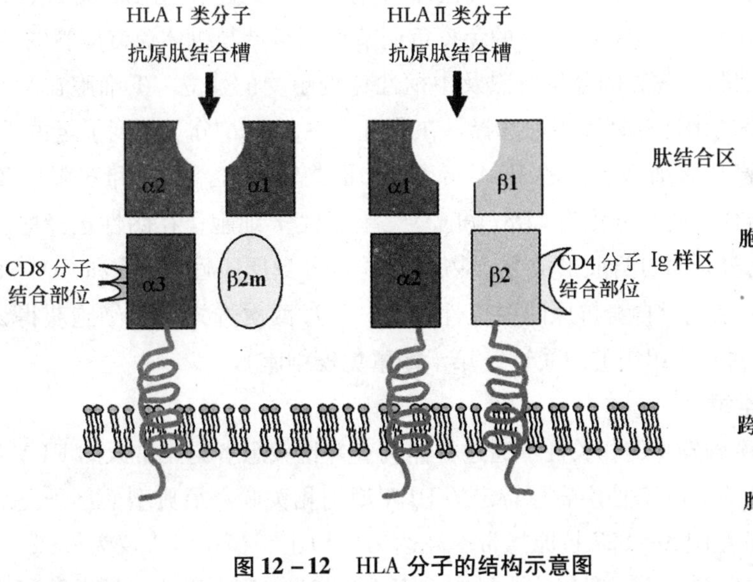

图 12－12　HLA 分子的结构示意图

α1、β1 是 α 链、β 链的多态区，共同组成 HLA Ⅱ类分子的抗原肽结合槽，主要与经过消化处理的外源性抗原肽结合，参与外源性抗原的递呈。α2 和 β2 结构域是 α、β 链的恒定区，与免疫球蛋白结构同源，也称为 Ig 样区，能与 T 细胞的 CD4 分子结合。

HLA Ⅱ类分子主要分布在专职抗原呈递细胞以及激活的 T 细胞、内皮细胞、成纤维细胞等表面。

另外，血清、尿液、唾液、精液及乳汁等体液中也可检出游离的可溶性 HLA Ⅰ、Ⅱ类分子（sHLA）。sHLA 通过多种机制调节机体免疫应答，在感染性疾病、肿瘤和移植排斥反应中可能成为病理变化的指标。

2. HLA 的生物学功能

（1）参与抗原加工与递呈　T、B 细胞特异识别抗原的分子基础是其细胞膜表面的抗原受体（TCR 和 BCR）。其中，TCR 一般不能识别天然抗原分子，必须识别抗原呈递细胞（APC）递呈的抗原肽·HLA 分子复合物。因此，天然抗原分子需经专职或兼职 APC 摄取消化后，将抗原分子中的免疫显性肽段与 APC 新合成的 HLA Ⅰ类分子或 HLA Ⅱ类分子的抗原肽结合槽结合，加工成抗原肽·HLA Ⅰ类或抗原肽·HLA Ⅱ类分子的复合抗原，表达在 APC 或靶细胞表面，供给 T 细胞识别。因此，HLA 分子是参与抗原呈递的重要因素。HLA Ⅰ类分子主要参与内源性抗原的递呈，HLA Ⅱ类分子主要参与外源性抗原的递呈。

（2）约束免疫细胞间的相互作用——MHC 限制性　如前所述，TCR 需识别经 APC 加工后的复合抗原。当 TCR 识别 APC 表面的复合抗原时，一般要同时识别抗原肽与 HLA 的多态区，称为 TCR 的双识别。换言之，T 细胞要求 APC 的 HLA 型别与之相同才能有效识别 APC 递呈的抗原肽，这一现象称为 MHC 限制性（MHC restriction）。此外，Th 细胞－Tc 细胞、Tc 细胞－靶细胞间的相互作用也受 MHC 限制。APC-Th 细胞相互作用受 HLA Ⅱ类分子的限制，Tc 细胞－靶细胞的相互作用受 HLA Ⅰ类分子的限制。

（3）参与对机体免疫应答的遗传控制　早已发现，不同机体对同一抗原的免疫应答存在差异，提示免疫应答受遗传基因控制。控制免疫应答的基因称为免疫应答基因（immune response gene）。人类的 Ir 基因一般认为即 HLA 基因。由于不同个体携带的 HLA 型别不同，致 HLA 分子抗原肽结合槽的构型各异，故与抗原肽结合的亲和力有别。由此决定 APC 对特定抗原的递呈能力和应答强度，从而实现机体对免疫应答的遗传控制。另外，某些非经典 HLA Ⅰ类分子（HLA－E、HLA－G）的免疫负调节作用也参与机体免疫应答的控制。

（4）参与 T 细胞在胸腺的分化成熟及中枢性免疫耐受的建立　T 细胞在胸腺的分化成熟需先后经历严格的阳性选择和阴性选择。在此过程中，HLA 分子起到了至关重要的作用。在阳性选择中胸腺基质细胞表面的 HLA Ⅰ、HLA Ⅱ类分子选择性地和双阳性 T 细胞表面 CD8、CD4 分子结合，使其分化为 $CD8^+$ 和 $CD4^+$ 单阳性 T 细胞；在阴性选择中，APC 表面 HLA Ⅰ、HLA Ⅱ类分子与自身肽形成复合物分别诱导自身反应性 $CD8^+$ 和 $CD4^+$ T 细胞克隆凋亡，参与建立 T 细胞对自身抗原的中枢性耐受。经过两次选择使 T 细胞获得识别抗原时的 MHC 限制性和对自身组织的耐受性（第十四章免疫细胞）。

3. HLA 的医学意义

（1）HLA 与疾病发生的相关性　通过群体调查并比较患者与正常人的 HLA 基因或抗原频率，已发现人类有 500 多种疾病与特定的 HLA 型别相关联。最典型的例子是北美白人中的强直性脊柱炎患者HLA－B27 抗原携带率高达91%以上，而正常人仅为9%，表明 HLA－B27 与强直性脊柱炎的发生高度相关。目前，HLA－B27 的测定已成为辅助诊断强直性脊柱炎的重要参考指标。HLA 型别与疾病的相关性常用相对危险性（relative risk，RR）评估。相对危险性是指携带某种 HLA 的人群发生某种疾病的频率与不携带该抗原的人群发生某种疾病频率的比值。其计算公式为：RR = 患者 Ag^+ 与 Ag^- 的比值/对照 Ag^+ 与 Ag^- 的比值。RR 值越大，表示某病与该抗原的关联性越强。一般 RR > 3 即表示相关性较强。HLA 在相关疾病中的作用尚未完全清楚。

另外，HLA 的异常表达也与疾病发生相关。例如有核细胞应表达 HLA Ⅰ类分子，但在许多小鼠和人类肿瘤细胞或肿瘤衍生的细胞株都发现 MHC Ⅰ类分子的表达密度往往减弱甚至缺失，这可能成为导致肿瘤细胞逃逸免疫监视得以在体内大量生长增殖的原因。若转染Ⅰ类基因，则这些肿瘤细胞株的成瘤性和转移性即降低或消失。又如，HLA Ⅱ类抗原往往异常表达于某些器官特异性自身免疫病的靶细胞表面（诸如 Graves 病的甲状腺上皮细胞、原发性胆管肝硬化的胆管上皮细胞、1 型糖尿病的胰岛 B 细胞等），这种异常表达的 HLA Ⅱ类分子可能以组织特异性方式把自身抗原呈递给自身反应性 T 细胞，从而启动自身免疫应答，损伤组织，引起疾病。

（2）HLA 与器官移植　MHAS 一词来源于组织器官移植手术，所以，HLA 首先与器官移植相关。在同种异体移植术中，器官移植的成败主要取决于供、受者间的组织相容性，其中 HLA 等位基因的相配程度起关键作用。供受者 HLA 型别不符即组织不相容会引起组织排斥反应。因此，对于所有器官移植者均必须进行组织 HLA 配型。

（3）HLA 与法医　HLA 因其高度多态性而成为最能代表个体特异性并伴随个体终身的稳定的遗传标志——生物“身份证”，在无关个体之间 HLA 型别完全相同的概率极低。法医学通过 HLA 基因型或表型检测进行个体识别，同时因其单倍型遗传特征，HLA 分型也是亲子鉴定的重要手段。

（4）其他　除上述意义外，HLA 还可引起非溶血性输血反应。多次接受输血的患者体内可产生抗供者 HLA 抗体，从而发生因白细胞或血小板受到破坏而引发的输血反应。另外，某些 HLA 基因或单倍型在不同种族、民族或地区人群的分布频率有明显差异，可以用于人类学的研究。

二、CD 分子与黏附分子

（一）概念

1. 白细胞分化抗原（leukocyte differentiation antigen，LDA）　是指造血干细胞分化成熟为不同谱系、各个谱系分化的不同阶段及成熟细胞活化过程中，出现或消失的细胞表面分子。其种类繁多，分布广泛，除表达于白细胞外，还广泛分布于红系、巨核细胞 - 血小板谱系和血管内皮细胞、成纤维细胞、上皮细胞、神经细胞等非造血细胞表面。大多是跨膜的糖蛋白。根据胞膜外区结构特点可分为不同的家族或超家族。

扫码“看一看”

2. CD 分子　CD 即分化群（cluster of differentiation，CD）。应用以单克隆抗体鉴定为主的聚类分析方法，将来自不同实验室的单克隆抗体所识别的同一类分化抗原归为一个分化群，简称 CD 分子或 CD 抗原，并以此代替分化抗原以往的命名。简言之，CD 分子即位于细胞膜上一类分化抗原的总称，CD 后的序号代表一个或一类分化抗原分子。目前，人的 CD 抗原已鉴定出 363 种，以 CD1、CD2……CD363 表示。

3. 黏附分子（adhesion molecule，AM）　是指存在于细胞表面和细胞外基质（extracellular matrix，ECM）中介导细胞与细胞或细胞与 ECM 间相互接触和结合的一类细胞膜表面糖蛋白分子。黏附分子是以其黏附功能归类和命名的。事实上，许多黏附分子也是 CD 分子，可用 CD 单克隆抗体识别。

（二）特点

CD分子与黏附分子种类繁多，生物学作用广泛，但具有以下共性：①通过受体与配体结合发挥作用，并且这种结合常为可逆性；②缺乏多态性，同一种属不同个体的同类CD、AM基本相同；③同一CD、AM可具有多种生物学效应，而同一生物学功能往往由多种CD、AM参与介导；④其表达密度及亲和力与细胞活化状态有关。

（三）组成

参与T细胞识别、黏附与活化的CD分子主要有CD3、CD4、CD8、CD2、CD58、CD28/CTLA－4和CD40L等。CD3分子分布于所有成熟T细胞和部分胸腺细胞表面。CD3分子的主要功能是与TCR结合，转导TCR特异识别抗原所产生的活化信号，也是鉴别T细胞的标志。CD4、CD8分子的主要功能是作为TCR－CD3识别抗原的辅助受体（Co－receptor），又是识别T细胞亚群的标志。CD28功能是作为协同刺激分子提供T细胞活化的第二信号。参与B细胞识别、黏附与活化的CD分子主要有CD79、CD19、CD20、CD21、CD22、CD81、CD80、CD86、CD40、CD35和CD72等。CD79功能主要是介导BCR途径的信号转导，CD19、CD21、CD81作为B细胞活化的辅助受体。CD40分子提供B细胞活化的第二信号。将参与免疫应答的一些重要CD分子列于表12－3。目前克隆成功的黏附分子基因已近百种。按其结构特点可分为：整合素家族、选择素家族、黏蛋白样家族、免疫球蛋白超家族及钙黏蛋白家族五类及一些尚未归类的黏附分子。将在免疫应答中发挥重要功能的黏附分子列于表12－4。

表12－3　参与免疫应答的重要CD分子

CD	主要表达细胞	功　能
CD2	T细胞、胸腺细胞、NK细胞	即SRBCR，与LFA－3结合，黏附作用，传递信号
CD3	T细胞、胸腺细胞	T细胞标志，转导T细胞活化的抗原特异刺激信号
CD4	Th细胞	Th标志，MHCⅡ类分子受体，参与信号转导、HIV受体
CD5	部分B细胞	与CD72结合，B1细胞的标志
CD8	Tc细胞	Tc细胞标志，MHCⅠ类分子的受体，参与信号转导
CD16	MΦ、中性粒细胞、NK细胞	低亲和性IgGFcR、NK细胞的标志
CD19	B细胞	传递信号
CD21	B细胞、FDC	C3d、CD23和EBV受体，参与B细胞活化
CD23	活化B细胞、MΦ	低亲和性IgEFcR，CD21配体
CD28	T细胞亚群	与CD80、CD86互为配体，提供T细胞协同刺激信号
CD32	B细胞、MΦ、NK细胞	中亲和性IgGFcR，传递信号，调理作用
CD34	骨髓、脐带造血细胞的前体细胞、血管内皮细胞等	干细胞标志，外周淋巴结地址素
CD40	B细胞、M细胞、DC	结合CD40L，提供协同刺激信号
CD45	白细胞	PTP，调节信号转导
CD64	M细胞、MΦ、中性粒细胞	高亲和性IgGFcR，促吞噬、ADCC，MΦ活化
CD72	B细胞	与CD5结合，调节B细胞活化、增殖
CD79a	B细胞	组成BCR复合物
CD79b	B细胞	组成BCR复合物
CD80	B细胞、MΦ、T细胞	CD28或CTLA－4的配体
CD86	B细胞、MΦ、T细胞	CD28或CTLA－4的配体
CD152	活化T细胞	与CD80或CD86结合，抑制T活化

表 12-4 参与免疫应应答的重要黏附分子的分布和识别配体

黏附分子	家族	分布	配体
LFA-1（CD11a、CD18）	整合素家族	L、M、Mϕ、G	ICAM-1、2、3
VLA-4（CD49d、CD29）	整合素家族	L、M、Thy、NK	FN、VCAM-1
LFA-2（CD2）	Ig 超家族	T、Thy、NK	LFA-3
LFA-3（CD58）	Ig 超家族	广泛	LFA-2
ICAM-1（CD54）	Ig 超家族	广泛	LFA-1
ICAM-2（CD102）	Ig 超家族	En、T、B、My	LFA-1
ICAM-3（CD50）	Ig 超家族	Leu	LFA-1
CD4	Ig 超家族	Th	MHC-Ⅱ类分子
CD8	Ig 超家族	Tc	MHC-Ⅰ类分子
MHC-Ⅰ类分子	Ig 超家族	所有有核细胞、Pt	CD8
MHC-Ⅱ类分子	Ig 超家族	Ta、B、DC、Mϕ、活化 En	CD4
VCAM-1（CD106）	Ig 超家族	En、DC、Mϕ	VLA-4
CD28	Ig 超家族	T、Ba	B7-1、B7-2
B7-1（CD80）	Ig 超家族	Ba、活化 Mϕ	CD28、CD152
B7-2（CD86）	Ig 超家族	Ba、活化 Mϕ	CD28、CD152

注：B 为 B 细胞；Ba 为活化 B 细胞；DC 为树突状细胞；En 为内皮细胞；G 为粒细胞；L 为淋巴细胞；Leu 为白细胞；M 为单核细胞；MΦ 为巨噬细胞；My 为髓样细胞；NK 为自然杀伤细胞；Pt 为血小板；T 为 T 细胞；Ta 为活化 T 细胞；Th 为辅助 T 细胞；Thy 为胸腺细胞；Tc 为细胞毒 T 细胞；FN（fibronectin）为纤连蛋白；ICAM（intercellular adhesion molecule-1，2，3）为细胞间黏附分子-1、2、3；LFA（lymphocyte function - associated antigen-1，2，3）为淋巴细胞功能相关抗原-1、2、3；VCAM-1（vascular cell adhesion molecule-1）为血管细胞黏附分子-1；VLA（vary late appearing antigen）为迟现抗原。

（四）生物学功能

黏附分子和 CD 分子是从不同分类角度来命名的细胞表面膜分子。黏附分子以黏附功能来命名，CD 分子是以相应分化群抗体鉴定来归类，CD 分子范围很广，其中包括黏附分子，因此，除极少数黏附分子外，大部分黏附分子都有 CD 编号。这些分子在机体内具有许多重要的生物学功能，参与机体生理和病理活动。

1. 黏附分子和 CD 分子的免疫学功能 ①免疫细胞发育、分化成熟过程有赖于多种黏附分子和 CD 分子的参与；②有些 CD 分子可以作为鉴定和分离各类免疫细胞的重要标志；③机体免疫应答中，这些分子作为受体、辅助受体或配体参与识别、捕捉抗原，参与淋巴细胞活化信号转导的级联效应或是清除抗原的杀伤效应；④参与淋巴细胞归巢和再循环；⑤参与机体炎症反应（参见第十三、十四章）。

2. 黏附分子和 CD 分子的其他生理功能 如参与生殖和胚胎发育、参与组织创伤修复和血栓形成等。

3. 黏附分子和 CD 分子参与某些疾病的病理生理过程 如肿瘤浸润转移、病毒感染等。

（五）临床应用

临床通过检测细胞膜上 CD 分子、黏附分子或循环中可溶性 CD 分子、黏附分子可阐明某些疾病的发病机制，辅助诊断疾病或了解疾病进程和估计预后，尤其对肿瘤、自身免疫性疾病和移植排斥等具有重要的参考意义。

1. 用于阐明发病机制

（1）与感染性疾病的关系 许多 CD 分子是病毒的受体，借此感染表达相应 CD 分子的细胞。如CD4分子胞膜外区第一结构域可与HIV表面蛋白gp120结合，因此，CD4分子成为HIV的主要受体。HIV感染$CD4^+$细胞，通过病毒在细胞内的增殖复制干扰细胞代谢，形成包含体以及由病毒激发的CTL和相应特异性抗体破坏HIV感染细胞等多种机制，造成$CD4^+$细胞数量减少，功能降低，从而使机体免疫功能低下出现AIDS的症状。此外CD81是HCV的受体，CD21是EB病毒受体。

（2）与自身免疫性疾病的关系　许多黏附分子参与某些自身免疫性疾病的组织损伤。如类风湿性关节炎发病过程中，患者T细胞表面CD2、LFA-1、VLA等分子表达明显上调，炎症部位淋巴细胞、单核细胞、粒细胞表达L-选择素和CD44等归巢受体，在细胞因子作用下，内皮细胞ICAM-1、CD31等表达也增高，因此增强白细胞与内皮细胞的黏附及穿越血管壁，促进这些细胞向病变部位浸润，导致局部病变加重和器官功能损害。

（3）与肿瘤的关系　黏附分子同肿瘤的发生、发展和转移有着密切的关系。例如某些异型（isoform）CD44分子的表达，可提高肿瘤细胞的转移能力；VLA-2、$\alpha7/\beta1$表达增加可使肿瘤细胞的成瘤性增加并获得转移能力；VCAM-1介导黑素瘤黏附到内皮细胞上，可能与肿瘤转移有关。

（4）与免疫缺陷病的关系　一些先天性免疫缺陷病的发生，其根本原因就在于某些黏附分子的缺陷，如Bernard-Soulier综合征的发生与gpIb-IX（CD42）遗传缺陷有关，Glanzmann血小板无力症与*gpⅡb/Ⅲa*基因缺陷有关，先天性白细胞黏附缺陷症（leukocyte adhesion deficiency，LAD）患者CD11/CD18（*LFA-1*）、*sLex*、CD15等基因缺陷导致相应分子表达缺陷，从而引发相关的临床症状。

2. 提供辅助诊断依据，监测疾病进展　通过测定外周血CD4/CD8比值及$CD4^+$细胞数可辅助临床诊断和判断疾病的预后，如用于监测AIDS等进展，CD单抗已广泛用于白血病、淋巴瘤等的诊断、分型及疗效观察。

3. 预防和治疗疾病　某些CD、黏附分子的单克隆抗体可阻断免疫细胞相互作用，降低免疫细胞的活化水平，已用于自身免疫病及移植排斥等的预防和治疗。如抗LFA-1、抗CD3和抗CD25等单抗与常规免疫抑制剂共同用于骨髓移植、抗ICAM-1加环孢素用于肾移植，以防止排斥反应的发生。另外利用抗ICAM-1单抗或抗LAF-1单抗减轻和治疗在类风湿性关节炎、支气管哮喘等自身免疫性疾病。CD单抗与毒素偶联，制备免疫导弹，定向杀伤表达相应CD分子的肿瘤细胞，如CD19和CD20单抗免疫毒素已用于治疗B系白血病和淋巴瘤，CTLA-4单抗和PD-1/PD-L1，单抗用于治疗肿瘤获得了2018年诺贝尔生理学/医学奖。

三、其他受体分子

多种膜受体分子参与机体免疫应答。重要的膜受体分子还有：抗原受体、丝裂原受体、Fc受体、补体受体、细胞因子受体、激素受体、神经递质受体等。它们均在免疫应答的各个阶段发挥重要作用。有关它们的分布、功能将在第十三章和第十四章中介绍。

思考题

1. 详述免疫球蛋白单体的结构和功能区，并说明其功能。
2. 简述免疫球蛋白的分类和分型。
3. 抗感染免疫的主要抗体、参与Ⅰ型超敏反应的抗体、机体黏膜抗感染的抗体分别是哪种免疫球蛋白？

4. 免疫球蛋白的生物学活性是什么？
5. 简述补体系统的组成和命名原则。
6. 比较补体激活的经典途径和旁路途径特点。
7. 补体激活后的生物学活性是什么？
8. 简述细胞因子的概念及其常见类型。
9. 简述细胞因子的共同特征。
10. 何谓 MHC、HLA？其遗传特征有哪些？
11. 简述 MHC 多态性的概念及其形成的原因。
12. 简述 MHC 的生物学作用及其医学意义。
13. 简述 CD 分子及黏附分子的概念。
14. 与免疫细胞活化有关的 CD 分子主要有哪些？各有何作用？
15. 简述黏附分子的主要类型。

（张　冉　王艳红）

扫码“练一练”

第十三章　免疫组织器官和免疫细胞

扫码“学一学”

第一节　免疫组织器官

免疫组织器官是以淋巴组织为主的器官。按其功能的不同被分为中枢免疫器官和外周免疫器官（图 13－1），二者通过血液循环及淋巴循环相互联系并构成免疫系统完整的网络。

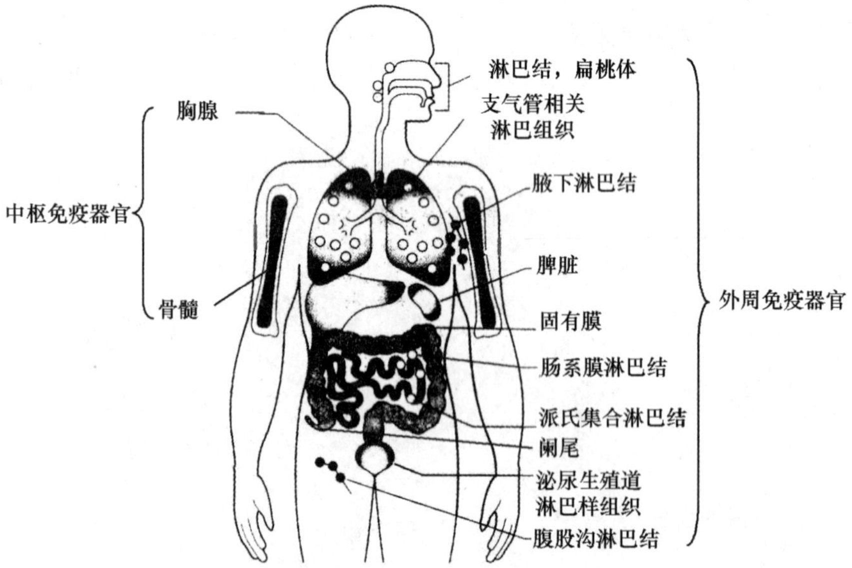

图 13－1　人体的免疫器官和组织示意

一、中枢免疫器官

中枢免疫器官（central immune organ）是对几乎各类免疫细胞的发生、分化和成熟起决定性作用的器官，包括胸腺、骨髓。

（一）骨髓

骨髓（bone marrow）是主要造血器官，是几乎所有免疫细胞的发源地。骨髓位于骨髓腔中，包括红骨髓和黄骨髓。红骨髓具有活跃的造血功能，含有骨髓基质细胞（stromal cell）和分化潜力极强的造血干细胞（hematopoietic stem cell，HSC）。

1. 骨髓微环境　主要由骨髓实质周围的微血管、骨髓基质细胞（包括网状细胞、成纤维细胞、巨噬细胞等）及其分泌的细胞因子等组成。如骨髓微血管的血窦内皮细胞可促进淋巴细胞前体迁移与成熟；骨髓基质细胞表面表达的黏附分子配体等膜分子（如 VCAM－1、黏蛋白、透明质酸）能与 HSC 的相应膜分子受体结合，为 HSC 提供必要的刺激信号；由基质细胞产生的 GM-CSF、M-CSF、IL－6、IL－7、SCF 等多种细胞因子可调节 HSC 的增殖发育与分化。

2. 骨髓的主要功能

（1）造血　骨髓 HSC 在骨髓微环境的作用下，先分化成髓样祖细胞核淋巴样祖细胞，进而继续增殖分化为不同谱系的成熟血细胞（图 13－3）。

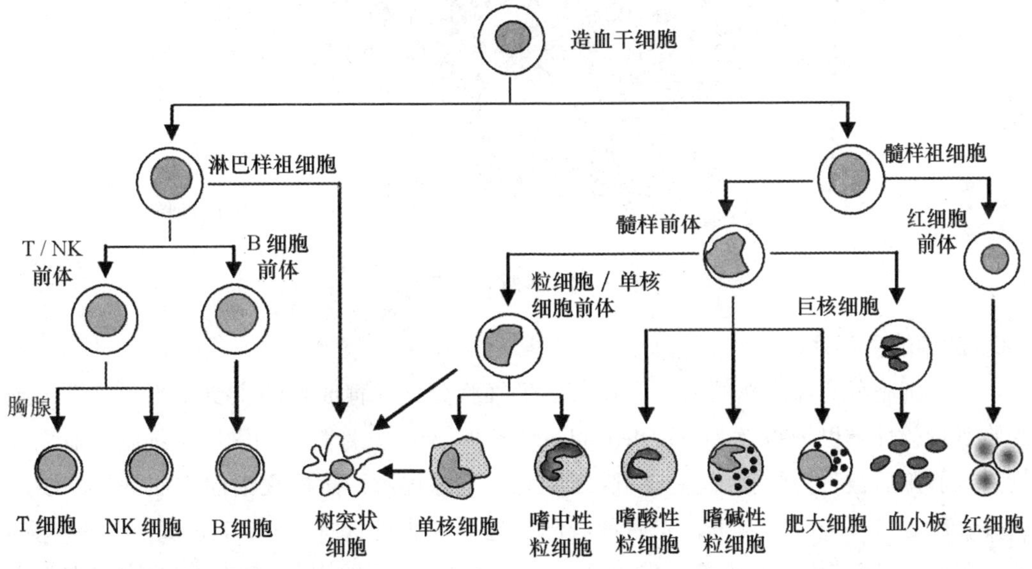

图 13－3　造血干细胞分化发育示意图

（2）B 细胞发育分化的场所　骨髓中的多能造血干细胞在骨髓微环境中历经淋巴干细胞、祖 B 细胞、前 B 细胞、未成熟 B 细胞最终发育为具有免疫功能的成熟 B 淋巴细胞。成熟 B 细胞随后离开骨髓进入血循环，定位于外周免疫器官。

（3）再次体液免疫应答的场所　抗原再次进入机体后，可激活外周免疫器官具有相应受体的记忆性 B 细胞，并使其经淋巴循环与血循环迁移至骨髓。在骨髓微环境中，被激活的记忆性 B 细胞进一步分化为长寿浆细胞并持久高效合成抗体（主要为 IgG），成为再次体液免疫应答血清抗体的主要来源，故骨髓兼有中枢与外周免疫器官的作用。

（二）胸腺

1. 胸腺的结构与微环境　胸腺（thymus）位于胸骨后、纵膈前上方，分左右两叶，外包结缔组织被膜。被膜伸入胸腺实质内将胸腺分成许多小叶。小叶的外周部分称为皮质，中央部分称为髓质。初生婴儿胸腺重 10～15g，至青春期时达 30～40g，以后逐渐退化，老年期皮质萎缩被脂肪取代，髓质可部分保留，终生保持 T 细胞的产生和发育。

胸腺实质主要由胸腺细胞和胸腺基质细胞（thymic stromal cell，TSC）组成。前者是指胸腺中处于不同分化阶段的 T 细胞，后者主要包括上皮细胞（thymus epithelial cell，TEC）、巨噬细胞、树突状细胞和成纤维细胞等。胸腺基质细胞一方面构成胸腺组织的支架，另一方面与细胞外基质（extracullular matrix）共同构成胸腺细胞选择性分化发育的微环境。其中胸腺基质细胞通过其膜表面表达的黏附分子及其分泌的胸腺素（thymosin）、胸腺生成素（thymopoietin）、胸腺肽（thymulin）及多种细胞因子（如 IL－1、IL－2、IL－6、TNF－α、SCF 及 GM-CSF 等）促进胸腺细胞的分化发育与成熟；细胞外基质可增进胸腺细胞与胸腺上皮细胞的接触及其在胸腺内的移行。

另外，胸腺髓质中的上皮细胞常以同心圆包绕方式构成小体，称其为胸腺小体（thymic corpuscle）或哈氏小体（Hassall's corpuscle），是胸腺的特征性结构（图13－2）。

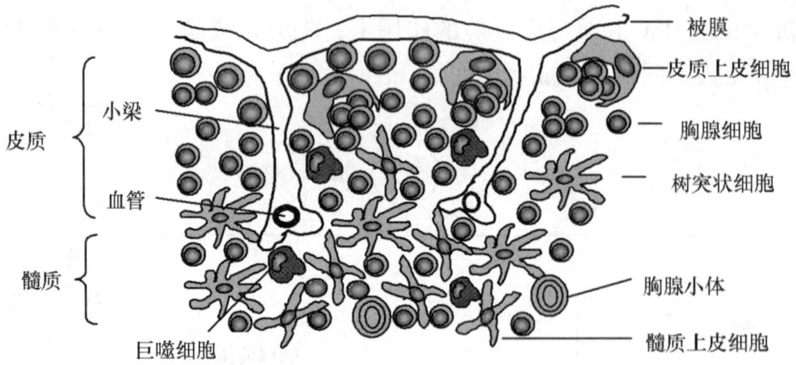

图 13-2　胸腺的结构示意

2. 胸腺的主要功能

（1）T 细胞分化和成熟的场所　胸腺是 T 细胞分化发育成熟的主要场所，故 T 细胞也称为胸腺依赖性淋巴细胞（thymus dependent lymphocyte）。骨髓中的淋巴干细胞经血循环趋向性进入胸腺后被称为胸腺细胞。胸腺细胞先在胸腺皮质，然后逐渐向皮质深层和髓质移行，并在胸腺微环境的影响下，先后历经阳性选择和阴性选择（positive and negative selection）最终发育成熟为具有免疫功能的 T 细胞。如此严格的选择，使 90% 的胸腺细胞在发育中发生凋亡，只有少数成熟为初始 T 细胞进入血循环，定位于外周免疫器官。有关胸腺的阳性选择和阴性选择请参见本章第二节。

（2）建立自身耐受与维持免疫自稳　T 细胞在胸腺发育过程中，已表达 TCR 的自身反应性 T 细胞，有机会识别胸腺基质细胞表面的自身抗原肽 · MHC Ⅰ、自身抗原肽 · MHC Ⅱ类分子复合物，从而启动自身反应性 T 细胞程序性死亡，导致针对自身抗原的 T 细胞克隆消除，使机体获得对自身抗原的耐受性，从而维持机体自身免疫稳定。若胸腺功能障碍，自身反应性 T 细胞不能被清除，会导致自身免疫性疾病发生。

（三）胸腺、骨髓外的 T、B 细胞分化发育场所

T、B 细胞主要在胸腺与骨髓中发育成熟，但目前发现也可在肝脏、小肠上皮及肠相关淋巴组织等部位发育成熟。

1. 肝脏　T 细胞可在肝脏中发育成熟，但其分化过程与功能尚不清楚，肝脏枯否细胞与肝窦内皮细胞可能对 T 细胞的分化成熟有重要作用。

2. 小肠上皮微环境　骨髓来源的造血干细胞在小肠上皮微环境中可分化为 $CD3^+CD8^+$ 的 TCRγδ T 细胞，在小肠局部发挥防御病原体入侵，抑制肠黏膜超敏反应的功能。

3. 肠相关淋巴组织　现已证实人的肠相关淋巴组织（gutassociated lymphoid tissue, GALT）也是 B 细胞发育分化成熟的场所。

4. 法氏囊　法氏囊（bursa of Fabricius）也称腔上囊，是位于鸟类、禽类泻殖腔后上方的囊状淋巴组织是鸟类、禽类 B 细胞分化成熟的场所。

二、外周免疫器官

外周免疫器官（peripheral immune organ）与组织，是成熟淋巴细胞（T 细胞与 B 细胞）定居的场所，也是 T 细胞与 B 细胞接受抗原刺激发生增殖分化产生效应物质的场所，包括淋巴结、脾脏和黏膜相关淋巴组织。

（一）淋巴结

1. 淋巴结的结构 淋巴结（lymph node）是广泛分布于全身非黏膜部位淋巴通道上的淋巴组织。其基本结构由被膜和实质组成（图 13－4），被膜深入实质，形成小梁。实质分皮质和髓质两部分，皮质与髓质间通过淋巴窦相通。皮质位于被膜下方，靠近被膜的皮质称浅皮质区，浅皮质区的内测为深皮质区。浅皮质区有淋巴小结和小结间皮质组成，主要为 B 细胞定居场所，称为胸腺非依赖区（thymus-independent area）。淋巴小结由大量静止的 B 细胞与部分巨噬细胞、滤泡树突状细胞聚集形成，也称为初级滤泡或一级滤泡。当 B 细胞接受抗原刺激后，将在该处增殖分化形成生发中心，称为次级滤泡或二级滤泡。生发中心内含大量 B 淋巴母细胞，其在此最终分化为浆细胞和记忆 B 细胞。浅皮质区为弥散淋巴组织，有许多由内皮细胞组成的毛细血管后微静脉（post－capillary venule，PCV），也称高内皮细胞小静脉（high endothelial venule，HEV），来自血液的淋巴细胞可穿过此内皮细胞进入淋巴结实质内，再经淋巴液回到血循环中，实现淋巴细胞再循环。深皮质区主要为 T 细胞分布区，也称胸腺依赖区（thymus-dependent area）。此区内尚有树突状细胞、巨噬细胞，它们在捕捉、处理、加工并递呈抗原给 T、B 细胞以及诱导特异性免疫应答中发挥重要作用。

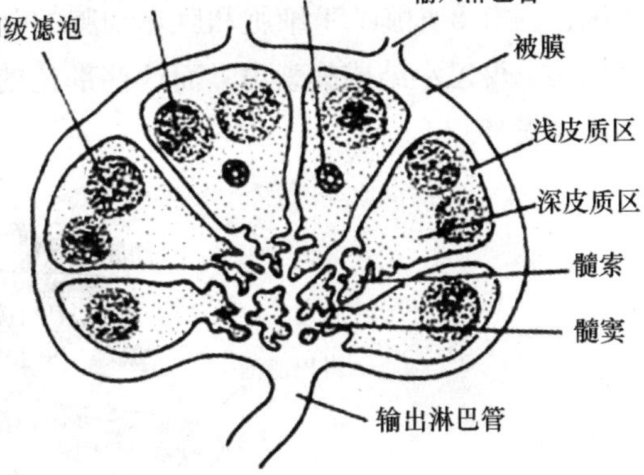

图 13－4 淋巴结的结构示意

淋巴结的髓质由髓索和髓窦组成。髓索内含有 B 细胞、浆细胞及巨噬细胞，是抗体合成和分泌的部位。髓窦内含较多巨噬细胞，发挥过滤作用。

2. 淋巴结的主要功能

（1）T、B 细胞定居的场所 T、B 细胞分别由胸腺和骨髓分化成熟后，随即经血循环进入外周免疫器官定居。淋巴结是它们定居的主要场所之一，其中 T 细胞约占该定居场所淋巴细胞总数的 75%，B 细胞约占 25%。

（2）免疫应答发生的场所 淋巴结中不仅富含各种类型的免疫细胞，而且具有 T、B 细胞增殖分化的微环境。因此，淋巴结是 T、B 细胞识别抗原，实现细胞间相互接触、获取激活信号，增殖分化产生效应细胞或效应分子的主要场所之一。淋巴结中产生的效应细胞或效应分子除在淋巴结内发挥作用外，大多离开淋巴结进入血循环，分布全身，以发挥其更为广泛的免疫效应。

（3）参与淋巴细胞再循环 正常情况下，血循环中的淋巴细胞可通过淋巴结副皮质区的毛细血管后微静脉进入淋巴结，然后再经输出淋巴管汇入胸导管，最终经左锁骨下静脉返回血循环。这种淋巴细胞在血管、淋巴管和淋巴器官及组织中的循环迁移称为淋巴细胞再循环。

（4）滤过和净化作用 淋巴结是淋巴液的有效滤器，通过淋巴窦内吞噬细胞的吞噬作用以及抗体等免疫分子的作用，可以杀伤病原微生物，清除异物，从而起到净化淋巴液，防止病原体扩散的作用。研究显示，淋巴结对细菌的滤过清除率可达 99.5%。

（二）脾脏

1. 脾脏的结构 脾脏（spleen）是人体最大的免疫器官。由被膜与脾实质（包括白髓、红髓、边缘区及大量血窦）组成。结缔组织的被膜深入脾内形成许多小梁，进入脾脏的动脉随小梁走行，贯穿白髓部的动脉分支称中央小动脉。中央小动脉周围有厚层弥散淋巴组织，称动脉周围淋巴鞘，是 T 细胞主要定居的部位。B 细胞主要分布于白髓的淋巴小结（称脾小体）和由脾索和脾血窦组成的红髓脾索中（图 13－5）。白髓与红髓的交界处为边缘区，内有 B 细胞、T 细胞和巨噬细胞的分布。血液中的淋巴细胞可经此区进入动脉周围淋巴鞘、淋巴小结或脾索内；而这些部位的淋巴细胞又可经边缘区进入脾血窦，参与淋巴细胞再循环。

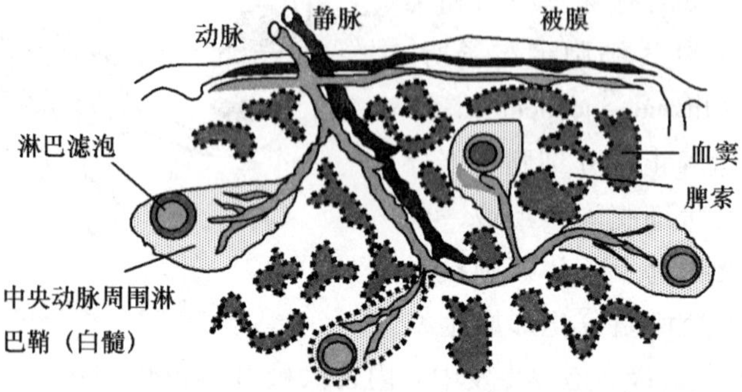

图 13－5　脾脏结构示意

2. 脾脏的主要功能　脾脏的免疫功能与淋巴结相似，即：①T、B 细胞定居的部位，其中 B 细胞约占淋巴细胞总数的 60%，T 细胞约占 40%；②免疫应答发生的场所，特别是存在于血流中的抗原激发机体免疫应答的主要部位，也是体内产生抗体的主要器官；③滤过作用，体内约 90% 的循环血液流经脾脏，脾脏中存在的大量吞噬细胞等免疫细胞和免疫分子可吞噬清除血液中的病原体及衰老死亡细胞等有害物质；④参与淋巴细胞再循环。

（三）黏膜相关淋巴组织

黏膜相关淋巴组织（mucosa associated lymphoid tissue，MALT），亦称黏膜免疫系统（mucosal immune system，MIS），主要指呼吸道、肠道及泌尿生殖道黏膜固有层和上皮细胞下散在的淋巴组织以及某些带有生发中心的器官化的淋巴组织（如扁桃体、小肠的 Peyer 淋巴结和阑尾等）。黏膜相关淋巴组织几乎囊括了全身 50% 的淋巴组织，其中含有大量的淋巴细胞、巨噬细胞、树突状和浆细胞等，是机体发生局部免疫应答的主要场所。另外，人体黏膜的表面积约 400m^2，是病原微生物等抗原性异物侵入机体的主要门户，故 MALT 是人体重要的局部免疫防御屏障。MALT 包括肠相关淋巴样组织、鼻相关淋巴样组织及支气管相关淋巴样组织。

扫码“学一学”

第二节　免疫细胞

免疫细胞泛指所有参与免疫应答或与免疫应答有关的细胞，主要包括淋巴细胞、单核－巨噬细胞、树突状细胞、粒细胞、肥大细胞、红细胞、造血干细胞等。其中，除造血干细胞作为其他各种免疫的祖细胞不直接参与免疫应答外，其余免疫细胞都在免疫应答中发挥重要作用。根据功能特点，将免疫细胞分为抗原特异性淋巴细胞、抗原呈递细胞及其他参与免疫应答的细胞。

一、抗原特异性淋巴细胞

抗原特异性淋巴细胞是指能对抗原进行特异性识别、在适应性免疫应答中发挥核心作用的细胞，包括T淋巴细胞和B淋巴细胞。它们的共同特征是：①具有能特异识别抗原的膜分子，称为抗原受体；②并非终末细胞，接受抗原刺激后可发生增殖分化，产生相应效应物质；③参与淋巴细胞再循环。

扫码“看一看”

（一）T淋巴细胞

T淋巴细胞（T lymphocyte）是胸腺依赖性淋巴细胞（thymus dependent lymphocyte），取其英文字头命名为T细胞。

1. T细胞的分化发育与分布　T细胞主要来源于骨髓造血干细胞。由骨髓造血干细胞分化的淋巴样前体细胞（lymphoid precursor）进入胸腺后，在胸腺微环境的作用下，经一系列包括阳性和阴性选择在内的有序分化过程，获得功能性TCR的表达、自身MHC的限制性及自身耐受，发育为能特异识别和清除抗原的成熟T细胞。

（1）T细胞的阳性选择（positive selection）　淋巴样前体细胞进入胸腺后称为胸腺细胞。早期胸腺细胞位于胸腺皮质，不表达CD3、CD4、CD8分子和功能性TCR，为双阴性T细胞（double negative T cell，DN）。随着胸腺细胞向皮质深层迁移，其逐渐发育为CD4$^+$CD8$^+$的双阳性细胞（double positive cell，DP），同时发生TCRαβ链基因重排与表达，最终迁移至胸腺皮髓交界处的DP细胞（CD$_4$$^+$/CD$_8$$^+$）膜表面表达完整的TCRαβ分子，具备特异性识别抗原的能力。若DP细胞的TCR能与胸腺基质细胞表面的MHCⅠ类分子以适当亲和力结合，即可继续分化为CD4$^-$/CD8$^+$的单阳性细胞（single positive cell，SP）；若与胸腺基质细胞表面的MHCⅡ类分子结合即可分化发育为CD4$^+$/CD8$^-$的SP细胞，此为T细胞的阳性选择。阳性选择使T细胞获得了识别自身MHC分子的能力，表现出识别抗原受自身MHC分子限制的特点，也即成熟的CD4$^-$/CD8$^+$T细胞需识别自身MHCⅠ类分子递呈的抗原，CD4$^+$/CD8$^-$T细胞识别自身MHCⅡ类分子递呈的抗原。若胸腺细胞的TCRαβ链基因没有能够成功地重排与表达或虽有TCR的表达但不能与胸腺皮质细胞表面的MHC分子有效结合或发生了高亲和力结合，该胸腺细胞则在胸腺中发生凋亡。大约95%的DP细胞被清除，只有5%左右的DP细胞继续分化成为SP。

（2）T细胞的阴性选择（negative selection）　经历阳性选择但尚未完全成熟的CD4或CD8单阳性T细胞移行至皮质与髓质交界处或髓质区，如果其TCR与胸腺树突状细胞（dendritic cell，DC）和巨噬细胞等表面表达的自身抗原肽-MHCⅠ、自身抗原肽-MHCⅡ类分子复合物呈高亲和力结合时，即被诱导凋亡，也即具有与胸腺自身抗原相应TCR的T细胞在胸腺中被选择性淘汰，而不能识别自身肽-MHC分子复合物的单阳性细胞则能继续发育成熟。由此，通过阴性选择使T细胞获得了对自身抗原的耐受性。

成熟的T细胞主要分布在外周免疫器官的胸腺依赖区，并作为血液和组织间淋巴细胞再循环的主要成员游走于全身，执行其免疫功能。T细胞在外周血占淋巴细胞总数的70%~75%。

2. T细胞表面膜分子　T细胞表面可表达多种膜分子，它们是T细胞特异性识别抗原，接受并传递刺激信号、实现与其他免疫细胞相互作用介导免疫应答的物质基础，亦是鉴别和纯化分离T细胞的重要依据。伴随T细胞发育成熟的过程以及所处功能状态的不同，T细胞表面膜分子可发生相应变化。

（1）T 细胞抗原受体（T cell antigen-receptor，TCR） 即 TCR－CD_3 复合物，是 T 细胞特异性识别抗原并与之结合的特征性膜结构，是 T 细胞的专有标志，表达于所有成熟 T 细胞表面。现知 TCR 有两种结构类型：TCRαβ 和 TCRγδ。外周血 90% 以上 T 细胞膜表达 TCRαβ。TCRαβ 是由 α、β 两条肽链以二硫键连接组成的异二聚体，两条链均为穿膜肽链，分为胞外区、穿膜区和胞浆区。胞外区分别由链内二硫键折叠成可变区（V 区）和恒定区（C 区）两个功能区。与抗体的 V 区相同，TCR 的 V 区也有决定簇互补区（CDR），是 TCR 与抗原特异结合的部位，也存在独特型（idiotype）抗原决定簇，因此 TCR 又称 Ti 分子。不同克隆的 T 细胞，其 TCR 的 V 区结构不同，从而决定了 T 细胞识别抗原的多样性和特异性。TCR 一般不能识别天然的或游离的抗原分子，必须识别经抗原呈递细胞处理后递呈的抗原肽－MHC 分子复合物（pMHC）。TCR 对 pMHC 的特异识别为 T 细胞提供了重要的第一活化信号，但这一活化信号的传入必须依赖 CD3 分子的协助，因 TCR 的胞质区很短，不具备转导信号的功能。而 CD3 分子的胞浆肽段较长，且含有多个与信号转导有关的免疫受体酪氨酸活化基序（immunoreceptor tyrosin activation motifs，ITAM）。

CD3 分子是存在于所有成熟 T 细胞表面的重要膜标志。CD3 分子由 γ、ε、δ、ζ、η 五种多肽链组成（如 γ－ε、δ－ζ、ζ－η、ζ－ζ），均为跨膜蛋白。跨膜区带有负电荷的氨基酸残基（天冬氨酸）与 TCR 跨膜区带正电荷的氨基酸残基（赖氨酸或精氨酸）以盐桥结合。CD3 与 TCR 的结合不仅稳定了 TCR 构型，而且在 TCR 特异识别抗原后的信号转导中发挥至关重要的作用，因此常以 TCR－CD3 复合体表示它们的依从关系（图 13－6）。

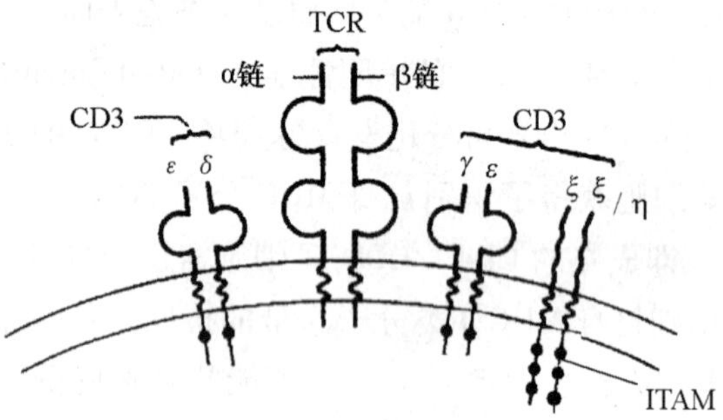

图 13－6 TCR－CD3 复合物结构示意

体内少数 T 细胞的 TCR 是由 γ、δ 链组成。它们可组成性表达 TCRγδ－CD3 复合受体分子，称为 γδT 细胞。γδT 细胞的表面标志与 αβT 细胞大致相同，但多为 CD4、CD8 双阴性，少数为 CD8 单阳性。该类细胞主要分布于皮肤、肠道、呼吸道及泌尿生殖道等黏膜和皮下组织，外周血仅占 $CD3^+$T 细胞的 0.5% ～5% 。主要参与固有免疫，在机体局部黏膜免疫中发挥作用（第十五章第一节）。

（2）CD4 和 CD8 辅助受体 CD4 分子和 CD8 分子是重要的 T 细胞膜分子，是鉴定成熟 T 细胞亚群的重要膜标志。根据这两种抗原的排斥性表达可将 T 细胞分为 $CD4^+$T 细胞和 $CD8^+$T 细胞。CD4 分子（单链跨膜蛋白）和 CD8 分子（由 α、β 双跨膜肽链组成）可通过与 MHCⅡ类分子和 MHCⅠ类分子的 Ig 样区结合以增强 TCR 与抗原呈递细胞及靶细胞的亲和力，有效刺激 $CD4^+$T 细胞和 $CD8^+$T 细胞的活化。因此，CD4 和 CD8 分子被称为 T 细胞的辅助受体（corecepter）。CD4 和 CD8 分子除了能辅助 TCR 识别抗原外，还参与 TCR－CD3 活化信号的转导，被称作 TCR 的“共受体”。因 CD4 和 CD8 分子胞浆肽段结合有蛋白酪氨酸激酶 $p56^{lck}$，当 $p56^{lck}$ 激活后参与催化 CD3 分子胞质 ITAM 中的酪氨酸残基磷酸化，启动活化信号转导链（图 13－7）。

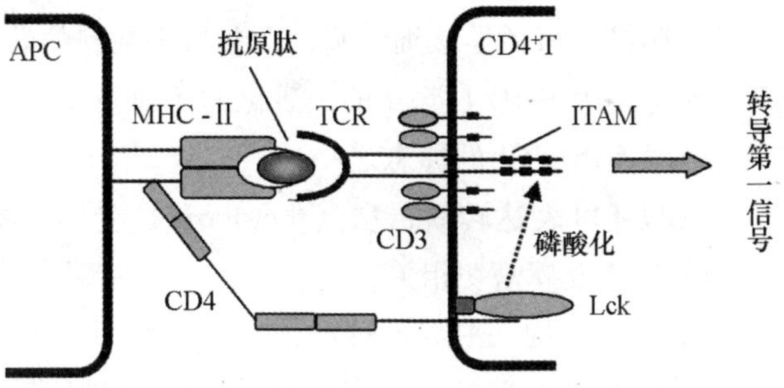

图 13－7　CD4 辅助 TCR 识别抗原转导信号示意图

另外，CD4 还是人类免疫缺陷病毒（HIV）的受体，HIV 首先侵染和破坏 $CD4^+$T 细胞是艾滋病患者免疫功能缺陷的主要原因之一。

（3）协同刺激分子　初始 T 细胞的完全活化需要两种信号的协同刺激作用。第一信号由 TCR 特异识别抗原后经 CD3 传入细胞内。第二信号（也称协同刺激信号）则需 T 细胞表面的协同刺激分子与抗原呈递细胞（APC）或靶细胞表面的相应配体结合提供。表达于 T 细胞表面的协同刺激分子主要有以下几种。

1）CD28　是由两条相同肽链组成的糖蛋白，表达于几乎所有的 $CD4^+$T 细胞和约 50% 的 $CD8^+$T 细胞。其相应配体主要为表达于专职 APC 表面的 B7－1（CD80）和B7－2（CD86）。当 CD28 与 B7 分子结合后将产生 T 细胞活化必需的协同刺激信号。

2）CD2　又称淋巴细胞功能相关抗原－2（lymphocyte function associated antigen－2，LFA－2），主要表达于 T 细胞和部分 NK 细胞。CD2 的配体为表达于 APC CD58（LFA－3）。CD2 与 LFA－3 结合，可增强细胞间的黏附，促进 T 细胞的活化。

另外，人类 T 细胞表面的 CD2 尚能与绵羊红细胞（erythrocyte，E）结合，又称 E 受体。分离人外周血淋巴细胞并与绵羊红细胞混合，在一定条件下，可见 T 细胞周围结合了多个绵羊红细胞，形似玫瑰花环状，故称此为 E 玫瑰花环试验。临床上可用该试验检测人外周血 T 细胞的数量，以协助评价机体的细胞免疫功能。

3）LFA－1 和 ICAM－1　T 细胞表面还表达 LFA－1 和 ICAM－1。这两种协同刺激分子互为配受体。当 T 细胞表面的 LFA－1 与同样能表达在 APC 表面的 ICAM－1 结合，或 T 细胞表面的 ICAM－1 与表达在 APC 表面的 LFA－1 结合，能增强细胞间的黏附，促进 T 细胞的活化。

（4）其他膜分子

1）有丝分裂原受体　有丝分裂原（mitogen）简称丝裂原，是指与细胞表面相应受体结合，可促进该细胞母细胞化并进行有丝分裂的物质。丝裂原种类很多，常见的有植物血凝素（phytohemagglutinin，PHA）、刀豆素 A（concanavalin A，Con A）、美洲商陆（pokeweed mitogen，PWM）及脂多糖（lipopolysaccharide，LPS）等。T 细胞表面特征性表达植物血凝素受体（PHAR）和刀豆素 A 受体（ConAR），因此可用 PHA 和 ConA 活化 T 细胞，促进其增殖，也可借此在体外进行淋巴细胞转化试验，测定 T 细胞转化率以反映机体细胞免疫功能状态。

2）细胞因子受体（CKR）　T 细胞表面有多种细胞因子受体，包括 IL－lR、IL－2R、IL－4R、IL－6R 及 IL－7R 等。活化 T 细胞表面 CKR 的数目及亲和力远多于和高于静止 T 细胞。在免疫应答过程中，各种细胞因子可通过与相应受体结合参与对 T 细胞活化、增殖及分化的调节。

3）FasL（CD178）分子　表达于活化 T 细胞表面，是死亡受体 Fas 分子（CD95）的配体。其与表达 Fas 分子的细胞结合可诱导该细胞凋亡，参与 T 细胞的效应与调节作用。

4）MHC 分子　T 细胞均表达 MHC Ⅰ类分子，活化的 T 细胞尚可表达 MHC Ⅱ类分子。因此，MHC Ⅱ类分子可视为 T 细胞活化的标志之一。

除上述膜分子外，T 细胞还可表达转铁蛋白（transferrin）受体、激素受体、神经递质受体等，它们均与 T 细胞的功能发挥密切相关。

3. T 细胞的亚群　T 细胞是不均一的异质性群体。根据表面标志、功能、活化阶段等可将其分为不同亚群。如根据 TCR 双肽链的结构不同可分为 αβT 细胞和 γδT 细胞；根据表达 CD 抗原的不同分为 $CD4^+$T 细胞和 $CD8^+$T 细胞；根据活化状态分为初始 T 细胞、效应 T 细胞及记忆 T 细胞；根据免疫功能不同分为辅助性 T 细胞（helper T lymphocyte，Th）、调节性 T 细胞（regulatary T lymphocyte，Tr）和细胞毒性 T 细胞（cytotoxic T lymphocyte，CTL 或 cytotoxic T cell，Tc）。关于 αβT 细胞和 γδT 细胞已在 T 细胞抗原受体中述及。

（1）$CD4^+$T 细胞和 $CD8^+$T 细胞　$CD4^+$T 细胞是指 $CD2^+/CD3^+/CD4^+/CD8^-$ 的 T 细胞，约占外周血 T 细胞总数的 65%。该细胞活化后主要分化为 Th 细胞，因此 CD4 分子是鉴定 Th 细胞的重要标志。$CD4^+$T 细胞一般识别抗原肽・MHCⅡ类分子复合物，即识别抗原受自身 MHCⅡ类分子限制。主要执行辅助体液免疫、介导细胞免疫和参与免疫调节的功能。

$CD8^+$T 细胞是指 $CD2^+/CD3^+/CD8^+/CD4^-$ 的 T 细胞。该细胞约占外周血 T 细胞总数的 35%。$CD8^+$T 细胞的 TCR 主要识别靶细胞递呈的抗原肽・MHC Ⅰ类分子复合物，识别抗原受自身 MHC Ⅰ类分子的限制，主要介导细胞免疫，活化后，可分化为效应 CTL，具有细胞毒作用，可特异性杀伤靶细胞。

（2）Th 细胞、CTL 和 Tr 细胞　据功能不同，可将 T 细胞分为 Th 细胞、CTL 和 Tr 细胞。事实上，这些细胞是初始 T 细胞活化后分化形成的效应细胞。

1）Th 细胞　是初始 $CD4^+$T 细胞经抗原刺激后分化形成的效应 T 细胞，据产生细胞因子和功能不同可将其分为不同亚群。

①Th1 细胞　也称为迟发型超敏反应性 T 细胞（TDTH），主要分泌 IL-2、IFN-γ 和 TNF-β 等细胞因子。有辅助 CTL 活化，激活单核-巨噬细胞、NK 细胞杀伤活性，参与迟发型超敏反应性炎症形成的作用。Th1 细胞在抗胞内病原体（如病毒、细菌及寄生虫等）感染中发挥重要作用。

②Th2 细胞　主要分泌 IL-4、IL-5、IL-6、IL-10 和 IL-13 等细胞因子，可辅助 B 细胞增殖、分化并产生抗体，介导体液免疫应答。在变态反应及抗寄生虫感染中发挥重要作用。

Th1 释放、IFN-γ，可抑制 Th0 向 Th2 分化而下调体液免疫；而 Th2 细胞可通过释放IL-10 和 TGF-β 阻遏由 Th1 介导的细胞免疫应答。两类 Th 细胞的主要生物学特征见表 13-1。

③Th9 细胞　可分泌大量 IL-9 的 $CD4^+$T 细胞，表型为 $CD4^+IL-9^+$，不分泌 IL-4、IL-17 和 IFN-γ，主要存在于超敏反应性疾病患者外周血及正常或炎症皮肤组织。Th9 细胞在自身免疫病、过敏性炎症、抗肿瘤作用、抗寄生虫感染中发挥作用。

④Th7 细胞　可选择性高分泌 IL-17 而得名，细胞表面表达 CCR6、IL-23R、IL-1R、核内表达孤儿核受体（RORγt）和 STAT3。Th17 细胞分泌 IL-17A、IL-17F、IL-16、IL-21、IL-22、IL-20、IL-26、CXCL8、TNF-α、GM-CSF 等细胞因子。抵御胞外病原

微生物的感染，是参与抗感染免疫的效应 T 细胞，尤其在肠道和肺黏膜等暴露于大量潜在病原体的部位，可促进上皮屏障功能。参与关节炎、多发性硬化和实验性自身反应性脑脊髓炎等病理过程发生。

⑤Th22 细胞　是 2009 年鉴定的新亚群，可分泌 IL－22 和 TNF－α，但不产生 IFN－γ、IL－4 及 IL－17，被命名为 Th22 细胞。表面表达 CCR6、CCR4、CCR10 等炎症相关受体，芳香烃受体（AhR）是 Th22 细胞分化的关键因子。TNF－α 和 IL－6 可诱导初始 CD4$^+$T 细胞分化为 Th22 细胞。参与皮肤炎症反应和自身免疫病，参与修复表皮损伤、血管生成和纤维化。

⑥滤泡辅助性 T 细胞（Tfh）　固定位于淋巴滤泡而得名，其表型为 CXCR5$^+$ CD40L^{hi} ICOS^{hi}，可高表达 Bc16（人 B 细胞淋巴瘤因子 6）。Bcl6 是调控 Tfh 细胞分化的关键转录因子，可促进其表达 CXCR5，使之定位于淋巴滤泡。Tfh 细胞可促进 B 细胞分化和记忆细胞产生，其分泌的 IL－21 可促进成熟 B 细胞分化为浆细胞并促进抗体产生。目前认为 Tfh 细胞是辅助 B 细胞的主要 T 细胞功能亚群，但 Th2 细胞也辅助 B 细胞活化。

表 13－1　Th1 和 Th2 细胞的主要生物学特性

特性		Th1	Th2
分泌细胞因子	IL－2	＋＋＋	＋
	IL－3	＋＋	＋＋
	IL－4	－	＋＋
	IL－5	－	＋＋
	IL－10	－	＋＋＋
	IL－13	＋＋	＋＋＋
	GM-CSF	＋＋＋	＋＋＋
	IFN－γ	＋＋＋	－
	TNF－β	＋＋＋	－
	TNF－α	＋＋	＋
促进 B 细胞增殖		＋	＋＋
辅助 Ig 合成		＋	＋＋＋
细胞毒效应		＋	－
迟发型超敏反应		＋＋	－

有关 Th3 和 Tr1 见下述调节性 T 细胞。

2）细胞毒 T 细胞（CTL 或 Tc 细胞）　是初始 CD8$^+$T 细胞经抗原刺激后分化形成的效应 T 细胞。通过释放穿孔素、颗粒酶等机制，特异性直接杀伤靶细胞。在机体抗病毒、抗肿瘤免疫中有重要意义。

3）调节性 T 细胞（Tr 细胞）　是在免疫应答的负调节及自身免疫耐受维持中具有重要作用的一类 T 细胞亚群，包括 CD4$^+$和 CD8$^+$T 调节性细胞。

CD4$^+$调节性 T 细胞主要指表型为 CD4$^+$、CD25$^+$和 Foxp3$^+$的 T 细胞。CD25 分子表达于细胞膜上，其本质为 IL－2 受体 α 链；Foxp3（forkhead box P3）表达于细胞质中，是一种与 CD4$^+$Tr 细胞的分化与功能有关的转录因子，也是 CD4$^+$Tr 细胞的重要标志。CD4$^+$Tr 细胞据来源与功能可分为自然调节性 T 细胞（nTr）和适应性或诱导性调节性 T 细胞（aTr 或 iTr）。nTr 细胞主要由胸腺分化成熟后直接迁移至外周，其主要通过与靶细胞直接接触或分泌 TGF－β、IL－10 及 IL－35 等细胞因子抑制 CD4$^+$和 CD8$^+$T 细胞的活化与增殖，主要行使对自身反应性T细胞应答的抑制效应，参与调控自身生理平衡与稳定。aTr或iTr细胞通常由初始$CD4^+$T细胞在外周接受抗原等因素刺激后分化形成，主要包括Th3和Tr1两个亚群。前者主要通过分泌TGF－β，后者主要通过释放IL－10和TGF－β对Th1细胞介导的免疫应答和炎症反应发挥抑制作用，也可影响B细胞、CTL、NK细胞及巨噬细胞等的增殖或功能，从而下调机体的免疫应答。最近研究发现，Th3通常在口服耐受和黏膜免疫中发挥作用，而Tr1则主要在调控自身免疫性炎症反应、抑制由Th1细胞介导的淋巴细胞增殖及诱导移植耐受中有重要意义。

除$CD4^+$调节性T细胞外，也存在$CD8^+$调节性T细胞（$CD8^+$Tr），它们能对自身反应性$CD4^+$T细胞及移植排斥反应发挥抑制作用。

（3）初始T细胞、效应T细胞和记忆T细胞

1）初始T细胞（naive T cell） 指未接受过抗原刺激的成熟T细胞，细胞膜表达CD45RA，寿命较短，参与淋巴细胞再循环，其主要功能是识别抗原最终分化为效应T细胞和记忆T细胞。

2）效应T细胞（effector T cell） 指初始T细胞经抗原刺激后形成的有免疫效应功能的T细胞。细胞膜表达CD45RO，寿命也较短，不参与淋巴细胞再循环，主要向抗原所在部分、炎症等部位迁移，以发挥效应作用。

3）记忆T细胞 指初始T细胞经抗原刺激后分化形成的长寿性T细胞。细胞膜表达与效应T细胞相同的CD45RO，但无效应功能。如同初始T细胞，其需接受抗原刺激后方可增殖分化为效应细胞，但其向效应细胞分化的速度远快于初始T细胞，分化所需抗原量远低于初始T细胞，主要在机体再次免疫应答中发挥作用。

4. T细胞的生物学功能

（1）介导适应性细胞免疫 由初始$\alpha\beta CD4^+$T细胞和初始$\alpha\beta CD8^+$T细胞识别抗原后，分化为效应Th1细胞和效应CTL发挥细胞免疫效应作用。

（2）辅助适应性体液免疫 初始$\alpha\beta CD4^+$T细胞识别抗原后增殖分化形成的Th2细胞，可辅助B细胞活化、增殖分化及产生抗体。

（3）参与固有免疫 主要分布于黏膜上皮的γδT细胞，其TCR识别抗原无严格特异性，在非特异黏膜抗感染中发挥重要作用。

（4）免疫调节作用 T淋巴细胞是高度异质性的细胞群体。其多种亚群参与了机体的免疫调节。如调节T细胞，主要对免疫发挥负调节作用。Th1、Th2可通过释放不同细胞因子参与对免疫应答类型及T细胞亚群平衡的调节，活化T细胞也可通过表达抑制性CTLA－4膜分子对T细胞的活化反馈调节，限制细胞免疫发生强度（见第十四章第三节）。

（二）B淋巴细胞

B淋巴细胞（B lymphocyte）是在哺乳动物骨髓或鸟类法氏囊中分化成熟的淋巴细胞，故称骨髓依赖性淋巴细胞（bone marrow dependent lymphocyte）或法氏囊依赖性淋巴细胞（bursa of Fabricius dependent lymphocyte），B细胞以此命名。

1. B细胞的分化发育与分布 B细胞来源于多能干细胞，其发育分为两期。

（1）抗原非依赖期 发生于骨髓。在造血微环境及多种细胞因子和黏附分子的作用下，骨髓多能干细胞按既定的分化程序，经历Ig重轻链的重排、基因活化、转录和表达，从前B细胞、未成熟B细胞（仅表达mIgM）到同时表达mIgM和mIgD的成熟B细胞。此期不依赖抗原，故称为B细胞分化发育的抗原非依赖期。在骨髓微环境诱导下发育成熟的初始B细胞可源源不断

离开骨髓进入外周免疫器官定居，以维持机体数量庞大的显示多样性BCR受体谱的B细胞库。如无抗原刺激，成熟B细胞的寿命为7~10天。

（2）抗原依赖期 主要发生在外周免疫器官。成熟B细胞接受抗原刺激后将发生B细胞的亲和力成熟，Ig重链类别转换，最终分化为能产生特异性抗体的浆细胞，分泌抗体或形成长寿的记忆细胞。

与T细胞一样，在B细胞发育过程中，也有B细胞克隆的阴性和阳性选择过程。所不同的是：B细胞先在骨髓中由仅表达mIgM的未成熟B细胞识别骨髓中出现的自身抗原物质，诱发未成熟B细胞发生凋亡或进行受体的重新编辑，清除自身反应性B细胞克隆，从而建立B细胞对自身抗原的耐受性，谓之阴性选择。在外周免疫器官，成熟B细胞接受抗原刺激后，可发生IgV区基因体细胞高频突变，突变体经抗原的选择，仅留下能与相应抗原有效结合的、表达高亲和力BCR的细胞克隆。此为B细胞的亲和力成熟，称此为B细胞的阳性选择。

成熟B细胞主要定居于淋巴结、脾脏的B细胞依赖区。在外周血占淋巴细胞总数的15%~20%。

2. B细胞表面膜分子及其功能 与T细胞相似，B细胞表面也存在多种功能性膜分子，它们是B细胞特异识别抗原、接受并传递刺激信号、实现与其他免疫细胞相互作用介导免疫应答的物质基础，亦是鉴别和纯化分离B细胞的重要依据。

（1）B细胞抗原受体（B cell antigen receptor，BCR） 是表达于B细胞膜表面的膜免疫球蛋白（membrane immunoglobulin，mIg），乃B细胞的特征性表面标志。BCR的结构与抗体类似，也是由二硫键连接的四条肽链组成的蛋白质分子。事实上，BCR和抗体分别是B细胞在不同分化阶段产生的膜结合型Ig和分泌型Ig，前者重链C端较后者多一段疏水性氨基酸肽段，使之插入到胞膜双层脂质中。mIg的类别随B细胞发育阶段而异：未成熟B细胞仅表达mIgM；成熟B细胞同时表达mIgM和mIgD；接受抗原刺激后，B细胞mIgD很快消失；记忆B细胞一般不表达mIgD。同一克隆B细胞上不同类别mIg的V区结构是相同的，因此单一克隆B细胞只能识别一种特定的抗原表位。不同克隆B细胞mIg的V区结构不同，从而可识别不同的抗原表位。

研究发现，BCR与TCR一样也因其胞浆肽链较短，不具有免疫受体酪氨酸活化基序（ITAM）及信号转导功能，故其特异识别抗原的信号需由与之呈非共价键结合的异二聚体膜蛋白分子Igα（CD79a）、Igβ（CD79b）协助传递。因此，B细胞抗原受体常书写为BCR-Igα/Igβ（图13-8）。

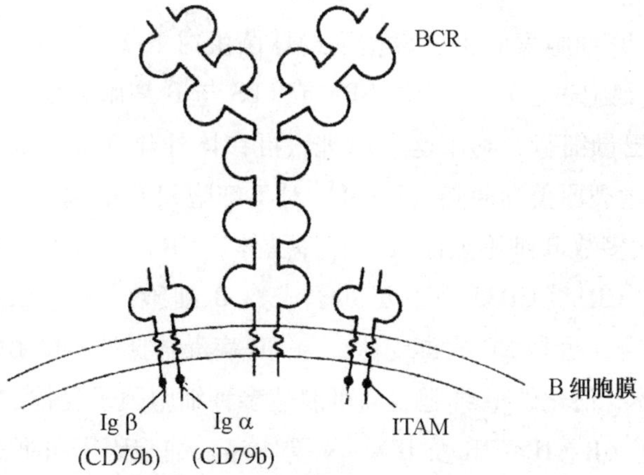

图13-8 BCR-Igα/Igβ复合物结构示意

（2）CD19/CD21/CD81 辅助受体　B 细胞表面以非共价键连接的 CD19/CD21/CD81 复合体形成 B 细胞特异的辅助受体。复合体中的 CD21 能识别与抗原结合的 C3d 补体片段，增强 BCR 与抗原的结合强度，CD19 胞浆肽段有多个酪氨酸残基能供胞浆蛋白酪氨酸激酶磷酸化，进而辅助抗原识别信号的传递，以此提高 B 细胞对抗原刺激的敏感性（图 13－9）。

（3）协同刺激分子　BCR 识别抗原获取的信号为 B 细胞活化的第一信号，但仅第一信号还不足于使 B 细胞完全活化，还需要第二信号。第二信号主要由 B 细胞和 Th 细胞表面的协同刺激分子相互黏附提供。表达于 B 细胞表面的协同刺激分子主要有以下几种。

1）CD40　是肿瘤坏死因子受体超家族（TNFSF）成员，是成熟 B 细胞的重要膜分子，其与表达在活化 T 细胞表面的 CD40 配体（CD40L）结合，产生 B 细胞活化的第二信号，对 B 细胞的分化成熟、抗体产生及类别转换具有重要作用。

2）其他协同刺激分子　除 CD40 外，B 细胞尚表达其他多种黏附分子，如 ICAM－1、LFA－1等，它们与 Th 细胞表面的相应黏附分子结合也能对 B 细胞发挥协同刺激作用。

（4）其他膜分子

1）Fc 受体　已知 B 细胞表面主要表达 IgGFc 受体（FcγRⅡ，即 CD32），可与免疫复合物中的 IgGFc 段结合，不仅有利于 B 细胞捕获和结合抗原，并对 B 细胞的活化、增殖和分化起调节作用。此外，B 细胞表面尚表达 FcαR、FcμR 及 FcεRⅡ（CD23）。

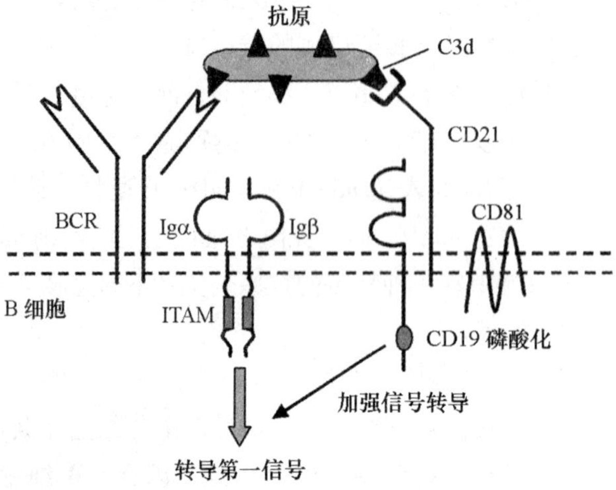

图 13－9　CD19/CD21/CD81 辅助 BCR 识别抗原转导信号示意

2）丝裂原受体　B 细胞表面主要表达葡萄球菌蛋白 A（SPA）和脂多糖（LPS）受体（LPSR 主要在小鼠 B 细胞表达）。丝裂原 SPA 或 LPS 与 B 细胞表面的相应受体结合可促使 B 细胞增殖分化为淋巴母细胞。利用这一原理，可在体外建立 B 细胞转化试验，以评价 B 细胞的功能状态。而丝裂原美洲商陆（PWM）对 T 细胞和 B 细胞均有致有丝分裂作用。

3）补体受体　大多数 B 细胞表面表达补体受体（CR），CR 与相应配体结合后，可促进 B 细胞活化。其中 CR1（CD35）主要见于成熟 B 细胞，可与 C3b 和 C4b 结合；CR2（CD21）可与 C3d 结合，也是 EB 病毒受体，与 EB 病毒选择性感染 B 细胞有关。

4）细胞因子受体　活化的 B 细胞表面可表达多种细胞因子受体，如 IL－1R、IL－2R、IL－4R、IL－5R、IL－6R、IL－7R 及 IFN－γ 受体等。细胞因子可通过与 B 细胞表面的相应受体结合参与对 B 细胞活化、增殖和分化等的调节作用。

MHC 分子：B 细胞表面表达 MHC－I 类分子和 MHC－Ⅱ类分子。MHC－Ⅱ类分子在 B 细胞作为抗原呈递细胞与 T 细胞相互作用时至关重要。

3. B 细胞亚群及功能　一般根据细胞膜上是否表达 CD5 分子，可将人 B 细胞分为 B1（$CD5^+$）和 B2（$CD5^-$）细胞。前者在机体内出现较早，其发生不依赖于骨髓细胞，具有自我更新能力，主要识别 TI 抗原，产生低亲和力抗体，参与固有免疫，在防止肠道细菌感染中有重要意义。后者是介导适应性体液免疫应答的主要细胞，由骨髓中多能造血干细胞分化而来，定位于淋巴器官。主要接受 TD 抗原刺激并产生高亲和力抗体，执行体液免疫功能。

4. B 细胞的生物学功能

（1）介导适应性体液免疫　循环于外周血与外周免疫器官的 B2 细胞特异识别抗原后，可增殖分化为浆细胞，进而分泌抗体，介导适应性体液免疫应答。

（2）抗原呈递作用　B 细胞可通过 BCR 的特异识别或非特异胞饮方式摄入抗原并将其处理、加工，以抗原肽·MHCⅡ类分子复合物的形式递呈给 T 细胞识别。

（3）参与固有免疫应答　主要分布于胸腔、腹腔及肠壁固有层的 B1 细胞，因其 BCR 识别抗原无严格特异性，接受抗原刺激后于 48 小时内即可产生以 IgM 为主的多反应性抗体，从而在固有免疫应答中发挥作用，是参与机体早期抗感染免疫的重要成员。

（4）免疫调节作用　活化 B 细胞可通过其 FcγRⅡb（第十四章第二节）等表面膜分子和分泌的多种细胞因子参与对免疫应答的调节。

二、抗原呈递细胞

抗原呈递细胞（antigen presenting cell，APC）指具有摄取、消化、加工与递呈抗原功能的一群细胞。据 APC 膜分子及功能等差异，可将其分为专职和兼职两大类。专职 APC 指细胞膜上组成性表达 MHCⅡ类分子以及为 T 细胞提供第二活化信号的协同刺激分子的细胞，具有较强抗原呈递能力，主要包括单核－巨噬细胞、B 细胞和树突状细胞。兼职 APC 是指在一般情况下不表达 MHCⅡ类分子，但在炎症或细胞因子等作用下，也可表达 MHCⅡ类分子，具有一定抗原呈递能力的细胞，如内皮细胞、成纤维细胞、上皮细胞、嗜酸性粒细胞等。另外，表达 MHCⅠ类分子的靶细胞能将内源性抗原处理加工后递呈给 $CD8^+$ T 细胞，也被称为特殊的兼职 APC，但习惯上称其为靶细胞。下面主要简介三种专职 APC。

（一）单核－巨噬细胞

单核－巨噬细胞包括外周血中的单核细胞（monocyte，Mon）和组织中的巨噬细胞（macrophage，MΦ），来源于骨髓造血干细胞。造血干细胞在骨髓微环境的作用下，发育为髓样干细胞，粒细胞、单核细胞前体，进而经 M-CSF、IL－3 等细胞因子诱生为单核细胞进入血流，单核细胞在血液中存留数小时至数日后，移行到全身各组织器官内，发育为巨噬细胞。单核细胞占血液中白细胞总数的 3%～8%。

1. 单核－巨噬细胞的主要特征　单核－巨噬细胞形态较大，胞浆内富含溶酶体颗粒，可做变形运动；具有黏附玻璃及塑料表面的能力，故又称黏附细胞，借此在体外可将其与淋巴细胞分离。另外，单核－巨噬细胞表面可表达多种与其识别功能、效应功能等有关的膜分子，主要包括以下几种。

（1）模式识别受体（pattern recognition receptor，PRR）　指主要表达于单核－巨噬细胞等固有免疫细胞表面，能够识别病原体某些共有特定分子的受体，包括甘露糖受体

（mannose receptor，MR）、脂多糖受体（lipopolysaccheride receptor，LPSR）、清道夫受体（scavenger receptor，SR）及 Toll 样受体（Toll like receptor，TLR）等，其配体为病原相关分子模式。病原相关分子模式（pathogen associated molecular patterns，PAMP）是指某一类病原体及其产物具有的高度保守的特定分子结构，主要包括 G^- 菌脂多糖、G^+ 菌细胞壁肽聚糖和膜磷壁酸、细菌和真菌的甘露糖及病毒的双股、单股 RNA 等。PAMP 只存在于病原体，正常宿主细胞不表达，故 PRR 是固有免疫细胞识别自己与非己的重要膜分子，也是单核－巨噬细胞等固有免疫细胞识别病原体的直接受体。

（2）调理性识别受体　单核－巨噬细胞还可表达与调理作用有关的 FcγR、CR1（C3bR、C4bR）。FcγR 可识别与病原体结合的 IgG 抗体的 Fc 段，介导促吞噬作用；CR1 可与附着于病原体表面的补体 C3b、C4b 片段结合，促进单核－巨噬细胞对病原体的吞噬清除。因 FcγR、CR1 是通过 IgG 抗体 Fc 段和补体 C3b、C4b 的介导接触吞噬病原体，故也称其为间接识别受体。

（3）MHCⅠ类分子和 MHCⅡ类分子　单核－巨噬细胞可组成性表达 MHCⅠ类分子和 MHCⅡ类分子。它们（特别是 MHC Ⅱ类分子）是单核－巨噬细胞发挥抗原呈递，进而激发机体适应性免疫应答的重要分子。

（4）细胞因子受体　单核－巨噬细胞表面可表达多种细胞因子受体，如单核细胞趋化蛋白－1 受体（MCP－1R）和巨噬细胞炎症蛋白－1α/β 受体（MIP－1α/β R）等趋化因子受体，在相应细胞因子的作用下，使单核－巨噬细胞迁移至感染及炎症部位发挥其效应作用；又如表达的 IFN－γ 等细胞因子受体，可接受 IFN－γ 等细胞因子作用，产生对单核－巨噬细胞功能的活化。

2. 单核－巨噬细胞的生物学功能

（1）吞噬杀伤作用　单核－巨噬细胞通过其直接与间接识别受体，摄取病原体等抗原异物，进而被激活，经氧依赖性与氧非依赖性途径将吞入异物消化清除。该作用尚可经特异免疫应答得以加强。

（2）细胞毒作用　单核－巨噬细胞可通过释放溶酶体酶、氧中间或氮中间代谢产物、TNF－α 等因子杀伤肿瘤细胞、病毒感染细胞。这种作用在单核－巨噬细胞未激活时较弱，如其被 LPS 或 IFN－γ、GM-CSF 等因子激活后会大大增强。另外，单核－巨噬细胞还可通过 ADCC 效应杀伤抗原靶细胞。

（3）抗原呈递作用　单核－巨噬细胞是体内重要的抗原呈递细胞，可摄取、加工、处理、递呈抗原，并激发适应性免疫应答（见第十四章）。

（4）免疫调节作用　单核吞噬细胞通过递呈抗原，分泌多种细胞因子等参与免疫应答和免疫调节。

（5）免疫病理作用　单核吞噬细胞可参与超敏反应和自身免疫性疾病中的组织损伤和致炎等多种病理过程。

（二）树突状细胞

树突状细胞（dendritic cell，DC）是一大类重要的专职 APC，具有很强的抗原呈递能力。依据其来源可分为髓系 DC 和淋巴系 DC。前者即为主要发挥抗原呈递作用的 DC；后者主要指浆细胞样 DC（plasmacytoid DC，pDC），该细胞在静息状态时形态似浆细胞，被激活后获得 DC 形态，主要通过释放Ⅰ型干扰素参与抗病毒免疫。DC 分布于除脑组织以外的全身各组织。根据 DC 的分布部位可将其分为淋巴样组织中的 DC（滤泡 DC、并指状 DC），非淋巴样组织中的 DC（朗格汉斯细胞和间质 DC），循环体液中的 DC（血液 DC 和淋巴液中的隐蔽细胞）等。

1. 树突状细胞的主要特征　DC 典型特征是其细胞膜向外伸展形成许多树状样突起，树突状细胞因此而得名。DC 除形态特征外，其细胞膜上还表达多种膜分子。在正常情况下，由骨髓造血干细胞分化形成的广泛分布于全身各组织的 DC，绝大多数都处于未成熟状态，称为未成熟 DC。未成熟 DC 高表达直接识别抗原的 PRR（如甘露糖受体）及可间接识别抗原的 FcR 及 CR，具有很强摄取、处理抗原的能力。但其 MHC 分子、黏附分子等表达低下，不能有效递呈抗原。当未成熟 DC 在摄取抗原或受某些因子，如 LPS、IL-1、TNF-α 等刺激后可分化成熟，并在成熟过程中同时向外周免疫器官迁移。迁移至外周免疫器官的 DC 即处于其分化的成熟阶段。成熟 DC 的膜甘露糖受体、调理性受体表达下调，但 MHC 分子及 CD40、CD58、B7-1、B7-2、CD83、CD25 等多种 CD 分子与黏附分子高表达，有极强递呈抗原的能力，但摄取抗原的能力明显减弱。DC 细胞的这种与功能、分布相伴的分化发育，有利于其广泛而敏感地摄取处理抗原并高效递呈抗原，是体内功能最强的抗原呈递细胞。

2. 树突状细胞生物学功能

（1）抗原呈递　未成熟 DC 可通过多种途径捕获可溶性抗原：①受体介导的胞吞作用，如经 Fc 受体、补体受体捕获免疫复合物并摄取抗原。②液相吞饮功能，其吞饮速度快、吞饮量大。摄取抗原后的未成熟 DC 从非淋巴组织迁移到外周免疫器官，以成熟状态将抗原肽-MHC 分子复合物有效提交给 T 细胞，为 T 细胞的活化提供了抗原刺激信号（第一信号）。与此同时，成熟 DC 高表达的 CD80、CD86（B7-1、B7-2）等协同刺激分子还能为 T 细胞活化提供协同刺激信号（第二信号），从而促进了初始 T 细胞的完全活化。相对于记忆性 T 细胞，初始 T 细胞的活化更依赖于上述两种刺激信号的存在，因此，DC 是唯一能直接激活初始 T 细胞的专职抗原呈递细胞。

（2）其他功能　除抗原呈递功能外，DC 还具有诱导 T 细胞分化和机体自身耐受建立、免疫调节及维持免疫记忆等功能。如胸腺中的 DC 表达 MHC Ⅰ类和 MHC Ⅱ类分子，可在胸腺细胞的阳性及阴性选择中发挥作用；外周淋巴器官 B 细胞依赖区的 DC 可参与 B 细胞发育、分化、激活以及记忆 B 细胞的形成和维持；DC 还可通过分泌多种细胞因子调节免疫功能。

（三）B 淋巴细胞

B 淋巴细胞既是体液免疫介导细胞又是专职抗原呈递细胞。作为 APC，B 淋巴细胞主要通过 BCR 特异结合抗原并内吞抗原入细胞内，也可借助非特异性胞饮作用摄取抗原。进入细胞内的抗原将被加工处理成抗原肽-MHC Ⅱ类分子复合物，表达于 B 细胞膜，提交给相应受体的 $CD4^+$ 细胞识别。由于 BCR 能以高亲和力结合并浓集抗原，因此与单核-巨噬细胞及树突状细胞相比，B 细胞能更有效地递呈低浓度抗原。

三、其他参与免疫应答的细胞

除上述抗原特异性淋巴细胞、抗原呈递细胞外，体内还存在其他许多具有免疫功能的细胞，包括自然杀伤细胞、粒细胞、肥大细胞、红细胞等。

（一）自然杀伤细胞

自然杀伤（natural killer，NK）细胞属淋巴细胞谱系，来源于骨髓造血干细胞，其分化、发育依赖于骨髓微环境，主要分布于外周血（占淋巴细胞总数的5%～7%）、肝脏、肺脏、脾脏和淋巴结。NK细胞胞浆内含有许多嗜苯胺颗粒，故称为大颗粒淋巴细胞（large granular lymphocyte，LGL）。NK细胞表面标志多为其他免疫细胞所共有，缺少特征性的标志。目前临床上将TCR$^-$、mIg$^-$、CD56$^+$、CD16$^+$表型的淋巴样细胞认定为人的NK细胞；NK1.1和Ly49是小鼠NK细胞的表面标志。

NK细胞不表达特异性抗原识别受体，不能特异性识别抗原，也无须抗原预先激活，而是通过其细胞表面活化性杀伤细胞受体和抑制性杀伤细胞受体识别正常和异常组织细胞，发挥免疫作用。

1. NK细胞活化性杀伤细胞受体和抑制性杀伤细胞受体 NK细胞表面表达对其杀伤效应发挥正负调节作用的受体：活化性杀伤细胞受体和抑制性杀伤细胞受体。

（1）活化性杀伤细胞受体（activatory killer receptor，AKR） 包括NKG2D、自然细胞毒性受体（natural cytotoxicity receptor，NCR）、CD94/NKG2C、KIR2DS和KIR3DS。AKR分子胞浆区段较短，不具信号转导功能，但可通过位于跨膜区的带正电荷的氨基酸残基与某些携带负电荷氨基酸、胞浆区段含有免疫受体酪氨酸活化基序（ITAM）的接头分子（如DAP12、DAP10或FCR等）非共价键结合，而获得转导信号的功能，将活化信号转导至细胞核内，使细胞活化。

（2）抑制性杀伤细胞受体（inhibitory killer receptor，IKR） 包括NKG2A、KIR2DL和KIR3DL。IKR分子胞浆区段较长，含有多个免疫受体酪氨酸抑制基序（ITIM），当IKR与相应的配体结合后，ITIM的酪氨酸发生磷酸化，从而转导活化抑制信号。

活化性杀伤细胞受体和抑制性杀伤细胞受体共表达于NK细胞表面，二者的配体均为经典或非经典的MHCⅠ类分子。正常情况下，机体组织细胞表达自身MHCⅠ类分子，NK细胞表面IKR与MHCⅠ类分子结合的亲和力更高，产生的抑制性信号占主导地位，可抑制各种活化性杀伤细胞受体的作用，表现为NK细胞不能杀伤自身正常组织细胞。病毒感染细胞和肿瘤细胞表面MHCⅠ类分子表达减少或缺失，同时其表面某些可被NK细胞AKR识别的非MHCⅠ类分子配体异常高表达，可影响NK细胞IKR识别相应配体，使AKR产生的活化信号占主导地位，表现为NK细胞活化，并通过释放穿孔素、颗粒酶、TNF-α和FasL等机制杀伤病毒感染细胞和肿瘤细胞。

2. NK细胞的细胞毒效应机制

（1）直接细胞毒效应 NK细胞可通过与靶细胞密切接触直接杀伤抗原靶细胞。其杀伤靶细胞的机制主要为：①穿孔素-颗粒酶途径，穿孔素与颗粒酶是NK细胞胞浆颗粒中的内容物，因NK细胞与靶细胞的紧密结合使其释出。其中释出的穿孔素在钙离子存在的条件下，可在靶细胞膜上聚合成跨膜“孔道”，使水、电解质迅速进入胞内，导致靶细胞溶解破坏。同时释出的颗粒酶是一类丝氨酸蛋白酶，其可循穿孔素在靶细胞膜上形成的“孔道”进入靶细胞内，通过诱导与凋亡有关的酶系统，致靶细胞凋亡；②Fas-FasL途径，活化NK细胞膜可表达FasL，通过与靶细胞表面的Fas结合，导致靶细胞凋亡；③TNF/TNFR-1途径，活化NK细胞可分泌TNF-α和TNF-β，其与靶细胞表面的相应受体（TNFR-1）结合，可诱导靶细胞凋亡；④释放NK细胞毒因子，NK细胞还可释放NK细胞毒因子（NK cytotoxic factors，NKCF），其与靶细胞表面NKCF受体结合，杀伤靶细胞。

（2）ADCC效应 NK细胞膜表达FcγRⅢ（CD16），可通过与结合靶细胞的IgGFc段结合，发挥杀细胞效应。

3. NK 细胞的生物学功能

（1）抗感染作用　NK 细胞在清除胞内寄生菌、病毒及真菌感染中发挥重要作用。研究表明，在病毒感染后 2 ~3 天，NK 细胞即可聚集到感染部位，并受局部病毒感染细胞或吞噬细胞分泌的 IFN－α、IFN－β、TNF－α 及 IL－12 等细胞因子的作用而活化。活化的 NK 细胞不仅可直接杀伤、破坏病毒感染细胞，而且通过分泌 IFN－γ 及 TNF－β 等细胞因子，干扰病毒复制以及进一步活化吞噬细胞等固有免疫效应细胞，从而扩大和增强机体的抗感染免疫能力。另外，也有研究发现，与 IL－2 共孵育 3 小时的 NK 细胞可产生大量 IFN－γ 及 GM-CSF 杀伤分枝杆菌感染的单核细胞。由于 NK 细胞的抗感染效应一般出现于适应性免疫应答建立之前，因此是参与机体早期抗感染的重要效应细胞。

（2）抗肿瘤作用　NK 细胞因杀伤作用无需抗原致敏，也无抗原特异性和 MHC 限制性，故具有广谱抗肿瘤作用。它们可通过与肿瘤细胞密切接触直接杀伤或通过 ADCC 效应杀伤结合特异性 IgG 的肿瘤细胞。NK 细胞的抗肿瘤活性可被 IFN－α、IFN－β、IL－2 等细胞因子加强。

鉴于 NK 细胞的上述杀瘤特性，研究者获取人外周血并将其置于含有高浓度 IL－2 的细胞培养液中进行体外培养，诱导细胞大量扩增，获得了一类较 NK 细胞杀瘤谱广、杀伤力强的高效杀伤自身和异体肿瘤细胞的效应细胞，称其为淋巴因子活化的杀伤细胞（lymphokine activated killer cell，LAK 细胞）。将 LAK 细胞与 IL－2 联合注入肿瘤患者体内，可对黑色素瘤、肾癌、结肠癌及淋巴瘤等有一定疗效。因大多数 LAK 细胞具有 NK 细胞样标志（$CD16^+$、$CD56^+$），杀伤肿瘤细胞的特点也与 NK 细胞相似，故一般认为 LAK 细胞的前体细胞是 NK 细胞。

另外，自获得 LAK 细胞后，1986 年 Rosenberg 等人又从肿瘤组织中分离出浸润淋巴细胞，将其在加有 IL－2 细胞因子的细胞培养液中体外扩增后输给荷瘤小鼠，可使肿瘤消退，称这种淋巴细胞为肿瘤浸润淋巴细胞（tumor infiltrating lymphocyte，TIL）。以后研究发现：① TIL 是一群异质性细胞，主要由 T 细胞组成，其次还有 NK 细胞与 B 细胞；②TIL 不仅可从手术切除的肿瘤组织，也可从周围淋巴结或患者的胸、腹腔渗出液中获得；③TIL 比 LAK 细胞有更佳的增殖活性，对肿瘤细胞的杀伤特异性强、效率高，杀伤活性比 LAK 细胞强 50 ~100 倍，具有治疗肿瘤的较大潜力和应用前景。

（3）调节免疫作用　NK 细胞是一类重要的免疫调节细胞，如 NK 细胞可通过其膜 KAR 与 KIR 对 NK 细胞的杀伤活性进行调控；活化 NK 细胞也可通过释放 IFN－γ、TNF－α 及 GM-CSF 等细胞因子提高机体早期抗感染能力，增强机体免疫监视作用，参与对免疫的调节。

（二）粒细胞及肥大细胞

1. 中性粒细胞（neutrophil）　是由骨髓粒－单系祖细胞分化发育而成的、存在于外周血的多形核白细胞。其寿命短（2 ~3 天），更新快，占血流中白细胞总数的 60% ~70%。中性粒细胞具有很强吞噬、消化和清除病原微生物的能力，常与单核吞噬细胞一起被称为吞噬细胞。如同单核吞噬细胞，中性粒细胞不表达特异性抗原受体，仅表达非特异识别多种病原体等抗原异物的模式识别受体和调理性受体（FcγR、C3bR 等），细胞浆内含有溶酶体颗粒。富含溶菌酶、髓过氧化物酶、过氧化氢酶、阳离子蛋白和各种水解酶等的溶酶体颗粒是中性粒细胞杀菌、溶菌的重要武器。另外，中性粒细胞还可通过其膜 FcγR 以 ADCC 方式杀伤抗原靶细胞。当感染发生时，中性粒细胞可迅速穿越血管内皮细胞首先到达感染部位，发挥识别、杀灭病原体的效应。在机体早期抗感染免疫中发挥重要作用。

2. 嗜碱性粒细胞与肥大细胞 嗜碱性粒细胞（basophil）与肥大细胞（mast cell）在形态上非常相似，均来源于骨髓髓样前体细胞。嗜碱性粒细胞主要分布于外周血，但数量少，仅占血液白细胞总数的0.2%左右；肥大细胞主要分布在黏膜下结缔组织和血管壁周围组织中。两种细胞胞浆中均含有储存组胺、激肽原酶等生物活性物质的粗大嗜碱性颗粒，胞膜表达高亲和力IgE Fc受体（FcεRⅠ）及补体C3a和C5a的受体。这些受体如与相应IgE Fc段、补体C3a和C5a结合后可诱导肥大细胞迅速脱颗粒，释放组胺等多种炎性介质以及IL-1、IL-3、IL-8及TNF-α等炎性细胞因子，引发机体非特异性炎症反应，使大量免疫细胞、免疫分子集聚在炎症局部，从而在抗感染、抗肿瘤及免疫调节中发挥作用。另外，嗜碱性粒细胞与肥大细胞也是Ⅰ型超敏反应的重要参与细胞。

3. 嗜酸性粒细胞（eosinophil） 是一类胞浆内含有嗜酸性颗粒的多形核细胞。由骨髓髓样前体细胞分化而来。成熟嗜酸性粒细胞主要分布于呼吸道、消化道和泌尿生殖道黏膜下组织，在血液中仅有少量存在。嗜酸性粒细胞胞浆颗粒内至少含有两类颗粒性物质，其中一类是具有毒性作用的嗜酸性粒细胞阳离子蛋白、主要碱性蛋白、过氧化物酶、神经毒素等；另一类是对嗜碱性粒细胞与肥大细胞释放的介质有灭活作用的组胺酶、芳香基硫酸酯酶、磷脂酶D等酶类。嗜酸性粒细胞被某些细胞因子、血小板活化因子等激活后，细胞膜可表达FcεR、FcγR、CR1，通过这些受体与寄生虫-抗体、寄生虫-抗体-补体复合物结合，脱颗粒释放上述胞浆颗粒内容物杀伤虫体。因此，嗜酸性粒细胞在抗寄生虫感染中发挥重要效应。另外，嗜酸性粒细胞除能释放上述对嗜碱性粒细胞与肥大细胞释放的介质进行灭活的各种酶以外，尚能释放与嗜碱性粒细胞与肥大细胞类似的白三烯（LTs）、血小板活化因子（PAF）等脂类生物活性介质，故嗜酸性粒细胞具有促炎症和对Ⅰ型超敏反应的双向调节作用。

（三）其他免疫细胞

除上述免疫细胞外，红细胞、造血干细胞和血小板等也以直接或间接的方式参与机体的生理和病理性免疫应答。如红细胞、血小板表面表达CR1，可参与补体介导的免疫黏附作用，从而促进吞噬细胞清除血流中的循环免疫复合物，但也可在病理性超敏反应、自身免疫性疾病中发挥作用。

思考题

1. 人体的免疫组织器官主要有哪些？各有何生物功能？
2. 简述免疫细胞的概念及主要成员。
3. 比较固有免疫细胞和抗原特异性T、B细胞识别抗原的膜分子。
4. 比较T、B细胞的亚群，表面标志及功能。
5. 何谓调节性T细胞？简述调节性T细胞的种类及功能。
6. 简述抗原呈递细胞的概念与种类。
7. 列出具有杀伤功能的免疫细胞，并比较它们杀伤靶细胞的特点。

（张 帆）

扫码“练一练”

第十四章　免疫应答

扫码“学一学”

免疫应答（immune response）是指机体免疫系统对出现于机体的抗原性异物进行识别，继而表现出以清除抗原为主要目的的一系列生物学效应过程，是机体排除异己以保持内环境稳定的重要机制，包括固有免疫应答与适应性免疫应答。

第一节　固有免疫应答

固有免疫应答（innate immune response）是指生物种系在发生和进化过程中逐渐建立起来的一般防御功能，是机体与生俱有的应答能力，因此也称为天然免疫应答（native immune response）。固有免疫应答具有以下主要特点：①识别抗原的非特异性。固有免疫细胞不表达特异性抗原识别受体，是以模式识别受体或调理性识别受体等直接识别存在于多种病原体及其代谢产物或凋亡细胞的共有组分，或是与不同抗原分子结合的 IgG Fc 段及补体 C3b、C4b 片段，没有严格的一一对应性，故又将其称为非特异性免疫应答（non-specific immune response）。②效应作用的及时性。固有免疫应答是机体对各种抗原的天然反应能力，由遗传而来，往往在病原微生物等抗原异物进入机体后立即发挥效应，有“即刻免疫应答”之称，是机体早期抗感染的重要机制。③与适应性免疫应答的协同性。参与固有免疫应答的效应细胞和效应分子同样广泛介入适应性免疫应答的启动、效应与调节，从而使固有免疫应答成为适应性免疫应答的基础，固有免疫应答的效应作用也因适应性免疫应答的建立得以加强。

一、参与固有免疫应答的组织、细胞及分子

固有免疫应答主要由固有免疫系统完成，固有免疫系统包括组织屏障、多种效应细胞与体液效应分子。

（一）组织屏障

组织屏障是阻止病原微生物等抗原性异物侵入机体和防止其在体内扩散的重要防线，包括体表屏障和体内屏障。

1. 体表屏障（blood surface barrier）　主要由机体皮肤及与外界相通腔道内覆盖的黏膜及其附属结构组成。它们通过以下不同机制发挥作用。

（1）物理屏障　通常病原体多通过皮肤或消化道、呼吸道、泌尿生殖道等黏膜途径侵入机体造成感染，结构特殊的皮肤黏膜构成了机体抗微生物感染的第一道防线。其中皮肤由致密的多层扁平细胞组成，完整健康的皮肤能有效地阻挡病原微生物的入侵。黏膜虽为单层柱状细胞，机械防御不如皮肤，但其表面纤毛的定向摆动、胃肠蠕动及黏膜分泌液的冲刷等生理作用同样具有重要排异功能。

（2）化学屏障　皮肤黏膜除了具有对入侵微生物的机械阻挡作用外，还可分泌多种具有杀菌、抑菌作用的化学物质，如皮脂腺分泌的脂肪酸；汗腺分泌的乳酸；胃黏膜分泌的胃酸；肠消化液中的蛋白分解酶以及唾液、泪液中的溶菌酶等，均具抗菌作用。

（3）微生物屏障　在皮肤及与外界相通腔道黏膜表面定植着无数同宿主有共生关系的微生物，一般不致病，称为正常微生物群。当病原微生物侵入机体后，这些正常微生物群可通过阻止其黏附、竞争必要的营养和释放抗菌物质等方式对病原体的定居和繁殖发挥拮抗作用。例如口腔中唾液链球菌产生的过氧化氢对杀死脑膜炎奈瑟菌和白喉棒状杆菌具有重要意义；肠道中定居的大肠埃希菌分泌的大肠菌素可抑制某些厌氧菌等的生长。

2. 体内屏障

（1）血脑屏障（blood brain barrier）　是阻挡血循环中的病原微生物进入脑实质的特殊生理解剖结构。主要由脑毛细血管内皮细胞、血管基膜和神经胶质细胞组成（图 14－1）。该屏障仅允许水、氧、葡萄糖等小分子物质穿行，病原体及其他大分子物质很难透过。因此，血脑屏障对中枢神经系统具有重要保护作用。婴幼儿血脑屏障发育尚未完善，较易发生中枢神经系统感染。

（2）血胎屏障（blood placental barrier）　是胎盘中介于母体血与胎儿血循环间的特殊生理屏障结构。由胎盘绒毛膜滋养层、毛细血管内皮细胞及两者的基膜组成（图 14－2）。该屏障可有效阻止母体血流中的病原微生物侵入胎儿血循环，保护胎儿免受感染。妊娠 3 个月前，血胎屏障发育尚未完善，当孕妇感染风疹病毒、巨细胞病毒等病原微生物时，易引起胎儿感染，甚至导致胎儿发育障碍、畸形、死胎或流产。

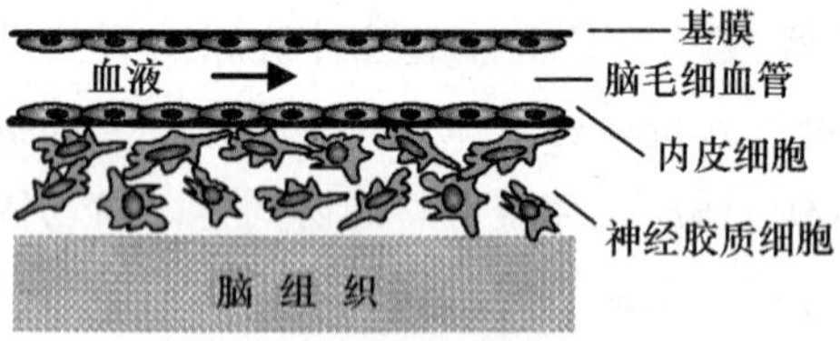

图 14－1　血－脑屏障示意

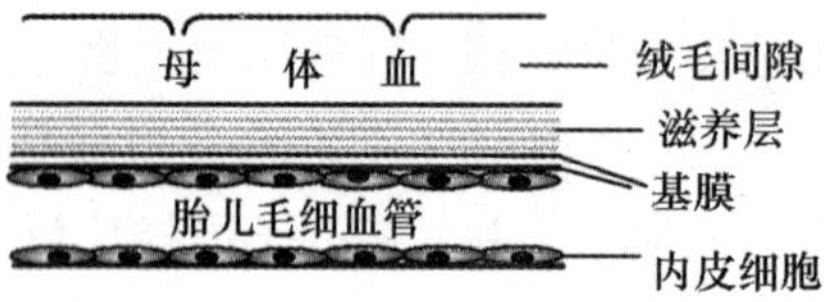

图 14－2　血－胎盘屏障示意

（二）固有免疫效应细胞

固有免疫效应细胞是执行机体非特异防御功能的重要成员，主要包括单核吞噬细胞、粒细胞、NK 细胞、NKT 细胞、γδT 细胞、B－1 细胞等。当病原微生物突破机体的体表屏障向机体内部侵入、扩散时，这些细胞会发挥强大非特异性吞噬、杀伤效应，筑起机体抗御感染的第二道防线。其中单核吞噬细胞、树突状细胞、NK 细胞、粒细胞及肥大细胞见第十三章第二节，下面主要介绍固有类淋巴细胞，包括 NKT 细胞、γδT 细胞、B－1 细胞。

固有类 T、B 淋巴细胞指主要分布于机体某些特定部位，具有 TCR 或 BCR 的 T、B 细胞群，因其抗原受体的多样性极为有限，识别抗原缺乏严格特异性，故主要参与机体的固有免疫。

1. 自然杀伤 T 细胞（NKT 细胞）　NKT 细胞是一群同时表达 TCR－CD3 复合物和 NK 细胞表面标记 CD56（小鼠 NK1. 1）的固有类 T 淋巴细胞。与参与适应性免疫的 T 细胞不同，NKT 细胞表面的 TCR 表达密度低，缺乏多样性，抗原识别谱窄，主要识别由 CD1 分子递呈的脂类抗原（如分枝杆菌胞壁成分），且识别抗原不受 MHC 限制。成熟的 NKT 细胞主要分布于骨髓、肝脏和胸腺，少量存在淋巴结、脾脏、外周血。NKT 细胞的主要功能有：①细胞毒作用，NKT 细胞识别抗原活化后，或被 IL－2、IFN－γ 等激活具有 NK 细胞相似的细胞毒活性，主要通过释放穿孔素或 Fas-FasL 途径杀伤靶细胞；②免疫调节作用，NKT 细胞受到刺激后可分泌多种细胞因子发挥免疫调节作用，如分泌 IL－4 和 IL－13 推动 Th0

细胞向 Th2 亚群分化，影响获得性体液免疫；分泌 IFN－γ 和 IL－12 诱导 Th0 细胞向 Th1 细胞发育，增强细胞免疫应答；③参与炎症反应，NKT 细胞尚可分泌 MCP－1、MIP－1β 等趋化性细胞因子参与炎症反应；④抗肿瘤作用，活化 NKT 细胞可通过增强 NK 细胞、CTL 活性或分泌 IFN－γ 发挥抗肿瘤作用。

2. γδT 细胞　是指表达 CD2、CD3 及 TCRγδ 的 T 淋巴细胞，主要分布于皮肤、肠道、呼吸道及泌尿生殖道等黏膜及皮下组织，是构成表皮内淋巴细胞和黏膜组织上皮内淋巴细胞（intraepithelial lymphocyte，IEL）的主要成员，在外周血仅占 T 细胞的0.5%～1%。

与大量存在于外周免疫器官和外周血的 αβT 细胞不同，γδT 细胞的 TCR 能直接识别抗原分子而非抗原肽－MHC 分子复合物，识别抗原不受 MHC 限制。分布在不同黏膜部位的 γδT 细胞可表达不同的 TCRγδ，识别不同性质的抗原，而分布在同一黏膜组织中的 γδT 细胞只表达一种相同的 TCRγδ，识别相同性质的抗原。由此可见，γδ T 细胞识别抗原不具有明显特异性，抗原识别谱窄，只能识别多种病原体的共同抗原成分，如表达在感染细胞表面的热休克蛋白（HSP）、脂类抗原－CD1 复合物以及某些病毒蛋白（如疱疹病毒、牛痘病毒的糖蛋白）或细菌裂解产物中的磷酸化抗原等。γδT 细胞是皮肤黏膜局部早期抗感染免疫的主要效应细胞，也具有非特异杀瘤作用。

γδT 细胞的功能主要有：①维持抗感染屏障的完整性，由 IEL 中的 γδT 细胞产生的纤维细胞生长因子Ⅶ可促进多种上皮细胞的生长与分化，以此参与维持第一道抗感染屏障的完整性；②细胞毒效应，γδT 细胞被激活后可释放穿孔素、颗粒酶，表达 FasL，以类似 CTL 的细胞毒机制杀伤某些病毒和胞内寄生菌感染的靶细胞和病原微生物；③免疫调节作用，活化 γδT 细胞可释放 IL－2、IL－4、IL－5、IL－6、IL－10、IFN－γ、TNF－α 和 GM-CSF 等细胞因子增强机体非特异免疫功能并发挥免疫调节作用。

3. B－1 细胞　指 $CD5^+$、$mIgM^+$ B 细胞，具有自我更新能力，主要分布于胸腔、腹腔和肠壁固有层中，其分化发育与胚肝密切相关，也可由成人骨髓产生。

B－1 细胞的 BCR 缺乏多样性，主要识别某些细菌表面的共有多糖抗原，如 G^- 菌脂多糖、肺炎球菌荚膜多糖及聚合鞭毛素等 TI 抗原，也可识别某些变性的自身抗原，如变性 Ig 及变性单股 DNA。B－1 细胞识别抗原后，可产生多反应性抗体。所谓多反应性抗体是指这些抗体不是针对某一种病原体，而是能与多种细菌或自身抗原发挥免疫效应作用。因此，B－1 细胞在机体非特异抗感染免疫中发挥重要作用。

B－1 细胞可产生能与许多病原体糖类抗原结合的天然抗体，又可在接受多糖抗原刺激后的较短时间内（48 小时）产生低亲和性 IgM 抗体，这对机体早期抗感染和清除变性自身抗原具有重要意义。

（三）组织和体液中的效应分子

正常机体的组织和体液中存在着多种具有抗菌作用的物质，它们是固有免疫应答中重要的体液效应分子。

1. 补体系统　由一组相互依赖的蛋白质组成。它们依次活化后可发挥非特异免疫作用。当病原微生物侵入机体，在抗体尚未产生前即可通过替代途径、MBL 途径激活补体发挥溶菌、免疫调理、免疫黏附等抗感染作用（参见第十四章第二节）。

2. 细胞因子　病原体等抗原异物可刺激免疫细胞和感染组织细胞分泌多种细胞因子，这些细胞因子在机体非特异抗病毒、抗肿瘤、免疫调节及炎症反应中发挥重要作用，如 IL－8、MCP－1 等趋化性细胞因子可募集吞噬细胞到抗原所在部位；IL－2、IFN 等可干扰病毒复制，活化巨噬细胞、NK 细胞，增强机体抗感染、抗肿瘤能力等。

3. 溶菌酶（lysozyme） 是一种相对分子质量为 14700 的碱性蛋白，广泛分布在血液、泪液、唾液、尿液、肠液、乳汁及吞噬细胞溶酶体中。可水解革兰阳性菌细胞壁的重要组分肽聚糖，使细菌死亡。在抗体和补体的参与下，也可溶解革兰阴性菌。

4. 急性期蛋白（acute phage protein） 是指病原微生物感染的早期，巨噬细胞和中性粒细胞产生 TNF-α、IL-1 和 IL-6 等细胞因子，导致机体急性期反应，诱导肝细胞合成分泌的一系列具有不同生物学活性的蛋白质。如 C 反应蛋白（C-reactive protein，CRP）、血清淀粉样蛋白 A（serum amyloid protein A，SAA）、甘露糖结合蛋白（mannose binding protein，MBP）、金属结合蛋白、补体成分等，有关它们的功能见表 14-1。

表 14-1 主要急性期蛋白的非特异免疫功能

急性期蛋白	生物学功能
CRP	与细菌磷酸胆碱结合，激活补体，促进吞噬
SAA	与 C1q 结合激活补体，促进吞噬
MBP	与细菌表面的甘露糖结合后再黏附在吞噬细胞的 MBP 受体上，促进吞噬
金属结合蛋白	除去微生物生长所需的基本金属离子

5. 乙型溶素（β-lysin） 是血小板在凝聚期间释放的一种热稳定阳离子蛋白，可损伤革兰阳性菌细胞膜，对链球菌以外的革兰阳性菌有杀灭作用，对革兰阴性菌无效。

6. 防御素 是由上皮细胞、中性粒细胞及小肠 Paneth 细胞等多种细胞产生的一类富含精氨酸的小分子多肽。对细菌、真菌和包膜病毒有直接杀伤作用。杀伤机制主要是通过与病原体表面的阴离子相互作用，改变病原体细胞壁、细胞膜、包膜的通透性，干扰离子运输，致病原体裂解死亡。

二、固有免疫应答的生物学意义

（一）早期抗感染作用

机体固有免疫系统通过内、外屏障及效应细胞和效应分子的协同作用可有效发挥阻挡病原微生物入侵，清除体内病原微生物、微生物感染细胞、凋亡与突变细胞的效应，在机体早期抗感染中发挥重要作用。

固有免疫应答的抗感染作用具有即时性。当病原体突破机体内、外屏障进入机体时，在 0~4 小时内（瞬时固有免疫应答阶段）即遭遇：①分布于病原体入侵部位的巨噬细胞对其的直接吞噬清除作用；②活化补体（经 MBL 途径、替代途径）对其行使细胞毒及调理吞噬效应；③迅速穿越血管内皮细胞进入感染部位的中性粒细胞对其发挥强大吞噬杀菌作用。中性粒细胞所以能第一时间到达感染部位发挥作用，与补体活化产生的 C3a、C5a 促使肥大细胞、嗜碱性粒细胞释放组胺等炎症介质及感染部位组织细胞产生 IL-1、IL-8 及 TNF-α 等细胞因子有关。因这些炎症介质与细胞因子可致局部血管内皮细胞黏附分子表达上调，血管扩张、通透性增强，为中性粒细胞的黏附与渗出提供条件。一般而言，大部分病原体感染会终止于此时相。

当病原体因数量大、毒力强，没有能够在瞬时固有免疫阶段被完全清除，固有免疫应答即进入早期固有免疫应答阶段，该阶段发生于感染后 4~96 小时。此时，借某些细菌成分（如脂多糖）及感染部位多种炎症介质、细胞因子等的作用，周围组织的巨噬细胞被很快募集到感染部位并被活化，进一步增强局部吞噬杀菌效应和机体抗原呈递能力；B-1 细胞也因受某些细菌共有多糖抗原刺激活化，48 小时内产生 IgM 抗菌性抗体，在补体的协助下对病原体行使杀伤效应；NK 细胞、NKT 细胞及 γδT 细胞也同时于此阶段被募集活化，能对某些病毒和胞内寄生菌感染的细胞发挥细胞毒作用。另外，分布于感染局部的未成熟树突状细胞摄取抗原后，逐渐向外周免疫器官移行，并对摄取抗原进行处理、提呈。这些机制将有利增强机体抗感染效应，并为适应性免疫应答的建立创造了条件。

（二）对适应性免疫应答的调控作用

1. 调控适应性免疫应答的启动　适应性免疫应答启动的关键是 T、B 细胞对抗原的特异性识别。但事实上介导细胞免疫应答与辅助体液免疫应答的 T 细胞并不能直接识别天然游离抗原，必须识别抗原呈递细胞处理加工并表达在其胞膜表面的抗原肽 - MHC 分子复合物。因此适应性免疫应答的启动有赖于树突状细胞对抗原的提呈。因为树突状细胞是体内诱导初始 T 细胞活化能力最强的抗原提呈细胞。

2. 调控适应性免疫应答的类型　在适应性免疫应答中，初始 T 细胞具有向不同效应细胞分化的潜能。其分化方向很大程度上依赖于细胞因子的种类。例如 Th0 细胞在 IL - 12、IFN - γ 的作用下可分化为 Th1 细胞，使机体主要表现以细胞免疫为主的免疫现象；若在 IL - 4、IL - 10 的作用下可分化为 Th2 细胞，使机体主要表现以体液免疫为主的免疫现象。活化的固有免疫细胞可通过分泌不同类细胞因子，参与对 Th0 细胞分化的调控，进而影响机体免疫应答的类型。

3. 调控适应性免疫应答的发生强度　补体可通过多种不同机制调节免疫应答的强度。如体液免疫建立后，体内抗原抗体复合物可从经典途径活化补体，借助补体的细胞毒作用、C3a、C5a 的趋化作用以及 C3b 等的调理或黏附作用，增强体液免疫，清除抗原异物的免疫效应作用。

4. 调控适应性免疫应答记忆性的维持　适应性免疫应答的重要特点之一是经初次抗原刺激后，机体可建立对该种抗原免疫应答的记忆性。表现为可产生较初次应答反应快、高强度的再次应答（见本章体液免疫）。目前认为，这种免疫记忆性的维持需要体内持续存在的抗原对相应淋巴细胞提供不断的刺激。如存在于淋巴组织生发中心的滤泡树突状细胞通过其膜 FcγR、CR1 与抗原 - 抗体复合物和抗原 - 抗体 - 补体复合物结合并使其长期滞留于细胞表面，不断传递抗原给相应受体的 B 细胞克隆，这种现象被认为在维持 B 细胞的存活与记忆中发挥重要作用。

（三）对急性炎症的促进作用

炎症（inflammation）是机体对致炎因子引起的组织损伤所产生的防御性反应。其临床表现主要为受累组织的红、肿、热、痛和功能障碍。固有免疫应答过程中主要由活化吞噬细胞释放的溶酶体酶及 H_2O_2、OH^-、O_2^-、NO 等氧与氮的中间代谢产物；多种活化细胞产生的炎性细胞因子（IL - 1、TNF - α 等）；补体活化过程中形成的 C4a、C3a、C5a 等活性片段均为炎症启动的重要致炎因子，而吞噬细胞与血管内皮细胞的黏附与游出也在促进急性炎症的发生与发展中发挥重要作用。

第二节　适应性免疫应答

适应性免疫应答（adaptive immune response）是指个体出生后应抗原刺激建立起来的针

对接触抗原的应答能力。这种应答能力非机体出生时即有，故称为适应性免疫应答、获得性免疫应答或后天免疫应答。适应性免疫应答有以下主要特点：①识别抗原的特异性。适应性免疫应答对抗原的识别主要依托抗原特异性T、B淋巴细胞，不同克隆的T、B细胞具有不同抗原受体（TCR、BCR），能特异性识别进入机体的不同抗原，从而产生针对识别抗原的免疫应答效应，因此适应性免疫也称特异性免疫；②效应作用的放大性。负责适应性免疫应答的T、B细胞接受抗原刺激活化后，并不立即进入效应状态，而是先进入增殖分化阶段，借此使针对诱导抗原的相应T、B细胞克隆迅速扩增，最终产生大量效应物质（效应细胞及效应分子），发挥显著免疫效应；③对诱导抗原的记忆性。在初次应答中，接受抗原刺激的T、B细胞布其增殖分化形成效应细胞或效应分子的同时尚能分化出针对诱导抗原的长寿记忆细胞群体，从而保留“记忆性”，当该抗原再次进入机体时，记忆细胞会发生更为迅速而强大的应答效应。

一、适应性免疫应答的基本过程

适应性免疫应答是抗原诱发机体免疫系统产生的、由多细胞多分子参与的复杂系列反应。为便于叙述和理解，通常将这一连续过程人为地分为感应、反应和效应三个阶段。

（一）感应阶段

感应阶段也称抗原识别阶段。是指抗原出现于机体后，被具有相应抗原受体的T、B细胞特异识别的阶段。感应阶段主要发生抗原的加工提呈和T、B细胞对抗原的特异性识别两个重要事件。

1. 抗原的加工和提呈　因T细胞的TCR一般不能识别天然的抗原分子，必须特异性识别表达于抗原提呈细胞及靶细胞表面与MHC分子结合成复合物的肽类抗原。因此，出现于机体的天然抗原大分子需先经抗原提呈细胞处理提呈方可诱发免疫应答。

抗原提呈（antigen presentation）是指抗原提呈细胞将抗原摄取、消化、处理、加工成抗原肽-MHC分子复合物并转运至细胞膜表面供TCR特异识别的全过程，主要包括外源性抗原提呈途径和内源性抗原提呈途径（图14-3）。

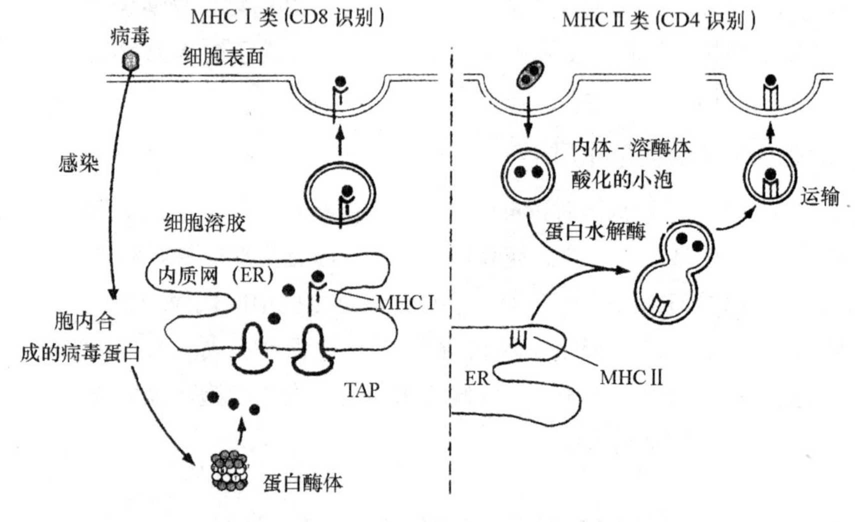

图14-3　MHC Ⅰ类与MHC Ⅱ类抗原提呈途径示意

（1）外源性抗原提呈途径　也称溶酶体途径或MHC Ⅱ类途径，主要涉及对外源性抗原的加工提呈。外源性抗原一般是指存在于抗原提呈细胞外的抗原，需经抗原提呈细胞摄取后进入胞浆内体被处理，如病原微生物、异种蛋白等。其提呈过程是：外源性抗原被抗原提呈细胞通过吞噬、吞饮或受体介导的胞吞作用由胞浆膜包裹摄入胞内，称为内体（endosome），内体与胞浆溶酶体（lysosome）融合。抗原在内体－溶酶体的酸性环境中被溶酶体酶降解成适宜与 MHCⅡ类分子抗原结合槽结合的免疫显性肽段（长度为 13～18 个氨基酸残基）。与此同时，在抗原呈递细胞内质网腔中新合成的 MHCⅡ类分子离开内质网腔经高尔基体转运进入内体－溶酶体，并以其抗原结合槽与相应外源性免疫显性肽段结合，形成抗原肽－MHCⅡ类分子复合物。加工后的抗原肽－MHCⅡ类分子复合物通过胞内转运和胞吐作用表达于抗原提呈细胞表面，被提呈给 $CD4^+$T 细胞识别。

扫码“看一看”

（2）内源性抗原提呈途径　也称胞质溶胶途径或 MHCⅠ类途径，主要涉及对内源性抗原的加工提呈。内源性抗原一般是指出现在胞质内的抗原，如肿瘤细胞及病毒感染细胞内合成的肿瘤抗原或病毒蛋白抗原等。内源性抗原首先被胞质中的蛋白酶体降解成适宜与 MHCⅠ类分子抗原结合槽结合的免疫显性肽段（长度为 8～12 个氨基酸残基），后者逐渐移向位于内质网腔膜的抗原肽转运体（TAP），通过 TAP 转运进入内质网腔，与内质网腔中新合成的 MHCⅠ类分子结合成抗原肽－MHCⅠ类分子复合物，复合物通过高尔基体运送至细胞膜表面，供 $CD8^+$T 细胞识别。

在上述两条途径中，两类不同来源的抗原（内源性或外源性）在胞内不同部位（胞质溶胶或溶酶体）中被加工和处理，并分别与 MHCⅠ类分子或 MHCⅡ类分子结合成复合物。胞质溶胶（MHCⅠ类）途径或溶酶体（MHCⅡ类）途径因此得名。

2. T、B 细胞特异识别抗原　机体内存在着为数众多的、具有不同抗原受体的抗原特异性 T 细胞和 B 细胞，它们能够对进入机体的各种各样抗原作出相应的特异性识别。T 细胞的抗原受体 TCR 与 B 细胞的抗原受体 BCR 识别抗原的方式不同，如前所述，TCR 必须双识别抗原提呈细胞表面的抗原肽－MHC 分子复合物，也即 TCR 在特异性识别抗原提呈细胞提呈的抗原肽时，必须同时识别与抗原肽形成复合物的自身 MHC 分子，这种特性称 MHC 限制性。与 TCR 不同，BCR 可直接识别天然抗原分子表面的相应 B 细胞表位，且不受 MHC 限制（图 14－4）。

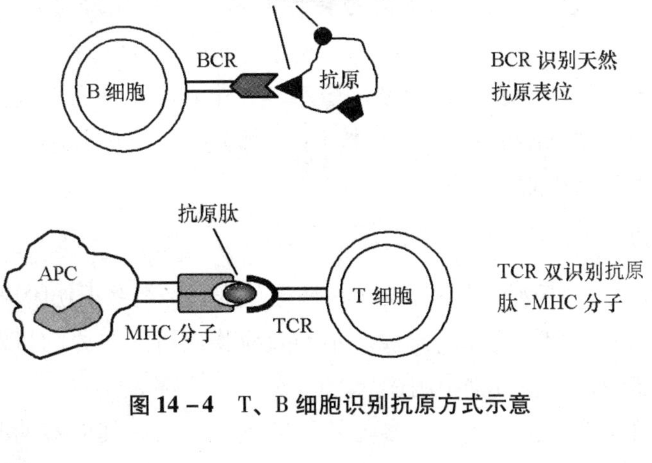

图 14－4　T、B 细胞识别抗原方式示意

（二）反应阶段

反应阶段也称活化、增殖和分化阶段，是指 T、B 细胞特异性识别抗原后，在多种细胞间黏附分子、细胞因子等协同作用下被活化、增殖、分化，产生效应物质（效应细胞和抗体分子）的阶段。反应阶段最关键的因素是使识别抗原后的抗原特异性T、B细胞进入激活状态，只有进入激活状态的T、B细胞才能启动胞内一系列细胞学、生物化学反应，使之增殖分化，产生效应物质。T、B细胞的激活均需接受两个胞外信号刺激，此即淋巴细胞活化的双信号（图14-5）。

第一激活信号主要来自TCR或BCR对抗原的特异性识别；第二信号又称协同刺激信号（costimulatory signal），是由与T或B细胞直接相互作用的细胞表面协同刺激分子所提供，这些协同刺激分子同与之接触的T或B细胞表达的相应协同刺激分子以配受体方式结合黏附，为T或B细胞的完全活化提供了重要的协同刺激信号。如识别抗原后的T、B细胞缺乏协同刺激信号，将不能对该抗原作出反应，甚至致其失效。这一现象为临床治疗肿瘤，移植排斥及自身免疫病提供了新的思路。

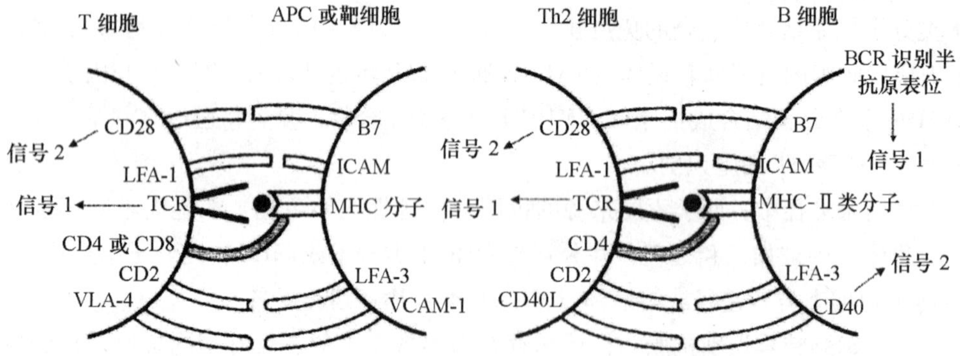

图14-5　T、B细胞的双信号示意

获得胞外双信号刺激是T、B细胞活化的前提，但T、B细胞能否最终活化还取决于其所获胞外信号的成功跨膜转导。所谓胞外信号的跨膜转导（transmembrane signaling）是指T、B细胞的胞外刺激信号越过细胞膜，通过一系列胞内生化学事件，转变成可被细胞内部识别的信号，引起细胞有关基因开放、蛋白表达及功能改变等生物学效应的过程。信号转导是胞内多种信号分子参与的级联反应，倘若信号转导的任一环节受阻，接受双信号刺激的T、B细胞则不能被激活。免疫细胞信号转导的重要性为免疫性疾病的治疗提供更多靶点。

双信号的成功转导推动T或B细胞进入增殖、分化阶段，进而形成免疫效应T细胞和浆细胞，后者迅速合成并分泌抗体。在此过程中，部分接受抗原刺激活化的抗原特异性淋巴细胞可分化为长寿记忆细胞。

（三）效应阶段

效应阶段也称抗原性异物被清除阶段（在病理免疫中是组织损伤阶段），是指免疫效应细胞或效应分子发挥效应清除抗原的阶段。不同效应物质清除抗原的机制不同，将分别在体液免疫应答和细胞免疫应答过程中阐述。

适应性免疫应答是多细胞、多分子参与的复杂反应，虽然其应答的基本过程相似，但因激发免疫应答的抗原种类、数量和进入机体途径的不同，以及机体免疫功能状态、反应性及遗传背景等的差异，免疫应答可表现不同类型（表14-2）。其中，阳性应答也称正应答，是指抗原特异性淋巴细胞识别抗原后发生的有明显效应作用的应答，是免疫系统对大多数抗原表现的应答形式，也是机体免遭病原微生物等有害抗原物质侵袭的重要机制。阳性应答依据其发生机制可分为B细胞介导的体液免疫和T细胞介导的细胞免疫；而依据效应结果又可分为对机体有利的生理性免疫和给机体带来损伤的病理性免疫，但无论生理性免疫还是病理性免疫，它们的发生机制均属体液免疫或细胞免疫。因此，体液免疫应答和细胞免疫应答是本章论述的中心内容。

表 14-2　适应性免疫应答的基本类型

阳性应答（正反应）			阴性应答（负反应）
据发生机制 据效应结果	细胞免疫应答 生理免疫应答	体液免疫应答 病理免疫应答	免疫耐受

与阳性应答对应的另一类应答形式是阴性应答，也称负应答或免疫耐受。这类应答被认为是免疫应答的一种特殊形式，是指在某些条件下，免疫系统对特定抗原表现出的特异性低应答或无应答状态，它的发生与多种因素有关。

二、T细胞介导的细胞免疫应答

细胞免疫应答（cellular immunoresponse）是指初始CD4$^+$T细胞和CD8$^+$T细胞特异识别TD抗原后增殖分化为效应Th1细胞和效应CTL发挥免疫效应清除抗原的过程。因该类应答的效应物质是被抗原激活的效应T细胞（Th1与CTL）或称致敏T细胞，故将这类免疫称为细胞介导的免疫（cell-mediated immune）。

（一）CD4$^+$T细胞介导的细胞免疫应答过程

1. CD4$^+$T细胞对抗原的识别　TD抗原进入机体后首先被抗原提呈细胞预处理，以抗原肽-MHCⅡ类分子复合物的形式表达在抗原提呈细胞表面。免疫系统中具有相应TCR-CD3复合体的初始CD4$^+$T细胞特异识别抗原提呈细胞表面的抗原肽-MHCⅡ类分子复合物并与之结合，其中TCRα/β可变区的CDR1和CDR2结合MHCⅡ分子的多态区和外源性抗原肽段的两端，CDR3结合位于抗原肽段中央的T细胞表位，实现了TCR对复合抗原的双识别并显示了CD4$^+$T细胞与抗原提呈细胞间的相互作用受MHCⅡ类分子限制。与此同时，表达于CD4$^+$T细胞表面的CD4分子与抗原提呈细胞表面的MHCⅡ类分子Ig样区结合，不仅增强了抗原肽-MHCⅡ-TCR三元件的结合强度，并借助其胞浆肽段结合的蛋白酪氨酸激酶（Lck）的作用参与了第一信号的启动和转导。如此，初始CD4$^+$T细胞获得了使之活化的第一信号，并由CD3传入细胞内。

2. CD4$^+$T细胞增殖分化　初始CD4$^+$T细胞与抗原提呈细胞的特异性相互作用，促进了抗原提呈细胞表面B7、VCAM-1、ICAM-1和LFA-3等黏附分子与CD4$^+$T细胞表面的CD28、VLA-4、LFA-1和CD2（LFA-2）等的稳定对应黏附，从而为T细胞的活化提供了第二信号。其中尤以CD28与B7的相互作用在T细胞活化中最为重要。

接受双信号刺激的初始CD4$^+$T细胞，启动活化信号转导通路，引起多种细胞因子及其受体等基因转录并表达基因产物。在有关基因产物，特别是细胞因子的自分泌作用下，抗原特异的CD4$^+$T细胞进入克隆扩增及分化阶段，由初始CD4$^+$T细胞分化为效应Th1细胞，其中IL-12、IFN-γ等细胞因子在促进Th1细胞的分化形成过程中发挥重要诱导作用。此外，部分活化的CD4$^+$T细胞还可分化为长寿记忆T细胞，参与再次免疫应答。

需要说明的是，活化T细胞表面可表达膜分子CTLA-4（CD152），其配基也是B7分子，但与 CD28 分子的作用相反，CTLA－4 与配基 B7 分子结合后可向 T 细胞发出抑制信号，使活化 T 细胞及其子代细胞对抗原刺激的敏感性降低，从而限制 T 细胞的应答强度。这一机制在调节 T 细胞免疫应答中发挥作用（见本章第三节）。

3. Th1 细胞的效应功能 抗原特异性 $CD4^+$T 细胞在外周免疫器官增殖分化为 Th1 后，随血液、淋巴液到达抗原所在部位。在此处，Th1 细胞接触相应抗原释放 Th1 型细胞因子 IL－2、IL－3、GM－CSF、IFN－γ、TNF－β 和趋化因子等多种细胞因子发挥免疫效应。其效应作用及其机制为：①介导细胞毒效应杀伤靶细胞。Th1 细胞释放 TNF－β 直接诱导靶细胞调亡，释放 IFN－γ、IL－2，显著增强聚集于抗原局部的 CTL、单核－巨噬细胞核 NK 细胞的杀伤活性，发挥防御胞内病原体感染的作用。②募集单个核细胞浸润，使之成为最终效应细胞，发挥清除抗原作用。IL－2、IL－3、GM－CSF 能刺激骨髓中的前体细胞向单核细胞、粒细胞分化成熟，IFN－γ、IL－2 能协同刺激 CTL 和 NK 细胞的增殖分化等；单核细胞趋化蛋白－1（MCP－1）等趋化性细胞因子可将单核－巨噬细胞、淋巴细胞等趋化聚集到抗原所在部位；IFN－γ 可诱导单核－巨噬细胞 MHC Ⅱ 类分子和 B7 等分子高表达，增强其抗原提呈和活化 Th 细胞的能力，扩大免疫队伍，放大免疫效应（图 14－6）。③促进炎症反应，参与组织损伤。上述细胞因子的作用募集活化了炎性细胞，因此，以 Th1 为主的免疫答常伴有炎症反应和组织损伤，故有炎症性 T 细胞之称。此外，Th1 细胞与多种自身免疫性疾病的发病机制有关。

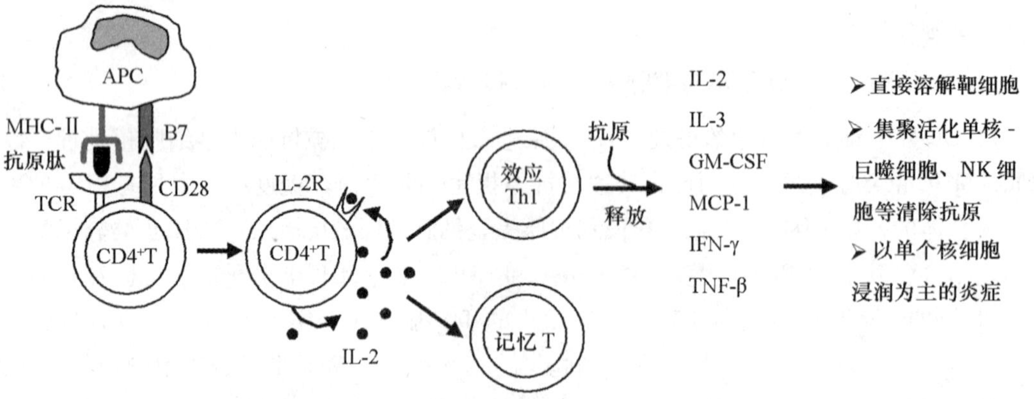

图 14－6　$CD4^+$T 细胞介导的免疫应答示意

效应 Th1 细胞在释放细胞因子发挥免疫效应清除抗原的过程中，大量活化的单核－巨噬细胞和淋巴细胞被募集于抗原所在部位，造成抗原所在局部以单个核细胞浸润为主的炎症反应，此为迟发型超敏反应（delayed type hypersensitivity，DTH）的典型组织病理学改变。因此，由 Th1 介导的细胞免疫应答常与局部组织损伤伴随发生。一般而言，如果应答强度适中，在有效清除抗原的同时，组织损伤轻微可视为生理性免疫；如果免疫应答过于强烈或在抗原异物持续存在的情况下，往往致局部组织出现明显炎症及损伤，并因此表现临床症状，即为迟发型超敏反应或称Ⅳ型超敏反应（见第十六章第五节），故 Th1 细胞也被称为迟发型超敏反应性 T 细胞（T_{DTH}）。

此外，在病理情况下，Th1 细胞参与诸如类风湿关节和多发性硬化症等多种自身免疫病的发生和发展过程。

（二）CD8⁺细胞介导的细胞免疫应答

1. CD8⁺T 细胞对抗原的识别　初始 CD8⁺T 细胞对抗原的识别与 CD4⁺T 细胞相似。所不同的是：①CD8⁺T 细胞的 TCR－CD3 复合体一般不识别专职抗原提呈细胞表面的抗原肽－MHCⅡ类分子复合物，而是识别表达在病毒感染细胞或肿瘤细胞等靶细胞表面的抗原肽－MHCⅠ类分子复合物获取使之活化的第一信号，显示其识别抗原受 MHCⅠ类分子限制的特性。②在特异性信号获取过程中发挥辅助作用的受体不是 CD4 分子，如是表达于 CD8⁺T 细胞表面的 CD8，CD8 分子通过与 MHCⅠ类分子的 Ig 样区（α3 功能区）结合，以类似于上述 CD4 分子对 CD4⁺T 细胞的辅助机制行使其辅助受体的功能。

2. CD8⁺T 细胞的增殖分化　如同 CD4⁺T 细胞，初始 CD8⁺T 细胞的活化也需要双信号。CD8⁺T 细胞的 TCR 特异性双识别靶细胞（如被病毒感染的树突状细胞）表面的抗原肽－MHCⅠ类分子复合物产生第一活化信号，CD8⁺T 细胞与靶细胞表面多对协同刺激分子的对应黏附提供第二信号，其中尤以 CD28 与 B7 的相互作用最为重要。经双信号刺激的 CD8⁺T 细胞同样经过信号转导、基因转录、表达基因产物等一系列复杂事件，进入增殖分化阶段，最终使 CTL 前体增殖分化为效应 CTL，部分 CD8⁺T 细胞分化为记忆 T 细胞（图 14－7）。

需要说明的是，因 CD8⁺T 细胞作用的病毒感染细胞、肿瘤细胞等靶细胞通常低表达或不表达 B7 等协同刺激分子，不能有效激活 CD8⁺T 细胞，常需依赖 APC 和 Th 细胞。其机制：APC 摄取游离的病毒抗原、肿瘤抗原等，在细胞内分别与 MHCⅠ类分子和 MHCⅡ类分子形成复合物表达在 APC 表面。抗原肽－MHCⅠ类分子复合物与 CD8⁺T 细胞 TCR 结合为其提供特异活化信号，抗原肽－MHCⅡ类分子复合物激活 Th 细胞。Th 细胞通过释放细胞因子致 CD8⁺T 细胞进一步活化增殖分化为效应 CTL。

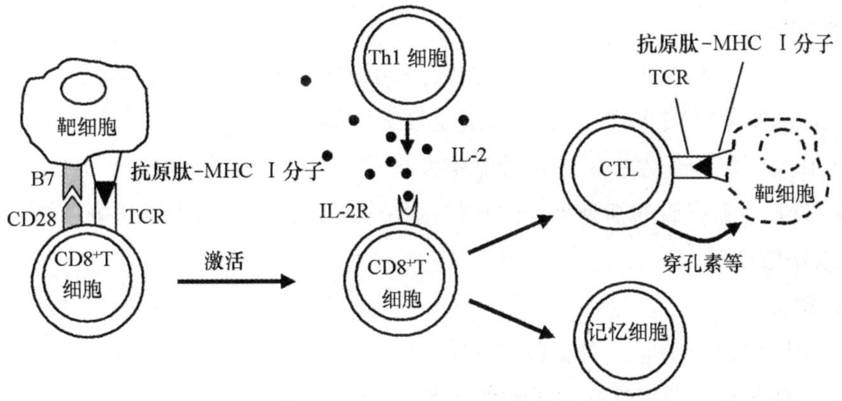

图 14－7　CD8⁺T 细胞介导的细胞免疫应答示意

3. CTL 的效应功能　细胞毒 T 淋巴细胞（CTL）具有特异直接杀伤抗原靶细胞的功能，其杀伤效应分两个阶段。

（1）效－靶细胞结合阶段　效应 CTL 在外周免疫器官分化形成后，随血液、淋巴液移向感染灶或肿瘤部位与相应靶细胞相遇并紧密结合，谓之效－靶结合。与效应 CTL 结合的靶细胞需提供与 CTL 抗原受体对应的抗原肽以及与 CTL 相同的 MHCⅠ类分子型别，因此效应 CTL 杀伤靶细胞具有特异性，并受 MHCⅠ类分子限制。

（2）靶细胞溶解阶段　CTL 与靶细胞结合后，可通过下列机制杀伤抗原靶细胞。

1）释放穿孔素　穿孔素（perforin）也称细胞溶素（cytolysin），主要由CTL和NK细胞产生。穿孔素通常以单体形式存在于静止CTL和NK细胞的胞浆颗粒中，当效应CTL识别靶细胞表面的抗原肽－MHCⅠ类分子并与之特异结合后，能迅速诱导CTL脱颗粒释放穿孔素。释入效－靶细胞间的单体穿孔素，在Ca^{2+}存在的条件下，可与双层脂质膜结合并聚合成插入靶细胞膜的中空管状结构。所形成的跨膜管状结构可使水和电解质通过而不能让大分子穿行。由于胞内外渗透压的差异，使大量水分进入细胞内，从而导致靶细胞溶解。上述机制与补体激活所形成膜攻击单位的溶细胞效应相似。

由于CTL本身可表达或释放A型硫酸软骨素蛋白聚糖、硫酸软骨素A和同源限制因子等保护性调节因子，故可避免穿孔素的攻击。

2）释放颗粒酶　颗粒酶（granzyme）是存在于NK细胞和CTL颗粒中的一类丝氨酸蛋白酶。随穿孔素一起释出的颗粒酶，经多聚穿孔素形成的胞膜机械性孔道进入靶细胞，通过激活凋亡相关的酶系统诱导靶细胞凋亡。

3）Fas/FasL途径　效应CTL可高表达膜型FasL及可溶性FasL（sFasL），其与靶细胞表面的Fas结合，可介导靶细胞凋亡。此外，高表达FasL的活化T细胞也可诱导表达Fas的自身或相邻T细胞凋亡，称为激活诱导的细胞死亡（activation induced cell death，AICD），是机体的一种重要杀伤效应调节机制（见本章第三节）。

4）TNF途径　效应CTL还可释放TNF－α和淋巴毒素（也称TNF－β），可通过与靶细胞表面的相应受体结合诱导靶细胞凋亡。

CTL通过上述机制完成对靶细胞的杀伤后，效－靶细胞分离，CTL继续寻找下一个靶目标行使下一轮杀伤靶细胞效应。所以，一个CTL可连续杀伤多个靶细胞。

（三）细胞免疫应答的主要生物学意义

1. 生理意义

（1）抗感染　细胞免疫应答主要清除胞内感染的病原体，如胞内寄生菌（结核杆菌、布氏杆菌、麻风杆菌等）、病毒、某些真菌及寄生虫等。

（2）抗肿瘤　细胞免疫在机体抗肿瘤中发挥重要作用。其机制包括CTL的特异性杀伤作用、$CD4^+$Th1细胞释放的细胞因子的直接损伤作用和经细胞因子活化的单核－巨噬细胞、NK细胞的杀伤效应等。

2. 病理意义

（1）介导Ⅳ型超敏反应，引发移植排斥反应等。

（2）参与某些自身免疫性疾病的组织损伤。

三、B细胞介导的体液免疫应答

体液免疫应答是由B淋巴细胞介导的免疫应答。因其效应分子抗体主要存在于体液中，故将这种免疫称体液免疫。体液免疫应答可分别由胸腺依赖性抗原（TD-Ag）和胸腺非依赖性抗原（TI－Ag）诱发。

（一）体液免疫应答过程

1. TD抗原诱发的体液免疫应答

（1）B细胞对抗原的识别　B细胞识别抗原依赖于其表面的BCR－Igα/Igβ复合物。当抗原进入机体后，具有相应BCR（mIg）的B细胞克隆与抗原分子表面的抗原表位特异结合，使其获得活化第一信号，这一信号由 Igα/Igβ 负责传入细胞内。与此同时，B 细胞表面的 CD19、CD21 和 CD81 复合物作为辅助受体在增强 BCR 与抗原的结合强度以及信号传递中发挥作用。

（2）B 细胞的增殖分化　与 T 细胞相似，B 细胞活化也需要接受双信号刺激，且 B 细胞活化的第二信号也由多对协同刺激分子提供，其中最重要的是 CD40 与 CD40L 的对应黏附。CD40 主要表达于 B 细胞、单核细胞和 DC 表面；而 CD40L 仅表达在活化 $CD4^+$T 细胞和肥大细胞表面。在 B 细胞的 mIg 识别抗原获得第一信号的同时，B 细胞作为抗原提呈细胞可将抗原分子－mIg 复合物内化，通过 MHC Ⅱ类抗原提呈途径，将抗原大分子处理并以抗原肽－MHC Ⅱ类分子复合物形式表达在 B 细胞表面。具有相应受体的 $CD4^+$Th 细胞识别 B 细胞提呈的抗原肽－MHC Ⅱ类分子复合物使之获得第一活化信号，B 细胞识别抗原后表达的 B7 分子与 T 细胞表面的 CD28 结合，为 T 细胞提供了协同刺激信号。获得双信号的 $CD4^+$Th 细胞迅速高表达 CD40L、细胞因子受体，并分泌多种细胞因子。之后 CD40L 与 B 细胞组成性表达的 CD40 结合，为 B 细胞的活化提供至关重要的协同刺激信号。

B 细胞接受双信号刺激后，启动胞内信号转导途径，使 B 细胞激活并表达多种细胞因子等受体蛋白，接受活化 Th 细胞（主要 Th2 细胞）分泌的 IL－4、IL－5、IL－6、IL－10、IL－13 等细胞因子的作用，促进 B 细胞增殖分化为浆细胞及记忆性 B 细胞。浆细胞可顺序产生 IgM、IgG、IgA 不同类别抗体（图 14－8）。

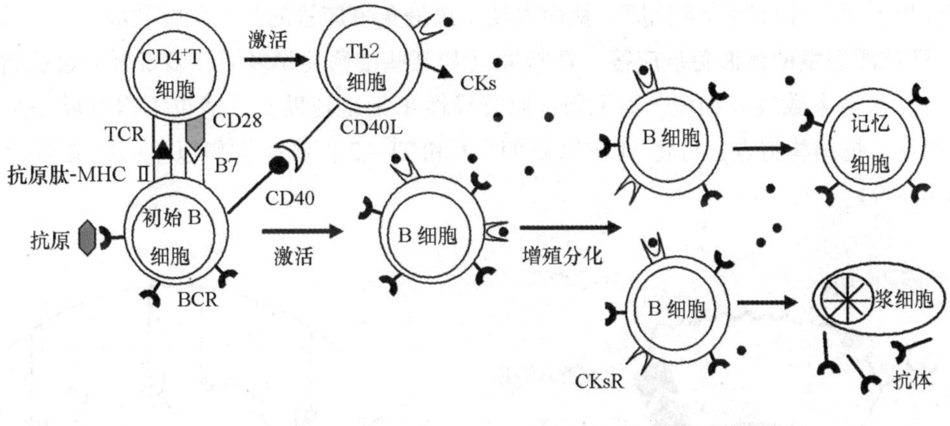

图 14－8　TD 抗原诱发 B 细胞活化及增殖分化示意

由此可见 TD 抗原诱发的体液免疫应答需要活化 $CD4^+$T 细胞（Th2 型）的帮助。活化 $CD4^+$T 细胞对体液免疫应答的辅助作用主要表现在：①与 B 细胞相互作用，为 B 细胞的活化提供第二信号；②通过其分泌的多种细胞因子促进 B 细胞增殖分化及抗体类别转换。

（3）抗体的效应作用　抗体作为体液免疫的效应物质可单独，或借助其不同功能区，与补体、吞噬细胞、NK 细胞等联合，发挥广泛的生物学效应。

1）中和作用与黏膜免疫作用　抗毒素抗体与外毒素特异结合后可封闭外毒素的毒性基团或阻断外毒素与靶结构的结合，使其不能发挥致病作用；另外，抗病毒抗体与病毒结合后，可改变病毒的表面结构，阻止病毒吸附于易感细胞，从而使其失去感染性。抗体的这种单独抗外毒素与抗病毒的效应称为抗体的中和作用。另外，大多病原微生物需经黏膜感染入体。由黏膜 B 细胞合成的 IgA 主要分布于胃肠道和呼吸道等黏膜表面，可与从这些门户入侵的微生物特异性结合，阻断微生物与黏膜上皮细胞的黏附，限制其侵入机体深层组织，从而发挥重要的黏膜免疫作用。但是，上述病原微生物及其毒性产物的彻底清除还有赖于抗体与补体、吞噬细胞等免疫因素的协同作用。

2）激活补体溶细胞作用　抗体与抗原结合形成免疫复合物后，可从经典途径活化补体，进而在抗原细胞膜上形成膜攻击复合体（MAC）将抗原细胞溶解。活化过程中产生的多种补体活性片段也在清除抗原中发挥重要作用（参见补体的生物学功能）。

3）调理吞噬作用　调理作用（opsonization）是指通过抗体或补体促进吞噬细胞吞噬抗原的作用，分别称为抗体的调理作用和补体的调理作用。抗体的调理作用是指抗体的 Fab 段与相应抗原结合，其 Fc 段与具有 Fc 受体的中性粒细胞、单核－巨噬细胞结合，促进吞噬细胞捕捉吞噬抗原，抗体因此被称为调理素（opsonin）。其中重要的抗体调理素是 IgG。另外，在抗原－抗体复合物激活补体的过程中，被活化裂解的补体活性片段 C3b 和 C4b 可结合在抗原细胞或抗原－抗体复合物表面。被 C3b 和 C4b 包被的抗原细胞或抗原－抗体复合物即可借助 C3b 和 C4b 与大小吞噬细胞表面的相应补体受体（CR1）结合，促进抗原与吞噬细胞黏附，进而被吞噬消化，此为补体的调理作用。因此补体也是重要的调理素。

4）抗体依赖性细胞介导的细胞毒作用　IgG 抗体的 Fab 段与细菌、肿瘤细胞等细胞型抗原结合后，其 Fc 段可与具有 Fcγ 受体的细胞毒细胞（如 NK 细胞、单核－巨噬细胞、中性粒细胞）结合，促使这些细胞释放多种效应分子，依赖抗体溶解杀伤抗原靶细胞。抗体的这一效应称为抗体依赖性细胞介导的细胞毒作用（antibody dependent cell-mediated cytotoxicity，ADCC）。

抗体以上述多种机制清除抗原，从而表现出体液免疫应答的强大免疫效应。

2. TI 抗原诱发的体液免疫应答　TI 抗原（如某些细菌荚膜多糖、多聚鞭毛素及脂多糖等）可直接激活未致敏 B 细胞，而无须抗原特异性 T 细胞辅助，一般也不需抗原提呈细胞的处理提呈。据结构特点，可将 TI 抗原分 TI－1 和 TI－2 两类，它们以不同机制激活 B 细胞（图 14－9）。

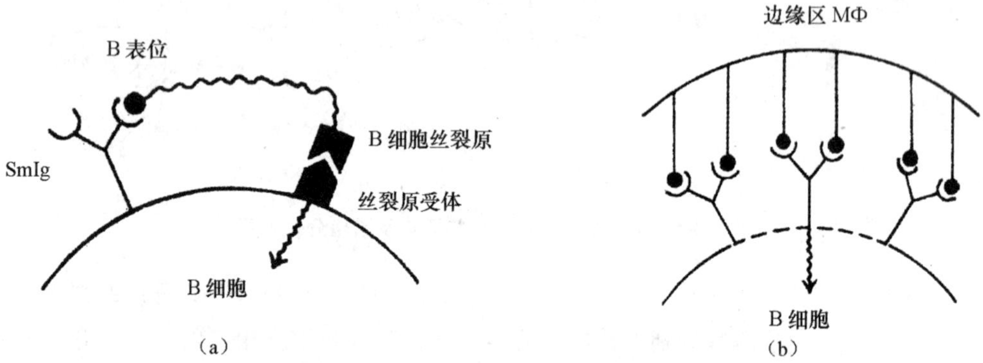

图 14－9　TI 抗原对 B 细胞的活化作用示意

（a）Ⅰ型 TI 抗原与 B 细胞的结合方式；（b）Ⅱ型 TI 抗原有多个重复排列的抗原决定簇使受体交联

（1）TI－1 抗原诱导的体液免疫应答　TI－1 抗原（如脂多糖）常被称为 B 细胞有丝分裂原。这类抗原同时具有与相应 BCR 特异结合的表位和非特异性的 B 细胞丝裂原结构［图 15－9（a）］。高浓度时，TI－1 抗原借助其丝裂原结构与广泛存在于 B 细胞表面的相应丝裂原受体结合，诱导多克隆 B 细胞增殖和分化，产生低亲和力 IgM 抗体；低浓度时，TI－1 抗原激活具有相应 BCR 的 B 细胞，从而产生特异性应答反应，但产生的抗体仍为亲和力较低的 IgM，无免疫球蛋白类别转换，也无记忆细胞形成。因这种应答无须对抗原预处理，也无须 Th 细胞辅助，故较 TD 抗原诱导的应答发生早，常在感染的早期发挥作用。

（2）TI－2 抗原诱导的体液免疫应答　TI－2 抗原（如细菌细胞壁多糖、肺炎球菌荚膜多糖等）是指具有多个重复抗原表位的抗原分子。TI－2 抗原可与 B－1 细胞的多个 BCR 高亲和性稳定结合，从而使 B－1 细胞因 mIg 广泛交联而活化［图 14－9（b）］。研究发现，TI－2 抗原的表位密度在激活 B 细胞中可能起决定作用，如密度过低，BCR 交联程度不足以激活 B 细胞；如密度过高，可使 B 细胞表面的 BCR 超广泛交联，诱导 B 细胞无能。

针对 TI－2 抗原的应答一般只产生 IgM 抗体，不发生免疫球蛋白类别转换，也无记忆细胞形成。但也有证据显示，T 细胞的辅助可增强 B 细胞对此类抗原的反应，并发生类别转换，其机制尚不明确。

（二）抗体产生的一般规律

抗体在体液免疫应答中的产生一般分为四个时期：①潜伏期（lag phage），指从抗原进入机体至血清中检出特异性抗体的时段，此期长短取决于抗原的性质、抗原进入机体的途径、所用佐剂类型及机体的反应状况等；②对数期（log phage），指抗体量呈对数级增长期，抗体的“倍增时间”（doubling time）与抗原剂量和抗原性质等因素有关；③平台期（plateau phase），指血清中抗体量处于相对恒定的阶段，抗体到达平台期所需时间及平台高度与持续时间依抗原刺激机体的次数和时间不同而异；④下降期（decline phase），此期抗体合成率小于降解率，血清抗体呈缓慢下降趋势。

B 细胞对 TD 抗原的应答可分为初次应答（primary response）和再次应答（secondary response）。初次应答是指抗原初次进入机体引起的应答；再次应答是相同抗原再次进入机体引起的应答。初次应答和再次应答抗体产生规律不同，见表 14－3。

表 14－3　初次应答和再次应答抗体产生规律比较

特点	初次应答	再次应答
潜伏期	长（约 5 天至数周）	短（约为初次减半）
到达平台期时间	一般较长	一般较短
平台高度（抗体水平）	低	高
高平台维持时间	较短	较长
下降期	下降期短（数天至数周）	下降期长（数月至数年）
抗体亲和力	低	高
抗体类别	主要为 IgM	主要为 IgG 等非 IgM 类抗体

再次应答抗体产生的量受多种因素影响。如两次抗原注射的间隔时间过短，初次应答产生的抗体还未消失，可与再次注入的抗原结合而形成抗原－抗体复合物被迅速清除，影响再次应答强度；相对间隔过长应答也弱，因为记忆细胞并非永生。

（三）体液免疫应答的生物学意义

体液免疫的发生具有重要的生理学意义，其可通过相应效应物质（抗体）的多种生物学功能在黏膜局部抗感染及清除体液中病原微生物及其毒性产物，溶解病毒感染细胞、衰老死亡细胞及肿瘤细胞等免疫中发挥重要作用。但在一定条件下，体液免疫也可表现出病理作用，介导Ⅰ、Ⅱ、Ⅲ型超敏反应，参与自身免疫性疾病的组织损伤。

四、免疫耐受

免疫耐受（immune tolerance）是指抗原进入机体后，诱导机体免疫系统产生的对该种抗原的特异无应答状态，是免疫应答的特殊形式。它具有免疫应答的多种特征，如需抗原诱导，具有特异性、记忆性和通过免疫细胞介导的被动转移性等，因此免疫耐受被对应称为阴性免疫应答或负应答。

免疫耐受有别于临床常见的免疫抑制，后者不具特异性，即对进入机体的各种抗原均呈现无应答或低应答状态。

（一）免疫耐受的类型

免疫耐受有多种分类法，主要有以下几种。

1. 据免疫耐受形成的特点分类 据免疫耐受形成的特点可将免疫耐受分为天然耐受（nature tolerance）和获得性耐受（acquired tolerance）。天然耐受是指机体与生俱有的对某种抗原的不应答或低应答状态，如免疫系统天然对自身组织成分呈现无应答状态的自身耐受（self tolerance）。自身耐受赋于机体免疫系统精确识别自我和非己的能力，是机体维持自身稳定的一种重要机制。

获得性耐受也称人工诱导耐受，是指人为地给机体注入抗原诱导产生的耐受。诱导耐受产生的抗原称为耐受原（tolerogen）。研究表明，无论是用自身抗原、同种异型抗原或异种抗原，用适当的方法均能诱导实验动物建立免疫耐受。但从动物年龄来看，以胚胎期最佳。

2. 据免疫耐受形成的机制分类 据免疫耐受形成的机制可分为中枢耐受（central tolerance）和周围耐受（peripheral tolerance）。中枢耐受是指在胚胎期或在中枢免疫器官处于分化发育阶段的T、B细胞接触相应抗原产生的耐受。上面提及的天然耐受即属于中枢耐受。周围耐受是指成熟的功能性T或B细胞，遇相应抗原后不产生有效免疫应答的状态。

3. 据诱导耐受形成的耐受原剂量分类 据诱导免疫耐受建立的耐受原剂量可将耐受分为高区带耐受（high zone tolerance）和低区带耐受（low zone tolerance）。前者是用大剂量抗原诱导形成的耐受，后者是用小剂量抗原诱导形成的耐受。足以诱导耐受形成的抗原剂量与抗原的种类、动物种属和品系、年龄及免疫细胞的类型密切相关，如T、B细胞产生耐受所需剂量明显不同。低剂量即可诱导T细胞产生耐受，而且耐受建立快（24小时内），耐受形成后维持的时间也较长（数月）；而B细胞必须经高剂量（比T细胞诱导剂量高100~10000倍）诱导才能产生耐受，且耐受建立较缓慢（1~2周），耐受形成后维持的时间也较短（数周）。另外，T细胞除可用低剂量耐受原诱导产生耐受外，也可以高剂量诱导耐受形成。因此T细胞较B细胞易形成耐受。

（二）影响免疫耐受形成的因素

免疫耐受是机体对抗原的一种特殊应答形式，因此影响免疫耐受（主要指获得性耐受）建立的因素应主要在抗原和机体两方面。

1. 抗原方面 耐受原是免疫耐受形成的始动因素，它的种类、性质、进入机体的剂量和途径等都是决定耐受是否能够建立的重要条件。一般而言，相对分子质量较小的可溶性抗原、非聚合状态的抗原致耐性较强，相对分子质量较大的颗粒性或聚合状态的抗原易引起免疫应答。如丙种球蛋白是免疫原，如用超速离心去除其中的聚体分子即成为耐受原。另外，有些抗原因本身具有能诱导调节性细胞增殖的特殊表位而易成为耐受原，如鸡卵溶菌酶、乙型肝炎病毒表面抗原等。通常TD抗原在高剂量和低剂量时均易诱导耐受形成，而TI抗原需高剂量时方易引起耐受。抗原以静脉注射及口服最易诱导耐受建立，其次是腹腔、皮下和肌内注射。

2. 机体方面　机体的遗传因素、年龄及免疫状况与耐受建立密切相关。不同种属、不同品系的动物耐受建立和维持的难易程度有较大差别。如大鼠、小鼠对建立耐受较敏感，兔子、有蹄类和灵长类敏感性较差。另外建立耐受还与机体年龄有关，一般对建立耐受的敏感性是胚胎期大于新生期，新生期大于成年期。其次，处于低免疫状态的机体比高反应性机体易形成耐受，故免疫抑制剂的使用对耐受形成起促进作用。

（三）研究免疫耐受的意义

免疫耐受的研究不仅有助于人类进一步了解免疫应答的发生机制，而且免疫耐受机制的阐明对多种疾病的发生、发展与转归具有重要意义。如建立并维持耐受可防治自身免疫性疾病、超敏反应性疾病和移植排斥反应。设法解除耐受，激发免疫应答有利于治疗反复感染和对肿瘤的控制。

近年对肿瘤治疗的研究发现，肿瘤细胞之所以能逃逸机体免疫系统的监视得以在体内大量增殖，其原因之一是某些肿瘤细胞膜表面缺乏协同刺激分子的表达，不能有效为肿瘤特异性 $CD8^+$ T 细胞的活化提供必需的协同刺激信号，从而使机体形成对肿瘤抗原的免疫耐受。基于这点，研究者应用转基因技术，将协同刺激分子 B7 的基因转染黑色素瘤细胞，并用这种转染细胞进行防治黑色素瘤的研究取得成功。

第三节　免疫调节

机体受抗原刺激后所产生的免疫应答是免疫系统介导的极其复杂的生物学反应过程。在正常情况下，机体免疫系统能精确地识别“自己”和“非己”，并以最有效的方式清除异己成分，使机体尽快恢复正常生理状态，维持相对平衡。这一过程的正常运行，需要免疫系统自身因素、免疫系统以外其他系统因素及遗传基因等共同进行严密调控。

一、免疫系统的自身调节

免疫系统的自身调节是指在免疫应答过程中，免疫系统内部各免疫细胞之间、各免疫细胞亚群之间、各种体液中游离的和膜结合的免疫分子之间以及免疫细胞与免疫分子之间存在的促进与抑制、正作用及负作用，从而构成一个相互制约的网络结构，使免疫应答发挥出免疫防御、免疫自稳和免疫监视的最佳效果。

（一）免疫细胞的调节作用

参与免疫应答的免疫细胞如 T 细胞、B 细胞、APC 及 NK 细胞等均能在应答中表现出刺激和抑制两种效应，从而使免疫应答的进行始终处在两种相反作用的控制下，表现出最适强度。

1. T 细胞亚群的调节作用　T 细胞以多类亚群参与免疫调节。例如，自然调节性 T 细胞（nTreg）和适应性调节性 T 细胞（aTreg）可通过直接接触或释放细胞因子等机制直接或间接地调节 APC 的抗原提呈、初始 T 细胞的活化增殖及效应 T 细胞的效应发挥，下调免疫应答。

另外，$CD4^+$ T 细胞依据其产生细胞因子的不同分为 Th1 细胞和 Th2 细胞。前者主要释放 IL－2、IL－12、IFN－γ、TNF－β 和 TNF－α，参与对细胞毒 T 细胞的活化，并介导细胞免疫或迟发型超敏反应。后者主要通过释放 IL－4、IL－5、IL－6 和 IL－10 等细胞因子辅助 B 细胞分化增殖并产生抗体，与体液免疫相关；Th1 细胞和 Th2 细胞依其释放的细胞因子对体液免疫和细胞免疫的发生发挥着十分微妙的调节作用。例如 Th1 细胞释放的 IFN－γ 可诱导 Th1 细胞的分化，但却抑制 Th2 细胞的增殖，上调细胞免疫应答；而 Th2 细胞释放的 IL－4 可促进 Th2 细胞的增殖，但却对 Th1 细胞发挥抑制功能，从而上调体液免疫应答（图 14－10）。性质不同的抗原往往需要不同的免疫应答类型加以清除，Th1 细胞和 Th2 细胞所表现出的这种相互拮抗作用，有利于机体表现出以细胞免疫为主或以体液免疫为主的状态，从而对不同性质的抗原作出最适当的免疫应答。上述细胞亚群的数量、功能失调，则可妨碍机体对抗原的清除，甚至导致疾病的发生。

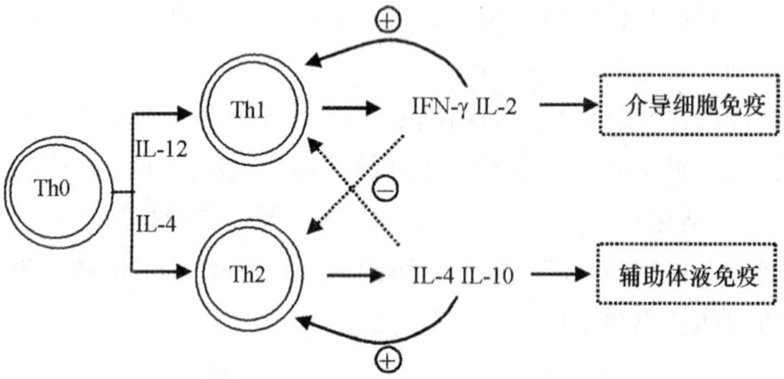

图 14－10　Th1 与 Th2 细胞的免疫调节作用示意

2. 免疫细胞抑制性受体的反馈调节作用　T 细胞表面组成性表达活化性受体 CD28，当 T 细胞以 TCR 识别 APC 表面提呈的抗原获得第一活化信号的同时，CD28 与 APC 表面的 B7 分子配体结合，为其提供第二信号，使 T 细胞进入激活状态。激活状态的 T 细胞被诱导表达抑制性受体 CTLA－4，该分子的配体也是 B7 分子，但是与 B7 分子的亲和力明显高于与 CD28，故 CTLA－4 一旦发挥作用，抑制性信号将优势发挥作用，由此产生对 T 细胞活化的反馈调节。

B 细胞表面可表达活化性受体 BCR－Igα/Igβ 复合物及抑制性受体 FcγRⅡ－B。B 细胞通过 BCR－Igα/Igβ 复合物识别抗原启动活化信号转导，激活 B 细胞介导体液免疫；当足够量抗体产生后，体内即出现抗原－抗体（IgG）复合物及抗 BCR 独特型抗体（或称抗抗体或 Ab2），前者通过免疫复合物中的抗原与 B 细胞上的 BCR（mIg）结合，Fc 段与 FcγRⅡ－B 结合［图 14－11（a）］；后者通过抗抗体的抗原结合部位识别 BCR 分子可变区的独特位，Fc 段则与 FcγRⅡ－B 结合［图 14－11（b）］。如此致同一 B 细胞 BCR 与 FcγRⅡ－B 发生交联，通过 FcγRⅡ－B 胞浆肽段的免疫受体酪氨酸抑制基序（ITIM）启动抑制信号，进而反馈抑制体液免疫的强度。

另外，NK 细胞表面的抑制性受体 KIR 也对其杀伤活性具有重要调节作用。

（二）免疫分子的调节作用

1. 抗原的调节作用　抗原是免疫应答的启动剂，其质和量的改变可影响和调节免疫应答的类型和强度。不同化学性质的抗原可引起不同类型的免疫应答，先进入机体的抗原可下调后进入抗原的应答。同一抗原的不同量也可诱发不同强度和性质的免疫应答，过高或过低的抗原剂量使机体呈现高带或低带耐受，只有适量的抗原方可激发有效的免疫应答。在一定范围内免疫应答依抗原量的增加而加强，但一般不会无限制地增强，随着效应物质

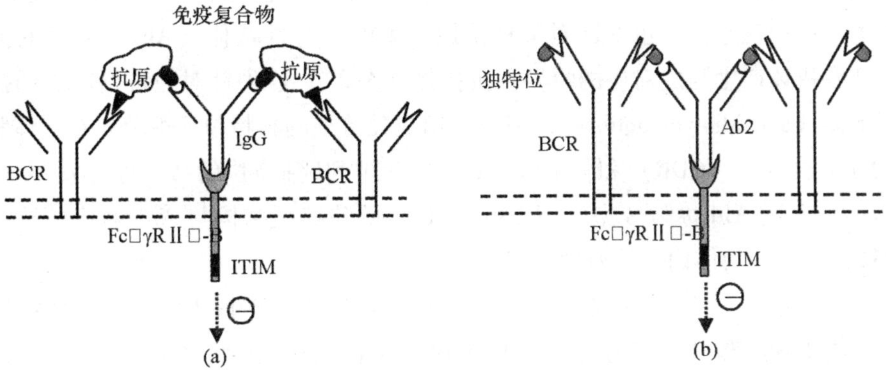

图 14－11 Fc R－ⅡB 对抗体产生的负调节示意

的产生，抗原逐渐被清除减少，应答水平也随之减弱。

2. 抗体的调节作用 抗体既是体液免疫应答的效应产物，也是体内较强的免疫调节分子。例如抗体与抗原结合形成免疫复合物后，一方面可通过 FcR 和 CR 介导的胞吞作用促进 APC 对抗原的摄取提呈，另一方面也可通过活化补体、ADCC 及调理吞噬等机制增强体液免疫效应，上调免疫应答。与此同时，抗体与抗原特异结合后，加速机体对抗原的清除，减少了诱发 T、B 细胞活化的抗原量，从而反馈抑制免疫应答。

3. 补体的调节作用 补体活化后的活性片段可通过与细胞表面的相应补体受体结合发挥免疫调节功能。如与抗原细胞或抗原抗体复合物结合的 C3b 及 iC3b 同单核吞噬细胞、中性粒细胞表面的 CR1（CD35）结合，通过调理作用加速吞噬细胞对免疫复合物及抗原的清除，对免疫应答产生正调节作用。同时，补体也可通过存在于体液或细胞膜上的补体调控因子（I 因子、C4bp、DAF 及 MCP 等）对体液免疫起负调节作用（见第十二章第二节）。

4. 细胞因子的调节作用 细胞因子的种类繁多，在免疫应答中，它们参与了多种免疫细胞间的相互作用，从而在体内形成了极其复杂的调节机制。例如 IFN－γ 可诱导 APC 细胞表达 MHC Ⅱ分子，促进抗原提呈；而 IL－10 则可减少 MHC Ⅱ分子的表达，抑制抗原提呈。又如 IL－2、IL－4、IL－5 及 IL－6 等可促进 T、B 细胞的活化、增殖和分化，而 TGF－β 则对 T、B 细胞的增殖分化起负性调节作用。

5. MHC 分子的调节作用 MHC 分子主要通过提呈抗原、约束细胞间相互作用、影响 T 细胞分化成熟等环节实施对免疫应答的遗传调控。例如，通过提呈抗原进行调节，由于 T 细胞需识别抗原肽－MHC 分子复合物方可活化，因此进入机体的抗原是否能与自身 MHC 分子结合就非常重要。在群体中，MHC 具有高度多态性，如进入机体的抗原有与该个体 MHC 分子抗原结合槽结合的相应基序，即可经处理与 MHC 分子抗原结合槽结合，形成抗原肽－MHC 分子复合物，提交 T 细胞识别，诱发免疫应答，若缺乏相应基序，则无法被提呈，个体将不能对这一抗原作出反应。

另外，MHC 不仅控制机体对某一抗原是否发生免疫应答，还可通过抗原序列基序与 MHC 分子抗原结合槽的吻合程度参与调控免疫应答的类型。MHC 分子抗原结合槽以高亲和力与抗原肽结合，可诱导 Th1 细胞分化，产生以细胞免疫为主的免疫应答；与低亲和性肽结合则诱导 Th2 细胞分化，产生以体液免疫为主的免疫应答。其次，MHC 借其在细胞表面的表达密度还可调节免疫应答强度。

（三）独特型网络的调节作用

独特型（idiotype，Id）是对存在于抗体 V 区或抗原受体 V 区的独特型抗原表位的统称。组成独特型的抗原表位称为独特位（idiotope）。独特型抗原表位不同于一般抗原表位，具有较强的自身免疫原性，也即针对某种抗原产生的特异性抗体（Ab1）V 区的独特型抗原表位可诱发机体产生与之对应的特异性抗抗体（Ab2），这种针对独特型产生的抗体称为抗独特型抗体（anti-idiotype antibody，AId）。组成独特型的独特位一般分布在抗体和抗原受体 V 区的互补决定区（CDR）和骨架区（FR），针对 FR 独特位的 AId 称为 α 型（Ab2α），针对 CDR 独特位的 AId 称为 β 型（Ab2β）。Ab2β 的独特型结构与 Ab1 对应的抗原表位相似，故 Ab2β 又被称为体内的抗原内影像。

独特型网络是 1974 年 Jerne 根据独特型和抗独特型的原理提出的学说。独特型网络学说认为，体内 T 细胞和 B 细胞通过其 TCR 或 BCR 独特型和抗独特型的相互识别，形成潜在的互相制约的网络体系，并保持相对平衡。当一种抗原进入机体后，刺激针对该抗原的特异性淋巴细胞增殖分化，引起免疫应答，使网络失去平衡。由此产生的大量特异性抗体（Ab1）和扩增的淋巴细胞克隆通过其独特型，诱导体内针对该独特型的相应淋巴细胞增殖，产生抗独特型抗体（即 Ab2，分为 Ab2α 和 Ab2β）。Ab2 作用于 Ab1 或 T、B 细胞抗原受体可减弱对抗原的特异性应答，起一种负反馈调节作用。而 AId 中的 Ab2β 则可作为抗原的内影像，模拟抗原增强放大免疫效应（图 14－12），以此对免疫应答发挥重要调节作用。据此机制，人类已开始尝试用独特型抗体代替抗原，制备抗独特型疫苗来预防疾病。

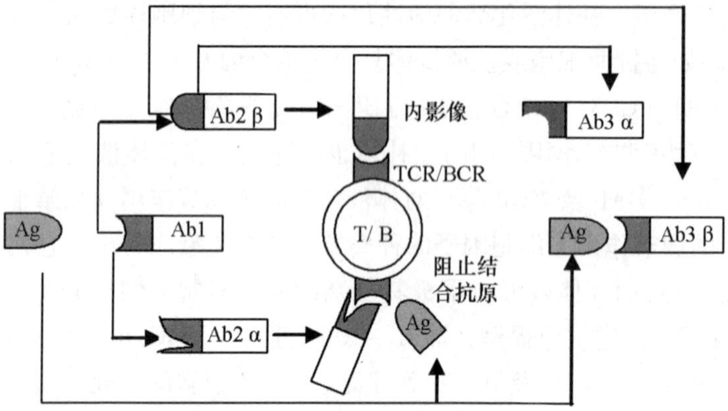

图 14－12　独特型－抗独特型对免疫应答的调节示意

二、细胞凋亡对免疫应答的调节

近年的研究发现，细胞凋亡从不同环节参与了对机体免疫应答的调节，主要表现在：①在胸腺或骨髓中发育的 T 细胞或 B 细胞，需经历阴性选择方能成熟。阴性选择即是未成熟的 T、B 细胞在与自身抗原高亲和力结合后被诱导凋亡的过程，由此使成熟免疫细胞获得了对自身抗原的耐受性，从而维持机体的免疫自稳功能。②已知 FasL 与 Fas 分子结合，可诱导表达 Fas 分子的细胞凋亡。Fas 分子表达于包括 T、B 细胞在内的多种细胞表面，但 FasL 仅表达于活化 T 细胞和 NK 细胞表面。活化 T 细胞特别是活化的效应 CTL，在通过 Fas－FasL途径对 Fas 阳性靶细胞发挥细胞毒效应的同时，也可通过其高表达的膜 FasL 及可溶性 FasL 与自身和邻近因活化而增殖的大量 T、B 细胞膜 Fas 受体分子结合，引起这些细胞凋亡，称为激活诱导的细胞死亡（activation induced cell death，AICD）。这一机制在维持外周 T、B 细胞数量的恒定，控制免疫应答强度中发挥作用。

三、神经内分泌系统对免疫应答的调节

机体的免疫功能除受免疫系统的自身调节外，也受体内其他有关系统的调节，其中重要的是神经、内分泌系统。神经内分泌系统主要通过神经纤维、神经递质和激素介导对免疫系统的调节作用。现知，中枢免疫器官和周围免疫器官均受交感神经和副交感神经的支配，两类神经分别对免疫细胞的发育、成熟和功能发挥显示促进和抑制效应。如胸腺交感神经可抑制成熟过程中T细胞的增殖和表面标志的表达，而副交感神经则起促进作用。神经-内分泌系统释放的神经递质（如肾上腺素、多巴胺、乙酰胆碱等）和激素（如糖皮质激素、生长激素、性激素等）均可通过与免疫细胞表面相应受体的结合实现对免疫功能的正负调节作用。

免疫系统在接受神经-内分泌系统调节的同时也可以各种方式影响神经-内分泌系统的功能。如免疫系统识别抗原后，通过免疫应答产生多种生物活性分子（细胞因子等）作用于神经、内分泌组织的相应受体，影响神经元的生长分化、功能活动及神经递质、神经肽、激素等的释放。另外，激活的免疫细胞也能合成释放多种神经递质和激素类物质，如淋巴细胞和巨噬细胞可分泌免疫促肾上腺皮质激素（irACTH）、T细胞能分泌甲状腺刺激素（TSH）、淋巴细胞产生生长激素（GH）等，这些体液性因子不仅可作用于免疫系统自身，也可作用于神经内分泌系统，影响其功能，使机体的稳定性得以更好维持。

思考题

1. 比较固有免疫与适应性免疫的概念与特点。
2. 简述适应性免疫应答的基本过程和基本类型。
3. 何谓T、B细胞活化的双信号？比较T、B细胞识别抗原的方式。
4. 比较内、外源性抗原提呈途径的异同点。
5. 体液免疫如何发挥免疫效应？
6. Th1细胞如何发挥免疫效应？
7. CTL杀伤靶细胞的机制是什么？
8. 何谓免疫耐受？影响获得性免疫耐受建立的因素主要有哪些？
9. 参与免疫调节的因素主要有哪些？

扫码"练一练"

（王桂琴）

扫码"学一学"

扫码"看一看"

第十五章　超敏反应

超敏反应（hypersensitivity reaction）又称变态反应（allergy），指机体对某些抗原初次应答后，再次接受相同抗原刺激时，发生的以机体生理功能紊乱和（或）组织损伤为主的适应性免疫应答。其本质与正常免疫应答相同，但应答结果不同，前者表现为异常或病理性免疫应答，后者表现为保护性或生理性免疫应答。根据发生机制和临床特点将其分为Ⅰ、Ⅱ、Ⅲ和Ⅳ型，Ⅰ、Ⅱ、Ⅲ型超敏反应由抗体介导，可经血清被动转移；而Ⅳ型超敏反应由致敏T细胞介导，可经细胞被动转移。

第一节　Ⅰ型超敏反应

Ⅰ型超敏反应又称过敏反应或速发型超敏反应（immediate hypersensitivity）。其特点为：①由IgE或IgG4抗体介导；②参与细胞为肥大细胞和嗜碱性粒细胞。此外，局部或血清中嗜酸性粒细胞的明显增高，对Ⅰ型超敏反应有一定的负调节作用；③免疫效应可分为即刻相和延缓相，前者速发速消，后者较缓慢，前者只导致机体生理功能的紊乱，后者可引起组织细胞的损伤；④具有明显的个体差异和家族遗传倾向；⑤补体不参与。

一、发生机制

Ⅰ型超敏反应的发生大致可分为致敏、介质释放和介质发挥效应三个阶段。

（一）致敏阶段

致敏阶段指变应原进入机体后诱导机体产生IgE类抗体，其Fc段与肥大细胞和嗜碱性粒细胞FcεR结合的阶段。

1. 参与Ⅰ型超敏反应变应原的特点　凡经吸入、食入和注射等途径进入体内后，能引起IgE类抗体产生并导致超敏反应的抗原性物质，均可视为诱导Ⅰ型变态反应的变应原，一般为多价抗原。多数天然变应原相对分子质量为10000～70000。抗原性物质相对分子质量过大不易穿过呼吸道和消化道黏膜，相对分子质量过小则不能将吸附在肥大细胞和嗜碱性粒细胞膜上的两个相邻IgE抗体桥联，以触发细胞释放介质，引起Ⅰ型超敏反应。

常见的变应原有花粉（如豚草花粉）、异种动物免疫血清、屋尘（主要为螨类、人和动物皮屑）、药物（最常见为青霉素、普鲁卡因等）、食物类。

2. 参与Ⅰ型超敏反应的抗体的特点　引起Ⅰ型超敏反应的抗体主要是IgE。正常人血清中的IgE含量极微，且半衰期短。体内IgE主要由鼻咽、扁桃体、支气管、胃肠黏膜等处固有层的浆细胞产生，这些部位是变应原易入侵的部位，也是Ⅰ型超敏反应的好发部位。IgE的合成与遗传因素有关。某些家族个体受到抗原刺激可分泌较高水平的IgE，肥大细胞数亦较多，且胞膜上IgE受体也较多。IgE的Fc段具有组织细胞亲嗜性，即在不结合抗原的情况下，其Fc段与肥大细胞和嗜碱性粒细胞表面的FcεR结合，使这些细胞致敏。

除IgE抗体外，IgG4也能与肥大细胞结合，介导Ⅰ型超敏反应。

3. 参与Ⅰ型超敏反应的细胞

（1）肥大细胞和嗜碱性粒细胞　肥大细胞主要分布于皮肤、黏膜下层结缔组织中的微血管周围以及内脏器官的黏膜下，嗜碱性粒细胞存在于外周血液中，二者均表达高亲和力的FcεR。一旦与IgE的Fc段结合，该细胞成为致敏靶细胞。靶细胞致敏状态可维持数月甚至更长。如长期不接触相同变应原，致敏状态可逐渐消失。

（2）嗜酸性粒细胞　Ⅰ型超敏反应患者血流和病变组织中嗜酸性粒细胞可以增高，血中嗜酸性粒细胞数可由正常的1%～3%增高至10%～20%，其原因是肥大细胞或嗜碱性粒细胞释放的介质中有嗜酸性粒细胞趋化因子（ECF-A）。嗜酸性粒细胞的主要功能为：①释放大量有神经和细胞毒性的碱性蛋白颗粒及酶类物质，可致细胞损伤或死亡，也可杀伤寄生虫和病原微生物。因此，在寄生虫感染中嗜酸性粒细胞也可增加。②释放多种与肥大细胞和嗜碱性粒细胞相似的介质和酶（如血小板活化因子、白三烯、前列腺素等）。③释放组胺酶灭活组胺，释放芳香基硫酸脂酶灭活白三烯，释放磷脂酶D灭活血小板活化因子等。④具有吞噬抗原－抗体复合物和嗜碱性释放的颗粒的作用。因此，嗜酸性粒细胞对Ⅰ型超敏反应起一定的负反馈调节作用。

（二）介质释放阶段

介质释放阶段也称发敏阶段，指同一变应原再次进入致敏机体后，与吸附在肥大细胞或嗜碱性粒细胞表面的相应IgE抗体桥联结合，使该细胞脱颗粒、合成和释放生物活性介质的阶段。

多价变应原与致敏靶细胞表面两个或两个以上相邻IgE抗体结合，使膜表面FcεR交联、聚集，从而启动细胞的活化反应。活化的致敏靶细胞脱颗粒释放胞质中原有的介质和新合成的介质。

1. 颗粒内预先形成的储备介质　它们通常以复合物的形式存在于颗粒内，当颗粒排至胞外后，可通过离子交换的方式释放。这类介质主要有组胺、激肽释放酶（作用于血浆中的激肽原，使之成为激肽）和嗜酸性粒细胞趋化因子（ECF-A）。前两者的主要作用是使平滑肌收缩、小血管和毛细血管扩张、血管通透性增加、血压下降、腺体分泌增加等作用；后者对嗜酸性粒细胞有趋化作用。

2. 细胞内新合成的介质

（1）白三烯（leukotriene，LT）　是花生四烯酸经脂氧酶代谢的产物，以前曾称为慢反应物（SRS－A），系LTC4、LTD4、LTE4三者的混合物。LT可使支气管平滑肌强烈而持久地收缩，是引起支气管哮喘的主要介质。

（2）前列腺素（PG）　包括PGD2、PGE2、PGF2a等。PG的生物学活性各不相同，如PGD2和PGF2a使支气管平滑肌痉挛；PGE1和PGE2则使平滑机松弛，说明PG对变态反应有调节作用。

（3）血小板活化因子（PAF）　是由多种细胞合成和分泌的一种磷脂类物质，与血小板膜上的PAF受体结合，引起血小板聚集、活化，进而释放介质，导致支气管收缩。此外，PAF对中性粒细胞、单核－巨噬细胞及嗜酸性粒细胞有明显的趋化和活化作用。

（三）介质发挥效应阶段

介质发挥效应阶段简称效应阶段，是指介质与靶器官或靶组织（毛细血管、平滑肌、腺体）结合后，引起四大病理作用（①血管扩张；②毛细血管通透性增高；③平滑肌痉挛；④腺体分泌增加），导致局部或全身过敏症的阶段。

1. 速发相（即刻或早期相反应） 再次接触变应原后几秒钟内发生，可持续数小时（主要由组胺引起）。

2. 迟发相（晚期相反应） 变应原刺激后 6 ~ 12 小时内发生，可持续数天（主要由新合成 LT、PAF 引起）。

I 型超敏反应发病机制的全过程见图 15 – 1。

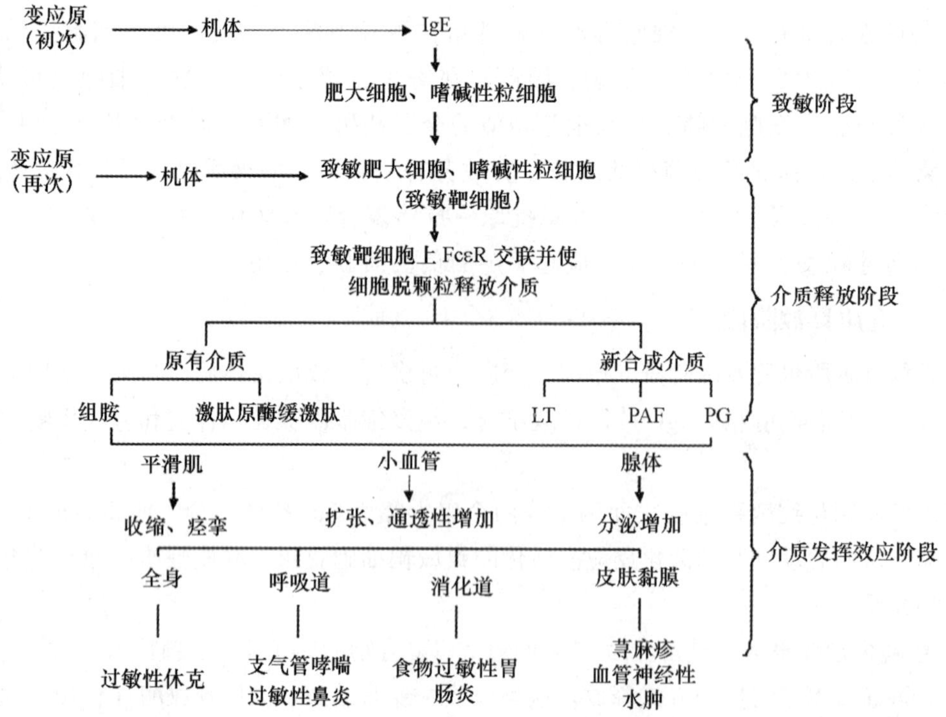

图 15 – 1　I 型超敏反应的发生机制示意

二、临床常见疾病

（一）过敏性休克

过敏性休克（全身过敏反应）是一种最严重的 I 型超敏反应性疾病。常在致敏机体接触相同变应原数分钟内即出现症状，若抢救不及时，可导致死亡。

1. 药物过敏性休克 以青霉素过敏症为最常见，其他有些小分子的药物如链霉素、先锋霉素、有机碘、维生素 B_1 和维生素 B_{12}、氨基比林、普鲁卡因等偶可引起。

青霉素相对分子质量较小，单独不能使机体产生抗体，其降解物青霉噻唑酸或青霉烯酸，都能与人体蛋白结合，获得免疫原性，在某些机体中，可刺激产生特异性 IgE 抗体。IgE 的 Fc 段与肥大细胞和/或嗜碱性粒细胞上 FcεR 结合，使机体致敏。当再次接触青霉噻唑酸等时，即可能发生过敏性休克。青霉素稀释成溶液后，一般在 6 ~ 12 小时可降解。因而使用青霉素要新鲜配制。少数情况下，初次注射青霉素也可发生过敏性休克，其原因可能是曾经吸入过青霉菌孢子或曾使用青霉素污染的注射器而被致敏。青霉素过敏与过敏体质有密切关系。据统计约 30% 青霉素过敏患者曾有其他过敏史，如哮喘、过敏性鼻炎等。

2. 血清过敏性休克（血清过敏症） 临床上注射动物免疫血清治疗或紧急预防外毒素

引起的疾病时，也可能发生过敏性休克。其原因是抗毒素马血清为异种蛋白，能使少数具有过敏体质的人产生特异性 IgE 抗体。当再次注射同种动物免疫血清时，即可出现过敏性休克（也称再次注射血清病）。

（二）呼吸道过敏反应

最常见的疾病是支气管哮喘和过敏性鼻炎，这些疾病可因吸入植物花粉、细菌、动物皮毛和尘螨等抗原物质引起。80% 的呼吸道过敏反应患者有家族史，有明显的遗传倾向。

（三）消化道过敏反应

少数人吃了鱼、虾、蟹、蛋、牛奶等后出现荨麻疹、腹痛、腹泻、呕吐等症状，个别严重者亦可出现过敏性休克。食物变态反应以儿童多见，可能与儿童消化道黏膜柔嫩、血管通透性高、消化道屏障功能差及胃肠道分泌型 IgA 遗传性缺乏有关。

（四）皮肤过敏反应

主要表现为皮肤湿疹、荨麻疹和血管神经性水肿。可由药物、食物、花粉、肠道寄生虫或寒冷刺激等引起。此类患者往往有过敏史和明显家族史。

三、防治原则

Ⅰ型超敏反应性疾病总的防治原则应从变应原和机体的免疫状态两个方面着手：一方面尽快找出变应原，避免再接触；另一方面针对变态反应发生发展的进程，切断或干扰某个环节，终止其发病。

（一）找出变应原，避免接触

详细询问过敏史及家族史，检出变应原尽量避免接触变应原。常用的变应原检测方法可采用变应原皮肤试验、特异 IgE 抗体测定法等。

（二）脱敏疗法和减敏疗法

1. 脱敏疗法　指在应用抗毒素时，若皮试呈阳性者，可采用小剂量多次，短间隔注射的方法脱敏治疗。其机制可能是：小量过敏原进入体内，使致敏靶细胞释放少量活性介质，并被体内某些物质灭活，不引起明显的临床症状。经短时间内少量多次反复注射，可使机体致敏细胞逐渐脱敏，直至机体致敏状态暂时解除。但这种脱敏是暂时的，很快机体还会重建致敏状态，以后再用异种动物免疫血清时，仍需防止过敏反应的发生。青霉素等药物皮肤试验阳性者，不能使用此脱敏疗法。

2. 减敏疗法　指对已检出而难以避免接触的变应原如花粉、尘螨等，可采用少量多次反复皮下注射，间隔时间较长，逐步递增剂量及浓度的方法，达到减敏目的。其机制可能是诱导体内 IgG 类循环抗体的产生，其 IgG 与再次进入机体的变应原结合，阻断变应原与致敏靶细胞表面相应 IgE 的结合，使致敏靶细胞不能脱颗粒。

（三）药物防治

1. 阻止生物活性介质释放　如色苷酸二钠可稳定肥大细胞的细胞膜，抑制活性介质释放；肾上腺素、异丙肾上腺素等儿茶酚胺类及前列腺素类药物可通过激活腺苷酸环化酶，增高 cAMP 的含量，以稳定细胞膜。

2. 竞争靶器官受体的药物及生物活性介质拮抗药　如苯海拉明、马来酸氯苯那敏、异丙嗪等药物可与组胺竞争靶器官上的组胺受体，多根皮苷町磷酸盐有拮抗 LT 的作用。

3. 改善靶器官的反应性 肾上腺素、麻黄素可解除支气管痉挛，减少腺体分泌；葡萄糖酸钙、维生素 C 等除可解痉外，还能降低毛细血管的通透性，减少渗出。

第二节 Ⅱ型超敏反应

Ⅱ型超敏反应又称细胞溶解型（cytolytic type）或细胞毒型（cytotoxic type）超敏反应。其特点为：①参与的抗体是 IgG1、IgG2、IgG3 和 IgM；②有补体、吞噬细胞和 NK 细胞等参与；③某一细胞或组织的抗体与此细胞或组织结合后可通过活化补体、调理作用或 ADCC 使细胞或组织溶解损伤。

一、发生机制

（一）抗原

引起Ⅱ型超敏反应的变应原多为细胞表面的抗原。通过Ⅱ型超敏反应杀伤或损伤的机体细胞称为靶细胞。靶细胞表面的抗原分为以下两类。

1. 同种异型抗原 如 ABO 血型抗原、Rh 抗原和 HLA 抗原。

2. 自身抗原

（1）由异嗜性抗原所导致疾病中的自身抗原（如与链球菌胞壁多糖有共同抗原的心脏瓣膜、肾小球基底膜、关节组织糖蛋白）。

（2）由感染和理化因素所致改变的自身抗原。

（3）吸附在组织细胞上的外来抗原或半抗原。某些药物（如青霉素半抗原）或化学制剂进入机体，可与细胞或组织结合构成完全抗原。

（二）抗体

1. 天然抗体 天然抗体如 ABO 血型抗体，为 IgM。

2. 免疫性抗体 免疫性抗体包括针对结合在自身细胞表面的外来抗原刺激机体产生的抗体和自身抗原诱导产生的自身抗体，主要为 IgG（IgG1、IgG2、IgG3）和 IgM。

（三）组织损伤机制

抗体与细胞膜上的相应抗原结合后，可通过下列三条途径杀伤靶细胞：①激活补体经典途径溶解靶细胞；②通过调理作用破坏靶细胞（补体活化后产生的 C3b 或与靶细胞膜抗原结合的 IgG Fc 段均可与巨噬细胞及中性粒细胞表面的 CR 或 FcγR 结合，而发挥调理吞噬作用）；③IgG Fc 段与效应细胞（NK 细胞、巨噬细胞和中性粒细胞）表面 FcγR 结合，发挥 ADCC 效应而杀伤靶细胞。

二、临床常见疾病

（一）由同种异型抗原引起的疾病

1. 输血反应 多由 ABO 血型不符的输血引起。如将 A 型血（机体内含有同种异型抗原 A 物质和 IgM 类抗 B 抗体）输入 B 型血（机体内含 B 抗原和 IgM 类抗 A 抗体）体内，抗 A 抗体与输入的红细胞膜上 A 抗原结合。由于 IgM 活化补体能力强，迅速活化补体，使红细胞溶解。因此，最好使用同型血输血，并须仔细鉴定供血、受血者血型及进行交叉配血试验。

此外，经产妇及曾多次接受输血者体内有白细胞同种异型抗体产生，可出现脸红、心跳过速、胸闷、寒战、发热等白细胞输血反应。

2. 新生儿溶血症　多见于母子 Rh 血型不合。当胎儿为 Rh^+，母亲为 Rh^-（但母亲由于输血、流产、分娩等原因，受到进入体内 Rh 抗原刺激已产生 IgG 类抗 Rh 抗体），其母体的 IgG 类抗 Rh 抗体可通过胎盘进入胎儿体内，与胎儿 Rh^+ 红细胞结合，激活补体，导致胎儿红细胞溶解，引起新生儿溶血症。

新生儿溶血症尚无有效的防治方法，但通常于初产后 72 小时内给 Rh^- 的母体注射抗 Rh 免疫球蛋白，使其与进入母亲体内的 Rh^+ 红细胞上的相应抗原结合，从而避免 Rh 抗原使母体致敏。该方法对再次妊娠的胎儿有较好的预防效果。

母 - 胎 ABO 血型不合，也通过上述机制致新生儿溶血症发生，但一般症状均较轻。其原因为：①ABO 血型抗体多为 IgM 类，不能通过胎盘；②ABO 血型抗原除红细胞表达外，胎儿血清和其他组织细胞也存在有 A 和（或）B 血型抗原物质。因此，少量进入母体的胎儿红细胞所诱生的 IgG 类抗体，虽可经胎盘进入胎儿血液循环，但首先与游离的血型抗原结合，所以对胎儿红细胞影响较小。

（二）由外来抗原或半抗原引起的疾病

常见于药物过敏性血细胞减少症，如溶血性贫血、粒细胞减少症及血小板减少性紫癜等，其均可称为免疫性血细胞减少症。引起此类疾病的药物有非那西丁、对氨基水杨酸、异烟肼、奎宁及青霉素等。青霉素易吸附于红细胞，导致溶血性贫血；奎宁、奎尼丁等易吸附于血小板，导致血小板减少性紫癜；氨基比林易吸附于粒细胞，导致粒细胞减少症。

（三）由改变性质的自身抗原引起的疾病

某些药物如甲基多巴、吲哚美辛等的作用，或病毒（如流感病毒、EB 病毒等）感染可导致血细胞膜上的抗原性质改变，诱发自身抗体而导致自身免疫性溶血性贫血。

（四）由异嗜性抗原引起的疾病

急性链球菌感染后肾小球肾炎有一部分病因是由于乙型溶血性链球菌（A 族 12 型）与人肾小球基底膜有共同抗原成分，即抗链球菌抗体可与肾小球基底膜发生交叉反应，导致组织损伤。

（五）自身免疫性受体病

抗细胞表面受体的自身抗体与相应受体结合，可导致细胞功能紊乱，但无炎症现象和组织损伤。细胞功能的异常既可能表现为受体介导对靶细胞的刺激作用，也可能表现为抑制作用。

Graves 病是刺激作用的一个例子。机体的甲状腺刺激素（thyroid-stimulating hormone，TSH）的生理功能是作用于细胞表面 TSH 受体，刺激甲状腺上皮细胞产生甲状腺素。Graves 病患者产生了抗 TSH 受体的自身抗体。该自身抗体结合 TSH 受体后的作用，与 TSH 结合 TSH 受体的作用相同，导致机体对甲状腺上皮细胞刺激的失调，甚至在无 TSH 存在下也能产生过量甲状腺素，出现甲状腺功能亢进。有研究称这种刺激型超敏反应为Ⅴ型超敏反应，但多数人认为它是Ⅱ型超敏反应的一种特殊形式。

重症肌无力患者体内往往有针对乙酰胆碱受体的抗体，该抗体的表现是受体介导的抑制作用，可导致神经肌肉传导障碍，重复活动后肌肉无力或易疲劳，严重的可危及生命。

第三节 Ⅲ型超敏反应

Ⅲ型超敏反应又称免疫复合物型（immune complex tpye）或血管炎型超敏反应。其特点是：①抗原抗体结合成可溶性中等大小的免疫复合物（immune complex，IC），即致病性IC，易沉积在局部或全身毛细血管基底膜；②IC可活化补体，并在血小板、中性粒细胞、嗜碱性粒细胞参与下引起组织损伤；③局部主要以充血、水肿、坏死和中性粒细胞浸润为特征。

一、发生机制

引起Ⅲ型超敏反应的抗原有很多，可以是各种病原微生物、寄生虫、药物、异种动物免疫血清等外源性抗原，也可以是内源性抗原，如系统性红斑狼疮患者的核抗原、类风湿性关节炎患者产生的变性IgG。针对这些抗原产生的抗体主要是IgG和IgM类，也可以是IgA类。

（一）中等大小免疫复合物的形成

抗原与抗体在体内形成IC，易被吞噬细胞吞噬、清除，但在下列情况下，中等大小的IC，未能及时消除而长期存在，可造成组织损伤。

1. 抗原持续存在 抗原持续存在是形成IC的先决条件。机体受到持续感染时，微生物持续或间歇地繁殖，血流中可出现大量抗原，这些抗原或自身免疫病患者体内出现的自身抗原，均可持续刺激机体生成相应抗体。

2. 抗原的性状 可溶性抗原、单价或双价抗原形成的IC，不易被吞噬和清除，而细菌、细胞等颗粒性抗原、多价抗原形成的IC则易被吞噬及清除。

3. 抗体的性质及抗原抗体的比例 高亲和力抗体在抗原抗体比例合适时，与抗原形成大分子不溶性IC，易被吞噬细胞捕获与清除；低亲和力抗体，在抗原过剩时，形成可溶性小分子IC，可长期存在于血清中，但易透过肾小球滤过排出体外；中等亲和力的抗体和稍过剩的抗原，则形成中等大小的可溶性IC（沉降系数19～22S，或相对分子质量10×10^5左右），既不易被吞噬清除，又不能通过肾脏滤过，易沉积于毛细血管壁。

（二）中等大小免疫复合物沉积的影响因素

1. 血管通透性增高 IC活化补体后，产生的过敏毒素C3a和C5a，可使嗜碱性粒细胞释放PAF，并作用于血小板，使其释放血管活性胺，致血管通透性增高。此外，中性粒细胞释放某些碱性蛋白和细胞因子，也能增高血管壁通透性。血管壁通透性增高是IC沉积的重要条件。

2. 组织结构特点 IC常沉积于毛细血管分支多、管腔小且曲折处，因其血流缓慢，有利于IC的沉积。肾小球、关节滑囊、心肌及皮肤等处的血管壁常易使IC滞留，引起疾病。

（三）中等大小免疫复合物的致病机制

中等大小免疫复合物并非是引起组织损伤的直接原因，但它是引起组织损伤的始动因素。IC造成组织损伤的机制是：①激活补体后，产生的C3a、C5a、C5b67可以趋化中性粒细胞聚集在IC周围，释放溶酶体酶，造成邻近组织损伤或血管壁、基底膜病变；C3a 和 C5a 可使肥大细胞、嗜碱性粒细胞脱颗粒，释放血管活性介质，使血管通透性增加，局部充血、水肿。②由于内皮基底膜暴露，可使血小板凝聚，形成血栓，导致局部缺血、瘀血出血和坏死。Ⅲ型超敏反应的发生机制见图 15－2。

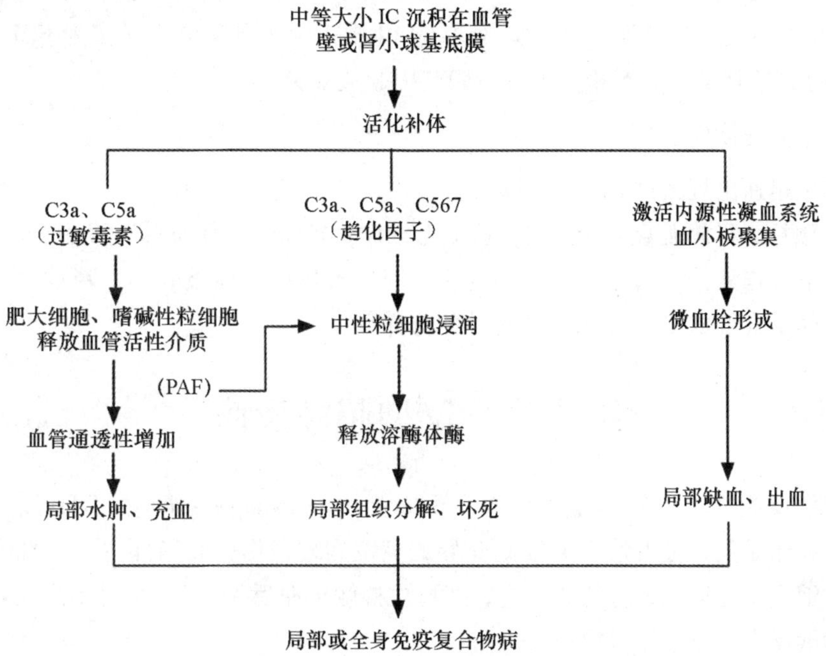

图 15－2　Ⅲ型超敏反应发生机制示意

二、临床常见疾病

（一）局部免疫复合物病

人类局部免疫复合物病主要是人类 Arthus 反应，往往发生在反复注射胰岛素、多次注射狂犬病疫苗或使用动物来源的抗毒素的机体。其注射局部出现红肿、出血和坏死。原因是 IC 沉积于注射部位小静脉血管壁基底膜（动物实验时，经皮下给家兔注射马血清，数周后，再次注射马血清，局部出现红肿、出血和坏死。这种现象是 Arthus 于 1903 年发现的，称为 Arthus 现象）。

（二）全身免疫复合物病

1. 血清病　血清病是指初次注射较大剂量含抗毒素的马血清 7～14 天后，出现发热、皮疹、淋巴结肿大、关节痛、蛋白尿等，这是由于产生的抗马血清抗体与尚未完全消失的含抗毒素的马血清形成中等大小的免疫复合物沉积全身小血管壁所致。血清病有自限性，停止注射后即逐渐消失。有时应用大剂量青霉素、磺胺药等也能引起类似血清病样反应，其机制与上述相同，也称药物热。

2. 链球菌感染后肾小球肾炎　此病一般发生于链球菌感染后 2～3 周。部分机制是某些型别的 A 族溶血性链球菌感染机体后刺激机体产生的抗体可与链球菌的抗原成分形成 IC，沉积于肾小球基底膜，引起免疫复合物型肾炎。其他微生物如沙门菌、乙型肝炎病毒等感染后亦可发生类似肾病变。

3. 系统性红斑狼疮　系统性红斑狼疮（systemic lupus erythematosus，SLE）的发病机制

是体内持续出现DNA－抗DNA复合物，并反复沉积于肾小球、关节或其他部位血管内壁。病变主要表现为皮肤红斑、肾小球肾炎、关节炎和脉管炎等。SLE是一种以Ⅲ型超敏反应损伤为主的慢性自身免疫病。

4. 类风湿性关节炎 发病机制尚不清楚，可能是一些病原体的持续性感染改变了自身IgG分子结构，使其成为自身抗原，刺激机体产生抗IgG的自身抗体（多为IgM，称类风湿因子），然后二者形成IC，沉积于关节滑膜，引起关节炎。

（三）过敏样休克反应

当血流中迅速出现大量IC时，可激活补体，产生大量C3a、C5a，促使嗜碱性粒细胞和肥大细胞脱颗粒，释放血管活性介质，造成毛细血管扩张，血压下降，而引起过敏性休克。如大剂量注射青霉素治疗钩端螺旋体病或梅毒时，大量病原体被破坏，释放出抗原，与血流中相应抗体结合形成IC，可出现过敏性休克样反应。

第四节 Ⅳ型超敏反应

Ⅳ型超敏反应亦称迟发型超敏反应（delayed type hypersensitivity，DTH）。其特点为：①与抗体、补体无关，是由致敏T细胞介导的免疫病理损伤；②局部主要表现为以单个核细胞浸润和细胞变性坏死为特征的反应；③再次接触抗原后48～72小时出现明显反应，故称为迟发超敏反应；④个体差异小。

一、发生机制

Ⅳ型超敏反应大致分为T细胞致敏阶段和致敏T细胞的效应阶段。

（一）$CD4^+$T细胞和$CD8^+$T细胞的致敏阶段

引起DTH的抗原可为微生物（尤其是某些胞内寄生菌，如结核杆菌是引起DTH最常见的抗原）、寄生虫、真菌、异体组织等，也可为生漆、化妆品、农药等半抗原（半抗原与皮肤细胞角质蛋白结合成完全抗原使机体致敏）。

$CD4^+$T细胞和$CD8^+$T细胞经2周左右致敏为效应Th1和CTL，其过程与机制同生理性细胞免疫。

（二）致敏效应Th1细胞和CTL的组织损伤阶段

致敏效应Th1细胞、CTL的组织损伤机制即致敏T细胞的效应。

1. 效应Th1细胞介导的炎症反应和组织损伤 效应Th1细胞再次与相应抗原作用后释放淋巴因子，淋巴因子的效应表现为：①形成单个核细胞浸润为主的炎症反应（主要参与的淋巴因子为巨噬细胞趋化因子、巨噬细胞移动抑制因子、粒细胞－巨噬细胞集落刺激因子、转移因子、促分裂因子等）；②活化单核－巨噬细胞，释放溶酶体酶等炎性介质引起组织损伤（如IFN－γ、IL－2、巨噬细胞活化因子、巨噬细胞武装因子等均可使单核－巨噬细胞活化）；③细胞毒性作用（TNF－α、TNF－β可直接对靶细胞及周围组织细胞产生细胞毒作用，引起组织损伤）。

2. CTL（$CD8^+$T细胞）介导的细胞毒作用 致敏CTL能特异性识别靶细胞表面抗原，并通过释放穿孔素、颗粒酶等引起靶细胞的溶解。

二、临床常见疾病

（一）传染性变态反应

在胞内寄生菌（结核杆菌、麻风杆菌、布氏杆菌等）、病毒及某些真菌感染过程中引起的以T细胞介导为主的细胞免疫应答称为传染性变态反应。这是由于机体在清除胞内寄生物感染时以细胞免疫应答为主，如其免疫的主要结果是清除病原体，称之为细胞免疫；反之，若应答过强，造成组织损伤，称之为Ⅳ型超敏反应。

一般而言，有传染性变态反应的个体往往代表机体已获得对特定病原体的细胞免疫能力。例如结核菌素皮肤试验阳性者，表示已感染过结核菌，对结核菌的再感染有免疫力；如结果为强阳性，表明体内有活动性结合病灶，需进一步检查。同时利用机体对结核菌素的皮试，即结核菌素试验是否有Ⅳ型超敏反应，可评价机体的细胞免疫水平。

（二）接触性皮炎

这是一种经皮肤致敏的迟发型超敏反应，其抗原常为油漆、染料、化妆品、升汞、碘酊、重金属盐类、青霉素、磺胺药、农药、塑料等小分子半抗原。这些半抗原与某些人的皮肤接触时，可与角质蛋白结合成完全抗原，使机体致敏。当再次接触相同抗原时，可在24小时后发生湿疹样皮炎，表现为局部红肿、硬结、水泡，48～96小时达高峰，严重者可发生剥脱性皮炎。

以上介绍了各型超敏反应的发生机制及特点，但在临床实际中变应原引起的反应往往为混合型，可以某一型反应为主。如Ⅰ型超敏反应时，所释放的血管活性胺可使血管壁通透性增高，如血清中有中等大小的IC，就有可能沉积于血管壁，引起Ⅲ型超敏反应。系统性红斑狼疮时发生的肾脏损害主要起因于Ⅲ型超敏反应，而同时发生的血细胞减少则是Ⅱ型超敏反应所致。此外，同一抗原可因接触方式、剂量和机体反应性的差异，引起各种不同类型的超敏反应，如青霉素进入机体可引起，可引起Ⅰ、Ⅱ和Ⅲ、Ⅳ混合型超敏反应。

思考题

1. 什么是超敏反应？什么是变应原？
2. 试述青霉素过敏性休克的发病机制及防治办法。
3. 比较Ⅱ型和Ⅲ型超敏反应引起的肾小球肾炎的机制有何不同。
4. 比较Ⅰ、Ⅳ型超敏反应皮肤试验的特点。
5. 阐述Rh血型不合导致的新生儿溶血症机制及治疗办法。

扫码“练一练”

（窦　洁）

第十六章　免疫学检测

扫码“学一学”

免疫学检测技术具有高度特异性、敏感性、操作简便、迅速等优点，已广泛用于生命科学的各分支学科中。应用免疫学原理对抗原、抗体的检测以及对细胞免疫状态的检测均属于免疫学检测的范畴。在药学领域，药物的免疫功能测定、人工制备免疫分子类药物、对药物半抗原的定性定量测定等均与免疫学检测技术相关。

第一节　体液免疫检测

抗原在体内或体外与相应抗体相遇，将发生特异性结合。体外的抗原抗体反应可用各种不同的技术进行观察，它是免疫学测定的基础。用于检测的抗体通常存在于血清等体液中，故利用体外抗原抗体反应进行的免疫学检测也被称为体液免疫测定或血清学检查。其应用包括两个方面：一是用已知的抗原去检测未知的抗体，这就是临床上广泛使用的血清学诊断法；二是用已知的抗体去检测未知的抗原，例如对微生物、激素、药物的鉴定。

扫码“看一看”

一、抗原抗体反应的一般特征

（一）特异性与交叉反应

抗原与抗体结合具有严格的特异性。特异性的基础在于抗原决定簇和抗体超变区结构上的互补。但是，如果两种抗原存在着相同或相似的抗原决定簇，就会发生交叉反应。

（二）分子表面的结合

抗原抗体的结合是分子表面的结合，是非共价键的结合，反应是可逆的。这种结合由离子键、氢键、疏水键、范德华力所决定，在一定条件下可发生解离，解离的程度视抗原抗体的适合程度而定。若抗原与抗体的适合性好，结合就牢固，解离倾向就弱，这类抗体称为高亲和力抗体；反之为低亲和力抗体。

（三）合适的分子比例

抗原抗体结合是否出现肉眼可见的反应与抗原抗体的比例有关。若反应体系中抗原与抗体的比例适当，就能形成较大的抗原－抗体复合物，出现沉淀或凝集等肉眼可见的反应。如果抗原抗体的比例不适当，就无法形成大的免疫复合物，不出现可见反应。

（四）反应的两个阶段

抗原与其相应的抗体相遇，两者发生特异性结合，是反应的第一阶段，这一阶段反应快，不发生肉眼可见现象。随之进入反应的第二阶段，抗原－抗体复合物在环境因素（如电解质、pH、温度）的影响下，进一步交联和聚集，表现为凝集、沉淀、补体结合介导的生物现象等肉眼可见的反应。此阶段需较长时间，往往需要数分钟至数小时。

二、常见的抗原抗体反应

（一）凝集反应

细菌、红细胞等颗粒性抗原与相应抗体结合，在适量电解质存在的条件下，形成肉眼可见凝集块，这一类反应称为凝集反应（agglutination reaction）。反应中的抗原称为凝集原（agglutinogen），抗体称为凝集素（agglutinin）。最基本的凝集反应是直接凝集反应和间接凝集反应。

1. 直接凝集反应　颗粒性抗原与相应抗体直接结合所呈现的凝集现象称为直接凝集反应。直接凝集反应有两种试验方法：一种是玻片法，把抗原和相应抗体放在玻片上进行凝集反应，常用已知抗体（含已知抗体的血清）检测未知抗原。该方法简便快速，为定性试验。可用于细菌的鉴定和ABO血型的测定。另一种是试管法，在一系列试管中系列稀释待检血清，加入已知颗粒性抗原，用于定量检测血清中的抗体含量，如诊断伤寒的肥达试验。

2. 间接凝集反应　将可溶性抗原包被在颗粒性载体（红细胞或乳胶颗粒）表面，与相应抗体反应，出现的凝集现象称为间接凝集反应。例如用变性Ig（抗原）包被乳胶颗粒检测类风湿关节炎患者血清中的类风湿因子（抗体）。

在间接凝集反应中如改用抗体包被载体，然后与相应抗原结合，同样可出现凝集现象，称为反向间接凝集反应。该方法可用于检测血液标本中的甲胎蛋白等。

（二）沉淀反应

可溶性抗原与相应抗体相结合，在适量电解质存在的条件下，出现肉眼可见沉淀物的现象，称为沉淀反应（precipitation reaction）。参与沉淀反应的抗原为沉淀原（precipitinogen），抗体为沉淀素（precipitin）。沉淀原通常是蛋白质、多糖、类脂等，其体积小，在单位体积中的分子数较多，因此做沉淀反应试验时常需要稀释抗原。沉淀反应试验主要包括环状沉淀试验、絮状沉淀试验、琼脂扩散试验三种基本类型。其中琼脂扩散试验目前应用较为广泛。

琼脂扩散试验是在1%左右琼脂内进行的一种沉淀反应。琼脂凝胶如同网状支架，可溶性抗原与抗体在网间扩散。在电解质存在的条件下，在抗原与抗体比例适当的位置，可形成白色的沉淀线。琼脂扩散有双向琼脂扩散、单向琼脂扩散两种基本类型，将琼脂扩散和电泳技术结合，可衍生出对流电泳、火箭电泳、免疫电泳等多种检测方法。

1. 双向琼脂扩散试验　把加热溶化的半固体琼脂浇注到玻片上，待冷凝后在琼脂板上打孔，将抗原、抗体分别加入相邻的两孔中，置湿盒放置过夜。如果抗原、抗体相适应，浓度和比例适当，则两孔之间将出现白色沉淀线。沉淀线的位置和抗原、抗体的浓度有关，可用于抗原抗体浓度的定量测定［图16－1（a）］当抗体浓度大于抗原浓度时，沉淀线位置靠近抗原，反之则靠近抗体。一般而言，一对相应的抗原、抗体只能形成一条沉淀线；当反应体系中存有多对抗原、抗体时，可形成多条沉淀线［图16－1（b）］。因此可根据沉淀线的数目推断反应体系中有多少种成对的抗原、抗体。根据沉淀线的形状还可鉴定两种抗原是完全相同［图16－1（c）］、部分相同［图16－1（d）］或完全不同［图16－1（e）］。

本法常用于测定血清中各种免疫球蛋白的类别、亚类，测定甲胎蛋白等，但此法灵敏度低，所需时间较长。

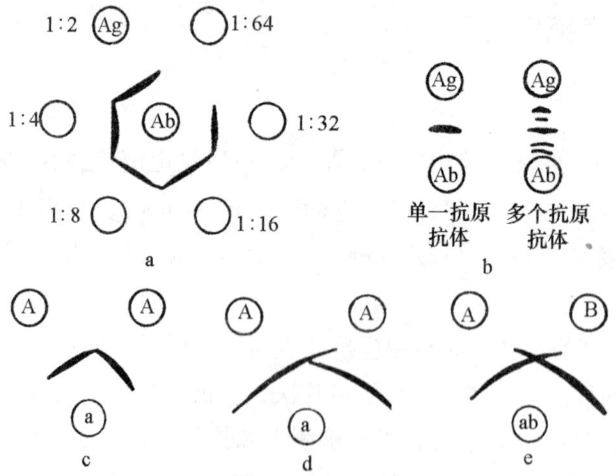

图 16-1　双向琼脂扩散试验的结果示意

（a）定量测定；（b）单一抗原抗体与多个抗原抗体；（c）一致性反应；
（d）部分一致性反应；（e）不一致性反应

2. 单向琼脂扩散试验　将加热溶化的半固体琼脂，冷却至50℃左右时，加入抗体血清混匀并浇注平板，待琼脂冷凝后打孔，于孔中加入不同稀释度的抗原，使其向四周扩散，经一定时间后，抗原孔周围将出现白色沉淀环。环的直径与抗原浓度成正比。如果与标准曲线比较，则可对待测抗原进行定量测定。此法常用于检测免疫球蛋白及补体的含量（图16-2）。

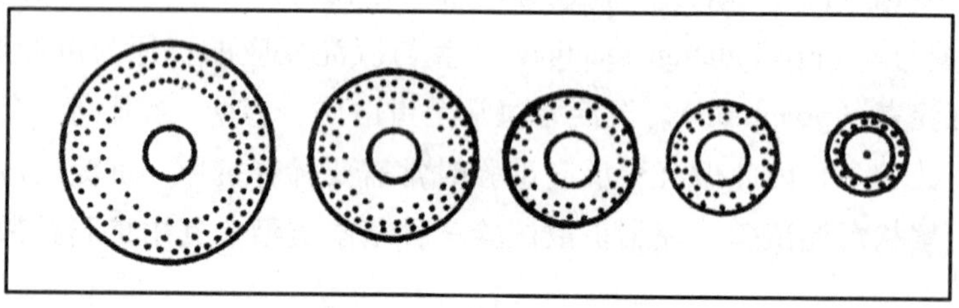

图 16-2　单向琼脂扩散结果示意

3. 对流免疫电泳　是一种电场作用下的双向琼脂扩散。电泳过程中，将抗原加入近阴极孔中，抗体加入近阳极孔中，置电泳槽中进行电泳。通电后抗原、抗体在电场力、电渗力（电渗力是指在电场作用下，琼脂中水溶液带动胶体粒子由阳极向阴极移动的作用力）作用下相对而行，在两者相遇最适比例处形成白色沉淀线。对流免疫电泳限制了抗原、抗体自由地向多方向扩散，加速了泳动速度，所以比双向琼脂扩散缩短了反应时间，提高了敏感度。此试验常用于检测血清中的HBsAg和甲胎蛋白等可溶性抗原。

对流免疫电泳原理：抗原和抗体在电泳时受两种作用力的影响，一种是使抗原、抗体由阴极向阳极移动的电场力，另一种是使抗原抗体由阳极向阴极移动的电渗力。通常抗原等电点偏低（pH 4~5），在碱性缓冲液中带负电荷较多，受电场力作用较大，而其相对分子质量较小，受电渗作用小，合力结果是电场力大于电渗力。抗体为球蛋白，等电点偏高（pH 6~7），所带负电荷较少，受电场力作用小，而其相对分子质量较大，受电渗作用大，合力结果是电渗力大于电场力。因此，通电后抗原由阴极向阳极移动，而抗体由阳极向阴极移动，两者相遇，在浓度、比例适当的时候，出现白色沉淀线。

4. 火箭电泳　是一种将单向琼脂扩散与电泳技术结合在一起的定量检测方法。将已知抗体加入溶化的琼脂中浇板，冷凝后在阴极端打一排小孔，各孔中分别加入定量的待测样品及不同稀释度的标准品作为阳性对照。在电场中，抗原向阳极移动，与琼脂板中的抗体结合形成沉淀峰，故称为火箭电泳。沉淀峰的高度与抗原含量成正比，因此可检测出标本中抗原的含量。

5. 免疫电泳　是将电泳技术与琼脂扩散结合的一种检测方法，是将抗原先在琼脂板上电泳后，再加上抗体进行双向琼脂扩散的一种试验。方法是将抗原加入琼脂板孔中先进行电泳，使各种抗原成分按电泳迁移率的不同而分离开来。结束电泳后，在琼脂板上挖一与电泳方向平行的抗体槽，加入相应的抗体进行琼脂扩散，各抗原、抗体分别在不同位置相遇，出现多条沉淀弧。如与已知电泳图比较，即可分析标本中的抗原成分。此法常用于血清蛋白组分的分析以及研究抗体组分的变化。

（三）免疫标记技术

免疫标记技术是用酶、荧光素或放射性核素等标记物，标记抗体或抗原后进行的抗原抗体反应。该技术将标记物的高度敏感性与抗原抗体反应的特异性有效结合，使检测方法具有高灵敏度、快速，可定性、定量，甚至定位等优点。免疫标记技术已成为目前应用最广泛的免疫学检测技术。

1. 酶免疫测定技术　是用酶标记抗体进行的抗原抗体反应。其原理是酶与抗体结合，既不改变抗体与相应抗原的特异性反应，也不影响酶对底物的反应，当加入底物时，酶催化底物反应产生有色物质，根据反应体系颜色深浅来判断待测样品中抗原（或抗体）的含量。

最常用的酶免疫测定方法是酶联免疫吸附试验（enzyme linked immunosorbent assay, ELISA）。酶联免疫吸附试验是利用抗原或抗体能非特异性吸附于聚苯乙烯等固相载体表面的特性，使抗原抗体反应在固相载体表面进行的一种酶免疫测定技术，包括三种基本方法：①间接法，此法用于测定抗体。通常是将抗原吸附到固相载体上，洗涤；加入待检血清，孵育，洗涤；加入酶标记的抗血清抗体，孵育，洗涤；加入酶的底物，孵育一定时间后终止反应；用目测或酶标仪读数。②双抗体夹心法，此法用于测定抗原。通常是将特异抗体吸附于固相载体，洗涤；加入待检抗原，孵育，洗涤；加入酶标记的特异抗体，孵育，洗涤；加入酶的底物，经一定时间后终止反应，用目测或酶标仪读数。③竞争法，此法用于测定抗原。通常是将特异抗体吸附到固相载体表面，洗涤；将待测抗原与酶标记特异抗原按适当比例混合后加入，同时以缓冲液代替待测抗原作对照，孵育，洗涤；加入酶的底物，经一定时间后终止反应，目测或酶标仪读数。比较对照组与试验组读数，即能判定结果。

2. 免疫荧光技术　将荧光色素（异硫氰酸或罗丹明等）标记抗体制成荧光抗体，荧光抗体与相应抗原结合后，在荧光显微镜下观察荧光的有无、强弱、部位等，起到定性、定量、定位检测抗原（或抗体）的作用。常用的试验方法有直接法和间接法。

（1）直接法　将待检标本固定于玻片上，滴加已知荧光抗体于待检标本上，用缓冲液洗去游离的荧光抗体，干燥后在荧光显微镜下观察。此方法操作简便，特异性高；缺点是每检测一种抗原就要制备一种相应的荧光抗体。

（2）间接法　用荧光色素标记抗免疫球蛋白抗体（抗-抗体），可用来检测标本中的抗原，也可用来检测血清的抗体。例如，将待检抗原固定于玻片上，加入已知抗体于玻片上，和待检抗原作用后洗去游离的已知抗体，再加入荧光标记抗-抗体，洗涤、干燥后，在荧光显微镜下观察待检抗原的分布和数量。间接法灵敏度较高，可用于多个抗原抗体系统的检测，应用范围较为广泛。

3. 放射免疫测定技术 是用放射性核素标记抗原或抗体进行免疫学检测的技术。该方法敏感度极高，常用于检测微量物质，如胰岛素、生长激素、甲状腺素等激素，吗啡、地高辛等药物。

4. 免疫胶体金技术 氯金酸（$HAuCl_4$）在还原剂作用下，可聚合成一定大小的金颗粒，形成带负电的疏水胶溶液，成为稳定的胶体状态，称为胶体金。在碱性条件下，胶体金颗粒表面带负电荷，可与蛋白质所带正电荷基团之间产生静电吸引而牢固结合，这种结合对所标记蛋白质的生物学活性无明显影响，不存在内源酶干扰及放射性污染等问题，且大量金颗粒聚集时，肉眼可见粉红色或红色斑点，所以胶体金作为示踪标志物或显色剂，是应用于抗原抗体反应的一种新型免疫标记物。免疫胶体金技术灵敏检度高，操作简单，无须特殊仪器，可以适应多种检测环境以及多种检测需要，并且检测结果可以长期保存，便于对照分析，现已广泛应用于电镜、流式细胞仪、免疫印迹、蛋白质染色、体外诊断试剂的制造等领域。

（四）其他类型的抗原抗体反应

1. 溶菌反应 某些细菌与相应抗体结合，可激活补体使细菌溶解。这种现象主要发生于霍乱弧菌等革兰阴性菌。溶菌反应可用于细菌鉴定。

2. 溶血反应 红细胞与相应抗体结合，可激活补体使红细胞溶解，称为溶血反应。参加反应的抗体称为溶血素（hemolysin），它们与相应红细胞可作为补体结合试验的指示系统。

3. 补体结合试验 此试验包括两个系统：①以绵羊红细胞、溶血素、补体为指示系统；②抗原和抗体组成的待检系统。补体结合试验具有灵敏度高、特异性强、易于普及等特点，但是由于参与反应的成分多，影响因素复杂，操作步骤烦琐并且要求十分严格，所以在多种测定中已被其他更易接受的方法取代，不过对于免疫学技术的基本训练仍是一个很好的试验。

4. 中和试验 抗体使相应毒素或病毒丧失生物学活性的现象称为中和反应，引起中和反应的抗体称为中和抗体。中和试验主要包括病毒中和试验和毒素中和试验。毒素或病毒和中和抗体结合后丧失和细胞结合的能力而丧失生物学活性。中和试验常用于毒素的鉴定、病毒感染性疾病的诊断以及病毒的鉴定。根据不同情况，中和试验可在易感动物体内或组织培养中进行。

第二节　细胞免疫测定法

在体内或体外测定细胞介导免疫功能的方法称为细胞免疫测定法，主要包括各类免疫细胞数量、比例、功能测定等。体内法常用皮肤试验，如结核菌素皮肤试验等。体外法主要包括测定T细胞数量和功能以及与细胞免疫有关的细胞因子活性测定等。

一、免疫细胞的分离与计数

参与免疫反应的细胞主要包括淋巴细胞、巨噬细胞、中性粒细胞等。由于检测的目的和方法不同，分离细胞的技术也各异。有的仅需分离白细胞，有的需分离单个核细胞（其中含淋巴细胞和单核细胞），有的则需分离 T 细胞和 B 细胞以及其亚群。

分离细胞的原则，一是根据各类细胞的大小、沉降率、黏附和吞噬能力加以区分，如自然沉降法、密度梯度离心法、花环沉降法等。另一是按照各类细胞的表面标志，对细胞表面的抗原和受体加以选择性分离，常用的有免疫磁珠分离法、流式细胞分离术等。

分离后的细胞经过染色（如瑞特 - 吉姆萨染色），可以显微镜观察并计数不同类型的细胞。T 细胞总数的测定，可通过 E 花环试验进行。如进一步对细胞亚型进行分类计数，则可根据不同细胞表面标志的特点对细胞进行处理，常用的方法是免疫荧光染色技术。

二、免疫细胞功能的测定

（一）淋巴细胞转化试验

淋巴细胞转化试验是指 T 细胞在体外培养时，受到非特异性有丝分裂原如植物血凝素（PHA）等刺激后，转化为淋巴母细胞。淋巴母细胞体积增大，胞浆丰富，内含许多颗粒，核仁清晰可见，蛋白质及 RNA 、DNA 合成增加，随后细胞可发生分裂增殖。根据 T 细胞的转化率，可判断机体的细胞免疫功能水平。常用的细胞转化试验检测方法有三种。

1. 形态学法　用植物血凝素作为刺激物，与分离的待测淋巴细胞在 37℃ 共同培养 72 小时后，涂片染色。在显微镜下计数 200 个淋巴细胞中转化的淋巴母细胞所占百分率。正常人外周血的淋巴细胞转化率为 70% 左右。形态学方法因影响因素较多，准确性较差。

2. 细胞代谢功能检测法　发生转化的淋巴细胞代谢功能旺盛，常用 MTT 法、CCK8 法等进行检测。四甲基偶氮唑盐（MTT）法根据活细胞线粒体中的琥珀酸脱氢酶能使外源性 MTT 还原为水不溶性的蓝紫色结晶甲臜并沉积在细胞中，而死细胞无此功能的原理设计。以二甲基亚砜溶解细胞中的甲臜，用酶联免疫检测仪在 490nm 波长处测定其吸光值，可间接反映活细胞数量。在一定细胞数范围内，MTT 结晶形成的量与细胞数成正比。MTT 法相对而言简单、灵敏、成本低。

3. 细胞内核酸或蛋白质合成水平检测法　根据转化后淋巴母细胞内核酸和蛋白质合成增加的特点，可通过同位素标记法反映 T 细胞的转化率，如氚标记胸腺嘧啶掺入法。胸腺嘧啶为合成 DNA 的原料。按上述方法培养，在终止培养前 8 ~ 16 小时，加入氚标记胸腺嘧啶于培养物中。在淋巴母细胞转化过程中，将吸收氚标记的胸腺嘧啶合成 DNA 在结束培养时，用液体闪烁记数仪测定掺入细胞的放射性核素含量（以每分钟脉冲数表示，即 cpm 值），可求得刺激指数（stimulation index，SI），SI > 3 可判为淋巴细胞转化试验阳性。

$$\text{刺激指数（SI）} = \frac{\text{PHA 刺激指数 cpm（均值）}}{\text{对照组的 cpm（均值）}}$$

这类方法相对更为可观、准确、重复性好，但需要一定的设备条件。

（二）细胞毒试验

CTL、NK 细胞 、LAK 细胞、TIL 细胞等对靶细胞有直接杀伤作用，可选用相应的靶细胞，如肿瘤细胞、移植供体细胞等来检测效应细胞的活性。该试验用于肿瘤免疫、移植排斥反应、病毒感染等方面的研究。常用试验方法有 ^{51}Cr 释放法、LDH 释放法等。

^{51}Cr 释放法：试验时将分离的淋巴细胞与用 $Na_2^{51}CrO_4$ 标记的靶细胞于 37℃ 共育4 小时，若待检效应细胞能杀伤靶细胞，则 ^{51}Cr 从靶细胞内释放至上清液中，离心取上清，用 γ 射线测量仪检测上清中 cpm 值，应用公式可计算出待检效应细胞的杀伤活性。

（三）T细胞功能的体内检测（迟发型超敏反应）

皮肤试验和接触性过敏反应的诱发是检测迟发型超敏反应（DTH）的两种常用方法。细胞免疫功能正常者，可出现硬结、红斑等阳性反应。因此，临床上不仅用来作为病原微生物感染的检测指标，同时也作为观察被测者细胞免疫状态的指标。

1. **皮肤试验** 用皮肤试验诊断DTH，常用的抗原有结核菌素（OT）及结核菌纯蛋白衍生物（PPD）。进行人体试验时，在前臂皮内注射少量可溶性抗原，24～48 h后，测量红肿硬结的大小，硬结直径大于一定标准，即被看作为阳性。表明受试者对该病原菌有了一定的细胞免疫能力，若皮试无反应，排除了皮试技术误差，表明可能受试者从未接触过此抗原，也可能由于细胞免疫功能缺损或严重感染（麻疹、慢性播散性结核）造成无反应性。

2. **接触性超敏反应** 常应用低相对分子质量化合物如二硝基氯苯（DNCB）诱发接触性超敏反应。化合物与皮肤组织蛋白结合而导致DTH反应。在动物试验时，初次皮肤上涂抹DNCB后间隔7～10小时再激发刺激，则皮肤出现红肿、硬结、水泡或溃疡等即为阳性。由于此试验对局部反应大，故已较少使用。

三、细胞因子的检测

细胞因子的检测有助于了解细胞因子在免疫调节中的作用，鉴定分离的淋巴细胞，监测某些疾病状态的细胞免疫功能。细胞因子的检测方法很多，主要有ELISA方法（可采用细胞因子的单克隆抗体）、生物活性测定法（可采用细胞因子依赖的细胞株）、聚合酶链反应（可采用特定细胞因子的引物）。例如，IL-2是活化的T细胞所分泌的一种非常重要的细胞因子，近年来已逐步应用测定IL-2来评估细胞免疫功能。可选用IL-2依赖株，其增殖反应与细胞因子的量成正比，根据细胞株的增殖水平可确定样品中细胞因子的含量。

扫码“练一练”

思考题

1. 简述抗原抗体反应的一般特征及影响抗原抗体反应的因素。
2. 常用的免疫标记技术有哪些？
3. 简述淋巴细胞转化试验的原理及用途。
4. 常用的分离免疫细胞的方法有哪些？
5. 综合评价某药物对机体免疫系统功能的影响主要从哪几个方面着手，可进行哪些试验？

（窦　洁）

第十七章　免疫学在药学中的应用

扫码“学一学”

免疫学是人类在与传染病做斗争的过程中发展起来的。随着免疫学基础理论研究的深入以及免疫学与分子生物学、生物化学等相关学科的相互渗透和新技术的发展，免疫学的应用范围也在扩大。免疫学在医药领域的应用已由过去的主要对传染病进行诊断和防治，扩展到对其他多种疾病，如超敏反应性疾病、自身免疫性疾病和肿瘤等的诊断和防治。相关药物及生物制品的研制和应用，日渐受到重视。

第一节　免疫诊断

一、免疫诊断的概念

免疫诊断是应用免疫检测技术，在体内和体外诊断各种疾病和监测机体免疫状态的方式。免疫诊断包括血清学检测和细胞免疫检测两部分（具体方法可参照第十六章的相关内容）。血清学检测既可定性又可定量，方法易于标准化，目前已较广泛地应用于传染病、寄生虫感染、肿瘤、自身免疫病和变态反应性疾病等的诊断。细胞免疫检测方法操作程序复杂，不易标准化，目前尚难作为常规诊断试验，但在监测个体的免疫状态时不失为有效手段。

二、免疫诊断的特点与技术类型

免疫诊断具有以下特点：特异性强，诊断的准确性高；灵敏度高，能测出微量反应物质和轻微的异常变化，有利早期诊断和排除可疑样本；简便、快速、安全。

随着免疫检测技术、标记物及其探测技术和计算机技术的发展，免疫诊断近年来应用范围日益广泛。根据发展趋势和技术类型，可将免疫诊断技术分为传统免疫诊断技术、标记免疫诊断技术和特殊免疫诊断技术。①传统免疫诊断技术：是利用抗原－抗体的特异性结合反应中自然出现的可见反应，如沉淀、混浊等使反应显现；②标记免疫检测技术：是在传统免疫诊断技术的基础上，应用放射性核素、酶、荧光素等各种标记物，使诊断的灵敏度大大提高，并大大拓宽了检测的范围；③特殊免疫诊断技术：随着免疫检测技术的不断完善，计算机技术的发展以及人们对检测质量要求的不断提高应运而生，如流式细胞检测技术等。免疫诊断正向着标本超微量、结果高灵敏和高精确的方向发展。

免疫诊断技术的发展和广泛应用，使得免疫诊断用品异军突起。常用的免疫诊断试剂类别主要有 ELISA 试剂、胶体金试剂、化学发光试剂、单克隆抗体等。目前这些试剂已经应用于临床医学以及人类健康保障事业中的各个领域，成为除疫苗、抗体等以外的重要生物制品。

扫码“看一看”

第二节　免疫预防

机体受病原体感染后，能产生特异性抗体和效应 T 细胞，提高对该病原体的免疫力。

根据这一基本原理，可以采用人工方法使机体获得适应性免疫力，达到预防疾病的目的。接种牛痘苗成功地消灭了天花，是免疫预防方法消灭传染病的最好例子。目前，免疫预防的范围已不仅仅是传染病，其范围扩大到肿瘤等其他多种疾病。

适应性免疫的获得方式有自然免疫和人工免疫两种。自然免疫主要指机体感染病原体（隐性感染或患传染病）后建立的特异性免疫，也包括胎儿经胎盘或新生儿经初乳从母体获得抗体。人工免疫是人为地给机体输入抗原物质（疫苗、类毒素等）或免疫效应分子（抗体、细胞因子制剂等），使机体获得特异性免疫。人工免疫是免疫预防的重要手段。

通过给机体接种疫苗、类毒素等使机体获得特异性免疫，称为人工主动免疫。通过给机体输入抗体、细胞因子等使机体获得特异性免疫，称为人工被动免疫。凡用于人工免疫的疫苗、类毒素、抗体血清、抗毒素、细胞因子制剂以及免疫诊断用品（诊断血清、诊断菌液等），统称为生物制品。

一、人工主动免疫

人工主动免疫是用人工接种的方法给机体输入抗原性物质，使机体免疫系统因受抗原刺激而发生类似于隐性感染时所发生的免疫应答过程，即产生针对该抗原的抗体、致敏淋巴细胞，使机体获得对该抗原的特异性免疫。人工主动免疫的特点是免疫力出现缓慢，一般在免疫接种后1～4周才能出现，但免疫力维持时间较长，可达半年至数年。因此，人工主动免疫主要用于传染病的特异性预防。

用于人工主动免疫的生物制品主要有疫苗、类毒素。

（一）传统疫苗

由细菌菌体成分制备的生物制品称为菌苗。由病毒制备的生物制品称为疫苗。但是广义的疫苗也包括了菌苗在内。按制备和使用的特点，以下分别介绍一些疫苗的类型。

1. 活疫苗 是用人工定向诱导的方法或直接从自然界筛选出的毒力高度减弱或基本无毒的微生物，将其制备的制剂，称为减毒活疫苗。传统的活疫苗制备方法是将病原微生物在培养基或动物细胞中反复传代，使其失去毒力，但保留免疫原性。例如用牛型结核杆菌在人工培养基上多次传代后制备成卡介苗，用脊髓灰质炎病毒在猴肾细胞中反复传代后制备成活疫苗。活疫苗接种类似隐性感染或轻症感染，疫苗在机体内有一定生长繁殖能力。

活疫苗的优点是一般只需接种一次，用量小，免疫效果良好、持久，一般可达到3～5年。活疫苗的缺点是制备与鉴定要求严格，使用过程中难于保存。为了延长保存期限，活疫苗一般制备成冻干制剂，冷藏保存。活疫苗在体内有回复突变的危险，但这在实践中十分罕见。免疫缺陷者和孕妇一般不宜接种活疫苗。常用的活疫苗有卡介苗、炭疽疫苗、脊髓灰质炎糖丸疫苗和麻疹活疫苗等。

2. 死疫苗 是选用病原微生物经人工培养后，收集病原微生物并用理化方法灭活制成。

死疫苗的优点是易于制备，比较稳定，容易保存，使用安全。死疫苗的缺点是不能在体内繁殖，故接种剂量大、次数多，引起的不良反应也比较大；由于灭活的死疫苗不能进入宿主细胞，难以通过内源性抗原加工递呈诱导出 $CD8^+$ 的 CTL，故细胞免疫弱，免疫效果不如活疫苗。常见的死疫苗可用于预防百日咳、伤寒、副伤寒、霍乱、流行性乙型脑炎、钩端螺旋体和斑疹伤寒等。

（二）类毒素

细菌产生的外毒素经0.3%～0.4%甲醛处理后，使其失去毒性，保留其免疫原性而制成的生物制品称为类毒素。类毒素接种后能诱导机体产生抗毒素。在纯化的类毒素中加入氢氧化铝，制成精制类毒素。其中吸附剂氢氧化铝可延缓类毒素在体内的吸收，能较长时间刺激机体产生相应的抗体（抗毒素），以增强免疫效果。常用的类毒素有白喉类毒素和破伤风类毒素。类毒素也可与疫苗制成混合制剂，如百白破三联疫苗即由白喉类毒素、百日咳菌苗、破伤风类毒素混合制成。

（三）新型疫苗

新型疫苗是指近年来发展起来的亚单位疫苗、合成多肽疫苗、基因工程疫苗等。它们是免疫学、生物化学、遗传学、分子生物学发展和相互渗透的产物。

1. 亚单位疫苗 每一种病原微生物均有多种不同的抗原成分，其中只有一小部分能使机体产生保护性抗体。亚单位疫苗是除去了病原体与产生保护性抗体无关的成分，提取其对免疫有效的抗原成分制成的疫苗。使用化学试剂裂解流感病毒，提取其有效抗原成分（血凝素与神经氨酸酶）制成的疫苗是流感病毒亚单位疫苗，它不含病毒核酸及与免疫无关的蛋白质。此外，还有肺炎球菌荚膜多糖疫苗、脑膜炎球菌荚膜多糖疫苗、腺病毒衣壳亚单位疫苗、霍乱毒素B亚单位疫苗等已投入使用。

2. 合成多肽疫苗 是病原微生物的有效蛋白质抗原组成被阐明后，人工合成这段肽链，配以适当载体与佐剂制成的疫苗。研制成功的合成多肽疫苗有乙型肝炎病毒多肽疫苗、白喉外毒素多肽疫苗和流感病毒血凝素多肽疫苗等。合成多肽疫苗是根据有效抗原的氨基酸序列设计和合成多肽，试图以最小的免疫原性肽来激发有效的特异性免疫应答。同一种蛋白质抗原的不同位置有不同免疫细胞识别的表位，如果合成的多肽上既有B细胞识别的表位，又有T细胞识别的表位，它就能诱导特异性体液免疫和细胞免疫。T细胞识别的表位与人群的HLA分子密切相关，由于HLA分子具有高度多态性，制造单一表位的疫苗很难对群体中的每一个体有效。因此，了解人群中受MHC限制的T细胞识别表位的概况，合成含有这些表位的多肽，才有群体保护作用。目前，在了解人群HLA单倍型表位的基础上利用计算机演绎法可预测T细胞识别的表位，为合成多肽疫苗的研制提供了重要手段。

3. 基因工程疫苗 按制备方法大致可分为以下四种类型：①重组抗原疫苗。重组抗原疫苗是利用DNA重组技术制备的只含有保护性抗原的纯化疫苗。首先需选定病原体编码有效抗原的基因片段，将该基因片段引入细菌、酵母菌或能连续传代的哺乳动物细胞基因组内，通过大量繁殖这些细菌或细胞，使目的基因的产物增多。最后从细菌或细胞培养物中收集、提取、纯化所需的抗原。例如将乙型肝炎表面抗原的基因插入酵母菌基因组中，培养扩增该酵母菌，从培养液中提取乙型肝炎表面抗原，即可制成乙型肝炎基因工程疫苗。②重组载体疫苗。重组载体疫苗是将编码病原体的有效抗原的基因插入载体（减毒的病毒或细菌疫苗株）基因组中，接种后随着疫苗株在体内增殖，大量所需的抗原得以表达。如果将多种病原体的有关基因插入载体，则成为可表达多种保护性抗原的多价疫苗。目前使用最广的载体是痘病毒，将乙型肝炎表面抗原、流感病毒血凝素、单纯疱疹病毒的基因插入痘病毒基因组中，使它们在痘病毒中表达，从而获得相应的多价基因工程疫苗。③DNA疫苗。DNA疫苗是用编码病原体有效抗原的基因与细菌质粒构建的重组体直接免疫机体，转染宿主细胞，使其表达保护性抗原，从而诱导机体产生特异性免疫的疫苗。DNA疫苗在体内可持续表达，免疫效果好，维持时间长。其机制和安全性尚不完全清楚，一些问题有待解决。例如，外源 DNA 是否与宿主细胞基因整合，是否诱导自身 DNA 抗体的产生等。④转基因植物疫苗。用转基因方法，将编码有效抗原的基因导入可食用植物细胞的基因组中，有效抗原既可在可食用植物中表达和积累，人和动物通过摄食达到免疫接种的目的。常用的植物有番茄、马铃薯、香蕉等。用马铃薯表达乙型肝炎病毒表面抗原已在动物试验中获得成功。转基因植物疫苗尚处于初期研制阶段，它具有口服、易被儿童接受、价格低廉等优点。

4. 治疗性疫苗 传统意义的疫苗接种用于预防疾病。认为其对已发病的个体不能诱生有效的免疫应答。但近年的研究表明，利用抗原激发特异性免疫应答能力的特性，通过疫苗接种，可诱导机体对某些抗原如肿瘤抗原、病毒抗原等的特异性免疫反应，明显改善病情甚至使疾病痊愈。因此出现了治疗性疫苗的新概念。

治疗性疫苗常见的类别有蛋白抗原加佐剂、富含 T 表位的重组抗原、DNA 疫苗等。

治疗性疫苗的使用对象往往是持续性感染者，其通常机体的免疫应答低下，使用疫苗目的是治疗疾病；其组成成分一般不像预防性疫苗那样简单，往往根据需要进行调整，以便打破免疫耐受，提高特异性免疫反应；治疗性疫苗的使用，往往以激发细胞免疫应答为主要目的，并常伴有免疫损伤或副反应；目前对其效果评价指标尚未完全成熟，需结合临床症状、体征、疾病相关的实验指标进行综合测试，较为复杂，且准确性尚有争议。

治疗性疫苗的研究早期，人们的注意力多集中在针对癌症和慢性感染性疾病（如 HIV 感染、慢性乙肝等）的治疗上。目前，更多针对慢性疾病如心血管疾病、高血压、糖尿病的治疗性疫苗也已经进入了设计研究阶段。

二、人工被动免疫

人工被动免疫是用人工的方法给机体输入抗体或细胞因子，使机体获得针对病原微生物的免疫能力。人工被动免疫的特点是可快速获得免疫力，但维持时间较短，一般 2 周左右。因此，相比于主动免疫，人工被动免疫主要用于疾病的紧急预防。

同时，人工被动免疫制剂，也是人工特异性免疫的重要生物制品。

三、计划免疫

疫苗可使机体获得针对特定抗原的免疫力。因此，进行计划免疫，即根据传染病的发生规律，将有关疫苗，按科学的免疫程序，有计划地给人群接种，可使人体获得对这些传染病的免疫力。

计划内疫苗，是我国规定纳入计划免疫，由政府免费向公民提供，公民从出生后必须进行接种的疫苗。计划免疫包括两个程序：一是全程足量的基础免疫。即在 1 周岁内完成的初次接种；二是以后的加强免疫，即根据疫苗的免疫持久性及人群的免疫水平和疾病流行情况适时地进行接种。包括乙肝疫苗、骨髓灰质炎疫苗、卡介苗等。表 17－1 是来自我国疾病预防控制中心免疫规划中心的部分计划免疫程序。

表 17－1 部分计划内疫苗免疫程序

疫苗	接种对象月（年）龄	次数	备注
乙型肝炎（乙肝）疫苗	0、1、6 月龄	3	出生后 24 小时内接种第一剂，第 1、2 剂间隔≥28 天
卡介苗	出生时	1	
脊髓灰质炎（脊灰）减毒活疫苗	2、3、4 月龄，4 岁	4	第 1、2 剂，第 2、3 剂间隔≥28 天
百日咳－白喉－破伤风（百白破）联合疫苗	3、4、5 月龄，18～24 月龄	4	第 1、2 剂，第 2、3 剂间隔≥28 天
白喉－破伤风（白破）联合疫苗	6 岁	1	
麻疹－风疹（麻风）联合疫苗	8 月龄	1	
麻疹－流行性腮腺炎－风疹（麻风腮）联合疫苗	18～24 月龄	1	
流行性乙型脑炎减毒活疫苗	8 月龄，2 岁	2	

计划外免疫是自费免疫。可以根据儿童自身情况、各地区不同状况及家长经济状况而定。如果选择计划外疫苗，应在不影响计划内疫苗情况下进行选择性注射，如流感疫苗、肺炎疫苗等。

第三节 免疫治疗

针对机体低下或亢进的免疫状态，人为地增强或抑制机体的免疫功能以达到治疗疾病目的的治疗方法称为免疫治疗。免疫治疗包括人工特异性免疫制品、免疫增强剂、免疫抑制剂的应用等，同时也包括多种免疫治疗疗法的运用。免疫治疗的应用范围已日趋广泛，除治疗感染性疾病外，还用于免疫缺陷病、自身免疫病、移植物排斥反应、肿瘤等与免疫有关疾病的治疗。

一、用于人工特异性免疫的生物制品

该类制品主要是指能够针对特定抗原的抗体药物。

（一）抗毒素

抗毒素通常是用毒素或类毒素多次注射动物，待动物体内产生大量抗毒素后，经采血、分离血清、提取免疫球蛋白制成。抗毒素主要用于治疗和紧急预防细菌外毒素所致的疾病。常用的有白喉抗毒素、破伤风抗毒素、气性坏疽抗毒素等。抗毒素应用时要早期、足量才能发挥应有的效果。因为一旦毒素与靶器官结合，抗毒素将不能起到中和毒素的作用。此外，使用抗毒素时应做皮肤试验，防止血清过敏症的发生。

（二）抗菌血清和抗病毒血清

用细菌免疫动物制备的免疫血清称为抗菌血清，用病毒免疫动物制备的免疫血清称为抗病毒血清。这类抗血清随着化学疗剂和抗生素的发现和应用，目前已很少使用。生物制品中，现只有抗百日咳鲍特菌血清，抗狂犬病、抗乙型脑炎、抗腺病毒血清等几种抗血清。

（三）胎盘球蛋白和血浆丙种球蛋白

胎盘球蛋白由健康产妇分娩后的胎盘提取的球蛋白制成，血浆丙种球蛋白是从正常成

人血浆中提取的球蛋白。这些球蛋白中含有在正常人群中流行的传染病病原微生物的抗体。胎盘球蛋白和血浆球蛋白实际上是含有多种抗体的制剂。在某些传染病流行时，为了防止免疫力弱的个体感染或减轻症状，可使用这些制品。

（四）治疗性疫苗

在以往的免疫治疗中，使用较多的是非特异性免疫治疗或特异性被动免疫治疗。治疗性疫苗则属于特异性主动免疫治疗范畴。它的使用将有利于打破机体对特定抗原（如乙肝病毒）的免疫耐受，预期将具有极为广泛的应用价值。

二、免疫增强剂

免疫增强剂主要分为以下四类。

（一）免疫分子制剂及免疫细胞

1. 免疫分子制剂 许多免疫分子制剂具有增强免疫作用或免疫调节作用。可供临床使用的主要有以下几种。

（1）白细胞介素 -2 也被称为 T 细胞生长因子，是由活化的 T 细胞分泌的一种很重要的细胞因子，具有促进 T 细胞、B 细胞、NK 细胞增殖分化，增强免疫效应细胞活性，诱导干扰素产生以及免疫调节作用。目前已用于多种免疫相关性疾病的治疗，如肿瘤、病毒感染、自身免疫病等。

（2）胸腺素 是从小牛、羊或猪的胸腺中提取的一种可溶性多肽，是胸腺上皮细胞合成的类似激素的物质。胸腺素能诱导前 T 细胞成熟为 T 细胞，增强 T 细胞的免疫功能，主要用于治疗细胞免疫功能低下或缺陷的患者。

（3）免疫核糖核酸 先将抗原（肿瘤细胞或乙型肝炎病毒表面抗原等）免疫动物，然后取免疫动物的脾、淋巴结分离出淋巴细胞，提取其中的核糖核酸（免疫核糖核酸）给患者注射，可使患者获得体液免疫及细胞免疫。目前免疫核糖核酸试用于治疗肿瘤及慢性乙型肝炎等疾病。

2. 免疫细胞

（1）LAK 细胞与 TIL 细胞 LAK 细胞即淋巴因子激活的杀伤细胞（lymphokine activated killer cell，LAK）。从肿瘤患者外周血中分离单个核细胞，在体外培养，加入高剂量的IL -2 使之活化增殖成 LAK 细胞。LAK 细胞再输回到患者体内，可抑制肿瘤的生长。TIL 细胞即肿瘤浸润性淋巴细胞（tumor infiltrating lymphocyte，TIL）。从手术切除的患者肿瘤组织中分离出淋巴细胞，在体外经 IL -2 活化增殖，成 TIL 细胞，再输回到患者体内，具有比 LAK 细胞更强的杀瘤活性和特异性。

（2）造血干细胞 在机体免疫功能极度低下（癌症、自身免疫性疾病、造血系统疾病等）的情况下，可移植造血干细胞，从而增强或恢复机体的免疫功能。移植所用的造血干细胞来源于自体或同种异体，由于受到 HLA 型别的限制，配型极为困难。建立脐血库、骨髓库等将有利于造血干细胞移植的进行。

（二）微生物制剂

1. 卡介苗 为结核杆菌的减毒活疫苗，具有很强的免疫刺激作用。卡介苗可活化巨噬细胞，促进多种细胞因子的产生，增强 NK 细胞和 T 细胞的活性。现用于多种肿瘤的治疗。

2. 短小棒状杆菌 可以非特异性地增强机体免疫功能，其主要作用方式是活化巨噬细胞，促进产生白细胞介素、干扰素等细胞因子。对黑色素瘤、乳腺癌、白血病、肝癌等有一定疗效。

（三）化学制剂

1. 左旋咪唑　能激活吞噬细胞功能，促进 T 细胞产生 IL－2 等细胞因子，增强 NK 细胞活性等。左旋咪唑对免疫功能低下的机体有较好的免疫增强作用，对正常的机体作用不明显。

2. 聚肌胞　是人工合成的多聚肌苷酸、胞苷酸聚合物。具有干扰素诱生剂、免疫佐剂的作用。聚肌胞能增强巨噬细胞吞噬能力，促进抗体生成。用于肿瘤和病毒感染的治疗。在兽药方面，也可用于预防和治疗病毒性疾病。

（四）中药制剂

1. 香菇、灵芝等真菌的多糖成分　某些真菌多糖成分有明显的非特异性免疫刺激作用，可促进淋巴细胞的分裂、增殖并产生多种细胞因子。香菇、灵芝等真菌的多糖可作为传染病和恶性肿瘤的辅助治疗药物。

2. 药用植物及其有效成分　许多药用植物，如黄芪、人参、枸杞子、刺五加等有明显的免疫刺激作用。植物中提取的多糖，如黄芪多糖、枸杞子多糖、刺五加多糖等也有免疫增强作用。

3. 中药方剂　补肾填精、活血化瘀、健脾益气类中药方剂有一定的免疫增强功能。

三、免疫抑制剂

免疫抑制剂是一类抑制机体免疫功能的药物，用于治疗免疫性疾病和减弱移植物排斥反应。

（一）化学合成药物

用于免疫抑制治疗的化学合成药物主要是抗肿瘤药物和激素。

1. 烷化剂　常用的烷化剂药物包括环磷酰胺、氮芥、苯丁酸氮芥等。它们的主要作用是影响 DNA 结构、DNA 复制和蛋白质合成，阻止细胞分裂，导致细胞死亡。处于增殖状态肿瘤细胞和淋巴细胞对烷化剂比较敏感，因此，烷化剂可用于抗肿瘤和抑制免疫。目前环磷酰胺主要用于器官移植和自身免疫病的治疗。

2. 抗代谢药　用于免疫抑制的抗代谢药主要有嘌呤和嘧啶的类似物以及叶酸拮抗剂两大类。嘌呤类似物硫唑嘌呤等主要通过干扰 DNA 复制起作用；叶酸拮抗剂甲氨蝶呤等主要通过干扰核酸和蛋白质合成起作用。

3. 激素　许多激素可以通过神经－内分泌－免疫网络参与免疫应答的调节。糖皮质激素具有明显的抗炎和免疫抑制作用。因此，糖皮质激素广泛用于预防移植物排斥反应，治疗超敏反应性疾病及自身免疫性疾病等。

（二）真菌代谢产物

环孢素 A 来自真菌培养液，是一种只含 11 个氨基酸的环形多肽。对 T 细胞（尤其是 Th 细胞）有较好的选择性抑制作用，而对其他的免疫细胞抑制作用较弱，因此是一种较好的抗移植物排斥反应的理想药物。环孢素 A 也用于自身免疫病的治疗。

他克莫司（FK－506）也由真菌产生，是一种大环内酯类抗生素。与环孢素 A 一样，他克莫司（FK－506）也选择性抑制 T 细胞，其作用比环孢素 A 强 10～100 倍。他克莫司已在临床器官移植中使用，取得很好的效果。

（三）其他制剂

1. 抗淋巴细胞丙种球蛋白 是用人胸腺细胞或胸导管细胞免疫动物，分离血清提取球蛋白而制成。它抑制细胞免疫作用较强。临床上用于预防和治疗器官移植后移植物排斥反应。

2. 抗 T 细胞及 T 细胞亚群单克隆抗体 通过杂交瘤技术可以制备针对多种 T 细胞表面标志的单克隆抗体。抗 CD3、抗 CD4、抗 CD8 等单克隆抗体可以封闭相应 T 细胞，达到特异性免疫抑制效果。这些单克隆抗体用于抑制移植物排斥反应和治疗某些自身免疫病，取得明显疗效。

第四节　生物制品的生物安全性

生物制品包括疫苗、类毒素、抗血清、抗毒素、细胞因子制剂等，目前在临床广泛应用。随着生物制品在药品中所占比例的日渐增加，其研究、开发、生产及实际应用过程，对生态环境和人体健康的影响已引起了人们的密切关注和世界各国的高度重视。

生物制品的安全问题需要从多个角度进行分析和解决。

一、生物制品制备过程中使用的原材料和动物的安全性

生物制品研发、生产和应用过程中，其原材料多为微生物以及组织的提取物，往往携带有大量未知的生物因子。因此，有必要对生物制品生产过程中的原材料及产品质量进行严格控制。除了常规的药品微生物学检查、内毒素检查等项外，对生物制品的质量控制，根据其原材料情况，可进行：①相关残留菌体蛋白含量检查；②病毒外源因子检查；③外源性 DNA 残留量的测定等。针对单克隆抗体制剂，还将进行鼠 IgG 残留量测定、鼠源性病毒检查等。同时对生物制品制备过程中所需的实验动物和鸡胚，也必须进行相关病原菌、病毒、寄生虫检查。

二、生物制品制备过程中使用的技术的安全性

在生物制品的制备过程中基因重组技术被大量应用。转基因生物一旦脱离实验室或生产、使用环节，可能会不受局限地在环境中积累，或可能将携带的外源基因通过交换重组的方式传播给野生的近缘物种。这些情况将对人员、环境造成不可逆转的损害，因此必须以预防为原则来对待转基因生物及其生物制品。

对转基因生物的控制不仅需要个人、团体的努力，更需要国家与国家之间的协同工作。2000 年 1 月 29 日在《生物多样性公约》缔约国大会上，通过了第一部有关 LMO（活性转基因生物体）管理的国际法规《卡塔赫纳生物安全议定书》，决定采取切实措施防范外来转基因生物给人类健康、农业生物和环境生物安全所造成的威胁。该议定书虽未涉及供人类使用的药物 LMO，但将对相关条文的出现起到一定的推动作用。英国 2002 年公布的转基因食品安全法包含了多条转基因生物制品相关内容。我国也是议定书的缔约方之一。近年来国内颁布实施了《基因工程安全管理办法》（1993 年）、《新生物制品审批办法》（1999 年）、《农业转基因生物安全管理条例》（2001 年）等一系列的相关法律法规。但是，目前完整的转基因生物制品的生物安全立法尚未形成。

三、生物制品的毒副作用

生物制品往往被认为比传统的药物更加安全。但通过临床使用，发现不少生物制品具有潜在的毒副作用。这主要是因为生物制品由活性物质制成，通常能对人体的免疫系统产生多方面的作用，而这正是导致毒副作用的机制。这种毒副作用在传统的化学药物上是不容易看到的。因此，对研究开发过程中及已经上市的生物制品，均应对其作用机制进行更为广泛、全面、深入的研究，以期更好地掌握它们的使用范围和适应证。

生物制品的生物安全需要全社会高度重视，需要研究者、生产者、管理者、使用者共同努力维护。因此，虽然生物制品在疾病诊断和防治、食品工业发展等多方面具有巨大的潜能，对于生物制品的使用仍需谨慎对待。

思考题

扫码“练一练”

1. 什么是人工主动免疫？什么是人工被动免疫？两者之间的区别是什么？
2. 比较活疫苗和死疫苗的特点。
3. 什么是免疫治疗？什么是免疫增强剂？什么是免疫抑制剂？请分别举两个例子。
4. 什么是生物制品？试列举五种生物制品。
5. 应从哪几个方面注意生物制品的生物安全问题？

（窦　洁）

第三篇

微生物学在药学中的应用

第十八章　微生物制药

扫码“学一学”

本章主要介绍抗生素、氨基酸、酶制剂等与医药相关的并适合微生物发酵生产的代谢产物。熟悉这些微生物代谢产物的医药用途以及微生物发酵生产特点，对于了解微生物在药物开发和生产中的作用具有重要意义。其中，关于抗生素生物合成的主要代谢调控机制、氨基酸的代谢控制育种方法与生产菌种稳定控制技术等内容，可为药学类专业学生从事微生物制药相关工作奠定一定的理论基础。

第一节　抗生素

扫码“看一看”

拮抗是指一种微生物在其生命活动过程中，产生某种代谢产物或改变环境条件，从而抑制其他微生物的生长繁殖，甚至杀死其他微生物的现象。抗生素（antibiotic）就是在研究微生物拮抗作用的过程中发现的。1929 年，Fleming 研究筛选可抑制金黄色葡萄球菌的化学药物过程中偶然发现污染的青霉菌可产生一种对葡萄球菌、白喉杆菌等细菌有抑菌作用的抗菌物质，并将其命名为青霉素。但他没有对青霉素进行纯化用于化学治疗试验，因此青霉素被埋没了十年。1940 年，Florey 和 Chain 采用溶媒萃取法从青霉菌培养液中获得青霉素粗品，并于 1941 年在临床试验中获得成功，第一个可供医用的抗生素就此诞生。随后，Waksman 于 1944 年从土壤分离的放线菌培养液中获得链霉素。二十世纪五十年代，抗生素发酵生产进入高峰时期。二十世纪六十年代，以已知抗生素为原料进行结构改造的半合成抗生素研制开始兴起，并于二十世纪七十年代进入高潮。目前，从自然界发现和分离的抗生素已达一万多种，通过结构改造制备的半合成抗生素接近十万种，而实际可供临床使用的抗生素大约一百多种，连同各种半合成衍生物及盐类共三百余种，从而使人类的健康问题发生了革命性的改变。

一、抗生素的概念和分类

（一）抗生素的概念

抗生素的早期概念是指那些由微生物产生的，能抑制其它微生物生长的物质。最初发现的一些抗生素主要是对细菌具有抑制或杀灭作用，因而曾被称为抗菌素。不过，随着研究的深入，抗生素的应用范围渐渐超过了抗菌的范围，抗生素的内涵也逐步扩大，相继发现了具抗炎症反应、抗真菌、抗病毒、抗肿瘤活性的抗生素，并被广泛应用于临床治疗。所以，按照现有的抗生素定义，抗生素的作用不仅仅是抗菌作用，其作用还包括抗肿瘤作用、抗病毒作用、抑制免疫作用、杀虫作用、除草作用等，而且其来源也不局限于微生物，现在发现植物和动物也能产生抗生素，例如植物产生的蒜素和动物产生的鱼素。因此，有必要明确抗生素的确切定义：“抗生素是生物（包括微生物、植物、动物）在其生命活动过程中产生的（或以化学、生物、生物化学方法衍生的），能在低微浓度下有选择性抑制或影响它种生物功能的有机化合物。”

（二）医用抗生素的特点

目前发现的抗生素种类较多，但真正可用于临床治疗却并不多，只有近百种。这主要是由于医用抗生素有其基本要求，即应该具有较大的差异毒力、生物活性强且作用具有选择性。

1. 有较大的差异毒力　差异毒力即抗生素对微生物或癌细胞的抑制、杀灭作用，与对机体损害的差异。抗生素的差异毒力越大，就越有利于其临床应用。抗生素的差异毒力大小和抗生素作用机制有关。当某种抗生素抑制了微生物的某一代谢，而此代谢又是宿主不具有的，该抗生素就具有较大的差异毒力。例如，青霉素能抑制细菌的细胞壁合成，而人及哺乳动物细胞不具有细胞壁，因此青霉素的差异毒力非常大，临床应用非常广泛。

2. 生物活性强大　抗生素生物活性强体现在极微量的抗生素就能对微生物具有抑制或杀灭作用。一种抗生素抗菌作用的强弱常用最低抑菌浓度（minimal inhibitory concentration，MIC）来表示。MIC 即指能抑制细菌生长所需药物的最低浓度，抗生素的 MIC 一般以 μg/ml 为单位表示，其值越小表示抗生素的抗菌能力越强。

3. 抗生素的作用具有选择性　不同的抗生素的作用机制有所不同，因而每种抗生素都具有一定的抗菌谱或抗瘤谱。抗菌谱是指某种抗生素所能抑制或杀灭微生物的范围和所需剂量。范围广泛者称为广谱抗生素，范围狭窄者称为窄谱抗生素。抗癌抗生素所能抑瘤的范围称为抗瘤谱。

以上三点是医用抗生素的最基本要求。此外，良好的抗生素还应该具有吸收快、血药浓度高、不容易产生抗药性、不易引起超敏反应、毒副反应小等优点。

（三）抗生素的分类

抗生素种类繁多，性质复杂，有多方面的用途，现尚无较统一的分类方法。研究者根据需要从不同角度对抗生素进行分类，习惯上一般以产生菌来源、作用对象、作用机制、化学结构等作为分类依据。这些分类方法各有其适用范围，其中根据产生菌来源和化学结构的分类系统应用最为广泛。

1. 根据抗生素的产生菌来源分类

（1）细菌产生的抗生素　约有 850 种，占微生物产生的抗生素的 9%，产生抗生素的细菌主要是芽孢杆菌属的多黏芽孢杆菌和枯草杆菌、假单孢菌属的绿脓杆菌和肠道细菌。芽孢杆菌属细菌产生的抗生素绝大多数是多肽类抗生素，如多黏菌素、杆菌肽等。这些多肽类抗生素对肾脏毒性较大，多作为局部用药。值得注意的是，人们还分别从芽孢杆菌、假单孢菌 、节杆菌、棒状杆菌中筛选到属于氨基糖苷类、β－内酰胺类、大环内酯类、氯霉素类的新抗生素。这说明从细菌中寻找新抗生素是有潜力的。

（2）放线菌产生的抗生素　约有 4200 种，其中以链霉菌属产生的抗生素最多，其次是小单孢菌属和诺卡菌属。不过，现已有越来越多的新抗生素来源于上述三个属以外的放线菌，即所谓稀有放线菌属。放线菌产生的抗生素主要有氨基糖苷类、四环类、大环类酯类、多烯类、放线菌素类。

（3）真菌产生的抗生素　约有 1450 种，其中比较重要的有青霉菌属产生的青霉素和头孢菌属产生的头孢菌素 。此外还有青霉菌属产生的灰黄霉素等。

（4）植物和动物产生的抗生素　约 2800 种，如地衣和藻类植物产生的地衣酸，从被子植物蒜中制得的蒜素，从动物脏器制得的鱼素等。

2. 根据抗生素的化学结构进行分类　化学结构决定抗生素的理化性质、作用机制、疗效，所以按化学结构分类有重要意义。习惯上将抗生素分为五大类，但由于抗生素结构的类型很多，尚有许多抗生素不被包括在五大类抗生素之中。

（1）β - 内酰胺类抗生素　这类抗生素分子中含有一个 β - 内酰胺环，如青霉素、头孢菌素等。

（2）氨基糖苷类抗生素　这类抗生素分子中既含有氨基糖苷，又含有氨基环醇的结构，如链霉素、卡那霉素等。

（3）大环内酯类抗生素　这类抗生素分子中含有一个大环内酯，如红霉素、麦迪霉素等。

（4）四环类抗生素　这类抗生素分子中含有四骈苯，如四环素、金霉素等。

（5）多肽类抗生素　这类抗生素是由氨基酸组成的小分子多肽，分子中常含有一些非蛋白质氨基酸、环状结构，有些还含有部分非氨基酸组分。常见的多肽类抗生素有多黏菌素、杆菌肽等。

二、抗生素产生菌的分离和筛选

抗生素产生菌的分离和筛选是研究开发新抗生素的第一步工作。以下以分离土壤放线菌为例，简要说明抗生素产生菌的分离和筛选过程以及研究开发新抗生素的工作步骤。

（一）土壤微生物的分离

1. 采土　需注意土壤的环境和性质、采土的时机、记录、无菌操作等。放线菌在较干燥、偏碱性、有机质丰富的土壤中数量较多。采土以春、秋两季为宜，避免雨季。雨季易长霉，影响放线菌的生长。采土时，去除植被及表土，取 5 ~ 10cm 深处的土壤，装入无菌容器，贴上标签。

2. 分离放线菌　取土壤样品以无菌水稀释或直接去少量研碎的土壤，接种于对放线菌适宜的琼脂培养基上，培养基不同可分离到不同的菌种，因此在分离时最好多选用几种培养基。为避免真菌污染，分离时可于培养基中加入一些抑制真菌生长的药物。经培养后挑取放线菌菌落移种与斜面，经斜面培养后，获得纯培养。

（二）筛选

筛选是指从大量分离到的菌株中鉴别出极少数有实用价值的抗生素产生菌的过程。在新抗生素产生菌的筛选中，应根据目的选择合适的筛选模型和筛选方法。

1. 筛选模型　是指在筛选工作中为检测抗生素生物学活性而使用的试验菌、噬菌体、肿瘤细胞等。应根据筛选目的选用合适的筛选模型。为了避免感染病原菌的危险，通常选用非致病的、而又能代表某些类型病原菌的微生物作为试验菌。例如，用金黄色葡萄球菌代表革兰阳性球菌、枯草芽孢杆菌代表革兰阳性性杆菌、耻垢分枝杆菌代表结核分枝杆菌、大肠埃希菌代表革兰阴性杆菌、假丝酵母菌代表酵母状真菌、曲霉代表丝状真菌、噬菌体代表病毒或肿瘤细胞等。

2. 筛选方法　要筛选具有抗菌作用的抗生素一般采用琼脂扩散法。先制备含试验菌的琼脂平板，然后以含有放线菌摇瓶培养发酵液的滤纸片或一定大小的放线菌琼脂培养块放在含试验菌的平板上，培养后观察有无抑菌圈产生。可供选择的筛选方法有多种多样。例如，筛选抗肿瘤抗生素可采用噬菌体、细胞膜缺陷型酵母突变株、精原细胞、肿瘤细胞等多种筛选方法。其原理是抗肿瘤抗生素对以上的微生物或细胞有抑制作用。

（三）早期鉴别

经过筛选后获得的抗生素产生菌需早期鉴别，对有价值的抗生素产生菌需从产生菌和其产生的抗生素两个方面进行鉴定，鉴定过程中需和已知菌及已知抗生素进行比较鉴别。

产生菌方面应进行形态、培养、细菌生化反应等试验对抗生素产生菌进行初步的分类鉴定。了解产生菌的生物学性质有利于和已知菌比较，有利于对发酵条件的掌握。

抗生素方面应进行抗菌谱（或抗瘤谱）的测定，还应采用纸层析法测定抗生素再的极性和在各种溶媒中的溶解度，用纸电泳法判断抗生素是酸性、碱性、中性或两性，所得结果除与已知抗生素比较进行鉴别外，还供进一步从发酵液分离抗生素时作为参考。随着抗生素进一步的分离、纯化，可采用更为深入的方法鉴别，如各种光谱分析，测定抗生素的结构。

（四）分离精制

将可能产生新抗生素的产生菌进行扩大发酵培养，然后选择合适的方法法将抗生素从培养液中提取出来，加以精制纯化。获得足够量的精制抗生素样品供临床前试验研究和临床试验使用。

（五）临床前试验研究

分离精制获得的抗生素样品必须先进行一系列的临床前试验研究。临床前研究包括对动物的（急性、亚急性、慢性）毒性试验、动物体内治疗试验、药物在动物体内的分布、排泄、代谢等动力学试验、摸索适宜的药物剂量、给药方式、了解药物不良反应、致突变、致癌、致畸胎试验等。

为了保障人民群众的用药安全，规范临床前试验管理，国家制定了《药品临床前研究质量管理规范》（Good Laboratory Practice For Nonclinical Stadies，GLP）。GLP 是临床前试验研究必须遵循的规范。临床前试验研究的结果需上报有关药政管理部门审查合格后方可进行临床试验。

（六）临床试验

临床试验是将药物应用到人体的试验。为了用药安全，国家制定了《药品临床试验管理规范》（Good Laboratory Practice For Clinical Studies，GCP）。凡新药进行各期临床试验，均需严格按照 GCP 进行。经临床试验效果良好的药物，再经药政部门审查批准，才可投入生产和临床使用。

三、抗生素的制备

抗生素的制备分为发酵和提取两个阶段。发酵是指抗生素产生菌在一定培养条件下生物合成抗生素的过程，此过程包括菌体生长和产物合成这两种不同性质的代谢过程。提取是指将抗生素从发酵培养物中提取出来并加以精制，制成抗生素成品。抗生素生产的一般流程如下：菌种→孢子制备→种子制备→发酵→发酵液预处理→提取和精制→成品检验→成品包装。

（一）发酵阶段

1. 抗生素发酵的特点　抗生素发酵具有需氧发酵、深层发酵、纯种发酵的特点。

（1）需氧发酵　目前的抗生素发酵一般都是需氧发酵，在发酵过程中需要不断地通入无菌空气和进行机械搅拌，以提供足够量的氧给抗生素产生菌进行代谢。

（2）深层发酵　抗生素的现代化工业生产一般采用液体深层发酵，在大型发酵罐中进行生产。发酵罐体积较大，并附有控制发酵温度的冷却设备。

（3）纯种发酵　抗生素发酵工业要求纯种发酵，发酵过程需注意防止杂菌的污染。发酵液一旦染菌，后果比较严重，可导致产量下降、提取困难、甚至全部发酵液报废。

2. 抗生素发酵的一般流程 抗生素发酵流程一般包括孢子制备、种子制备、发酵这三个阶段。这是对产生菌逐步扩大培养的过程。

（1）孢子制备 目的是将菌种进行培养，制备一定数量和质量的孢子供种子制备使用。孢子制备一般在茄子瓶内进行，根据真菌、放线菌产生孢子的特点，产孢子培养基中的氮源、碳源不宜丰富。

（2）种子制备 目的是使孢子萌发生长，形成一定数量和质量的菌丝供发酵使用。种子制备一般在种子罐内进行。由孢子接种进罐的种子罐称为一级种子罐，若需继续扩大培养种子，可将一级种子罐的种子移种到体积和装量更大的二级种子罐，由此类推还有三级种子罐。用一级、二级、三级种子罐的种子移种到发酵罐所进行发酵分别称为二级、三级、四级发酵。抗生素发酵多采用三级发酵，少数生长缓慢的放线菌采用四级发酵。种子培养基要求采用玉米浆等一些易于被产生菌迅速利用、生长因子丰富的营养物质，以适合种子培养的需要。

（3）发酵 种子移种到发酵罐以后，在发酵罐内的发酵过程可分为三个阶段：菌体生长阶段、抗生素产物合成阶段、菌体自溶阶段。抗生素发酵的目的是获得抗生素产量。因此需选择合适的发酵培养基和培养条件缩短菌体生长阶段，使菌体代谢转入抗生素合成代谢。进入抗生素合成阶段后，需采用加糖、补料等方式延长抗生素合成期，以获得较高的产量。随着营养物质消耗、代谢产物积累，发酵将不可避免地进入菌体自溶期。此时应及时终止发酵，以避免发酵产物损失和给提取带来困难。

整个发酵过程应加以控制的因素如下。

1）防止杂菌污染 在抗生素发酵过程中污染杂菌的主要原因有培养基和发酵设备灭菌不彻底、种子带有杂菌、空气过滤系统被污染、发酵设备渗漏、操作不慎等，在移种、取样等过程中应进行严格的无菌操作，并根据需要多次取样进行无菌检查。

2）营养物质的控制 发酵培养基应适当丰富，要满足菌体生长和产物合成两个方面的需要。其原材料应尽可能价廉、且来源广泛。为了延长抗生素合成期，抗生素发酵工业中广泛采用中间补料工艺。

3）pH 的控制 pH 是一项综合生物化学指标。菌体生长阶段和产物合成阶段各有其不同的最适 pH 的范围。控制发酵过程的 pH，可通过在发酵培养基中加入一些缓冲物质如碳酸钙等，使发酵过程的 pH 保持相对稳定；还可通过中间补料的方式，补入一些生理酸性物质或生理碱性物质，来调节发酵过程的 pH 变化。例如，在青霉素发酵过程中采用葡萄糖流加工艺，葡萄糖是生理酸性的碳源，既补充了青霉素发酵所需的碳源，又调节了发酵液的 pH。这种调节控制发酵液 pH 的方式，具有良好的生产效果。在发酵过程中还可直接加酸或碱来 pH，但由于其生产效果较差，较少使用该方法。

4）温度的控制 菌体生长和产物合成各有其最适温度。这是因为菌体生长和产物合成所需的酶不同，不同的酶有不同的最适反应温度。菌体生长所需的最适温度通常高于抗生素合成所需的最适温度，因此抗生素发酵多采用变温发酵。微生物发酵会产生大量的发酵热，可通过包围发酵罐的夹套或蛇形管导入冷水或热水控制发酵温度。

5）前体的调控作用 前体是能直接参与抗生素分子的组成而自身结构无显著变化的物质。采用添加前体进行发酵的方式，可控制抗生素合成的方向，并增加抗生素的产量。例如，青霉素 G 的发酵生产以苯乙酰胺作为前体、红霉素的发酵生产以丙醇为前体，均获得良好的生产效果。上述前体对产生菌有一定毒性，使用时应分批少量加入。

6）通气、搅拌及消沫　抗生素发酵是需氧发酵。通过空气过滤系统为发酵罐内输入无菌空气，空气中的氧分子溶入发酵液中供产生菌利用。同时在发酵罐内设置搅拌和挡板以增加通气效果。发酵液中所含有的蛋白质是良好的发泡物质。产生菌对这类物质的代谢将导致发酵过程的某些阶段产生大量泡沫，搅拌和通气更加剧了泡沫的产生。大量泡沫会造成发酵罐逃液（泡沫使发酵液液面上升以致发酵液随着泡沫从排气管道排出发酵罐），并且易导致染菌。因此，发酵中必须消沫。消沫可采用消沫剂、消沫浆等多种方式。

7）发酵终点的判断　随着发酵过程的进行，营养物质被消耗，代谢物在发酵液中积累，发酵进入菌体自溶期。此时应终止发酵。发酵进入发酵终点有下列表现：抗生素产量增加不显著（甚至有所下降）；菌体形态出现自溶；氨基氮含量上升；发酵液黏度升高；pH 不正常等。

（二）发酵液预处理及提取阶段

1. 发酵液预处理　对发酵液进行预处理的目的是除去发酵液中的重金属离子、蛋白质、菌体，以利于以后的提取操作。预处理的方法包括加热方法使蛋白质凝固，加入草酸、磷酸、黄血盐除去钙、镁、铁等高价离子。调节发酵液 pH 以利于蛋白质和某些盐类的沉淀。当重金属离子、蛋白质等形成沉淀后，采用过滤或离心等方法除去重金属离子、蛋白质、菌体，获得过滤液。

2. 提取　常用的提取方法主要有以下四类。

（1）溶媒萃取法　抗生素在不同 pH 条件下以不同的化学状态（游离酸、碱或盐）存在，在水及有机溶媒中溶解度不同，分子态的抗生素游离酸或碱易溶于有机溶媒（非极性溶剂），而离子态的抗生素盐类易溶于水（极性溶剂）。这样可以通过调节 pH 的方法将抗生素从水相转移至有机溶媒相，或将抗生素从有机溶媒相转移至水相，达到浓缩和纯化的目的。采用溶媒萃取法，所选用的溶媒与水应是互不相溶或仅有小部分互溶，溶媒还应该对抗生素有较大的溶解度和选择性，这样才能用少量的溶媒使抗生素提取完全，并分离去掉一部分杂质。

（2）离子交换法　是应用离子交换树脂进行分离提取的方法。利用某些抗生素能解离为阳离子或阴离子的特性，使其与离子交换树脂进行交换，将抗生素吸附在树脂上，然后再以适当的条件将抗生素从树脂上洗脱下来，达到分离、浓缩、纯化的目的。此方法具有成本低、设备简单、操作方便等优点，应用较为广泛。

（3）沉淀法　是利用抗生素在等电点时，或与酸、碱、金属盐类形成不溶性或溶解度极小的复盐时，沉淀出抗生素。

（4）吸附法　是利用适当的吸附剂，在一定 pH 条件下，使发酵液中的抗生素被吸附剂吸附，然后再以适当的洗脱剂将抗生素从吸附剂上洗脱下来，达到浓缩和纯化的目的。常用的吸附剂有活性碳、氧化铝、硅胶、大网格聚合物等。

上述四种提取方法的操作均需要调节 pH 使抗生素的性质适应提取的需要。经提取获得抗生素粗品后，还需要对抗生素粗品进一步精制以提高抗生素产品的纯度。上述四种提取方法均可用于精制。此外，还有一些新的提取技术如双水相萃取技术、超滤技术、亲和层析技术等。

四、抗生素的生物合成

（一）次级代谢产物的特点

次级代谢产物是指那些由微生物合成的，但对微生物自身的生长、繁殖无显著功能的各种代谢产物。如抗生素、色素等。次级代谢产物一般具有以下特点。

1. 对微生物自身的生长、繁殖无显著功能 初级代谢产物是微生物生长、繁殖所必须的小分子有机物。如维生素、氨基酸、嘌呤、嘧啶等。初级代谢产物通过代谢最终合成微生物生长、繁殖所需的多种组成。而次级代谢产物如抗生素、色素等对微生物的生长、繁殖无显著功能。

2. 与初级代谢紧密相连 次级代谢是在初级代谢基础上形成的。先有初级代谢，而后才有次级代谢。当环境中营养物质充足时，微生物首先进行初级代谢，进行生长、繁殖。但当营养环境发生了变化，某些营养因素受到限制时，微生物的代谢转向次级代谢，一些受到初级代谢分解代谢物阻抑的次级代谢物合成酶开始合成，由某些初级代谢中间代谢物或初级代谢产物转向合成次级代谢产物。这样，微生物就能在营养环境发生变化，不再适合微生物生长、繁殖，而某些初级代谢又不能及时“刹车”的情况下，通过将初级代谢转向次级代谢，避免某些初级代谢产物合成受到限制时，另一些初级代谢产物过量合成所造成的不平衡生长。不平衡生长会造成微生物的死亡。从这种意义上来说，次级代谢是一种有利于微生物物种生存的代谢类型。

3. 在一定条件下能大量合成 初级代谢产物合成普遍受到严格的终产物反馈调节，一般不能大量合成。而次级代谢产物合成一般不受终产物反馈调节，在一定条件下能大量合成。和次级代谢产物大量合成有关的条件主要有微生物的生长速率、分解代谢物调节、初级代谢基础等。

（二）抗生素生物合成的代谢途径

1. 抗生素合成的基本过程 抗生素合成基本过程如下：营养物摄入细胞→形成初级代谢中间产物（或初级代谢产物）→合成抗生素前体→抗生素前体经修饰、重排等→进入各抗生素所特有的合成途径→聚合或装配，合成抗生素。

2. 抗生素合成有关的主要代谢途径 用各种突变株以及同位素示踪技术研究表明，抗生素合成的前体物质主要来自下列途径：①脂肪酸代谢（如乙酸盐、丙酸盐等）；②氨基酸代谢；③糖代谢；④嘌呤及嘧啶代谢；⑤芳香族生物合成（莽草酸途径）；⑥一碳基团转移（甲基库）。多数抗生素的前体物质并不是由单一途径而来，而是经多条代谢途径合成的。

3. 抗生素生物合成的调节与控制机制 由于抗生素产生菌的不同以及抗生素种类的不同，抗生素生物合成的调节与控制的方式各不相同。但是，抗生素作为一种次级代谢产物，抗生素生物合成（发酵生产）的调节与控制有明显的共性。抗生素生物合成的调节与控制机制主要表现在如下三个方面。

（1）受产生菌生长速率的调节 大量合成抗生素的时期是微生物生长曲线的稳定期。此时产生菌不生长或稍有生长。在抗生素产生菌迅速生长时期，抗生素不能合成或只有很少量的合成。在发酵过程中的菌体生长阶段，抗生素发酵产量是很低的，随着菌体生长进入稳定期，才有抗生素的大量合成。抗生素发酵工业中通常采用加糖、补料等方式来延长菌体生长的稳定期，以提高抗生素的发酵产量。在抗生素合成阶段，若加入一定量的磷酸盐，会恢复产生菌的迅速生长，使次级代谢转向初级代谢，导致抗生素发酵产量降低。

（2）受分解代谢物调节　分解代谢物调节是指培养基中的一些能够被产生菌迅速（或优先）利用的营养物质（包括碳源、氮源、磷源等）以及它们的分解代谢产物，对其他多种代谢酶的调节作用。调节作用主要有分解代谢物阻抑和分解代谢物抑制这两种方式。调节作用的强弱程度和该营养物质的代谢速率有关。例如，在青霉素发酵生产中有“葡萄糖效应”现象，产生菌迅速利用培养基中的葡萄糖，随着葡萄糖的分解代谢，其分解代谢物抑制青霉素的生物合成。所以，“葡萄糖效应”实质上是一种碳源分解代谢物调节作用。“葡萄糖效应”不仅抑制青霉素的合成，还抑制其他多种抗生素的合成以及乳糖的分解利用等。

分解代谢物调节对次级代谢产物生物合成的作用较大，作用范围较为广泛，作用方式多种多样。对其作用效果的控制，主要是通过控制营养物质的代谢速率。例如，青霉素发酵生产采用葡萄糖流加工艺控制葡萄糖的代谢速率，有效地避免了“葡萄糖效应”。

（3）需要合适的初级代谢基础　抗生素生物合成是在初级代谢基础上形成的，在菌体生长阶段，通过初级代谢不仅为抗生素生物合成提供合适的菌体量，还需要菌体生长得比较健壮，处于比较适合抗生素合成的状态。高质量的种子和合适的培养条件是达到此目的的关键。在抗生素合成阶段，需要初级代谢为抗生素合成提供代谢能量和有机碳骨架。此阶段的初级代谢应控制在合适的水平，既要维持菌体细胞合成抗生素的活力，又要防止产生菌大量生长，不利于抗生素的生物合成。

第二节　氨基酸

一、概述

氨基酸（amino acid）是构成蛋白质的基本单位，是人体及动物的重要营养物质，具有重要的生理作用。因此氨基酸的生产和应用受到人们重视。目前，构成蛋白质的大部分氨基酸均可用发酵方法生产。1973 年，用固定化菌体进行天冬氨酸的工业规模的生产，为酶法生产氨基酸显示了光明前景。利用基因工程技术将氨基酸合成酶基因克隆是提高氨基酸产量的有效途径。目前，几乎所有的氨基酸合成酶基因都可以在不同系统中克隆与表达。其中苏氨酸、色氨酸、脯氨酸和组氨酸等的工程菌已达到工业化生产水平。

氨基酸主要应用于以下几个方面。

食品工业：小麦、玉米、稻米等植物蛋白质缺少赖氨酸、苏氨酸和色氨酸，适量添加这些氨基酸于食品中，可提高食品的营养价值。某些氨基酸具有调味作用，具有鲜味的氨基酸有谷氨酸和天冬氨酸，具有甜味的有甘氨酸、丙氨酸、L－天冬氨酰苯丙氨酸甲酯等。

饲料工业：一般饲料中缺乏赖氨酸和蛋氨酸，适量添加这两种氨基酸可提高饲料的营养价值，促进鸡多产蛋与猪的生长。

医药工业：在医药上用量最大的是氨基酸输液。手术后或烧伤等患者需大量补充蛋白质营养，可注射各种氨基酸混合液，即氨基酸输液。此外，许多氨基酸及其衍生物可用来治疗多种疾病。

化学工业：用谷氨酸可制备对皮肤无刺激性的洗涤剂（十二烷酰基谷氨酸钠肥皂）、能保持皮肤湿润的润肤剂（焦谷氨酸钠）、质量接近天然皮革的聚谷氨酸人造革以及人造纤维和涂料。

农业：利用氨基酸可以制造具有特殊作用的农药。使用N－月桂酰－L－异戊氨酸，能防止稻瘟病，又能提高稻米的蛋白质含量。氨基酸烷基脂及N－长链酰基氨基酸能提高农作物对病害的抵抗力，具有和一般杀菌剂一样的效果。氨基酸农药可被微生物分解，是一种无公害农药。

氨基酸的生产方法可分为：①抽提法；②直接发酵法；③添加中间产物的发酵法；④酶法；⑤合成法。

以上五种氨基酸生产方法各有特点，其中酶法能得到L－型氨基酸，产物浓度高，易于提取。采用固定化菌体或固定化酶，其优点更突出。由化学合成方法得到合适的中间体，配合酶法制造氨基酸是氨基酸生产的一个重要发展方向。

二、氨基酸代谢控制育种与发酵技术

（一）氨基酸代谢控制育种技术

氨基酸产生菌最初是由自然环境中筛选得到的。但是，氨基酸作为微生物细胞中的基本组分，其生物合成受到严格的代谢调节控制，一般不能满足工业上大量生产氨基酸的需要。为了大量生产氨基酸，必须采取多种措施，以打破微生物对氨基酸生物合成代谢的调节控制。在氨基酸产生菌的菌种选育工作中常采用营养缺陷型突变株、抗氨基酸结构类似物突变株、细胞透性改变的突变株来消除或减弱终产物反馈调节，使产生菌的代谢朝着有利于大量合成某中人们所需要的氨基酸方向发展。

1. 氨基酸营养缺陷型突变株的选育 以下简要介绍青霉素富集法和影印接种法分离营养缺陷型的技术。将诱变处理后的菌液接种完全培养基中进行培养，使营养缺陷型突变株充分表达。再将培养液离心分离得到菌体。所得菌体经洗涤除去多余的营养物质后，转入含有青霉素（100u/ml）的基本培养基中富集营养缺陷型。没有发生营养缺陷型突变的野生型菌株可在基本培养基上生长，发生细胞分裂。但由于新生成的细胞不能合成细胞壁而破裂死亡。而营养缺陷型突变株由于在基本培养基上不能生长，因此青霉素不能将其杀死，得以保存下来。将上述经过青霉素富集的培养液（营养缺陷型约占1%），用完全培养基平板进行培养，所得菌落分别影印接种于基本培养基平板和完全培养基平板进行培养，找出在基本培养基上不能生长的菌落（营养缺陷型突变株）进行营养要求的测定。

2. 抗氨基酸结构类似物突变株的选育 将菌种诱变处理，接种于含抑制浓度的氨基酸结构类似物的培养基中，由于此种培养条件下正常菌株不能生长，而抗氨基酸反馈调节的突变株能够生长，因此可筛选出抗氨基酸结构类似物突变株。例如，采用S－（2－氨基乙基）－L－半胱氨酸（AEC）作为赖氨酸的结构类似物，选育抗AEC突变株用于生产赖氨酸。

3. 细胞透性改变的突变株的选育 细胞凭借有透性酶参与的主动运输系统摄取或排出某一化合物。正常情况下，这种摄取或排出的效率是不同的。一般来说，透性酶在细胞内与氨基酸的亲和力较低，在细胞外与氨基酸的亲和力较高。这样使氨基酸在细胞内的代谢库中逐步累积。如果透性酶发生突变，使透性酶在细胞外与氨基酸的亲和力变低，以至突变株能将此种氨基酸顺利排出细胞外，这样可以大大提高这种氨基酸的产量。例如，大肠杆菌抗AEC的抗性突变株能产生大量赖氨酸，其生产能力提高并非由于打破天冬氨酸激酶和二氢吡啶二羧酸的反馈调节，而是由于改变了赖氨酸主动运输系统，使菌体在细胞外赖氨酸浓度比细胞内浓度高5倍的情况下，仍能继续排出细胞内合成的赖氨酸，从而获得赖氨酸的高产。

由细胞透性改变突变株增产氨基酸的另一个例子，是谷氨酸棒杆菌的生物素营养缺陷型增产谷氨酸，由于该突变株不能合成生物素，在生物素限量供应的条件下，该菌株的细胞膜合成有缺陷，细胞透性增大，使谷氨酸更容易透出细胞，避免了细胞内谷氨酸终产物反馈调节，从而增产谷氨酸。与此类似，谷氨酸棒杆菌的油酸缺陷型或甘油缺陷型均能增产谷氨酸。

筛选细胞膜透性改变的突变株，除了上述筛选抗氨基酸结构类似物突变株和营养缺陷性突变株的方法外，一般用筛选抗作用于细胞膜的抗生素或表面活性剂的抗性突变株来获得。

（二）氨基酸发酵的代谢控制

用氨基酸生产菌种发酵生产氨基酸的关键是控制发酵条件和保持生产菌种在大规模发酵过程中的稳定。

1. 发酵条件的控制菌种选育　使得菌种具有某些遗传特性而有利于某种氨基酸的大量生成，但是菌种的遗传特性必须在适宜的培养条件下才能表现出来。例如，以糖质为发酵原料，用谷氨酸棒杆菌的生物素营养缺陷型生产谷氨酸，谷氨酸的生物合成途径如图 18－1 所示。

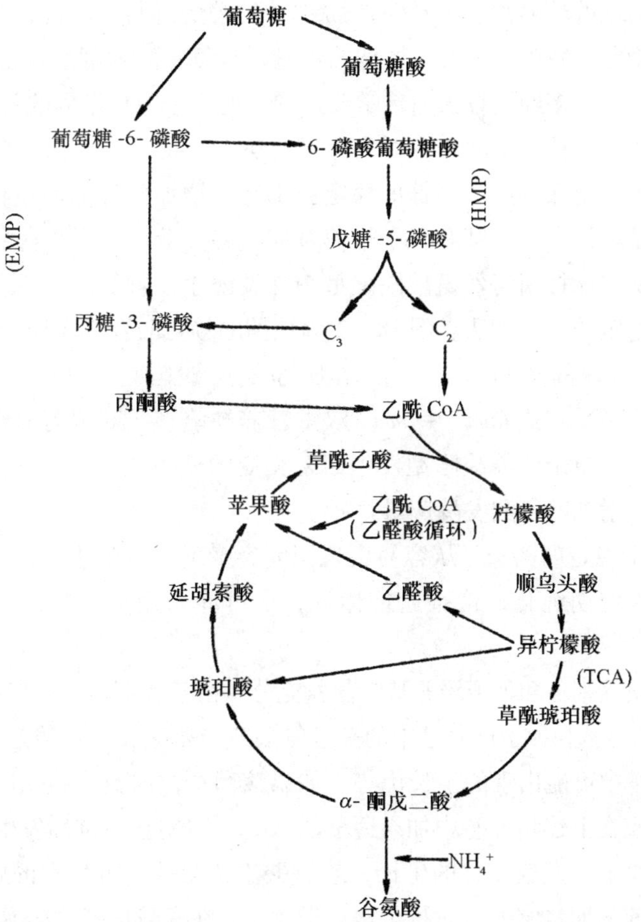

图 18－1　谷氨酸棒杆菌的谷氨酸合成途径

谷氨酸棒杆菌的 α－酮戊二酸脱氢酶活力低，尤其当生物素缺乏时，三羧酸循环

（TCA）到生成α－酮戊二酸时，即受到阻挡。在铵离子存在的条件下，α－酮戊二酸受高活力的谷氨酸脱氢酶作用，转变成谷氨酸。谷氨酸棒杆菌发酵生产谷氨酸主要需控制如下的培养条件：①氧。通气量不足，发酵产物为乳酸或琥珀酸。通气量充足，发酵产物为谷氨酸。②铵离子。铵离子浓度低，发酵产物为α－酮戊二酸。铵离子浓度适量，发酵产物为谷氨酸。铵离子浓度过高，发酵产物为谷氨酰胺。③pH。酸性易生成N－乙酰谷氨酰胺；中性或偏碱性易生成谷氨酸。④磷酸盐。高浓度磷酸盐易导致生成缬氨酸。适量浓度磷酸盐有利生成谷氨酸。⑤生物素。生物素过量易生成乳酸或琥珀酸。生物素限量有利生成谷氨酸。

培养条件不同，将导致发酵产物不同，控制适量的磷酸盐浓度、生物素浓度、通气培养、以流加尿素的方式调节pH和提供适量的铵离子，可以使谷氨酸发酵得以顺利进行。

2. 控制生产菌株稳定的方法 氨基酸生产菌株常采用营养缺陷型或渗漏营养缺陷型以及抗氨基酸结构类似物突变株，其目的就是要阻断或减弱其他支路的代谢，避免反馈调节，使生产菌株的代谢处于不平衡状态，有利于基质的代谢朝着生产需要的氨基酸合成方向发展，从而生产出大量生产需要的氨基酸。但是，在大规模的发酵生产中生产菌种的代谢不平衡使得生产菌种处于不稳定状态，容易发生回复突变。由于回复突变株往往比代谢不平衡的生产菌种具有更快的生长速率（但却是低发酵产量的菌株，可形象地把这些回复突变株比喻为光吃饭不干活的家伙），随着发酵培养时间的延长和菌的生长繁殖，回复突变株大量出现于发酵中、后期的培养液中，严重威胁正常发酵的进行。因此，在发酵生产中，如何使生产菌种保持稳定，减少回复突变菌株的数量，是氨基酸发酵产量稳定和高产的关键。这也是基因工程菌以及许多经过重大遗传学改造的工业生产菌株发酵的关键技术。

为了防止工业生产菌株在发酵培养时发生回复突变，使发酵产量下降甚至导致发酵失败，主要可采取如下措施保持生产菌株的稳定：①定向增加菌种的遗传标记。②选育遗传上稳定的菌株。③菌种保存培养基和种子培养基应营养充分。④添加药物抑制回复突变株的生长。下面以谷氨酸棒杆菌高丝氨酸缺陷型菌株发酵生产赖氨酸为例，说明防止回复突变，保持生产菌株稳定的一般方法。图18－2为该菌的赖氨酸合成途径。

（1）定向增加菌种的遗传标记　如增加苏氨酸缺陷型（thr^-）或蛋氨酸缺陷型（met^-），育成$hom^- + thr^-$或$hom^- + met^-$双重营养缺陷型，双重营养缺陷型同时发生回复突变的概率远远低于单个营养缺陷型发生回复突变的概率，可以抵抗发酵过程中的回复突变，使生产稳定，增加赖氨酸发酵产量。

（2）选育遗传上稳定的菌株　从容易出现回复突变的培养物中，选育不发生回复突变的菌株。对生产菌株定期纯化，检查遗传标记，尽可能采用遗传标记明显、回复率低的菌株。

（3）菌种保存培养基各和种子培养基应营养充分　由于赖氨酸生产菌株是高丝氨酸营养缺陷型，菌种保存培养基和种子培养基中的高丝氨酸或蛋氨酸和苏氨酸尤其要充足，以减弱回复突变株在培养基中可能出现的生长优势。如果该菌株同时具有抗AEC（赖氨酸结构类似物）的特性，则应在上述培养基中加入适量的AEC，以防止该抗性发生回复突变。

（4）添加药物抑制回复突变株的生长　赖氨酸生产菌株对抗生素的敏感性低于回复突变株（一般生长迅速的回复突变株对抗生素更敏感），在发酵培养的第16、第39、第61小时分别加入1.5μg/ml的红霉素于发酵培养物中，可有效地防止回复突变株的生长，提高赖氨酸发酵产量。

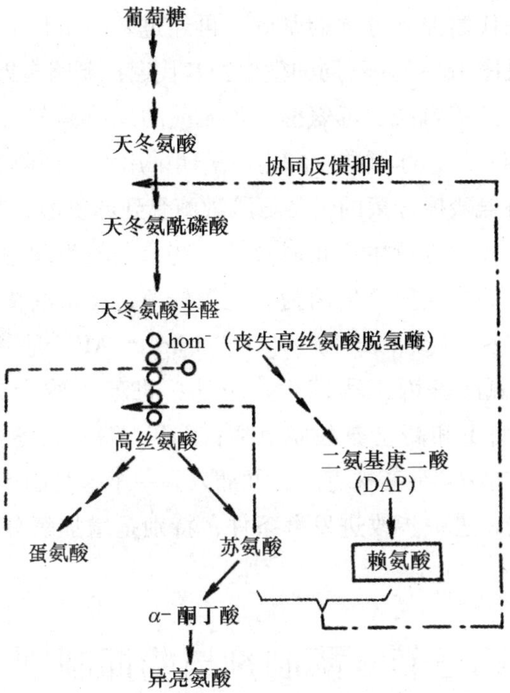

图 18－2　谷氨酸棒杆菌赖氨酸生物合成途径

三、常见氨基酸的微生物合成

（一）赖氨酸

赖氨酸是人类和动物的必需氨基酸之一，对机体生长发育的影响较大。小麦、玉米、稻米等植物蛋白质缺乏赖氨酸，应此赖氨酸适合作为食品和饲料的添加剂，以强化食品和饲料的营养。婴儿的成长期、妇女妊娠、哺乳期、老年、病后恢复期等特别需要大量的赖氨酸。

赖氨酸产生菌是谷氨酸棒杆菌、黄色短杆菌、或乳糖发酵短杆菌等谷氨酸产生菌的高丝氨酸营养缺陷型兼抗 AEC 突变株，这是人为地解除了赖氨酸生物合成的反馈调节，从而能够大量生产赖氨酸。赖氨酸的生物合成途径和代谢控制机制见图 18－2。采用高丝氨酸营养缺陷型突变株，则天冬氨酸 β－半醛不再进一步合成苏氨酸和蛋氨酸，而是集中用于合成赖氨酸。同时由于苏氨酸和赖氨酸对赖氨酸合成途径中的关键酶（天冬氨酸激酶）的协同反馈抑制作用被解除，就能发酵生产大量的赖氨酸。

（二）苏氨酸

与赖氨酸类似，苏氨酸也是人类和动物的必需氨基酸之一，对机体生长发育影响较大。人和动物缺乏苏氨酸，会引起生长停止、体重减轻、脂肪肝、贫血等病症。苏氨酸主要用于食品营养强化剂和氨基酸输液。根据世界粮农组织推荐的人类食品中 1g 蛋白质的必需氨基酸含量标准，可以将食品分为两种类型：非洲、近东、远东、东南亚的地区，食品中的赖氨酸不足，称为亚－非型；北美、大洋洲及拉丁美洲、东欧等地区，食品中的苏氨酸供应不足，称为欧－美型。因此与谷氨酸、赖氨酸类似，苏氨酸也是一种市场需求量较大、并且主要以微生物发酵方法生产的氨基酸。

苏氨酸产生菌主要是谷氨酸棒杆菌、黄色短杆菌，通常是经过代谢控制育种的遗传学改造，有些生产菌株还在代谢控制育种的基础上再经过基因工程的改造。苏氨酸的生物合成途径和代谢控制机制见图 18－2。不同的微生物其代谢控制略有差别，大肠杆菌的天冬氨酸激酶包括同工酶分别受到赖氨酸、苏氨酸、蛋氨酸的反馈调节，采用代谢控制育种和发酵技术进行生产相对困难一些，苏氨酸发酵生产早期采用大肠杆菌为生产菌株，发酵产量 4～6g/L。黄色短杆菌、谷氨酸棒杆菌的天冬氨酸激酶受到苏氨酸、赖氨酸的协同反馈调节，采用代谢控制育种和发酵技术进行生产相对容易一些，是较为理想的生产菌株。根据苏氨酸的代谢控制理论，理想的苏氨酸产生菌为黄色短杆菌、谷氨酸棒杆菌，定向育种的遗传学标记为 $AHV^r + met^- + lys^-$（或 DAP^-） $+ AEC^r + ile^-$（AHV 是苏氨酸结构类似物 α－氨基－β－羟基戊酸）。苏氨酸基因工程菌生产方法：将苏氨酸合成途径中关键酶的基因（thrA，编码天冬氨酸激酶Ⅰ和高丝氨酸脱氢酶；thrB，编码天冬氨酸半醛脱氢酶；thrC，编码苏氨酸合成酶）从抗 AHV 突变株克隆，并插入到一个多复制质粒，然后转回这个菌株后，产酶水平增加了 5 倍，进一步改进发酵条件，特别是增加氧分压后，苏氨酸发酵产量达到 65g/L。

第三节　酶制剂与酶抑制剂

一、酶制剂

酶（enzyme）是生物产生的具有催化能力的蛋白质，生物体的新陈代谢过程都是在酶的参与下进行的，并受到酶的控制和调节。酶在生命活动中具有特殊的功能。随着某些疾病的发病原因与酶反应的关系逐渐为人们所认识，酶已作为一类药物用来治疗某些疾病，同时酶也可用作临床诊断试剂以及用来筛选某些新药物，下面主要介绍几种临床上常用的微生物酶。

（一）链激酶与链道酶

主要由乙型溶血性链球菌的某些菌株所产生。链激酶可使纤维蛋白溶酶原活化成为纤维蛋白溶解酶，纤维蛋白溶解酶可使血液凝块溶解。因此在临床上可用链激酶治疗脑血栓及溶解其他部位的血凝块。链道酶是一种脱氧核糖核酸酶，可使脓液中的脱氧核糖核酸核蛋白和 DNA 分解，因而降低了脓液的黏度，在临床上用于治疗脓胸。

（二）透明质酸酶

透明质酸酶是一种糖蛋白，又称为扩散因子。广泛存在于动物血浆、组织液等体液及蛇毒、蝎毒等动物毒液中，产生透明质酸酶的微生物有化脓性链球菌、产气荚膜梭菌等。透明质酸能分解组织基质中的透明质酸，使组织之间出现间隙，从而使局部的积液加快扩散。因此，将它与其他注射剂同时应用，可使皮下注射的药物加速扩散，因而有利于药物吸收。如果用于手术后的肿胀及外伤性血肿，可使肿胀与血肿消退，减轻疼痛。

（三）天冬氨酰胺酶

多种细菌均可产生天冬氨酰胺酶。目前用大肠杆菌来进行生产。其主要作用是水解天冬氨酰胺生成天冬氨酸和氨。由于某些肿瘤细胞需要依赖正常细胞供应天冬氨酰胺，用天冬氨酰胺酶后可消耗肿瘤细胞所需的天冬氨酰胺，从而抑制肿瘤细胞的生长。在临床上可用于治疗白血病和某些肿瘤。

（四）青霉素酶

青霉素酶是一种β-内酰胺酶，其主要作用是水解青霉素的β-内酰胺环，使青霉素失活。许多细菌都能产生青霉素酶，该酶可用于含青霉素制剂的无菌检验中。

二、酶抑制剂

酶抑制剂（enzyme inhibitor）主要是微生物产生的一类小分子生理活性物质，它们能够特异性抑制某些酶的活性。来源于微生物的酶抑制剂，具有毒性低、相对分子质量小、结构新颖以及结构的多种多样性等特点。是研究生物功能和疾病过程有用的工具。在医药方面，酶抑制剂已被用于增强免疫、生理功能调节、疾病治疗、治疗抗药菌感染等多个方面。

酶抑制剂的筛选方法是采用和抗生素筛选类似的方法。由于各种类别的酶具有各自反应的特殊性，酶抑制剂的筛选模型要更多样化一些。建立一个合适的筛选模型是研究开发酶抑制剂的基础工作。

酶抑制剂在医药领域的应用是多方面的，已越来越受到人们的重视。以下简要介绍一些酶抑制剂。

（一）蛋白酶抑制剂

蛋白酶与炎症、受精、癌症、免疫以及肌肉萎缩等多种疑难疾病有密切关系，因此蛋白酶抑制剂可用于治疗急性胰腺炎、烧伤、胃溃疡、肌肉萎缩等疾病。蛋白酶抑制剂还具有提高免疫的功能，对腹水瘤、淋巴肉瘤有一定疗效。在生殖生化方面试图将其用作避孕药。

微生物来源的蛋白酶抑制剂有亮肽剂（Leupeptin）、抗肽剂（Antipain）、抑靡酶剂（Chymostatin）、抑胃酶剂（Pepstatin）、弹性朊醇（Elastainal）等。

（二）细胞膜表面酶抑制剂

细胞膜表面酶属于肽链端解酶和脂酶，它们与免疫功能、炎症反应、肿瘤的发生、病毒感染等细胞的多种功能有密切关系。因此细胞膜表面酶抑制剂可用于与上述细胞功能有关的疾病的治疗。

微生物来源的细胞膜表面酶抑制剂有抑氨肽酶B（Bestatin）、抑氨肽酶A（Amastatin）、抑脂酶剂（Esterastin）等。

（三）糖苷酶及淀粉酶抑制剂

各种各样的炎症、癌症、免疫现象、病毒感染等都和细胞表面的复合糖质有密切关系。因此以在细胞机能上起重要作用的糖蛋白为筛选目标，去探索糖水解酶的抑制剂，用于治疗相关的疾病。淀粉酶抑制剂是通过防碍食物中碳水化合物的消化作用来防止和治疗肥胖症、动脉硬化症、高血压、糖尿病等。

微生物来源的糖苷酶及淀粉酶抑制剂有泛涎菌素（Panosialin）、异黄酮鼠李糖苷（Isoflavonoid）、抑唾液酶剂（Siastatin）、抑淀粉酶剂（Amylostatin）等。

（四）肾上腺素合成酶抑制剂

肾上腺素是交感神经的传导体，与肾上腺素合成有关的酶包括酪氨酸羟化酶、多巴胺β-羟化酶等。这些酶的抑制剂有可能成为降血压药物。

微生物来源的肾上腺素合成酶抑制剂有小奥德蘑酮（Oudenone）、镰孢菌酸（Fusaric acid）等。

（五）β－内酰胺酶抑制剂

某些细菌对β－内酰胺类抗生素抗药主要是这些细菌产生β－内酰胺酶，能够水解β－内酰胺类抗生素的β－内酰胺环，使抗生素失去抗菌活性。β－内酰胺酶抑制剂可用于治疗产生β－内酰胺酶的抗药菌感染。

微生物来源的β－内酰胺酶抑制剂有棒酸（Clavulanic acid）、硫霉素（Thianamycin）等。

酶抑制剂的研究与应用尚处于起始阶段，其种类非常多，随着更进一步的研究，其应用前景将会非常广阔。

第四节　其他微生物来源的药物

一、维生素

维生素（vitamin）是人和动物维持生命活动所必须的一类营养物质，也是一类重要的药物。维生素主要以酶类的辅酶或辅基形式参与生物体内的各种生化代谢反应。维生素还是防治由于维生素缺乏引起的各种疾病的首选药物。

维生素可采用化学合成、动植物提取和微生物发酵等方法生产。目前采用微生物发酵方法生产的维生素有维生素 C、维生素 B_2、维生素 B_{12}等，其中以维生素 C 的发酵生产规模最大。

（一）维生素 C

维生素 C 又被称为抗坏血酸，能参与人体内多种代谢过程，是人体必须的营养成分。此外，它具有较强的还原能力，可作为抗氧剂，已在医药、食品工业等方面获得广泛应用。

利用微生物发酵生产维生素 C 的方法有半合成法、两步发酵法（包括两种不同的方法）、重组菌一步发酵法等几种。

半合成法一般指莱氏法（Reichstein）（图 18－3）。其工艺流程大致为：D－葡萄糖→D－山梨醇→L－山梨糖→双丙酮－L－山梨糖→2－酮基－L－古龙酸→L－抗坏血酸（维生素 C）。半合成法指的是化学合成中的由 D－山梨醇转化 L－山梨糖的反应采用弱氧化醋杆菌（*Acetobacter suboxydans*）{或产黑醋杆菌（*Acetobacter melanogenum*）} 发酵完成，其他反应仍采用化学合成法。

两步发酵法有两种。

一种是我国发明的两步发酵法：采用两种不同的微生物进行两步生物转化，先采用弱氧化醋杆菌进行将 D－山梨醇转化为 L－山梨糖的发酵，在此基础上再采用假单胞菌（*Pseudomonas sp.*）进行将 L－山梨醇转化为 2－酮基－L－古龙酸的发酵（图 18－3）。2－酮基－L－古龙酸再经盐酸转化可生成维生素 C。该种方法与半合成法比较具有所需设备少、成本低、“三废”减少等优点。目前不仅在国内推广使用，而且已向国外转让该技术。1991 年，瑞典一家药厂以 550 万元人民币买走上海三维制药公司维生素 C 两步发酵法专利，创造了中国医药史上第一项软技术出口的记录。

另一种两步发酵法（为了区别于我国发明的两步发酵法在图 18－4 中写成两步发酵法）也是采用两种微生物进行两步生物转化，先采用欧文氏菌（*Erwinia sp.*）将 D－葡萄糖转化成 2,5-二酮－D-葡萄糖酸，再采用棒状杆菌（*Corynebacterium sp.*）将 2,5－二酮－D－葡萄糖酸转化成 2－酮基－L－古龙酸。此种两步发酵法与目前维生素 C 生产中使用的莱氏法和我国发明的两步发酵法相比，不占有优势，因而未投入工业生产。但其研究工作为重组菌一步发酵法提供了基础。

重组菌一步发酵法：是将棒状杆菌的 2,5－二酮－D－葡萄糖酸还原酶基因克隆到欧文氏菌体内，构建基因工程菌来完成从 D－葡萄糖直接转化成 2－酮基－L－古龙酸的一步发酵法（图 18－4）。这种发酵法采用了现代生物技术，其应用前景很好。

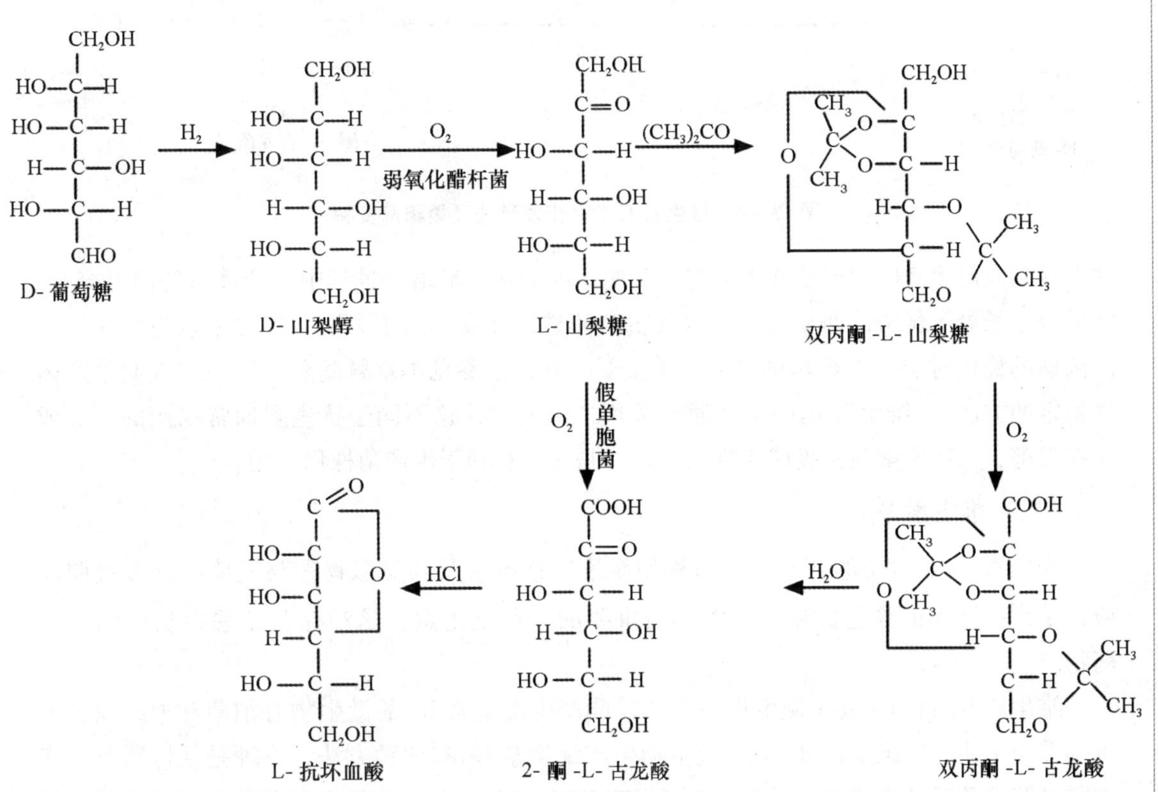

图 18－3　维生素 C 两步发酵法及半合成法

（二）维生素 B_2

维生素 B_2 又称核黄素，在自然界多数与蛋白质相结合而存在，又被称为核黄素蛋白。维生素 B_2 是动物发育和许多微生物生长的必须营养因子，是治疗眼角膜炎、白内障、结膜炎等的主要药物之一。

能生物合成维生素 B_2 的微生物有某些细菌、酵母和霉菌。目前工业生产中最常用的生产菌种为棉病囊霉（*Ashbya gossypii*）和阿氏假囊酵母（*Eremothecium ashbyii*）。目前生产维生素 B_2 的方法主要是发酵法。但值得注意的是维生素 B_2 属于初级代谢产物，初级代谢产物的积累通常受到较为严格的终产物反馈调节控制，不能大量积累。因此，为了打破发酵生产中的终产物反馈调节控制，生产此类发酵产物的工业菌株通常是代谢上有缺陷的经过人工诱变处理筛选的突变菌株。此类突变菌株通常是与产物合成相关的营养缺陷型、产物结构类似物抗性突变株、细胞透性改变的突变株。采用此类突变株进行产物的发酵生产，往

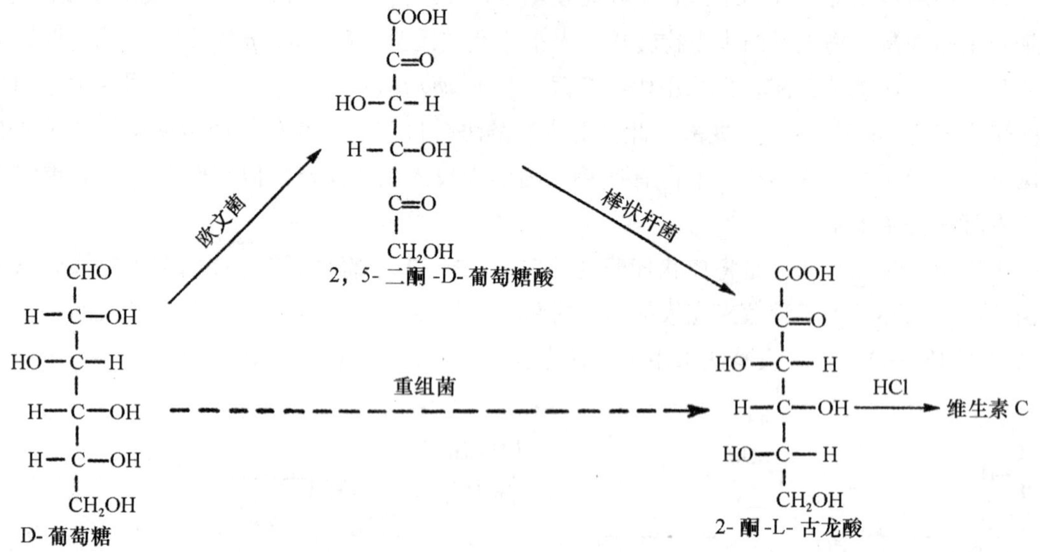

图 18－4　维生素 C 的两步发酵法及重组菌发酵

往会遇到发酵生产时生产菌株不稳定的难题。因为在发酵培养过程中生产菌株的回复突变，将导致生长处于优势的回复突变株取代生产菌株，使发酵归于失败。如何采取措施保持生产菌株的稳定对于维生素 B_2 的发酵至关重要，其方法参见本章氨基酸一节中“控制生产菌株稳定的方法”。维生素 B_2 的发酵通常采用二级发酵，这不同于抗生素通常采用的三级或四级发酵，二级发酵与三级或四级相比较，是比较有利于生产菌株稳定的。

（三）维生素 B_{12}

维生素 B_{12} 是含钴的有机物，简称钴维素。钴维素及其类似物参与机体内许多代谢反应，是维持机体正常生长和造血作用最重要的一种维生素，是治疗儿童恶性贫血的首选药物。

维生素 B_{12} 目前主要用微生物来生产。能产生维生素 B_{12} 的微生物有细菌和放线菌，酵母和霉菌不能产生维生素 B_{12}。用微生物生产维生素 B_{12} 有两种方法。一种是从链霉素、庆大霉素等发酵后的废菌体中提取。为了提高 B_{12} 的产量，需要在发酵培养基中加入适量的钴盐。即使如此维生素 B_{12} 的发酵产量仍然很低，一般每毫升只有数微克。此法属于抗生素生产中的综合利用。另一种生产方法是用薛氏丙酸杆菌（*Propionbactetium shermanu*）等微生物来直接发酵生产。此法每毫升发酵液中的维生素 B_{12} 可达数十微克。

以下简单介绍以丙酸杆菌发酵生产维生素 B_{12} 的发酵工艺要点。

碳源与氮源：采用葡萄糖有利于细菌生长，采用乳糖有利于发酵产量。氮源一般选择酵母膏、玉米浆、氨水等。

无机盐：镁离子和钴离子有利于发酵产量。

前体物质：氰化亚钴、5,6－二甲基苯解咪唑和甘氨酸有利于发酵产量。

发酵条件：接种量 10%，发酵温度 28～30℃，发酵周期 120 小时，氨水流加，pH 控制在 6.5～6.8，发酵 48 小时后开始补加糖水，72 小时后补加前体。

二、甾体化合物

甾体化合物（steroid）又称为类固醇，是一类含有环戊烷多氢菲核（甾体化合物的母核，见图 18 –5）的化合物。

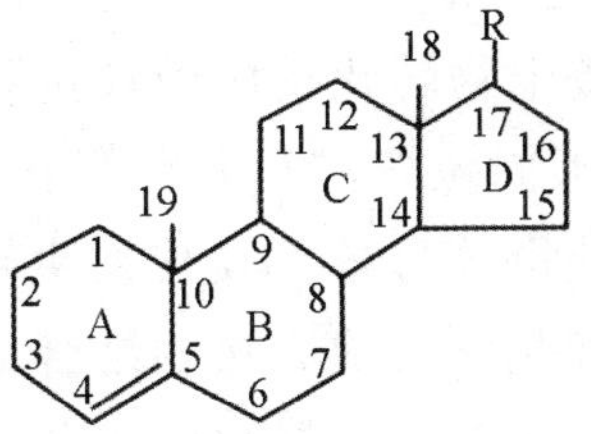

图 18 –5 甾体化合物的母核

甾体化合物广泛存在于动植物的组织中。比较重要的甾体化合物有胆甾醇、胆酸、肾上腺皮质激素、孕激素、性激素、植物皂素等。甾体化合物尤其是甾体激素对机体有重要的调节作用，因此在医疗上应用十分广泛。例如，肾上腺皮质激素具有抗炎症、抗超敏反应、抗休克等多方面的作用，临床上被广泛用于治疗或缓解类风湿性关节炎、支气管哮喘、过敏性皮炎、胶原性疾病、过敏性休克、艾迪生病等疾病。各种性激素是医治雄性器官衰退和某些妇科疾病的主要药物，也是口服避孕药的主要成分。此外，还有蛋白质同化激素及螺内酯等甾体药物，分别用以改善蛋白代谢、恢复和增强体力，利尿降压等作用。

甾体激素类药物的工业生产通常以天然甾体化合物（如薯芋皂苷）为出发原料，一般以化学合成法为主，其中有一些用化学合成方法难以解决的关键反应需采用微生物转化方法来进行生产。微生物转化是指利用微生物细胞对天然有机物或有机化合物的某个特定部位进行修饰和改造，使其转化成结构类似但具有更好活性和价值的新化合物，其本质是利用微生物在代谢过程中产生的胞内或胞外酶对外源底物进行的催化反应。甾体化合物的微生物转化具有专一性、产量高、反应条件温和等优点，在甾体激素药物的生产中被广泛应用。

（一）微生物转化工艺

用微生物转化方法生产甾体化合物往往是化学合成路线中的某一步或两步，转化工艺一般可分为两个阶段：第一阶段为菌体生长阶段，第二阶段为转化阶段。菌体生长阶段：菌种经孢子制备、种子制备后移种至发酵罐培养，力求微生物细胞良好的生长、繁殖。转化阶段：是将用于微生物转化的基质（甾体激素药物化学合成的中间产物）加入到培养好的微生物培养物中，用微生物将基质转化。许多种基质对微生物具有毒性，加入有毒基质的浓度一般为 0.01% ~0.08%。为了提高产量，可采用流加的方式加入基质，以防达到有毒的浓度。对于无毒的基质可一次性投料。基质浓度可达到 3% ~4%，基质一般难溶于水，所以在添加基质时有多种加入方法，最常用的方法是将基质溶解于丙酮、乙醇、甲醇、二甲基甲酰胺等溶媒和水混合的溶剂中，再加入到微生物培养物中进行微生物转化。按照微生物培养物使用时的状态，可将微生物转化方法分为三种类型。①生长细胞转化法：将基质加入到微生物培养液中进行微生物转化。②静息细胞转化法：先从微生物培养液中分离出菌体细胞，再制备成细胞悬液或干细胞，将基质加入到菌体细胞悬液中进行微生物转化。这种方法的优点是可以减少转化产物中的杂质和任意调节菌体和基质的比例。③固定化细胞与固定化酶转化法：将培养好的菌体制备成固定化细胞或固定化酶用于对基质进行转化。

（二）微生物转化的反应类型

用微生物对甾体化合物进行微生物转化的反应类型很多，其中包括氧化、还原、水解、酰化、异构化等等反应类型。每一反应类型有有许多种不同的反应。在生产中最常用的有羟化反应、脱氢反应、侧链降解反应等。

1. 羟化反应 羟化反应是微生物转化反应中最重要和最常用的一种。利用各种微生物可以在甾体化合物母核的不同位置进行各种羟化反应，得到一些有意义的产物，如可的松、氢化可的松等。能使甾体母核 11α 位发生羟化反应的微生物有黑根霉、曲霉等，利用该微生物转化反应和化学合成方法相结合成功地解决了人工合成皮质激素的生产问题。利用微生物使孕酮在 11α 位羟化形成 11α 羟基孕酮，再经四步化学反应就能形成可的松（图 18－6）。如果不利用微生物进行羟化，由孕酮化学全合成可的松需 30 多步化学反应。能使甾体母核 11β 位发生羟化反应的微生物有弗氏链霉菌、蓝色犁头霉、新月弯孢霉等。该反应可使莱氏化合物转化成氢化可的松（图 18－7）。

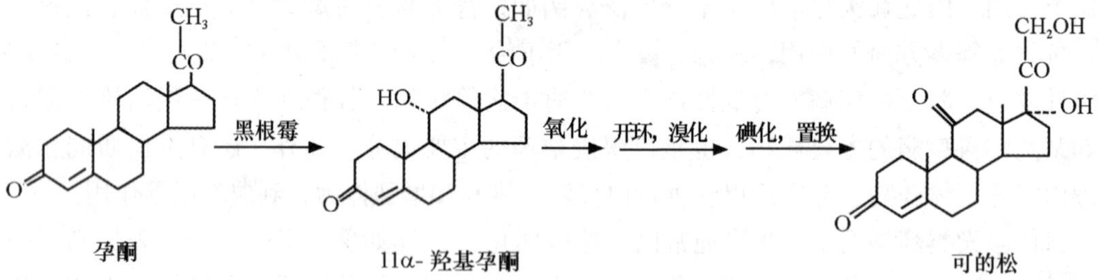

图 18－6 11－α 羟化反应

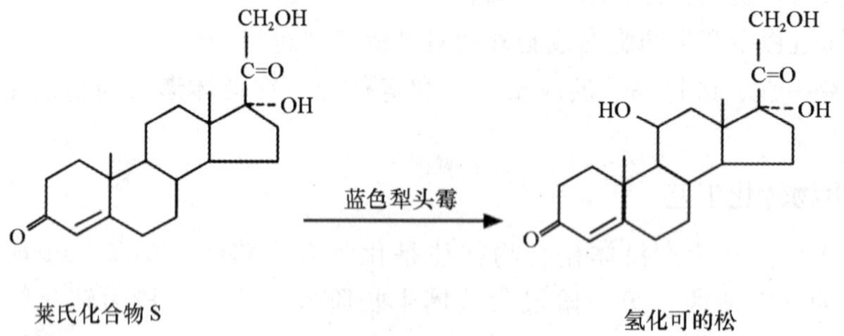

图 18－7 11－β 羟化反应

2. 脱氢反应 微生物在甾体母核 C－1 位和 C－2 位的脱氢作用是工业生产去氢可的松及去氢氢化可的松很有价值的一种反应（图 18－8）。在 C－1 位和 C－2 位之间形成双键后，其生物活性较其母体增强数倍。不同微生物的脱氢能力不同，一般以细菌的脱氢能力最强，其中尤其以棒状杆菌属和分枝杆菌属的某些菌株的脱氢活力最大。

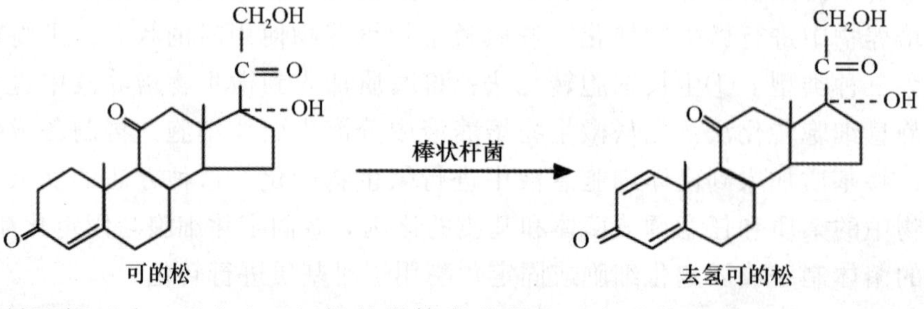

3. 侧链降解反应 具有生理活性的甾体类药物的基本母核来自动植物的天然甾体化合物，它们需经侧链降解后得到。微生物具有降解甾醇类化合物则链的作用，开发了合成甾

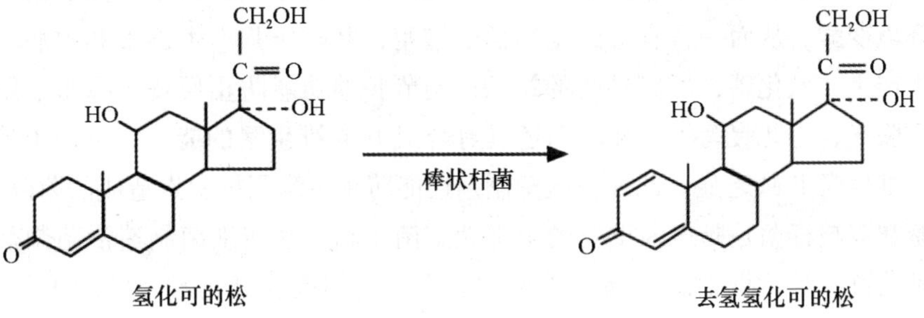

图 18-8　脱氢反应

体类药物的天然原料。由胆甾醇（Ⅰ）或豆甾醇（Ⅱ）经微生物降解侧链得到雄甾烷-1,4-二烯-3,17二酮（ADD）（Ⅲ），其产率接近100%。以ADD为原料可合成多种性激素、避孕药及利尿剂等。从ADD出发用化学方法制的雌酮（Ⅳ），由此制造多种黄体激素和卵泡激素的重要中间体。侧链降解及甾体化合物的合成见图18-9。能降解甾体化合物侧链的微生物有诺卡氏菌、简单节杆菌、牦牛分枝杆菌、分枝杆菌等。上述微生物转化法生产ADD比用薯蓣皂配基以化学方法制造ADD要减少十几步。

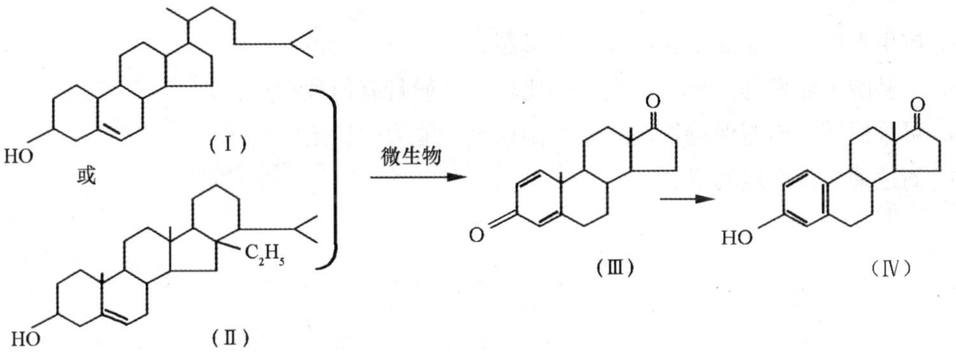

图 18-9　侧链降解反应

三、菌体制剂

医药中应用的菌体制剂主要有疫苗、药用酵母、活菌制剂这几种类型。以下仅简要介绍药用酵母和活菌制剂。

（一）药用酵母

药用酵母是一种经高温干燥灭活的酵母菌。酵母细胞中含有丰富的营养物质，如蛋白质、氨基酸、维生素等，并含有辅酶A、细胞色素C、谷胱甘肽、麦角固醇和核酸等生理活性物质以及多种酶类。药用酵母可促进机体的代谢功能，增进食欲，用于治疗消化不良和B族维生素缺乏症。

生产药用酵母一般采用酒精或啤酒发酵后的废酵母经加碳酸钠去除苦味而制得，也可采用直接发酵法制备。

（二）活菌制剂

活菌制剂也被称为微生态制剂，是根据微生态学的原理，利用人体正常菌群的某些种类，经人工培养方法制成。目前应用较多的活菌制剂主要使用了乳酸菌、双歧杆菌以及肠球菌、大肠埃希菌、蜡样芽孢杆菌、酵母菌等。活菌制剂具有防治某些疾病和提高人体健康水平的作用。例如乳酸菌制剂乳糜生，利用乳酸菌在肠道生长繁殖，分解糖类产生乳酸使肠道微环境变酸，从而一直有害细菌细菌的增殖，并防止其产生毒素和致病。同时乳酸菌发酵糖类产生二氧化碳，可促进肠的蠕动，调节肠的功能防止便秘。临床上用于治疗消化不良、肠胀气、小儿腹泻等。乳酸菌还具有合成 B 族维生素的能力，可用于治疗由菌群失调引起的维生素 B 缺乏症。此外乳酸菌制剂还能防止由滥用抗生素造成的菌群失调症。

乳酸菌和双歧杆菌是肠道内重要的生理性细菌，利用这些细菌制造活菌制剂对保护肠道内的正常菌群，维持微生态平衡有重要的意义。它们能提高正常菌群的生物拮抗能力，因此达到抑制致病菌的目的。乳酸菌、双歧杆菌活菌制剂还具有抗癌和延缓衰老的作用，厌氧棒杆菌活菌活菌制剂有激发机体细胞免疫的作用。用蜡样芽孢杆菌制成的活菌制剂促菌生，其本身是需氧菌，由于大量消耗环境中的氧而促进肠道厌氧菌的生长，随后，厌氧菌的代谢产物脂肪酸、乳酸又可抑制需氧菌的生长，从而造成肠道内厌氧菌占优势的状况。临床上用于预防和治疗婴幼儿腹泻、肠炎、痢疾等。

来自微生物的产品种类非常多，本章涉及的微生物药物制剂仅仅是其中的一部分。微生物资源极其丰富，有许多尚未开发的资源有待人们去开发。

扫码“练一练”

思考题

1. 抗生素生物合成的主要代谢调控机制。
2. 氨基酸工业发酵菌种与野生菌种比较，一般具有何种特点？
3. 可采用哪些措施保持氨基酸生产菌株生产能力的稳定？
4. 简述葡萄糖效应的概念。

（邓祖军）

第十九章　抗生素药效学

扫码"学一学"

抗生素是临床使用量最大的药物之一，自1929年Fleming发现青霉素至今，临床应用的毒性低、疗效高的抗生素不断被发现。抗生素药效研究是抗生素新药研究的重要环节，其研究的主要内容是：① 抗生素的体内药效；② 抗生素的体外药效；③ 用微生物学方法测定抗生素效价，即含量。抗生素药效研究为我们揭示了抗生素对临床致病菌在体外和体内抑制或杀灭细菌的作用，从而为新抗生素的筛选或抗生素新剂型的研究提供了依据。同时，由于临床大量广谱抗生素的使用和大剂量不科学地使用抗生素，几乎所有的抗生素都产生了抗药菌株，抗生素的药效研究为临床抗药菌的研究提供了有效手段。

第一节　抗生素的体内和体外药效

一、体内抗菌试验

抗生素的体内抗菌试验是以动物如小鼠、豚鼠等作为感染动物的实验模型，动物感染细菌等致病菌后，观察药物（抗生素）对动物的保护作用，以半数有效量ED_{50}表示。

1. 感染动物　选用有实验动物合格证的动物房提供的健康小鼠，体重18～22g，雌雄各半，随机分组，每组动物至少10只。

2. 感染细菌　根据所试验药物的抗菌作用特点，选择不同菌株进行试验，包括革兰阳性菌和革兰阴性菌。常用的致病菌有金黄色葡萄球菌、肺炎链球菌、大肠埃希菌、肺炎克雷伯菌、变形杆菌、痢疾杆菌、伤寒杆菌和铜绿假单胞菌等。测定广谱抗生素时，试验菌株应包括金黄色葡萄球菌与革兰阴性菌各1～2株。测定创新药时，革兰阳性菌和革兰阴性菌均需试验两种以上，同时包括临床分离的致病菌。

接种的细菌需来自新鲜的斜面，并接种至肉汤培养基恒温（细菌一般为37℃）培养一定时间，离心除去培养基后得到试验用菌体，菌体用生理盐水洗涤和离心，除去吸附于细菌细胞表面培养基和细菌毒素等。细菌用含5%胃膜素（或干酵母）的生理盐水稀释至所需浓度，如10^6cfu/ml、10^7cfu/ml、10^8cfu/ml、10^9cfu/ml、10^{10}cfu/ml等浓度。细菌浓度测定可采用活菌计数或$BaSO_4$比浊管法（表19－1）。

表19－1　硫酸钡标准比浊管

管号	1% $BaCl_2$/ml	1% H_2SO_4/ml	细菌浓度（×）10^6
0.5	0.05	9.95	100
1	0.1	9.9	300
2	0.2	9.8	600
3	0.3	9.7	900
4	0.4	9.6	1 200
5	0.5	9.5	1 500
6	0.6	9.4	1 800
7	0.7	9.3	2 100
8	0.8	9.2	2 400

续表

管号	1% $BaCl_2$/ml	1% H_2SO_4/ml	细菌浓度（×）10^6
9	0.9	9.1	2 700
10	1.0	9.0	3 000

3. 感染过程 以不同浓度的细菌感染实验动物，测出所试验菌株对动物小鼠致死的最低浓度，即100%最小致死量（100% MLD），作为感染菌量。

将小鼠随机分组，总数不少于5组，每组10只。以相当于100%最小致死量的菌液感染小鼠。药物稀释至一定浓度后按等比例，一般于感染后即刻和感染后6小时，口服、尾静脉注射或皮下注射等方法给药，连续观察试验小鼠感染细菌和给药后的状况，记录动物死亡数。

试验需设感染相同菌量而不给药的动物阴性对照组，即给等体积的生理盐水。同时与同类抗菌药物做对比研究，即设阳性药物对照组。

4. 药物的体内药效评价 细菌感染和给药后，应注意观察动物反应，并连续观察7天，记录动物死亡数，按Bliss法计算各感染菌的药物半数有效量（ED_{50}）及95%可信限。药物的ED_{50}越小，体内药效越高。

扫码“看一看”

二、体外抗菌试验

药物的体外抗菌活性测定广泛应用于新药研究和指导临床用药，如抗菌药物筛选、药物的抗菌谱测定、药敏试验、药物血浓度测定等。药物体外抗菌活性的测定可采用试管连续稀释法和平板倍比稀释法。试管连续稀释法适用于试验菌数量较少的场合，但由于其试验工作量大，目前抗生素的临床前研究一般采用平板倍比稀释法。

平板倍比稀释法是根据药物在琼脂培养基中扩散的原理，将细菌接种在含有不同浓度抗生素的平板上恒温培养16～18小时，可抑制细菌生长的最低药物浓度为最低抑菌浓度（MIC），可杀灭细菌的最低药物浓度为最低杀菌浓度（MBC）。MIC或MBC值越小，则药物的抑菌或杀菌作用越强。

1. 细菌 体外抗菌试验所采用的细菌包括临床分离的致病菌和质控菌株（如金黄色葡萄球菌ATCC 25925、大肠埃希菌ATCC 25922和铜绿假单胞菌ATCC 27853等）。试验应根据抗生素的抗菌谱来确定试验菌的种类，如抗革兰阳性细菌的抗生素体外药效研究应选用典型的革兰阳性菌株，抗革兰阴性细菌的抗生素应选用典型的革兰阴性菌株，广谱抗生素试验应包括临床常见的革兰阳性菌和革兰阴性菌。对于含有酶抑制剂（如β－内酰胺酶）的复方制剂，则试验菌还应包括产酶的临床抗药菌株。一般来说，革兰阳性球菌包括金黄色葡萄球菌、表皮葡萄球菌、链球菌、肠球菌等，革兰阴性球菌如淋球菌等。革兰阴性杆菌包括流感嗜血杆菌、肠杆菌科细菌8～10种、铜绿假单胞菌和其他假单胞菌属及不动杆菌等。厌氧菌包括脆弱拟杆菌、消化球菌和消化链球菌等。试验用临床菌株的数量应根据试验药物按《中国药典》（2020年版）要求进行临床采集，临床菌株每株均应来源于不同的患者，并进行过菌株鉴定和产酶鉴定。

接种的细菌需来自新鲜的斜面，并接种至肉汤培养基恒温培养（细菌一般为37℃）一定时间，活菌计数测定培养液中菌的浓度（cfu/ml）。一般采用细菌8～12小时的培养物，经无菌生理盐水稀释至所需浓度。

2. 培养基及药物平板

（1）药物 试验用抗生素药物用适当的溶剂溶解（通常为灭菌生理盐水），倍比稀释至所需药物浓度。

（2）培养基　采用灭菌并恒温于45℃水浴的 M－H（Mueller-Hinton agar）培养基，对培养基有特殊要求的细菌可采用其他特殊培养基，如血平板。

（3）药物平板　一般将脱纤维羊血加入到灭菌并恒温于45℃水浴的 M－H 培养基中并混匀，然后分别加入到含有不同浓度药物的灭菌平皿中，混匀即可制备一系列浓度梯度的药物平板，如 256μg/ml、128μg/ml、64μg/ml、32μg/ml、16μg/ml、8μg/ml、4μg/ml、2μg/ml、1μg/ml、0.5μg/ml、0.25μg/ml、0.125μg/ml、0.0625μg/ml、0.0313μg/ml。

3. 抗生素药效测定

（1）MIC 的测定　吸取适量稀释好的不同浓度的药物置无菌平皿中，加入恒温于45℃左右的灭菌培养基，混匀冷却制成药物平板。将培养好的试验菌用无菌水稀释至所需浓度（一般为 10^7cfu/ml 左右），采用多点接种仪接至不同浓度的药物平板，接种量为 10^4～10^5cfu/点。试验菌于37℃恒温培养24小时即可观察结果，获得试验药物的 MIC 值。MIC 值越小，试验药物的体外抑菌效果越好。

（2）MBC 的测定　采用肉汤倍比稀释活菌计数法，即在倍比稀释的药物溶液中加入一定浓度的菌液，混合后于37℃恒温培养16～18小时，先测出 MIC 值，再依次将未见细菌生长的澄清的各管培养物分别吸出0.1ml，进行平板活菌计数，其中菌落数少于5个的平板所对应的最低药物浓度即为该药物的 MBC 值。MBC 值越小，试验药物的体外杀菌效果越好。

（3）pH 对 MIC 的影响　试验方法与 MIC 测定相同，改变药物平板的 pH（分别为 pH 5.0、pH 7.0、pH 9.0），并测定不同 pH 对 MIC 的影响。pH 对试验药物 MIC 的影响反映了药物在不同 pH 时的稳定性和药效，它对药物的制备和临床应用具有指导意义。

（4）接种量对 MIC 的影响　试验方法与 MIC 测定相同，改变接种量（10^3cfu/点、10^5cfu/点、10^7cfu/点），测定不同接种量对细菌 MIC 值的影响。

（5）血清蛋白结合的影响　可采用25%、50%和75%等不同的人血清浓度与不含血清的培养基平板做对比试验，观察血清与药物的结合对药物药效 MIC 的影响。试验结果可反映药物在体内与血清蛋白的结合对药效的影响。

（6）杀菌曲线（KCS）　采用4倍于 MIC 的药物浓度，将一定浓度的菌悬液与药物混合，使其浓度为 10^5cfu/ml 左右，于37℃恒温培养，定时取样进行平板活菌计数。肺炎链球菌等采用血平板活菌计数。以细菌浓度对数为纵坐标，培养时间为横坐标，绘制杀菌曲线。实验应包括空白对照和阳性对照。药物的杀菌效果越好，细菌浓度随培养时间下降的越快，药效越好。

第二节　抗生素的含量测定

一、抗生素的效价单位

抗生素是一种生理活性物质，可以利用抗生素对微生物所起的作用强弱来判定抗生素的含量。含量通常用效价或单位表示，有时二者合一，统称为效价单位。效价（potency）是在同一条件下比较抗生素的检品和标准品的抗菌活性，即效价是检品的抗菌活性与标准品的抗菌活性之比值，常用百分数表示。

$$效价=\frac{检品的抗菌活性}{标准品的抗菌活性}\times 100\%$$

单位（unit，U）是衡量抗生素有效成分的具体尺度。各种抗生素单位的含义可以各不相同，大致有以下几种。

1. 质量单位 以抗生素的生物活性部分的质量作为单位，一般 1μg 定义为 1U，则 1mg 为 1000U。用这种表示方法，对于不同盐类的同一抗生素而言，只要它们的单位相同，即使盐类质量不同，其实际有效含量是一致的。如链霉素硫酸盐、土霉素盐酸盐、红霉素乳糖酸盐、新生霉素钠（钾）盐等抗生素，均以质量单位表示。

2. 类似质量单位 是以特定的抗生素盐类纯品的质量为单位，包括非活性部分的质量。例如，纯金霉素盐酸盐及四环素盐酸盐，1μg＝1U，即为类似质量单位。

3. 质量折算单位 与原始的生物活性单位相当的纯抗生素实际质量为 1U 加以折算。以青霉素为例，最初定一个青霉素单位系指在 50ml 肉汤培养基内完全抑制金黄色葡萄球菌生长的最小青霉素量为 1 单位。青霉素纯化后，这个量相当于青霉素 G 钠盐 0. 5988μg，因而国际上一致规定 0. 5988μg 为 1U，则 1mg＝1670U。

4. 特定单位 以特定的一批抗生素样品的某一质量作为一定单位，经有关的国家机构认定。如特定的一批杆菌肽 1mg＝55U；制霉菌素 1mg＝3000U 等。标准品是指与商品同质的、纯度较高的抗生素，每毫克含有一定量的单位，可用作效价测定的标准。每种抗生素都有它自己的标准品。国际标准品是指经国际协议，每毫克含一定单位的标准品，其单位即为国际单位（international unit，IU）。抗生素的国际标准品是在联合国世界卫生组织（WHO）的生物检定专家委员会的主持下，委托指定的机构［主要是英国国立生物标准检定所（National Institute for Biological Standardsand Control）］组织标定、保管和分发。由于国际标准品供应有限，各国通常由国家监制一批同样的标准品，与国际标准品比较，标定其效价单位后，分发各地使用，作为国家标准品。我国的国家标准品由中国食品药品检验研究院标定和分发。

5. 标示量 指抗生素制剂标签上所标示的抗生素含量。标示量原则上以重量表示（指质量单位），但少数成分不清的抗生素（如制霉菌素），或照顾用药习惯（如青霉素），仍沿用单位表示。

二、抗生素效价的微生物学测定法

抗生素效价的测定可分为物理、化学及微生物学方法，但大多数抗生素都适用微生物学测定法。微生物学测定法是一种利用抗生素对一定的微生物具有抗菌活性的特点来测定抗生素效价的方法。微生物法可以反映该抗生素的抗菌活性，与临床使用有平行关系，且灵敏度高，检品用量少。但本法也存在一些缺点，如操作繁杂、出结果时间较长（18～24小时），误差也较大［±（5%～10%）］，不及理化测定方法简便。抗生素效价的微生物学测定法主要有稀释法、比浊法和琼脂扩散法，最常用的是琼脂扩散法中的管碟法。以下介绍管碟法的原理、效价计算公式的推导及简要的操作方法。

1. 管碟法

（1）基本原理 管碟法（cylinder plate method）是法定的抗生素效价测定法。该方法是利用抗生素在琼脂平板培养基中的扩散渗透作用，比较标准品和检品两者对试验菌的抑菌圈大小，以决定供试品效价的一种方法。管碟法的基本原理是在含有高度敏感性试验菌的琼脂平板上放置小钢管［内径（6. 0±0. 1）mm，外径（8. 0±0. 1）mm，高（10±0. 1）

mm]，管内放入标准品和检品的溶液，经过培养，当抗生素扩散至有效范围内就产生透明的无菌生长范围，常呈圆形，称为抑菌圈。不同浓度的抗生素其抑菌圈直径大小不同。比较标准品与检品的抑菌圈大小，利用不同的推算原理就可计算出抗生素的效价。

抗生素在一定浓度范围内，其浓度和抑菌圈直径成曲线关系，如果把抗生素浓度改为对数浓度，就能得到一条直线。抑菌圈的直径与抗生素浓度的对数之间的关系，可以用斜截式的直线方程式来表示：

$$y = a + bx$$

式中，y 为抑菌圈直径；b 为斜率；a 为截距；x 为抗生素浓度的对数。

（2）管碟法测定抗生素效价的影响因素　用管碟法进行抗生素效价测定的原理是以抗生素在琼脂平板中的扩散动力学为基础的，因此，只要能影响扩散的因素都能影响测定结果的准确性。影响因素主要有：抑菌圈直径、扩散系数、扩散时间、培养基厚度、小钢管中抗生素总量以及抗生素的最小抑菌浓度等。这些因素不仅影响抑菌圈的大小，也影响抑菌圈的清晰度。

2. 一剂量法　又称为标准曲线法，是用已知含量的标准品溶液先制备出标准曲线，并在同样条件下测出供试品溶液的抑菌圈直径平均值，再求出它与标准品溶液的抑菌圈直径平均值之差，即可在标准曲线上直接查得供试品溶液的浓度，换算成效价。由于试验时供试品和标准品都只用一个浓度量，故称一剂量法。用于对比的标准曲线应取其直线部分。标准曲线制备及效价测定所得数据均应按《中国药典》规定进行统计处理。由于一剂量法操作较繁杂，不易规范化，故未被收入《中国药典》。

3. 二剂量法　为最常用方法，又称四点法。二剂量法可抵消斜率和截距的影响，以标准品和供试品分别作出的直线互相平行，所以又称平行线法，是一种相对效价的计算法（图19－1）。

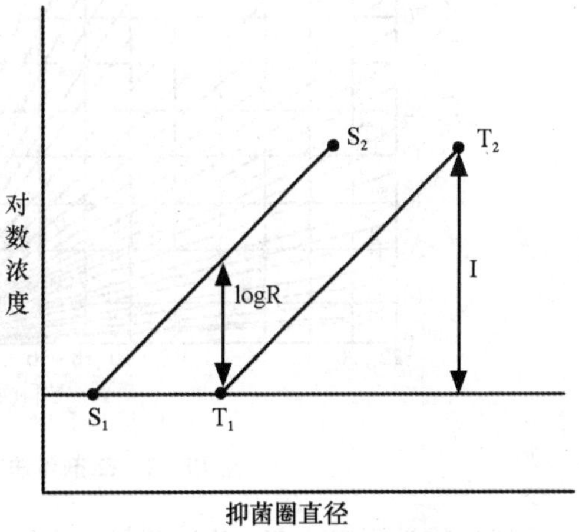

图19－1　抗生素标准品与供试品间平行直线关系图

S－标准品；T－供试品

本法系将抗生素标准品和供试品各稀释成一定比例（2∶1或4∶1）的两种剂量，在同一平板上比较其抗药活性，再根据抗生素浓度对数和抑菌圈直径成直线关系的原理来计算供试品效价。

操作时，取含菌层的双层平板培养基，每一供试品的平板数不少于4个，每个平板表面放置4个小钢管，管内分别放入检品的高、低剂量和标准品的高、低剂量溶液，经培养16～18小时后，在小钢管周围出现无菌生长的抑菌圈，量取直径，按公式计算，得出检品的效价。

先测量出四点的抑菌圈直径，计算时按下列步骤进行。

①求出 W 和 V，

$$W = (SH + UH) - (SL + UL)$$
$$V = (UH + UL) - (SH + SL)$$

式中，UH为供试品高剂量之抑菌圈直径；UL为供试品低剂量之抑菌圈直径；SH为标准品高剂量之抑菌圈直径；SL 为标准品低剂量之抑菌圈直径。

②求 θ，将 W、V 代入

$$\theta = D/\text{antilog}\ (IV/W)$$

式中，θ 为供试品和标准品的效价比；D 为标准品高剂量与供试品高剂量之比，一般为 1；I 为高低剂量之比的对数，即 log2 或 log4。目前二剂量法中常为 log2。

③求 Pr，将 θ 代入

$$Pr = Ar \times \theta$$

式中，Pr 为供试品实际单位数；Ar 为供试品标示量或估计单位。

此外，有时为了节省效价测定的计算时间，并便于核对，二剂量法也可利用放线图，查出抗生素的效价。放线图系根据效价计算公式（$\theta = D/\text{antilog}\ (IV/W)$）推导而制得的，只要求得 W、V 值后，查放线图即可得 θ 值。放线图如图 19－2。

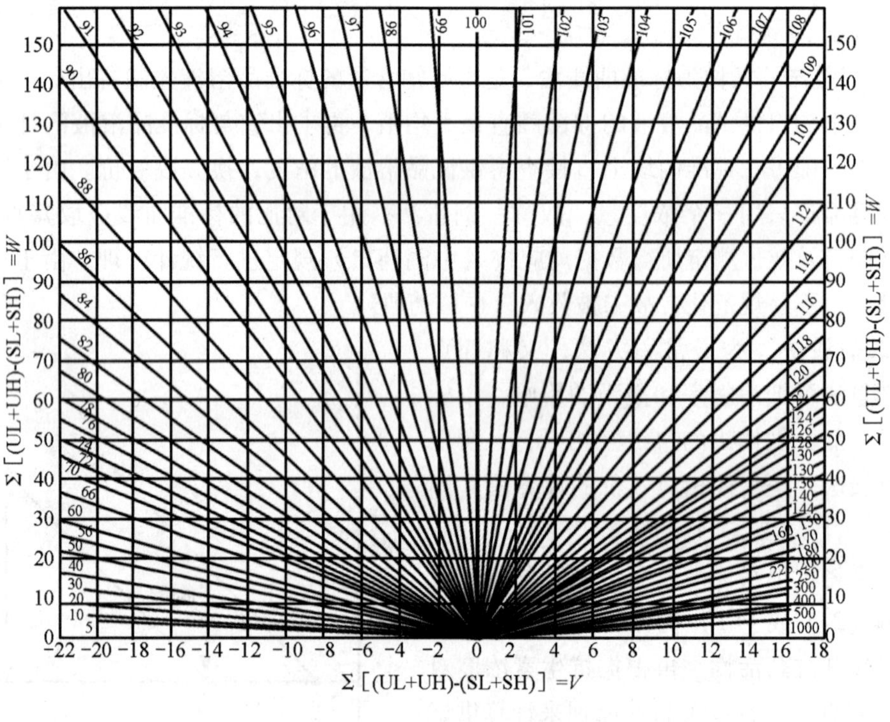

图 19－2　二剂量法效价计算放线图（H∶L＝2∶1）

微生物学测定法存在生物差异，会影响结果的精确度，必须借助生物统计方法来处理，观察生物差异对测定结果的影响程度，并用它来控制实验误差的允许范围，使微生物测定法结果达到一定的精确程度。《中国药典》规定，凡应用生物检定法测定效价的品种都必须遵照生物检定统计法计算误差项、可靠性测验和可信限。在可靠性测验证明实验结果成立之后方可进行抗生素效价的计算，并同时计算可信限和可信限率，以期测知该结果的精确度。

4. 三剂量法　原理和方法基本同二剂量法。不同之处在于标准品和检品各设高、中、低三组剂量，每个平板放置 6 个小钢管，故又称 6 点法。计算效价前同样要做生物统计处理。三剂量法不常采用，只用于标定标准品或仲裁检品等特殊情况。

第三节　抗　药　性

随着抗生素的不断发现和在临床上的广泛应用，细菌以及其他微生物的抗药性问题日趋严重。一些常见的临床致病菌如金黄色葡萄球菌、铜绿假单胞菌、变形杆菌、大肠埃希菌、痢疾志贺菌等的抗药情况尤为突出，它们所引起的各种感染已成为临床治疗上的一大难题。

一、抗药性的概念

抗药性（drug resistance）是指微生物或肿瘤细胞多次与药物接触发生敏感性降低的现象，是微生物对药物所具有的相对抗性。对同一种微生物和肿瘤细胞而言，抗药性与敏感性是相对的，抗药性增强，则敏感性降低。抗药性的程度一般以该药物对某种微生物的最低抑菌浓度（MIC）来衡量。

一般微生物的抗药性受其细胞内的遗传信息控制。有些微生物由于具有一些独特的结构或代谢，天生对药物不敏感，根据抗药性的概念，就不能称之为抗药性，这种现象可称为天然不敏感性（过去常称为固有抗药性），如铜绿假单胞菌天生对许多药物不敏感。另一种现象是有些微生物个体对原来敏感的抗生素通过遗传性的改变而获得了抗药性，可称之为获得抗药性（acquired resistance），获得抗药性常常是临床不合理用药或长期用药之后得以表现出的。

多重抗药性（multiple drug resistance，MDR）是指某一微生物同时对两种以上的作用机制不同的药物所产生的抗药性，也称多剂抗药性，这是由于多重抗药性菌株的遗传物质上带有编码产生不同抗药性的多种抗药基因之故。有时微生物对结构类似或作用机制类似的抗生素均有抗药性的现象，称为交叉抗药性（cross drug resistance），这主要是由于微生物细胞内单一基因变异导致对两种以上药物产生抗药性。

另外，有一些由于基因突变而致的抗药菌，不仅对该药物具有抗性，而且需要该药物作为特殊的营养因素，这种现象称为赖药性（drug dependence）。还有一些微生物对药物的抑菌作用的敏感性未改变，而对药物的杀菌作用具有相对抗性，即该菌在最低抑菌浓度时仍受到抑制，但最低杀菌浓度提高，抗生素此时表现的是抑菌，而不是杀菌作用，这种现象称为耐受性（tolerence）。在革兰阳性菌及阴性菌中均曾发现有耐受性菌株。

二、细菌抗药性产生的遗传机制

微生物对药物的抗药性可由染色体或质粒，或两者兼有介导。大多数抗药性是由质粒来编码的，少数由染色体编码。产生抗药性的原因可能是染色体或质粒上带有与抗药性有关的基因。如目前世界上医院内感染的主要致病原之一的甲氧西林抗药性金黄色葡萄球菌（methicillin-resistant *Staphylococcus aureus*，MRSA），其染色体上就带有一种与抗药性相关的 *mecA* 基因。体外敏感性试验研究表明，对甲氧西林抗药的菌株，*mecA* 基因的检测结果均为阳性。另外，有些具多重抗药性的菌株，可能含有两个以上的抗药质粒，或其抗药质粒上可能含有多个抗药基因。抗药性产生的遗传学机制主要体现在以下方面。

1. 自发突变加药物选择　通常认为，抗药菌所含的抗药基因是由敏感菌的遗传物质自发突变产生的，但一般自发突变的频率极低，通常突变率在 10^{-10} ~ 10^{-6}。极少量的抗药菌存在于大量的敏感菌之中原本不足为害，但经临床频繁使用抗生素之后，药物杀死或抑制敏感菌的生长，而抗药性细菌继续生长繁殖，无形中对抗药菌起了选择作用，造成抗药菌株的大量增殖，形成抗药菌系。许多试验表明，抗药性的产生不是由于微生物与药物接触而产生的，而是自发突变加上药物选择的结果。

2. 细胞间抗药性的基因转移 抗药性的遗传信息存在于染色体或质粒上。染色体上的抗药性可通过三种机制由一种细菌向另一种细菌传递，其中通过接合的方式转移细菌抗药基因已有不少报道，特别是带有抗药基因的质粒可自行复制，代代相传，并在不同种属间（特别是肠道菌）进行转移，而导致抗药性的广泛散播。如1958年在日本发生暴发性痢疾大流行时，科学家发现携带磺胺、四环素、链霉素、氯霉素等抗药基因的大肠埃希菌在肠道内通过接合将多剂抗药基因转移给了痢疾志贺菌，从而造成抗药性的散播。转导是通过噬菌体将细菌染色体片段由供体菌株向受体菌株转移，当转导片段中含有抗药性的遗传因子时，转导将导致抗药性的传播，但一般转导频率不高（如金黄色葡萄球菌的青霉素酶质粒）。尽管现在已经证明转化现象在自然界也会发生，但它在抗药基因的转移中并不十分重要。另外，一些微生态制剂的活菌细胞中可能携带有一定的抗药性基因，由于其广泛地大量地被服用，也可能造成抗药性的传播，这一现象应当引起重视。但有人认为，抗药性的转移也受到一些客观条件的限制，因此从整体来看，抗药基因的转移在整个抗药性的产生中是次要因素。

作为细菌染色体外的遗传物质——质粒，许多都包含有决定抗药性的基因，当这些质粒是接合型质粒时，即可由一个细菌向另一个细菌转移。

另外，还有一种转座子，在细胞间抗药性的基因转移中也起着非常重要的作用。转座子能在质粒间、质粒和染色体间或质粒和噬菌体间转座。因此，转座子的转座行为有利于抗药基因掺入敏感菌的遗传物质中，尤其是与多重抗药性的转移有关。由于转座子常位于质粒上，因而借质粒在细胞间的转移，转座子上所带的抗药基因也随之转移入敏感菌，导致抗药菌的广泛传播。

三、细菌抗药性产生的生化机制

抗药性产生的生物化学机制是指抗药菌遗传学上的改变在生物化学上的表现，主要有以下三个方面。

1. 产生使抗生素结构改变的酶（即钝化酶） 一些抗药菌由于诱导或基因突变而产生能使抗菌药物活性降低或完全失活的酶类（包括组成酶和诱导酶）。最典型的代表是β-内酰胺类抗生素，由于抗药菌产生β-内酰胺酶（包括青霉素酶、头孢菌素酶等），而使抗生素水解灭活。细菌β-内酰胺酶的产生一般有两种情况：一是细菌与具有诱导作用的药物接触，酶被诱导产生。诱导产生的酶大多数是胞外酶，一般由质粒编码合成，在革兰阳性菌株的抗药菌中约占90%；另一种是细菌自发突变产生的，这种β-内酰胺酶可以稳定地产生，与诱导药物无关，是一种组成酶，常常结合在细胞膜上，属于固有的胞内酶。氨基糖苷类抗生素的抗药菌产生的乙酰基转移酶（acetyl transferase）、磷酸转移酶、腺苷酸转移酶以及氯霉素（CM）类抗药菌产生的CM-乙酰基转移酶（CM acetyl transferase），均属钝化酶类。

2. 作用靶位的改变 许多抗药性是通过抗生素作用靶位的改变发挥作用的。由于基因突变，一些细菌形成了抗生素不能与之结合的作用靶位，或者即使能与之结合形成复合体，但靶位仍能保持其功能，微生物即出现抗药性。如对链霉素抗药的突变株，就是由于抗药

菌染色体上的 *str* 基因发生突变，使得核糖体 30S 亚基上的 S12 蛋白的构型发生改变，从而影响链霉素与 16S rRNA 上的特异碱基结合，因此不能抑制蛋白质合成而产生抗药性。青霉素的原始作用靶位是青霉素结合蛋白（PBPs），它们与肽聚糖交联有关的酶类相关，抗药菌的 PBPs 的数目减少、类型改变、与抗生素亲和力下降，使青霉素不能与之结合，从而产生抗药性。对磺胺类药物产生抗药性的菌株是由于基因突变改变了二氢蝶酸合成酶的性质，而合成了另一种对磺胺不敏感的酶类，该酶类在磺胺存在情况下，仍能合成大量二氢叶酸，使代谢正常进行，由此而产生抗药性。

3. 细胞通透性的改变 由于细胞膜通透性的改变致使药物进入细胞内减少，就使得微生物细胞表现出抗药性。一些与抗生素透入细胞相关的特有蛋白被称为膜孔蛋白，其在结构上的改变可能降低细胞膜的通透性而使药物的透入浓度降低，另外其细胞膜上可能还存在有一种使药物外排的机制，在降低药物摄入的同时，促进药物的外排，使之达不到抑制浓度，因而产生抗药性。如抗四环素细菌的抗药性就属于这种膜通透性的改变。铜绿假单胞菌对 β - 内酰胺类抗生素具有天然不敏感性，其原因之一就是其细胞膜上缺乏帮助转运这类药物的膜孔蛋白或可利用的膜孔蛋白数量极少，使得抗生素进入胞内较少。微生物对抗生素的抗药性的产生存在着不同的生物化学机制，其中有的与抗生素的作用机制相关，而有的则与抗生素的作用机制无关。对某一种抗生素，可能存在通过不同机制抗药的菌株。当两种抗生素作用于相同的位点时，常常出现交叉抗药性。

四、抗药性的防止

1. 合理使用抗生素 在临床上对抗生素的使用应加以严格管理。可用可不用抗生素时尽可能不用，并注意防止交叉抗药性。同时主张联合用药，因每一种药物在细胞代谢过程中发生作用的部位不同，合理联用两种药物可起到协同和取长补短的效果。另外，应进行用药知识的教育和宣传，均可降低抗药性的产生。

2. 寻找新药 努力寻找具有新的化学结构的新抗生素和改造现有的抗生素（包括对现有的抗生素产生菌和抗生素的改造）以及新的酶抑制剂。目前半合成抗生素的使用已成为克服抗药性的主要途径。

3. 加强抗药机制的研究 研究抗药机制有助于了解细菌抗药性的本质，以便有针对性地解决抗药菌对人类的危害，有效地控制细菌感染。

思考题

1. 什么是 MIC？什么是 MBC？用液体培养基稀释法如何检测 MIC？
2. 抗生素含量如何表示？
3. 以管碟法测青霉素的效价，已知抑菌圈直径：SH = 21.5mm；SL = 19mm；UH = 22mm；UL = 18mm。请以公式法求出其效价。
4. 什么是抗药性？抗药性产生的主要机制有哪些？
5. 如何防止抗药性的产生？

扫码“练一练”

（周长林）

扫码“学一学”

第二十章　药物的微生物检查

第一节　微生物与药物变质

一、药物生产中的微生物污染及防治

微生物与药学有着非常密切的关系。在医药工业中，药物的生产如抗生素、维生素、甾体激素、氨基酸、酶制剂、酵母等都是利用微生物发酵制成的，微生物是很重要的药物资源。微生物制药有着越来越广阔的前景。

药物生产和保藏中的一个重要问题是微生物污染造成药物变质的问题。在药物制备过程中，大多数制剂都含有微生物。空气、水、操作人员、药物原料、制药设备、包装容器、厂房环境均可造成药物的微生物污染。即使经过灭菌或除菌处理的注射剂也可能因为热原的存在而引起发热反应。

药品的微生物污染除受到外界环境和原料质量的影响外，在药物制剂的生产和保藏过程中也都存在微生物污染的可能。那些污染药品的微生物只要遇到适宜的环境就能生长繁殖，一方面可能促使药物变质，影响药品的质量，甚至失去疗效；另一方面对患者可引起不良反应，或因是病原性微生物而引起感染，甚至危及生命。所以，在药物生产中一定要十分重视这方面的问题，同时在药物的质量管理中必须严格进行药物的微生物检验，以保证药物制剂达到卫生学标准。

1. 空气中的微生物污染及防治　空气虽不是微生物生长繁殖的良好环境，但是一般的大气环境仍含有数量不少的细菌、霉菌和酵母菌等。空气中的微生物种类与数量随条件不同有很大的变化，如有活跃人群之处比人少的地方微生物多，不洁的房间比清洁的房间多。当人们讲话、咳嗽、打喷嚏时，可大大增加空气中的微生物数量。

由于空气中含有微生物，因此在药物制剂的生产过程中，如果不采取适当的措施，这些微生物就会进入药物中，使药物制剂发生污染。污染的程度与空气中的含菌量有关。根据药物制剂的类型不同，对生产场所的空气中所含有的微生物数量的限度亦不相同。如生产注射剂或眼科用药的操作区的空气，微生物的含量必须非常低，即通常所谓的无菌操作区（每1000L空气中不得含有10个以上的细菌）；如在生产口服及外用药物的操作区，仅要求洁净。

2. 水中的微生物污染及防治　水在制药工业中至关重要，因除在配制各类制剂时需要用水外，在洗涤及冷却过程中均涉及水，水也是药物中微生物的重要来源。水中微生物数量主要决定于水的来源、处理方法以及供水系统（包括管道、阀门等）的状况等因素。水中常见的微生物有假单胞菌、产碱杆菌、黄杆菌、产色细菌和沙雷菌等。如果受到粪便污染时，则可有大肠埃希菌、变形杆菌和其他肠道细菌等。因此，用于生产的水必须符合水质的卫生标准。我国卫生标准是每毫升饮用水中细菌总数不可超过100个，每100ml饮水中大肠菌群不得检出。大肠菌群是指一群37℃、24小时能发酵乳糖，产酸、产气、需氧或兼性厌氧的革兰阴性菌。

3. 人体中的微生物污染及防治　自然界广泛存在着微生物，人与自然界相接触，因此人的体表与外界相通的腔道如口腔、鼻咽腔、肠道、眼结膜、泌尿生殖道都存在不同种类和数量的微生物。其中有些微生物可长期寄居于人或动物的体表及与外界相通的黏膜上，当人体免疫功能正常时，它们和宿主以及环境之间保持动态平衡，有益于宿主的健康，构成相互依赖、相互制约的生态学体系，为人体正常微生物群，通称人体“正常菌群”（表 20－1）。正常菌群与宿主间的生态平衡在下列情况下可被打破，造成生态失调而导致疾病。这样，原来在正常情况下不致病的正常菌群就成了条件致病菌。主要原因有：①寄居部位的改变，例如大肠埃希菌从原寄居的肠道进入泌尿道，或手术时通过切口进入腹腔、血流等；②免疫力低下，由于应用抗肿瘤药物、大剂量皮质激素或放射治疗等，造成免疫功能低下，从而使一些正常菌群从寄居原位穿过黏膜等屏障，进入组织或血流，出现各种病症，严重的可导致败血症而死亡；③菌群失调，是宿主某部位正常菌群中各菌种间的比例发生较大幅度变化而超出正常范围的状态，由此产生的病症称为“菌群失调症”。菌群失调时，往往可引起二重感染，即在抗菌药物治疗原感染性疾病过程中，发生了另一种新致病菌引起的感染。菌群失调的原因是长期应用抗菌药物（尤其是广谱抗生素）后，大多数正常菌群被杀灭或被抑制，而原处于少数劣势的菌群或外来抗药菌乘机大量繁殖而致病。从上可以看出，“正常菌群”既是人体健康所必须的（能成为条件致病菌引起感染），也是医药工业微生物污染的重要来源之一。

微生物可以从操作人员传递给药物制剂，因此操作人员必须注意个人卫生，不得是带菌者。在制药过程种要求带口罩，清洗和消毒双手，穿上专用工作衣帽才能进行操作，以减少微生物污染。人体常见的正常菌群如表 20－1 所示。

表 20－1　人体常见的正常菌群

部位	常见的微生物
皮肤	葡萄球菌、类白喉棒状杆菌、铜绿假单胞菌、丙酸杆菌、白假丝酵母菌、非致病性分枝杆菌
口腔	葡萄球菌、甲型和丙型链球菌、肺炎链球菌、奈瑟菌、乳酸杆菌、类白喉棒状杆菌、放线菌、螺旋体、白假丝酵母菌、梭菌
鼻咽腔	葡萄球菌、甲型和丙型链球菌、肺炎链球菌、奈瑟菌、类杆菌
外耳道	葡萄球菌、类白喉棒状杆菌、铜绿假单胞菌、非致病性分枝杆菌
眼结膜	葡萄球菌、干燥棒状杆菌、奈瑟菌
胃	一般无菌
肠道	大肠埃希菌、产气肠杆菌、变形杆菌、铜绿假单胞菌、葡萄球菌、肠球菌、类杆菌、产气荚膜梭菌、破伤风梭菌、双歧杆菌、乳杆菌、白假丝酵母菌
尿道	葡萄球菌、类白喉棒状杆菌、非致病性分枝杆菌
阴道	乳杆菌、大肠埃希菌、类白喉棒状杆菌、白假丝酵母菌

4. 土壤中的微生物污染及防治　土壤中含微生物最多。土壤中有丰富的营养、适宜的酸碱度、温度和水分，因此是微生物繁殖的良好环境，有天然培养基之美称。

土壤中的微生物有细菌、放线菌、真菌等。病原微生物也可随着人和动植物的尸体和排泄物污染土壤。带芽孢的细菌能够在土壤中长期存活。植物药材（特别是根类），常带有土壤微生物。用晾晒、烘烤的方法使药材充分干燥可减少微生物的繁殖生长。

5. 原料和包装物中的微生物污染及防治　天然来源的未经处理的原料，常含有各种各样的微生物，如动物来源的明胶、脏器，植物来源的阿拉伯胶、琼脂和中药药材等。事先或制药过程中加以消毒处理（加热煎煮、过滤、照射、有机溶剂提取、加防腐剂）可得到减少微生物的满意结果，如制成糖浆剂可造成高渗环境防止微生物生长；酊剂、浸膏制剂则可利用乙醇的杀菌作用减少微生物的污染。原料的储藏环境以干燥为好，减少药材的湿度可防止微生物的繁殖。

包装材料包括包装用的容器、包装纸、运输纸箱等，应按不同要求考虑是否需要消毒和如何合理封装。原则是尽量减少微生物污染。

6. 厂房建筑和制药设备中的微生物污染及防治 生产部门所有房屋包括厂房、车间、库房、实验室都必须清洁和整齐。建筑物的结构和表面应不透水，表面平坦均匀，便于清洗，使微生物的生长处于最低限度。设备、管道均应易于拆卸，便于清洁和消毒。

二、药物变质

存在于药物中的微生物如遇到适宜的条件就能生长繁殖，使药物发生变化，这种变化可引起药物变质失效。

1. 药物变质的判断 根据下列情况可判断药物是否已发生变质。

（1）有病原微生物的存在。

（2）微生物已死亡或已被排除，但其毒性代谢产物仍然存在。

（3）产品发生可被觉察的物理或化学变化。

（4）口服及外用药物的微生物总数超过规定的数量。

（5）无菌制剂中发现有微生物的存在。

2. 药物变质的外在表现 药物变质，一般需要很高的污染程度或微生物大量繁殖才出现明显的变质现象。主要表现为药物产生使人讨厌的味道和气体，产生微生物色素，黏稠剂和悬浮剂的解聚使黏度下降，悬浮物沉淀；在糖质的药品中可形成聚合性的黏稠丝，变质的乳剂有团块或沙粒感，累积的代谢物改变药物的 pH，代谢产生的气体在黏稠的成品中积累，引起塑料包装鼓胀。

3. 药物变质的结果 由于微生物的污染而引起的药物变质，主要决定于被污染药物本身的一些特点，如化学结构、物理性质等以及微生物的污染量，其结果大致有如下几种。

（1）变质的药品引起感染 无菌制剂（如注射剂）不合格或使用时污染，可引起感染或败血症。如铜绿假单胞菌污染的滴眼剂可引起严重的眼部感染或使病情加重甚至失明，被污染的软膏和乳剂能引起皮肤病和烧伤患者的感染，消毒不彻底的冲洗液能引起尿路感染等。

（2）药物理化性质的改变而引起药物失效 微生物降解能力具有多样性，因此许多药物可被微生物作用后发生降解，失去疗效，如阿司匹林可被降解为有刺激性的水杨酸，青霉素、氯霉素可被产生钝化酶的微生物（抗药菌）降解为无活性的产物。

（3）药物中的微生物产生有毒的代谢产物 药物中含有易受微生物侵染的组分，如许多表面活性剂、湿润剂、混悬剂、甜味剂、香味剂、有效的化疗药物等，它们均是易受微生物作用的底物，因此易被降解利用而产生一些有毒的代谢产物。此外，微生物在生长繁殖中本身也可产生毒性，如大型输液中由于存在热原质可引起急性发热性休克，有些药品原来只残存少量微生物，但在储存和运输过程中大量繁殖并形成有毒代谢产物，而导致用药后出现不良反应。

三、药物生产中的 GMP 和 GLP

1. 药品生产质量管理规范 为了在药品生产的全过程中把各种污染的可能性降至最低

程度，目前我国和世界上一些较先进的国家都已实施药品 GMP 制度。药品生产质量管理规范（Good Manufacturing Practice，GMP）是药品全面质量管理的重要组成部分。《中华人民共和国药品管理法》是药品生产和质量管理的基本准则，适用于药品制剂生产的全过程和原料药生产中影响成品质量的关键工序。

微生物可能通过药物生产中的多种渠道引起药物污染，如原料、环境、工作人员卫生状况、操作方法、厂房建筑、包装材料等均与药物变质有重大关系。另外，不当的药物储存、运输和使用方式，也可能引起微生物的污染。GMP 中涉及防止微生物污染药物的要求和措施大致有以下几方面。

（1）厂房与设施　药品生产企业必须有整洁的生产环境，厂区的地面、路面及运输等不应对药品的生产造成污染；生产、行政、生活和辅助区的总体布局应合理，不得互相妨碍。厂房应按生产工艺流程及所要求的空气洁净级别进行合理布局，同一厂房内以及相邻厂房之间的生产操作不得相互妨碍。厂房应有防止昆虫和其他动物进入的设施。在设计和建设厂房时，应考虑使用时便于进行清洁工作。洁净室（区）的内表面应平整光滑、无裂缝、接口严密、无颗粒物脱落，并能耐受清洗和消毒，墙壁与地面的交界处宜成弧形或采取其他措施，以减少灰尘积聚和便于清洁。进入洁净室（区）的空气必须净化，并应根据生产工艺要求划分空气洁净级别。洁净室（区）内空气的微生物数和尘粒数应定期监测。与药品直接接触的干燥用空气、压缩空气和惰性气体应经净化处理。生物检定、微生物限度检定等要分室进行。

（2）设备　设备的设计、选型、安装应符合生产要求，易于清洗、消毒或灭菌。纯化水、注射用水的制备、储存和分配应能防止微生物的滋生和污染。储罐和管道要规定清洗、灭菌周期。注射用水储罐的通气口应安装不脱落纤维的疏水性除菌滤器。

（3）物料　有关微生物菌毒种的验收、储存、保管、使用、销毁应执行国家有关医学微生物菌种保管的规定。

（4）卫生　不同空气洁净度级别使用的工作服应分别清洗、整理，必要时需进行消毒或灭菌。洁净室（区）应定期消毒。消毒剂品种应定期更换，防止产生耐药菌株。传染病、皮肤病患者和体表有伤口者不得从事直接接触药品的生产。

2. 药物非临床研究质量管理规范　为提高药物非临床研究的质量，确保实验资料的真实性、完整性和可靠性，保障人民用药安全，根据《中华人民共和国药品管理法》制定了药品临床前研究质量管理规范（Good Laboratory Practice，GLP），其适用于为申请药品注册而进行的非临床研究。药物非临床安全性评价研究机构必须遵循该规范。非临床研究，系指为评价药物安全性，在实验室条件下用实验系统进行的各种毒性试验，包括单次给药的毒性试验、反复给药的毒性试验、生殖毒性试验、遗传毒性试验、致癌试验、局部毒性试验、免疫原性试验、依赖性试验、毒代动力学试验及与评价药物安全性有关的其他试验。非临床安全性评价研究机构，系指从事药物非临床研究的实验室。实验系统，系指用于毒性试验的动物、植物、微生物以及器官、组织、细胞、基因等。

GLP 中涉及防止微生物污染药物的要求和措施主要包括以下几个方面：根据所从事的非临床研究的需要，应建立相应的实验设施；各种实验设施应保持清洁卫生，防止交叉污染；具备设计合理、配置适当的动物饲养设施，并能根据需要调控温度、湿度、空气洁净度、通风和照明等环境条件；实验动物设施条件应与所使用的实验动物级别相符。

第二节　灭菌制剂的无菌检查

扫码“看一看”

无菌检查法是用于检查药典要求无菌的药品、生物制品、医疗器械、原料、辅料及其他品种是否无菌的一种方法，各种注射剂、输液、手术眼科制剂都必须保证无菌，符合药典相关规定。

药物的无菌检查法包括直接接种法和膜过滤法。具体内容如下：

一、培养基及其适用性检查

1. 硫乙醇酸盐流体培养基（用于培养需氧菌和厌氧菌）　硫乙醇酸盐流体培养基配方如表 20－2 所示。除葡萄糖和刃天青溶液外，取表内成分混合，微温溶解，调节 pH 为弱碱性，煮沸，滤清，加入葡萄糖和刃天青溶液，摇匀，调节 pH 使灭菌后在 25℃的 pH 为 7.1 ±0.2。硫乙醇酸盐流体培养基置30～35℃培养。

表 20－2　硫乙醇酸盐流体培养基配方

成分	用量	成分	用量
酪胨（胰酶水解）	15.0g	L－胱氨酸	0.5g
葡萄糖/无水葡糖糖	5.5g/5.0g	氯化钠	2.5 g
硫乙醇酸钠（或硫乙醇酸）	0.5g（0.3ml）	新配制的 0.1% 刃天青溶液	1.0 ml
酵母浸出粉	5.0g	琼脂	0.75g
水	1000ml		

2. 胰酪大豆胨液体培养基（用于培养真菌和需氧菌）

胰酪大豆胨液体培养基配方如表 20－3 所示。除葡萄糖外，取表内成分混合，微温溶解，必要时滤过使澄清，调节 pH，使灭菌后在 25℃的 pH 为 7.3 ±0.2，加入葡萄糖，分装，灭菌。胰酪大豆胨液体培养基置 20～25℃培养。

表 20－3　胰酪大豆胨液体培养基配方

成分	用量	成分	用量
胰酪胨	17.0g	氯化钠	5.0g
大豆木瓜蛋白酶消化物	3.0g	磷酸氢二钾	2.5g
葡萄糖/无水葡萄糖	2.5g /2.3g	水	1 000ml

3. 中和/灭活用培养基　按上述硫乙醇酸盐流体培养基或胰酪大豆胨液体培养基的处方及制法，在培养基灭菌前或使用前加入适宜的中和剂、灭活剂或表面活性剂，其用量同方法适用性试验。

4. 马铃薯葡萄糖琼脂培养基（PDA）　取马铃薯，切成小块，加水 1000ml，煮沸 20～30分钟，用6～8 层纱布过滤，取滤液补水至1000ml（表 20－4），调节 pH，使灭菌后在25℃的 pH 为5.6 ±0.2，加入琼脂，加热溶化后，再加入葡萄糖，摇匀，分装，灭菌。

表 20－4　0.5%葡萄糖肉汤培养基配方

成分	用量	成分	用量
马铃薯（去皮）	200g	琼脂	14.0g
葡萄糖	20.0g	水	1000ml

5. 其他培养基　除上述培养基外，用于无菌检查相关的微生物培养的培养基还有胰酪大豆胨琼脂培养基、沙氏葡萄糖液体培养基、沙氏葡萄糖琼脂培养基等，其配制方法见药典相关部分。

6. 培养基的适用性检查　无菌检查用的硫乙醇酸盐流体培养基和胰酪大豆胨液体培养基等应符合培养基的无菌性检查及灵敏度检查的要求。该检查可在供试品的无菌检查前或与供试品的无菌检查同时进行。

（1）培养基无菌性检查　每批培养基随机取不少于5支（瓶），置各培养基规定的温度培养14天，应无菌生长。

（2）培养基灵敏度检查　所用的菌株传代次数不得超过5代（从菌种保存中心获得的冷冻干燥菌种为第0代），并采用适宜的菌种保存技术进行保存和确认，以保证试验菌株的生物学特性。菌株及菌悬液制备方法详见“微生物试验菌株及制备”。

取适宜装量的硫乙醇酸盐流体培养基7支，分别接种不大于100cfu的金黄色葡萄球菌、铜绿假单胞菌、生孢梭菌各2支，另1支不接种作为空白对照，培养不超过3天；取装量的胰酪大豆胨液体培养基7支，分别接种不大于100cfu的枯草芽孢杆菌、白色念珠菌、黑曲霉各2支，另1支不接种作为空白对照，培养不超过5天。逐日观察结果。空白对照管应无菌生长，若加菌的培养基管均生长良好，判该培养基的灵敏度检查符合规定。

二、微生物试验菌株及其制备

1. 微生物试验菌株　药典要求的药品微生物学检查菌株包括金黄色葡萄球菌（*Staphylococcus aureus*）[CMCC（B）26003]、大肠埃希菌（*Escherichia coli*）[CMCC（B）44102]、铜绿假单胞菌（*Pseudomonas aeruginosa*）[CMCC（B）10104]、枯草芽胞杆菌（*Bacillus subtilis*）[CMCC（B）63501]、生孢梭菌（*Clostridium sporogenes*）[CMCC（B）64941]、白色念珠菌（*Candida albicans*）[CMCC（F）98001]、黑曲霉（*Aspergillus niger*）[CMCC（F）98003]。

2. 菌悬液制备　接种金黄色葡萄球菌、大肠埃希菌、铜绿假单胞菌、枯草芽胞杆菌的新鲜培养物至胰酪大豆胨液体培养基中或胰酪大豆胨琼脂培养基上，接种生孢梭菌的新鲜培养物至硫乙醇酸盐流体培养基中，30～35℃培养2～3天；接种白色念珠菌的新鲜培养物至沙氏葡萄糖液体培养基或沙氏葡萄糖琼脂培养基上，20～25℃培养2～3天，上述培养物用0.9%无菌氯化钠溶液或pH 7.0无菌氯化钠－蛋白胨缓冲液的适宜浓度菌悬液。接种黑曲霉至沙氏葡萄糖琼脂斜面培养基或马铃薯葡萄糖琼脂培养基上，20～25℃培养5～7天，或直到获得丰富的孢子，加入适量含0.05%（V/V）聚山梨酯80的0.9%无菌氯化钠溶液，将孢子洗脱。然后，采用适宜的方法吸出孢子悬液至无菌试管内，用含0.05%（V/V）聚山梨酯80的0.9%无菌氯化钠溶液制成适宜浓度的孢子悬液。

三、稀释液、冲洗液及其制备方法

稀释液、冲洗液主要为0.1%蛋白胨水溶液和pH 7.0无菌氯化钠－蛋白胨缓冲液，其配制后应采用验证合格的灭菌程序灭菌。如需要，可在稀释液或冲洗液的灭菌前或灭菌后加入表面活性剂或中和剂等。

1. 0.1%蛋白胨水溶液　取蛋白胨1.0g，加水1000ml，微温溶解，必要时滤过使澄清，调节 pH 至 7.1±0.2，分装，灭菌。

2. pH 7.0 无菌氯化钠－蛋白胨缓冲液 取磷酸二氢钾 3.56g，无水磷酸氢二钠 5.77g，氯化钠 4.30g，蛋白胨 1.0g，加水 1000ml，微温溶解，必要时滤过使澄清，分装，灭菌。

根据供试品的特性，可选用其他经验证过的适宜溶液作为稀释液或冲洗液（如0.9%无菌氯化钠溶液）。

四、方法适用性验证

进行产品无菌检查法时，应进行方法适用性试验，以确认所采用的方法适合于该产品的无菌检查。若检验程序或产品发生变化可能影响检验结果时，应重新进行方法适用性试验。方法适用性试验按"供试品的无菌检查"的规定及下列要求进行操作。对每一试验菌应逐一进行方法确认。方法适用性试验也可与供试品的无菌检查同时进行。

药物的无菌检查法包括直接接种法和膜过滤法。只要供试品性状允许，一般应采用薄膜过滤法。

1. 薄膜过滤法 一般采用封闭式薄膜过滤器，根据供试品及其溶剂的特性选择滤膜材质。其中包括滤膜孔径应不大于 0.45μm 的一次性使用的全封闭集菌培养器（图 20－1）。根据供试品及其溶剂的特性选择滤膜材质。抗生素供试品应选择低吸附的滤器及滤膜。

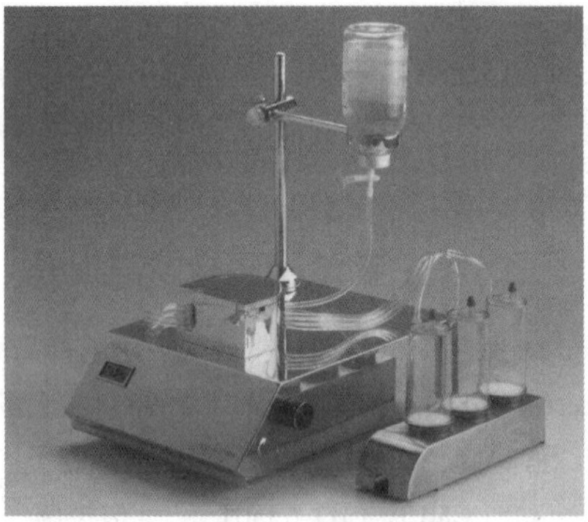

图 20－1 无菌检测系统

取每种培养基规定接种的供试品总量按薄膜过滤法过滤，冲洗，在最后一次的冲洗液中加入小于 100cfu 的试验菌（包括金黄色葡萄球菌、大肠埃希菌、生孢梭菌、枯草芽孢杆菌、白色念珠菌、黑曲霉），过滤。加硫乙醇酸盐流体培养基或胰酪大豆胨液体培养基至滤筒内。另取一装有同体积培养基的容器，加入等量试验菌，作为对照。置规定温度培养不得超过 5 天。

2. 直接接种法 取符合直接接种法培养基用量要求的硫乙醇酸盐流体培养基 6 管，分别接入不大于 100cfu 的金黄色葡萄球菌、大肠埃希菌、生孢梭菌各 2 管，取符合直接接种法培养基用量要求的胰酪大豆胨液体培养基 6 管，分别接入不大于 100cfu 的枯草芽孢杆菌、白色念珠菌、黑曲霉各 2 管。其中 1 管按供试品的无菌检查要求接入每支培养基规定的供试品接种量，另 1 管作为对照，置规定的温度培养不得超过 5 天。

3. 结果判断 与对照管比较，如含供试品各容器中的试验菌均生长良好，则说明供试品的该检验量在该检验条件下无抑菌作用或其抑菌作用可以忽略不计，照此检查方法和检查条件进行供试品的无菌检查。

如含供试品的任一容器中的试验菌生长微弱、缓慢或不生长，则说明供试品的该检验量在该检验条件下有抑菌作用，应采用增加冲洗量、增加培养基的用量、使用中和剂或灭活剂、更换滤膜品种等方法，消除供试品的抑菌作用，并重新进行方法适用性试验。

五、供试品的无菌检查

1. **检验数量**　检验数量是指一次试验所用供试品最小包装容器的数量。除另有规定外，出厂产品按表 20－5 规定；上市产品监督检验按表 20－6 规定。两表中最少检验数量不包括阳性对照试验的供试品用量。

一般情况下，供试品无菌检查若采用薄膜过滤法，应增加 1/2 的最小检验数量作阳性对照用；若采用直接接种法，应增加供试品 1 支（或瓶）作阳性对照用。

2. **检验量**　是指供试品每个最小包装接种至每份培养基的最小量（g 或 ml）。除另有规定外，供试品检验量按表 20－7 规定。若每支（瓶）供试品的装量按规定足够接种两种培养基，则应分别接种硫乙醇酸盐流体培养基和胰酪大豆胨液体培养基。采用薄膜过滤法时，只要供试品特性允许，应将所有容器内的内容物全部过滤。

3. **阳性对照**　应根据供试品特性选择阳性对照菌：无抑菌作用及抗革兰阳性菌为主的供试品，以金黄色葡萄球菌为对照菌；抗革兰阴性菌为主的供试品，以大肠埃希菌为对照菌；抗厌氧菌的供试品，以生孢梭菌为对照菌；抗真菌的供试品，以白色念珠菌为对照菌。阳性对照试验的菌液制备同方法适用性试验，加菌量不大于 100cfu，供试品用量同供试品无菌检查时每份培养基接种的样品量。阳性对照管培养不超过 5 天，应生长良好。

4. **阴性对照及其他**　供试品无菌检查时，应取相应溶剂和稀释液、冲洗液同法操作，做为阴性对照。阴性对照不得有菌生长。

无菌试验过程中，若需使用表面活性剂、灭活剂、中和剂等试剂，应证明其有效性，且对微生物无毒性。

5. **供试品处理及接种培养基**

（1）薄膜过滤法　水溶性供试液过滤前，一般应先将少量的冲洗液过滤以润湿滤膜。油类供试品，其滤膜和过滤器在使用前应充分干燥。为发挥滤膜的最大过滤效率，应注意保持供试品溶液及冲洗液覆盖整个滤膜表面。供试液经薄膜过滤后，若需要用冲洗液冲洗滤膜，每张滤膜每次冲洗量一般为 100ml，且总冲洗量一般不超过 500ml，最高不得超过 1000ml，以避免滤膜上的微生物受损伤。

水溶液供试品取规定量，直接过滤，或混合至含不少于 100ml 适宜稀释液的无菌容器中，混匀，立即过滤。如供试品具有抑菌作用，须用冲洗液冲洗滤膜，冲洗次数一般不少于三次，所用的冲洗量、冲洗方法同方法适用性试验。除生物制品外，一般样品冲洗后，1 份滤器加入 100ml 硫乙醇酸盐流体培养基，1 份滤器加入 100ml 胰酪大豆胨液体培养基。生物制品样品冲洗后，2 份滤器加入 100ml 硫乙醇酸盐流体培养基，1 份滤器加入 100ml 胰酪大豆胨液体培养基。

水溶性固体和半固体供试品取规定量，加适宜的稀释液溶解或按标签说明复溶，然后照水溶性液体供试品项下的方法操作。

非水溶性供试品取规定量，直接过滤；或混合溶于适量含聚山梨酯 80 或其他适宜乳化剂的稀释液中，充分混合，立即过滤。用含 0.1%～1% 聚山梨酯 80 的冲洗液冲洗滤膜至少 3 次。加入含或不含聚山梨酯 80 的培养基。接种培养基照水溶性液体供试品项下的方法操作。

可溶于十四烷酸异丙酯的膏剂和黏性油剂供试品取规定量，混合至适量的无菌十四烷酸异丙酯中，剧烈振摇，使供试品充分溶解，如果需要可适当加热，加热温度一般不超过40℃，最高不得超过44℃，趁热迅速过滤。对仍然无法过滤的供试品，于含有适量的无菌十四烷酸异丙酯中的供试液中加入不少于100ml的稀释液，充分振摇萃取，静置，取下层水相作为供试液过滤。过滤后滤膜冲洗及接种培养基照非水溶性供试品项下的方法操作。

无菌气雾剂供试品取规定量，采用专用设备将供试品转移至封闭式薄膜过滤器中。将各容器置-20℃或其他适宜温度冷冻约1小时，取出，迅速消毒供试品开启部位，用无菌钢锥或针样设备在该部位钻一个小孔，放置室温，并轻轻转动容器，使抛射剂缓缓全部释出。供试品亦可采用其他适宜的方法取出以无菌操作迅速在容器上端钻一小孔，释放抛射剂后再无菌开启容器，并将供试液转移至无菌容器中，然后照水溶性液体或非水溶性制剂供试品项下的方法操作。

装有药物的注射器供试品取规定量，将注射器中的内容物（若需要可吸入稀释液或标签所示的溶剂溶解）直接过滤，或混合至含适宜稀释液的无菌容器中，然后照水溶性液体或非水溶性供试品项下方法操作。同时应采用适宜的方法进行包装中所配带的无菌针头的无菌检查。

具有导管的医疗器械（输血、输液袋等）供试品除另有规定外，取规定量，每个最小包装用适量的（通常50~100ml）冲洗液分别冲洗内壁，收集冲洗液于无菌容器中，然后照水溶性液体供试品项下方法操作。同时应采用适宜的方法对包装中所配带的针头等要求无菌的部件无菌检查。

（2）直接接种法　适用于无法用薄膜过滤法进行无菌检查的供试品，即取规定量供试品分别等量接种至硫乙醇酸盐流体培养基和胰酪大豆胨液体培养基中。除生物制品外，一般样品无菌检查时两种培养基接种的瓶/支数相等；生物制品无菌检查时硫乙醇酸盐流体培养基和胰酪大豆胨液体培养基接种的支/瓶数为2∶1。除另有规定外，每个容器中培养基的用量应符合接种的供试品体积不得大于培养基体积的10%，同时，硫乙醇酸盐流体培养基每管装量不少于15ml，胰酪大豆胨液体培养基每管装量不少于10ml。供试品检查时，培养基的用量和高度同方法适用性试验。

混悬液等非澄清水溶性液体供试品可直接接种至各管培养基中。固体供试品可直接等量接种至各管培养基中，或加入适宜的溶剂溶解或按标签说明复溶，取规定量等量接种至各管培养基中。非水溶性供试品可加入适量的聚山梨酯80或其他适宜的乳化剂及稀释剂使其乳化，等量接种至各管培养基中，或直接等量接种至含聚山梨酯80或其他适宜乳化剂的各管培养基中。敷料供试品的每个包装可以无菌操作拆开，于不同部位剪取约100mg或1cm×3cm的供试品，等量接种于各管足以浸没供试品的适量培养基中。肠线、缝合线及其他一次性使用的医用材料按无菌拆开包装，等量接种于各管足以浸没供试品的适量培养基中。灭菌医用器械供试品必要时应将其拆散或切成小碎段，等量接种于各管足以浸没供试品的适量培养基中。放射性药品可取供试品1瓶（支），等量接种于装量为7.5ml的硫乙醇酸流液体培养基和胰酪大豆胨液体培养基中。每管接种量为0.2ml。

6. 培养、观察及结果判断　将上述接种供试品后的培养基容器分别按各培养基规定的温度培养不少于14天；接种生物制品的硫乙醇酸盐流体培养基的容器应分成两等份，一份置30~35℃培养，一份置20~25℃培养。培养期间应定期观察并记录是否有菌生长。如在加入供试品后或在培养过程中，培养基出现浑浊，培养14天后，不能从外观上判断有无微生物生长，可取该培养液不少于 1ml 转种至同种新鲜培养基中，培养不少于 4 天，观察接种的同种新鲜培养基是否再出现浑浊；或取培养液涂片，染色，镜检，判断是否有菌。

阳性对照管应生长良好，阴性对照管不得有菌生长。

若供试品管均澄清，或虽显浑浊但经确证无菌生长，判供试品符合规定；若供试品管中任何一管显浑浊并确证有菌生长，判供试品不符合规定，除非能充分证明试验结果无效，即生长的微生物非供试品所含。当符合下列至少一个条件时方可认为试验结果无效：

（1）无菌检查试验所用的设备及环境的微生物监控结果不符合无菌检查法的要求。

（2）回顾无菌试验过程，发现有可能引起微生物污染的因素。

（3）在阴性对照中观察到微生物生长。

（4）供试品管中生长的微生物经鉴定后，确证是因无菌试验中所使用的物品和（或）无菌操作技术不当引起的。

试验若经确认无效，应重试。重试时，重新取同量供试品，依法检查，若无菌生长，判供试品符合规定；若有菌生长，判供试品不符合规定。

表 20-5　批出厂产品及生物制品的原液和半成品最少检验数量

供试品	批产量 N/个	接种每种培养基的最少检验数量
注射剂 大体积注射剂（>100ml）	N≤100 100<N≤500 N>500	10%或4个（取较多者）10个 2%或20个（取最少者）20个（生物制品） 2%或10个（取最少者）20个（生物制品）
冻干血液制品　>5ml ≤5ml	每柜冻干≤200 每柜冻干>200 N≤100 100<N≤500 N>500	5个 10个 5个 10个 20个
眼用及其他非注射产品	N≤200 N>200	5%或2个（取较多者）10个
桶装无菌固体原料 抗生素固体原料药（≥5g）	N≤4 4<N≤50 N>50	每个容器 20%或4个容器（取较多者） 2%或10个容器（取较多者） 6个容器
生物制品原液或半成品		每个容器（每个容器制品的取样量为总量的0.1%或不少于10ml，每开瓶一次，应加上法抽检）
体外用诊断制品半成品		每批（抽样量应不少于3ml）
医疗器械	N≤100 100<N≤500 N>500	10%或4件（取较多者） 10件 2%或20件（取较少者）

注：若供试品每个容器内的装量不够接种两种培养基，那么表中的最少检验数量增加相应倍数。

表 20-6　上市抽验样品的最少检验数量

供试品		供试品最少检验数量/瓶或支
液体制剂		10
固体制剂		10
血液制剂	V<50ml	6
	V≥50ml	2
医疗器械		10

注：1. 若供试品每个容器内的装量不够接种两种培养基，那么表中的最少检验数量增加相应倍数。

2. 抗生素粉针剂（≥5 g）及抗生素原料药（≥5 g）的最少检验数量为 6 瓶（或支）。桶装固体原料的最少检验数量为 4 个包装。

表 20-7　供试品的最少检验量

供试品	供试品装量	妹纸供试品接种每种培养基的最少量
液体制剂	$V<1ml$ $1ml<V\leq 40ml$ $40ml<V\leq 100ml$ $V>100ml$	全量 半量，但不得少于 1ml 20ml 10%但不少于 20ml
固体制剂	$M<50mg$ $50mg\leq M<300mg$ $300mg\leq M\leq 5g$ $M>5g$	全量 半量，但不得少于 50mg 150mg 500mg 半量（生物制品）
生物制品的原液及半成品		半量
医疗器械	外科用敷料棉花及纱布缝合线、一次性医用材料 带导管的一次性医疗器械（如输液袋）其他医疗器械	取 100mg 或 1cm×3cm 整个材料①整个材料 二分之一内表面积 整个器具①（切碎或拆散开）

注：① 如果医疗器械体积过大，培养基用量可在 2 000ml 以上，将其完全浸没。

第三节　非无菌制剂的微生物限度检查

微生物限度检查法系检查非规定灭菌制剂及其原料、辅料受微生物污染程度的方法。检查项目包括微生物计数法和控制菌检查法。

药典规定的药品微生物限度标准主要如表 20-8、表 20-9、表 20-10、表 20-11 所示。

表 20-8　非无菌化学药品制剂、生物制品制剂、不含药材原粉的中药制剂的微生物限度标准

给药途径	需氧菌总数/（cfu/g、cfu/ml 或 cfu/10cm^2）	霉菌和酵母菌总数/（cfu/g、cfu/ml 或 cfu/10cm^2）	控制菌
口服给药① 固体制剂 液体及半固体制剂	 10^3 10^2	 10^2 10^1	不得检出大肠埃希菌（1g 或 1ml）；含脏器提取物的制剂还不得检出沙门菌（10g 或 10ml）
口腔黏膜给药制剂 齿龈给药制剂 10cm^2）鼻用制剂	10^2	10^1	不得检出大肠埃希菌、金黄色葡萄球菌、铜绿假单胞菌（1g、1ml 或 10cm^2）
耳用制剂 皮肤给药制剂	10^2	10^1	不得检出金黄色葡萄球菌、铜绿假单胞菌（1g、1ml 或 10cm^2）
呼吸道吸入给药制剂	10^2	10^1	不得检出大肠埃希菌、金黄色葡萄球菌、铜绿假单胞菌、耐胆盐革兰阴性菌（1g 或 1ml）
阴道、尿道给药制剂	10^2	10^1	不得检出金黄色葡萄球菌、铜绿假单胞菌、白色念珠菌（1g、1ml 或 10cm^2）；中药制剂还不得检出梭菌（1g、1ml 或 10cm^2）
直肠给药 固体制剂 液体及半固体制剂	 10^3 10^2	 10^2 10^2	不得检出金黄色葡萄球菌、铜绿假单胞菌（1g 或 1ml）
其他局部给药制剂	10^2	10^2	不得检出金黄色葡萄球菌、铜绿假单胞菌（1g、1ml 或 10cm^2）

注：①化学药品制剂和生物制品制剂若含有未经提取的动植物来源的成分及矿物质还不得检出沙门菌（10g 或 10ml）。

表 20-9　非无菌含药材原粉的中药制剂微生物限度标准

给药途径	需氧菌总数/（cfu/g、cfu/ml 或 cfu/10cm^2）	霉菌和酵母菌总数/（cfu/g、cfu/ml 或 cfu/10cm^2）	控制菌
固体口服给药制剂 不含豆豉、神曲等发酵原粉 含豆豉神曲等发配原粉	 10^4（丸剂 3×10^4） 10^5	 10^2 5×10^2	不得检出大肠埃希菌（1g）；不得检出沙门菌（10g）；耐胆盐革兰阴性菌应小于 10^2 cfu（1g）
液体及半固体口服给药制剂 不含豆豉、神曲等发酵原粉 含豆豉、神曲等发酵原粉	 5×10^2 10^3	 10^2 10^2	不得检出大肠埃希菌（1g 或 1ml）；不得检出沙门菌（10g 或 10ml）；耐胆盐革兰阴性菌应小于 10^1 cfu（1g 或 1ml）
固体局部给药制剂 用于表皮或黏膜不完整 用于表皮或黏膜完整	 10^3 10^4	 10^2 10^2	不得检出金黄色葡萄球菌、铜绿假单胞菌（1g 或 10cm^2）；阴道、尿道给药制剂还不得白色念珠菌、梭菌（1g 或 10cm^2）
液体及半固体局部给药制剂 用于表皮或黏膜不完整 用于表皮或黏膜完整	 10^2 10^2	 10^2 10^2	不得检出金黄色葡萄球菌、铜绿假单胞菌（1g 或 1ml）；阴道、尿道给药制剂还不得白色念珠菌、梭菌（1g 或 1ml）

表 20-10　非无菌药用原料及辅料微生物限度标准

	需氧菌总数（cfu/g 或 cfu/ml）	霉菌和酵母菌总数（cfu/g 或 cfu/ml）	控制菌
药用原料及辅料	10^3	10^2	*

注：* 表示未做统一规定。

表 20-11　中药提取物及中药饮片的微生物限度标准

	需氧菌总数/（cfu/g 或 cfu/ml）	霉菌和酵母菌总数/（cfu/g 或 cfu/ml）	控制菌
中药提取物	10^3	10^2	*
直接口服及泡服饮片	10^5	10^3	不得检出大肠埃希菌（1g）；不得检出沙门菌（10g）；耐胆盐革兰阴性菌应小于 10^4 cfu（1g）

注：* 未做统一规定。

有兼用途径的制剂，应符合各给药途径的标准。

由于本限度标准所列的控制菌对于控制某些药品的微生物质量可能并不全面，因此，对于原料、辅料及某些特定的制剂，根据原辅料及其制剂的特性和用途、制剂的生产工艺等因素，可能还需检查其他具有潜在危害的微生物。

一、微生物计数法

微生物计数法系用于能在有氧条件下生长的嗜温细菌和真菌的计数。且除另有规定外，该法不适用于活菌制剂的检查。本检查法可采用替代的微生物检查法，包括自动检测方法，但必须证明替代方法等效于药典规定的检查方法。

微生物计数试验环境应符合微生物限度检查的要求。检验全过程必须严格遵守无菌操作，防止再污染，防止污染的措施不得影响供试品中微生物的检出。单向流空气区域、工作台面及环境应定期进行监测。

如供试品有抗菌活性，应尽可能去除或中和。供试品检查时，若使用了中和剂或灭活剂，应确认其有效性及对微生物无毒性。供试液制备时如果使用了表面活性剂，应确认其对微生物无毒性以及与所使用中和剂或灭活剂的相容性。

（一）供试液的制备

根据供试品的理化特性与生物学特性，采取适宜的方法制备供试液。供试液制备若需加温时，应均匀加热，且温度不应超过45℃。供试液从制备至加入检验用培养基，不得超过1小时。

水溶性供试品用pH 7.0无菌氯化钠－蛋白胨缓冲液，或pH 7.2磷酸盐缓冲液，或胰酪大豆胨液体培养基溶解或稀释制成1∶10供试液（若需要，调节供试液pH至6～8）。必要时，用同一稀释液将供试液进一步10倍系列稀释。水溶性液体制剂也可用混合的供试品原液作为供试液。水不溶性非油脂类供试品如难以分散均匀，可在稀释剂中加入表面活性剂如0.1%的聚山梨酯80。油脂类供试品可加入无菌十四烷酸异丙酯使溶解，或与最少量并能使供试品乳化的无菌聚山梨酯80或其他无抑菌性的无菌表面活性剂充分混匀。表面活性剂的温度一般不超过40℃（特殊情况下，最多不超过45℃），小心混合，若需要可在水浴中进行，然后加入预热的稀释剂使成1∶10供试液，保温，混合，并在最短时间内形成乳状液。膜剂、肠溶及结肠溶制剂、气雾剂、贴剂、贴膏剂等需均需参考药典，以特殊方法制备供试液。

如果随后计数方法适用性试验所得结果中，试验组菌落数减去供试品对照组菌落数的值小于菌液对照组菌数值的50%，可采用增加稀释液或培养基体积、加入适宜的中和剂或灭活剂、采用薄膜过滤法或几种方法的联合使用，来消除供试品的抑菌活性。

若没有适宜消除供试品抑菌活性的方法，对特定试验菌回收的失败，表明供试品对该试验菌具有较强抗菌活性，同时也表明供试品不可能被该类微生物污染。但是，供试品也可能仅对特定试验菌株具有抑制作用，而对其他菌株没有抑制作用。因此，根据供试品须符合的微生物限度标准和菌数报告规则，在不影响计数方法适用性试验检验结果判断的前提下，应采用能使微生物生长的更高稀释级的供试液进行计数方法适用性试验。若方法适用性试验符合要求，应以该稀释级供试液作为最低稀释级的供试液进行供试品检查。

（二）菌种及菌液制备

1. 菌种　计数培养基适用性检查和计数方法适用性试验用菌株及其制备和使用（表20－12）。

表20－12　试验菌液的制备和使用

试验菌株	试验菌液的制备	计数培养基适用性检查		计数方法适用性试验	
		需氧菌总数计数	霉菌和酵母菌总数计数	需氧菌总数计数	霉菌和酵母菌总数计数
金黄色葡萄球菌（Staphylococcus aureus）〔CMCC（B）26003〕	胰酪大豆胨琼脂培养基或胰酪大豆胨液体培养基，培养温度30～35℃，培养时间18～24小时	胰酪大豆胨琼脂培养基和胰酪大豆胨液体培养基，培养温度30～35℃，培养时间不超过3天，量不大于100cfu		胰酪大豆胨琼脂培养基或大豆胨液体培养基（MPN）法，培养温度30～35℃，培养时间不超过3天，接种量不大于100cfu	
铜绿假单胞菌（Pseudomona s aeruginosa）〔CMCC（B）10104〕	胰酪大豆胨琼脂培养基或胰酪大豆胨液体培养基，培养温度30～35℃，培养时间18～24小时	胰酪大豆胨琼脂培养基和胰酪大豆胨液体培养基，培养温度30～35℃，培养时间不超过3天，接种量不大于100cfu		胰酪大豆胨琼脂培养基或胰酪大豆胨液体培养基（MPN法），培养温度30～35℃，培养时间不超过3天，接种量不大于100cfu	

续表

试验菌株	试验菌液的制备	计数培养基适用性检查		计数方法适用性试验	
		需氧菌总数计数	霉菌和酵母菌总数计数	需氧菌总数计数	霉菌和酵母菌总数计数
枯草芽孢杆菌（Bacillus subtilis）〔CMCC（B）63501〕	胰酪大豆胨琼脂培养基或胰酪大豆胨液体培养基，培养温度30～35℃，培养时间18～24小时	胰酪大豆胨琼脂培养基和胰酪大豆胨液体培养基，培养温度30～35℃，培养时间不超过3天，接种量不大于100cfu		胰酪大豆胨琼脂培养基或酪大豆胨液体培养基（MPN法），培养温度30～35℃，培养时间不超过3天，接种量不大于100cfu	
白色念珠菌（*Candida albicans*）〔CMCC（F）98001〕	沙氏葡萄糖琼脂培养基或沙氏葡萄糖液体培养基，培养温度20～25℃，培养时间2～3天	胰酪大豆胨琼脂培养基，培养温度30～35℃，培养时间不超过5天，接种量不大于100cfu	沙氏葡萄糖琼脂培养基，培养温度20～25℃，培养时间不超过5天，接种量不大于100cfu	胰大豆胨琼脂培养基（MPN法不适用），培养温度30～35℃，培养时间不超过5天，接种量不大于100cfu	沙氏葡萄糖琼脂培养基，培养温度20～25℃，培养时间不超过5天，接种量不大于100cfu
黑曲霉（*Aspergillus niger*）〔CMCC（F）98003〕	沙氏葡萄糖琼脂培养基或马铃薯葡萄糖琼脂培养基，培养温度20～25℃，培养时间5～7天，或直接获得丰富的孢子	胰酪大豆胨琼脂培养基，培养温度30～35℃，培养时间不超过5天，接种量不大于100cfu	沙氏葡萄糖琼脂培养基，培养温度20～25℃，培养时间不超过5天，接种量不大于100cfu	胰酪大豆胨琼脂培养基（MPN法不适用），培养温度30～35℃，培养时间不超过5天，接种量不大于100cfu	沙氏葡萄糖琼脂培养基，培养温度20～25℃，培养时间不超过5天，接种量不大于100cfu

注：当需用玫瑰红钠琼脂培养基测定霉菌和酵母菌总数时，应进行培养基适用性检查，检查方法同沙氏葡萄糖琼脂培养基。

2. **菌液制备**　按表20－12规定程序培养各试验菌株。菌液制备过程参见无菌检查相关内容。菌液制备后若在室温下放置，应在2小时内使用；若保存在2～8℃，可在24小时内使用。稳定的黑曲霉孢子悬液可保存在2～8℃，在验证过的储存期内使用。

（三）阴性对照

为确认试验条件是否符合要求，应进行阴性对照试验，阴性对照试验应无菌生长。如阴性对照有菌生长，应进行偏差调查。

（四）培养基适用性检查

微生物计数用的成品培养基、由脱水培养基或按处方配制的培养基均应进行培养基适用性检查。

按表20－12规定，接种不大于100cfu的菌液至胰酪大豆胨液体培养基管或胰酪大豆胨琼脂培养基平板或沙氏葡萄糖琼脂培养基平板，置表20－12规定条件下培养。每一试验菌株平行制备2管或2个平板。同时，用相应的对照培养基替代被检培养基进行上述试验。

被检固体培养基上的菌落平均数与对照培养基上的菌落平均数的比值应在0.5～2范围内，且菌落形态大小应与对照培养基上的菌落一致；被检液体培养基管与对照培养基管比较，试验菌应生长良好。

（五）计数方法适用性试验

计数方法适用性试验用的各试验菌应逐一进行微生物回收试验，可采用平皿法、薄膜过滤法或 MPN 法。

1. 平皿法 包括倾注法和涂布法。表 20－12 中每株试验菌每种培养基至少制备 2 个平皿，以算术均值作为计数结果。

2. 薄膜过滤法 见图 20－2。薄膜过滤法所采用的滤膜及冲洗要求与无菌检查中的薄膜过滤法一致。

取供试液适量（一般取相当于 1g、1ml 或 $10cm^2$ 的供试品，若供试品中所含的菌数较多时，供试液可酌情减量），加至适量的稀释液中，混匀，过滤。用适量的冲洗液冲洗滤膜。

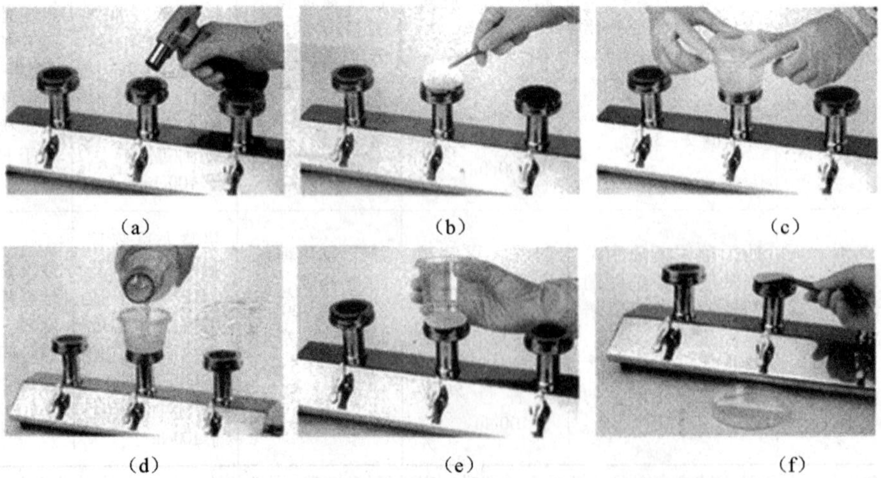

图 20－2 膜过滤系统

（a）泵头灭菌；（b）安装滤膜；（c）安装滤杯；（d）过滤；（e）取下滤杯；（f）转移滤杯

若测定需氧菌总数，转移滤膜菌面朝上贴于胰酪大豆胨琼脂培养基平板上；若测定霉菌和酵母总数，转移滤膜菌面朝上贴于沙氏葡萄糖琼脂培养基平板上。按表 20－12 规定条件培养、计数。每株试验菌每种培养基至少制备一张滤膜。同法测定供试品对照组及菌液对照组菌数。

3. MPN 法 精密度和准确度不及薄膜过滤法和平皿计数法，仅在供试品需氧菌总数没有适宜计数方法的情况下使用，本法不适用于霉菌计数。若使用 MPN 法，按下列步骤进行。

取供试液至少 3 个连续稀释级，每一稀释级取 3 份 1ml 分别接种至 3 管装有 9～10ml 胰酪大豆胨液体培养基中，同法测定菌液对照组菌数。必要时可在培养基中加入表面活性剂、中和剂或灭活剂。

接种管置 30～35℃培养 3 天，逐日观察各管微生物生长情况。如果由于供试品的原因使得结果难以判断，可将该管培养物转种至胰酪大豆胨液体培养基或胰酪大豆胨琼脂培养基，在相同条件下培养 1～2 天，观察是否有微生物生长。根据微生物生长的管数从表 20－13 查对被测供试品每 1g、每 1ml 或每 $10cm^2$ 中总需氧菌的最可能数。

表 20－13　微生物最可能数检索表

生长管数			需氧菌总数最可能数	95% 置信限	
每管含样品的 g、ml 或 $10cm^2$ 数			MPN/（g、ml 或 $10cm^2$）	下限	上限
0.1	0.01	0.001			
0	0	0	<3	0	9.4
0	0	1	3	0.1	9.5
0	1	0	3	0.1	10
0	1	1	6.1	1.2	17
0	2	0	6.2	1.2	17
0	3	0	9.4	3.5	35
1	0	0	3.6	0.2	17
1	0	1	7.2	1.2	17
1	0	2	11	4	35
1	1	0	7.4	1.3	20
1	1	1	11	4	35
1	2	0	11	4	35
1	2	1	15	5	38
1	3	0	16	5	38
2	0	0	9.2	1.5	35
2	0	1	14	4	35
2	0	2	20	5	38
2	1	0	15	4	38
2	1	1	20	5	38
2	1	2	27	9	94
2	2	0	21	5	40
2	2	1	28	9	94
2	2	2	35	9	94
2	3	0	29	9	94
2	3	1	36	9	94
3	0	0	23	5	94
3	0	1	38	9	104
3	0	2	64	16	181
3	1	0	43	9	181
3	1	1	75	17	199
3	1	2	120	30	360
3	1	3	160	30	380
3	2	0	93	18	360
3	2	1	150	30	380
3	2	2	210	30	400
3	2	3	290	90	990
3	3	0	240	40	990
3	3	1	460	90	1980
3	3	2	1100	200	4000
3	3	3	>1100		

注：表内所列检验量如改用 1g（或 ml、$10cm^2$）、0.1g（或 ml、$10cm^2$）和 0.01g（或 ml、$10cm^2$）时，表内数字应相应降低 10 倍；如改用 0.01g（或 ml、$10cm^2$）、0.001g（或 ml、$10cm^2$）和 0.0001g（或 ml、$10cm^2$）时，表内数字应相应增加 10 倍，其余类推。

4. 计数方法适用性试验的结果判断 采用平皿法或薄膜过滤法时，试验组菌落数减去供试品对照组菌落数的值与菌液对照组菌落数的比值应在0.5～2范围内；采用MPN法，试验组菌数应在菌液对照组菌数的95%置信限内。若各试验菌的回收试验均符合要求，照所用的供试液制备方法及计数方法进行该供试品的需氧菌总数、霉菌和酵母菌总数计数。若采用上述方法还存在一株或多株试验菌的回收达不到要求，那么选择回收最接近要求的方法和试验条件进行供试品的检查。

（六）供试品检查

1. 供试品检验量 即一次试验所用的供试品量（g，ml或cm^2）。一般应随机抽取不少于2个最小包装的供试品，取规定容器数，混合，取规定量供试品进行检验。

除另有规定外，一般供试品的检验量为10g或10ml；膜剂、贴剂和贴膏剂为$100cm^2$。检验时，应从2个以上最小包装单位中抽取供试品，大蜜丸还不得少于4丸，膜剂、贴剂和贴膏剂还不得少于4片。

贵重药品、微量包装药品的检验量可以酌减。

若供试品处方中每一剂量单位（如片剂、胶囊剂）活性物质含量小于或等于1mg，或每1g或每1ml（指制剂）活性物质含量低于1mg时，检验量应不少于10个剂量单位或10g或10ml供试品。

若样品量有限或批产量极小（如小于1000 ml或1000g）的活性物质供试品，除另有规定外，其检验量最少为批产量的1%，取样量更少时需要进行风险评估。

若批产量少于200的供试品，取样量可减少至2个单位；批产量少于100的供试品，取样量可减少至1个包装单位。

2. 供试品的检查 按计数方法适用性试验确认的计数方法进行供试品中需氧菌总数、霉菌和酵母菌总数的测定。胰酪大豆胨琼脂培养基或胰酪大豆胨液体培养基用于测定需氧菌总数；沙氏葡萄糖琼脂培养基用于测定霉菌和酵母菌总数。

同时以稀释剂代替供试液进行阴性对照试验，阴性对照试验应无菌生长。

（1）平皿法 包括倾注法和涂布法。除另有规定外，取规定量供试品，按方法适用性试验确认的方法进行供试液制备和菌数测定，每稀释级每种培养基至少制备2个平板。

1）培养和计数 除另有规定外，胰酪大豆胨琼脂培养基平板在30～35℃培养3～5天，沙氏葡萄糖琼脂培养基平板在20～25℃培养5～7天，观察菌落生长情况，点计平板上生长的所有菌落数，计数并报告。菌落蔓延生长成片的平板不宜计数。点计菌落数后，计算各稀释级供试液的平均菌落数，按菌数报告规则报告菌数。若同稀释级两个平板的菌落数平均值不小于15，则两个平板的菌落数不能相差1倍或以上。

2）菌数报告规则 需氧菌总数测定宜选取平均菌落数小于300cfu的稀释级、霉菌和酵母菌总数测定宜选取平均菌落数小于100cfu的稀释级，作为菌数报告的依据。取最高的平均菌落数，计算1g、1ml或$10cm^2$供试品中所含的微生物数，取两位有效数字报告。

如各稀释级的平板均无菌落生长，或仅最低稀释级的平板有菌落生长，但平均菌落数小于1时，以<1乘以最低稀释倍数的值报告菌数。

（2）薄膜过滤法 除另有规定外，按计数方法适用性试验确认的方法进行供试液制备。取相当于 1g、1ml 或 $10cm^2$ 供试品的供试液，若供试品所含的菌数较多时，可取适宜稀释级的供试液，照方法适用性试验确认的方法加至适量稀释液中，立即过滤，冲洗，冲洗后取出滤膜，菌面朝上贴于胰酪大豆胨琼脂培养基或沙氏葡萄糖琼脂培养基上培养。

1）培养和计数　培养条件和计数方法同平皿法，每张滤膜上的菌落数应不超过 100cfu。

2）菌数报告规则　以相当于 1g、1ml 或 $10cm^2$ 供试品的菌落数报告菌数；若滤膜上无菌落生长，以 < 1 报告菌数（每张滤膜过滤 1g、1ml 或 $10cm^2$ 供试品），或 < 1 乘以最低稀释倍数的值报告菌数。

（3）MPN 法　取规定量供试品，按方法适用性试验确认的方法进行供试液制备和供试品接种，所有试验管在 30 ~ 35℃ 培养 3 ~ 5 天，如果需要确认是否有微生物生长，按方法适应性试验确定的方法进行。记录每一稀释级微生物生长的管数，从表 20 – 13 查对每 1g 或 1ml 供试品中需氧菌总数的最可能数。

3. 结果判断　需氧菌总数是指胰酪大豆胨琼脂培养基上生长的总菌落数（包括真菌菌落数）；霉菌和酵母菌总数是指沙氏葡萄糖琼脂培养基上生长的总菌落数（包括细菌菌落数）。若因沙氏葡萄糖琼脂培养基上生长的细菌使霉菌和酵母菌的计数结果不符合微生物限度要求，可使用含抗生素（如氯霉素、庆大霉素）的沙氏葡萄糖琼脂培养基或其他选择性培养基（如玫瑰红钠琼脂培养基）进行霉菌和酵母菌总数测定。使用选择性培养基时，应进行培养基适用性检查。若采用 MPN 法，测定结果为需氧菌总数。

各品种项下规定的微生物限度标准解释如下：

10^1cfu：可接受的最大菌数为 20；

10^2cfu：可接受的最大菌数为 200；

10^3cfu：可接受的最大菌数为 2000；依此类推。

若供试品的需氧菌总数、霉菌和酵母菌总数的检查结果均符合该品种项下的规定，判供试品符合规定；若其中任何一项不符合该品种项下的规定，判供试品不符合规定。

二、控制菌检查

控制菌检查法系用于在规定的试验条件下，检查供试品中是否存在特定的微生物。

当本法用于检查非无菌制剂及其原、辅料等是否符合相应的微生物限度标准时，应按下列规定进行检验，包括样品取样量和结果判断等。

本检查法可采用替代的微生物检查法，包括自动检测方法，但必须证明替代方法等效于药典规定的检查方法。

供试液制备及实验环境要求同微生物计数法。菌种及菌液制备参见无菌检查法相关内容。同时，为确认试验条件是否符合要求，应进行阴性对照试验，阴性对照试验应无菌生长。

如果供试品具有抗菌活性，应尽可能去除或中和。供试品检查时，若使用了中和剂或灭活剂，应确认有效性及对微生物无毒性。供试液制备时如果使用了表面活性剂，应确认其对微生物无毒性以及与所使用中和剂或灭活剂的相容性。

1. 培养基适用性检查　控制菌检查用的成品培养基、由脱水培养基或按处方配制的培养基均应进行培养基的适用性检查。

控制菌检查用培养基的适用性检查项目包括促生长能力、抑制能力及指示特性的检查。各培养基的检测项目及所用的菌株见表20－14。

表20－14　控制菌检查用培养基的促生长能力、抑制能力和指示特性

控制菌检查	培养基	特性	试验菌株
耐胆盐革兰阴性菌	肠道菌增菌液体培养基 紫红胆盐葡萄糖琼脂培养基	促生长能力 抑制能力 促生长能力＋指示特性	大肠埃希菌、铜绿假单胞菌 金黄色葡萄球菌 大肠埃希菌、铜绿假单胞菌
大肠埃希菌	麦康凯液体培养基 麦康凯琼脂培养基	促生长能力 抑制能力 促生长能力＋指示特性	大肠埃希菌 金黄色葡萄球菌 大肠埃希菌
沙门菌	RV沙门菌增菌液体培养基 木糖赖氨酸脱氧胆酸盐琼脂培养基 三糖铁琼脂培养基	促生长能力 抑制能力 促生长能力＋指示特性 指示能力	乙型副伤寒沙门菌 金黄色葡萄球菌 乙型副伤寒沙门菌 乙型副伤寒沙门菌
铜绿假单胞菌	溴化十六烷基三甲铵琼脂培养基	促生长能力 抑制能力	铜绿假单胞菌 大肠埃希菌
金黄色葡萄球菌	甘露醇氯化钠琼脂培养基	促生长能力＋指示特性 抑制能力	金黄色葡萄球菌 大肠埃希菌
梭菌	梭菌增菌培养基 哥伦比亚琼脂培养基	促生长能力 促生长能力	生孢梭菌 生孢梭菌
白色念珠菌	沙氏葡萄糖液体培养基 沙氏葡萄糖琼脂培养基 念珠菌显色培养基	促生长能力 促生长能力＋指示特性 促生长能力＋指示能力 抑制能力	白色念珠菌 白色念珠菌 白色念珠菌 大肠埃希菌

液体培养基促生长能力检查：分别接种不大于100cfu的试验菌（表20－14）于被检培养基和对照培养基中，在相应控制菌检查规定的培养温度及不大于规定的最短培养时间下培养，与对照培养基管比较，被检培养基管试验菌应生长良好。

固体培养基促生长能力检查：用涂布法分别接种不大于100cfu的试验菌（表20－14）于被检培养基和对照培养基平板上，在相应控制菌检查规定的培养温度及不大于规定的最短培养时间下培养，被检培养基与对照培养基上生长的菌落大小、形态特征应一致。

培养基抑制能力检查：接种不少于100cfu的试验菌（表20－14）于被检培养基和对照培养基中，在相应控制菌检查规定的培养温度及不小于规定的最长培养时间下培养，试验菌应不得生长。

培养基指示特性检查：用涂布法分别接种不大于100cfu的试验菌（表20－14）于被检培养基和对照培养基平板上，在相应控制菌检查规定的培养温度及不大于规定的最短培养时间下培养，被检培养基上试验菌生长的菌落大小、形态特征、指示剂反应情况等应与对照培养基一致。

2. 控制菌检查方法适用性试验

（1）供试液制备　按下列"供试品检查"中的规定制备供试液。

（2）试验菌　根据各品种项下微生物限度标准中规定检查的控制菌选择相应试验菌株，确认耐胆盐革兰阴性菌检查方法时，采用大肠埃希菌和铜绿假单胞菌为试验菌。

（3）适用性试验　按控制菌检查法取规定量供试液及不大于100cfu的试验菌接入规定的培养基中；采用薄膜过滤法时，取规定量供试液，过滤，冲洗，在最后一次冲洗液中加入试验菌，过滤后，注入规定的培养基或取出滤膜接入规定的培养基中。依相应的控制菌检查方法，在规定的温度和最短时间下培养，应能检出所加试验菌相应的反应特征。

（4）结果判断　上述试验若检出试验菌，按此供试液制备法和控制菌检查方法进行供试品检查；若未检出试验菌，应消除供试品的抑菌活性，并重新进行方法适用性试验。

如果经过试验确证供试品对试验菌的抗菌作用无法消除，可认为受抑制的微生物不易存在于该供试品中，选择抑菌成份消除相对彻底的方法进行供试品的检查。

3. 供试品检查　供试品的控制菌检查应按经方法适用性试验确认的方法进行。

（1）阳性对照试验　阳性对照试验方法同供试品的控制菌检查，对照菌的加量应不大于100CFU。阳性对照试验应检出相应的控制菌。

（2）阴性对照试验　以稀释剂代替供试液照相应控制菌检查法检查，阴性对照试验应无菌生长。

（3）供试品的控制菌检查

1）耐胆盐革兰阴性菌（Bile－Tolerant Gram－Negative Bacteria）

①供试液制备和预培养：取供试品，用胰酪大豆胨液体培养基作为稀释剂制成1∶10供试液，混匀，在20～25℃培养，培养时间应使供试品中的细菌充分恢复但不增殖（约2小时）。

②定性试验：除另有规定外，取相当于1g或1ml供试品的上述预培养物接种至适宜体积（经方法适用性试验确定）肠道菌增菌液体培养基中，30～35℃培养24～48小时后，划线接种于紫红胆盐葡萄糖琼脂培养基平板上，30～35℃培养18～24小时。如果平板上无菌落生长，判供试品未检出耐胆盐革兰阴性菌。

③定量试验：选择和分离培养，取相当于0. 1g、0. 01g和0. 001g（或0. 1ml、0. 01ml和0. 001ml）供试品的预培养物或其稀释液分别接种至适宜体积（经方法适用性试验确定）肠道菌增菌液体培养基中，30～35℃培养24～48小时。上述每一培养物分别划线接种于紫红胆盐葡萄糖琼脂培养基平板上，30～35℃培养18～24小时。

④结果判断：若紫红胆盐葡萄糖琼脂培养基平板上有菌落生长，则对应培养管为阳性，否则为阴性。根据各培养管检查结果，从表20－15查1g或1ml供试品中含有耐胆盐革兰阴性菌的最大可能菌数。

表20－15　耐胆盐革兰阴性菌的可能菌数（N）

各供试品量的检查结果			每1g（或1ml）供试品中可能的菌数/CFU
0. 1g或0. 1ml	0. 01g或0. 01ml	0. 001g或0. 001ml	
+	+	+	$N>10^3$
+	+	—	$10^2<N<10^3$
+	—	—	$10<N<10^2$
—	—	—	$N<10$

注：1. ＋代表紫红胆盐葡萄糖琼脂平板上有菌落生长；－代表紫红胆盐葡萄糖琼脂平板上无菌落生长。
2. 若供试品量减少10倍（如0. 01g或0. 01ml，0. 001g或0. 001ml，0. 0001g或0. 0001ml），则每1g（或1ml）供试品中可能的菌数（N）应相应增加10倍。

2）大肠埃希菌（*Escherichia coli*）

①供试液制备和增菌培养：取供试品，制成1∶10供试液。取相当于1g或1ml供试品的供试液，接种至适宜体积（经方法适用性试验确定）的胰酪大豆胨液体培养基中，混匀，30～35℃培养18～24小时。

②选择和分离培养：取上述预培养物 1ml 接种至 100ml 麦康凯液体培养基中，42～44℃培养 24～48 小时。取麦康凯液体培养物划线接种于麦康凯琼脂培养基平板上，30～35℃培养 18～72 小时。

③结果判断：若麦康凯琼脂培养基平板上有菌落生长，应进行分离、纯化及适宜的鉴定试验，确证是否为大肠埃希菌；若麦康凯琼脂培养基平板上没有菌落生长，或虽有菌落生长但鉴定结果为阴性，判供试品未检出大肠埃希菌。

3）沙门菌（*Salmonella*）

①供试液制备和增菌培养：取 10g 或 10ml 供试品直接或处理后接种至适宜体积（经方法适用性试验确定）的胰酪大豆胨液体培养基中，混匀，30～35℃培养 18～24 小时。

②选择和分离培养：取上述培养物 0.1ml 接种至 10ml RV 沙门增菌液体培养基中，30～35℃培养 18～24 小时。取少量 RV 沙门菌增菌液体培养物划线接种于木糖赖氨酸脱氧胆酸盐琼脂培养基平板上，30～35℃培养 18～48 小时。

沙门菌在木糖赖氨酸脱氧胆酸盐琼脂培养基平板上生长良好，菌落为淡红色或无色、透明或半透明、中心有或无黑色。用接种针挑选疑似菌落于三糖铁琼脂培养基高层斜面上进行斜面和高层穿刺接种，培养 18～24 小时，或采用其他适宜方法进一步鉴定。

③结果判断：若木糖赖氨酸脱氧胆酸盐琼脂培养基平板上有疑似菌落生长，且三糖铁琼脂培养基的斜面为红色、底层为黄色，或斜面黄色、底层黄色或黑色，应进一步进行适宜的鉴定试验，确证是否为沙门菌。如果平板上没有菌落生长，或虽有菌落生长但鉴定结果为阴性，或三糖铁琼脂培养基的斜面未见红色、底层未见黄色；或斜面黄色、底层未见黄色黑色，判供试品未检出沙门菌。

4）铜绿假单胞菌（*Pseudomonas aeruginosa*）

①供试液制备和增菌培养：取供试品，制成 1:10 供试液。取相当于 1g 或 1ml 供试品的供试液，接种至适宜体积（经方法适用性试验确定）的胰酪大豆胨液体培养基中，混匀。30～35℃培养 18～24 小时。

②选择和分离培养：取上述培养物划线接种于溴化十六烷基三甲铵琼脂培养基平板上，30～35℃培养 18～72 小时。

取上述平板上生长的菌落进行氧化酶试验，或采用其他适宜方法进一步鉴定。

氧化酶试验：将洁净滤纸片置于平皿内，用无菌玻棒取上述平板上生长的菌落涂于滤纸片上，滴加新配制的 1% 二盐酸 N，N－二甲基对苯二胺试液，在 30 秒内若培养物呈粉红色并逐渐变为紫红色为氧化酶试验阳性，否则为阴性。

③结果判断：若溴化十六烷基三甲铵琼脂培养基平板上有菌落生长，且氧化酶试验阳性，应进一步进行适宜的鉴定试验，确证是否为铜绿假单胞菌。如果平板上没有菌落生长，或虽有菌落生长但鉴定结果为阴性，或氧化酶试验阴性，判供试品未检出铜绿假单胞菌。

5）金黄色葡萄球菌（*Staphylococcus aureus*）

①供试液制备和增菌培养：取供试品，制成 1:10 供试液。取相当于 1g 或 1ml 供试品的供试液，接种至适宜体积（经方法适用性试验确定）的胰酪大豆胨液体培养基中，混匀。30～35℃培养 18～24 小时。

②选择和分离培养：取上述培养物划线接种于甘露醇氯化钠琼脂培养基平板上，30～35℃培养 18～72 小时。

③结果判断：若甘露醇氯化钠琼脂培养基平板上有黄色菌落或外周有黄色环的白色菌

落生长，应进行分离、纯化及适宜的鉴定试验，确证是否为金黄色葡萄球菌；若平板上没有与上述形态特征相符或疑似的菌落生长，或虽有相符或疑似的菌落生长但鉴定结果为阴性，判供试品未检出金黄色葡萄球菌。

6）梭菌（*Clostridia*）

①供试液制备和热处理：取供试品，制成 1:10 供试液。取相当于 1g 或 1ml 供试品的供试液 2 份，其中 1 份置 80℃保温 10 分钟后迅速冷却。

②选择和分离培养：将上述 2 份供试液分别接种至适宜体积（经方法适用性试验确定）的梭菌增菌培养基中，置厌氧条件下 30~35℃培养 48 小时。取上述每一培养物少量，分别涂抹接种于哥伦比亚琼脂培养基平板上，置厌氧条件下 30~35℃培养 48~72 小时。

过氧化氢酶试验：取上述平板上生长的菌落，置洁净玻片上，滴加 3% 过氧化氢试液，若菌落表面有气泡产生，为过氧化氢酶试验阳性，否则为阴性。

③结果判断：若哥伦比亚琼脂培养基平板上有厌氧杆菌生长（有或无芽孢），且过氧化氢酶反应阴性的，应进一步进行适宜的鉴定试验，确证是否为梭菌；如果哥伦比亚琼脂培养基平板上没有厌氧杆菌生长，或虽有相符或疑似的菌落生长但鉴定结果为阴性，或过氧化氢酶反应阳性，判供试品未检出梭菌。

7）白色念珠菌（*Candida albicans*）

①供试液制备和增菌培养：取供试品，制成 1:10 供试液。取相当于 1g 或 1ml 供试品的供试液，接种至适宜体积（经方法适用性试验确定）的沙氏葡萄糖液体培养基中，混匀，30~35℃培养 3~5 天。

②选择和分离：取上述预培养物划线接种于沙氏葡萄糖琼脂培养基平板上，30~35℃培养 24~48 小时。

白色念珠菌在沙氏葡萄糖琼脂培养基上生长的菌落呈乳白色，偶见淡黄色，表面光滑有浓酵母气味，培养时间稍久则菌落增大，颜色变深、质地变硬或有皱褶。挑取疑似菌落接种至念珠菌显色培养基平板上，培养 24~48 小时（必要时延长至 72 小时），或采用其他适宜方法进一步鉴定。

③结果判断：若沙氏葡萄糖琼脂培养基平板上有疑似菌落生长，且疑似菌在念珠菌显色培养基平板上生长的菌落呈阳性反应，应进一步进行适宜的鉴定试验，确证是否为白色念珠菌；若沙氏葡萄糖琼脂培养基平板上没有菌落生长，或虽有菌落生长但鉴定结果为阴性，或疑似菌在念珠菌显色培养基平板上生长的菌落呈阴性反应，判供试品未检出白色念珠菌。

思考题

扫码“练一练”

1. 什么是正常菌群？它与人体的关系如何？
2. 哪些品种需要进行无菌检查？
3. 非灭菌制剂的微生物限度检查包含哪些内容？
4. 具有抑菌活性的药物，在进行微生物限度检查前，可用哪些方法去除抑菌活性？
5. 药品出厂前需要进行药品的微生物学检查，青霉素注射液、阿莫西林胶囊、消痛贴膏分别需要进行其中的哪几项检查？

（周长林）

附　录

微生物学和免疫学名词中英文、拉丁文对照

α－*Hemolytic streptococcus*	甲型溶血性链球菌
α－fetoprotein，AFP	甲胎蛋白
β－*Hemolytic streptococcus*	乙型溶血性链球菌
β－lysin	乙型溶素
β－transformating growth factor，TGF－β	β－转化生长因子
γ－*Streptococcus*	丙型溶血性链球菌

A

Actinomycetes bovis	牛型放线菌
Actinomyoetes israelii	衣氏放线菌
Aspergillus ninger	黑曲霉
Aspergillus parasiticus	寄生曲霉
Aepergiuss rubrum	赤曲霉
Aspergillus wentii	温特曲霉
abortion transduction	流产转导
Absidia	梨头霉
Acetobacter diazotrophicus	固氮醋杆菌
Acetobacter pasteurianus	巴氏醋酸杆菌
Acetobacter suboxydans	弱氧化醋杆菌
Acetobacter melanogenum	产黑醋杆菌
Acetobacterium woodii	伍氏醋酸杆菌
acetyl transferase	乙酰基转移酶
Achromobacter	无色杆菌属
acid-fast stain	抗酸染色（法）
acidiheteroglucan	银耳酸性异多糖
Acisiphilium sp.	嗜酸异养微生物
acidophilus	嗜酸微生物
Acinetobacter	不动杆菌属
acquired immunodeficiency syndrome（AIDS）	获得性免疫缺陷综合征（艾滋病）
acquired tolerance	获得性耐受
acquired resistance	获得抗药性
Actinomyces	放线菌属
Actinomyces bovis	牛型放线菌

Actinomycetes	放线菌
Actinoplanes	游动放线菌属
Actinoplanes jinanensis	济南游动放线菌
activation induced cell death，AICD	激活诱导的细胞死亡
active transport	主动运输
acute infection	急性感染
acute phage protein	急性期蛋白
adaptive immunity	适应性免疫
adaptive immune response	适应性免疫应答
Adenovirus	腺病毒
adhesion molecule，AM	黏附分子
adjuvant	佐剂
aerial mycelium	气生菌丝
aerotolerant anaerobe	耐氧菌
aflatoxin	黄曲霉毒素
agar	琼脂
agglutination reaction	凝集反应
agglutinin	凝集素
agglutinogen	凝集原
Agrobacterium	土壤杆菌
allergen	变应原
alloantigen	同种异型抗原
allosteric enzymes	别构酶
allotype	同种异型
alkaliphilies	嗜碱微生物
Alternaria	链格孢菌属
amantadine hydrochloride	盐酸金刚烷胺
amastatin A	抑氨肽酶 A
American Type Culture Collection（ATCC）	美国典型培养物保藏中心
amino acid autotroph	氨基酸自养型
amino acid heterotroph	氨基酸异养型
amphotericin B	两性霉素 B
amylostatin	抑淀粉酶剂
anabolism	合成代谢
anaerobe	厌氧菌
anaerobic bacteria	厌氧性细菌
anaerobic digestion	厌氧消化
anaerobic medium	厌氧培养基
anaplerotic reaction，anaplerotic sequence	回补途径
anaphylaxis	过敏反应
anastomosis	菌丝连结
angiogenesis	血管生成
antagonism	拮抗性
anthrax	炭疽病

antibiotics	抗生素
antibody，Ab	抗体
antibody dependent cell-mediated cytotoxicity，ADCC	抗体依赖性细胞介导的细胞毒作用
antigen presentation	抗原呈递
antigen，Ag	抗原
antigenicity	抗原性
antigenic determinant，AD	抗原决定簇
antigen-presenting cell，APC	抗原呈递细胞
anti-idiotype antibody，AId	抗独特型抗体
antimetabolite	抗代谢物
antipain	抗肽剂
antiporters	反向转运蛋白
antisepsis	防腐
antiseptic	防腐剂
antiviral protein，AVP	抗病毒蛋白
aplanospore	不动孢子
apothecium	子囊盘
apparent infection	显性感染
applied immunology	应用免疫学
Arachnia	蛛网菌属
Archaebacteria	古细菌
arthrospore	关节孢子
artifical transformation	人工转化
ascospore	子囊孢子
ascus	子囊
asepsis	无菌
asepsis technique	无菌操作
asexual spores	无性孢子
Ashbya gossypii	棉病囊霉
Aspergillus	曲霉属
Aspergillus flavus	黄曲霉
Aspergillus nidulans	构巢曲霉
Aspergillus niger	黑曲霉
assembly	装配
attachment site	吸附位点
Aureobasidium	短梗霉
autoantigen	自身抗原
autocrine	自分泌
autoinducer	自诱导物
autoinducing polypeptides，AIP	革兰阳性菌产生的寡肽类
autonomus state	自主状态
autotrophy	自养型
auxotroph	营养缺陷型
Avian infectious bronchitis virus，IBV	禽传染性支气管炎病毒

axial fibrils	轴丝
Azotobacter	固氮菌属

B

B cell antigen receptor，BCR	B 细胞抗原受体
BCG	卡介苗
B lymphocyte	B 淋巴细胞
bacillus，bacilli（复数）	杆菌
Bacillus alcalophilus	嗜碱芽孢杆菌
Bacillu thermophilus	嗜热芽孢杆菌
Bacillus anthracis	炭疽芽孢杆菌
Bacillus casei	乳酪芽孢杆菌
Bacillus cereus	蜡状芽孢杆菌
Bacillus licheniformis	地衣芽孢杆菌
Bacillus pasturii	巴氏芽孢杆菌
Bacillus subtilis	枯草芽孢杆菌
back mutation，reverse mutation	回复突变
bacteria	细菌
bacteria chromosome	细菌染色体
bactericidal agents	杀菌剂
bacteriocidation	杀菌
bacteriolysis	溶菌
bacteriolytic agents	溶菌剂
bacteriostatic agents	抑菌剂
Bacteroides	拟杆菌属
Bacteroides ruminicola	居瘤胃拟杆菌
Bacteroidetes	拟杆菌
ballistospore	掷孢子
Bartonella	巴通体属
Bartonella henselae	汉赛巴通体
basal body	基体
base-pair substitution	碱基对置换
base plate	基板
basic immunology	基础免疫学
basophil	嗜碱性粒细胞
batch culture	分批培养
batch fermentation	分批发酵
B cell receptor，BCR	B 淋巴细胞抗原受体
Bencephalitis virus	流行性乙型脑炎病毒
bestatin B	抑氨肽酶 B
Bifidobacterium	双歧杆菌属
Bifidobacterium bifidum	两歧双歧杆菌
biphasic growth	二次生长

blood-brain barrier，BBB	血－脑屏障
blood surface barrier	体表屏障
blood placental barrier	血－胎盘屏障
bone marrow dependent lymphocyte	骨髓依赖性淋巴细胞
Borrelia	疏螺旋体属
Borrelia burgdorferi	布氏螺旋体
Brom thymol blue ，BTB	溴百里酚蓝
Brucella	布鲁菌属
budding	芽殖
budding spore	芽生孢子
budding	出芽
bud scar	压痕
bursa of fabricius	法氏囊
bursa of fabricius dependent lymphocyte	法氏囊依赖性淋巴细胞

C

cAMP receptor protein，CRP	cAMP 受体蛋白
Candida	假丝酵母
Candida albicans	白假丝酵母，白色念珠菌
Candida spp.	假菌丝酵母
Candida tropicalis	热带假丝酵母
Candida utilis	产朊假丝酵母
Canine coronavirus	犬冠状病毒
capsid	衣壳
capsomer	衣壳粒
capsule	荚膜
carbohydrate fermentation test	糖发酵试验
carbohydrate utilization test	碳源利用试验
carbonate respiration	碳酸盐呼吸
carbonation reduction	碳酸盐还原
carbon source	碳源
carcinoembryonic antigen，CEA	癌胚抗原
carrier	载体
carrier protein	载体蛋白
caryogamy	核配
catabolite repression	分解代谢物阻遏
C. botulinum	肉毒梭菌
CGMCC	中国普通微生物菌种保藏管理中心
cell-mediated immune	细胞介导的免疫
cell membrane	细胞膜
cell surface marker	细胞表面标志
cell wall	细胞壁
cellular immunoresponse	细胞免疫应答

central immune organ	中枢免疫器官
central tolerance	中枢耐受
Cephalosporium	头孢霉属，头孢霉菌
Cephalosporium acremonium	顶头孢霉
chemically defined medium	化学限定培养基
chemically undefined medium	非化学限定培养基
chemokine	趋化因子
chemolithoautotrophy	化能无机自养型
chemoorganoheterotrophy	化能有机异养型
chemostat	恒化器
chemotherapeutant	化学治疗剂
chemotherapy	化疗
chemotrophy	化能营养型
chitin	几丁质
chlamydia	衣原体
chlamydomonas acidophila	衣藻
chlamydospore	厚壁孢子
chlorella spp.	小球藻
cholera toxin	霍乱肠毒素
chromatin	染色质
chromatin body	染色质体
chromosome	染色体
ciliate protozoa	纤毛原虫
citrate utilization test	枸橼酸盐利用试验
CKR	细胞因子受体
Cladosporium	枝孢霉菌
Clado-sporium carrionii	卡氏枝孢霉菌
class	纲
Claviceps purpura	紫麦角菌
clavulanic acid	棒酸、克拉维酸
cleistothecium	闭囊壳
clinical immunology	临床免疫学
Clostridiaceae	梭菌科
Clostridium	梭菌属
Clostridium	梭状芽孢杆菌属
Clostridium aceticum	醋酸梭菌
Clostridium butyricum	丁酸梭菌
Clostridium sporogenes	生孢梭菌
Clostridium tetani	破伤风梭菌
cluster of differentiation，CD	分化群
CM	氯霉素
CM acetyl transferase	CM－乙酰基转移酶
CMCC	中国医学菌种保藏中心
coagulase	血浆凝固酶

coccus，cocci（pl）	球菌
codominant	共显性
colicin	大肠菌素
coliform	大肠菌群
coliphages	大肠埃希菌噬菌体
collagenase	胶原酶
collar	尾领
colony	菌落
colony forming units，CFU	菌落形成单位
colonization resistance	定殖抗力
colony stimulating factor，CSF	集落刺激因子
Colwellia	科尔韦尔菌属
common antigen	共同抗原
common pilus	普通菌毛
compatible solutes	相容溶质
competence	感受态
complemant dependent cyotoxicity，CDC	补体依赖的细胞毒作用
complement，C	补体
complementarity determining region，CDR	互补决定区
complete antigen	完全抗原
complex medium	天然培养基
complex transposon	复杂转座子
complement receptor，CR	补体受体
compound transposon	复合转座子
concerted or multivalent feedback control	协同或多价反馈控制
concanavalin A，Con A	刀豆素 A
concanavalin A receptor，ConAR	刀豆素 A 受体
conditional lethal mutant	条件致死突变型
conformentional determinant	构象决定簇
conidium	分生孢子
conjugant	接合子
conjugation	接合作用
constant region	恒定区
constitutive enzyme	组成酶
continuous autoclaving	连续加压灭菌法
continuous culture	连续培养
continuous fermentation	连续发酵
coopreative feedback control	合作反馈控制
core	核心
coreceptor	辅助受体
Coronaviridae	冠状病毒科
Coronaviruses	冠状病毒
Corynebacterium. diphtheriae	白喉棒状杆菌
Corynebacterium sp.	棒状杆菌，棒杆菌属

Corynebacterium crenatum	钝齿棒杆菌
Corynebacterium glutamicum	谷氨酸棒状杆菌
Corynebacterium pekinense	谷氨酸北京棒状杆菌
costimulatory signal	协同刺激信号
Coxiella	柯克斯体属
Coxiella burnetii	贝纳柯克斯体
C. perfringens	产气荚膜梭菌
C-reactive protein，CRP	C 反应蛋白
Crenarchaeota	泉古细菌门
Creutzfeldt-Jakob disease，CJD	克－雅病
cross drug resistance	交叉抗药性
cross reaction	交叉反应
cross reaction antigen	交叉反应抗原
cryptocandin	肽类抗真菌剂
Cryptococcus	隐球菌属
Cryptococcus neoformans	新型隐球菌
C. tetani	破伤风梭菌
culture	培养基
culture plate	平板或培养平板
cumulative feedback control	积累反馈控制
Cyanobacteria	蓝细菌门
cylinder plate method	管碟法
Cystobacter fuscus	黏细菌
cytokine，CK	细胞因子
cytolysin	细胞溶素
cytolytic type	细胞溶解型
Cytomegalovirus	巨细胞病毒属
cytopathogenic effect，CPE	细胞病变
cytoplasm	细胞质
cytoplasmic membrane	细胞膜，细胞质膜
cytosine arabinoside	阿糖胞苷
cytotoxic T lymphocyte，CTL，cytotoxic T cell，TC	细胞毒性 T 细胞
cytotoxic type	细胞毒型
Czapek	察氏合成培养基

D

D. acetoxidans	乙酸氧化脱硫单胞菌
damage inducible gene	Din 基因
dark repair	暗修复
decline phase，death phase	衰亡期，下降期
defective interfering particle，DIP	缺损性干扰颗粒
Deferribacteres	脱铁菌门

Deinococcus-Thermus	奇异球菌－栖热菌门
delayed early	次早期
delayed type hypersensitivity，DTH	迟发型超敏反应
deletion	缺失
dendritic cell，DC	树突状细胞
dendrogram	树状谱
denitrification	反硝化作用
Dermatophytes	皮肤癣菌
Desulfobacter	脱硫菌属
Desulfomonas	脱硫单胞菌属
Desulfovibrio	脱硫弧菌属
Desulfovibrio desulfuricans	脱硫脱硫弧菌
Desulfurella	硫还原菌属
Desurfococcus	脱硫球菌属
DIC	弥漫性血管内凝血
Dictyoglomus	网球菌门
Dityostelimytoca	网柱黏菌门
differential medium	鉴定培养基
diphtherotoxin	白喉毒素
Diplococcus	双球菌
Diplococcus pneumoniae	肺炎双球菌
diploid	二倍体
direct repeat	顺向重复
discrete character methods	独立元素法
disinfectant	消毒剂
disinfection	消毒
distance methods	距离依靠法
DNA	脱氧核糖核酸
DNCB	二硝基氯苯
Domagk	杜马克
domain	结构域
donor	受体菌
double lysogen	双重溶原菌
double negative cell，DN	双阴性细胞
double positive cell，DP	双阳性细胞
doubling time	倍增时间
drug dependence	耐药性
drug resistance	抗药性
drug-resistance plasmid	R质粒
dry heat sterilization	干热灭菌法
duplication	重复
Dysentery bacterium	痢疾杆菌

E

ECF-A	嗜酸性粒细胞趋化因子

eclipse phase	隐蔽期
ecosystem	生态系统
ED_{50}	药物半数有效量
effector T cell	效应T细胞
Ehrlichia	埃里希体属
Eikenella	艾肯菌属
elastainal	弹性朊醇
electron transport phosphorylation	电子传递磷酸化
elementary body, EB	原体
Embden-Meyerhof-Parnas pathway	EMP途径
endocrine	内分泌
endocytosis	胞吞作用
endoflagella	内生鞭毛
endoplasmic retioulum, ER	内质网
endosome	内体
endospore	内生孢子
endosymbiotic theory	内共生学说
endotoxin	内毒素
end-product repression	终产物阻遏
energy change, EC	能荷
energy source	能源
enrichment medium	营养培养基
Enterobacter	肠杆菌
Enterbacter aerogenes	产气肠杆菌
Enterobacter	肠杆菌属
enterohemorrhagic *E. coli*, EHEC	肠出血性大肠埃希菌
enteroinvasive *E. coli*, EIEC	肠侵袭性大肠埃希菌
enteropathogenic *E. coli*, EPEC	肠致病性大肠埃希菌
enterotoxin	肠毒素
enterotoxingenic *E. coli*, ETEC	肠产毒素性大肠埃希菌
entodiniomorphid	原虫
envelope	包膜
enzyme	酶
enzyme induction	酶的诱导
enzyme inhibitor	酶抑制剂
enzyme linked immunosorbent assay, ELISA	酶联免疫吸附试验
enzyme repression	酶的阻遏
eosinophil	嗜酸性粒细胞
Eosin Methylene Blue	伊红美蓝（乳糖培养基）
Epidermophyton	表皮癣菌
episome	附加体
epithelial growth factor, EGF	表皮生长因子
epitope	表位
epothilone	（聚酮类化合物）埃波霉素

Eremothecium	假囊霉属
Eremothecium ashbyii	阿氏假囊酵母
error free repair	无错修复
error-prone repair	倾向差错的修复
Erwinia	欧文菌属
erythrocyte，E	绵羊红细胞
erythropoietin，EPO	促红细胞生成素
Eschericha coli	大肠埃希菌
esterastin	抑脂酶剂
Eubacterium	真杆菌属
eucaryota	真核生物域
eucaryotes	真核生物
Euglena spp.	眼虫属
excision repair	切除修复
exfoliatin toxin	表皮剥脱毒素
exochitinase	外切几丁质酶
exotoxin	外毒素
exponential phase	指数期
extracellular matrix	细胞外基质
extremehalophiles	极端嗜盐菌
extremozyme	极端酶

F

FA	滤过因子
facilitated diffusion	促进扩散
facultative anaerobe	兼性厌氧菌
facultive metatrophy	兼性腐生
facultive paratrophy	兼性寄生
family	科
FCA	完全弗氏佐剂
Feline infectious peritonitis virus	猫传染性腹膜炎病毒
fermentation	发酵
ferridoxin	铁氧还蛋白
fertility factor	f 因子
fetal familial insomnia，FFI	致死性家族失眠症
FIA	免疫荧光法
Fibrobacter succinogenes	产琥珀酸丝状杆菌
fibronectin，FN	纤连蛋白
fibroblast growth factor，FGF	成纤维细胞生长因子
fimbriae	菌毛
filament	鞭毛丝
fission	裂殖
flagella	鞭毛

flagellate	鞭毛原虫
flagellin	鞭毛蛋白
Flavobacterium	黄杆菌
fluconazole	氟康唑
fluctuation test	变量试验
Fonsecaea pedrosoi	裴氏丰萨卡菌
forespore	前芽孢
forward mutation	正向突变
fractional sterilization	间歇灭菌法
fragment antigen binding，Fab	抗原结合片段
fragment crystalizable，Fc	可结晶片段
frame-shift mutation	移码突变
framework region，FR	骨架区
fruit body	子实体
fusaric acid	镰孢菌酸
Fusarium	镰刀菌
fusion	融合
Fusobacteria	梭杆菌门

G

Galatieria sulphuraria	红藻
gametangial contact	配子囊接触
gametangial copulation	配子囊配合
gametogamy	配子结合
ganoderma	灵芝
G－CSF	粒细胞集落刺激因子
gelatin	明胶
gelatin liquefaction test	明胶液化试验
gene	基因
gene locus	基因座位
gene recombination	基因重组
genetic engineering antibody	基因工程抗体
generalized transduction	普遍性转导
generation time，G	代时
genetic map	遗传图谱
genome	基因组
genotype	基因型
gentamycin	庆大霉素
geosmin	土腥味素
Geotrichum candidum	白地霉
germ theory of diseases	微生物致病学说
Gerstmann-Straussler syndrome，GSS	格－史综合征
GH	生长激素

Glutamate 8/detta – semialodehyde	8/detta – 谷氨酸半醛
glycerol teichoic acid	甘油磷壁酸
glycogen	糖原
glycoprotein，gp	糖蛋白
GM – CSF	粒细胞 – 巨噬细胞集落刺激因子
GMO	转基因动物
Gram stain	革兰染色（法）
granzyme	颗粒酶
group A streptococcus	A 群链球菌
group translocation	基团转位
growth curve	生长曲线
growth factor，GF	生长因子
growth of population	群体生长
growth-limited factor	生长限制因子
guanine	鸟嘌呤
gut associated lymphoid tissue，GALT	肠相关淋巴组织

H

Haemophilus	嗜血杆菌，嗜血菌属
Halobacterium	盐杆菌
Halococcus	盐球菌
Halophiles	嗜盐菌
Hansenula anomala	异常汉逊酵母
hapoid	单倍体
haplotype	单倍型
hapten	半抗原
Hassall′s corpuscle	哈氏小体
heat shock protein，HSP	热休克蛋白
heat stable carrier protein，HPr	热稳定蛋白
heavy chain	重链
helical capsids	螺旋衣壳
helical symmetry	螺旋对称型
Helicobacter pylori	幽门螺杆菌
helper phage	辅助噬菌体
helper T lymphocyte，Th	辅助性 T 细胞
hemagglutinin，HA	血凝素
hematopoietic stem cell，HSC	造血干细胞
hemolysin	溶血素
hepacyte growth factor，HGF	肝细胞生长因子
Hepadnaviridae	嗜肝 DNA 病毒科
Hepatitis a virus，HAV	甲型肝炎病毒
Hepatitis b virus，HBV	乙肝病毒
Hepatitis virus	肝炎病毒

Heptoolin	拉米夫定，贺普丁
heredity，inheritance	遗传
Herpes simplex virus，HSV	单纯疱疹病毒
Herpesvirus	疱疹病毒
heterocaryon	异核体
heterophile antigen	异嗜性抗原
heterotrophy	异养型
hexon	六邻体
hexose monophosphate pathway	HMP 途径
high frequence transduction lysates，HFT lysates	高频转导裂解物
high frequence transduction，HFT	高频转导
high frequency recombination，Hfr	高频重组菌株
high temperature short time，HTST	高温瞬时法
highendothelialvenule，HEV	高内皮细胞小静脉
high zone tolerance	高区带耐受
hinge region	铰链区
histocompatibility antigen	组织相容性抗原
Holmes ribgrass mosaic virus，HRV	霍氏车前草花叶病毒
homogeneity	细胞匀质性
homologous recombination	同源重组
hook	钩形鞘
hot spot	（突变）热点
HTLV	人类嗜 T 细胞病毒
Human coronavirus	人冠状病毒
Human immunodeficiency virus，HIV	人类免疫缺陷病毒
human leucocyte antigen，HLA	人类白细胞抗原
Human papillomavirus，HPV	人乳头瘤病毒
Human rotavirus，HRV	人轮状病毒
hyaluronidase	透明质酸酶
hybridization	杂交
hydrogen sulfide test	硫化氢试验
hydrogenlyase	甲酸脱氢酶
hypersensitivity reaction	超敏反应
hyperthermophiles	超嗜热或嗜高温微生物
hypervarible region，HVR	高变区
hypha	菌丝
hyphal tip growth	菌丝顶端生长

I

icosahedral capsids	二十面体衣壳
icosahedral symmetry	二十面体对称型
idiotype，ID	独特型
idotope	独特位

IFO	日本大阪发酵研究所
immediate hypersensitivity	Ⅰ型超敏反应
immune complex type	免疫复合物型
immune complex, IC	免疫复合物
immune defence	免疫防御
immune homeostasis	免疫自稳
immune response	免疫应答
immune surveillance	免疫监视
immune tolerance	免疫耐受
immunity	免疫
immunogen	免疫原
immunogenicity	免疫原性
immunoglobulin, Ig	免疫球蛋白
immunoglobulin folding	免疫球蛋白折叠
immunology	免疫学
inapparent infection	隐性感染
inclusion body	包含体
incompatibility	不相容性
incomplete antigen	不完全抗原
indole test	吲哚试验，靛基质试验
induced mutation	诱变
inducer	诱导剂
inducible enzyme	诱导酶
infection	感染
inflammation	炎症
Influenza virus	流感病毒
inhibition	抑制
inhibitor	抑制剂
initial body	始体
innate immune response	固有免疫应答
innate immunity	固有免疫
insertion	插入
insertion sequence, IS	插入序列
integrated state	整合状态
integration	整合
intercalating agent	嵌入剂
intercallular adhesion molecule, ICAM	细胞间黏附分子
interference	干扰现象
interferon inducers	干扰素诱生剂
interferon, IFN	干扰素
interleukin, IL	白细胞介素
interrupted mating experiment	中断杂交实验
intraepithelial lymphocyte, IEL	黏膜组织上皮内淋巴细胞
inverted repeatsequence, IR	反向重复序列

ionizing radiation	电离辐射
irACTH	免疫促肾上腺皮质激素
isoenzyme	同工酶
isotype	同种型

J

joining chain	连接链，J 链
jumping gene	跳跃基因

K

karyogamy	核配
KCS	杀菌曲线
ketoconazole	酮康唑
killer activatory receptor，KAR	杀伤细胞活化受体
killer inhibitory receptor，KIR	杀伤细胞抑制受体
Kovac's regeant	柯式试剂

L

Lactobacillus	乳杆菌属
Lactobacillus bulgaricus	保加利亚乳杆菌
Lactobacillus casei	干酪乳杆菌
lag phase	延滞期
large granular lymphocyte，LGL	大颗粒淋巴细胞
large multifunctional proteasome	巨大多功能蛋白酶体
latent peroid，lag phage	潜伏期
lawn	菌苔
Legionella pneumophila	嗜肺军团菌
Leptospira	钩端螺旋（体属）
Leptotrichia	纤毛菌属
Leuconostoc mesenteroides	肠膜明串珠菌
leukocyte adhesion deficiency，LAD	白细胞黏附缺陷症
leukocindin	杀白细胞素
leukocyte differentiation antigen，LDA	白细胞分化抗原
leukotriene，LT	白三烯
leupeptin	亮肽剂
life cycle	生活史
light chain	轻链
linkage disequilibrium	连锁不平衡
linker DNA	连接 DNA
lipopolysaccharide，LPS	脂多糖
lipopolysaccheride receptor，LPSR	脂多糖受体

liquid medium	液体培养基
lithotroph	无机营养型
logarithmic phase	对数期
lomasome	膜边体
low frequence transduction, LFT	低频转导
low frenquece transduction lysates	低频转导裂解物
low temperature holding method, LHT	低温维持法
low molecular weight polypeptide	低分子量多肽
low zone tolerance	低区带耐受
lymph node	淋巴结
lymphocyte function associated antigen -2, LFA -2	淋巴细胞功能相关抗原 -2
lymphoid precursor	淋巴样前体细胞
lymphokine, LKS	淋巴因子
lymphokine activated killer cell, LAK	淋巴因子活化的杀伤细胞
lymphotoxin, LT	淋巴毒素
lysogenic bacteria	溶原菌
lysogenic conversion	溶原转变
lysogenic cycle	溶原性循环，溶原性周期
lysogenic phage	溶原噬菌体
lysosome	内体与胞浆溶酶体
lysozyme	溶菌酶
lytic cycle	溶解性循环，溶菌周期

M

mating type	接合型
Micromonospora. echinospora	棘孢小单孢菌
Mycoplasma genitalium	生殖器支原体
Mycoplasma hominis	人型支原体
Mycobacterium leprae	麻风杆菌
Micromonospora inyoensisycin	伊尼奥小单孢菌
Mycoplasma pneumoniae	肺炎支原体
Micromonospora purpurea	绛红小单孢菌
Micromonospora segamiensis	相模原小单孢菌
MALT	胃黏膜相关 B 细胞淋巴瘤
mannose receptor, MR	甘露糖受体
mast cell	肥大细胞
mating type	结合型
macrophage chemotactic factor, MCF	巨噬细胞趋化因子
major histocompatibility antigen system, MHAS	主要组织相容性抗原系统
major histocompatibility complex, MHC	主要组织相容性复合体
mannanbinding lectin, MBL	甘露聚糖结合凝集素
mannose binding protein, MBP	甘露糖结合蛋白
MBC	最低杀菌浓度

MBL-associated serine protease, MASP	MBL 相关的丝氨酸蛋白酶
M－CSF	巨噬细胞集落刺激因子
MCP－1	单核细胞趋化蛋白－1
Measles virus	麻疹病毒
medical immunology	医学免疫学
medium, culture medium	培养基
meiosis	减数分裂
membrane attack complex, MAC	攻膜复合体
membrane filtration	膜滤过除菌
membrane Ig, mIg	膜型免疫球蛋白
meso-diaminopimelic acid, m-DAP	二氨基庚二酸
mesophiles	嗜温微生物
mesosome	中介体
met$^-$	甲硫氨酸缺陷型
metabolic engineering	代谢工程
metachromatic granules	异染（颗）粒
metagenome	宏基因组
metatrophy	腐生型
Methanobacterium	甲烷细菌属
Methanobrevibacter	甲烷短杆菌属
Methanogens, *methane producing bacteria*	产甲烷菌
Methanomicrobium	甲烷微菌属
Methanosarcina	甲烷八叠球菌属
methicillin-resistant *Staphylococcus aureus*, MRSA	甲氧西林抗药性金黄色葡萄球菌
methyl red test, MR test	甲基红试验
MHC class Ⅰ chain-related molecules	MHC Ⅰ类链相关分子
microaerophilic bacteria	微需氧菌
microbiology	微生物学
microcapsule	微荚膜
Micrococcus leteus	藤黄微球菌
Micrococcus tetragenus	四联微球菌
Micrococcus ureae	尿素微球菌
microfibril	微原纤维
microlesion	微小损伤
Micromonospora	小单孢菌属
microorganism	微生物
Microsporum	小孢子癣菌
minimal inhibitory concentration, MIC	最低抑菌浓度
minimum medium	基础培养基
minor histocompatibility antigen system, mHAS	次要组织相容性抗原系统
mitochondrion	线粒体
mitogen	有丝分裂原
mitosis	有丝分裂
mixed culture	混合培养物

MLD	最小致死量
modification	表型饰变
moist heat sterilization	湿热灭菌法
molecular phylogenetic tree	分子系统树
Monascus ruber	红曲霉
monoclonal antibody，McAb，mAb	单克隆抗体
monocyte，Mon	单核细胞
monokine，MKs	单核因子
Moritella	莫里特拉菌属
morphological mutant	形态突变型
morphology of bacteria	细菌的形态
most probable number，MPN	最大可能数量
Mucor	毛霉属
Mucor racemosus	总状毛霉
mucosa associated lymphoid tissue，MALT	黏膜相关淋巴组织
mucosal immune system，MIS	黏膜免疫系统
multiple alleles	复等位基因
multiple drug resistance，MDR	多重抗药性
multivalent repression	多价阻遏
Mumps virus	腮腺炎病毒
mutation	突变
mutation phage	转座噬菌体，Mu 噬菌体
mutation rate	突变率
mycelium	菌丝体
Mycobacterium	分枝杆菌属
Mycobacterium tuberculosis	抗结核分枝杆菌
mycoplasma	支原体
Mycoplasma	支原体属

N

Nocardia asteroides	星形诺卡菌
native or congenital immune	天然或先天免疫
Nocardia brasiliensis	巴西诺卡菌
Nocardia mediterranei	地中海诺卡菌
Neisseria meningitides	脑膜炎奈瑟菌
N-acetylglucosamine，G	*N*－乙酰葡萄糖胺
N-acetylmuramic acid，M	*N*－乙酰胞壁酸
N-acyl homoserine lactones，AHLs	酰基高丝氨酸内酯
$NADH_2$	还原型烟酰胺腺嘌呤二核苷酸
$NADPH_2$	还原型烟酰胺腺嘌呤二核苷酸磷酸
natural killer，NK	自然杀伤细胞
natural genetic transformation	自然遗传转化

nature tolerance	天然耐受
negative selection	阴性选择
negri body	内基小体
Nesseria	奈瑟球菌属
Neisseria gonorrhoeae	淋病奈瑟球菌
nerve growth factor，NGF	神经生长因子
neuraminidase，NA	神经氨酸酶
Neurospora	链孢霉属
Neurospora rassa	粗糙脉孢菌
neutrophil	中性粒细胞
nitrate respiration	硝酸盐呼吸
nitrogen source	氮源
NK cytotoxic factors，NKCF	NK 细胞毒因子
Nocardia	诺卡菌属
Nocardia pelletieri	白乐杰诺卡菌
nocardomycolic	诺卡菌酸
non-specific immune	非特异性免疫
normal autoclaving	常规高压蒸汽灭菌法
nuclear body	质体或拟核
nuclear fusion	核融合
nuclear lamina	核被膜
nuclear material	核质
nuclease	核酸酶
nucleocapsid	核衣壳
nucleoid	拟核或类核
nucleosome	核小体
nucleotide base analog	碱基类似物
null cell	裸细胞
nutrient	营养物质
nutrient agar	营养琼脂
nutrient broth	营养肉汤

O

one-step growth curve	一步生长曲线
oospore	卵孢子
open reading freagment	开放阅读框
operator，operon	操纵子
opsonin	调理素
opsonization	调理作用
organotrophy	有机营养型
Orthomyxoviruses	正黏病毒
osmotroh	渗透营养型
oxidative phosphorylation	氧化磷酸化

P

packaing site	包装位点
panosialin	泛涎菌素
Papovaviruses	乳多空病毒
Paracoccus denitrificans	脱氮副球菌
Parainfluenza virus	副流感病毒
Paramyxoviruses	副黏病毒
parasexual reproduction，parasexuality	准性生殖
paratrophy	寄生型
partial defective phage	部分缺陷噬菌体
Parvovirus	细小病毒属
Parvoviruses	细小病毒
Pasteurella pestis	鼠疫杆菌
pasteurization	巴氏消毒法
pasteur effect	巴斯德效应
pathogen associated molecular patterns，PAMP	病原相关分子模式
pathogenic bacteria	致病菌
pathway engineering	途径工程
pattern recognition receptor，PRR	模式识别受体
PBPs	青霉素结合蛋白
penicillin	青霉素
Penicillium	青霉（属）
Penicillium chrysogenum	产黄青霉
peplomer	包膜子粒
pepstatin	抑胃酶剂
peptide-richglucan	密环菌多肽葡聚糖
peptidoglycan	肽聚糖
Peptococcus	消化球菌属
Peptostreptococcus	消化链球菌属
perforin	穿孔素
peripheral immune organ	外周免疫器官
peri pheral tolerance	周围耐受
periplasmic flagella	周质鞭毛
periplasmic space	周质空间
permease	透性酶
persistant infection	持续性感染
perthecium	子囊壳
phage，bacteriophage	噬菌体
phagotroph	吞噬营养型
phagotype	噬菌体型
phenotype	表型
PHK	磷酸己糖酮解途径

phosphoketolase pathway	PK 途径，磷酸酮解途径
phosphotransferase system，PTS	磷酸转移酶系统
Photobacterium	发光杆菌属
photolithoautotrophy	光能无机自养型
photoorganoheterotrophy	光能有机异养型
photoreactivating enzyme，PRE	光激活酶
photoreactivation	光复活作用
photosynthesis	光合营养
phototrophy	光能营养型
plaque forming unit，PFU	噬斑形成单位
phytohemagglutinin，PHA	植物血凝素
Pichia pastoris	巴斯德毕赤酵母
Picornaviridae	小核糖核酸病毒科
pileus	菌盖
pilus or fimbriae	菌毛
pipicolinic acid	吡啶二羧酸
plaque	嗜菌斑
plasmacytoid DC，pDC	浆样细胞 DC
plasmid	质粒
plasmogamy	质配
plateau phase	平稳期，平台期
platelet derived growth factor，PDGF	血小板衍生的生长因子
pleiotropy	多效性
point mutation	点突变
polar mutation	极性突变
Poliovirus	脊髓灰质炎病毒
polyclonal antibody，PcAb	多克隆抗体
polynosinic acidpolycytidylic acid，poly I：C	多聚肌苷酸－多聚胞苷酸
polyketide synthase	聚酮体合成酶
polymycin	多霉素
Porcine hemagglutinating encepha lomyelitis virus	猪血凝性脑脊髓炎病毒
poria	茯苓
positive and negative selection	阳性选择和阴性选择
postreplication repair	复制后修复
Potato spindle tuber viroid，PSTV	马铃薯纺锤型块茎类病毒
potency	效价
Poxvirus	痘病毒
PPK	磷酸戊糖酮解途径
precipitin	沉淀素
precipitinogen	沉淀原
precipitation reaction	沉淀反应
preliminary metabolism	初级代谢
primary atypical pneumonia	原发性非典型性肺炎
primary mycelium	初级菌丝

primary response	初次应答
primitive form fnucleus	原始形态的核
prion protein, PrP	朊病毒蛋白
Prion , virino	朊病毒（普列昂）
Proactinomyces	原放线菌属
procaryotes	原核生物
promoter	启动子
properdin	备解素，P 因子
prophage	原噬菌体
Propionibacteriu	丙酸菌
Propionbactetium shermanu	薛氏丙酸杆菌
proteinaceous infectious particle	蛋白侵染颗粒
Proteus mirabilis	奇异变形杆菌
Proteus vulgaris	普通变形杆菌
proton motive force, PMF	质子动力，质子动势
protoplast	原生质体
protoplast fusion	原生质体融合
prototroph	原养（型）菌
protozoa	单细胞原生动物
provirus	前病毒
Pseudomonas	假单胞菌（属）
pseudohyphae	假菌丝
Pseudomonas aeruginosa	铜绿假单胞菌
Pseudomonas fluorescens	假单胞杆菌
Pseudomonas putida	恶臭假单胞菌
Pseudomonas saccharophila	嗜糖假单胞菌
Psychromonas	嗜冷单胞菌
Psychrophiles	专性嗜冷菌
psychrotrophs	兼性嗜冷微生物
pure culture	纯培养物
pure culture technique	微生物纯培养技术
purple nonsulphur bacteria	紫色非硫细菌
purpuromycin	绛红霉素
pyocyanin	绿脓菌素
Pyrodictium	极端嗜热菌
pyrogen	热原质
pyrogenic exotoxin	致热外毒素，猩红热毒素

R

Rhizopus oryzae	米根霉
Rabies virus	狂犬病病毒
Rat coronavirus, RCV	大鼠冠状病毒
recipient	受体菌

recombinant	重组子
recombination repair	重组修复
reconstrut phyligenetic tree	进化树
regulatary T lymphocyte，Tr	调节性 T 细胞
regulator gene	调节基因
regulatory enzyme	调节酶
regulatory protein	调节蛋白
relaxed control	松弛型质粒
Reovirus	呼肠病毒
replica plating	影印培养
replication fork	复制叉
replicative form，RF	复制型
replicative intermediate，RI	复制中间体
replicon	复制子
repressible enzyme	阻遏酶
repressor	阻遏物
resistant determinant，r – det	抗药决定簇
resistant mutant	抗性突变型
resistant transfer factor，RTF	抗药转移因子
respiratory chain	呼吸链
restricted or specialized transduction	局限性转导，特异性转导
reticulate body，RB	网状体
Rhizobium	根瘤菌
Retroviridae	逆转录病毒科
Retroviruses	逆转录病毒
reverse transcriptase	逆转录酶
Rhabdovirus	弹状病毒
Rhizopus	根霉（属）
Rhizopus oligosporus	少孢根霉
Rhodopseudomonas capsulata	荚膜红细菌
Rhodobacter Sphaeroides	类球红细菌
Rhodopseudomonas sphaeroides	混球红细菌
Rhodospirillum	红螺细菌属
Rhodospirilum rubrum	深红红螺菌
RIA	放射免疫法
ribavirin	三氮唑核苷，病毒唑
ribitol teichoicacid	核糖醇磷壁酸
ribosomal protein large	核糖体较大蛋白质亚基
ribosome	核糖体
ribozyme	核酶
rickettsia	立克次体
Rickettsia mooseri	莫氏立克次体
Rickettsia prowazekii	普氏立克次体
Rickettsia typhi	斑疹伤寒立克次体

rifomycin	利福霉素
rimantidine	金刚烷胺的衍生物
rise phage	突破期
ristocetin	瑞斯托菌素
RNA	核糖核酸
RNA tumor viruses	RNA 肿瘤病毒
rolling circle	滚环（复制）
root nodule	根瘤
roseburia	结肠细菌
Rotaviruses	旋转病毒
Rothia	罗氏菌属
rough ER	粗面型内质网
Rubella virus	风疹病毒
Ruminococcus albus	白色瘤胃球菌
Ruminococcus flavefaciens	黄色瘤胃球菌

S

Saccharomyces albicans	白假丝酵母
Saccharomyces cerevisiae	酿酒酵母
Saccharomyces fermentati	发酵性酵母
Saccharomyces hansenula	汉逊酵母
Saccharomycodes ludwigii	路德酵母
Salmonella	沙门菌
Salmonella paratyphi B	乙型副伤寒沙门菌
Salmonella typhi	伤寒杆菌
Salmonella typhimurium	鼠伤寒沙门属
Saprophytism	腐生型
Sarcina	八叠球菌
Sarcina leteus	藤黄八叠球菌
SARS virus	SARS 病毒
SCF	干细胞生成因子
Schizosaccharomyces	裂殖酵母
Schizosaccharomyces octosporus	八孢裂殖酵母
secondary metabolism	次级代谢
secondary mycelium	二级菌丝
secondary response	再次应答
secreted Ig，sIg	分泌型抗原
secretory piece，SP	分泌片
segamicin	小诺霉素
selective medium	选择培养基
Selenomonas	月形单胞菌属
Selenomonas ruminantium	反刍兽月形单胞菌
self tolerance	自身耐受

semiconservative self-replication	半保留复制
semi-synthetic medium	半合成培养基
sequential feedback control	顺序反馈控制
serotype	血清型
serum amyloid protein, SAA	血清淀粉样蛋白 A
severe acute respiratory syndrome, SARS	严重急性呼吸综合征
sex pili	性菌毛
sheath	尾鞘
Shewanella	希瓦菌属
Streptomyces griseus	灰色链霉菌
Shigella	志贺菌属
Shigella dysenteriae	痢疾志贺菌
siastatin	抑唾液酶剂
single cell protein, SCP	单细胞蛋白
Streptomyces kanamycetius	卡那霉素链霉菌
Sleuconostoc mesenteroide	肠膜明串珠菌
slime layer	黏液层
solid medium	固体营养基
somatic crossing-over	体细胞交换
somatogamy	体细胞结合
SOS repair	SOS 修复
SOS response	SOS 反应
species	种
specific growth rate	比生长率
spectrum of carbon source	碳源谱
spectrum of nitrogen source	氮源谱
specificity	特异性
spermatization	受精作用
spheroplast	圆球体
spike	刺突
spirillar	螺旋菌
Spirillum rubrum	红色螺菌
Spirillum volutans	迂回球菌
spirochete	螺旋体
Streptococcus pneumoniae	肺炎链球菌
spongiform encephalopathy	牛海绵脑病
spontaneous mutation	自发突变
sporangiospores	孢囊孢子
spore	芽孢
sporebearing filament	孢子丝
spore-companioned crystal	伴孢晶体
Sporobolomyces	掷孢酵母属
Sporobolmyces roseus	掷孢酵母
sporocarp, fruit body	子实体

sporotrichotic chancre	孢子丝菌下疳
Sporotrichum schenckii	申克孢子丝菌
Streptomyces somaliensis	索马里链霉菌
staphylococal protein A, SPA	葡萄球菌A蛋白
Staphylococcus	葡萄球菌（属）
Staphylococcus aureus	金黄色葡萄球菌
staphylophages	金黄色葡萄球菌噬菌体
stationary phase	稳定期
sterilization	灭菌
steroid	甾体化合物，类固醇
stimulation index, SI	刺激指数
strain	菌株或品系
Streptococcus	链球菌属
Streptococcus feacalis	粪链球菌，嗜碱菌
Streptococcus hemolyticus	溶血性链球菌
Streptococcus lacti	乳链球菌
Streptococcus pneumoniae	肺炎链球菌
Streptococcus pyogenes	酿脓链球菌
Streptococcus salivarius	唾液链球菌
streptokinase	链激酶
streptolysin O	链球菌溶素O
steptolysin S	链球菌溶素S
Streptomyces coelicolor	天蓝色链霉菌
Streptomyces	链霉菌属
Streptomyces lividans	铅青链霉菌
Streptomyces scabies	疮痂链霉菌
streptomycin	链霉素
Streptosporangium	链孢囊菌属
Streptothrix	链丝菌
strict aerobe	专性需氧菌
Serreptomyces	链霉菌属
Streptomyces rimosus	龟裂链霉菌
stringent control	严紧型质粒
stromal cell	骨髓基质细胞
structural gene	结构基因
structural unit	结构单位
subclass	亚类
subspecies	亚种
substrate mycelium	基内菌丝
subvirus	亚病毒
sulfate reducing bacteria	硫酸盐还原细菌
sulfate reduction	硫酸盐还原
sulfate respiration	硫酸盐呼吸
Sulfolobus	（酸热）硫化叶菌

sulfonamides	磺胺类
sulfur reducing bacteria	硫还原细菌
sulfur reduction	硫还原
sulfur respiration	硫呼吸
superantigen, SAg	超抗原
superoxide dismutase, SOD	超氧化物歧化酶
symporters	同向转运蛋白
synchronous culture	同步培养
synergism	协同性
synergistic feedback control	增效反馈控制
synthetic medium	合成培养基
systemic lupus erythematosus, SLE	系统性红斑狼疮

T

T cell antigen-receptor, TCR	T 细胞抗原受体
TDTH	迟发型超敏反应性 T 细胞
T lymphocyte	T 淋巴细胞
Treponema pallidum, Tp	苍白密螺旋体
tail core	尾髓
tail fibers	尾丝
target sequence	靶序列
Taxomyces andreanae	内生真菌
teichoic acid	磷壁酸
telomere	端粒
temperate phage	温和噬菌体
temperature-sensitive mutant, Ts	温度敏感突变型
tenanospasmin	破伤风痉挛毒素
terminal protein, TP	末端蛋白
terminater site	终止位点
termite group	白蚁菌群
tertiary mycelium	三生菌丝
tetracoccus	四联球菌
Thermoacidophiles	嗜热嗜酸菌
Thermoactinomyces	高温放线菌属
Thermodesulfobacteria	热脱硫杆菌门
Thermomicrobia	热微菌门
Thermophiles	嗜热菌
Thermoplasma acidophilum	嗜酸热原体
thermorubin	高温红霉素
Thermotogae	热袍菌门
Thermus	栖热菌属
Thermus aquaticus	嗜热水生菌
Thiobacillus acidophilus	嗜酸硫杆菌

Thiobacillus denitriiicans	脱氮硫杆菌
Thiobacillus ferrooxidans	氧化亚铁硫杆菌
thrA	编码天冬氨酸激酶I和高丝氨酸脱氢酶基因
thrB	编码天冬氨酸半醛脱氢酶基因
thrC	编码苏氨酸合成酶基因
thymic corpuscle	胸腺小体
thymic stromal cell, TSC	基质细胞
thymopoietin	胸腺生成素
thymosin	胸腺素
thymulin	胸腺肽
thymus	胸腺
thymus epithelial, TEC	上皮细胞
thymus dependent lymphocyte	胸腺依赖性淋巴细胞
thymus-dependent antigen, TD-Ag	胸腺依赖性抗原
thymus-dependent area	胸腺依赖区
thymus epithelial cell, TEC	上皮细胞
thymus-independent antigen, TI-Ag	胸腺非依赖性抗原
thymus-independent area	胸腺非依赖区
thyroid-stimulating hormone, TSH	甲状腺上皮细胞刺激激素
titer	滴度
Tobacco mosaic virus, TMV	烟草花叶病毒
Togavirus	披膜病毒
tolerence	耐受性
tolerogen	耐受原
Toll like receptor, TLR	Toll 样受体
torula histolytica	溶组织酵母菌
trace element	微量元素
transduction	转导
transfection	转染
transferrin	转铁蛋白
transformant	转化子
transformation factor	转化因子
transforming growth factor, TGF	转化生长因子
transition	转换
translocase	移位酶
translocator protein	移位蛋白
transplantation antigen	移植抗原
transport proteins	转运蛋白
transposase, Tnp	转座酶
transposition	转座
transposon, Tn	转座子
transposon markers	标志基因
transpoter associated with antigen processing	抗原处理相关转运体
transpoter of antigen peptide	抗原肽转运体

transversion	颠换
Treponema	密螺旋体属
Treponema pallidum，Tp	苍白密螺旋体
treponemes	密螺旋体
Trichoderma sp.	木霉菌属
Trichophyton	毛癣菌
Tubercle bacillus	结核杆菌
tumor antigen，TA	肿瘤抗原
tumor-specific antigen，TSA	肿瘤特异性抗原
tumor specific transplantation antigen，TSTA	肿瘤特异性移植抗原
tumor-associated antigen，TAA	肿瘤相关抗原
tumor infiltrating lymphocyte，TIL	肿瘤浸润淋巴细胞
tumor necrosis factor，TNF	肿瘤坏死因子
Turkey bluecomb virus	火鸡蓝冠病毒
typhoidphages	伤寒杆菌噬菌体

U

uncultured microorganism	未可培养微生物
uniporters	单向转运蛋白
Ureaplasma	脲原体属
Ureaplasma urealyticum	溶脲脲原体

V

Vaccinia virus	痘苗病毒
vacuole	液泡
variable region	可变区，V 区
Varicella-zoster xirus，VZV	水痘－带状疱疹病毒
variety，variation	变异，变种
Variola virus	天花病毒
Variovorax	贪噬菌属
Variovorax paradoxus	奇异贪噬菌
vascular endothelial cell growth factor，VEGF	血管内皮细胞生长因子
vascular cell adhesion molecule－1，VCAM－1	血管细胞黏附分子
vegetative mycelium	营养菌丝
Velvet tobaccomottle virus，VTMOV	绒毛烟斑驳病毒
Vibrios	弧菌属
Vibrio cholerae	霍乱弧菌
Vibrio fischeri	海洋细菌哈氏弧菌
Vibrio mimicus	拟态弧菌
Vibrio parahaemolyticus	副溶血弧菌
viroid	类病毒
viron	病毒粒子

virulence	毒力
virulent phage	烈性噬菌体
virusoid	拟病毒
voges-proskauer test，V-P test	V-P 试验

W

widal test	肥达试验
wild type strain	野生型

X

Xanthomonas	黄单孢菌属
xenoantigen	异种抗原

Z

zygospore	接合孢子
Zymomonos anaerobia	厌氧发酵单孢菌
Zymomonos mobilis	运动发酵单孢菌

参考文献

[1]周长林. 微生物学［M］.3 版. 北京：中国医药科技出版社，2015.

[2]沈萍，陈向东，微生物学［M］.8 版. 北京：高等教育出版社，2016.

[3]〔美〕马迪根等编著. 微生物学［M］. 李春明，杨文博译.11 版. 北京：科学出版社，2016.

[4]周德庆. 微生物学教程［M］.3 版. 北京：高等教育出版社，2011.

[5]曹雪涛. 医学免疫学［M］.7 版. 北京：人民卫生出版社，2018.

[6]龚非力. 医学免疫学［M］.4 版. 北京：科学出版社，2014.

[7]周长林. 微生物学与免疫学［M］. 北京：中国医药科技出版社，2013.

[8]李明远. 微生物学与免疫学［M］.6 版. 北京：高等教育出版社，2018.

[9] Patrick R. Murray，et al. Medical Microbiology［M］. 8th. Edition. Amsterdam：Elsevier Saunders，2015.

[10] Abul K. Abbas，Andrew H. Lichtman，Shiv Pillai. Cellular and Molecular Immunology［M］. 9th. Edition. Elsevier Science Health Science div，2017.